油气生产复杂系统风险早期智慧预警理论、方法及应用

胡瑾秋　张来斌　武胜男　著

石油工业出版社

内容提要

本书面向油气生产复杂系统安全运行的工程需求，讲解了油气生产复杂系统风险早期智慧预警理论、方法与技术。内容主要包括油气生产复杂系统风险因素及特点、基于工艺参数实时监测数据的早期智慧预警、基于红外热像视频监控的油气开采装备隐患早期智能预警技术、基于文本数据挖掘的事故事件预警技术、基于视线追踪的油气生产操作人员行为安全早期智能预警技术、页岩气压裂系统安全预警典型案例、炼化装置多级关联预警典型案例、深水油气开采异常事件预警典型案例等。

本书适用于油气钻采、储运、炼化等领域安全保障与应急相关岗位的科学与工程研究人员、管理与技术人员参考使用，也可作为高等学校安全科学与工程、化工安全、应急技术与管理，以及人工智能等相关专业教师与研究生的参考书。

图书在版编目（CIP）数据

油气生产复杂系统风险早期智慧预警理论、方法及应用 / 胡瑾秋，张来斌，武胜男著 .—北京：石油工业出版社，2022.10

ISBN 978-7-5183-5502-0

Ⅰ . ①油… Ⅱ . ①胡… ②张… ③武… Ⅲ . ①油气开采 – 含油气系统 – 研究 Ⅳ . ① TE3

中国版本图书馆 CIP 数据核字（2022）第 137267 号

出版发行：石油工业出版社
（北京安定门外安华里 2 区 1 号　100011）
网　址：www. petropub. com
编辑部：（010）64523553　　图书营销中心：（010）64523633
经　　销：全国新华书店
印　　刷：北京中石油彩色印刷有限责任公司

2022 年 10 月第 1 版　2022 年 10 月第 1 次印刷
787 × 1092 毫米　开本：1/16　印张：27.75
字数：694 千字

定价：218.00 元
（如出现印装质量问题，我社图书营销中心负责调换）

PREFACE

前 言

石油天然气行业是涵盖勘探、开发、生产、储运与加工利用等诸多环节的工业体系，不仅产业链长、涉及面广、区域跨度大、环节关联性强，且易受地质、环境、气候、社会等复杂因素影响，兼具高温高压、易燃易爆、有毒有害等危险性特点，是国际上公认的高风险行业，具有重大事故高发、多发等特点，如我国“12·23”重庆开县特大井喷事故、“11·22”青岛东黄输油管道爆炸事故、蓬莱19-3油田井涌溢油事故，以及美国墨西哥湾“深水地平线”钻井平台井喷燃爆事故等，后果严重，损失巨大，社会影响极其恶劣。

当前我国油气生产已呈现“两深一非一网”（深层、深水、非常规、油气管网）特点。陆上石油勘探开发走向深井、超深井（高温、高压、高含硫）；海洋石油逐步走向深水、远海（最大作业水深3000m，钻井深度10000m）；非常规油气资源勘探开发（高压、大排量、长周期）已成为重要补充；油气管网总里程不断攀升，压力等级不断提高，管径不断扩大（总里程已达16.9×10^4km，最高压力12MPa，最大管径1.4m）。国务院安全生产委员会发布的《全国安全生产专项整治三年行动计划》中明确要求“强化油气增储扩能安全保障，重点管控高温高压、高含硫井井喷失控和硫化氢中毒风险，严防抢进度、抢产能、压成本造成事故。加强深海油气开采安全技术攻关，强化极端天气海洋石油安全风险管控措施”。中共中央办公厅、国务院办公厅《关于全面加强危险化学品安全生产工作的意见》中明确指出，要加强油气输送管道高后果区等重点环节安全管控。因此，对油气生产复杂系统进行风险感知、评估及安全预警，对及时捕捉油气生产过程及装备运行中的风险因素、消除事故根源、实现系统安全，具有十分重要的意义。

油气生产复杂系统具有层次性、非线性、开放性及脆性等特点。正所谓“千里长堤，溃于蚁穴”，重大灾难性事故的发生、发展、加剧及衍生、次生过程与复杂系统的上述特点密不可分。油气装备结构的复杂性和操作工况的多样性，不同装备在不同环境下事故致因因素的时空关联作用的表象又有所不同，但机理却有规律可循。因此，早期预警研究的目的正是为了避免复杂系统事故致因因素间这种强因果“连锁反应”的发生，实现见微知著、防微杜渐。一方面，从根源上抑制其诱发；另一方面，从事故致因因素时空关联作用过程中减轻其危害程度，增强系统安全韧性，降低运行风险。从而将事故预防关口前移，将以事故发生后应急为主的管理模式转变为事前危险状态监控、预防为主的管理模式；将静态的安全管理方法转变为动态的风险预测及主动维修方法；将分散、单项的事件处理方式转变为系统、组合的管理体系。

本书面向油气生产复杂系统安全运行的工程需求，结合笔者团队在动态风险评估及早期预警方面积累的十余年研究成果与最新研究进展，深入浅出地讲解了如何利用实时工艺监测参数、图像、文本及视线追踪技术进行油气生产全过程风险早期预警的系列理论、方法与技术。在编写过程中，针对石油炼化系统、非常规油气压裂系统及海洋油气开采等典型油气生产复杂系统，提供了实际案例应用，有助于读者能够在实际安全管理与科研工作中举一反三、触类旁通。

全书共 8 章，其中，第 2 章至第 5 章和第 7 章由胡瑾秋教授撰写，第 1 章和第 6 章由张来斌院士撰写，第 8 章由武胜男副教授撰写。中国石油大学（北京）博士研究生马曦、王倩琳、蔡爽、张鑫、刘慧舟和硕士研究生王宇、王安琪、伊岩、田彬、曹雅琴、罗静、田斯赟、郭放、李思洋、张立强、胡静桦、张曦月、吴志强等整理了在校期间的研究资料和成果，为本书的顺利完成奠定了基础；博士研究生陈怡玥、肖尚蕊和硕士研究生王天瑜等参与了资料收集与书稿校对等工作，在此一并表示衷心感谢。在本书出版之际，感谢国家自然科学基金项目“信息安全威胁下油气智慧管道系统失效新型致灾机理与早期预警（编号：52074323）”及“过程安全跨尺度风险表征与危机预警理论研究（编号：51574263）”、北京市科技新星计划“油气储备库跨尺度风险表征与立体组网预警方法研究（编号：Z181110006200000）”，以及国家万人计划青年拔尖人才项目的资助。

由于笔者水平有限，书中难免会存在不妥之处，衷心期望各位读者提出宝贵意见和建议。

作　者

2022 年 8 月

CONTENTS

目 录

第 1 章

绪　论

1.1　油气生产复杂系统风险因素及特点

1.1.1　复杂油气开采系统风险特点

我国深部地层的石油资源量和天然气资源量分别占各自总储量的 30% 和 60%，是油气勘探开发的主战场。然而，深层复杂油气资源开采面临地质构造复杂、高温高压和地层流体危险性大等高风险复杂因素的严峻挑战。这些因素使得钻完井过程频繁遭遇井下复杂情况，井控难度极大，井筒完整性保障困难，作业周期长、开发成本居高不下，生产井环空带压问题十分突出，长期综合治理面临极大困难。事实上，近 20 年来国内发生的重特大井喷事故绝大多数来源于复杂油气勘探开发生产过程。虽经多年攻关，国内在复杂油气钻完井工程安全设计、井控技术、复杂情况及事故处理、应急技术与装备等方面取得了长足进步，但距离实现复杂油气资源安全高效开发的总体要求依然存在较大差距。随着石油天然气供给领域国际竞争的日趋激烈，在不断寻求降本增效途径的同时保障复杂油气资源安全开采已成为国内油气生产领域急需破解的重大技术难题。

在复杂油气事故预警方面，石油钻井工程预警目前大多考虑的是地质观察分析、气体检测、钻井液参数测量、地层压力预测和钻井工程参数测量等为一体的综合性现场检测录井技术。通过录井技术对钻井作业过程实行 24h 监控，并通过对钻井参数的监测和量化计算，实现对钻井异常情况的预测、预报。精细控压钻井通过调整井口回压来实现对井底压力的精细控制，在实施过程中采用低密度钻井液，通过随钻环空压力测量短节实时监测环空压力剖面，并通过流量计精确计量钻井液的出口与进口流量，以判断井下情况，采用回压补偿装置、自动节流管汇实现井口回压，以保持井底压力稳定。

在关键设施健康状态评估及预测方面，我国经系统研究获得了“三超”气井油管腐蚀失效特征及影响因素，揭示了超级 13Cr 油管的耐腐蚀性随温度、CO_2 分压，Cl^- 浓度和流速及酸化环境、完井液、加载应力的变化规律、腐蚀行为和特征，形成了一套基于井筒全寿命周期的腐蚀完整性选材评价技术，并联合开发了用于模拟油套管井下服役工况的实物拉伸应力腐蚀试验系统，为塔里木“三超”气田油管选材提供了决策依据。随着深层勘探开发，产油气井向着高温、高压、高含硫发展，高钢级、大厚壁管柱用量持续增加，井下环境复杂性导致管材完整性及作业损伤造成的服役性能下降，以及与环境介质的协同作用，管柱失效问题仍易发多发。

针对深层及复杂地层井筒工况条件差、超深井工程地质条件复杂、新兴风险挑战艰巨等问题，基于多源信息融合的井下异常工况精准监控、诊断、早期预警技术与装备作为安全高效智能钻完井配套技术，可以很好地解决钻井过程中存在的漏失、溢流、溢漏同存等井下复杂情况的早期预判，避免井喷等事故发生，实现安全、快速钻井，为深层油气高效勘探开发提供安全保障技术支撑。

1.1.2 非常规油气开采系统风险特点

我国现有的页岩气开发区块多处于地质构造脆弱敏感地带，地处山区丘陵，道路条件差、井场布局难度大，面临“小场地、连续作业、大负载、长时间”挑战，易引发火灾、泄漏等恶性事故。压裂作业已向“工厂化”模式转变，由“一井一压”转变为“工序压裂”，对装备和工艺的安全环保提出了更为严格的要求。大规模水力压裂作业是页岩（油）气开采的典型特征，能够大幅提高油气产量，但在对地质与生态环境的影响问题也存在争议，存在地震、塌陷地质灾害及环境生态影响等潜在风险。目前水力压裂与地震或微地震影响关系问题已在国际上引起高度关注，有关这方面的研究直接关系到页岩（油）气资源开发的安全与可持续发展。

非常规油气开采过程中复杂地层井漏问题严重，川南页岩气喷、漏、垮等工程风险依然较大。川南页岩气工区地质条件复杂，井漏频发，卡钻、旋转导向工具落井等问题严重。页岩气井在钻遇天然裂缝或受到邻井压裂干扰时，容易发生溢漏，给钻井安全带来风险。大型分段压裂会对井筒形成高频次的交变应力冲击，对井筒长久密封完整性带来了严峻的挑战。受固井套管、水泥环及地层物理特性差异的影响，井筒受力响应状态不同，易出现水泥环本体碎裂或形成界面微环隙，导致井筒层间密封失效，甚至出现地层流体上窜至井口形成套管环空带压的现象，影响页岩气的高效安全开发。例如，涪陵页岩气田大规模开发以来，页岩气井套管环空带压现象较为普遍，已成为安全生产的重大隐患。

同时，在水力压裂实际施工过程中不可避免地会出现砂堵等井下异常工况，导致压裂失败或进度受阻，压裂施工提前结束。通常对于砂堵事故的致因，从采油工程的角度可以认为由于油层胶结疏松或生产压差过大，导致油层结构性破坏，大量出砂，产液含砂量过高，无法将砂带出而沉降在井筒底部的现象；从水力压裂的角度认为，在施工过程中，当所需注入流体的压力超过了注入井筒管柱、井口设备、泵注设备的限制压力，导致井筒近井地带或管柱沉砂的现象。因此高砂比、较快的加砂速度和较高的泵入排量，是产生砂堵的直接工程因素。砂堵也是导致卡井、压裂失败的直接原因。

相比北美等发达国家地区非常规油气商业化开采进程，我国在非常规油气开采的研究时间相对较短，新工艺、新技术、新装备，以及大型国产化研制应用工程不断推进，然而工程及其负效应共生共存，在整个生命周期内易出现难以预料的、各种潜在的、不良的危险因素并导致各种突发事件及其次生、衍生灾害。非常规油气开采系统动态安全风险评价及早期预警技术，可以为我国页岩油气等非常规资源的系统、集成、高效开发提供可靠的技术支撑，为实现页岩气资源开采的战略性跨越提供安全技术保障。

1.1.3　油气管网系统风险特点

油气管道是国家能源的“命脉”，我国油气管道干线数量总和已达到 13.6×10^4km。近年来中国油气管道工程稳步推进，油气管网逐渐完善，合作建设多条陆上油气进口通道。中缅、中亚、中哈、中俄油气长输管道先后投入使用。随着我国在役管道进入老龄期及新建管道规模加大，由于管道材质老化、制造缺陷、第三方破坏、自然灾害、误操作等因素引起的管道泄漏和燃烧爆炸等事故偶有发生，这类事故会破坏生态环境，导致人员伤亡，并造成巨大的经济损失。据统计，管道安全事故占比约 50%，重特大事故一次可致数百人伤亡，直接损失近十亿元。

为避免管道事故，2001 年美国国会批准了关于增进管道安全性的法案，核心内容是在高后果区实施完整性管理，管道完整性管理逐渐成为全球管道行业预防事故发生、实现事前预控的重要手段，是以管道安全为目标并持续改进的系统管理体系，其内容涉及管道设计、施工、运行、监控、维修、更换、质量控制和通信系统等管理全过程，并贯穿管道全生命周期。自 1995 年，我国开展管道风险评价和管道安全评价研究，2001 年中国石油率先引进管道完整性管理并实施，取得了丰硕成果，覆盖管道储运设施的线路、场站、储气库和系统平台等多个领域，线路方面形成了本体安全保障、风险评估与控制、输送介质安全保障、抢维修及应急保障等技术群。场站完整性管理领域已逐步形成了场站工艺设施检测与评估、压缩机组诊断评估、定量风险评估、安全等级评估、设施完整性评价等技术群。储气库完整性管理领域形成了地下储气库风险控制、储气库建库及运行安全技术群。管道完整性系统平台领域形成了基于业务多源数据的管道应急决策 GIS 系统，智能管网初步在中俄东线建成。

近年来，管道行业的研究者们也在对管道的安全智能化建设进行积极的探索。智慧管网是基于大数据、物联网、云计算、人工智能等关键技术，将管网与信息技术深度融合的产物，具有全面感知、自动预判、自适应、自反馈、自学习等功能特征，实现了管网的安全、高效运行。它的特征是在规划管理、建设管理、运行管理方面实现标准化、数字化、可视化、自动化、智能化。然而，目前国内智慧管道建设均处于数据采集和存储阶段，管道系统大数据尚未形成。大数据的应用案例相对较少，仅限于在管道风险分析、内检测等方面的初步探索，缺乏深度分析、安全保障与应急决策支持等方面的规模化应用；基于大数据的管道泄漏监测和预警、灾害预警、腐蚀控制管理仍然属于空白；基于大数据的决策支持平台仅完成系统架构搭建，未实现决策支持功能的落地。如何提升模型的适用性和针对性，有效应用于管道运行管理及评估，把各环节产生的数据、信息系统等集成于一体还有待攻关。

另一方面，在管道智慧化建设的同时，对包括蓄意攻击及非蓄意行为导致管道信息空间出现故障或异常的信息安全威胁这一新型、复杂安全隐患，缺乏充分认识和有效检测与预警方法。针对油气管道系统有效的威胁通常是通过本地或远程访问在网络域中启动，模仿组件故障，同时隔离网络与物理系统之间的连接，从而使油气输运物理过程不受控制。这些将会导致油气输运过程延迟、动力机组拒绝服务（DoS），从而会干扰局部管网的正常运行或能量 / 物料的意外释放。与管道物理实体在自然界的失效相比，信息安全威胁对油气管网的运行具有创造更大灾难性后果的潜力。因此在信息安全威胁深度跨域迭代及攻击模式多样化的双重挑战下，急需从“信息—物理—社会”系统视角，研究油气智慧管道信息安全威胁驱动的新型致灾机理，创建早期预警方法，实现油气管道智慧、安全、可持续并行发展。

1.1.4 油气加工与利用系统风险特点

油气加工与利用系统从原料到产品的生产需要经过许多工序和复杂的加工单元，通过多次反应或分离完成。其流程复杂，工艺条件苛刻，影响因素高度耦合，并伴有高温、高压、低温、真空、大流量、高转速等极端条件。同时，这些装置在开停工时操作参数变化较大，系统处于不稳定的操作状态，同时物料的引入、引出比较频繁，极易出现事故，此时设备的故障率也较高。正常生产时各工艺参数比较稳定，但在长周期连续运转过程中，受工艺设备、公用工程条件、加工量调节、人员操作水平、仪表可靠度等诸多因素的影响，仍存在或产生一些影响安全生产的因素，易造成装置紧急停工停产、泄漏着火爆燃等事故。在对这些装置维检修过程中，不当的操作、安全措施的缺乏及环境因素的影响也容易导致重大事故的发生。例如，2005 年 3 月，BP 公司德克萨斯州炼油厂常减压装置在启动过程中突然发生爆炸，造成 15 人死亡、180 人受伤，经济损失超过 15 亿美元。1999 年 5 月，北京燕山分公司炼油厂三催化装置在开工期间发生污油储罐内浮船冲翻损坏事故。2003 年 1 月，沧州炼油厂硫黄回收装置在拆修过程中发生爆炸事故，造成 1 人重伤。2007 年 5 月，乌鲁木齐石化公司炼油厂加氢精制联合车间柴油加氢精制装置在停工过程中，发生硫化氢中毒事故，造成 5 人中毒。

油气加工与利用系统的安全事故大多由于系统的“变化”引起，如液位偏高、流量过大、机泵部件退化、管线裂纹等。这种“变化”可以是内部产生（也称“偏差”），也可以是外部作用（也称“扰动”）的结果。如果这些“变化”使系统的运行工况超出设计预期的安全范围，将出现系统故障。单一设备或工艺过程出现故障，极易借助系统单元之间的相互依存、相互制约关系，触发链锁效应，由一种故障引发出一系列故障链直至引起事故或灾难。同时从一个地域空间传播至另一个更广阔的地域空间，引起衍生事故，带来难以估量的社会与环境风险。

由于油气加工与利用系统异常工况千变万化且故障样本稀少，设备性能、原料性质常常变化，噪声干扰，操作调节频繁与异常工况耦合互扰等特点，DCS 等监控系统的阈值报警机制易引起大量误报警，增加现场人员的工作强度，且易忽视正确报警信息，异常工况不能得到及时处理。同时也存在报警延迟现象，安全管理人员不能及时发现工况异常，耽误最佳工况调整时间。

油气加工与利用系统中的危险因素是客观存在的，这些因素以各种形式存在于系统内部，在一定条件下可能转化为事故。但只要在事故发生之前充分及时捕捉危险因素，预知事故发生的状态，提前采取措施进行抑制，就有可能阻止危险因素转化为事故。因此针对油气加工与利用系统生产运行特点，建立油气生产系统事故预警的理论体系，运用系统分析的方法，对系统中的人、物和环境因素进行细致的分析，根据组成系统的各单元在系统中的作用，挖掘影响系统安全的实质，及时捕捉系统中的危险因素，消除事故根源，实现系统安全，具有十分重要的社会、安全意义。

1.2 油气生产复杂系统风险早期预警技术现状

随着现代石油工业的发展，油气装备日趋大型化、高速化、自动化和智能化，特别是广泛应用于石油天然气行业的油气集输系统、增压站场动力机组及各类化工装备与石油天然气的生产、运输、加工、处理等过程紧密相连，形成油气生产复杂系统。油气生产复杂系统的本质是由不同属性的子系统（人—机—环）相互关联、相互作用、相互渗透而构成的具有结构与功能统一的、开放的复杂动态大系统。

油气生产复杂系统一方面具有长期运营（运营期一般超过30年）的特点，在漫长的运营过程中难免发生事故；另一方面具有危害扩散（危害扩散至系统外部环境）的特点，一旦发生事故必然造成巨大损失，故此系统也属于典型的高危系统。其安全问题区别于其他行业有几大不同的特征：（1）物料大多具有易燃易爆性、反应活性、毒性和腐蚀性；（2）生产装置规模大、集成度高，且生产运行过程具有强非线性；（3）系统组成关系与行为复杂，以及与其环境之间的关联程度高、耦合性强，导致系统故障的形成、传播、演化等故障行为具有多样性、随机性、涌现性等特点。

油气生产复杂系统中一旦任何子系统或其中部件发生故障，常引发连锁反应，造成重大生产损失，甚至导致灾难性的安全事故。例如BP德克萨斯城炼油厂爆炸事故、吉化"11·13"特大爆炸事故、大连输油管线爆炸事故、蓬莱19-3油田溢油事故等。这些安全事故致因因素间复杂的非线性交互作用是造成复杂系统安全事故成因及后果影响复杂性的主要原因。

自20世纪90年代Holland提出复杂适应系统理论起，复杂性科学的研究蓬勃兴起，至今方兴未艾。国内外许多学者将复杂性科学引入油气安全科学与技术领域，围绕不同的侧面展开研究，包括大型事故致因理论、安全评价体系、装备复合故障智能诊断及趋势预测等。另一方面，随着预测性维护概念的提出，将油气装备检维修的重点从过去的事后维修、视情维修、预防性维修等转移至重点研究在线预测装备何时会发生故障及类型，并提前实施有针对性的维护计划或应急方案，减少非计划停机甚至安全事故的发生。

因此，复杂性科学和预测性维护技术的结合，促成了复杂系统安全预警研究的发展，同时也面临一系列的挑战，未来的发展方向是怎样，将是一个非常急切且需要深入探讨的问题。正所谓"与其病后去求医，不如病前早预防"，若能够将事故预防关口前移，将以事故发生后应急为主的管理模式转变为事前危险状态监控、预防为主的早期预警模式，对保障油气生产复杂系统安全运行，减少或避免重大灾难性事故具有非常重要的意义。

1.2.1 油气生产复杂系统事故致因因素的时空关联性

油气生产复杂系统事故成因的复杂性既与主观认知能力限制有关也与客观事故本身的复杂性有关，而这两方面都与系统组元间的各种复杂的非线性交互作用关联。对"系统的整体性原理"和"系统的联系性原理"的研究，指出"相互作用是系统失效的真正终极原因"。探明因素间，特别是事故致因因素间的时间—空间关联关系和层次结构是实现系统风险早期精准预警的前提和基础。

随着装备设计的不断改进和人类防范意识的提高，多因素耦合诱发的事故比重呈不断上升趋势。分析表明，全世界 92% 的事故是由多个因子导致的，平均每个事故有 4.39 个基元事件，多的可达 20 个。多因素耦合诱发事故具有因素关联复杂、隐蔽性强等特点，易造成灾难性后果。

事故致因因素（如外部环境变动、某个零部件退化或失效、传动系统配合不良等）首先会对复杂系统中某个与其有着一定联系的子系统产生影响，而这些子系统又通过复杂系统内部的耦合关系，对有联系的其他一些子系统产生影响，最终很有可能影响到复杂系统中的一些关键子系统。这些子系统的崩溃（失效），表现出来的将是复杂系统的某些功能瘫痪。依此类推，随着崩溃子系统数量的增多、层次的扩大，最终导致整个复杂系统部分或整体崩溃，即整个复杂系统都不能正常运转，更严重的将发生重大安全事故，带来难以估量的损失。

同时事故的发生具有强烈的动态复杂性，通常是由偶然的、耦合作用的不安全基元事件累积导致。其事故致因因素的时空关联性主要体现在以下几个方面：

（1）自适应性与自组织性。当主体产生故障时，通过事故致因因素之间时空交互作用，对其他关联主体产生不同程度的影响，而其他主体的异常又可能加速（或延缓）初始故障组件的退化速率，使得故障的耦合作用也呈现一种复杂性。

（2）不确定性与随机性。复杂系统中的随机因素（如瞬态冲击、环境突变、操作调节等）不仅影响系统的组织结构，而且影响其状态和行为方式，使得系统事故致因因素耦合作用的传播路径、影响程度、表现形式等均带有某种不确定性。

（3）涌现性。子系统之间的相互作用，可导致产生与单个子系统行为显著不同的宏观整体性质。故障耦合作用的涌现性也体现为一种质变：主体故障之间的相互作用开始后，系统能自组织、自协调、自加强，并随之扩大、发展，最后发生故障质变，导致系统的崩溃，即发生了涌现。

（4）演化性。复杂系统对于外界环境和状态的预期—适应—自组织过程导致系统功能和结构的不断演化。系统最终发生灾难性事故是单一故障自身的随机演化和多重故障之间的交互演化过程的体现。

此外，复杂系统还具有层次性、非线性、开放性及脆性等特点。正所谓“千里长堤，溃于蚁穴”，重大灾难性事故的发生、发展、加剧及衍生、次生过程与复杂系统的上述特点密不可分。油气生产系统结构的复杂性和操作工况的多样性，不同装备在不同环境下事故致因因素的时空关联作用的表象又有所不同，但机理却有规律可循。因此，安全预警研究的目的正是为了避免复杂系统事故致因因素间这种强因果“连锁反应”的发生，实现见微知著，防微杜渐。一方面从根源上抑制其诱发，另一方面从事故致因因素时空关联作用过程中减轻其危害程度，增强系统安全弹性，降低运行风险。

1.2.2 国外复杂系统安全预警基础研究进展

根据国际减灾战略秘书处的定义，预警是指对即将发生的灾难进行紧急警告。在系统安全工程领域，其内涵既包括对可能即将来临的事故发出的紧急警告，也可以包括对一段时间后由此事故可能引起的次生事故发出的延期警告。因此预警是对系统未来状态进行测度，并对未来事故的发展进行预期性评估，以提前发现系统未来运行可能出现的问题及其成因，预报不正常状态的时空范围和危害程度及提出防范措施，从而避免或最大程度降低可能的损失。

预警包括预警分析和预警控制。预警分析是通过对故障征兆进行监测、识别、诊断与评价并及时报警的技术活动。预警控制则是根据预警分析的结果，对故障或异常工况征兆的不良趋势进行纠正、预防与控制的管理活动。因此，对油气生产复杂系统进行安全预警不仅是现代安全管理的需要，也是落实“安全第一，预防为主”方针的有效措施。

近年来，国外学者在油气生产复杂系统安全预警相关领域的基础研究和工程应用方面取得了一些突出进展。

1. 复杂适应系统事故致因因素关联规律及其脆性研究

美国普渡大学智能过程系统实验室（LIPS）在复杂适应系统（CAS）的风险识别、分析与管理方面展开了近25年的研究工作。通过不同的领域、不同的事故形式探索复杂系统中系统性失效的致因因素及其相互联系，并从更广阔的视角，即从系统工程角度出发，研究复杂系统的脆性特征，以及事故的共性和差异化，有利于在未来可以更好地对这些复杂系统进行优化设计和安全控制。

LIPS指出未来的挑战在于，下一代的诊断和预警系统应能够检测和实时监控复杂的设备和工艺，确定性能的退化程度，预测潜在失效场景，诊断实际故障，并给出建议或采取纠正性维护及控制的响应。在设计诊断和预警系统时需考虑复杂的工艺和设备的动态性，难点集中于缺乏有效的传感技术、合适的分析模型、数据的不完整和不确定性、知识源的异构性，以及开发和维护这些系统所需大量的专业知识和精力。

2. 智能预警系统和预测维修决策支持技术研究

美国辛辛那提大学、密歇根大学、密苏里科学技术大学共同成立的智能维护系统中心（IMS）在此领域建立了Watchdog智能预警系统和决策支持工具。该预测技术能够预计停机时间，识别可能导致停机的故障或失效模式。该系统重点在预测何时及为什么系统会失效，目前正致力于大型复杂工业系统的预测预警应用研究。

IMS对决策支持工具（DST）开展研究，当机器磨损或失效时提供企业操作员应执行的正确响应。当一个或更多的装备可能在未来不断失效时，决策支持可以平衡企业资源，减少停机时间所造成的生产力损失，并有利于优化设备维护时间表，以减少停机时间。IMS指出在复杂系统监测与安全预警技术领域，未来的研究应重点关注设备性能衰退分析及预测，以及以安全预警为基础的预测性维护技术的研究和工程应用。

3. 复杂系统过程安全不确定性及风险弹性工程研究

美国过程安全研究中心（Mary Kay O′Connor Process Safety Center，MKOPSC）在复杂系统过程安全领域，致力于风险管理、后果分析及风险弹性工程方面的研究。包括复杂系统不确定性问题、动态过程操作风险分析，并重点关注设备退化、检测周期的预测，数据波动对预测的影响，以及系统从干扰到正常状态恢复能力的研究等。例如，MKOPSC

利用贝叶斯方法、LOPA、模糊逻辑等进行复杂系统安全相关数据的处理，并对致因因素因果关系进行建模和模拟。

MKOPSC 指出，为了防止灾难性事故，实时安全决策需要随着复杂性科学、多视角模型和混合智能系统的进步而发展。在安全预警系统的研究过程中，实现高水平的预警及控制需要重点研究：（1）安全组件功能；（2）组件之间正确和安全的交互。

4. 化工装备故障传播规律及智能过程支持系统研究

日本学者 Kazuhiko Suzuki 在研究了近几年日本发生的重大化工事故的基础上，提出了一种智能过程支持系统（Intelligent Operation Support System，IOSS），可以有效地预防事故的发生。化工装备中的设备单元、容器、仪表和控制系统十分复杂，操作员在预测故障影响并决定采取何种故障纠正措施是非常困难的。另外，还需要实施及时、迅速的响应，因为任何对异常事件的延迟响应将导致故障的扩大和传播。IOSS 能够计算在异常事件中故障传播的影响，并给操作员提出合适的应急措施，将帮助操作员做出快速的安全决策。IOSS 同时能够使用模拟器预测在异常情况中过程变量的变化趋势。所有设备的状态输入进模拟器来正确计算预测未来的过程变量值。

相比而言，我国对石油工业领域装备及工艺风险的安全预警研究处于起步阶段，但安全预警技术已引起了石化企业的广泛关注，目前已成为油气安全保障与应急研究的热点。结合我国油气装备及油气生产、加工等工艺环节的特点，对复杂系统安全预警的研究重点应关注于如何：（1）发现事故苗头（即消除隐含故障）；（2）预测危险传播的多重路径；（3）预测单一或组合异常状态未来的变化趋势；（4）减轻故障耦合、关联等作用造成的后果。

1.2.3 国内油气生产领域安全预警新技术

近年来，中国石油大学（北京）针对油气生产复杂系统工况耦变、故障耦合等特点，以提高复杂系统隐患识别的准确性、故障因果推理的合理性以及事故预控及时性为目标进行复杂系统安全预警基础研究，取得了一些特色鲜明的应用基础性创新成果，解决了复杂系统安全预警领域的一些基础科学及工程问题。包括早期隐含故障的诊断和预测新方法、耦合故障的多级关联诊断—预警一体化技术，以及多源信息融合的事故事件早期预警技术及应用研究。

这些研究成果可以有两层意义：一是把这类关联诊断—预警机制应用到特定的油气生产复杂系统中获得特定的、有用的危险场景及安全预控措施，推动了特定的油气生产复杂系统所在工程领域的研究进展；二是通过研究尽可能多的特定的油气生产复杂系统事故致因因素的时空关联特性，可以把这类关联诊断—预警机制推广到石油天然气工业尽可能多的复杂系统，从而为寻找描述复杂系统中复合故障非线性相互作用机制的一般理论奠基。

1. 早期隐含故障的诊断和预测新方法

除了极少数突发故障以外，复杂系统出现的大多数故障属于渐变性故障，部件功能指标逐渐恶化，直至失效，但在失效之前仍可以继续运行。渐变性故障往往在早期阶段就会诱发故障间的非线性相互作用，并导致更多的部件甚至整个系统发生故障，损失严重。在早期隐含故障诊断方面，有两个关键问题一直备受关注：一是设备早期故障预示的特征信号十分微弱，往往被强噪声所淹没，信噪比较低，不易被识别和重视；二是多数设备在实际运行中大部分时间处于正常运行状态，异常、故障样本较少，辨识模型的准确建立十分困难。经过研究，针对油气生产动设备提出了一套新的早期隐含故障的诊断和预测新方法（图 1.1），能够有效捕获系统早期故障征兆，有利于控制故障的发展。该研究成果的意义在于：

（1）首次从早期故障的多重分形性质提出基于多重分形谱与广义维数的设备早期故障定量诊断指标，建立了故障分形现象的局域标度特性与总体特性的关系。

（2）突破了传统故障诊断精度受有效样本数量的限制，实现了小样本条件下的故障准确判别。

（3）揭示了多重分形特征参量的选取与诊断准确性之间的非线性关系，并提出利用少量异常样本实现对诊断参量的统计优化方法，极大减少了诊断过程受样本数量和主观因素的影响。

（4）以该方法为基础，进一步建立了复杂系统关键部件早期退化自组织诊断及预测法，揭示了部件在全寿命过程中各个退化阶段的故障多重分形特征，并基于自组织神经网络绘制出全寿命过程的退化状态轨迹，有利于退化状态的预知跟踪，提高了故障预测的准确性。

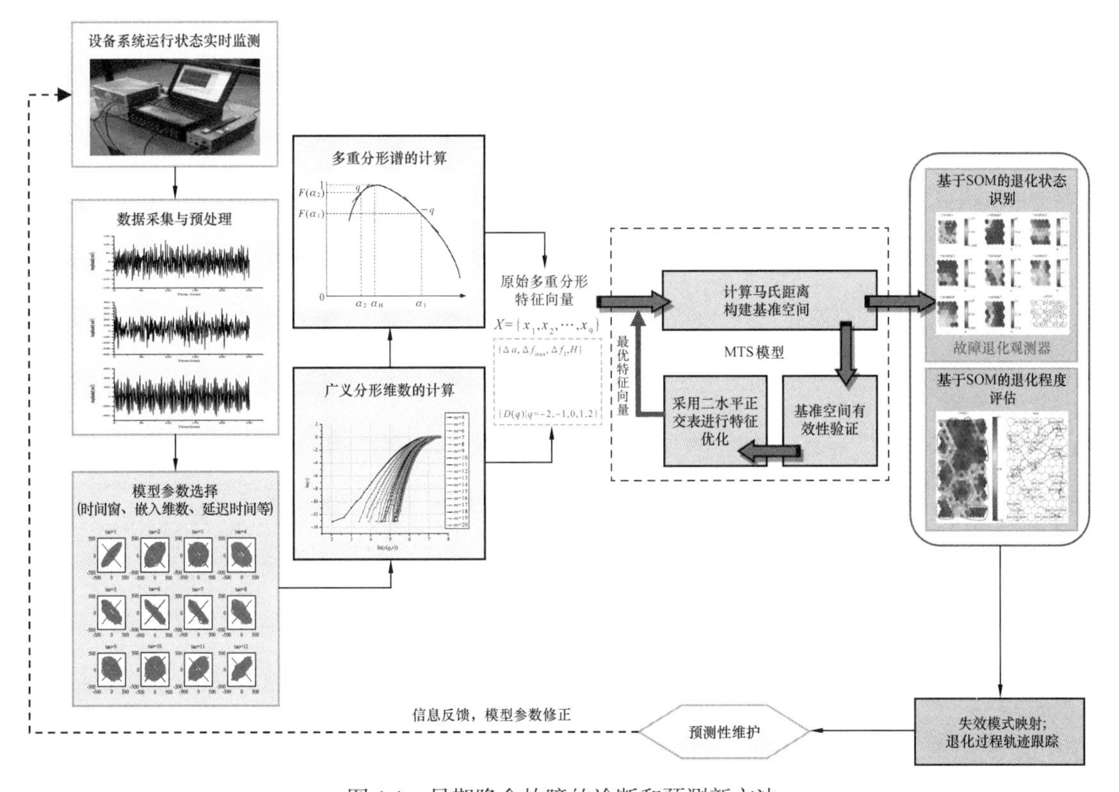

图 1.1　早期隐含故障的诊断和预测新方法

（5）建立了室内管道与动力机组早期故障的综合诊断实验平台，能够模拟不同故障模式、故障位置以及故障程度，同时建立了故障模式库，为预警模型的建立和验证服务。

2. 耦合故障的多级关联诊断—预警一体化技术

在油气生产复杂系统中，大多数单点故障都具有多重传播路径，任何一个局部细小的异常扰动都可能会通过故障因果链进行传播、扩散、积累和放大，从而酿成重大安全事故。为了突破传统方法所需部件失效独立性等假设条件，针对复杂系统故障因果链的随机性、复杂性和不确定性，提出了一套油气装备耦合故障的多级关联诊断—预警一体化技术（图 1.2），有效地解决了对多部件系统产生多故障的根源性因素的准确辨识，以及在部件失效具有相关性条件下剩余可靠性寿命的准确预测。该研究成果的意义在于：

（1）在国内安全学科首次研究油气装备故障演化的内在随机过程和耦合交互过程，并建立了定量的故障多重传播路径模型。

（2）从系统的“整体性原理”和“联系性原理”提出了集“功能模型”“退化模型”“行为模型”“事件模型”“评价模型”“预测模型”于一体的混合预警模型，极大拓展了系统多故障诊断和预测理论。

（3）在混合预警模型的基础上，进一步针对多重故障传播路径的不确定性建立故障传播路径的蚁群搜索预测算法，综合危险融合信度与严重程度两个因素，确定各条故障传播通路的定量风险估计值。

（4）成功应用于油气生产增压站场的大型燃压机组系统、大型石油炼化装置、油田油气集输联合站场等油气装备复杂系统。研发了具有自主知识产权的危险源辨识与 HAZOP 安全预警分析专家系统，故障趋势预测正确率达 90% 以上。

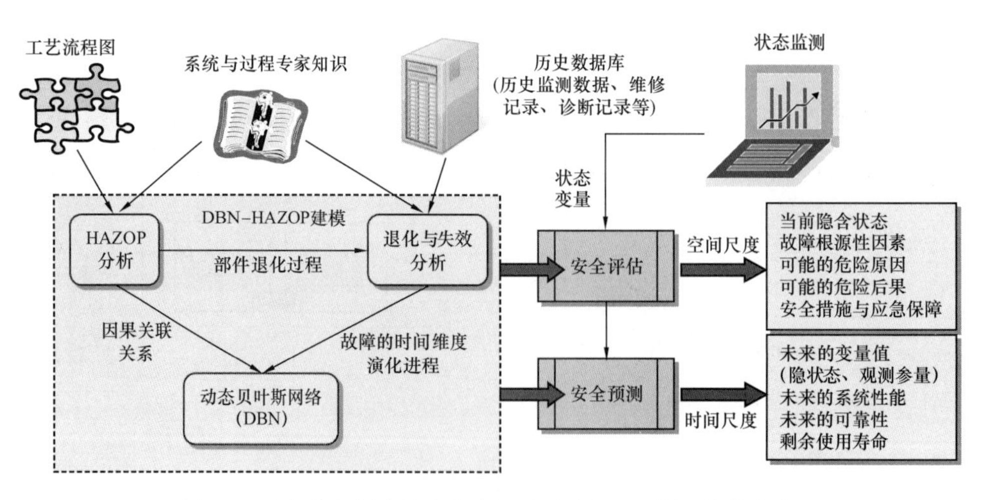

图 1.2　油气装备耦合故障的多级关联诊断—预警一体化技术

3. 复杂系统动态安全评估及预测维修技术

针对油气装备运行工况复杂、耦变、波动对生产系统安全的影响，开展动态安全评估及预测维修技术研究，提出了一种评估指标及其权重的自适应调配机制（图 1.3），并以此为基础建立了一系列基于时间立体视角的综合安全评估模型、基于模糊信息融合的安全定量评估模型、管道第三方破坏智能风险分类评估方法、基于故障超前防御的复杂系统预测维护技术等，能够动态跟踪油气装备复杂系统当前的安全状态并预示未来的变化趋势，有利于抑制故障的苗头。

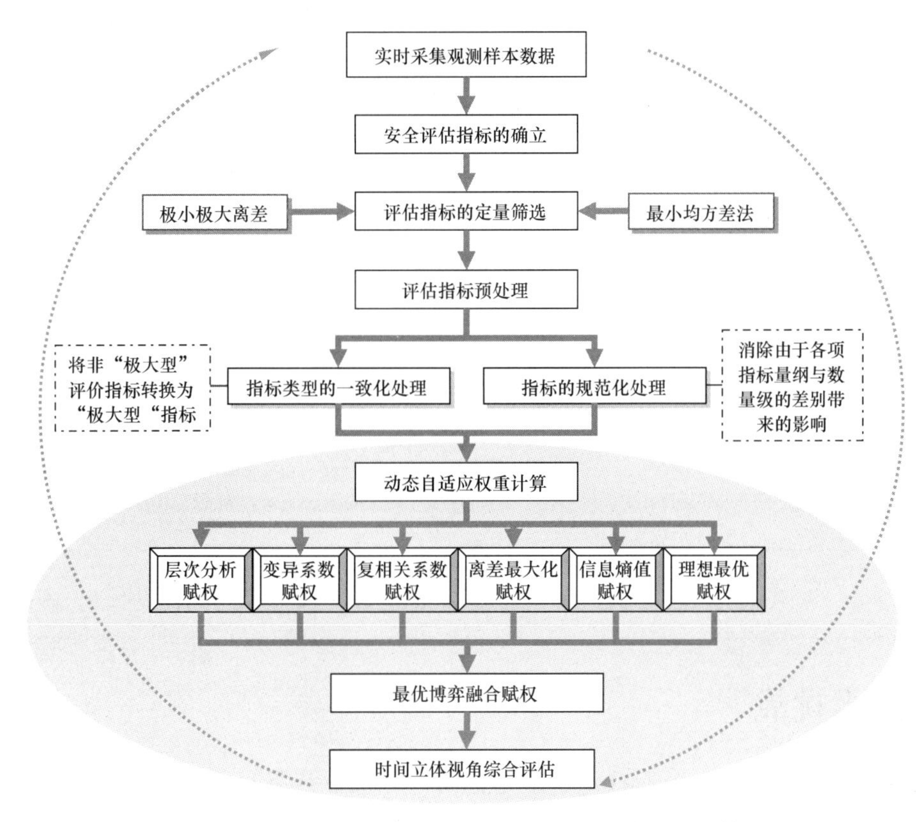

图 1.3　动态安全评估指标及其权重的自适应调配机制

4. 建立了油气复杂系统过程安全跨尺度风险表征与危机预警理论体系

我国油气生产复杂系统（如勘探开发、站库、炼厂中的关键设备设施群组）流程复杂，运行条件苛刻，影响因素高度耦合，并伴有高温、高压、低温、真空、大流量、高转速等极端条件。其故障与失效，在很大程度上影响着油气资源的安全、平稳供应与利用，对油气安全科学与工程学也提出了更高的要求。油气生产复杂系统运行安全已成为社会公共安全问题。

油气生产复杂系统结构复杂、环境恶劣、工况多变，具有根源隐蔽、事故影响大等特点，其风险具有自然和社会属性，风险构成要素在不同层次和不同运行周期上存在尺度效应。变工况下故障的精准监控、诊断、溯源与早期预警难题，需要采用多尺度、跨尺度的方法。针对油气生产复杂系统运行特点，开展过程安全跨尺度风险表征与安全预警理论研究，以事故“风险因子的尺度效应→多尺度特征与故障监测→多源信息融合与风险尺度推绎→跨尺度智能预警与报警优化→推广应用研究”为主线，开展基础科学问题的深入研究及方法应用实践。关键技术主要包含以下方面：（1）基于风险因子尺度效应的事故场景及风险传播路径自适应分析方法；（2）基于油气生产复杂系统故障多模态识别与智能监测方法；（3）油气复杂系统多源异构风险信息融合与风险尺度推绎方法；（4）跨尺度智能预警与报警优化方法；（5）我国油气生产复杂系统（页岩气大规模压裂系统、炼化生产系统）的推广应用。继而形成了油气生产复杂系统过程安全跨尺度风险表征与危机预警理论体系（图 1.4）。

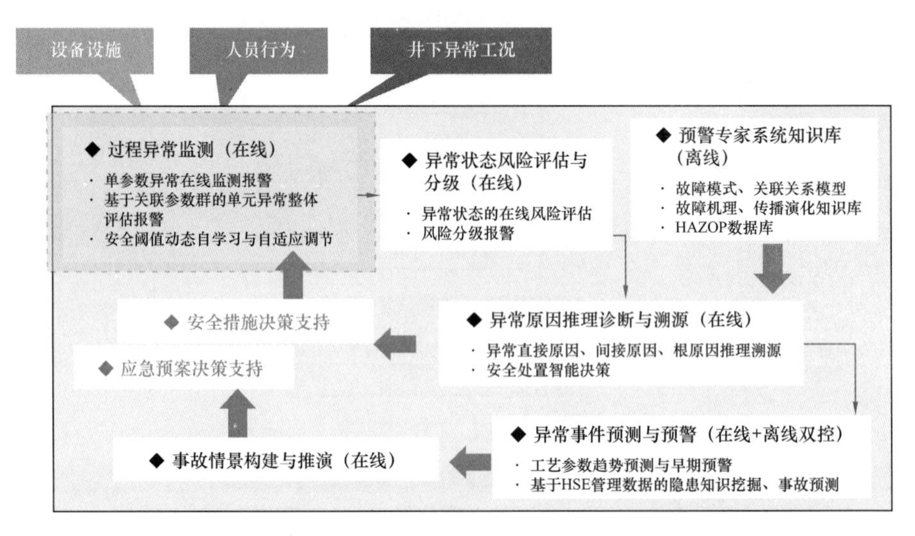

图 1.4　油气生产复杂系统过程安全跨尺度风险表征与危机预警理论体系

1.3　技术挑战

综合上述现阶段国内外在复杂系统安全预警基础研究和工程应用取得的进展和存在的问题，总结起来有“五多五少”现象：部件故障研究多，系统故障研究少；定性研究多，定量研究少；单一故障研究多，复合故障研究少；静态风险研究多，动态风险研究少；风险评价研究多，风险预测研究少。为此，今后的安全预警研究需实现以下四个方面的突破：

（1）实现由定性研究到定量研究的突破。

安全预警研究工作通常可划分为五个层次：首先对故障或异常工况征兆进行监测，其次能够识别故障类型，第三层次为能够诊断故障发生的根原因，第四层次是对故障的损伤程度进行评价，第五层次是预测故障未来变化发展趋势，给出剩余寿命并提前报警。

如果将第一至第三层次的工作称为定性研究的话，那么第四、第五层次就是定量研究。定性研究是定量研究的重要基础，定量研究的第四和第五层次的研究工作紧密相连，这是因为如果缺少准确可靠的初始故障类型及其发生根原因的分析，会导致故障或退化程度判别以及故障趋势预测预警等技术成为无源之水。安全预警的定量研究工作需要在定性分析的基础上，揭示系统故障状态或异常工况的发生、发展、演化、传播等规律，从而为复杂系统的安全性分析、可靠性评估和寿命预测提供基础性依据。

针对油气生产复杂系统的典型结构，首先开展设备及工艺异常状态的动态在线监测与故障辨识；然后，在故障或退化原因诊断的基础上，开展基于模型或数据驱动的状态退化程度评价；最后开展故障趋势预测、对其他相关部件（或系统整体）的未来影响预测，以及剩余安全寿命预测等。可见，今后复杂系统安全预警的研究重点将会从定性研究转向定量研究。

（2）实现由单一故障预警研究到复合故障预警研究的突破。

单一故障的预警研究工作目前主要是依靠信号处理方法，通常容易实现，但是往往在推广使用时，其精度不高、泛化能力不强和通用性较差，因而制约了其在工程中的应用。对于油气生产复杂系统，由于其故障甚至导致事故的原因往往不是单一的，是多种故障因素耦合、关联的结果，因此，从单一故障角度对复杂系统进行预警分析会造成漏报甚至误报。

复杂系统部件之间及故障失效过程之间的相互作用、传播及影响往往同时出现或者先后级联发生，其故障征兆并非简单叠加而是相互耦合，这种复合故障的产生给安全预警工作带来更大的困难。因此，如何准确地识别导致系统异常的复合故障，并能够预测复合故障之间的相互影响趋势，以及对系统整体运行的影响进行合理预测，将会是今后的又一发展方向。

（3）实现由零部件故障研究到复杂系统故障研究的突破。

对设备零部件故障的安全预警研究主要是针对系统中的关键零部件或生产单元，如齿轮、轴承和转子、压力容器、工艺管线等，进行监测并诊断其服役故障，预测相关参数变化趋势。然而，油气生产复杂系统内各个单元的相互作用才是事故发生的本质原因。这种零部件级的预警分析往往只能诊断出诱发性故障，却不能根治系统的安全隐患。因为这种预警分析方法往往忽略了系统部件之间及故障失效过程之间的相互作用、传播及影响程度，外部环境变化、工况调节对部件退化过程的影响，而从单纯的部件自身退化过程出发计算平均寿命，预测未来的剩余可靠性寿命，所得结果往往偏乐观，不切实际，且推理与决策机制的合理性较低。

因此，今后的研究应该注重将油气生产系统看作多层次、非线性的复杂整体，建立多维和多参数复杂系统模型，然后从系统的整体性和系统的联系性出发，深入研究系统内部各组成部分的动力特性、相互作用和依赖关系，探索复杂系统故障的根源，找出原发性故障，从而根除油气生产复杂系统的安全隐患。

（4）实现由静态安全评价研究到动态风险预测研究的突破。

安全预警分析有别于传统意义上的故障诊断及评价，由于预警的根本目标是避免故障或异常工况产生的条件，特别是故障可能萌芽时的条件和特征，将防控措施提前到早期故障阶段之前，形成一种超前保护意识。因此，动态的追踪输入、输出系统物流、能量的协调性及有害能量的转化和输出物质特性的变化异常，将是复杂系统安全预警研究的重点。

由于油气生产复杂系统的运行过程、内 / 外环境因素、操作任务、单元部件的退化过程是动态的，因此今后的安全预警需要研究如何根据内外部环境的变化、工况操作的调节及系统及零部件自身的退化规律动态、自动更新预测方法与预测模型的结构与参数，了解故障或退化的演化过程与征兆间的映射关系，使预警分析能够实时动态地反映系统的安全特性。

参考文献

[1] Zhang Laibin and Hu Jinqiu. Safety prognostic technology in complex petroleum engineering systems: progress，challenges and emerging trends [J]. Petroleum Science，2013，10 (4)：486-493.

[2] Hu J，Zhang L and Liang W，Dynamic degradation observer for bearing fault by MTS-SOM System [J]. Mechanical Systems and Signal Processing，2013，3 (2)：385-400.

[3] Hu J，Zhang L，Liang W，et al. An adaptive online safety assessment method for mechanical system with pre-warning function [J]. Safety Science，2012a，50 (3)：385-399.

[4] Hu J，Zhang L，Liang W，et al. An integrated method for safety pre-warning of complex system [J]. Safety Science，2010，48 (5)：580-597.

[5] Hu J，Zhang L，Liang W，et al. An integrated safety prognosis model for complex system based on dynamic Bayesian network and ant colony algorithm [J]. Expert Systems with Applications，2011，38 (3)：1431-1446.

[6] Hu J，Zhang L，Liang W，et al. Intelligent risk assessment for pipeline third-party interference [J]. Journal of Pressure Vessel Technology，Transactions of the ASME，2012b，134 (1)：165-173.

[7] Hu J，Zhang L，Liang W，et al. Mechanical incipient fault detection based on multifractal and MTS method [J]. Petroleum Science，2009a，6 (2)：208-216.

[8] Hu J，Zhang L，Liang W，et al. Opportunistic predictive maintenance for complex multi-component systems based on DBN-HAZOP model [J]. Process Safety and Environmental Protection，2012c，90 (5)：376-388.

[9] Hu J，Zhang L，Liang W，et al. Quantitative HAZOP analysis for gas turbine compressor based on fuzzy information fusion [J]. Systems Engineering—Theory & Practice，2009c，29 (8)：153-159.

[10] Hu J，Zhang L，Liang W，et al. The application of integrated diagnosis database technology in safety management of oil pipeline and transferring pump units [J]. Journal of Loss Prevention in the Process Industries，2009b，22 (6)：1025-1033.

[11] Lee J，Deng C L，Tsan C H，et al. Product life cycle knowledge management using embedded Infotronics：methodology，tools and case studies [J]. International Journal of Knowledge Engineering and Data Mining，2010，1 (1)：20-36.

[12] Lee J，Ni J，Djurdjanovic D，et al. Intelligent prognostics tools and e-maintenance [J]. Computers in Industry，2006，57 (6)：476-489.

[13] Markowski A S，Mannan M S and Bigoszewska A. Fuzzy logic for process safety analysis [J]. Journal of Loss Prevention in the Process Industries，2009，22 (6)：695-702.

[14] Markowski A S，Mannan M S，Bigoszewska A，et al. Uncertainty aspects in process safety analysis [J]. Journal of Loss Prevention in the Process Industries，2010，23 (3)：445-454.

[15] Mitchell S M and Mannan M S. Designing resilient engineered systems [J]. Chemical Engineering Progress，2006，102 (4)：39-45.

[16] Rajaraman S，Hahn J and Mannan M S. A methodology for fault detection，isolation，and identification for nonlinear processes with parametric uncertainties [J]. Industrial and Engineering Chemistry Research，2004，43 (21)：6774-6786.

[17] Suzuki K and Munesawa Y. How to prevent accidents in process industries？ Recent accidents and safety

activities in Japan [C] . The 4th World Conference of Safety of Oil and Gas Industry, June 27–30, 2012, Seoul, Korea.

[18] Venkatasubramanian V. Prognostic and diagnostic monitoring of complex systems for product life cycle management: challenges and opportunities [J] . Computers & Chemical Engineering, 2005, 29 (6): 1253–1263.

[19] Venkatasubramanian V. Systemic failures: challenges and opportunities in risk management in complex systems [J] . AIChE Journal, 2011, 57 (1): 2–9.

[20] Yang X and Mannan M S. An uncertainty and sensitivity analysis of dynamic operational risk assessment model: a case study [J] . Journal of Loss Prevention in the Process Industries, 2010a, 23 (2): 300–307.

[21] Yang X and Mannan M S. The development and application of dynamic operational risk assessment in oil/gas and chemical process industry [J] . Reliability Engineering and System Safety, 2010b, 95 (7): 806–815.

第 2 章

基于工艺参数实时监测数据的早期智慧预警

2.1 基于趋势监控的自适应过程预警方法

随着过程工业规模的扩大和自动化水平的提高，如何保证过程安全运行是企业生产中需要解决的关键问题。对于一些存在高危风险的复杂工业过程，如石油炼制过程，由于其生产原料多为易燃易爆危险品，且装置内输送物料大多具有腐蚀性，一旦过程发生故障，将造成巨大的经济损失、人员伤亡及环境污染。且此类复杂过程常具有大量监控变量，操作人员无法顾及全部变量的趋势变化。在一些异常工况下，可能有数以百计的过程变量发生报警（即报警泛滥现象），严重干扰操作者对当前过程状态的判断，增加操作者的处理难度，在应急过程中极易引入新的风险，甚至可能导致衍生次生事故的发生。因此，在系统故障发生前，若能通过有效监控及时对异常工况进行预警，将异常过程信息提供给操作人员，以便其提早发现异常工况，则可避免更多关联报警的产生，同时提高报警系统的预控及时性。

趋势分析是一种通过提取过程信息以形象化表达工艺变量趋势的数据分析方法，这类方法由于计算简单而被广泛地用于过程状态监控、故障检测和诊断系统中。然而，现有的趋势分析方法普遍缺乏自适应性，并不适用于过程变量众多的大型复杂系统。

在复杂的油气生产过程中，不同过程变量可能产生不同的波动和变化幅度。受工艺条件、设备状态、外来扰动等因素的影响，在不同情况下，各过程监控信号中可能出现不同等级的干扰噪声。工艺变动、信号传输中断等影响因素还可能造成过程变量发生阶跃变化或瞬时突变。为此，如何针对不同过程变量自适应提取趋势特征是实现有效趋势监控及预警的关键。此外，在实际过程中，有时存在多个变量在短时间内均发出预警的情况，可能导致操作人员无法及时发现重要报警、对异常工况处理不当，引发更为严重的事故。

为此，本节提出一种基于趋势监控的自适应过程预警方法，通过自适应趋势分析对过程变量进行在线监控，对呈现非平稳趋势的过程变量进行超高或超低预警。当有多个变量在短时间内均发出预警时，采用一种自适应权重计算方法，为操作人员提供一个合理的预警变量处理顺序。通过对过程变量进行在线趋势监控及自适应预警，实时跟踪过程运行状态，提高报警系统的预控及时性，以便及时发现故障征兆，消除引发故障的不利因素，保障过程的安全、可靠运行。

2.1.1　趋势分析基本理论

趋势分析是指将在一段时间内表现为相同行为（如上升、下降等）的时间序列数据辨识为一具有上升或下降等趋势的线性片段，方法主要包括数据片段分割和趋势识别两大部分。

1. 数据片段分割

对于某一时间序列数据，假设在时刻 t_s^{i-1} 采用最小二乘拟合方法估计出第 i−1 个线性特征片段，其斜率为 p^{i-1}，片段起始时刻为 t_0^{i-1}，时刻 t_0^{i-1} 时的纵坐标为 x_0^{i-1}，在时刻 t_j（$t_j > t_s^{i-1}$）的模型输出为：

$$x(t_j)=p^{i-1}(t_j-t_0^{i-1})+x_0^{i-1} \tag{2.1}$$

t_j 时刻测量值 $x_m(t_j)$ 与模型输出值 $x(t_j)$ 的差值 $e(t_j)$ 为：

$$e(t_j)=x_m(t_j)-x(t_j) \tag{2.2}$$

从时刻 t_s^{i-1} 开始计算差值的累积和 $cusum(t_j)$ 为：

$$cusum(t_j)=cusum(t_{j-1})+e(t_j)\sum_{k=s^{i-1}}^{j}e(t_k) \tag{2.3}$$

在每个采样时刻 t_j，将累积和的绝对值 $|cusum(t_j)|$ 与两个预设阈值 th_1 和 th_2 相比较。th_1 用于确定当前的线性模型是否合适；th_2 用于确定何时进行新的线性估计。若 $|cusum(t_j)| < th_1$，则当前线性模型是可以接受的；若 $th_2 \geqslant |cusum(t_j)| \geqslant th_1$，将 $|cusum(t_j)|$ 刚达到阈值 th_1 的时刻记为 t_{j1}^i，将 $|cusum(t_j)|$ 达到阈值 th_2 的时刻记为 t_{j2}^i，将 t_{j1}^i 至 t_{j2}^i 时刻的测量值 $x_m(t_j)$ 和 t_j（$t_{j1}^i \leqslant t_j \leqslant t_{j2}^i$）记录在异常值区域中，在该区域内原线性模型不再合适，此时根据异常值区域数据，采用最小二乘方法拟合出一个新的线性片段 i（拟合数据不少于三个），并将累积和 $cusum(t_j)$ 重置为 0。新的线性片段起始采样时刻为 $t_0^i=t_{j1}^i$，片段拟合时刻为 $t_s^i=t_{j2}^i$，片段结束时刻为 $t_e^i=t_0^{i+1}-1$（$t_e^i > t_{j2}^i$）。

该分割算法的输出主要包括斜率 p^i，片段起始采样时刻 t_0^i，起始时刻 t_0^i 纵坐标 x_0^i 及片段结束时刻 t_e^i。t_e^i 时刻纵坐标 x_e^i 由式（2.4）计算：

$$x_e^i=p^i(t_e^i-t_0^i)+x_0^i \tag{2.4}$$

2. 趋势识别

对分割片段进行分类，共分为上升（a）、下降（b）、平稳（c）、正阶跃（d）、负阶跃（e）、升 / 降变化（f）、降 / 升变化（g）七类趋势，具体方法如下。

首先定义三个有关参数。Q^i（$x_e^i-x_e^{i-1}$）表示模型总的上升（或下降）变化值；不连续的上升（或下降）值用 Q_d^i（$x_0^i-x_e^{i-1}$）表示；同斜率上升（或下降）值用 Q_s^i（$x_e^i-x_0^i$）表示。

根据上述所定义的三个参数及两个预设阈值 t_{hc} 和 t_{hs}，通过图 2.1 所示决策树进行趋势识别。需要特别指出的是，这里所谓的连续，并非指严格数学意义上的连续，而是指在定性范围内，可接受的趋势变化不大的情况。通过阈值 t_{hc} 确定两个片段是否连续，将任何超过该阈值的趋势变化归为不连续的变化。阈值 t_{hs} 用于确定趋势类型为上升、下降还是平稳。

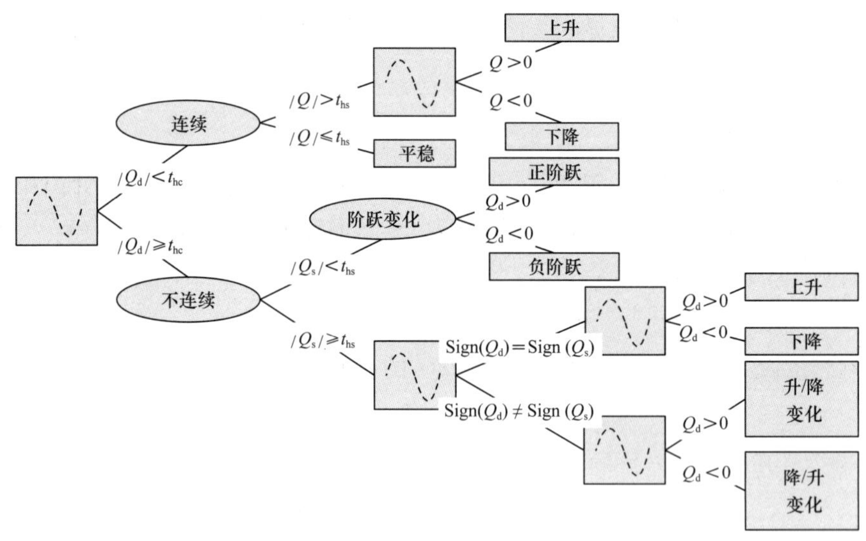

图 2.1　趋势识别决策树

2.1.2　基于趋势监控的自适应过程预警方法

基于现有过程工业报警系统存在由报警不及时而引发报警泛滥现象的问题，本节提出基于趋势监控的自适应过程预警方法。通过自适应调整趋势分析有关参数，进行过程变量的自适应状态监控，并对呈现非平稳趋势的过程变量进行超高或超低预警。若多个变量在短时间内均发出预警信息，则通过一种自适应权重计算方法为各变量赋权，为操作人员提供一个合理的预警变量处理顺序。方法主要内容介绍如下。

1. 自适应过程趋势监控方法

首先，通过式（2.1）至式（2.4）将过程变量的观测数据分割成线性片段，并结合上述趋势识别方法，依据图 2.1 所示决策树进行趋势识别，以得到各过程变量的变化趋势信息。

在油气生产过程中，工艺条件、设备条件及外来扰动等影响因素可能造成某些过程变量发生瞬时突变或阶跃变化。这里的瞬时突变是指持续时间小于 S（调整参数）个采样周期的过程变量的突然变化；阶跃变化是指持续时间大于 S（调整参数）个采样周期的过程变量的突然变化。若瞬时突变或阶跃变化发生在一个新的线性估计过程中，通过最小二乘估计将难以得到合适的模型参数。

为了得到合理的过程变量变化趋势，在进行一个新的线性估计前，采用重复中值滤波方法区分瞬时突变与阶跃变化，方法如下：

首先根据式（2.5）计算某过程变量测量值 $x_m(t_j)$ 的导数为：

$$x_d(t_j)=x_m(t_j)-x_m(t_{j-1}) \tag{2.5}$$

设滑动时间窗的大小为 N，在该时间窗内某变量测量值导数 $x_d(t_j)$ 的中值由式（2.6）计算：

$$M(t_j)=median_{i=j-N:j}[x_d(t_i)] \tag{2.6}$$

通过式（2.7）估计测量值导数的变化率 $v_d(t_j)$：

$$v_d(t_j)=median_{i=j-N:j}|x_d(t_i)-M(t_j)| \tag{2.7}$$

对于 t_{j+1} 时刻过程变量测量值的导数 $x_d(t_{j+1})$，若 $|x_d(t_{j+1})-M(t_j)|\geqslant\omega v_d(t_j)$（$\omega$ 为调整参数），表明在 t_{j+1} 时刻存在瞬时突变或阶跃变化。对于时刻 t_i（$i=j+1$，$j+2$，…，$j+S$），若 $|x_m(t_i)-x_m(t_j)|\geqslant\omega v_d(t_j)$，则该变化为阶跃变化，反之则为瞬时突变。

若检测出瞬时突变，则将突变数据移除后再进行线性估计；若检测出阶跃变化，则先对发生突变前 t_{j1} 至 t_j 时刻记录在异常值区域的测量数据进行线性估计，再对发生突变后 t_{j+1} 至 t_{j+S} 时刻记录在异常值区域的测量数据进行线性估计，采样周期 $S\geqslant3$。

对于时间窗大小 N，其必须足够短以获得一个准确的变化率估计，但它也需要足够长以保证测量数据的平稳性。因此，需折中考虑所要求的平稳性假设和估计精度。调整参数 ω 可视具体情况而定，使所检测到的变化在一定程度上大于噪声水平。

2. 自适应参数调整方法

对于四个调整参数 th_1、th_2、t_{hc} 和 t_{hs}，若均依据过程知识及专家经验设为固定值，会降低方法在线应用的准确性及适用性。为此，结合过程测量数据的变化情况，在每个片段 i 拟合时刻 t_s^i，采用自适应函数对四个参数进行自适应在线调整。

同样采用重复中值滤波方法，可由式（2.2）计算 t_j 时刻参数测量值 $x_m(t_j)$ 与线性估计模型输出值 $x(t_j)$ 的差值 $e(t_j)$，选取先于每个片段 i 拟合时刻 t_s^i、大小为 N_r 的时间窗，在该时间窗内 $e(t_j)$ 的中值由式（2.8）计算：

$$M_e(t_s^i)=median_{j=s^i-N_r:s^i}\left[e(t_j)\right] \tag{2.8}$$

通过式（2.9）估计 $e(t_j)$ 在时间窗 N_r 内的变化率 $v_e(t_s^i)$：

$$v_e(t_s^i)=median_{j=s^i-N_r:s^i}\left|e(t_j)-M_e(t_s^i)\right| \tag{2.9}$$

选择中值而非基于均值和标准差，是为了降低瞬时突变对测量数据产生的影响。只要瞬时突变持续时间小于时间窗 N_r 的二分之一，该突变不会对变化率 $v_e(t_s^i)$ 产生影响。

在每个片段拟合时刻 t_s^i，依据式（2.10）至式（2.13）对 t_{hc}、th_1、th_2 和 t_{hs} 的值进行自适应调整：

$$t_{hc}(t_s^i)=\lambda v_e(t_s^i) \tag{2.10}$$

$$th_1(t_s^i)=v_e(t_s^i)/2 \tag{2.11}$$

$$th_2(t_s^i)=\alpha t_{hs}(t_s^i)=\alpha\mu v_e(t_s^i) \tag{2.12}$$

$$t_{hs}(t_s^i)=\mu v_e(t_s^i) \tag{2.13}$$

为了初始化 $v_e(t_s^i)$，根据一段时间 $N_{initial}$ 内平稳过程测量数据计算 $v_e(t_s^i)$ 的初始化值 $v_{initial}$ 为：

$$v_{initial}=median_{i=j-N_{initial}:j}\left\{\left|x_m(t_i)-median_{k=j-N_{initial}:j}\left[x_m(t_k)\right]\right|\right\} \tag{2.14}$$

t_{hc} 用于判断过程变量是否发生远大于其噪声水平的突变，为了调节 t_{hc}，可根据对过程趋势识别的敏感程度调整参数 λ，以检测过程趋势的微小变化至更大程度的变化。t_{hs} 用于判断过程的上升或下降趋势，μ 是用于调节 t_{hs} 的参数，可通过调节参数 μ 来检测过程趋势不同程度的上升或下降变化。α 是用于调节 th_2 的参数，表示用于检测幅值为 t_{hs} 的趋势变化的算法延迟，其实质为一段采样时期。为了有效识别平稳过程趋势，将 th_1 的值设为噪声水平 $v_e(t_s^i)$ 以下。

3. 单变量预警方法

若新的拟合片段 i 呈现上升、正阶跃或降 / 升变化趋势，对于时刻 t_{j2}^i 至片段结束时刻 t_e^i 间的任意时刻 t_j（$t_{j2}^i \leqslant t_j \leqslant t_e^i$），计算时刻 t_j 的测量值 $x_m(t_j)$ 与过程变量高报警阈值 x_H 间的差值：

$$\delta_H(j)=x_H-x_m(t_j) \tag{2.15}$$

若 $\delta_H(j) \leqslant 0.2(x_H-x_L)$，则对该变量进行超高预警，以提醒操作人员及时采取有效措施消除异常工况。

若新的拟合片段呈现下降、负阶跃或升 / 降变化趋势，对于时刻 t_{j2}^i 至片段结束时刻 t_e^i 间的任意时刻 t_j（$t_{j2}^i \leqslant t_j \leqslant t_e^i$），计算时刻 t_j 测量值 $x_m(t_j)$ 与过程变量低报警阈值 x_L 间的差值：

$$\delta_L(j)=x_m(t_j)-x_L \tag{2.16}$$

若 $\delta_L(j) \leqslant 0.2(x_H-x_L)$，则对该变量进行超低预警，以提醒操作人员及时采取有效措施消除异常工况。

对于记录在异常值区域（t_{j1}^i 至 t_{j2}^i 时刻）中的过程测量数据，关于其间任意时刻 t_j（$t_{j1}^i \leqslant t_j < t_{j2}^i$）的变量测量值 $x_m(t_j)$，若 $\delta_H(j)$ 或 $\delta_L(j)$ 小于 $0.1(x_H-x_L)$，则对该过程变量进行超高或超低预警。

4. 多变量自适应预警方法

若多个过程变量在短时间内均发出预警信号，则采用如下自适应权重计算方法计算各变量权重，并依据各变量权重与预警时刻各变量偏离正常范围的程度，对预警变量进行优先级排序，给出预警变量的优先处理顺序。

所提自适应权重计算方法包括如下步骤：

步骤 1：计算波动权重。

若过程变量 x^k（k=1，2，…，K，K 为预警变量个数）在时刻 t_P 发生预警，对于 x^k 在

时刻 t_P 前 n 个时刻的测量值 $x_{\mathrm{m}}^{k}(t_{P-n+1}),x_{\mathrm{m}}^{k}(t_{P-n+2}),\cdots,x_{\mathrm{m}}^{k}(t_P)$，记 $\overline{x_{\mathrm{m}}^{k}}=\frac{1}{n}\sum_{j=P-n+1}^{P}x_{\mathrm{m}}^{k}(t_j)$ 和 $s_{x_{\mathrm{m}}^{k}}=\left\{\frac{1}{n-1}\sum_{j=P-n+1}^{P}\left[x_{\mathrm{m}}^{k}\left(t_j\right)-\overline{x_{\mathrm{m}}^{k}}\right]^2\right\}^{\frac{1}{2}}$，对于各过程变量 x^k（k=1，2，…，K），计算其波动权重为：

$$w_{k1}=\left(s_{x_{\mathrm{m}}^{k}}\Big/\overline{x_{\mathrm{m}}^{k}}\right)\Bigg/\left(\sum_{k=1}^{K}s_{x_{\mathrm{m}}^{k}}\Big/\overline{x_{\mathrm{m}}^{k}}\right) \tag{2.17}$$

波动权重反映各过程变量的相对变化幅度。波动权重越大，表示该变量在发生预警前一段时间内的波动变化程度越大，因此应予以重视。

步骤 2：计算信息权重。

在复杂的现代工业过程中，其过程变量间往往存在着各种非线性相关关系。最大信息系数（Maximal Information Coefficient，MIC）是在互信息（Mutual Information，MI）的基础上发展起来的，可用来衡量两变量间的非线性关联程度且其在高维复杂数据集上表现良好。文献研究表明 MIC 在分析关联性问题上优于其他方法。

从信息论来讲，MIC 可以理解为某一过程变量中能被另一变量解释的信息量的百分比，更直观地，它是基于这样的思想：若两过程变量间存在相关关系，将两变量 x^k 和 x^l 构成的散点图划分为 i 行 j 列的网格，可得到许多不同的网格化方案，通过从这些网格化方案中，找出互信息值最大的网格化方案，以得到最大的互信息值 I_{ij}。逐渐增大网格的分辨率 i 和 j，根据网格中的点数计算每种分辨率下的最大互信息值 I_{ij}，并对这些互信息值进行标准化［式（2.18）］，以确保不同分辨率的网格之间进行公平的比较。

$$I_{ij}^{\mathrm{s}}=\frac{I_{ij}}{\mathrm{lb}\left[\min\left(i,j\right)\right]} \tag{2.18}$$

通过比较在每种分辨率下计算得到的最大互信息标准化值，得到其中的最大值即为两变量 x^k 和 x^l 的 MIC 值：

$$MIC[x^k,x^l]=\max_{i\times j<B(n)}I_{ij}^{\mathrm{s}} \tag{2.19}$$

其中：n 为过程数据样本个数，$B(n)=n^{0.6}$。

MIC 值越大，说明两变量相关性越大，对于某变量 x^k，记其与其他预警变量 x^l（l=1，2，…，k−1，k+1，…，K），MIC 值为 $MIC[x^k, x^l]$，各预警变量 x^k 信息权重记为：

$$w_{k2}=\sum_{l=1}^{K(l\neq k)}MIC[x^k,x^l]\Bigg/\left(\sum_{k=1}^{K}\sum_{l=1}^{K(l\neq k)}MIC[x^k,x^l]\right) \tag{2.20}$$

信息权重反映各过程变量与其他预警变量的相关性水平，信息权重越大，表示该变量与其他预警变量的相关性越大，对其他变量的变化影响越大。

步骤 3：计算离差权重。

若过程变量 x^k（k=1，2，…，K，K 为预警变量个数）在时刻 t_P 发生预警，记 x^k 在时

刻 t_P 前 n 个时刻的测量值为向量 $\boldsymbol{X}_{\mathbf{m}}^{\boldsymbol{k}}=[x_{\mathrm{m}}^k(t_{P-n+1}),x_{\mathrm{m}}^k(t_{P-n+2}),\cdots,x_{\mathrm{m}}^k(t_P)]^T$，令变量 x^k 的离差和 $d^k=\sum_{i=P-n+1}^{P}\sum_{j=P-n+1}^{P}\left|x_{\mathrm{m}}^k(t_i)-x_{\mathrm{m}}^k(t_j)\right|$，则过程变量 x^k 对应的离差权重为：

$$w_{k3}=d^k\Big/\left(\sum_{k=1}^{K}d^k\right) \tag{2.21}$$

过程变量的离差和越大，则该变量的离差权重越大，表示该变量的测量值在发生预警前的变化跨度越大，应予以重视。

步骤 4：计算综合权重。

为了融合波动权重、信息权重和离差权重，从而得到各过程变量的综合权重，构造权重矩阵 $\boldsymbol{W}$：

$$\boldsymbol{W}=\begin{bmatrix} w_{11} & w_{12} & w_{13} \\ w_{21} & w_{22} & w_{23} \\ \vdots & \vdots & \vdots \\ w_{K1} & w_{K2} & w_{K3} \end{bmatrix} \tag{2.22}$$

其中：w_{k1}、w_{k2}、w_{k3}（k=1，2，…，K，K 为预警变量个数，1、2、3 分别表示波动权重、信息权重和离差权重）分别表示各过程变量的波动权重值、离差权重值和信息权重值。

分别挑选各过程变量波动权重、离差权重和信息权重的最大值（w_{M1}、w_{M2}、w_{M3}）构造参考权重向量：

$$\boldsymbol{W_M}=[w_{M1},\ w_{M2},\ w_{M3}] \tag{2.23}$$

并计算各过程变量的权重向量与上述参考权重向量间的距离：

$$D_k=\sum_{r=1}^{3}\left|w_{Mr}-w_{kr}\right|,\ k=1,2,\cdots,K \tag{2.24}$$

最后求得各过程变量的综合权重 w_k'［式（2.25）］，并对其进行归一化处理得到各过程变量的归一化综合权重［式（2.26）］：

$$w_k'=1/(1+D_k),\ k=1,2,\cdots,K \tag{2.25}$$

$$w_k=w_k'\Big/\sum_{k=1}^{K}w_k' \tag{2.26}$$

步骤 5：过程变量预处理。

若变量 x^k 在时刻 t_P 发生超高预警，根据式（2.27）对其进行预处理：

$$x_{\mathrm{m}}^{*k}(t_P)=\left[x_{\mathrm{m}}^k(t_P)-x_{\mathrm{L}}^k\right]\Big/\left(x_{\mathrm{H}}^k-x_{\mathrm{L}}^k\right) \tag{2.27}$$

其中：$x_{\mathrm{m}}^k(t_P)$ 和 $x_{\mathrm{m}}^{*k}(t_P)$ 分别为预处理前、后变量 x^k 在时刻 t_P 的测量值；x_{H}^k 为 x^k 的高报警阈值；x_{L}^k 为 x^k 的低报警阈值。

若过程变量 x^k 在时刻 t_P 发生超低预警，根据式（2.28）对其进行预处理：

$$x_{\mathrm{m}}^{*k}(t_P)=\left[x_{\mathrm{H}}^k-x_{\mathrm{m}}^k(t_P)\right]\Big/\left(x_{\mathrm{H}}^k-x_{\mathrm{L}}^k\right) \tag{2.28}$$

x_{m}^{*k}（t_P）的取值范围在 0～1 之间，x_{m}^{*k}（t_P）越接近 1，表明该变量偏离正常范围的程度越大。对过程变量进行预处理，可消除因各变量数量级与量纲的差别而对预警排序结果带来的影响。

步骤 6：过程变量预警排序。

对于各预警变量 x^k，令 $x^{*k}=w_k x_{\mathrm{m}}^{*k}$（$t_P$），对 x^{*k} 按由大到小排序，给出预警变量的优先处理顺序，为现场操作人员提供依据，为其预留更多时间处理报警信息，避免报警泛滥现象的发生。

2.1.3　方法实施步骤

上述自适应过程预警方法流程如图 2.2 所示。

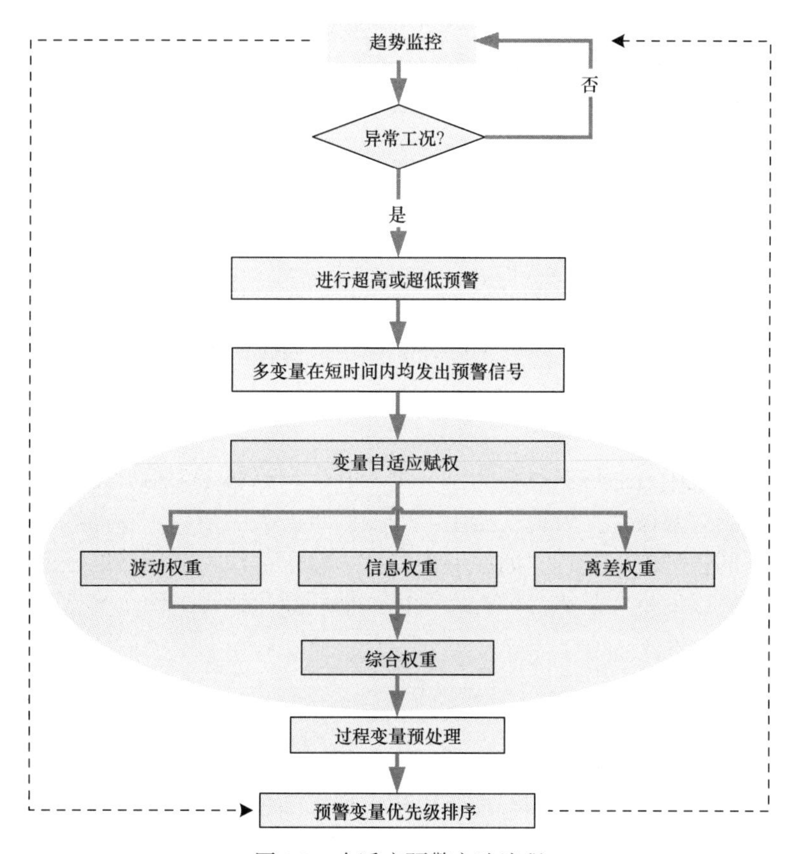

图 2.2　自适应预警方法流程

方法主要包括如下步骤：

（1）对于各过程变量 x，首先根据式（2.14），采用初始一段时间 N_{inital} 内平稳过程的测量数据 x_{m}（t_i）计算 v_{e}（t_{s}^i）的初始化值 v_{inital}，从而初始化各调整参数 th_1、th_2、t_{hc} 和 t_{hs}；

依据式（2.1）至式（2.3）计算不同时刻 t_j 的累计和函数 $cusum$（t_j），并将其绝对值与两个预设阈值 th_1 和 th_2 相比较，判断是否需要分割线性特征片段并采用最小二乘方法拟合出新的线性片段（见 2.1.1），在进行一个新的线性估计前，依据式（2.5）至式（2.7）判断过程是否存在瞬时突变或阶跃变化；通过图 2.1 所示决策树对线性片段进行趋势识别，判断过程变量的当前趋势是否平稳。

（2）若当前过程变量呈现上升、正阶跃或降 / 升变化趋势，依据式（2.15）计算 δ_{H}（j）并判断是否对其进行超高预警；若当前过程变量呈现下降、负阶跃或升 / 降变化趋势，依据式（2.16）计算 δ_{L}（j）并判断是否对该变量进行超低预警，以提醒操作人员及时采取有效措施消除异常工况。

对于记录在异常值区域（$t_{j1}^{\ i}$ 至 $t_{j2}^{\ i}$ 时刻）中的过程测量数据，关于其间任意时刻 t_j（$t_{j1}^{\ i} \leqslant t_j \leqslant t_{j2}^{\ i}$）的变量测量值 x_{m}（t_j），若 δ_{H}（j）或 δ_{L}（j）小于 0.1（$x_{\mathrm{H}}-x_{\mathrm{L}}$），则对该过程变量进行超高或超低预警。

（3）若多变量在短时间内均发出预警信号，首先采用 2.1.2 所提的自适应权重计算方法计算各预警变量 x^k（k=1，2，…，K，K 为预警变量个数）权重；依据式（2.17）计算各变量的波动权重 w_{k1}，依据式（2.18）至式（2.20）计算各变量的信息权重 w_{k2}，依据式（2.21）计算各变量的离差权重 w_{k3}，通过式（2.22）至式（2.26）对上述权重进行融合，以得到各变量的综合权重 w_k。

（4）依据式（2.27）或式（2.28）对在时刻 t_P 发生超高或超低预警的变量 x^k 的测量值 $x_{\mathrm{m}}^{\ k}$（t_P）进行预处理，得到 x_{m}^{*k}（t_P），用于表明该变量在当前时刻偏离正常范围的程度；最后依据各变量综合权重 w_k 与 x_{m}^{*k}（t_P），乘积 x^{*k} 的大小，对各过程变量进行优先级排序，给出预警变量的优先处理顺序，为现场操作人员预留更多时间处理报警信息，避免报警泛滥的出现干扰操作人员对异常工况的正确判断，从而导致严重的事故后果。

2.1.4 案例分析

以油气生产系统中石油炼制过程为例，由于其生产原料多为易燃易爆危险品，且装置内输送物料大多具有腐蚀性，使得安全生产的控制难度大大增加。石油炼制过程是指石油炼制工业中采用的各种加工过程，如原油预处理、常压蒸馏、减压蒸馏、催化裂化及催化重整等过程。这里以发生在某炼油厂常压蒸馏和催化裂化过程的两个异常工况为例，验证本节所提方法的有效性。

1. 常压塔淹塔事故

在原油常压蒸馏过程中，若液体自常压塔内某块塔板向上逐渐积累，以至充满部分塔段，使上升气体受阻，气、液两相的传质传热过程无法正常进行，即可造成淹塔事故。下面以某炼油厂常压蒸馏装置常压塔淹塔事故为例进行案例分析。

事故发生前，常二线馏出温度开始逐渐上升，在随后的几分钟内，常压塔底液位降至 42%，此后常压塔底液位开始逐渐上升，常二线温度也由 280℃ 左右开始快速上升，同时减压炉出口温度开始不断升高，当塔底液位升至 57.9% 时，减压炉出口温度已显著升高，此后塔底液位显示器出现故障，导致现场操作人员无法及时获取液位测量值。

当操作人员断定液位显示器失灵后立即联系仪表工报修，并关闭常压塔底吹汽。待仪表工观察浮球确认塔底已满时，已发生淹塔事故，才将常压塔底液位控制改为手动，并提高变频加大常底抽出量，降低常压炉原料油量。此时操作人员查看侧线油质量，常一线油无异常，常二线油质已经变黑，便立即关闭常二线油进精制阀门，并随后切除精制各罐走副线，因为罐区没有污油罐，只能关闭常二线出装置现场阀组，在流量计排空处连接皮管，将被污染的常二线油排放到减顶污油罐中，由减顶泵打入罐区。因常二线整个流程已被黑油污染，只能彻底置换黑油，直至数小时后，装置才恢复正常运行。

1）过程变量趋势分析

分析所用数据取自事故发生当日一段时间内现场采集的常二线馏出温度、常压塔底液位和减压炉出口温度的观测数据，记初始采样时刻为 0，数据采样间隔为 20s，观测样本数据长度为 300，如图 2.3 所示。

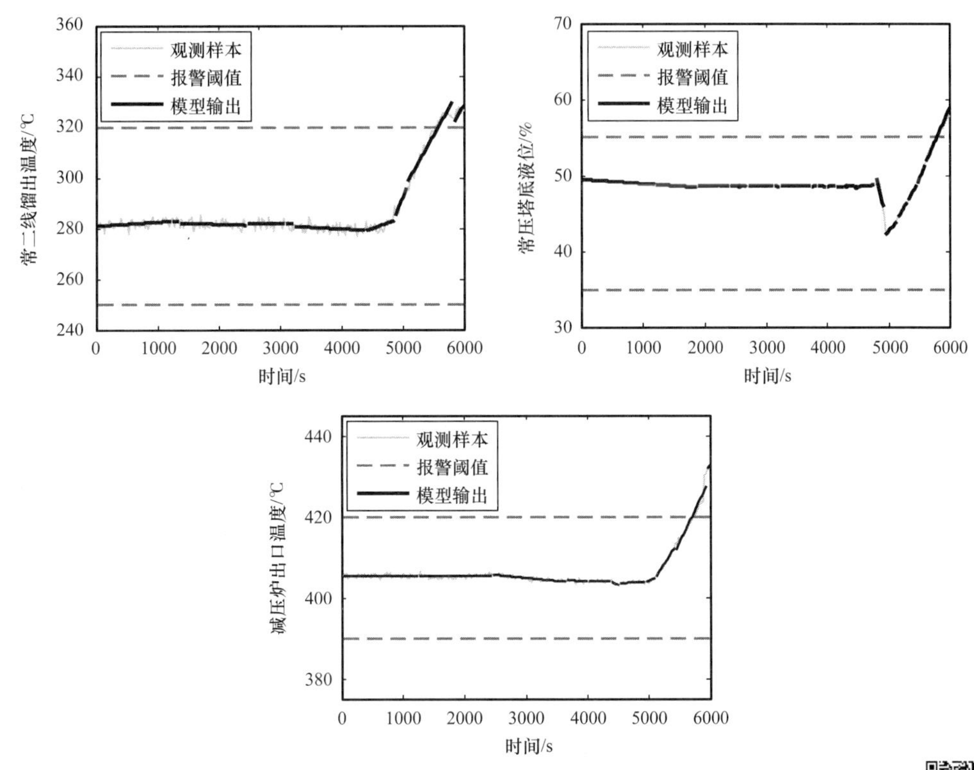

图 2.3　各变量观测样本及趋势拟合曲线

各过程变量高、低报警阈值如表 2.1 所示。从图 2.3 中可以看出，常二线馏出温度（$X1$）自 4680s 开始上升，直至 5720s 温度已升至 324.6℃，但从此刻开始 $X1$ 出现短暂的下降，至 5820s 温度降至 323.5℃，此后温度继续上升。常压塔底液位（$X2$）自 4860s 开始下降，至 4940s 降至 42%，此后一直呈上升趋势。减压炉出口温度（$X3$）自 4960s 开始上升，此后亦一直呈上升趋势。

表 2.1 各过程变量高、低报警阈值

变量	变量描述	高阈值	低阈值	单位
*X*1	常二线馏出温度	320	250	℃
*X*2	常压塔底液位	55	35	%
*X*3	减压炉出口温度	420	390	℃

采用本节趋势识别方法辨识各过程变量的不同变化趋势（图 2.3 中粗实线部分），各自适应参数中的调整参数 λ 设为 3，α 设为 60，N_r 设为 60，μ 设为 5。根据式（2.14）计算前 60 个采样数据的 v_e（t_s^i）的初始化值 v_{intial}，从而初始化各自适应参数值。

为了评估该方法的有效性，现采用如下三个评估标准：

（1）计算各变量在该时段内测量值 x_m（t_j）与拟合模型输出值 x（t_j）的绝对差值的均值，记为 $E1=\frac{1}{N_n}\sum_{j=1}^{N_n}\left|x_m(t_j)-x(t_j)\right|$，$N_n$ 为该时段内的采样数据长度，$E1$ 值的大小可反映趋势识别的准确性，$E1$ 值越小，所识别的趋势值越接近实际测量值。

（2）计算正确辨识的平稳趋势数据个数 N_{ts} 与实际的平稳趋势数据个数 N_{as} 的比值，记为 $E2=N_{ts}/N_{as}$，$E2$ 值的大小可反映方法辨识平稳趋势的能力，$E2$ 值越高，方法捕捉平稳趋势的性能越好。

（3）计算正确辨识的上升 / 下降趋势数据个数 N_{tv} 与实际的上升 / 下降趋势数据个数 N_{av} 的比值，记为 $E3=N_{tv}/N_{av}$，$E3$ 值的大小可反映方法辨识上升 / 下降趋势的能力，$E3$ 值越高，方法捕捉上升 / 下降趋势的性能越好。

采用本节方法所得各变量的 $E1$、$E2$ 和 $E3$ 值如表 2.2 所示，可以看出，各变量的 $E1$ 值均较小，从图 2.3 亦可以看出，所识别的趋势值与实际测量值均十分接近。表 2.2 中所提方法的 $E2$ 和 $E3$ 值均高于 90%，表明该方法辨识平稳和上升 / 下降趋势的准确性很高。通过趋势识别分析，*X*1 从第 4400s 至 4680s 的观测值呈平稳趋势，但被识别为上升趋势，*X*1 从第 5720s 至 5820s 的观测值呈下降趋势，但被识别为上升趋势，*X*1 其余采样数据趋势均识别准确；*X*2 从第 4780s 至 4840s 的观测值呈平稳趋势，但被识别为下降趋势，*X*2 其余采样数据趋势均识别准确；*X*3 从第 4520s 至 4940s 的观测值呈平稳趋势，但被识别为上升趋势，*X*3 其余采样数据趋势均识别准确。

同时采用传统的趋势提取方法（Traditional Trend Extraction，TTE）对各变量进行趋势识别，采用重复试验法调整有关参数，并分别计算其 $E1$、$E2$ 和 $E3$ 值，如表 2.2 所示，两种方法所得各变量 $E1$、$E2$ 和 $E3$ 间的差值如表 2.3 所示。

通过比较两种方法所得 $E1$、$E2$ 和 $E3$ 值的大小，由表 2.2 可以看出，本节方法所得 $E1$ 值均小于传统 TTE 方法，对于上述三个过程变量，所提趋势分析方法所得拟合值与真实值误差平均减少了 0.3618，表明其在趋势识别的准确性上优于 TTE 方法；本节方法所得 $E2$ 值仅略高于传统 TTE 方法，对于上述三个过程变量，$E2$ 值平均提高了 3.2%，表明所提方法在捕捉平稳趋势的性能上仍略高于传统 TTE 方法；本节方法所得 $E3$ 值显著高于传统 TTE 方法，平均提高了 17.9%，表明所提方法在辨识上升 / 下降趋势的准确性上显著高于 TTE 方法。同时，因为所提方法可以自适应调整有关参数，可对各过程变量的趋势进行自适应识别，无需重复设置参数，具有更广泛的适用性。

表 2.2　各变量 *E*1、*E*2 和 *E*3 值

变量	方法	*E*1	*E*2	*E*3
*X*1	本节方法	1.2116	95.0%	98.0%
	TTE	1.7435	90.0%	78.9%
*X*2	本节方法	0.1006	98.9%	100%
	TTE	0.3973	98.0%	80.0%
*X*3	本节方法	0.3687	92.7%	100%
	TTE	0.6254	89%	85.3%

表 2.3　自适应过程预警方法与传统 TTE 方法所得各变量 *E*1、*E*2 和 *E*3 间的差值

两种方法各参数差值	*E*1	*E*2	*E*3
*X*1	0.5319	5.0%	19.1%
*X*2	0.2967	0.9%	20.0%
*X*3	0.2567	3.7%	14.7%
各参数差值平均值	0.3618	3.2%	17.9%

通过自适应趋势识别，可辨识出淹塔事故发展过程中各变量的趋势变化，有助于操作人员掌握装置运行动态，及时发现异常工况。

2）多变量自适应预警分析

通过趋势识别分析，常二线馏出温度（*X*1）自第 5080s 起，将其后数据记录在异常值区域，当记录到第 5400s 时，*X*1 测量值达到 313.1℃，其高、低报警阈值分别为 320℃ 和 250℃，根据式（2.15），可得（320−313.1）＜0.1×（320−250），故对 *X*1 进行超高预警。常压塔底液位（*X*2）于 5580s 经拟合得到一新的趋势片段，该片段被辨识为上升趋势，*X*2 的高、低报警阈值分别为 55% 和 35%，计算第 5580s 的测量值 51.5% 与 *X*2 高报警阈值间的差值为 55−51.5=3.5，小于 0.2×（55−35），故对 *X*2 进行超高预警。减压炉出口温度（*X*3）自 5440s 起，其后数据开始被记录在异常值区域，当记录到 5620s 时，*X*3 测量值达到 417.3℃，其高、低报警阈值分别为 420℃ 和 390℃，且（420−417.3）＜0.1×（420−390），故对 *X*3 进行超高预警。

将所提方法与传统的阈值报警方法进行对比，如图 2.4 所示，所提方法对常二线馏出温度（*X*1）、常压塔底液位（*X*2）和减压炉出口温度（*X*3）的预警时间比阈值报警时间分别提前了 2min20s、3min20s 和 2min，平均提前时间为 2min33s。可为现场操作人员预留更多时间处理报警信息，避免关联报警的产生甚至报警泛滥现象的出现。

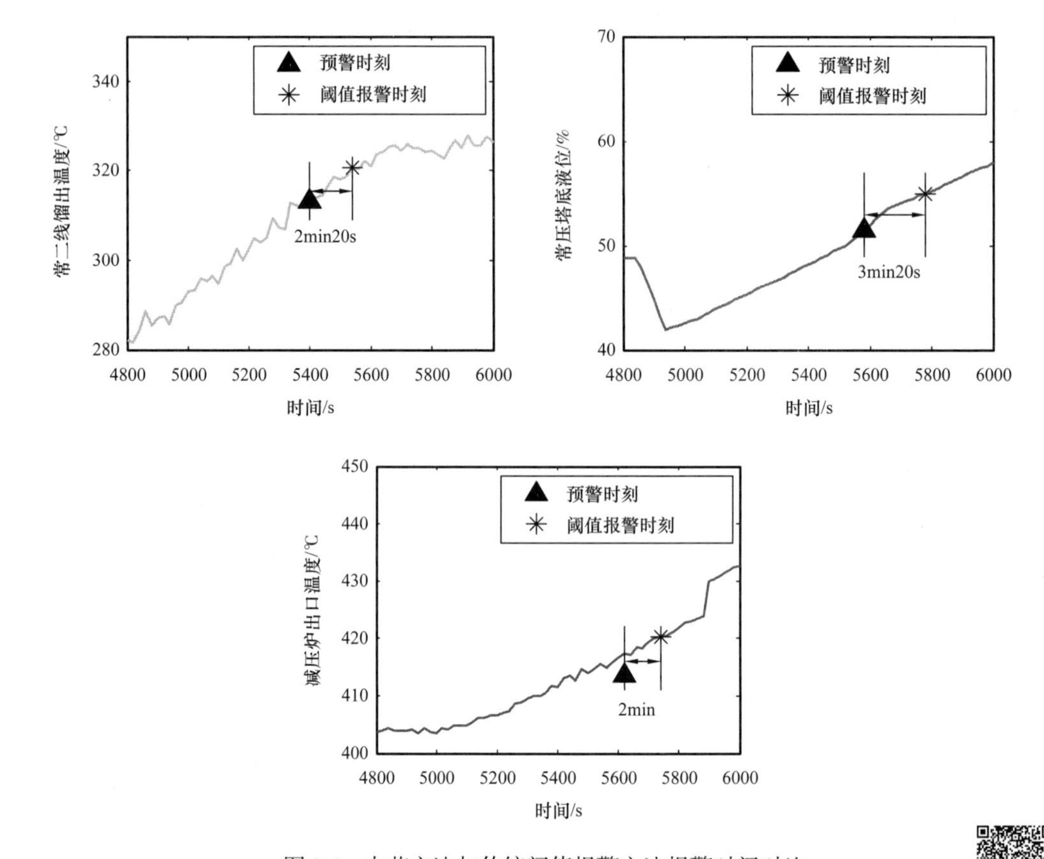

图 2.4　本节方法与传统阈值报警方法报警时间对比

彩图扫码

因三个过程变量在短时间内均发出预警信号，下面采用本节所提的多变量自适应预警方法进行分析，给出各预警变量的优先处理顺序。

首先选取各变量预警发生前的 20 个采样数据，并对其进行最大最小规范化处理，依据式（2.17）和式（2.21）分别计算各变量的波动权重和离差权重；依据各变量的 1000 组历史数据，由式（2.20）计算各变量的信息权重，如图 2.5 所示。

从图 2.5 中可以看出，*X*2 的波动权重最大，表明常压塔底液位在发生预警前一段时间内的波动变化程度最大。*X*1 的离差权重最大，表明常二线馏出温度在发生预警前的变化跨度最大。*X*2 的信息权重最大，表明常压塔底液位与其他预警参数的相关程度更高，对其他参数的变化影响更大。

将各过程变量的波动权重、信息权重和离差权重代入式（2.25）和式（2.26）进行求解，可得各变量综合权重如表 2.4 所示，根据式（2.27）对各变量发生预警时刻 t_P 的测量值 $x_{\mathrm{m}}^{\ k}$（t_P）进行预处理，其预处理后的测量值 x_{m}^{*k}（t_P）如表 2.4 所示，从而消除因各变量数量级与量纲的差别而对预警排序结果带来的影响。对于各变量 x^k，令 $x^{*k}=w_k x_{\mathrm{m}}^{*k}$（$t_P$），对 x^{*k} 由大到小排序，给出预警变量的优先处理顺序，如表 2.4 所示。

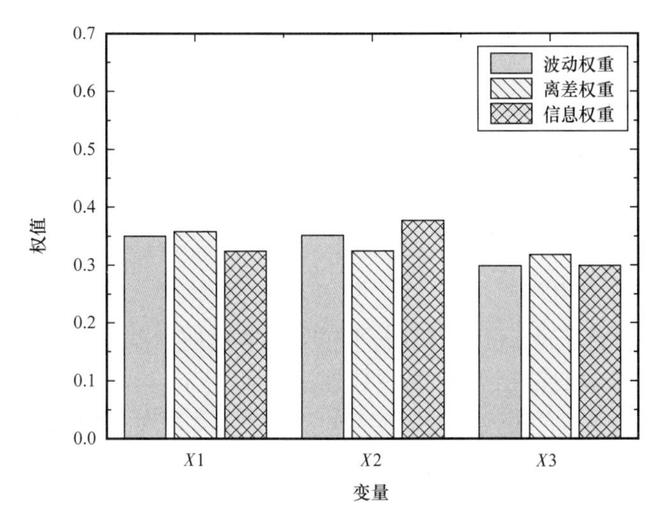

图 2.5　各变量波动权重、离差权重和信息权重

表 2.4　各变量综合权重、预处理值及预警排序

变量	$X1$	$X2$	$X3$
w_k	0.342	0.349	0.309
x_{m}^{*k} (t_P)	0.901	0.825	0.910
x^{*k}	0.308	0.288	0.281
预警优先级	1	2	3

根据所得预警顺序，操作人员应优先考虑造成常二线馏出温度（$X1$）升高的原因，并及时采取减少常二线抽出量等措施消除异常工况；与 $X1$ 和 $X3$ 相比，常压塔底液位（$X2$）超高是淹塔发生前最直接的现象，因液体逐渐积累使塔底液位升高，气、液两相的传质传热过程无法正常进行，将严重影响产品质量，因此可容后考虑造成塔底液位升高的原因；减压炉出口温度（$X3$）的升高一定程度是由塔底液位超高引起的，可随后采取措施，将 $X3$ 稳定在正常操作范围内，检查常压系统是否存在异常操作条件并严格控制产品质量，防止减压系统进入过多轻组分。综上来看，本节方法所得的预警优先级是合理的。

实际上，该淹塔事故的发生原因主要是操作员没有及时去观察操作中的变化和分析引起变化的原因，延误了最佳处理时机，直到炉出口温度明显升高后才发现异常。若操作员根据本节预警分析结果，及时考虑造成 $X2$ 发生超高预警的原因，亦可及时发现塔底液位显示器故障，将液位控制由自动改为手动，及时确认浮球的位置，采取相应的调整措施，避免淹塔事故的发生。故本节的自适应预警方法可提高报警系统的预控及时性，为现场操作人员提供合理依据，从而保证产品质量，避免潜在事故的发生。

2. 分馏塔冲塔事故

分馏塔冲塔是催化裂化分馏过程中可能发生的现象之一，任何造成塔内汽液相负荷过大的操作均可能引起冲塔，从而严重影响产品质量。下面以某炼油厂催化裂化装置分馏塔冲塔事故为例进行案例分析。

事故发生前，首先分馏塔顶循抽出温度开始逐渐上升，且温度涨幅随后逐渐加快，分馏塔顶温度快速升高，粗汽油量大大增加，柴油抽出量大量减少。虽然采取加大塔顶循环油流量、加大冷回流等措施，但亦无法防止顶温上冲，最后通过大幅降低原料处理量才稳住顶温。该冲塔事故导致分离的粗汽油干点不合格，严重影响产品质量。

1）过程变量趋势分析

分析所用数据取自事故当日一段时间内现场采集的分馏塔顶循抽出温度、分馏塔顶温度、粗汽油量和柴油抽出量的观测数据，记初始采样时刻为0，数据采样间隔为20s，观测样本数据长度为300，如图2.6所示，各变量高、低报警阈值如表2.5所示。从图2.6中可以看出，分馏塔顶循抽出温度（$X1$）自4400s开始上升，直至5000s温度已升至138.8℃，此后温度涨幅加快，至5660s时温度已达到155.6℃，此后顶循抽出温度继续上升。分馏塔顶温度（$X2$）自5080s开始上升，此后一直呈上升趋势。粗汽油量（$X3$）自5120s开始上升，此后亦一直呈上升趋势。柴油抽出量（$X4$）自4960s开始下降，此后一直呈下降趋势。

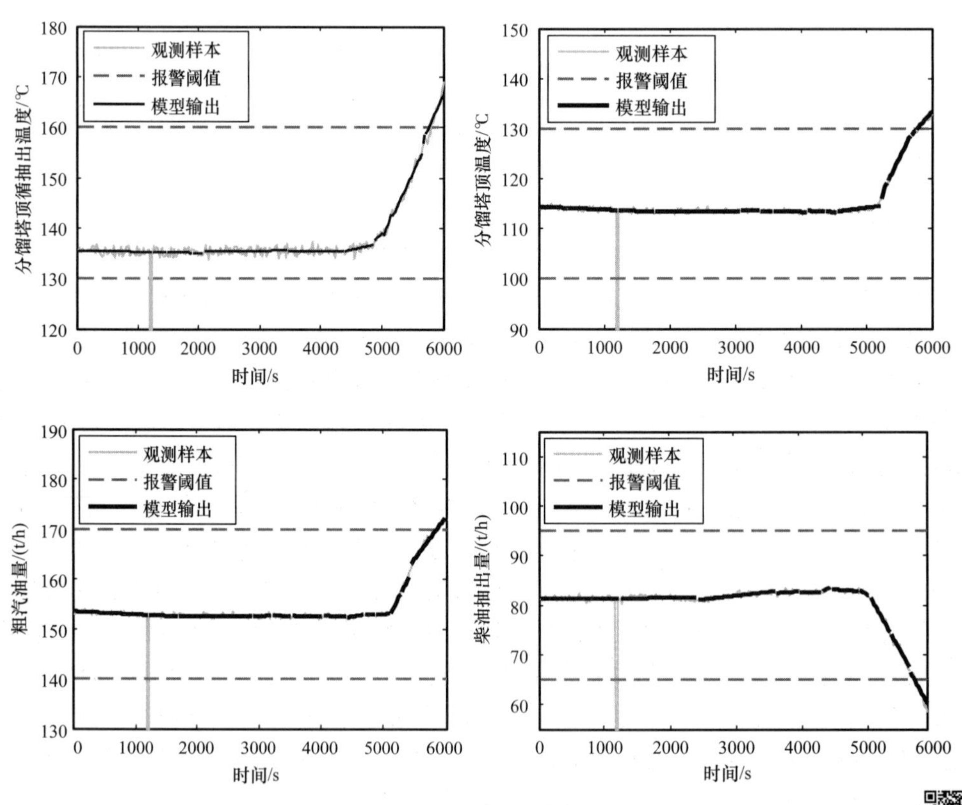

图2.6　各变量观测样本及趋势拟合曲线

表 2.5 各变量高、低报警阈值

变量	参数描述	高阈值	低阈值	单位
*X*1	分馏塔顶循抽出温度	160	130	℃
*X*2	分馏塔顶温度	130	100	℃
*X*3	粗汽油量	170	140	t/h
*X*4	柴油抽出量	95	65	t/h

由于数据传输中断导致第 1200s 时未采集到数据，各变量该时刻的观测值均为零，如图 2.6 所示，其对应的第 1200s 的观测数据为 0。为了检测阶跃变化及瞬时突变（见 2.1.2），将 ω 设为 5，滑动时间窗的大小 N 设为 60，瞬时突变的最大采样时间跨度 S 设为 10。

采用所提趋势识别方法辨识各过程变量的不同变化趋势（图 2.6 粗实线部分），各自适应参数中的调整参数 λ 设为 3，α 设为 60，N_r 设为 60，μ 设为 5。根据式（2.14）计算前 60 个采样数据的 v_e（t_s^i）的初始化值 v_{intial}，从而初始化各自适应参数值。

从图 2.6 中可以看出，本节方法自动过滤了第 1200s 的观测数据，将其辨识为瞬时突变。由于炼油过程的工艺变动、设备故障、信号传输中断及外来扰动等影响因素，可能造成过程变量发生阶跃变化或瞬时突变，采用所提方法可及时辨识这些变化以降低误报率，避免不必要的干扰因素影响操作人员对过程运行情况的判断。

为了评估方法的有效性，分别计算各变量在该时段内的 $E1$、$E2$ 及 $E3$ 值（图 2.7），可以看出，采用本节方法所得各变量的 $E1$ 值均较小，从图 2.6 亦可以看出，所识别的趋势值与实际测量值均十分接近。图 2.7 中各变量的 $E2$ 值均高于 80%，表明该方法辨识平稳趋势的准确性较高，各变量的 $E3$ 值均达到 100%，表明该方法可准确辨识出过程变量的上升 / 下降趋势。

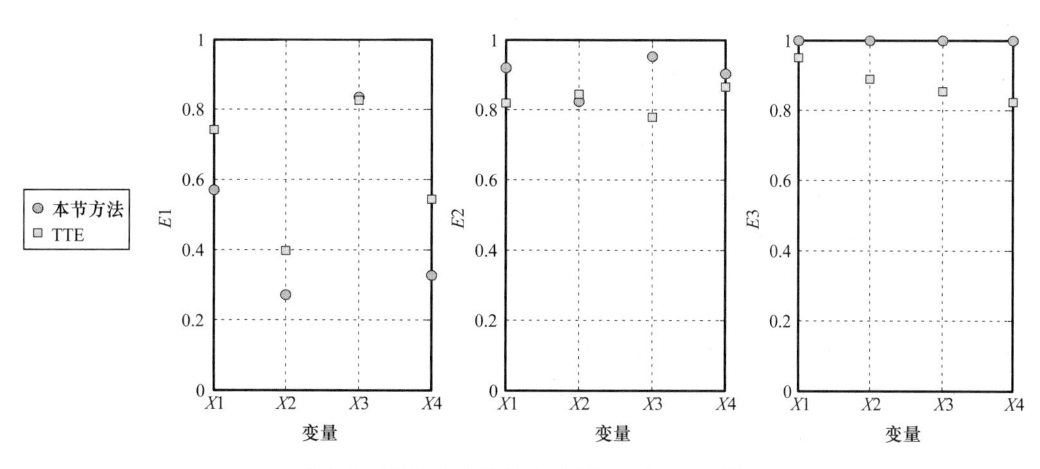

图 2.7 两种方法的各变量 $E1$、$E2$ 和 $E3$ 值

通过趋势识别分析，*X*1 从 4400s 至 4860s 的观测值呈平稳趋势，但被识别为上升趋势，*X*1 其余采样数据趋势均识别准确；*X*2 从 3580s 至 4100s 的观测值呈平稳趋势，但被识别

为下降趋势，$X2$ 从 4560s 至 5060s 的观测值呈平稳趋势，但被识别为上升趋势，$X2$ 其余采样数据趋势均识别准确；$X3$ 从 4420s 至 4680s 的观测值呈平稳趋势，但被识别为上升趋势，$X3$ 其余采样数据趋势均识别准确；$X4$ 从 4380s 至 4500s 的观测值呈平稳趋势，但被识别为上升趋势，$X4$ 从 4520s 至 4940s 的观测值呈平稳趋势，但被识别为下降趋势，$X4$ 其余采样数据趋势均识别准确。

同时采用传统的 TTE 方法对各变量进行趋势识别，采用重复试验法调整有关参数，并分别计算其 $E1$、$E2$ 和 $E3$ 值，如图 2.7 所示，通过比较两种方法所得 $E1$、$E2$ 和 $E3$ 值的大小可以看出，采用本节方法除 $X3$ 所得 $E1$ 值比 TTE 方法略高 0.0099 以外，其他变量的 $E1$ 值均明显小于传统 TTE 方法，对于上述四个过程变量，所提趋势分析方法得到的拟合值与真实值误差平均减少了 0.1261，表明其在趋势识别的准确性上优于 TTE 方法；采用所提方法除 $X2$ 所得 $E2$ 值比 TTE 方法略低 2.2% 外，其他变量的 $E2$ 值均高于传统 TTE 方法，平均 $E2$ 值提高了 7.2%，表明本节方法在辨识平稳趋势的准确性上高于 TTE 方法；本节方法所得 $E3$ 值显著高于 TTE 方法，平均提高了 12.1%，表明所提方法在辨识上升 / 下降趋势的准确性上显著高于 TTE 方法。

综上看来，自适应趋势识别方法在过程变量趋势识别的准确性上优于传统 TTE 方法。通过自适应趋势识别，可辨识出分馏塔冲塔事故发展过程中各变量的趋势变化，为操作人员分析装置运行情况提供参考。

2）多变量自适应预警分析

通过趋势识别分析，分馏塔顶循抽出温度（$X1$）于第 5660s 经拟合得到一新的趋势片段，该片段被辨识为上升趋势，$X1$ 的高、低报警阈值分别为 160℃ 和 130℃，根据式（2.15）计算第 5660s 的测量值 155.6℃ 与 $X1$ 高报警阈值间的差值为 160−155.6=4.4，小于 0.2×（160−130），故对 $X1$ 进行超高预警。分馏塔顶温度（$X2$）自第 5320s 起，其后数据开始被记录在异常值区域，当记录到 5620s 时，$X2$ 测量值达到 127.0℃，其高、低报警阈值分别为 130℃ 和 100℃，且（130−127.0）<0.1×（130−100），故对 $X2$ 进行超高预警。粗汽油量（$X3$）自第 5440s 起，其后数据开始被记录在异常值区域，当记录到第 5660s 时，$X3$ 测量值达到 167.7t/h，其高、低报警阈值分别为 170t/h 和 140t/h，且（170−167.7）<0.1×（170−140），故对 $X3$ 进行超高预警。柴油抽出量（$X4$）自第 5440s 起，其后数据开始被记录在异常值区域，当记录到第 5700s 时，$X4$ 测量值达到 67.5t/h，其高、低报警阈值分别为 95t/h 和 65t/h，且（67.5−65）<0.1×（95−65），故对 $X4$ 进行超低预警。

将所提方法与传统的阈值报警方法进行对比，如图 2.8 所示，本节方法对分馏塔顶循抽出温度（$X1$）、分馏塔顶温度（$X2$）、粗汽油量（$X3$）和柴油抽出量（$X4$）的预警时间比阈值报警时间分别提前了 2min40s、3min、2min40s 和 2min，平均提前时间为 2min35s，从而为现场操作人员预留更多时间采取预防措施。

因四个过程变量在短时间内均发出预警信号，下面采用本节所提的多变量自适应预警方法进行分析，给出各预警变量的优先处理顺序。

首先选取各变量预警发生前的 20 个采样数据，依据式（2.17）和式（2.21）分别计算各变量的波动权重和离差权重；依据各变量的 1000 组历史数据，由式（2.20）计算各变量的信息权重，如图 2.9 所示。

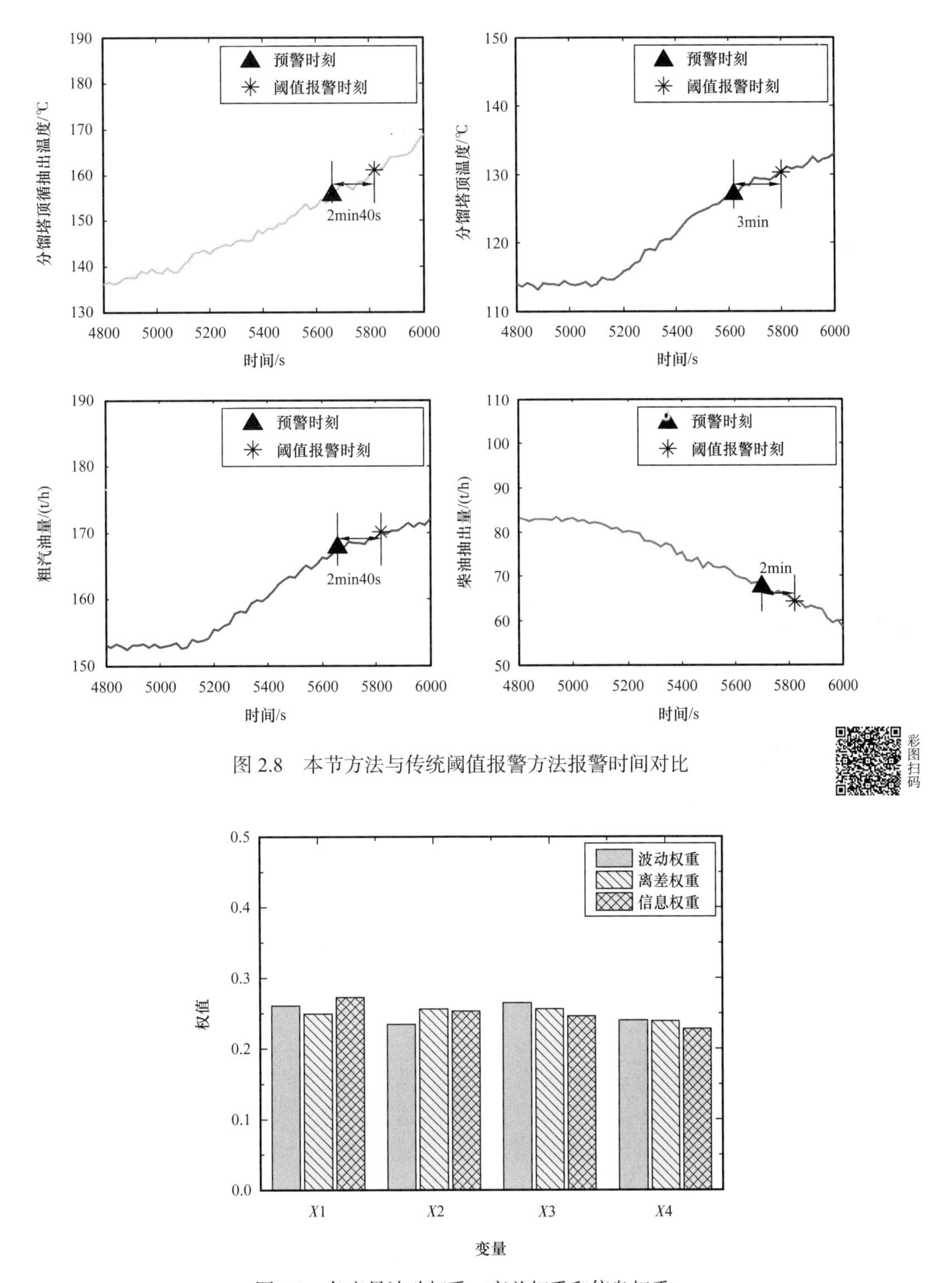

图 2.8　本节方法与传统阈值报警方法报警时间对比

图 2.9　各变量波动权重、离差权重和信息权重

从图 2.9 中可以看出，*X*3 的波动权重最大，表明粗汽油量在发生预警前一段时间内的波动变化程度最大。*X*2 的离差权重最大，表明分馏塔顶温度在发生预警前的变化跨度最

大。$X1$ 的信息权重最大，表明分馏塔顶循抽出温度与其他预警变量的相关程度更高，对其他变量的变化影响更大。

将各过程变量的波动权重、信息权重和离差权重代入式（2.25）和式（2.26）进行求解，可得各变量综合权重，如表 2.6 所示，根据式（2.27）和式（2.28）对各变量发生预警时刻 t_P 的测量值 $x_m^k(t_P)$ 进行预处理，其预处理后的测量值 $x_m^{*k}(t_P)$ 如表 2.6 所示，对于各变量 x^k，令 $x^{*k}=w_k x_m^{*k}(t_P)$，对 x^{*k} 按由大到小排序，给出预警变量的优先处理顺序，如表 2.6 所示。

表 2.6　各变量综合权重、预处理值及预警排序

参数位号	$X1$	$X2$	$X3$	$X4$
w_k	0.256	0.249	0.253	0.242
$x_m^{*k}(t_P)$	0.853	0.900	0.923	0.917
x^{*k}	0.218	0.224	0.234	0.222
预警优先级	4	2	1	3

根据所得预警顺序，操作人员应优先考虑造成粗汽油量（$X3$）发生超高预警的原因。由于粗汽油量（$X3$）不断增加且分馏塔顶温度（$X2$）超高，说明问题可能出现在分馏塔顶部，并结合柴油抽出量（$X4$）等变化相对滞后于分馏塔顶循温度（$X1$）来看，可推断该故障原因为分馏塔顶循几层塔盘出现问题（如塔盘结盐、有脏物等）导致了分馏塔冲塔事故的发生。冲塔发生时，整个分馏塔的热平衡被打破，热位移上移，其他中部温度也会上移。而冲塔发生时粗汽油量（$X3$）不断增加是因为分馏塔油气中的重组分上移，柴油馏分无法正常馏出而进入到了汽油馏分中，影响了汽油产品质量。

实际上，冲塔发生后，现场人员根据冲塔现象及原料化验分析推断冲塔发生的原因是分馏塔顶部结氨盐。本节预警分析结果与该结论一致，为操作人员提供了应急处置依据，使操作人员能够及时对塔顶塔盘进行水洗处理，解决分馏塔结盐的问题，避免冲塔事故频繁发生，保证过程安全及产品质量。

3. 分析与小结

（1）报警泛滥是如今油气生产复杂过程工业报警系统中存在的主要问题之一。由于报警系统设计的局限性，造成了系统预控及时性差、关联报警反复出现等问题，在一些异常工况下，极易导致报警泛滥现象的发生。为此，本节针对油气生产复杂过程的复杂性、动态性和关联性特点，结合现有报警管理方法在实际应用中存在的报警不及时、缺乏自适应性等难点问题，提出了一种基于趋势监控的自适应过程预警方法。通过对过程变量进行自适应趋势监控，对非平稳趋势过程变量进行预警，并针对多变量预警问题提出一种自适应权重计算方法为各变量赋权，该赋权方法综合考虑了各过程变量在发生预警前一段时间内的波动变化程度和幅度变化，以及与其他预警变量的相关性水平。最后依据各变量的综合权重和预警时刻测量值偏离正常范围的程度，为操作人员提供一个合理的预警变量处理顺序。

（2）对发生在某炼油厂的常压塔淹塔和分馏塔冲塔故障进行了案例分析。在常压塔淹塔故障案例中，与传统趋势分析方法相比，本节所采用的趋势监控方法在捕捉平稳过程趋势的准确率上平均提高了 3.2%，在辨识上升 / 下降趋势的准确率上平均提高了 17.9%；与基于阈值的报警方法相比，本节所提预警方法在报警时间上平均提前了 2min33s。在分馏塔冲塔故障案例中，与传统趋势分析方法相比，本节所采用的趋势监控方法在捕捉平稳过程趋势的准确率上平均提高了 7.2%，在辨识上升 / 下降趋势的准确率上平均提高了 12.1%；与基于阈值的报警方法相比，所提预警方法在报警时间上平均提前了 2min35s。此外，所采用的多变量自适应预警机制进一步给出了多变量预警时的优先处理顺序，为操作人员分析装置运行情况、制订合理的预控计划提供参考，提升报警系统的预控及时性和有效性，从而避免关联报警的产生甚至报警泛滥现象的出现。

2.2　页岩气压裂施工曲线向前多步预测方法

页岩气压裂工艺过程中常会出现砂堵、管线刺漏、沉砂等异常工况，若不及时采取措施，可能导致压裂作业失败。压裂施工曲线的变化情况可反映系统异常，因此，预测压裂施工曲线的趋势变化对异常工况的预控具有重要的意义。

现有预测算法可主要分为线性回归时间序列、模式识别预测算法及滤波预测算法。线性回归时间序列法比如 AR、MA、ARMA 及回归分析等，此类模型通常适用于线性或弱非线性的系统，但不适用于噪声具有非高斯性的系统，在面对实际复杂系统，若样本趋势不平稳或波动性较大，极易使时间序列模型构建不准确，最终导致预测精度较低，即使经过差分后（即为 ARIMA 模型），预测结果依旧不乐观。人工神经网络、SVM 等的模式识别算法，虽可提升向前一步或者多步的预测效果，但在构建网络模型时需大量的历史样本进行训练，实时性差难以实现向前多步预测；滤波预测算法比如 KF、EKF、UKF 及 PF，预测精度较高，但需构建初始状态函数，通常的做法是寻找经验函数作为状态转移函数，但无法保证预测精度，对于许多实际系统，很难找到合适的经验函数，因此，滤波预测算法的实际运用较为困难。

局部加权线性回归（Locally Weighted Linear Regression，LWLR）是基于非参数的预测回归算法，将非线性曲线看成是多个线性曲线进行建模，即对每个待预测点建立符合自身特点的线性方程。其中，为待预测点附近的每个点赋予一定的权重，来权衡附近的点对多步预测精度的贡献情况，最终构造待预测点的最优线性方程，提高了对非线性曲线向前多步的预测精度。然而，即使采用拟合误差较小的 k 值作为预测模型的参数，也无法保证向前多步预测的准确性。

页岩气压裂生产系统具有非线性的特点，难以找到符合曲线变化规律的经验函数，在向前多步预测过程中，无法保证滤波算法的预测精度。针对这些问题，在 LWLR 算法的基础上开展压裂施工曲线向前多步预测方法研究，结合粒子滤波（PF）优化的 ARMA 算法模型（PF_ARMA），优化了 LWLR 模型参数，实现了向前多步精确预测，可为页岩气压裂异常工况的预测提供理论依据。

2.2.1 基本理论

1. 局部加权线性回归模型及建模步骤

针对绝大多数非线性系统的预测，相对简单的方法是在系统的某个时间对输入数据进行建模，并且采用局部建模的方式处理输入样本数据。传统非线性模型的拟合方法，其复杂程度随输入参数维数的增加而呈现指数型增长，导致了模型的训练过程需要较长的时间，难以满足预测要求。对非线性系统进行预测，若假定系统的输出面平滑，则可通过一些局部线性函数来近似该非线性系统。

对一组样本为 (x_1, y_1)，…，(x_N, y_N)，x_i 为自变量，y_i 为因变量，并假定 $\{y_i, i, \cdots, N\}$ 为服从独立同分布，根据自变量与因变量的关系可建立如式（2.29）的非参数回归模型：

$$y_i = f(x_i) + \varepsilon, \quad i=1, 2, \cdots, N \tag{2.29}$$

其中：$f(\cdot)$ 为待求的非参数函数模型；$\hat{f}(\cdot)$ 为 $f(\cdot)$ 的估计；ε 为系统噪声，均值 μ 为 0，方差为 σ_ε^2。

LWLR 是一种基于非参数的回归预测方法，其核心原理是根据最小 p 个近邻机制，寻找 p 个历史样本数据中与待验证的点 $x=x_{new}$ 相似程度最小的样本数据；并从常用核函数中寻找适合该系统的核函数（本节采用高斯核函数）计算该样本数据权重值，最后，根据加权最小二乘估计的原理，估计预测点的局部一阶线性函数的参数，即得出 $\hat{f}(\cdot)$，带入因变量的值，得到预测点的估计值 $y_{new}=f(x_{new})$。LWLR 同样也可用于多维自变量的预测建模，若维数大于样本点的数量，为了防止计算出错，可引入岭回归、lasso 法进行优化。本节的应用对象为一维样本，仅构建一阶线性模型即可。

与传统参数回归模型（如 ARMA 模型）的区别是，LWLR 模型并不局限于有限个函数方程，而是使用与每个预测点具有一定相似度的样本数据中包含的特性来进行估计，即每个预测点都可能对应不同的函数方程。

根据标准回归函数的系数求法，解出 $f(x_i)$ 的中回归系数，见式（2.30）：

$$\hat{\boldsymbol{w}} = (\boldsymbol{X}^{\mathrm{T}}\boldsymbol{W}\boldsymbol{X})^{-1}\boldsymbol{X}^{\mathrm{T}}\boldsymbol{W}y \tag{2.30}$$

其中：$\hat{\boldsymbol{w}}$ 为系数的估计向量；$\boldsymbol{X}$ 为自变量矩阵；$\boldsymbol{W}$ 赋予每个样本点的权重矩阵；y 表示因变量。

传统 LWLR 预测过程的基本步骤如下：

步骤 1：以 x_{new} 为中心（在向前预测时，仅考虑 x_{new} 之前的数据），设共有 N 个样本总量，选择 n（$n \leqslant N$）个历史数据作为建模样本。

步骤 2：选择核函数，计算每个建模样本的权重。

核函数是用于计算建模样本数据的权重，类似于 SVM 中的核，核函数的类型主要有 Tricube 核、Epanechnikov 核、Gaussian 核等。有学者指出核函数的选择对预测结果的影响较小。本节选取 Gaussian 核函数：

$$w(i,i)=\exp\left[\frac{|x^{(i)}-x|}{-2k^2}\right] \tag{2.31}$$

其中：$w(i, i)$ 表示样本点的权重；$x^{(i)}$ 表示第 i 样本点的横坐标；k 为控制权重大小的参数，这也是 LWLR 方法中唯一的输入参数。

步骤 3：计算参数矩阵。将样本 $(x_1,y_1),\cdots,(x_N,y_N)$ 及式（2.31）求出的权重矩阵代入式（2.30），得出 LWLR 模型的系数，即得出 $\hat{f}$（·）。

步骤 4：计算预测值 $\hat{y}_{\text{new}}$。将 x_{new} 的值代入式（2.29），得 $\hat{y}_{\text{new}}$ 的值，即针对每个 $\hat{y}_{\text{new}}$，$\hat{y}_{\text{new}}=\hat{f}(x_{\text{new}})=\hat{a}+\hat{b}x_{\text{new}}$，其中 $\hat{a}$ 和 $\hat{b}$ 为求得的系数。

2. ARMA 预测方法及建模步骤

ARMA 是用于时间序列趋势预测的典型模型之一，最早是由 Box-Jenkins 提出，也称为 Box-Jenkins 方法，但传统 ARMA 方法只适用于平稳序列的建模。因此，发展出了针对非平稳序列的 ARIMA 模型，该模型对非平稳序列进行差分后使其符合 ARMA 的建模要求。本节依据压力样本数据构建 ARIMA 模型作为粒子滤波中的状态函数进行预测研究。

Box-Jenkins 方法的核心原理是将时间序列（随时间变化的数据序列）视为一个随机序列，序列中第 n 个时刻的观察值不仅与前 $n-1$ 个观察值有依存关系，且与前 $n-1$ 个时刻进入系统的扰动有依存关系，根据这种关系，构建序列的关系函数，预测下一时刻或者将来一段时间的数值。

ARMA 模型一般的形式 ARMA（p, q），其具体模型表达如下：

$$x_t=\phi_1x_{t-1}+\phi_2x_{t-2}+\ldots+\phi_px_{t-p}-\theta_1\varepsilon_{t-1}-\theta_2\varepsilon_{t-2}-\ldots-\theta_q\varepsilon_{t-q}+\varepsilon_t \tag{2.32}$$

其中：当 q=0 时，模型为 AR（p）模型；而当 p=0 时，模型则为 MA（q）模型。ϕ_1，…，ϕ_p 和 θ_1，…，θ_q 分别为自回归系数及移动平均系数，$\{x_i\}$ 表示零均值化后的时间序列，$\{\varepsilon_t\}$ 与 $\{x_t\}$ 表示相互独立并服从同一分布的白噪声，其中：$E(x_t)=0$，$Var(x_t)=\sigma^2>0$。

ARIMA 模型的建模步骤如下：

步骤 1：获取数据，绘制时间序列曲线。首先获得需被分析的变量的时间序列，并将其表示为 $\{\lambda_1, \lambda_2, \cdots, \lambda_t\}$，画出原序列曲线，初步判断序列是否平稳。

步骤 2：平稳性判断。对得到的数据进行自相关性分析，即计算自相关系数 $\hat{\rho}_k$ 与偏相关系数 $\hat{\phi}_{kk}$，见式（2.33）及式（2.34）：

$$\hat{\rho}_k=\frac{\sum_{t=1}^{n-k}(x_t-\bar{x})\cdot(x_{t+k}-\bar{x})}{\sum_{t=1}^{n}(x_t-\bar{x})^2} \tag{2.33}$$

$$\hat{\phi}_{kk}=\begin{cases}\hat{\rho}_k & k=1\\ \dfrac{\hat{\rho}_k-\sum\limits_{j=1}^{k-1}\hat{\phi}_{k-1,j}\cdot\hat{\rho}_{k-j}}{1-\sum\limits_{j=1}^{k-1}\hat{\phi}_{k-1,j}\cdot\hat{\rho}_j} & k=2,3,\cdots\end{cases} \tag{2.34}$$

其中：$\phi_{k,j}=\phi_{k-1,j}-\phi_{kk}\cdot\phi_{k-1,k-j}$，$j=1, 2, \cdots, k-1$；$\overline{x}$ 为样本的算术平均值；k 为滞后期；n 为 $\{(x_t-\overline{x})\}$ 样本量。

计算出 $\hat{\rho}_k$ 的置信区间 $\left(-2/\sqrt{n},2/\sqrt{n}\right)$，根据置信区间检验 $\{(x_t-\overline{x})\}$ 的平稳性及随机性。如果，$\hat{\rho}_k$ 基本落在 $\left(-2/\sqrt{n},2/\sqrt{n}\right)$ 之内，那么该序列为随机序列，并且当 $k>3$ 时，$\hat{\rho}_k$ 均落入 $\left(-2/\sqrt{n},2/\sqrt{n}\right)$，逐渐趋向 0，可初步判定 $\{(x_t-\overline{x})\}$ 具有平稳性。然后进行白噪声检验，若在给定的显著性水平下，序列表现为不显著，那么 $\{(x_t-\overline{x})\}$ 具有非白噪声，$\{(x_t-\overline{x})\}$ 确定为平稳序列，可用于 ARMA 建模。

步骤 3：差分计算。若步骤 1、步骤 2 判定样本为非平稳序列，则进行差分运算，通常，序列经过 1 阶或 2 阶差分后可变为平稳序列，若为平稳序列，跳过这步。

步骤 4：建立模型，确定阶数。在步骤 2 的基础上，基于 Box−Jenkins 方法利用 $\{(x_t-\overline{x})\}$ 序列的 $\hat{\rho}_k$ 和 $\hat{\phi}_{kk}$ 确定 p 和 q 的阶数。判断原则如表 2.7 所示。

表 2.7　ARIMA 模型识别原则对照表

自相关系数图（ACF 图）	偏相关系数图（PACF 图）	模型识别结果
q 阶截尾	拖尾	MA（q）
拖尾	p 阶截尾	AR（p）
拖尾	拖尾	ARMA（p，q）

对数据进行预处理后，可对模型进行定阶，依据步骤 2 的自相关系数和偏相关系数的计算结果，对（p，q）组合不断进行尝试（p、q 的值决定模型的类别），其中，$0\leqslant p\leqslant\sqrt{n}$，$0\leqslant q\leqslant\sqrt{n}$，计算 BIC，选择使 BIC 最小的（$p$、$q$）组合作为模型的阶数。

步骤 5：参数估计及残差检验。对模型参数进行估计，常用估计方法为最小二乘法，并检验模型的适用性，判断其是否充分提取了样本信息，即对 ε_t 的独立性进行检验，再进行参数的显著性检验，剔除参数中不显著的变量，重新进行参数估计，构建新的 ARIMA 模型。

3. 粒子滤波算法

粒子滤波算法（PF）基于序贯 Monte Carlo 的原理，可用来解决递推贝叶斯估计的问题。PF 算法放宽了 KF、UKF 及 EKF 等传统滤波算法的线性高斯约束，为解决非线性非高斯曲线的趋势预测问题，提供一个有效可靠的方案。

PF 的核心思想是在系统状态空间里，找寻一组具有独立随机特性的样本，并对样本的后验概率运用该组随机样本近似表示，均值的计算由样本均值代替，最后，得出样本的最小方差估计。其中，这组独立随机的样本就叫做“粒子”，且每个粒子带有权值，可表示为｛x_k^i，ω_k^i，i=1，2，…，n｝。这些带有权值的粒子，以一定方式进行传递，依据贝叶斯原理，对粒子的权值进行更新。当有足够多的粒子时，样本的后验概率分布可由这些粒子很好地逼近。

这组独立随机的样本再被赋予权值后，可近似为系统的状态分布概率，见式（2.35）：

$$p(x_k \mid z_k) \approx \sum_{i=1}^{N} \omega_k^i \delta(x_k - x_k^i) \tag{2.35}$$

其中：p（$x_k \mid z_k$）为系统的状态分布；$\delta(x_k - x_k^i)$ 为粒子的分布；ω_k^i 表示粒子的权值。并根据 Monte Carlo 的原理，对 p（$x_k \mid z_k$）进行多次采样，求得样本的均值，见式（2.36）：

$$E(x_k) = \sum_{i=1}^{N} \omega_k^i x_k^i \tag{2.36}$$

由于粒子通常无法直接从 p（$x_k \mid z_k$）中抽取获得，因此运用一个比较容易采集到的样本，且已知概率密度函数的 q（$x_k \mid z_k$），从其中采样获得粒子得：

$$\omega_k^{(j)} \propto \frac{p(x_k \mid z_k)}{q(x_k \mid z_k)} \tag{2.37}$$

根据概率论的原理得出粒子的概率分布，见式（2.38）：

$$p(x_k \mid z_k) \propto p(z_x \mid x_k) p(x_k \mid x_{k-1}) p(x_{k-1} \mid z_{k-1}) \tag{2.38}$$

将式（2.37）及式（2.38）带入式（2.36），可得 PF 的结构框架：

$$\omega_k^i \propto \omega_{k-1}^i \frac{p(z_k \mid x_k^i) p(x_k^i \mid x_{k-1}^i)}{q(x_k^i \mid x_{k-1}^i, z_k)} \tag{2.39}$$

PF 算法是在序贯重要性采样的基础上加入了重采样技术（准则）。序贯重要性采样容易造成粒子多样性退化，即随着采样次数的增加，大权值粒子往往集中在少数的粒子当中，这就使近似得到的后验概率密度不能准确地反映系统状态，使预测结果的准确率降低。因此引入了重采样技术准则，见式（2.40），算法是否需要进行重采样，可通过计算有效粒子数量 N_{eff} 与阈值 N_{th}（预先设定）进行比较，当 $N_{\text{eff}} \leqslant N_{\text{th}}$ 时，则采用重采样算法，否则就进行下一步。

$$N_{\text{eff}} = \frac{1}{\sum_{j=1}^{N} \left[\omega_k^{(i)} \right]^2} \tag{2.40}$$

2.2.2 页岩气压裂施工曲线向前多步预测方法

对于压裂施工曲线，针对线性回归模型预测效果差及经验函数难以选取的问题，在LWLR的基础上开展向前多步预测方法研究。其中，为解决传统LWLR预测精度低的问题，结合PF_ARMA模型，为LWLR提供模型优化依据，确定LWLR模型的参数取值范围，最终实现页岩气压裂施工曲线向前多步精确预测，并进行多次尝试，分析最佳预测步长。

1. 方法步骤

页岩气压裂施工曲线向前多步预测方法的具体实施步骤如下：

步骤1：选定交叉验证方案。选取压裂施工曲线中压力随时间变化的历史时间序列$P=\{p_s|s=1, 2, \cdots, m\}$，确定$n$个（少量）压力历史数据用于预测检验，前$m-n$个（大量）压力数据序列作为建模数据。

步骤2：初步优化压力参数的LWLR模型。首先对压力建模数据进行拟合，根据式（2.31）计算出所有压力建模数据的高斯核权重矩阵，根据式（2.30）得出每个建模数据的模型回归系数估计，构建参数矩阵，计算出每个压力建模数据的预测值，并对压力样本测试数据进行预测效果评价，计算相对误差MAPE（在页岩气压裂系统中，可接受的范围为MAPE＜5%），判定模型预测效果。绘制在k取不同值时的拟合曲线，剔除可认定为过拟合的k值。

步骤3：利用ARMA构建压力参数的状态函数。根据2.2.1的建模步骤，对选取的压力建模序列$P=\{p_s|s=1, 2, \cdots, m-n\}$进行必要的检验，进行相应的预处理，根据2.2.1的步骤4、步骤5构建序列的ARMA模型，确定模型类别和模型阶数，并进行参数估计及检验，该过程通常可以借助统计分析软件如SAS实现。然后代入粒子滤波算法对压力建模数据进行拟合，根据拟合结果的平均相对误差绝对值（Mean Absolute Percentage Error，MAPE）调整ARMA的阶数与参数，使模型可用于粒子滤波预测。

步骤4：构建压力参数的粒子滤波预测算法模型。根据2.2.1的算法原理构建压力参数的粒子滤波优化模型，其中运用步骤3得出的ARMA模型作为粒子滤波的状态函数，以压力建模数据为观测值，得到优化的压力PF_ARMA预测模型，运用检验数据对模型的预测效果进行评价。

步骤5：获得压力参数的LWLR模型优化依据。运用步骤4所建模型对压力参数进行向前多步预测，分别对向前步长比如：L=10、15、20、30进行预测分析（步长为单位时间）。

步骤6：基于LWLR的压力参数向前多步预测。以步骤2得到的初步优化的压力参数的LWLR模型，进行向前多步预测，步长与步骤5的设定相同。

步骤7：优化压力参数的LWLR预测模型。根据步骤5得出的模型优化依据，计算步骤6得出的未来几步压力预测值的MAPE，选择合适模型参数（k值），优化步骤2所建LWLR模型，回到步骤6，最终得到最优压力参数的LWLR模型及预测结果。

步骤8：压力预测结果评价。计算步骤7与压力真实值的MAPE，评价预测结果，并对多步预测步长的结果进行分析与总结。

步骤 9：结果比对。针对相同压力的建模数据，分别运用 PF_ARMA、ARMA 模型对压力进行向前多步预测，并与步骤 7 所得的压力预测结果进行比较。

2. 方法流程

页岩气压裂施工曲线向前多步预测方法流程如图 2.10 所示。

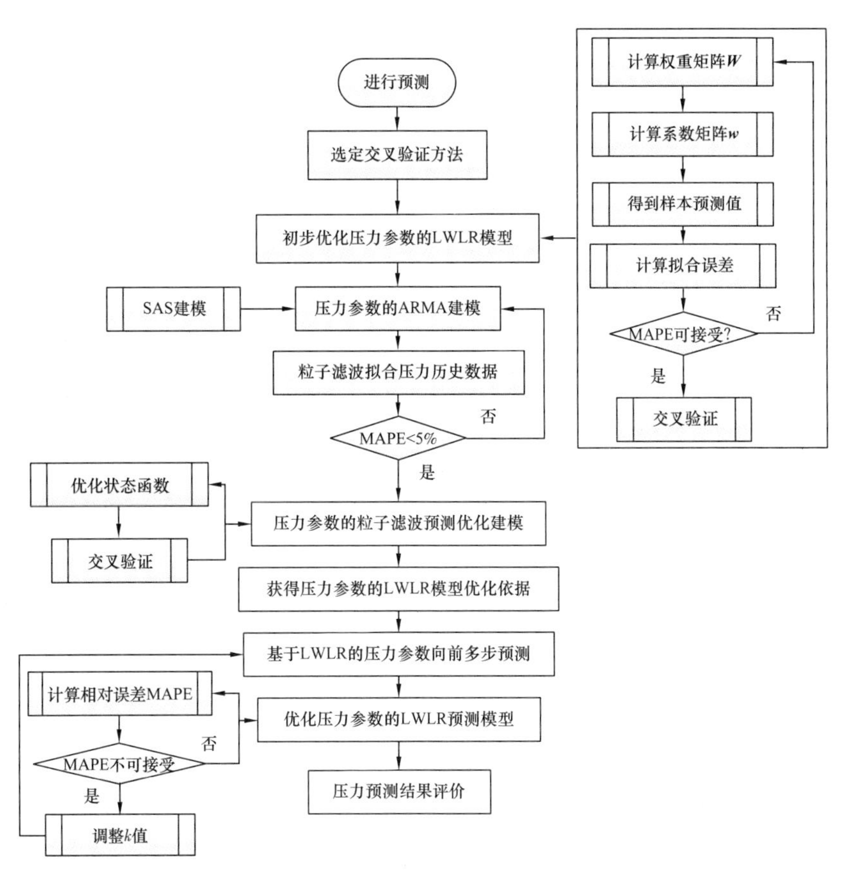

图 2.10　页岩气压裂施工曲线向前多步预测方法流程

2.2.3　案例分析

本节将页岩气压裂施工曲线向前多步预测方法分别运用仿真数据、现场数据进行验证，并与 ARMA 模型、PF_ARMA 模型及传统 LWLR 模型进行比对。

1. 仿真案例与结果比对

根据模拟实验及历史资料在仿真平台上计算得出页岩气压裂压力变化曲线，以此作为预测对象，开展页岩气压裂施工曲线向前多步预测方法研究，如图 2.11 所示。

步骤 1：选定交叉验证方案。该过程压裂施工曲线如图 2.11 所示，选取“预测对象 1”的数据段作为预测对象，进行方法验证。接着选取 T=5340～8580s 的压力值作为建模数据，其中每隔 10s 取一个样本点，共 320 个样本点，取后面 10 个样本点用于验证。

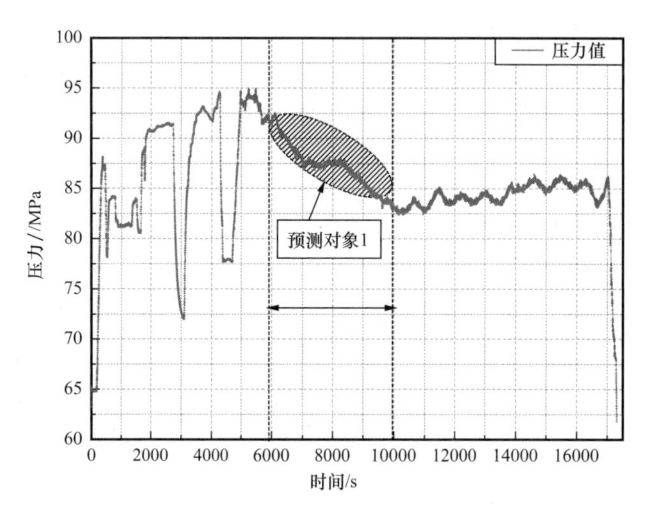

图 2.11　模拟仿真实验中页岩气压力变化数据曲线

步骤 2：初步优化压力参数的 LWLR 模型。对建模数据运用 LWLR 进行拟合，反复调整 k 值，图 2.12 分别为 k=0.4、1、5、10、30、50、100、200 时的曲线拟合情况，图中 1 个步长表示 10s。从图 2.12 中可以看出，随着 k 值的增大，拟合相对误差逐渐增大，且 k=200 时，拟合效果接近于标准的线性回归。显然，当 k=0.4 时，拟合直线与数据点过于贴近，纳入了过多的噪声，进而导致了过拟合现象，因此模型确定参数可定为 k=1、5、10、30、50、100 较为合适。

对测试数据集进行预测验证，验证结果如图 2.13 所示，结果表明 MAPE 均小于 5%，说明模型的预测性能良好，且 k=200 时也具有不错的预测结果，其中 k=0.4 时，预测失效，去除这个 k 值。注：k=1 时，MAPE 在可接受的范围之内。

步骤 3：利用 ARMA 构建压力参数的状态函数。根据 2.2.2 中的 ARMA 建模步骤，对选取的建模序列建立 ARMA 模型。通过 SAS 分析得出该序列为非平稳序列，经过 1 阶差分后序列平稳，经过粒子滤波拟合优化，确定模型为 AR（4）模型，所得模型见式（2.41）：

$$X_t=3.548\times\exp(-6)+0.531X_{t-1}+0.522X_{t-2}+0.228X_{t-3}-0.280X_{t-4} \tag{2.41}$$

步骤 4：构建压力参数的粒子滤波预测算法模型。运用粒子滤波算法，并以式（2.41）作为状态方程，粒子数为 N=5000，运行多次，不断优化 ARMA 模型，并对测试数据集进行预测效果测试，结果如图 2.14 所示，真实值均落在粒子滤波的预测结果中，且 MAPE＜5%，验证了模型的可靠性。

步骤 5：获得压力参数的 LWLR 模型优化依据。运用步骤 4 所建模型进行向前多步预测，分别对向前步长 L=1 至 L=100 步进行预测分析（1 步表示 10s），20 次预测结果如图 2.15 所示，图中所示粒子滤波预测结果为每个时刻的 20 次运行结果的平均值。

从图 2.15 可以看出，PF_ARMA 模型预测的向前 30 步的结果（图 2.15 中的预测区间），大多数都落在 MAPE＜5% 的范围之内，且可以看出绝对误差大部分都是负值，即略小于真实值，如果异常工况的压力变化为急剧下降，预测值若低于真实值，可提醒操作人员提早做出防范，防止异常工况的出现。

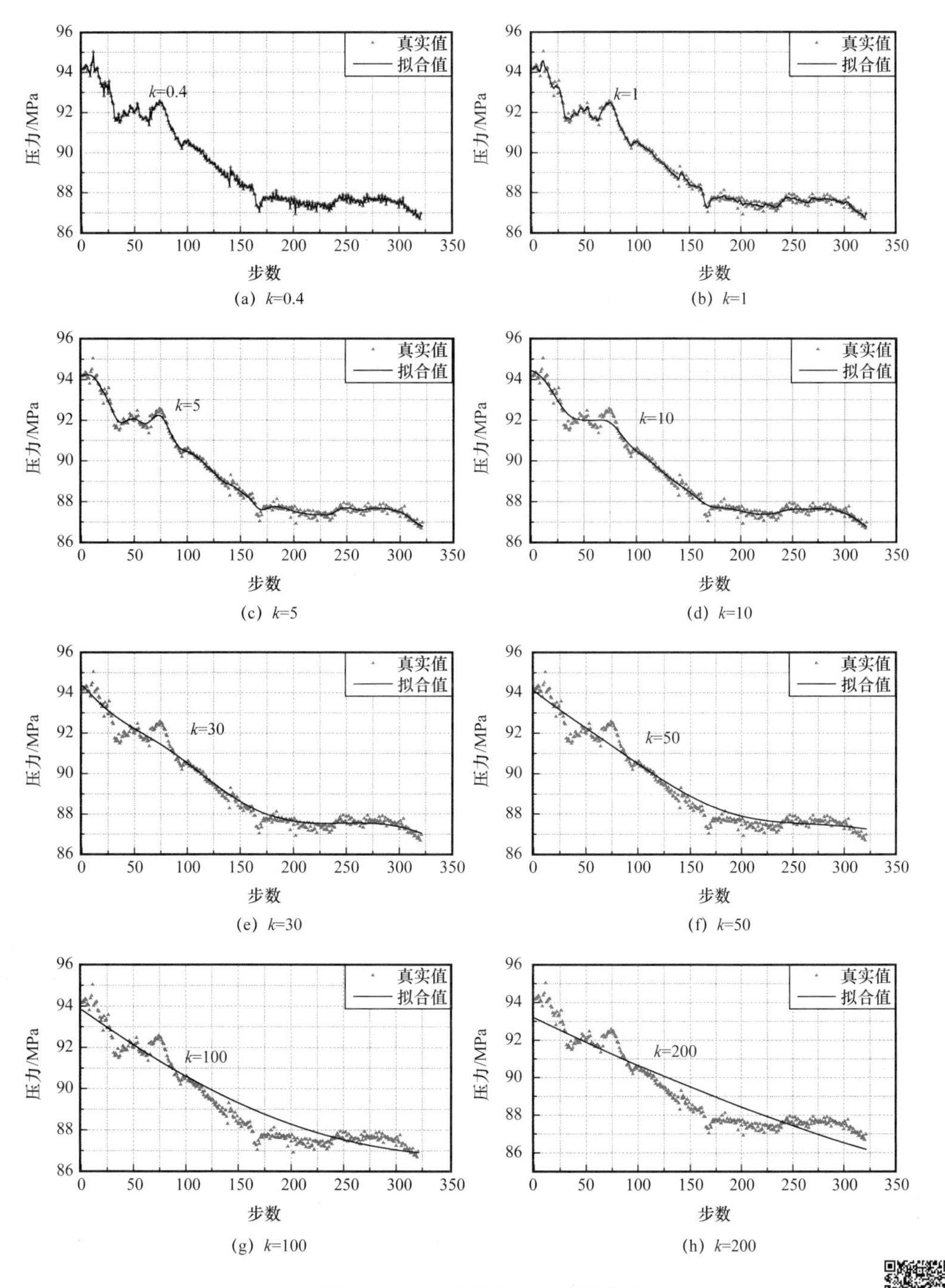

(a) k=0.4　(b) k=1　(c) k=5　(d) k=10　(e) k=30　(f) k=50　(g) k=100　(h) k=200

图 2.12　不同 k 值的历史数据拟合

彩图扫码

除此之外，步骤 5 的意义在于为步骤 6 提供事实依据，即判断步骤 6 与步骤 5 向前 100 步预测值的相对误差，调整步骤 2 所构建的 LWLR 模型（参数 k），根据 LWLR 的原理，拟合效果最好的 k，对新数据的预测，未必能达到较好的预测效果，因此需要一个事实依据，防止 k 值偏离正常范围。

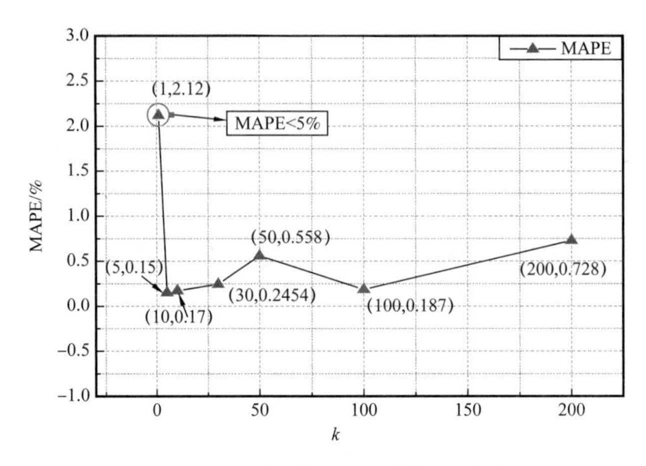

图 2.13　不同 k 值的测试数据预测误差

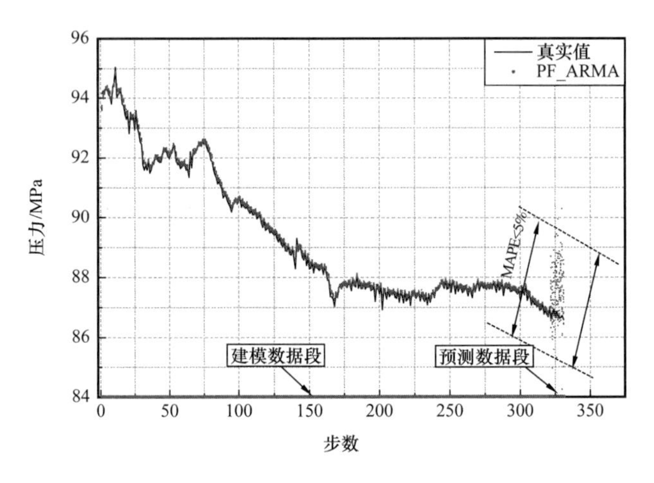

图 2.14　PF_ARMA 预测性能评价

彩图扫码

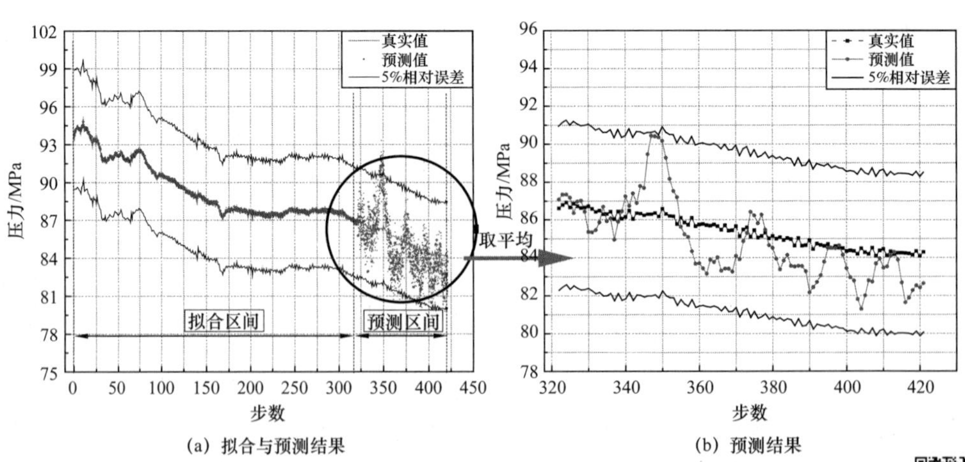

图 2.15　PF_ARMA 向前 30 步预测结果

彩图扫码

步骤 6：基于 LWLR 的压力参数向前多步预测。以步骤 2 得到的 LWLR 模型（k=1、5、10、30、50、100、200），进行向前多步预测（L=100 步），并与 PF_ARMA 的预测值相比（1 步表示 10s），结果如图 2.16 所示。

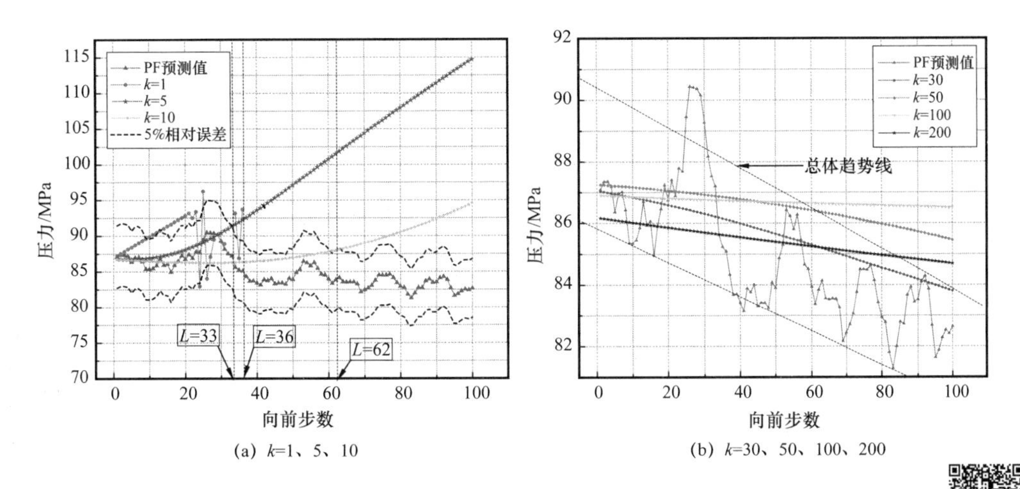

(a) k=1、5、10　　(b) k=30、50、100、200

图 2.16　不同 k 值的 LWLR 预测值与 PF_ARMA 预测值的比较

彩图扫码

从图 2.16 中可以得出以下几个结论：

（1）当 k=1，L>36 时，预测失效；当 k=5，L>33 时，MAPE<5%；当 k=10，L=62 时，MAPE<5%。并且 k=1、5、10 时，曲线的趋势都是逐渐增加，而 PF_ARMA 的预测值趋势都是逐渐下降，因此需剔除这三个 k 值。

（2）k=30、50、100 及 200 预测趋势都是逐渐下降，符合 PF_ARMA 预测值的总体变化趋势。其中，k=30 时最为接近 PF_ARMA 预测结果的下降幅度，k=200 时其次。虽然 k=30 时结果较好，但仍然小于 PF_ARMA 预测值的变化幅度，可进一步寻优。

步骤 7：优化压力参数的 LWLR 预测模型。由图 2.16 可以得出 k=1、5、10 不符合要求，虽在步骤 2 中拟合误差较小，但对新数据没有达到比较好的预测效果。而 k=30 时预测效果较其他要好一些，但还是小于 PF_ARMA 预测值的变化幅度，可进一步的寻优。分别以 L=100、90、80、70、60 和 50 步的 MAPE 为依据进行调整，调整结果如图 2.17 所示。

由图 2.17 可以得到以下几个结论：

（1）当向前步数 L≥50 时，误差最小在 k=25 左右，而 k≥200 时，误差也相对较小，趋于稳定，但仍然大于 k=25 左右时的相对误差，因此，可以将模型的 k 值设定为 25。

（2）k=76 时，L=50～100 的预测效果最差，且随着 L 的增加，误差逐渐变大。

综上所述，经过步骤 7 的优化，将步骤 2 选定的 k=1、5、10、30、50、100，优化为 k=25。由于本节的 MAPE 是根据 PF_ARMA 的预测值所得出的，因此求得的最佳 k 值存在一定的偏差，但在实际操作中，当真实值未知时，可以 PF_ARMA 的预测结果为依据，调整 k 的值，避免预测结果偏离实际过多，剔除误差过大的 k 值，并最终找到预测效果较好的 k 值。

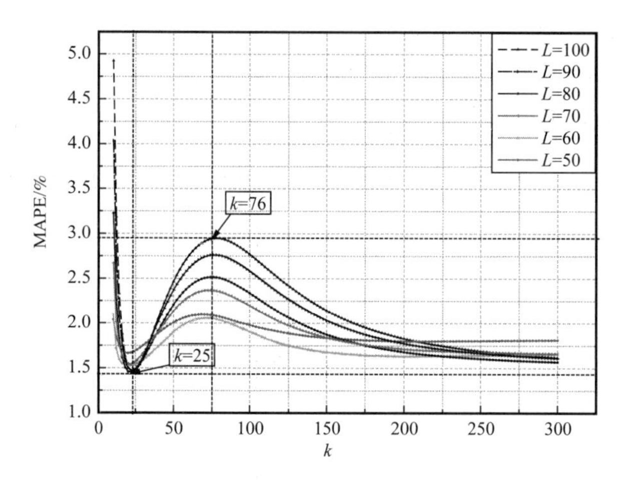

图 2.17　不同 k 值的 LWLR 与 PF_ARMA 预测值的 MAPE

步骤 8：压力预测结果评价。计算当 k=5、10、25、30、50、100、200 时的预测值，如图 2.18 所示，并与真实值比较计算 MAPE。

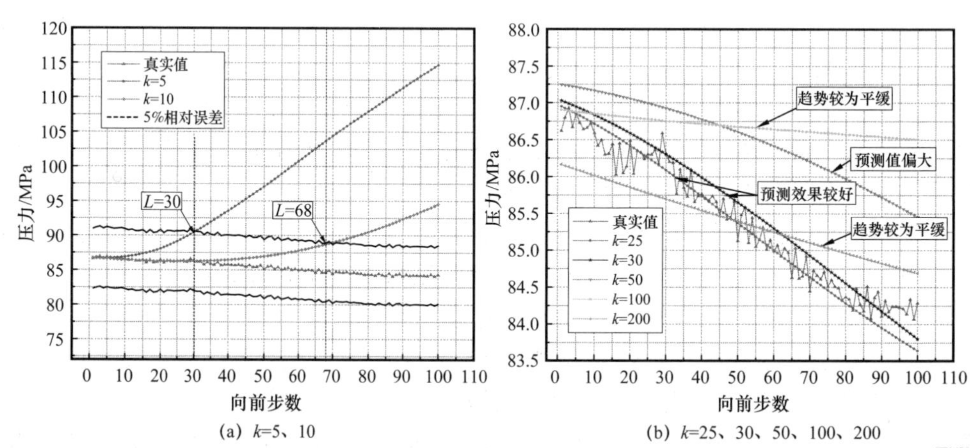

图 2.18　不同 k 值的 LWLR 预测值与真实值比较

由图 2.18 所示及图 2.19 可以看出，k=5 及 k=10 误差较大，且预测趋势也不准确；k=100、200 虽然 MAPE＜2%，但趋势变化较为平缓，不能描述曲线真实的变化趋势；而 k=50 虽然变化趋势符合真实曲线，但预测值偏大，不利于安全预警；k=25 和 k=30 的 MAPE 较小，且能正确描述曲线的变化趋势，预测效果较好，k=25 的 MAPE 最小，与真实值更为接近。

步骤 9：结果比对。图 2.20 为三种方法的预测结果与真实值的比对，其中 PF_ARMA 的值为平均值，且应用于 ARMA 模型预测的表达式与用于 PF 中的不同。

从图 2.20 的三种方法的对比中可以得出以下几个结论：

（1）从总体变化趋势上来看，三种方法从 L=35 左右下降幅度开始出现变化，ARMA 预测值变化最为平缓，且小于真实值的变化幅度，PF_ARMA 下降幅度最大，且略大于真

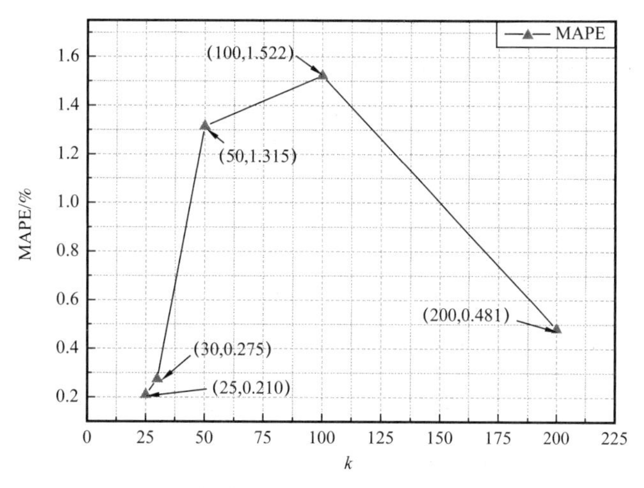

图 2.19　不同 k 值的 LWLR 预测真实平均相对误差

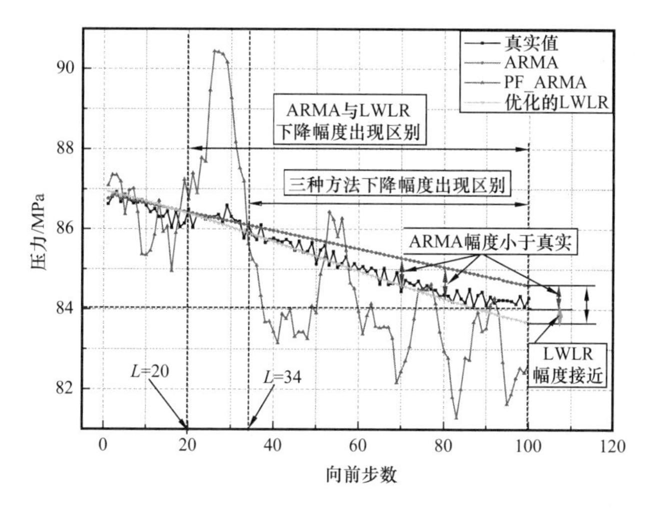

图 2.20　三种预测结果的比较

实值，而优化的 LWLR 与真实值的变化幅度最接近。

（2）从安全预警的角度上来说，PF_ARMA 总体变化趋势与真实值接近，预测值绝对误差为负，而 ARMA 的绝对误差为正，若当压力低于一定的值时，就会出现压裂异常，若使用 PF_ARMA 预测，有可能出现误警，而 ARMA 可能出现漏警。因此，PF_ARMA 预测效果更好。

（3）传统 LWLR 与优化的 LWLR 比对，若使用步骤 2 建立的模型，如图 2.18 及图 2.19 所示，可知选取 k=1、5、50、100、200 时，不能真实描绘曲线的变化趋势，因此优化的 LWLR 预测准确性高于传统 LWLR。

（4）从 L=20～100 的 MAPE 来看，优化的 LWLR 比 ARMA 的预测精度提高了 0.25 个百分点，比 PF_ARMA 提高了 1.51 个百分点，比传统的 LWLR 提高了 4.24 个百分点。

综上所述，如表 2.8 所示，无论从总体趋势、预测精度还是安全预警的角度上来说，优化的LWLR效果好于PF_ARMA、AMRA传统LWLR；其中，从安全预警的角度上来说，PF_ARMA的预测结果要优于ARMA。

表 2.8　四种方法比对结果总结

预测方法	总体趋势	预警准确率	MAPE 比较（L=20−100）
优化的 LWLR	最符合实际压力变化	可正确预警	最小
传统 LWLR	不符合实际变化	可能出现漏警、误警	比新方法多 4.24 个百分点
PF_ARMA	略小于实际压力变化	可能出现误警	比新方法多 1.51 个百分点
ARMA	大于实际压力变化	可能出现漏警	比新方法多 0.25 个百分点
效果排序（按优劣顺序）	优化的 LWLR＞PF_ARMA＞ARMA＞LWLR		优化的 LWLR＞ARMA＞PF_ARMA＞LWLR

2. 现场实例与结果比对

选取某气井第16段压裂过程的压力数据作为预测对象，开展页岩气压裂施工曲线向前多步预测方法研究。

步骤1：选定交叉验证方案。该过程压裂施工曲线如图2.21所示，选取“预测对象2”的数据段作为预测对象，进行方法验证。选取样本数据X=［1490，1610］min为建模数据，其中X=［1610，1615］min用于验证模型的预测效果。

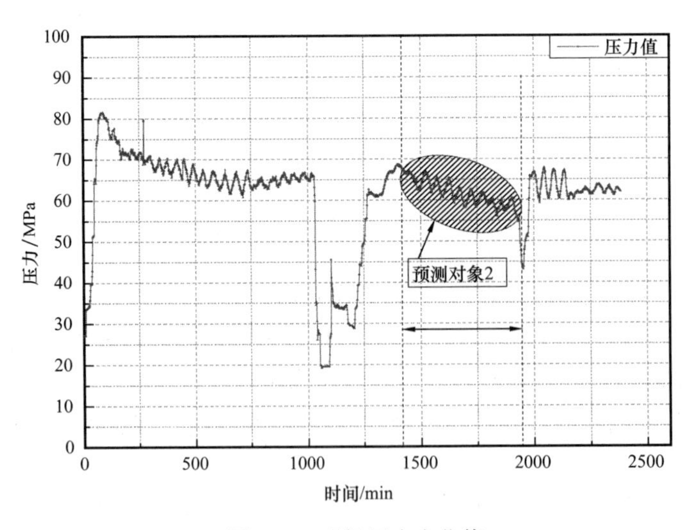

图 2.21　现场压力变化值

步骤2：初步优化压力参数的LWLR模型。对建模数据运用LWLR进行拟合，反复调整k值，图2.22分别为k=0.4、0.7、1、4、7、10时曲线拟合情况。从图中可以看出，随着k值的增大，拟合相对误差逐渐增大，但k=0.4和k=0.7时拟合直线与数据点过于贴近，进而导致了过拟合现象，对测试数据集X=［1610，1615］min进行预测验证，验证结果如图 2.23 所示。结果表明 MAPE＜5%，说明模型的预测性能良好。模型参数定为 k=1、4、7、10。

步骤 3：利用 ARMA 构建压力参数的状态函数。根据 2.2.1 的 ARMA 的建模步骤，选取的建模序列 $X=\{x_t \mid t=1490,\ \cdots,\ 1610\}$ 建立 ARMA 模型。通过 SAS 分析出该序列为非平稳序列，经过 1 阶差分后序列平稳，运用粒子滤波进行拟合，调整模型阶数，最终模型识别为 AR（2）模型，所得模型见式（2.42）：

$$X_t=0.728+0.987X_{t-1}+0.001X_{t-2} \tag{2.42}$$

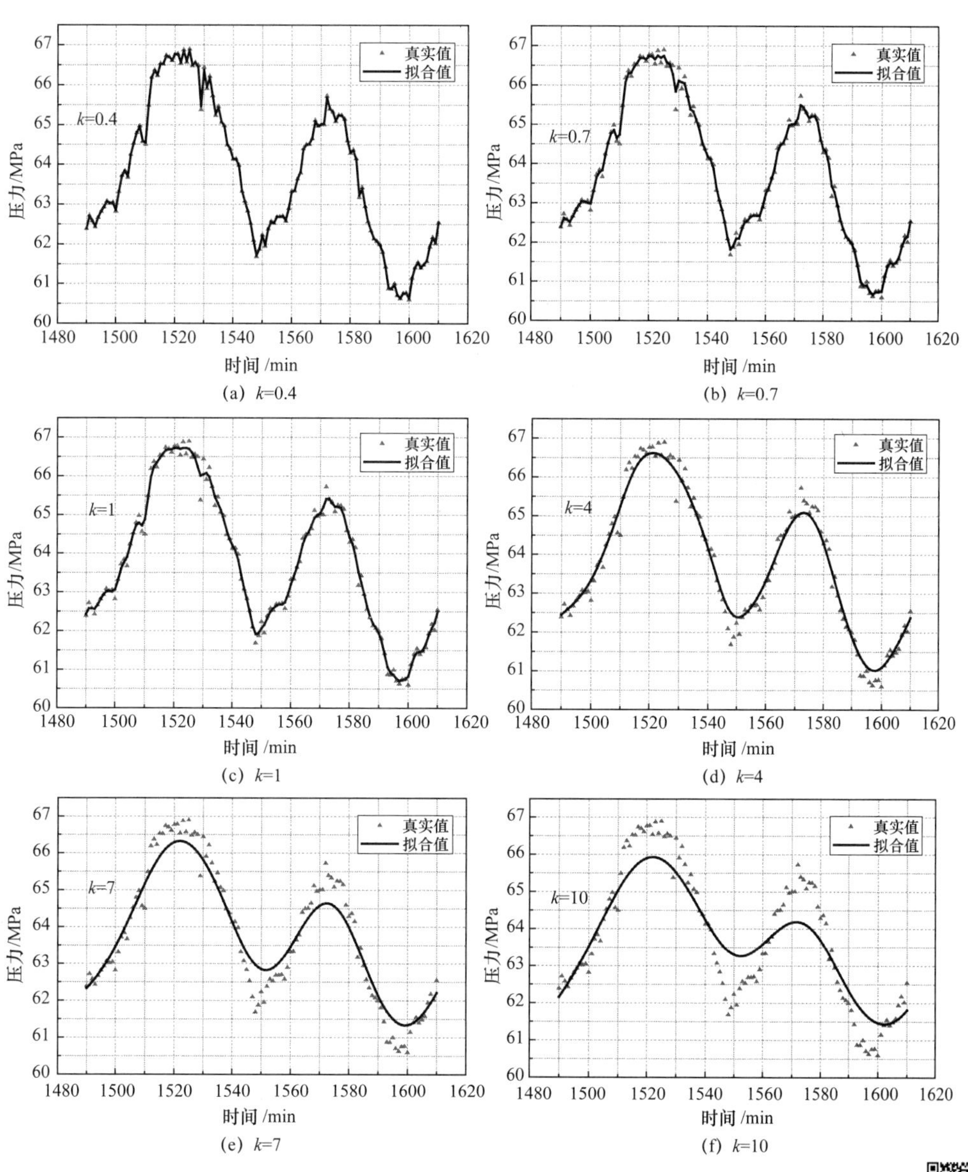

(a) k=0.4　(b) k=0.7　(c) k=1　(d) k=4　(e) k=7　(f) k=10

图 2.22　不同 k 值的历史数据拟合

彩图扫码

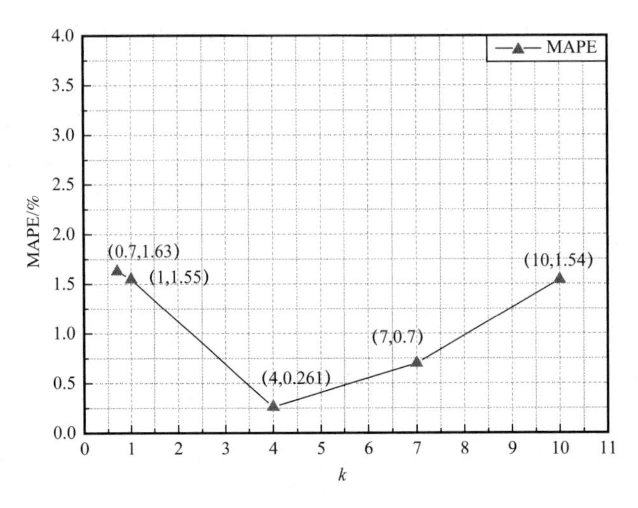

图 2.23　不同 k 值的 LWLR 预测真实 MAPE

步骤 4：粒子滤波预测算法建模。运用粒子滤波算法，并以式（2.42）作为状态方程，粒子数 N=5000，运行多次，不断优化 ARMA 模型，对 X=［1610，1615］min 进行预测效果测试，结果如图 2.24 所示（其中横坐标从建模数据起），真实值均落在粒子滤波的结果中，且 MAPE<5%，验证了模型的可靠性。

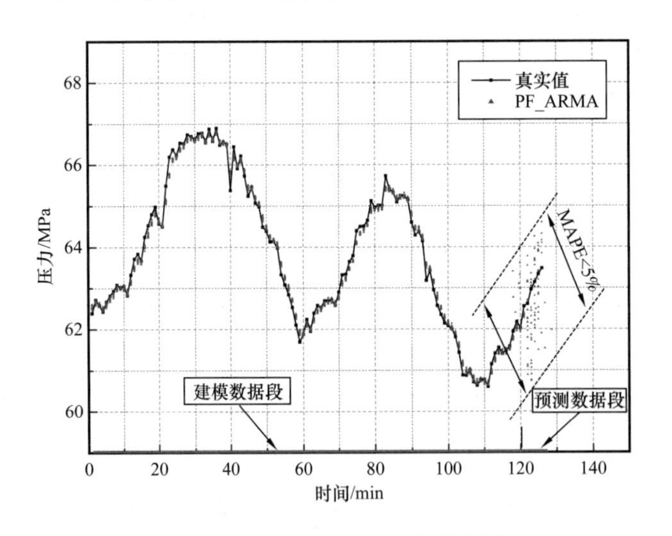

图 2.24　PF_ARMA 预测性能评价

步骤 5：获得 LWLR 模型优化依据。运用步骤 4 所建模型进行向前多步预测，分别对向前步长 L=1 至 L=30 步进行预测分析（1 步表示 1min），20 次预测结果如图 2.25 所示，图中所示粒子滤波预测结果为每个时刻的 20 次运行结果的平均值。

从图 2.25 可以看出，经过 PF_ARMA 模型预测的向前 30 步预测值（预测区间），大多数都落在 MAPE<5% 的范围之内，且可以看出绝对误差大部分都是正值，即略偏大于真实值，有利于防止压力上升超过阈值，可提前报警。

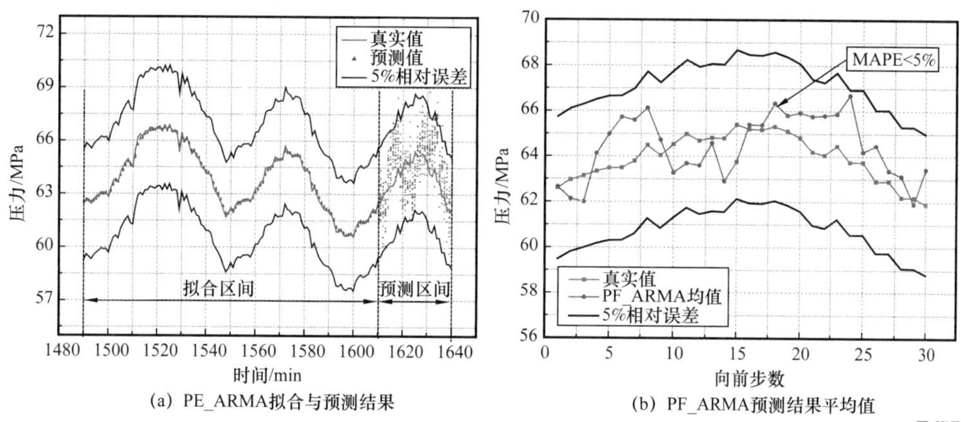

图 2.25　PF_ARMA 拟合结果和向前 30 步预测结果

步骤 6：基于 LWLR 的压力参数向前多步预测。以步骤 2 得到的 LWLR 模型（k=1、4、7、10），进行向前多步预测（1 步表示 1min），预测结果如图 2.17（k=1 时，L=22、28 权重失效，预测失效），与 PF_ARMA 的预测值相比，当 k=1 时，LWLR 模型向前 30 步预测有多步相对误差 MAPE＜5%，并且存在预测失效的点；当 k=4 时，前 22 步 MAPE＜5%；当 k=7 和 k=10 时，大部分预测值均落在 MAPE＜5% 的范围内。因此剔除 k=1，对 k=4、7、10 进行进一步的优化。

步骤 7：优化 LWLR 预测模型。由图 2.26 得出 k=1 不符合要求，在步骤 2 中，判断 k=1 也是属于过拟合的情况，对新数据未能达到较好的效果。分别以 L=10、15、20、25 及 30 预测值的 MAPE 为依据进行调整。

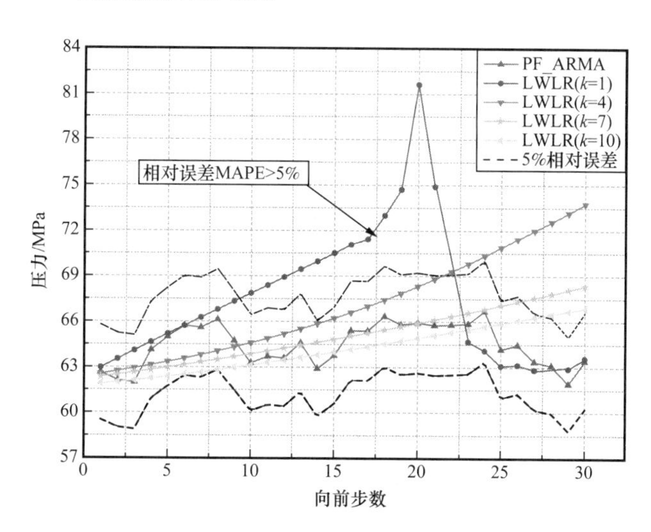

图 2.26　传统 LWLR 预测值与 PF_ARMA 预测值的比较

由图 2.27 及表 2.9 可知，当 L=10 步时，k 的最优值为 1.9；当 L=15、20、25 和 30 时，k 的最优值均在 7 附近，且 MAPE 随 k 的变化为先逐渐变小，再逐渐变大。因此，在一定精度范围之内，可根据图像的走势求得 k 的最优值。由于本节求得的 MAPE 是根据 PF_ARMA 的预测值所得，因此求得的最优 k 值存在一定偏差，但在实际操作中，当真实值未知时，可以 PF_ARMA 的预测结果为依据，调整 k 的值，避免预测结果偏离实际过多，也可对过拟合的 k 值进行了剔除，如本例剔除了 k=1 的值，并最终找到预测效果最好的 k 值。

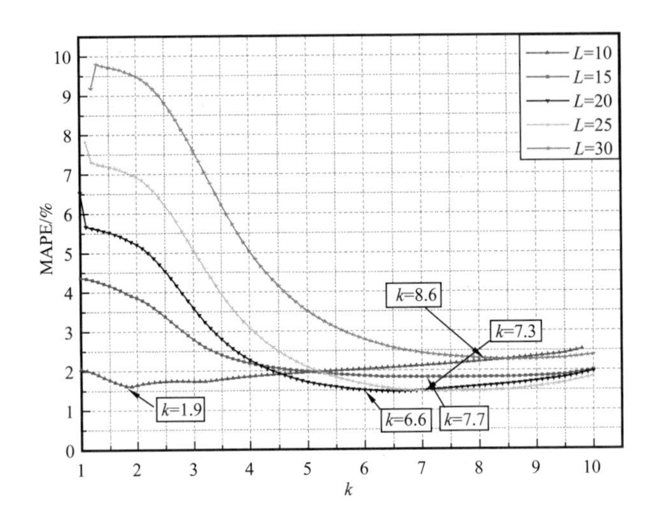

图 2.27　不同 k 值的 LWLR 与 PF_ARMA 预测值的 MAPE

表 2.9　向前 L 步预测的 MAPE 与 k 值的关系

向前 L 步	最优 k 值	MAPE/%
10	1.9	1.612
15	7.7	1.824
20	6.6	1.514
25	7.3	1.465
30	8.6	2.296

步骤 8：预测结果评价。计算最优 k 的预测值如表 2.9 所示，与真实值比较计算出相对误差。由图 2.28 和图 2.29 看出，当 k=7.7、6.6、7.3 及 8.6 时，前 25 步的 MAPE 均小于 5%，且前 20 步均小于 2%，预测效果较好。因此，可根据不同的预测步长决定 k 的取值。但从图 2.29 看出 20 步以后真实值逐渐变小，而预测值仍是增大的趋势，因此，25 步至 30 步，并预计 30 步以后 LWLR 的预测效果将会不理想。

步骤 9：结果比对。图 2.30 为四种方法的预测结果与真实值的比对，其中 PF_ARMA 的值为平均值，且应用于 ARMA 模型预测的表达式与用于 PF 中的不同。

从图 2.30 的四种方法的对比中可以得出以下几个结论：

（1）从总体变化趋势上来看，曲线以 L=17 附近为转折点，由增大趋势变为减少趋势，PF_ARMA 可以描述出曲线的变化趋势，而 ARMA 和改进的 LWLR 只能预测出增长的趋势，但在转折点后无法描述曲线逐渐变小的趋势。

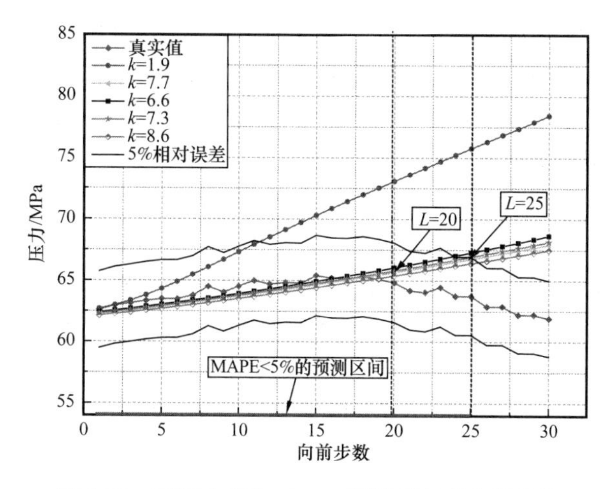

图 2.28　不同 k 值的 LWLR 预测值与真实值比较

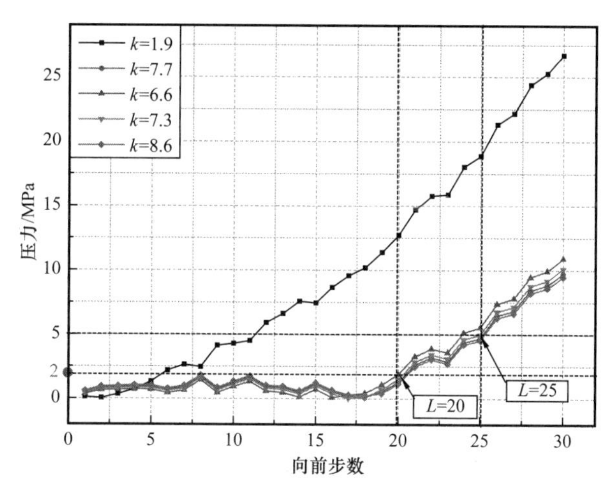

图 2.29　不同步长预测值的 MAPE 与 k 值的关系

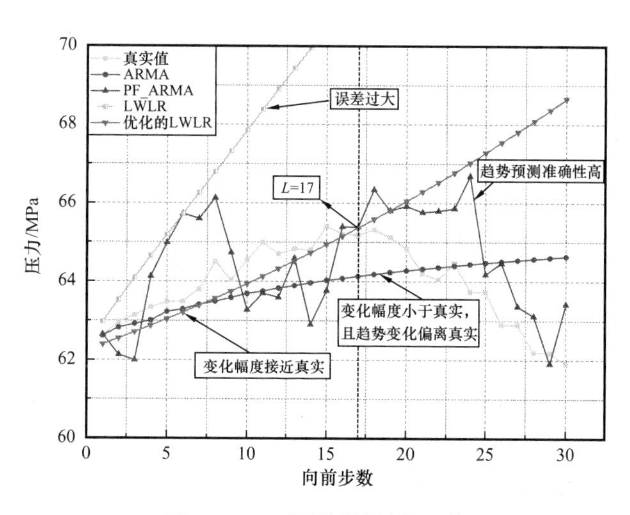

图 2.30　四种预测结果的比较

（2）从前 17 步的预测效果看，优化的 LWLR 可以较为准确地预测出增长幅度与增长趋势，而 PF_ARMA 预测结果是先变大再变小再变大的趋势，局部趋势预测精度低于优化的 LWLR，ARMA 预测结果为缓慢增大，增长幅度小于实际曲线，局部趋势预测准确性均低于 PF_ARMA 和优化的 LWLR 模型。

（3）传统 LWLR 与优化的 LWLR 比对，若使用步骤 2 得出的 LWLR 模型（k=1）用于预测，误差过大，向前 5 步以后预测将会失效，因此优化的 LWLR 预测准确性高于传统 LWLR。

（4）从向前 17 步的 MAPE 来看，优化的 LWLR 比 ARMA 精度提高了 0.4 个百分点，比 PF_ARMA 提高了 1.07 个百分点，比传统 LWLR 提高了 4.20 个百分点。

综上所述，如表 2.10 所示，总体趋势上，PF_ARMA 效果比优化的 LWLR 好，从局部趋势及增幅上来看，优化的 LWLR 预测精度高于 PF_ARMA 模型，而 ARMA 模型预测效果总体上来看低于前者。

表 2.10　方法比对结果总结

预测方法	总体趋势	预警准确率	MAPE 比较（L=1～17）
优化的 LWLR	前 17 步符合实际	可正确预警	最小
传统 LWLR	不符合实际变化	可能出现漏警、误警	比新方法多 4.20 个百分点
PF_ARMA	符合实际变化	可正确预警	比新方法多 1.07 个百分点
ARMA	前 17 步小于实际	可能出现漏警	比新方法多 0.4 个百分点
效果排序（按优劣顺序）	PF_ARMA＞优化的 LWLR＞ARMA＞LWLR	PF_ARMA= 优化的 LWLR＞ARMA＞LWLR	优化的 LWLR＞ARMA＞PF_ARMA＞LWLR

3. 分析与小结

（1）对于页岩气压裂施工曲线，传统线性回归模型预测效果差，滤波算法经验函数难以选取。为此，在局部加权线性回归的基础上开展曲线向前多步预测方法研究，结合粒子滤波算法和 ARMA，优化了 LWLR 模型参数，提高 LWLR 模型的预测精度。

（2）案例分析中，将该方法分别用于仿真及现场的页岩气压裂压力曲线的趋势预测，构建压力参数的 LWLR 模型，并优化了模型参数 k，最终提高了压力参数的向前多步预测精度及总体变化趋势的预测准确性。

（3）案例结果表明，优化的 LWLR 模型比传统方法预测精度平均提高了 2.28 个百分点，其中比传统 LWLR 平均提高了 4.22 个百分点，比 ARMA 方法平均提高了 0.33 个百分点。并且，与经过 PF 优化后的 ARMA 模型相比，预测精度平均提高了 1.29 个百分点。除此之外，优化的 LWLR 比 ARMA 方法更能准确地描述曲线的变化趋势及幅度。

2.3　基于压裂施工曲线趋势变化的异常工况预测方法

页岩气压裂过程中常会出现砂堵、管线刺漏、沉砂等异常工况，若不及时采取措施，会使事件复杂化，导致压裂作业无法继续，耽误工期，严重的可能导致使整口气井报废。

比如：砂堵异常是指在压裂施工中，因支撑剂桥堵或裂缝内脱砂而引起施工压力急剧升高，瞬间达到限压而被迫中止施工的现象，本节以砂堵异常工况为例，在上一章节数据预测的基础上进一步开展压裂异常工况预测研究。

现有砂堵异常工况预测方法，通常是分析净压力的趋势变化实现砂堵预测，但由于净压力计算结果依赖于裂缝入口摩阻、管柱摩阻和地层岩石的闭合压力的计算值，如果这三个数值计算不准确，会导致净压力计算出现较大的误差。也有学者通过净压力与时间的双对数曲线中净压力的斜率来判断是否出现砂堵异常（双对数曲线中净压力的斜率为 1），由于双对数曲线具有较高的敏感性，净压力稍有波动，就会导致双对数曲线发生较大的变化，因此，如果净压力的值计算不够准确，就会出现已经发生了砂堵，但从双对数曲线上来看，斜率还没有出现砂堵发生征兆的问题；有学者运用施工曲线斜率反转的方法对砂堵进行预测，该方法虽可避免净压力的计算，但不适用于所有的压力曲线，如本节中的案例分析所示“预测对象 2”数据段，如果采用斜率反转的方法进行预测，将会产生多次误警。

砂堵比较常见的参数特征：在加砂阶段，砂比与排量相对稳定变化的情况下，压力缓慢爬升或骤然上升。因此，本节提出基于压裂施工曲线趋势变化的异常工况预测方法，以砂堵异常为例，为提高异常工况的预测准确性，根据压力常见的变化特点，设置合理的报警阈值，并针对传统方法无法准确描述压力变化趋势及幅度的问题，运用 2.2 提出的曲线向前多步预测方法，对压力曲线进行预测分析，提前一段时间预测压力的增加值，给出正确预警级别，实现压裂异常工况预测，为现场人员提供操作依据，减少了误警次数，对保障压裂作业的顺利完成具有重要的意义。

2.3.1　页岩气压裂过程砂堵特征及安全措施

1. 砂堵分类及特征

砂堵是在页岩气压裂过程中，由于支撑剂桥堵或裂缝内脱砂，导致泵注压力骤然升高，在短时间内上升至限压而使施工作业无法继续的现象。

按砂堵的形成原因及过程，主要分为桥堵和脱砂。

（1）桥堵是指在较窄的底层缝隙中，支撑剂在缝隙壁面“架桥”形成了桥堵。

（2）脱砂是指支撑剂通过缝隙时，过早沉降导致的堵塞。脱砂的形成过程比较缓慢，受支撑剂性能影响，并受沉降速度控制，桥堵的形成比脱砂快得多。

按砂堵的发生位置，主要分为层内砂堵和近井地带砂堵。

（1）层内砂堵：加砂阶段，当砂比与排量稳定变化时，压力连续上升甚至骤然上升，压裂施工曲线出现一个或多个压力尖峰时，说明携砂液在裂缝中形成了砂堵（层内砂堵）。这可能是由于地层过早出现了不渗透边界，在底层缝隙的水平和垂直方向上，支撑剂流通受到限制，导致缝隙内部砂堵或脱砂，最终使得地层缝隙内压力上升所致。

（2）近井地带砂堵：加砂阶段，如果压裂施工曲线中压力急剧上升，说明近井地带发生了砂堵异常。这类砂堵通常是因为压裂工艺设计不合理（加砂不均匀，或砂比过高），携砂液在压喷砂器处、管柱内或者射孔炮眼造成了砂堵。

2. 安全措施

对于页岩气压裂过程中的砂堵异常，为了对其进行预防及补救，可采取以下几种措施：

（1）在施工设计时，全面调研待压裂的气井及地层，了解其特点及详细的地质参数，并进行足够的小型压裂测试，设定合理的加砂量及加砂程序。

（2）在加砂过程中，压裂施工曲线中泵注压力的变化可反映砂堵发生的特征，而排量及砂比对泵注压力变化的影响程度大。因此，在页岩气压裂过程中，操作人员需时刻关注压力的变化及报警信息，及时调整砂比及排量，对泵注程序进行调整，防止砂堵的发生。

（3）需针对不同的预警级别，提前制订好补救方案预防砂堵，并且也需制订好解堵措施，防止预警失败，砂堵发生后不能采取正确的解堵措施，使砂堵造成更加严重的后果。

2.3.2 基本理论

基于页岩气压裂施工曲线趋势变化的异常工况预测方法的核心思想：在加砂期间，对压裂施工曲线中压力参数进行向前多步预测，预测结果作为预警的依据。以砂堵为例，根据常见的压力变化特点及专家经验，可知当排量和砂比均稳定变化时，泵压在短时间内急剧上升，即发生砂堵。依据一段时间的预测结果，计算预警指标，判断预警级别，采取相应的补救措施。

1. 砂堵异常工况预警分级

依据预警原理及砂堵异常的特点，制订出基于页岩气压裂施工曲线趋势变化的砂堵异常预测方法的预警级别及衡量指标，结果如表 2.11 所示。

表 2.11　预警分级说明

报警级别	衡量指标	含义
Ⅰ级预警	1min 之内压力上升大于或等于砂堵阈值（本节案例为 15MPa）	1min 之内将会发生砂堵
Ⅱ级预警	1min 之内压裂上升大于或等于砂堵报警阈值（本节定为 12MPa），但小于砂堵阈值	1min 之内出现砂堵征兆
Ⅲ级预警	监测压力值大于或等于历史数据均值与 3 倍标准差的和	监测值超过随机误差
Ⅳ级预警	压力值小于Ⅲ级报警指标	无异常

2. 预警分级指标计算及参数说明

基于压裂施工曲线趋势变化的砂堵异常工况预测方法中预警指标的计算参数说明如图 2.31 所示，p 表示Ⅲ级预警阈值，t_p 为对应的Ⅲ级预警时间；P_2 表示Ⅱ级预警阈值，T_2 为对应真实情况下的Ⅱ级预警时间，预测值的对应时间为 T'_2；P_1 表示Ⅰ级预警阈值，T_1 为对应真实情况下的Ⅰ级预警时间，预测值的对应时间为 T'_1；P_t 表示在 t 时刻的真实值，P'_t 为对应的预测值；K 为Ⅱ级预警阈值代表的斜率，K' 表示预测值在 60s 内最大值的斜率。

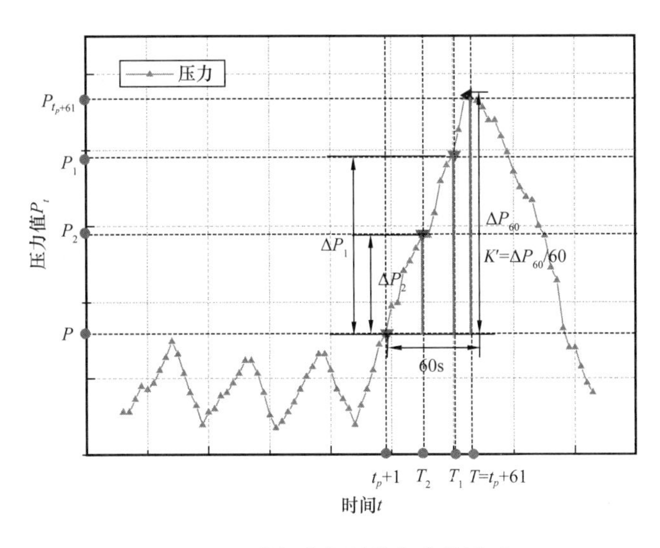

图 2.31　分级指标计算各参数说明

预警分级指标计算如下：

（1）Ⅲ级预警：在压裂加砂阶段的某一时刻，依据统计学原理，计算压力历史数据的均值μ 和标准差σ，得出Ⅲ级预警阈值$p=\mu+3\sigma$，若当前压力值超过p值，且压力值的向前预测 60s 结果未达Ⅰ级、Ⅱ级预警，则当前时刻系统为Ⅲ级预警。

（2）Ⅱ级预警：当监测压力值P_t超过p时，从当前时刻的后一秒为预测起始点向前预测 60s，若根据预测结果计算得出$K'\geqslant K$，且$P'_{t_p+61}<P_1$，则当前时刻系统为Ⅱ级预警。

（3）Ⅰ级预警：当监测压力值P_t超过p时，从当前时刻的后一秒为预测起始点向前预测 60s，若根据预测结果计算得出$K'\geqslant K$，且$P'_{t_p+61}\geqslant P_1$，则当前时刻系统为Ⅰ级预警。

其中，Ⅰ级、Ⅱ级、Ⅲ级预警所采取的补救措施不相同，具体根据实际压裂过程设定。

2.3.3　基于压裂施工曲线趋势变化的异常工况预测方法步骤

1. 方法步骤

根据 2.3.2 所提出的页岩气压裂异常工况预测方法的原理，以砂堵异常工况为例，在压裂过程的加砂阶段，运用基于压裂施工曲线趋势变化的异常工况预测方法，具体步骤如下：

步骤 1：实时数据采集。对压裂施工曲线进行数据采集。

步骤 2：计算压力预测点。在采集数据的同时，根据统计学原理 3σ，求得加砂阶段历史压力数据的均值μ 和标准差σ，并将预测起始点的压力值设定为$p=\mu+3\sigma$。

步骤 3：设定报警点。根据资料查阅结果及该压裂工艺技术的调研，得出该工艺的砂堵异常报警值，比如在 1min 之内，压力值上升 ΔP_2=12MPa 即Ⅱ级预警（一般情况下，在 1min 之内，压力值上升 ΔP_1=15MPa 就认定发生砂堵，即Ⅰ级报警）。计算报警值的斜率 K，作为判定依据。继续采集数据，当压力值 P_t 超过或等于 p 值时，进行步骤 4。

步骤 4：对未来 1min 之内的压力值进行预测。达到预测点时，运用 2.2 提出的页岩气压裂施工曲线向前多步预测方法，建立预测模型，进行向前 60 步（即 1min）预测。

步骤 5：判断砂堵异常的预警级别、记录预警时间及补救时间。通过步骤 4 得到的预测曲线，根据第 60s 的压力预测值计算 K'，与 K 值进行比较，若 $K'\geqslant K$，且 $P'_{t_p+61}\geqslant P_1$（$P_1=p+\Delta P_1$），则Ⅰ级预警，若 $K'\geqslant K$，且 $P'_{t_p+61}<P_1$，则Ⅱ级预警；同时，记录达Ⅱ级预警时间 T'_2 和Ⅰ级预警时间 T'_1，记录补救时间；若 $K'<K$，则系统为Ⅲ级预警。根据预警级别的预测结果分别采取相应的措施，继续采集下一秒的数据，回到步骤 3。

步骤 6：在采取措施之后，密切观察压力值是否回到正常变化的范围，若压力正常变化则回到步骤 1，直到压裂作业结束。若应急措施无效，则采取解堵措施，挽救损失。

2. 方法流程

基于压裂施工曲线趋势变化的异常工况预测步骤如图 2.32 所示。

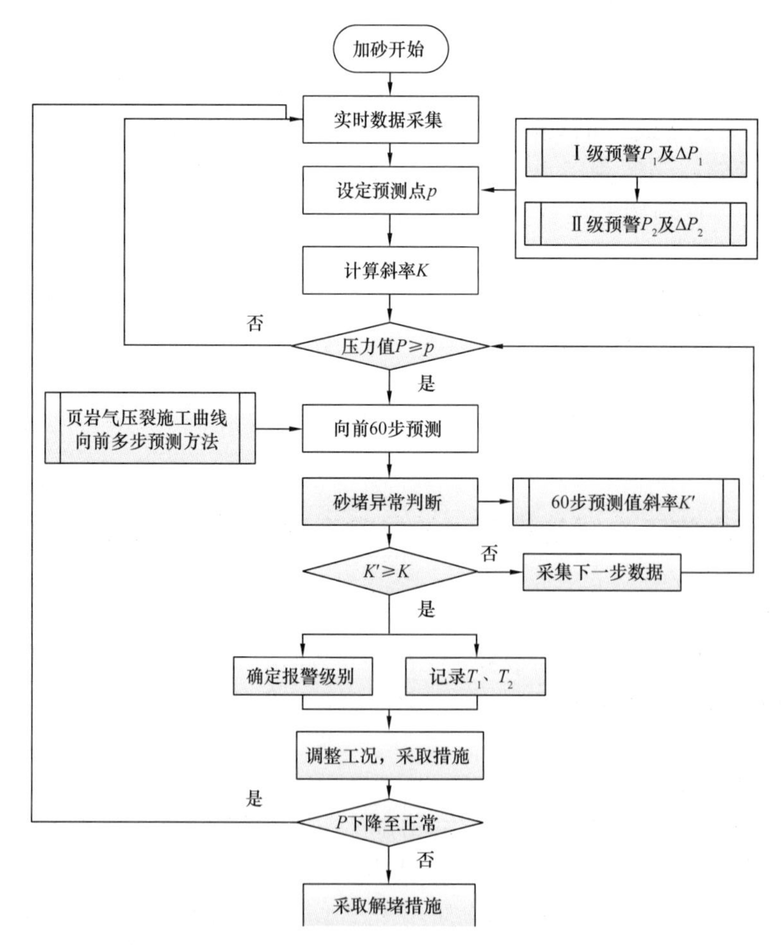

图 2.32　基于压裂施工曲线趋势变化的异常工况预测步骤

2.3.4 案例分析

本节将基于压裂施工曲线趋势变化的异常工况预测方法用于实例分析，进行方法验证。并分别与 ARMA 模型及斜率反转法预测方法进行结果比对。

图 2.33 为某气井第 15 段压裂过程的一段压裂施工曲线，在压裂后期（加砂阶段）发生砂堵（1min 之内升高 15MPa）。

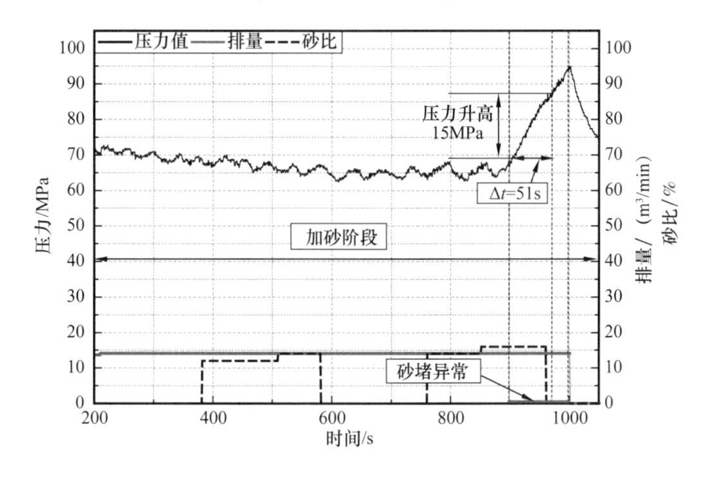

图 2.33　案例中的异常发生压裂施工曲线

步骤 1：实时数据采集。压裂施工曲线图如图 2.33 所示。

步骤 2：设定预测点。在采集数据的同时，以加砂阶段的压力历史数据（加砂阶段前期）计算预测点，根据统计学原理求得 μ=65.94，σ=2.114，得出 p=72.3MPa。

步骤 3：设定报警点。根据资料查阅及该次压裂工艺技术的调研，得出该工艺的砂堵异常报警值，在 1min 之内，压力值上升 ΔP_2=12MPa，即Ⅱ级预警，砂堵发生的判别依据为在 1min 之内，压力值上升 ΔP_1=15MPa，即Ⅰ级预警。如图 2.34 所示计算得出 K=0.2；采集数据发现：当 t=918s 时，P=73.3MPa＞p，进行步骤 4。

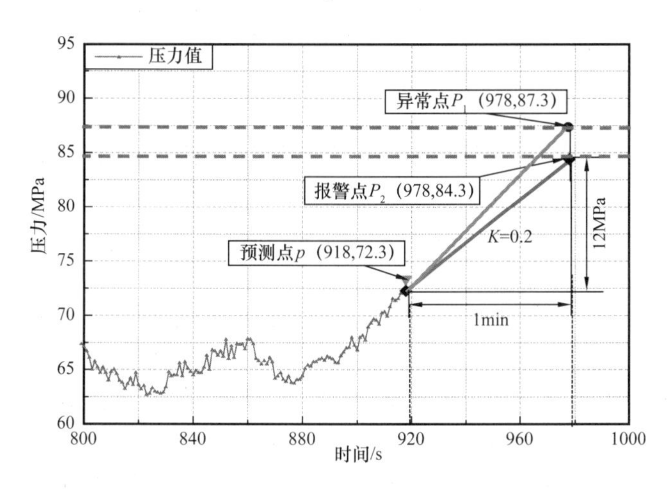

图 2.34　异常报警斜率

步骤 4：对未来状态进行预测。已经达到预测点 p，运用 2.2 提出的页岩气压裂施工曲线向前多步预测方法，建立预测模型，并进行向前 60 步预测，选取历史数据 t=［800，918］s 的压力值构建模型。

根据 PF_ARMA 优化 k 的结果如图 2.35 所示，最终优化结果为 k=12，预测结果如图 2.36 所示，同时展示真实值，实际操作中真实值未知。

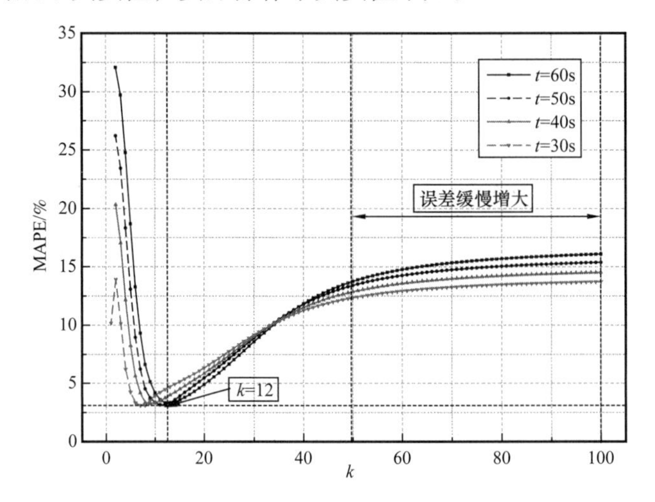

图 2.35　不同 k 值的 LWLR 与 PF_ARMA 预测值的相对误差

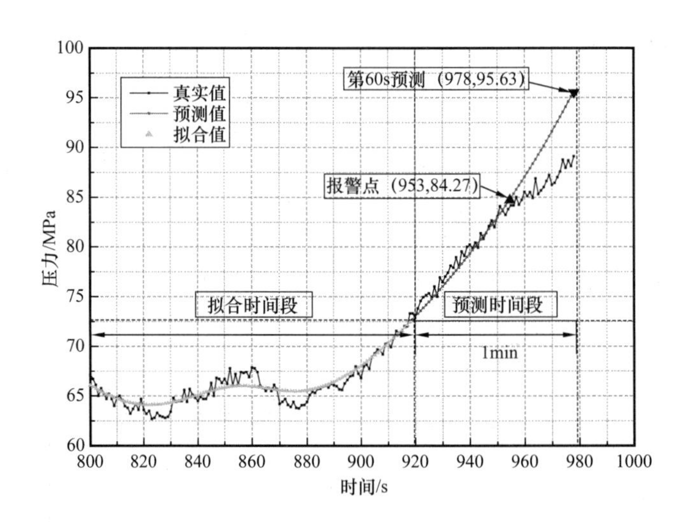

图 2.36　LWLR 预测值及拟合值与真实值比较

步骤 5 与步骤 6：砂堵异常判断。由图 2.36 的预测曲线，计算第 60 步预测值的斜率 K' 如图 2.37 所示，K'=0.38＞K=0.2，且 P'_{919+60}＞P_1 即 Ⅰ 级预警，并记录 T'_1=960s，可知有 T'_1-t_p-1=41s 的补救时间，现场应及时调整工况或采取其他措施，防止发生砂堵。

如图 2.38 所示，基于压裂施工曲线趋势变化的异常工况预测方法所得预测结果与真实情况对比发现，实际提前了 $\Delta T_2=T_2=t_p-1=956-919=37$s 得知了 Ⅱ 级预警点，及提前了 $\Delta T_1=T_1=t_p-1=969-919=50$s 进行了 Ⅰ 级预警，向前预测 60s 的 MAPE 为 2.22%。

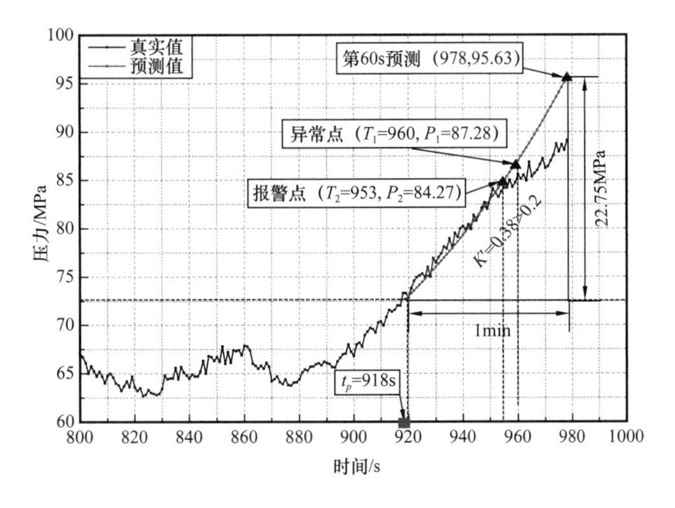

图 2.37　预测斜率及报警点

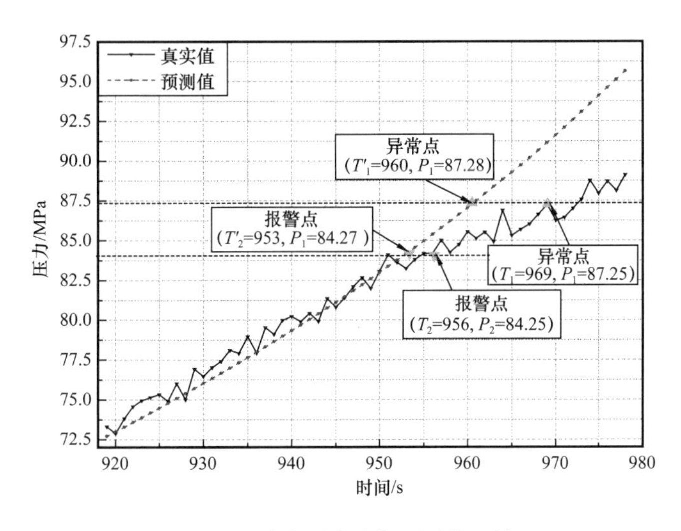

图 2.38　真实异常点与预测值比较

2.3.5　结果比对

本节将基于压裂施工曲线趋势变化的异常工况预测方法分别与传统 ARMA 模型和斜率反转方法比对。

1. 预测精度比对

优化的 LWLR 与 ARMA 模型预测方法比对结果如图 2.39 及表 2.12 所示，可以得出以下几个结论：

（1）异常报警提前时间：其中优化的 LWLR 模型Ⅰ级预警时间比实际提前了 37s，而 ARMA 未在 1min 之内预测出砂堵异常，预警级别为Ⅱ级，级别预测错误，且预测的Ⅰ级预警时间比真实情况滞后了 15s。

（2）平均相对误差绝对值 MAPE：前 38s（实际Ⅱ级预警时间）新方法比 ARMA 预测方法精度提高了 5.27 个百分点，前 51s（实际Ⅰ级预警时间）提高了 6.13 个百分点，1min 之内提高了 6.24 个百分点。

（3）补救时间：优化的 LWLR 预测的补救时间比实际少 9s，而 ARMA 比实际多了 15s，可能导致补救措施实施不恰当。

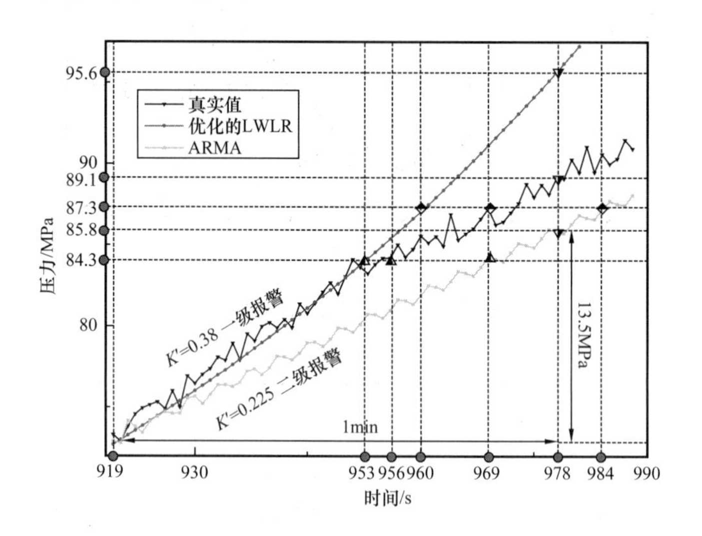

图 2.39　ARMA 预测与优化的 LWLR 结果比较

表 2.12　ARMA 预测与优化的 LWLR 预测异常结果比较

指标	设定	真实值	优化的 LWLR	ARMA
预测点时间 t_p/s	918	918	918	918
预测点压力 p/MPa	72.3	72.3	72.3	72.3
Ⅱ级预警压力值 P_2/MPa	84.2	84.2	84.2	84.2
Ⅱ级预警时间 T_2/s	＜60	956	953	969
Ⅱ级预警斜率 K	0.2	0.2	0.2	0.2
P_{919+60} 压力值 /MPa		89.1	95.6	85.8
P_{919+60} 斜率 K'		0.28	0.38	0.23
Ⅰ级预警	$K' \leqslant K$ 且 $P_{979} \geqslant P_1$	Ⅰ	Ⅰ	—
Ⅱ级报警	$K' \leqslant K$ 且 $P_{979} < P_1$	—	—	Ⅱ
Ⅰ级预警压力值 P_1/MPa	87.2	87.2	87.2	87.2
Ⅰ级预警时间 T_1/s	≤60	969	960	984
提前Ⅱ级预警时间 ΔT_2/s			37	37
提前Ⅰ级预警时间 ΔT_1/s			50	—

续表

指标		设定	真实值	优化的 LWLR	ARMA
预测补救时间 /s				41	65
实际补救时间 /s				50	50
MAPE/%	38s			0.81	6.08
	51s			1.44	7.57
	60s			2.22	8.46

2. 预警准确性比对

针对本节所述案例，运用传统的斜率反转法进行预测，结果如图 2.40 所示，一共出现了 4 次斜率反转，造成 3 次误警，为施工操作带来不便，并影响补救措施的实施，虽然有 1 次正确预警，但无法得知异常发生的时间点和补救时间，导致无法准确地制订补救措施，不利于压裂作业。

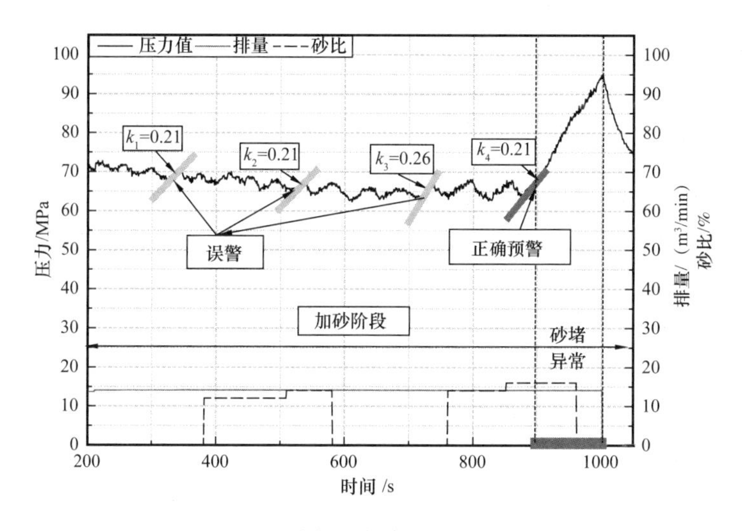

图 2.40　此案例中斜率反转法预测结果

由于 3 次误警的压力值未超过Ⅲ级预警值，新方法判断出系统未出现异常。因此，预测结果为共产生 0 次误警，1 次正确预警，预测出了砂堵异常发生时间，且 MAPE 仅为 2.22%，可正确制订补救措施，保障压裂作业正常进行。比较结果如表 2.13 所示。

表 2.13　两种方法的预测异常工况结果比较

方法及实际情况	误警	漏警	正确预警	异常时间点	补救时间
实际情况				t=969s	50s
斜率反转法	3 次	0 次	1 次	—	—
基于压力趋势变化的异常工况预测	0 次	0 次	1 次	t=960s	41s（超前了 9s）

3. 分析与小结

（1）为提高页岩气压裂异常工况预测准确性，提出一种基于压裂施工曲线趋势变化的异常工况预测方法。以砂堵为例，根据常见的压力变化特点，设置合理的报警阈值，并针对传统方法无法准确描述压力变化趋势及幅度的问题，运用2.2提出的页岩气压裂施工曲线向前多步预测方法，对压力曲线趋势进行预测分析，从而达到异常工况预警的目的，为现场操作人员预留出补救时间，减少异常的发生次数，保障压裂作业正常进行。

（2）案例分析中，运用该方法预测了未来60s压力的变化曲线，提前37s进行了异常报警，预测出Ⅰ级预警时间点为t=960s时，比实际提早了9s，得出补救时间为41s，比实际少9s，且预测值精度为2.22%，实现了砂堵异常的准确预测。

（3）案例分析表明，新方法比ARMA模型的预测精度提高了6.24个百分点，解决了ARMA模型无法准确预测出预警级别及补救时间的问题。并与斜率反转砂堵预测方法相比，减少了误警次数。

参考文献

[1] Zhang Laibin，Cai Shuang，Hu Jinqiu. An adaptive pre-warning method based on trend monitoring: Application to an oil refining process［J］. Measurement，2019，139：163-176.

[2] 田斯赟. 页岩气压裂过程异常工况预测与溯源方法研究［D］. 中国石油大学（北京），2017.

[3] 蔡爽. 基于文本挖掘的过程工业报警自适应关联分析与预测方法研究［D］. 中国石油大学（北京），2019.

[4] Jinqiu Hu，Faisal Khan，Laibin Zhang，Siyun Tian. Data-driven early warning model for screenout scenarios in shale gas fracturing operation［J］，Computers & Chemical Engineering，2020，143，107116.

[5] 罗静，胡瑾秋. 自适应综合指标的化工过程参数报警阈值优化方法研究［J］. 石油科学通报，2016，1（3）：407-416.

[6] SHU Y，MING L，CHENG F，et al. Abnormal situation management：Challenges and opportunities in the big data era［J］. Computers & Chemical Engineering，2016，91：104-113.

[7] KAMESWARI U S，BABU I R. Sensor data analysis and anomaly detection using predictive analytics for industrial process［C］// IEEE Workshop on Computational Intelligence：Theories，Applications and Future Directions. IEEE，2015：1-8.

[8] 郑彬涛，郭建春. YQ探区气井压裂砂堵分析与对策研究［J］. 复杂油气藏，2010，3（1）：70-72.

[9] 翟恒立. 页岩气压裂施工砂堵原因分析及对策［J］. 非常规油气，2015，2（1）：66-70.

[10] Yan H，DeChant C M，Moradkhani H. Improving soil moisture profile prediction with the particle filter-Markov chain Monte Carlo method［J］. IEEE Transactions on Geoscience and Remote Sensing，2015，53（11）：6134-6147.

[11] 张平，何志勇，赵金洲. 水力压裂净压力拟合分析解释技术研究与应用［J］. 油气井测试，2005，14（3）：8-10.

[12] 梁顺武，张永成，高海霞，等. 东濮凹陷高阻红层压裂砂堵原因分析及对策［J］. 西部探矿工程，2010，22（8）：72-75.

[13] 路艳平，张玉良. 红105井压裂砂堵影响因素浅析［J］. 青海石油，2008，26（2）：58-61.

[14] Charbonnier S，Portet F. A self-tuning adaptive trend extraction method for process monitoring and

diagnosis [J] . Journal of Process Control, 2012, 22: 1127–1138.

[15] Charbonnier S, Garcia−Beltan C, Cadet C, et al. Trend extraction and analysis for complex system monitoring and decision support [J] . Engineering Applications of Artificial Intelligence, 2005, 18 (1): 21−36.

[16] 何九虎，刘飞 . 工业过程数据异常检测的改进局部离群因子法 [J] . 计算机与应用化学，2013，30 (1): 55−58.

[17] GE Z, SONG Z, GAO F. Review of recent research on data-based process monitoring [J] . Industrial & Engineering Chemistry Research, 2013, 52 (10): 3543−3562.

第 3 章

基于红外热像视频监控的油气开采装备隐患早期预警技术

3.1 红外热像视频监控技术

油气开采装备，如页岩气压裂装备的运行过程涉及大量电能、机械能与内能的转化，零部件或局部的表面温度能够反映设备当前的运行状态；页岩气压裂现场的人员、设备、环境等情况较为复杂，不适宜开展近距离、接触式的设备监测及诊断工作。而红外热成像监测是一种通过分析处理由图像参数表征的红外辐射强度及其分布，间接掌握被监测设备表面温度的数值、分布和变化，进而了解设备整体或局部运行状态的非接触式设备监测及诊断技术，适用于状态参数与温度关联性大、不宜近距离观测或布设监测仪器的设备、系统或场景。有鉴于此，红外热成像监测技术在油气开采装备现场设备状态监测及故障诊断方面具有较高的适用性、可行性及广阔的应用前景。

红外热成像技术的核心是将物体的红外辐射转换成人眼可辨识的图像的形式。其过程是令物体的红外辐射传播至红外探测器平面，聚焦并转换成电信号，放大并数字化后传送到信号处理器，再转换成显示器上可供识别的图像。以此为基础的油气开采设备红外热成像监测技术，是将与油气开采设备表面温度有关的红外辐射强度及分布转化为红外热成像图的形式，通过图像视觉效果参数的差异或变化表征装备整体或局部的温度差异或变化，进而基于设备运行状态与表面温度的对应关系传递油气开采设备当前的运行信息或故障情况。

针对油气开采设备，利用红外热成像技术进行故障识别及预警，与其他工业设备红外热成像监测技术的显著不同之处包括：

（1）油气开采监测场所完全开放，未划定红外热成像仪器架设位置及拍摄视野的警戒区域。

（2）油气开采现场环境复杂，人员、车辆、可移动设备甚至自然生物移动的随机性和偶然性较大。

（3）监测对象为大型油气开采设备系统，由多种性能、材质、结构、功能不同的子模块组成。

（4）监测范围较大，目标较多，设备系统各子模块的热成像信息同等重要。

（5）监测对象故障发展速度较快，其红外热成像信息（包括原始信息和处理信息）的视觉呈现应尽可能做到快速、直观、易于理解。

3.1.1　国内外技术现状

1. 红外热成像监测异常数据识别及清洗研究现状

红外热成像监测是一种基于红外辐射传播、接收与转换的非接触式设备监测及诊断技术。与监测对象表面温度有关的红外辐射准确、完整、直接地传播至红外热成像设备并转化处理为人员可辨识、理解的图像信息，是实现高质量、高效率设备红外热成像监测的关键所在。就页岩气压裂现场设备的红外热成像监测而言，相对于架设位置、拍摄角度或运行轨迹较为固定的红外热成像仪（或红外热成像仪机组），施工现场的人员、车辆、移动设备甚至飞行类动物的运动状态具有极大的偶然性和随机性，不可避免地穿梭或停留于红外热成像仪镜头前方，遮挡被监测设备正常的红外辐射路径，并向红外热成像仪发射显著区别于被监测设备的红外辐射。这种现象将严重影响压裂装备红外热成像监测的数据质量，削弱监测结果的可信度，增大误报警率或漏报警率，给页岩气压裂现场的安全管理工作带来不必要的麻烦。因此，需采取技术手段准确、高效地判定镜头视野内异物的存在和运动，反馈其导致的异常监测数据的相关信息，以供监测系统及时清洗异常红外热成像监测数据，从而提升监测结果的可信度，降低误报率和漏报率。

1）基于越界检测的异常数据识别

越界检测，即针对未授权物体非法通过划定边界进入某一特殊区域的行为的检测，常用于重要场所、关键区域或警戒范围基于视频监控技术的安全防范和出入管理领域。就红外热成像仪而言，其拍摄视野（或成像视野）可视作一个有着划定边界和特殊功用的矩形区域。该区域中授权存在的是被监测设备的整体或局部，任何非监测对象的人员、物体进入该区域均属于越界行为。物体越界进入镜头视野会对监测对象红外辐射的正常传播形成阻碍，进而对红外热成像监测的数据质量造成负面影响。因此，准确检测异物的越界行为是清洗异常数据、提升数据质量的关键技术和重要前提。

越界检测关注的是运动物体与划定边界的相对位置，因而运动目标检测是越界检测的一项重要内容。目前常用的运动目标检测方法有帧差分法、背景差分法和光流法。在算法鲁棒性、计算效率、复杂背景检测精度的优化方面，内蒙古科技大学研究人员提出一种基于局部显著性和稀疏表示的红外序列图像运动目标检测方法，对外界干扰和动态背景具有良好的鲁棒性。印度国家技术研究所研究人员提出一种基于矢量图模型的运动目标检测方法，适用于复杂背景下视频监控场景中的目标标识。欧洲经济委员会研究人员提出一种基于纹理特征的复杂场景自适应运动目标检测技术，适用于动态背景和光照变化的情况。法国国家科学研究院研究人员提出一种从两帧连续立体图像中检测运动物体的方法，对全局噪声和局部噪声具有较强的鲁棒性。国立澎湖科技大学研究人员提出一种从运动摄像机拍摄的视频序列中检测和跟踪多个运动物体的方法，适用于物体与摄像机存在相对运动的情况。印度维斯瓦拉亚理工大学等研究人员提出一种基于改进背景相减和自适应阈值技术的运动目标检测算法，在运算速度和图像质量方面表现良好。浙江大学研究人员提出一种基于深度学习的分块场景分析方法，解决了高清视频处理计算效率低、并行性差等问题。河海大学研究人员提出一种基于高斯滤波器三维差分的红外小运动目标检测时空显著性模型，其处理效果在多种复杂背景环境下均优于现有方法。南京科技大学研究人员提出的红外运动目标检测和视频监控安全检测算法，相比传统 W4 和帧差分法在帧差空洞和误差消除、噪声抑制方面有所提升。北京航空航天大学研究人员提出一种基于光流估计的检测方法，可以得到运动目标的完整边界。中国科学院自动化研究所等研究人员提出了一种基于时空显著性的分层运动目标检测方法，解决了航空视频处理过程中背景变化、目标体量小、处理实时性差的问题。

而在越界检测方面，广东金融学院等研究人员提出的自适应快速背景建模方法，适用于场景中运动物体较少且位置分散的情况。电子科技大学、中山大学等研究人员设计了两种基于快速背景建模的人物越界检测系统，满足了不同场所对智能监控人物检测的特殊需求。国防科学技术大学研究人员采用的霍夫直线检测方法能够准确地标定镜头视野中的边界线位置，其他边缘检测算法也可应用于以特殊目标作为设定边界的情况。北方民族大学研究人员设计了适用于防盗监控的基于绊线检测的警戒区域入侵和异常行为识别算法。燕山大学研究人员则针对非法目标的徘徊、越界、滞留、面部遮挡等多种情况设计了基于异常行为检测的监控管理系统。山东师范大学研究人员提出基于三帧差分法与质心匹配的行人自动计数算法，在密集人群进入、离开目标区域的检测方面具有较好的处理速度和准确性。中国计量学院研究人员只针对关键点的小范围邻域进行检测，避免了区域遍历和目标追踪引发的大运算量问题。北方民族大学研究人员设计了一种基于 ARM 的越界控制系统，通过计算目标质心位置判定目标是否出界。中国农业大学研究人员设计了一种基于射线检测算法的无人机电子围栏，能够实时检测无人机是否越界并及时预警。

2）数据清洗

数据清洗是指对大数据中存在的噪声、异常值、数值缺失、数值重复等问题进行识别、删除、增补、修复等操作的数据预处理技术。东北大学研究人员提出一种基于关联数据的可用于解决一致性和时效性混合问题的数据清洗方法。西安建筑科技大学研究人员提出一种基于聚类和神经网络的清洗方法，弥补了单一方法计算效率低、精度差及离群点处理结果不佳的缺陷。北京邮电大学研究人员提出基于密度的方法适用于数据质量较差的情况，但其计算成本随数据量的增大呈指数型增长。东华大学研究人员设计的基于主动学习的数据清洗系统，通过人的参与解决学习模型不能确定的数据问题，保证了数据清洗的准确性。北京邮电大学研究人员针对缺失值清洗提出了基于回归插补的方法，针对重复记录则采用基于最新处理原则的方法。中国移动通信集团等研究人员提出基于函数依赖的清洗方法能够挖掘可信度低的数据段，并反馈至采集系统，进而从源头处缩减低质量数据的规模。华中科技大学等研究人员提出了一种基于欧几里得距离的离群值检测方法，用于清洗原始训练数据中的异常值。新加坡国立大学研究人员提出了一种基于知识的数据清洗方法，用于消除数据库中的重复信息，能够兼顾高查全率和高查准率的需求。阿尔伯塔大学等研究人员提出了一种改进的 MT 滤波清洗技术，可用于过程数据模型未知情况下的在线异常值检测和数据清洗。里贾纳大学研究人员提出了一种基于小波多分辨分析技术的污水水质监测数据的清洗方法，可用于降低由复杂不确定性引起的噪声，进而有效清除水质管理系统中的异常数据。

3）存在问题

综合考虑油气开采系统现场环境、条件及可能事件的特殊性和复杂性，现有针对红外热成像监测异常数据识别及清洗方法的研究存在以下问题：

（1）针对视频监控的越界检测方法以运动目标的建模、定位、追踪为主要内容，以镜头视野范围内全部像素点的数值大小、分布、变化为研究对象，能够从空间角度较为准确地检测出不同时刻越界异物的相对位置和当前形态。而生产现场异常监测数据的识别和处理是以异物闯入时刻和移出时刻的判定、反馈为主要内容，以镜头视野边界部分像素点的数值变化为研究对象，从时间的角度描述异常监测数据的位置信息。即只需关注镜头视野内越界异物的存在时段，而非异物各时刻详细的运动状态。现有方法虽然能够满足异物识别的技术需求，但其过度处理无谓增加了识别过程的运算复杂度，易导致分析效率降低和识别精度下降。

（2）油气开采装备典型故障发展速度较快，其红外热成像信息（包括原始信息和处理信息）的视觉呈现应尽可能做到快速、直观、易于理解。现有方法面对视频或多帧时序图像的批量处理时，运算效率和成本无法保证，不能满足现场监测对信息实时处理、呈现的需求。且算法优化程度越高，处理步骤越多，处理对象数量越大，实时性越差。

（3）区别于低维数据异常值以数据点、段、行（列）等为单位的清洗和重构，红外热成像异常监测信息的识别、清洗是以图像帧或帧段为单位，涉及大量的像素点数据，重构难度较大，其主要处理内容为异常数据的标记、提取或删除。现有研究在异常图像信息的修复、重构方面尚有待提高。

2. 红外热成像图像增强研究现状

红外热成像技术的核心是将物体的红外辐射强度及分布转化为人眼可辨识、理解的图像的形式，因此图像的视觉效果是影响热像信息获取、分析和评价结果的关键因素之一。图像增强是一种旨在突出图像的整体或局部特性、放大图像元素之间的特征差异、改善图像视觉效果、提升信息丰富度以满足图像分析特殊需求的图像处理技术，可应用于红外热成像图像视觉效果的优化及热像信息可视化水平的提升。

图像增强方法根据作用域的不同可分为两类：空间域增强和频率域增强。其中空间域增强是对构成图像的像素直接进行函数处理，常用方法有灰度变换、直方图均衡化、图像平滑、图像锐化等。

1）灰度变换

就灰度变换而言，相比于传统方法，湖北大学研究人员提出的多尺度灰度变换方法，能够保留原始图像的细节特征，避免灰度饱和问题，但在特征凸显方面略有不足。文献提出了一种自适应分段线性灰度变换方法，能够根据图像内容调整线性变换分段点，有效抑制背景灰度段，拉伸对象灰度段。但其建立于红外热成像监测对象灰度值动态范围有限、取值分立的假设，不适用于灰度值动态范围较大、数值分布平均或灰度值组成较为复杂的情况。文献针对序列图像提出了一种基于反向直方图的灰度变换方法，根据前一帧图像目标信息的灰度值分布指导后一帧图像的灰度值拉伸，能够显著优化目标区域的视觉效果。

印度 SGGS 工程技术研究所研究人员提出的 S 曲线灰度变换方法，对比线性变换方法增大了目标区域的灰度梯度，突出了相邻组织的边缘效果。

2）直方图均衡化

针对传统直方图均衡化方法的部分缺陷，大连海事大学研究人员总结评价了多种改进方法的优缺点，包括子直方图均衡化方法、修正直方图均衡化方法、直方图变分规定化方法、局部直方图均衡化方法、基于变换域均衡化方法等。文献提出了维持图像亮度的自适应子直方图均衡化增强方法（BPASHE）和基于边缘信息融合的细节增强直方图均衡化方法（HEEF），前者针对局部峰做均衡化处理能够避免灰度级个数减少，并保持各段灰度级数量比例不变，有助于在提升对比度的同时保持图像亮度。后者融合直方图均衡化和 Laplace 滤波算法的优势，既可调节图像亮度，也可增强图像细节。墨尔本大学研究人员提出了一种递归加权的多平台直方图均衡化方法，通过直方图递归分割、裁剪、加权和均衡化等四个步骤的处理，能够更准确地保持图像亮度，增加对比度。针对直方图均衡化过程中易出现的灰度值合并进而形成局部高峰的问题，长江大学等研究人员提出了一种自适应直方图剪切函数，能够有效抑制灰度级合并，解决边缘信息缺失等问题。西安交通大学研究人员提出了一种基于相邻区块修正的局部直方图均衡化对比度增强方法，能够显著抑制红外图像的非均匀性和过增强效应。此外，例如基于粒子群优化的局部熵加权直方图均衡化图像增强算法、基于限峰分离模糊直方图均衡化图像增强算法、基于迭代直方图均衡化的图像增强算法、局部对比度自适应直方图均衡化图像增强算法等均是针对某一特定对象为解决传统直方图均衡化存在的问题而提出的改进性方案。

3）图像平滑

图像平滑的主要目的是减少图像噪声，常用算法有均值滤波法和中值滤波法等。但经过平滑处理的图像易出现边缘模糊和细节淹没等问题。兰州大学研究人员提出了一种基于广义随机游动的平滑算法，能够尽可能地保留重要的特征和边缘。湖北工业大学研究人员提出一种基于改进卡尔曼滤波的平滑算法，融合多种用于修正预测的新信息以提升平滑处理的性能。突尼斯 CEREP 研究人员提出了一种改进的自适应智能中值滤波器，用于消除灰度图像中的脉冲噪声。瓦伦西亚生物科学研究院研究人员提出一种基于局部图形相关性的彩色图像处理模型，能够有效区分图像的边缘区域和非边缘区域以采取不同的平滑处理方式。天津理工大学研究人员提出了基于改进的 L_0− 梯度最小化模型的图像平滑算法，能够克服阶梯效应，其平滑性能和对边缘信息的保持能力也有所提高。南京信息工程大学研究人员提出的基于拟正态分布的图像去噪算法，在边缘保持和噪声去除方面均有更加优越的表现。此外，提出的基于梯度与曲率融合模型的算法能够保留更多的图像信息，同时很好地保持了图像的边缘特征。苏州大学研究人员提出的基于图像像素强度和梯度双重约束的平滑算法适用于背景噪声复杂的图像降噪，且相比双边滤波法有着更高的计算效率。哈尔滨工业大学研究人员提出的基于极值约束的边缘保持平滑算法，既可保持图像的主要边缘信息，也能消除次要边缘和噪声等无关信息，相比基于边缘保持的平滑算法有着更好的增强效果。

4）图像锐化

图像锐化的目的是增强边缘或轮廓，提高模糊图像的可辨识度，但同时也会增强噪声和其他非关键性的细节信息。浙江大学研究人员提出了一种基于动态边缘检测的锐化算法，能够有效抑制边缘噪声，且运算复杂度较低。第二炮兵工程大学研究人员综合考虑 Roberts 算子和 Laplacian 算子的优缺点，采用两者结合的方法得到了更好的增强效果。南京信息科技大学研究人员提出了基于 GPU 的拉普拉斯锐化算法（GLIS）和基于 GPU 的共享内存拉普拉斯锐化算法（SM−GLIS），优化了传统拉普拉斯算法的运行效率。广东工业大学等研究人员提出的基于并行运算的双层图像锐化方法，在图像视觉效果和处理效率方面均有良好表现。中北大学研究人员提出一种基于模糊逻辑和非线性模块的图像锐化算法，在噪声抑制方面效果良好。印度韦洛尔理工大学研究人员提出了一种基于拉普拉斯金字塔（LP）和奇异值分解（SVD）的锐化增强方法，能够增强微小组织的边缘。对比度印度 Mepco Schlenk 工学院研究人员提出的基于轮廓变换的超声图像锐化增强技术可以通过调整参数控制噪声效果。西安交通大学研究人员提出了一种图像平滑锐化模型，其中平滑项用于平滑平坦区域，锐化项用于增强图像边缘，相比单一项模型具有更为优越的性能。

频率域增强是对原始图像二维傅里叶变换后的频谱成分进行分别处理，再由傅里叶逆变换生成所需图像的增强处理方法。海军工程大学研究人员提出的基于频率补偿的红外图像增强技术，通过迭代算法对去噪过程中丢失的高频细节信息进行补偿，是对原始图像频域分层处理方法的优化。中国航天科技工业集团 8511 研究所研究人员提出了一种基于频率外推的模糊红外图像细节增强算法，通过向模糊图像添加反向预测生成的更高频率分量使图像变得清晰，细节得到增强。西弗吉尼亚大学等研究人员量化分析了频率滤波增强算法对图像质量的影响，表明其在图像质量提升和细节增强方面具有较为显著的优势。北京邮电大学研究人员提出基于改进型 Gabor 滤波器的频域增强算法，在指纹图像识别方面取得了较为理想的效果。宁夏大学研究人员提出一种混合滤波算法，结合高通滤波器和低通滤波器的优势对图像高频和低频部分进行不同的系数增强。安徽新华学院、大庆石油学院等研究人员提出基于空间域和频率域的增强算法，融合了两种方法的优势，相比单一方法处理效果更加出色。第二炮兵工程大学研究人员设计了针对监测对象红外特性有效频段的增强算法，提升了图像对比度以利于更加准确地识别缺陷。

5）存在问题

综合考虑油气开采现场装备属性、监测对象及监测需求的特殊性和复杂性，现有针对红外热成像监测图像增强处理的研究存在以下问题：

（1）现有增强方法的关注对象应具有共同的（或相似的）图像参数特征，且该特征经过增强处理将显著区别于其他非关注图像元素。如页岩气压裂等油气开采现场的红外热成像监测对象多为大型设备系统，由多种性能、材质、结构、功能不同的子模块组成，难以同时成为一次图像增强处理的关注对象。

（2）页岩气压裂现场装备的红外热成像监测范围较大，目标较多，且设备系统各子模块的热成像信息同等重要。现有方法针对某一目标的特征突出、差异强化和视觉效果改善容易导致其他目标的特征模糊、差异弱化、图像质量降低等问题。若对监测对象的多个子模块采用统一的图像增强标准（或规则），易导致局部对比度降低，细节信息的可视化水平降低等问题。

3.1.2 基于红外热像视频监控的早期预警技术概述

由前述内容可知，以页岩气压裂为代表的油气开采现场装备的红外热成像监测具有场地开放，环境复杂，监测对象较多、范围较广，处理结果实时性及准确性要求较高等特点。相比其他领域、场景或设备的应用，油气开采现场装备的红外热成像监测易出现以下几类问题：

（1）异物（人员、车辆、可移动设备、自然生物等）异常通过红外热成像仪镜头前方，阻碍监测对象红外辐射的正常传播，并向红外热成像仪发射自身显著区别于监测对象的红外辐射，污染监测数据，干扰监测结果，甚至引发误报警或漏报警。

（2）监测对象各子模块属性差异较大，若采用统一的“属性—图像参数”转化规则，会导致局部对比度降低，细节信息的可视化水平降低等问题。

（3）图像处理算法面对视频或多帧时序图像的批量处理时，运算效率和成本无法保证，不能满足现场监测对信息实时处理、呈现的需求。且算法优化程度越高，处理步骤越多，处理对象数量越大，实时性越差。

针对上述问题，以页岩气压裂现场设备隐患的早期预警为例，本节提出以下三项关键技术：

（1）基于越界检测的现场装备红外热成像监测异常数据识别与清洗方法。

针对页岩气压裂现场设备红外热成像监测过程中异物通过镜头前方（闯入或移出红外热成像仪镜头视野）对监测结果造成影响、引发误报警的问题，本节提出基于越界检测的页岩气压裂设备红外热成像监测过程异常数据识别及清洗方法。通过在红外热成像图的转化数据矩阵中设置固定位置向量并逐帧观测、分析其元素数值的变化，高效、准确地识别出异物闯入或移出镜头视野的时间。进而反馈异物在镜头视野中存在时段对应的采集帧数，删除相关数据片段，保留并拼接无异物存在的正常红外热成像监测数据片段，以提升页岩气压裂现场设备红外热成像监测结果的准确性，降低误报警率。

（2）基于灰度值分布优化的页岩气压裂现场装备红外热成像监测图像增强方法。

针对页岩气压裂现场设备红外热成像监测过程中温度属性差异较大的多个子系统、部件或区域基于统一的函数关系转化成像时存在的局部对比度降低、细节信息可视化水平降低等问题，本节提出基于灰度值分布优化的页岩气压裂现场装备红外热成像监测图像增强方法：应用图像分割技术构建被监测设备各子系统、部件或区域的分割矩阵，用于提取各帧红外热成像图中对应子系统、部件或区域的相关信息，滤除其他部分的无关信息。对提取出的单个（或属性相似的若干个）子系统、部件或区域设置特定且独立的用于转化成像的函数关系，使其根据自身温度分布和变化的特点优化分配成像参数，以提升设备监测信息的可视化程度，增强基于图像视觉差异的设备表面温度差异或变化的可辨识性。

（3）基于红外热成像图 RGB 值分布统计的页岩气压裂泵输出端漏水早期事故监测及识别方法。

针对页岩气压裂泵输出端漏水早期事故的监测和识别，本节提出一种基于红外热成像图 RGB 值分布统计的异常温度变化识别与判定方法。通过对监测区域红外热成像图的 RGB 值分布做统计分析和特征提取，将由事故引起的温度变化转化为人眼可辨识的图像信息或其他形式的信息，优化参数微小差异的视觉可分辨性，以便于现场监测人员的观测、识别和判定。

本节方法与技术框架如图 3.1 所示。

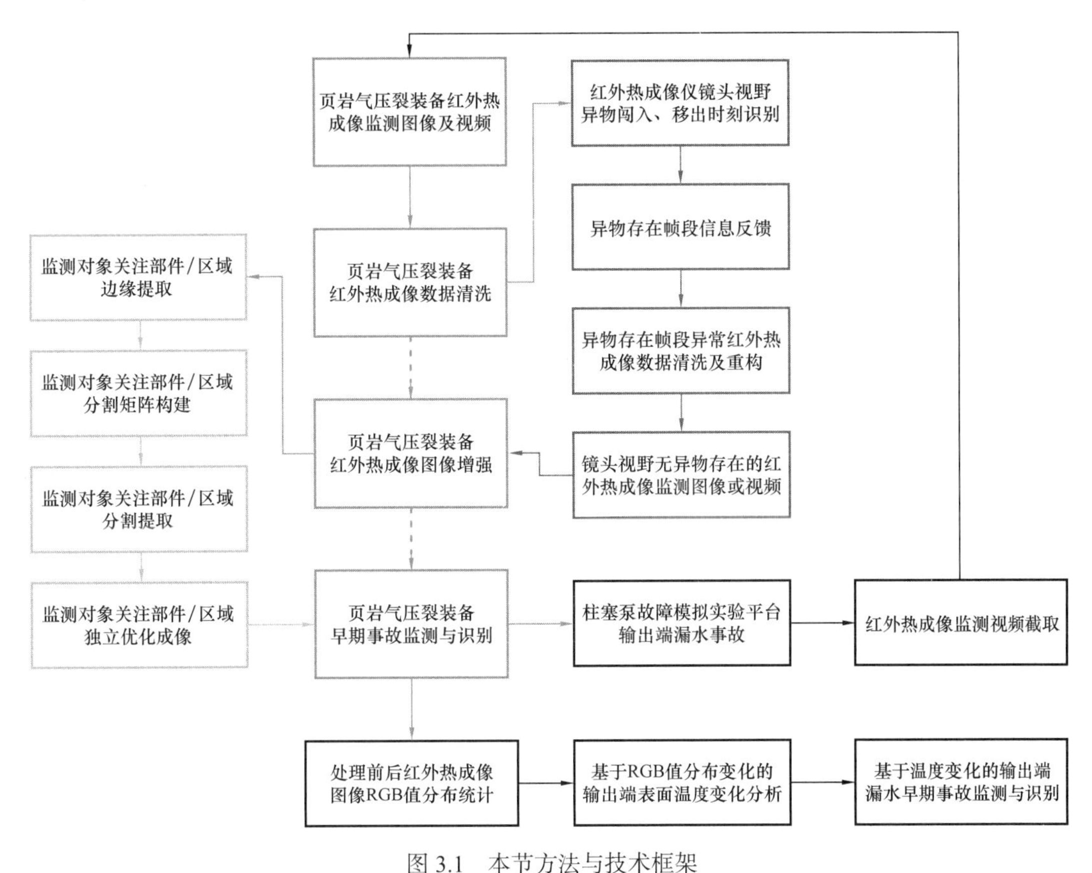

图 3.1　本节方法与技术框架

3.2　页岩气压裂装备红外热成像监测异常数据识别及清洗

针对页岩气压裂现场生产设备的红外热成像监测特点，相对于架设位置、拍摄角度或运行轨迹较为固定的红外热成像仪（或红外热成像仪机组），施工现场的人员、车辆、移动设备甚至飞行类动物的运动状态具有极大的偶然性和随机性，不可避免地穿梭或停留于红外热成像仪镜头前方，遮挡被监测设备正常的红外辐射路径，并向红外热成像仪发射显著区别于被监测设备的红外辐射。这种现象会严重影响压裂设备的红外热成像监测结果，增大监测误报警率或漏报警率，给页岩气压裂现场的安全管理工作带来不必要的麻烦。因此，需采用实时性强、准确率高的异常数据识别与清洗技术，及时检测、识别红外热成像仪镜头前方通过的异物，判定其进出镜头视野的特征时刻，反馈异物在镜头视野中存在时段对应的采集帧数并删除相关数据片段，重构无异物存在的正常监测数据，为后续红外热成像监测数据的处理、分析奠定良好的基础。

3.2.1 基于越界检测的红外热成像异常数据识别及清洗方法原理

1. 红外热成像监测过程中的异物闯入

红外热成像监测过程中，被监测设备各位置的红外辐射传播至红外热成像仪，通过镜头到达红外探测器平面。红外探测器上整齐排列的测温点各自记录接收到的红外辐射强度，形成与被监测设备各位置红外辐射强度分布完全对应的、特定的辐射强度分布。各测温点接收到的红外辐射，按统一的规则转化为计算机可处理的数字信号，进而转化为成像所需的图像参数。全体测温点辐射强度对应图像参数的集合呈现即在显示屏上形成人眼可辨识、理解的红外热成像图。

红外热成像监测数据的分析及处理关注的是上述过程中形成的温度数据矩阵及图像参数矩阵。其中温度数据矩阵是被监测物体表面温度的客观表征，图像参数矩阵则是使温度分布可视化的主观表现。

若将红外探测器上测温点红外辐射强度值的集合定义为数据矩阵 $\boldsymbol{A}_{m\times n}$（矩阵中各元素的相对位置与测温点阵中各测温点的相对位置一一对应，各元素的值等于对应测温点的红外辐射强度），红外热成像图中各像素点温度值的集合定义为数据矩阵 $\boldsymbol{B}_{m\times n}$，红外热成像图中各像素点图像参数值的集合定义为数据矩阵 $\boldsymbol{C}_{m\times n}$，则矩阵 $\boldsymbol{A}_{m\times n}$、$\boldsymbol{B}_{m\times n}$、$\boldsymbol{C}_{m\times n}$ 各元素的数值间遵循完全相同的函数关系，即测温点上红外辐射强度值、被监测设备各位置表面温度值及对应像素点图像参数值之间的转换关系见式（3.1）：

$$\begin{aligned} b_{ij} &= \xi\left(a_{ij}\right) \qquad i=1,2,\cdots,m \quad j=1,2,\cdots,n \\ c_{ij} &= \theta\left(a_{ij}\right) \qquad i=1,2,\cdots,m \quad j=1,2,\cdots,n \end{aligned} \tag{3.1}$$

其中：a_{ij} 为红外辐射强度数据矩阵 $\boldsymbol{A}_{m\times n}$ 中的元素；b_{ij} 为温度数据矩阵 $\boldsymbol{B}_{m\times n}$ 中的元素；c_{ij} 为图像参数数据矩阵 $\boldsymbol{C}_{m\times n}$ 中的元素；i，j 分别表示矩阵元素的行、列序数；ξ（·）表示红外辐射强度与温度的函数关系；θ（·）表示红外辐射强度与图像参数的函数关系。

就本节研究内容而言，着重以温度矩阵作为红外热成像监测视频的转化数据矩阵，以期获得更加简洁、直观的论述及结果（以图像参数矩阵作为转化数据矩阵，本节所述方法的原理、操作、分析及结论完全相同）。

以任意帧红外热成像图 $Image_p$ 及其转化数据矩阵 $\boldsymbol{I}_p$ 作为研究对象，若红外热成像仪共有 $m\times n$ 个测温点，则每帧图像应含有 $m\times n$ 个像素点，可转化成为 $m\times n$ 的数据矩阵 $\boldsymbol{I}_{m\times n}$，见式（3.2）：

$$\boldsymbol{I}_p=\begin{bmatrix} i_{11} & i_{12} & \cdots & i_{1n} \\ i_{21} & \ddots & & i_{2n} \\ \vdots & & \ddots & \vdots \\ i_{m1} & i_{m2} & \cdots & i_{mn} \end{bmatrix} \tag{3.2}$$

其中：$\boldsymbol{I}_p$ 表示第 p 帧红外热成像图转化生成的第 p 个数据矩阵；i 为矩阵元素的值。

而红外热成像监测视频本质上是若干幅（帧）红外热成像图的顺序排列。静止图像的顺序排列以特定帧频连续展示即形成视觉上的动态视频。则红外热成像监测视频的转化数据矩阵可视作若干幅（帧）红外热成像图转化数据矩阵的顺序排列，见式（3.3）：

$$\begin{cases} Video = \left\{ Image_1, Image_2, \cdots, Image_p, \cdots, Image_q \right\} \quad p = 1, 2, \cdots, q \\ Video \rightarrow \boldsymbol{V} \\ Image_p \rightarrow \boldsymbol{I}_p \quad p = 1, 2, \cdots, q \\ \boldsymbol{V} = \left\{ \boldsymbol{I}_1, \boldsymbol{I}_2, \cdots, \boldsymbol{I}_p, \cdots, \boldsymbol{I}_q \right\} \end{cases} \tag{3.3}$$

其中：$Video$ 表示红外热成像监测视频；$Image_p$ 表示第 p 帧红外热成像图；p 为帧序数；$\boldsymbol{V}$ 为红外热成像监测视频转化数据矩阵；$\boldsymbol{I}_p$ 为第 p 帧红外热成像图转化数据矩阵。

即红外热成像监测视频 $Video$ 是红外热成像图 $Image_p$ 的集合，且 $Image_p$ 按帧序数排列。红外热成像监测视频转化数据矩阵 $\boldsymbol{V}$ 是单帧红外热成像图转化数据矩阵 $\boldsymbol{I}_p$ 的集合，且 $\boldsymbol{I}_p$ 按帧序数排列。

若监测过程中有异物闯入红外热成像仪的镜头视野，异物将遮挡被监测设备发出的红外辐射，且其本身会向红外热成像仪发出红外辐射。鉴于施工现场被监测设备多为红外辐射强度分布不均的金属系统［如压裂泵系统中的电机、传动装置、动力端、液力端等，工作一段时间后设备表面温度差异较大，对应的红外辐射强度差异也比较大，则设备整体的红外辐射强度分布严重不均匀］，而闯入的异物多为现场走动人员（或人员身体的某一部分）、红外辐射强度较为均匀的移动设备（如汽车、手推车及其货物等）、偶然飞过镜头前方的飞行动物（如鸟、蝙蝠）等，其红外辐射强度、分布形式等与被监测设备相比存在较大差异。

因此，当异物闯入镜头视野时，红外探测器上接收到的红外辐射强度、分布形式等与常规情况相比将存在较大差异，这种差异会导致红外探测器平面接收、转化、传递的信号出现异常，进而对机器的自动识别、处理造成影响。

多数情况下，异物在红外热成像仪的镜头视野中是运动的（出现、移动、消失等行为），可将其视作镜头视野内温度场中异常物体的运动（或流动）。在流体力学领域，为了描述流体的运动，提出了拉格朗日法和欧拉法。其中欧拉法不直接追踪流体中质点的运动过程，而是以流场为研究对象，通过研究流场中固定位置上某一参量随时间的变化，综合分析、计算流体的运动状态。需要说明的是，异物并未对被监测设备客观存在的温度场造成影响，但其存在影响了被监测设备局部红外辐射的正常传播、接收及转化，使得以图像形式呈现出的可供监测人员观察、理解的温度场出现异常，即对可视化的被监测设备的温度场造成了影响。

基于这一思想，在运动学领域，为了研究某一物体的运动状态，可以在其选定的参考系中标定某一固定位置（空间中的点、线、面、体等），当物体不断通过标定的固定位置时，该位置某一描述运动的参量会随时间发生变化，分析这种变化可间接得到物体运动状态的相关信息。

2. 基于特殊位置向量异常变化的异物识别

异物在红外热成像仪镜头视野中的运动，可视作以镜头视野为参考系研究异物运动状态的运动学问题。由前述欧拉法的思想可知，应在参考系即镜头视野中选取至少一个固定位置作为研究对象。鉴于参考系本身是一个二维平面，选取的固定位置可以是点、线、面。为了提高分析处理的效率，同时能全面地反映运动物体的运动状态，宜选用维数较小但参数容量较大的“线”作为固定位置的设置形式。即在镜头视野内标定至少一条假想的固定不动的“线”，当物体运动经过这些特殊的“线”时，会引起线上运动参数的变化。通过研究固定位置“线”上运动参数随时间的变化，即可推理出物体的运动状态。

正常情况下采集得到的单帧红外热成像图可转化为数据矩阵 $\boldsymbol{X}_{m\times n}$，异物闯入时采集得到的单帧红外热成像图可转化为数据矩阵 $\boldsymbol{X'}_{m\times n}$，将两矩阵做差构建差异矩阵 $\boldsymbol{\Delta}$，见式（3.4）：

$$\boldsymbol{\Delta}=\boldsymbol{X}'_{m\times n}-\boldsymbol{X}_{m\times n}$$

$$\boldsymbol{X}_{m\times n}=\begin{bmatrix} x_{11} & x_{12} & \cdots & x_{1n} \\ x_{21} & \ddots & & x_{2n} \\ \vdots & & \ddots & \vdots \\ x_{m1} & x_{m2} & \cdots & x_{mn} \end{bmatrix} \quad \boldsymbol{X}'_{m\times n}=\begin{bmatrix} x'_{11} & x'_{12} & \cdots & x'_{1n} \\ x'_{21} & \ddots & & x'_{2n} \\ \vdots & & \ddots & \vdots \\ x'_{m1} & x'_{m2} & \cdots & x'_{mn} \end{bmatrix} \tag{3.4}$$

$\boldsymbol{\Delta}$ 为非零矩阵。矩阵 $\boldsymbol{\Delta}$ 中所有非零元素所在位置的集合可用于表征红外热成像图中异物的形态，且针对矩阵 $\boldsymbol{\Delta}$ 构造特定的统计量可用于表征常规情况下红外热成像图的转化矩阵 $\boldsymbol{X}_{m\times n}$ 和异物闯入情况下红外热成像图的转化矩阵 $\boldsymbol{X'}_{m\times n}$ 之间的差异，进而识别出异物闯入镜头视野时形成的异常红外热成像信号。

由前述内容可知，红外热成像监测视频的实质是多帧静止红外热成像图的帧序排列，则异物闯入情况下视频拍摄到的异物“运动”可拆分为连续多帧图像中异物出现在不同的位置（运动的本质即物体位置随时间的变化而变化）。将各帧图像分别转化为数据矩阵 $\boldsymbol{X'}_p$（p 为帧的序数），帧序数 p 不同，$\boldsymbol{X'}_p$ 不完全相同。对比常规情况下各帧图像转化生成的数据矩阵 $\boldsymbol{X}_p$ 做差处理，其差异矩阵 $\boldsymbol{\Delta}$ 随着帧序数的变化也不完全相同，即随着时间的变化而变化。

就差异矩阵 $\boldsymbol{\Delta}$ 而言，其核心内容是矩阵中的非零元素，所有非零元素所在位置的集合可用于表征红外热成像图中异物的形态。为了方便后续说明，在此将各差异矩阵 $\boldsymbol{\Delta}$ 中非零元素所有属性（如数值属性、位置属性、结构属性等）的集合定义为 $\boldsymbol{\Phi}$，则 $\boldsymbol{\Phi}$ 是矩阵中包含部分特定元素且保持各元素相对位置不变、平面形态不规则的数据集合（$\boldsymbol{\Phi}$ 的平面形态即为异物在对应平面上的离散化投影形态），其生成过程如图 3.2 所示。在异物存在的各帧图像中，异物的位置、大小有所不同，则各帧图像数据矩阵的差异矩阵 $\boldsymbol{\Delta}$ 中，$\boldsymbol{\Phi}$ 的位置、形态、包含的元素个数也将有所不同。

若将各帧图像数据矩阵的差异矩阵 $\boldsymbol{\Delta}$ 按帧序排列并以一定的频率在画面中播放展示，$\boldsymbol{\Phi}$ 将会呈现动态的效果，表征物体在镜头平面投影的外观形态及运动状态的变化，这和视频的形成原理是类似的。此时描述并研究红外热成像监测视频中物体运动的问题将转化为描述并研究在差异矩阵 $\boldsymbol{\Delta}$ 中 $\boldsymbol{\Phi}$ 的位置、形态变化的问题。

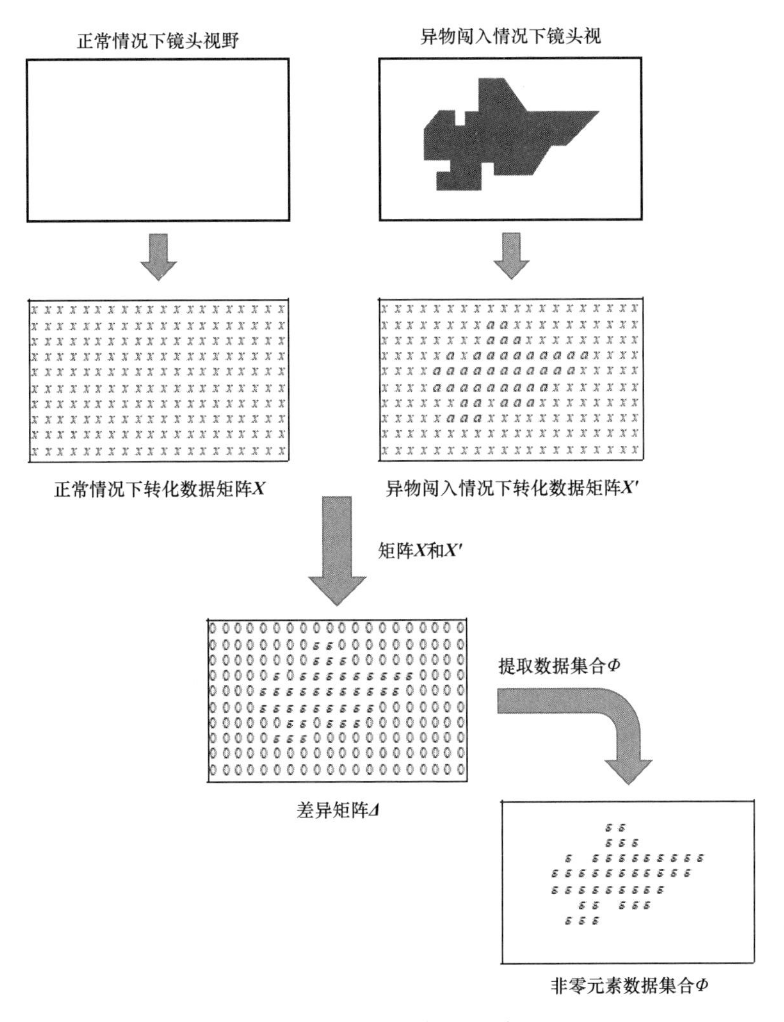

图 3.2　非零元素数据集合 $\boldsymbol{\Phi}$ 及其生成过程

在镜头视野内有异物存在的情况下，以连续多帧红外热成像图转化、处理得到的多个差异矩阵 $\boldsymbol{\Delta}$ 为研究对象，并按照帧序数为差异矩阵排列命名。各差异矩阵 $\boldsymbol{\Delta}$ 中都存在数据集合 $\boldsymbol{\Phi}$，将 $\boldsymbol{\Phi}$ 按帧序数排列命名。则随着时间的变化，帧序数从小到大依次展示差异矩阵，各矩阵中 $\boldsymbol{\Phi}$ 的位置、形态都会发生变化。

在各差异矩阵中选定同一列（行）作为“固定位置”，常规情况下该选定的列（行）为一零向量（若没有异物存在，差异矩阵 $\boldsymbol{\Delta}$ 是一零矩阵，因此各行各列均为零向量），定义为 $\boldsymbol{\Theta}$。异物出现并运动时，差异矩阵中 $\boldsymbol{\Phi}$ 出现并随时间改变其位置和形态。

当第 p 帧时，$\boldsymbol{\Phi}$ 运动至选定的列（行），会使向量 $\boldsymbol{\Theta}$ 上部分或整体元素的数值发生改变（由零变化为非零），改变的元素数量和当前时刻 $\boldsymbol{\Phi}$ 接触“固定位置”部分的形态尺度有关（即和当前时刻 $\boldsymbol{\Phi}$ 与 $\boldsymbol{\Theta}$ 交集部分的长度尺寸有关）。

第 p+1 帧时，$\boldsymbol{\Phi}$ 的位置、形态、元素数值发生变化，会使向量 $\boldsymbol{\Theta}$ 上部分或整体元素的数值发生新的变化，如部分元素的数值由非零变化为零，或由零变化为非零，或是原先非零的数值变化为另一非零数值等。因为在第 p+1 帧时，$\varPhi$ 和“固定位置”接触的部分与第 p 帧相比有所不同，这种不同既有尺度上的差异，也有数值上的差异。

以此类推，各帧差异矩阵 $\varDelta$ 中 $\varPhi$ 与“固定位置”的接触部分均有所不同，则各帧选定向量 $\boldsymbol{\Theta}$ 的变化将存在差异。综合分析这些差异，即可实现差异矩阵层面基于欧拉法思想的运动物体的状态描述。

鉴于红外热成像监测视频层与差异矩阵层的内容是逐层推导、一一对应的关系，且分析思想、分析方法均完全相同，则物体在差异矩阵层面基于欧拉法思想的运动状态描述的结果可等同于在红外热成像监测视频层面的描述结果。即在红外热成像监测视频层面，镜头视野内被监测物体的温度分布及其成像结果转化为数据矩阵时，异物在红外热成像仪监测平面上的投影也以特殊数据集合 $\varPhi'$ 的形式出现在转化数据矩阵中。

与 $\varPhi$ 类似，$\varPhi'$ 也是矩阵中包含部分特定元素且保持各元素相对位置不变、平面形态不规则的数据集合，其平面形态即为异物在对应平面上的投影形态。同一时刻异物在转化数据矩阵上形成的数据集合 $\varPhi'$ 与在差异矩阵上形成的数据集合 $\varPhi$ 的关系见式（3.5）：

$$\varPhi=\varPhi'-\varPhi_{\text{norm}} \tag{3.5}$$

其中：$\varPhi_{\text{norm}}$ 是无异物存在时红外热成像图转化数据矩阵中部分数据的集合，其数据元素反映的是被监测设备受异物遮挡部分的温度分布，其轮廓、形态与异物在探测器平面的投影轮廓、形态相同。

在转化数据矩阵中选定某一列或某一行作为“特殊位置”，定义为 $\boldsymbol{\Theta}'$。若转化数据矩阵上选定的 $\boldsymbol{\Theta}'$ 与相应的差异矩阵上选定的 $\boldsymbol{\Theta}$ 行（列）序号相同，则两者的关系见式（3.6）：

$$\boldsymbol{\Theta}=\boldsymbol{\Theta}'-\boldsymbol{\Theta}_{\text{norm}} \tag{3.6}$$

其中：$\boldsymbol{\Theta}_{\text{norm}}$ 是无异物存在时红外热成像图转化数据矩阵中的某一行（列）向量。当异物未经过特殊位置时，其元素数值与 $\boldsymbol{\Theta}'$ 完全相同。

镜头视野内异物出现并运动时，转化数据矩阵上的数据集合 $\varPhi'$ 也相应地出现并运动。经过选定的特殊位置时，数据集合 $\varPhi'$ 与特殊位置向量 $\boldsymbol{\Theta}'$ 相交，在交集部分，数据集合 $\varPhi'$ 的元素数据将覆盖对应位置上 $\boldsymbol{\Theta}'$ 的元素数据，使 $\boldsymbol{\Theta}'$ 上部分或整体元素的数值改变，改变的元素数量和当前时刻 $\varPhi'$ 接触“固定位置”部分的形态尺度有关（即和当前时刻 $\varPhi'$ 与 $\boldsymbol{\Theta}'$ 交集部分的长度尺寸有关）。则多帧转化数据矩阵中异物形成的数据集合 $\varPhi'$ 与“固定位置”的接触部分会随着时间的变化而有所不同，各帧选定的特殊位置向量 $\boldsymbol{\Theta}'$ 的变化也会因时间的不同而有所差异。综合分析这些差异，即可实现红外热成像视频信号层面基于欧拉法思想的运动物体的状态描述。

就红外热成像监测过程中异物闯入问题而言，重点关注的是异物进入、移出镜头视野的时刻，则选定的“固定位置”应为镜头视野的边界部分，包括左边界、右边界、上边界、下边界。在转化数据矩阵上描述即为矩阵第 1 列、第 n 列、第 1 行、第 m 行。

3. 基于数值曲线形态差异的异物检测与追踪

红外热成像监测数据是以数据矩阵 $\boldsymbol{X}_p$ 的形式存储于系统当中。红外热成像单帧图像

共有 $m \times n$ 个像素点，则第 p 帧图像的数据矩阵见式（3.7）：

$$\boldsymbol{X}_p = \begin{bmatrix} x_{11} & x_{12} & \cdots & x_{1n} \\ x_{21} & \ddots & & x_{2n} \\ \vdots & & \ddots & \vdots \\ x_{m1} & x_{m2} & \cdots & x_{mn} \end{bmatrix} \tag{3.7}$$

其中：p 表示红外热成像图的帧序数；m 表示像素点行数；n 表示像素点列数。

数据矩阵的第 1 行对应于选定的上边界特殊位置，第 m 行对应于选定的下边界特殊位置，第 1 列对应于选定的左边界特殊位置，第 n 列对应于选定的右边界特殊位置，其他行、列分别对应于各选定的特殊位置。

将红外热成像仪拍摄的监测视频（共 t 帧）按帧序排列，即从第一帧图、第二帧图直至最后一帧图按顺序排列，则其数据矩阵 $\boldsymbol{V}$ 见式（3.8）：

$$\boldsymbol{V} = \begin{bmatrix} \boldsymbol{X}_1 \\ \boldsymbol{X}_2 \\ \vdots \\ \boldsymbol{X}_p \\ \vdots \\ \boldsymbol{X}_t \end{bmatrix} \quad \text{或} \quad \boldsymbol{V} = \left(\boldsymbol{X}_1 \quad \boldsymbol{X}_2 \quad \cdots \quad \boldsymbol{X}_p \quad \cdots \quad \boldsymbol{X}_t \right) \tag{3.8}$$

其中：$\boldsymbol{X}_p$ 为第 p 帧红外热成像图的转化数据矩阵，p=1，2，⋯，t。

选取每帧红外热成像图转化数据矩阵中的同一数据行 / 列（如各帧图像转化数据矩阵的第 n 列，或第 m 行），共 t 个数据行 / 列向量，按帧序组成数据向量 $\boldsymbol{S}$，见式（3.9）。其构建过程示意如图 3.3 所示。

$$\boldsymbol{S} = \begin{bmatrix} \boldsymbol{X}_1^n \\ \boldsymbol{X}_2^n \\ \vdots \\ \boldsymbol{X}_p^n \\ \vdots \\ \boldsymbol{X}_t^n \end{bmatrix} \quad \text{或} \quad \boldsymbol{S}' = \left(\boldsymbol{X}_1^m \quad \boldsymbol{X}_2^m \quad \cdots \quad \boldsymbol{X}_p^m \quad \cdots \quad \boldsymbol{X}_t^m \right) \tag{3.9}$$

其中：$\boldsymbol{X}_p^n$ 为第 p 帧图中的第 n 列，$\boldsymbol{X}_p^m$ 为第 p 帧图中的第 m 行。即 $\boldsymbol{S}$ 共有 $m \times t$ 个数据元素，$\boldsymbol{S}'$ 共有 $n \times t$ 个数据元素。

或是在数据矩阵 $\boldsymbol{V}$ 中选取对应的行 / 列（如数据矩阵 $\boldsymbol{V}$ 的第 n 列，或数据矩阵 $\boldsymbol{V}$ 的第 m 行），命名为向量 $\boldsymbol{S}$，其构建过程示意如图 3.4 所示。

数据向量 $\boldsymbol{S}$（或 $\boldsymbol{S}'$）的数值曲线是一个近似的以 m（或以 n）为周期的周期图像。每个周期的图像（线）称作向量 $\boldsymbol{S}$ 数值曲线的一个周期数值曲线片段。各周期的图像形态相似，其微小差异反映的是图像同一位置的温度值随时间发生了缓慢变化（甚至不变）。

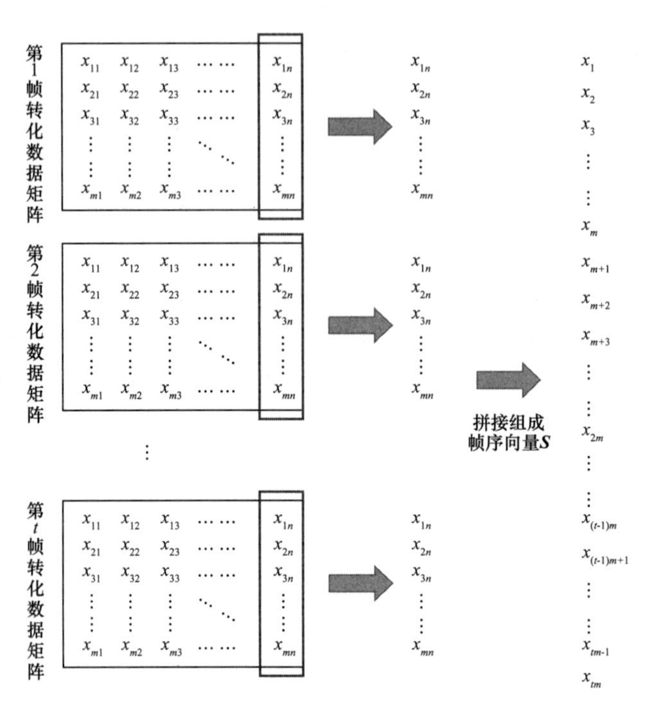

图 3.3　帧序数据向量 $\boldsymbol{S}$ 生成方式一

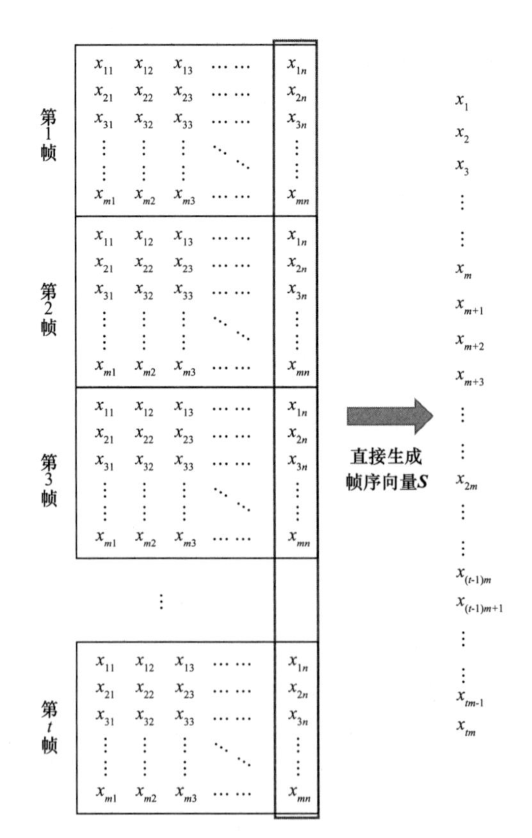

图 3.4　帧序数据向量 $\boldsymbol{S}$ 生成方式二

当某一时刻有异物闯入，红外热像仪的第 k 帧图像将拍摄到这一画面，即异物经过第 k 帧图像的边界特殊位置。经过特殊位置时，由于异物的红外辐射明显区别于被监测物体，会引起特殊位置对应数据向量数值曲线的异常变化。异常变化的数据点数，反映了异物该时刻的纵向 / 横向尺寸（如边长为 a 的正方体从图像右方进入镜头视野，经过右边界特殊位置时，会造成第 n 列数据中 y 个数据点的异常变化，且 y 与 a 的尺寸有关）。这一变化在 $\boldsymbol{S}$ 的数值曲线中即表现为图像的周期性发生改变，第 k 个周期的数值曲线形态明显区别于第 $k-1$ 个周期。

若下一时刻（帧）镜头视野中仍然有异物存在，则第 $k+1$ 帧图像中异物进入镜头视野的部分可能会发生以下三种变化：

（1）异物进入镜头视野的部分增多（或减少）。增多（或减少）的部分于第 $k+1$ 帧图像的对应时刻经过特殊位置，使特殊位置数据向量的数值曲线发生异常变化，且异常变化的数据点数反映了异物该时刻的纵向 / 横向尺寸，即新进入（退出）镜头视野部分的纵向 / 横向尺寸。在 $\boldsymbol{S}$ 的数值曲线中表现为图像周期性进一步发生改变，第 $k+1$ 个周期的数值曲线形态明显区别于第 $k-1$ 个周期。

（2）异物在镜头视野内垂直于进入方向平移，即异物在镜头视野内的部分面积不变，位置改变。第 k 帧图像中改变的部分在第 $k+1$ 帧图像中垂直于特殊位置平移，使特殊位置数据向量的数值曲线发生异常变化，且异常变化的数据点位置反映了异物当前时刻的位置。在 $\boldsymbol{S}$ 的数值曲线中表现为第 $k+1$ 个周期内曲线形态的变化位置与第 k 个周期不同，但变化部分的形态与第 k 个周期相同。第 $k+1$ 个周期的数据曲线形态明显区别于第 $k-1$ 个周期。

（3）异物在镜头视野内位置不变，温度发生变化。即在第 $k+1$ 帧图像的对应时刻，异物形成的数据集合 $\boldsymbol{\Phi}'$ 与特殊位置向量 $\boldsymbol{\Theta}'$ 的交集元素相同，但元素内的数值不同。在 $\boldsymbol{S}$ 的数值曲线中表现为第 $k+1$ 个周期内曲线形态的变化位置与第 k 个周期相同，但变化幅度有所不同，第 $k+1$ 个周期的数据曲线形态明显区别于第 $k-1$ 个周期。

以此类推，随着异物不断移入、移出视野，在视野内运动或在视野内发生变化，$\boldsymbol{S}$ 的数值曲线的形态会发生相应变化。直至异物通过某一边界特殊位置移出镜头视野。当异物移出镜头时，再次触发移出特殊位置数据曲线的异常变化，其形式与异物进入的过程类似。

综上所述，异物在镜头视野中的运动、变化会导致某帧图像数据矩阵选定行 / 列的异常变化，通过分析这些变化的起止时间、数据点个数，即可推断物体的运动状态。

已知数据向量 $\boldsymbol{S}$ 的数值曲线可划分为 t 个周期数值曲线片段，相邻周期数值曲线片段形态相似，其微小差异反映的是图像同一位置的温度值随时间发生了缓慢变化（甚至不变）。

正常情况下，被监测设备的温度变化具有一定连续性，且速率较慢。具体于数据向量 $\boldsymbol{S}$ 的数值曲线形态方面表现为相邻周期数值曲线片段的相似度较高。与之相比，当异物闯入红外热成像仪的镜头视野，红外探测器接收到的是显著区别于被监测物体的来自异物本身的红外辐射。鉴于红外热成像仪无法识别接收到的红外辐射是否来源于被监测物体，只能如实地将其转化为温度参数，具体在温度变化方面表现为温度值出现跃变，速率极快，而在数据向量 $\boldsymbol{S}$ 的数值曲线形态方面将表现为相邻周期数值曲线片段的相似度异常降低。

为了衡量相邻周期数值曲线片段的相似性，引入欧氏距离 d 作为评价指标。欧氏距离 d 表示的是两个变量之间的真实距离，也可用于度量两个变量的相似程度，见式（3.10）：

$$d(X,Y)=\sqrt{\sum_{i=1}^{n}(X_i-Y_i)^2} \tag{3.10}$$

其中：$d(X, Y)$ 表示变量 X 和 Y 的欧氏距离；X_i 表示 n 维变量 X 的第 i 维；Y_i 表示 n 维变量 Y 的第 i 维。

相邻周期数值曲线的欧式距离越大，两者的相似程度越低，该位置发生异常变化的可能性越高。反之，相邻周期数值曲线的欧氏距离越小，两者的相似程度越高，该位置发生异常变化的可能性越低。

（4）异常数据片段反馈与切除。

基于欧氏距离 $d(X, Y)$ 的各周期数值曲线片段形态相似度分析能够识别和判定温度发生异常变化的时间（帧数），即异物通过特殊位置的时间（帧数）。就边界特殊位置而言，若识别出第 i 帧对应的数值曲线片段形态发生了异常变化，则可判定在当前帧异物闯入镜头视野；若识别出第 j 帧对应的数值曲线片段形态的异常变化消失，则可判定在当前帧异物移出镜头视野；第 i 帧至第 j 帧之间所有帧的红外热成像图中，均有异物存在，其反映的热像信息不能准确描述被监测设备的当前状态。

识别出异物存在的帧数后，将其反馈至监测系统，切除相关段的数据信息，再将剩余各段拼接整合，即完成红外热成像监测异常数据的清洗工作。例如识别出第 i 帧至第 j 帧之间的红外热成像图中有异物存在，则将第 i 帧至第 j 帧的帧序数信息反馈至监测系统，切除第 i 帧至第 j 帧的红外热成像图及相关信息，并将第 $i-1$ 帧与第 $j+1$ 帧拼接，形成新的红外热成像监测视频。鉴于本节研究内容针对的是异物偶然闯入并移出镜头视野引发的监测系统误报警问题，则通常情况下异物通过镜头前方的速度较快，存在于镜头视野内的时间较短，清洗其相关信息对监测过程及拼接数据段参数变化过程的连续性影响较小。若异物长时间停留于镜头视野前方，清洗的数据段较长，严重影响监测过程及拼接数据段参数变化过程的连续性，则该组监测数据已无参考价值，故不在本节研究内容的考虑范围内。

3.2.2 实施步骤

步骤 1：构建红外热成像监测视频转化数据矩阵。

将红外热成像监测视频转化为视频数据矩阵 $\boldsymbol{V}$，见式（3.3）。视频数据矩阵 $\boldsymbol{V}$ 可视作若干幅（帧）单帧红外热成像图转化数据矩阵 $\boldsymbol{I}$ 的顺序排列。设单帧红外热成像图共有 $m\times n$ 个像素点，则其转化生成的是 $m\times n$ 的数据矩阵 $\boldsymbol{I}_{m\times n}$。

若红外热成像仪采集频率为 αHz（即帧频 αfps），采集时长 δs，则生成红外热成像监测视频的总帧数为 $\alpha\times\delta$ 帧，即该视频由 $\alpha\times\delta$ 幅单帧红外热成像图组成。已知每帧红外热成像图都可转化为对应的图像转化数据矩阵 $\boldsymbol{I}$，则该红外热成像监测视频转化生成的数据矩阵 $\boldsymbol{V}$ 应含有 $\alpha\times\delta$ 个顺序排列的图像转化数据矩阵 $\boldsymbol{I}$。

（1）若相邻帧图像转化数据矩阵 $\boldsymbol{I}$ 采用末行与首行对接的形式，则生成的是 $A\times n$ 的视频转化数据矩阵 $\boldsymbol{V}_{A\times n}$，其中 $A=\alpha\times\delta\times m$。

（2）若相邻帧图像转化数据矩阵 $\boldsymbol{I}$ 采用末列与首列对接的形式，则生成的是 $m\times B$ 的视频转化数据矩阵 $\boldsymbol{V}_{m\times B}$，其中 $B=\alpha\times\delta\times n$。

步骤 2：选取特殊位置及对应的转化数据向量。

异物通过红外热成像仪镜头前方，等效于异物整体或局部的红外热成像闯入或移出镜头视野。就镜头视野而言，无论异物以何种形态、大小、运动速度、运动轨迹进入或移出，必然会经过视野范围的上、下、左、右边界中至少一个边界。无论异物以何种形态、大小、运动速度、运动轨迹在视野范围内存在，也必然会经过视野范围内选定的特殊位置（特殊位置可以是点、线、面）。选定有代表性的特殊位置，即可基于特殊位置上相关参数的异常变化判别是否有异物通过。常规情况下的异物闯入或移出判别所需选定的特殊位置包括上边界、下边界、左边界、右边界。其他特殊位置可根据需要另行设定。

由单帧红外热成像图与图像转化数据矩阵的对应关系可知，选定的图像中的“特殊位置”对应于图像转化数据矩阵中的某一（些）数据向量，即特殊位置可以转化为数据向量的形式。本节所述方法的研究对象正是选定的特殊位置及其对应的数据向量。

以左边界视作特殊位置为例，镜头视野左边界对应于图像转化数据矩阵 $\boldsymbol{I}_{m\times n}$ 的第 1 列；以上边界视作特殊位置为例，镜头视野上边界对应于图像转化数据矩阵 $\boldsymbol{I}_{m\times n}$ 的第 1 行。

步骤 3：构建特殊位置转化数据向量的帧序向量。

选定单帧红外热成像图的特殊位置并转化为对应的数据向量后，再在同组红外热成像监测视频的其他帧红外热成像图中选取完全相同的特殊位置并转化为对应的数据向量，生成 t 个特殊位置和 t 个特殊位置转化数据向量。将 t 个特殊位置转化数据向量按帧序数排列、拼接构造出完整的特殊位置转化数据向量的帧序向量 $\boldsymbol{S}$，其构建过程如图 3.3 所示。

或是根据单帧红外热成像图中选定特殊位置的相对位置信息直接在红外热成像监测视频转化数据矩阵 $\boldsymbol{V}$ 中构造帧序向量 $\boldsymbol{S}$。其中，帧序向量 $\boldsymbol{S}$ 是由各帧红外热成像图中同一特殊位置的转化数据向量按帧序数拼接组合生成的长向量。如在单帧图像转化数据矩阵中选定第 n 列作为特殊位置的转化数据向量，则在红外热成像监测视频转化数据矩阵 $\boldsymbol{V}$ 中选定的第 n 列即为所需的帧序向量 $\boldsymbol{S}$。其构建过程如图 3.4 所示。

步骤 4：生成帧序向量 $\boldsymbol{S}$ 的数值曲线图。

生成帧序向量 $\boldsymbol{S}$ 的数值曲线，其中横坐标为像素点序数，纵坐标为温度值。

若帧序向量 $\boldsymbol{S}$ 取自于 $\boldsymbol{V}_{A\times n}$（其中 $A=\alpha\times\delta\times m$），则其数值曲线是由 t 个数值曲线片段构成，每个数值曲线片段含有 m 个数据（对应各帧特殊位置转化数据向量的 m 行）。

若帧序向量 $\boldsymbol{S}$ 取自于 $\boldsymbol{V}_{m\times B}$（其中 $A=\alpha\times\delta\times n$），则其数值曲线是由 t 个数值曲线片段构成，每个数值曲线片段含有 n 个数据（对应各帧特殊位置转化数据向量的 n 列）。

步骤 5：数值曲线形态相似度分析。

在帧序向量 $\boldsymbol{S}$ 的数值曲线中选取任意片段作为参考基准，逐帧对其他数值曲线片段做基于欧氏距离的相似度分析［式（3.10）］，即计算参考片段与其他帧数值曲线片段的欧氏距离。通过计算任意两条数值曲线片段的欧氏距离生成 t 阶欧氏距离相似度矩阵，并基于设定的相似度阈值判定异常数据片段。

步骤 6：第二特殊位置分析验证。

基于边界特殊位置的越界检测能够准确识别异物进出镜头视野的瞬时行为，但却无法判定其存在或运动趋势是否会对镜头视野中监测对象的主体部分构成实际的干扰（例如异物仅在镜头视野边界位置停留，并未继续向中心区域移动），因而需选取第二特殊位置对基于边界特殊位置越界检测的异物识别结果进行分析验证。

选取图像及其转化数据矩阵中靠近待验证边界的第二特殊位置，构建第二特殊位置对应的转化数据向量，其实施步骤如步骤 2 所述。

基于第二特殊位置越界检测的异物识别如步骤 2 至步骤 5 所述。对比基于边界位置的异物识别结果及基于第二特殊位置的验证分析结果，若被边界位置越界检测判定异常的帧或帧段再次被第二特殊位置的越界检测判定存在异常，即可确认其为监测数据的异常帧段。反之说明异物虽然接触或通过镜头视野边界，但未对监测主体形成实际干扰，可不做清洗处理。

步骤 7：异常数据信息反馈及清除。

将欧氏距离相似度矩阵中高于设定阈值的数值曲线片段帧序数信息反馈至监测系统。系统根据接收反馈自动检索异常帧红外热成像图及其转化数据矩阵，删除相关段异常信息。清除完成后，将剩余段红外热成像图及其转化数据矩阵按原顺序拼接组合，生成新的、无异物存在的红外热成像监测视频。

3.2.3 案例分析

采集正常运行过程中实验用往复式柱塞泵系统的红外热成像图，如图 3.5 所示。各帧红外热成像图由 288 × 384 个像素点组成，采集频率 5Hz，即帧频 5fps。

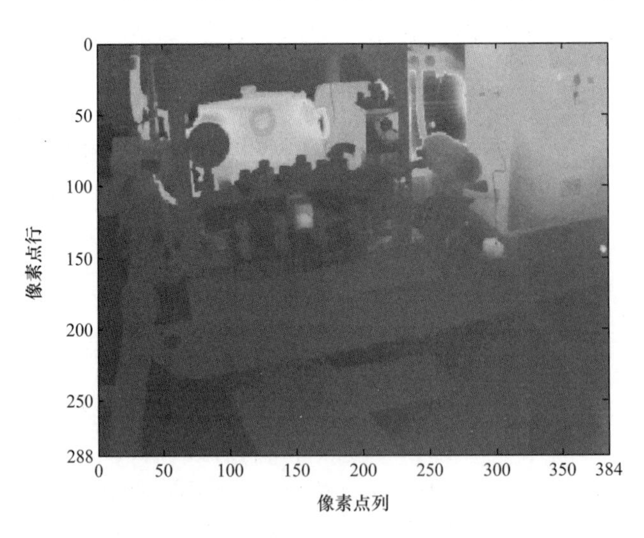

图 3.5 正常情况下监测对象红外热成像图

采集过程中，红外热成像仪在第 24 帧时拍摄到有行人通过镜头前方，即异物进入镜头视野；第 30 帧时拍摄到行人基本完成通过动作，即异物移出镜头视野。则第 24 帧至第 30 帧的红外热成像图因为异物（行人）存在无法准确反映被监测设备局部或整体的温度变化情况。

行人经过镜头前方的过程中，身体各部分阻断被监测设备局部的红外辐射，并向红外热成像仪发射人体的红外辐射。人体与被监测设备红外辐射强度及分布的明显区别将导致采集的红外热成像信号局部参数的异常升高或降低，无法准确反映被监测设备局部或整体的变化情况，甚至触发红外热成像监测系统的误报警。

采集过程中基于红外热成像监测的设备各部分温度值的异常变化情况如图 3.6 至图 3.11 所示。

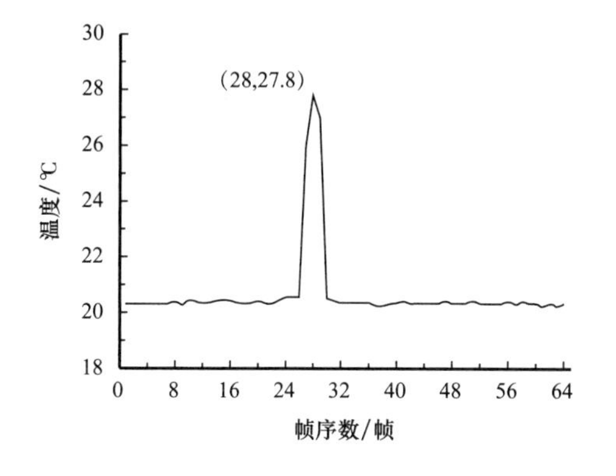

图 3.6　行人通过时泵头体测点温度变化

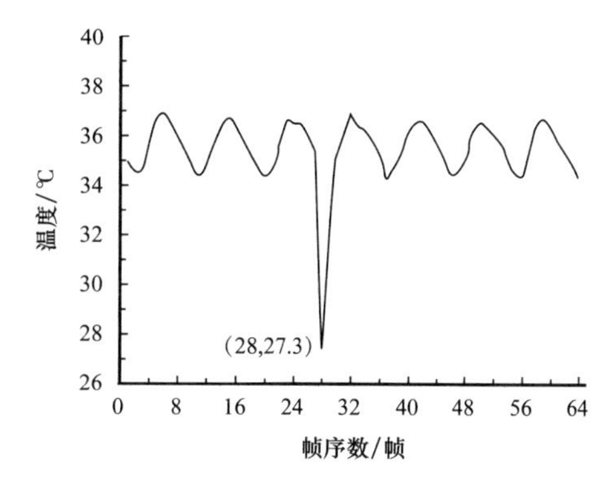

图 3.7　行人通过时传动轴测点温度变化

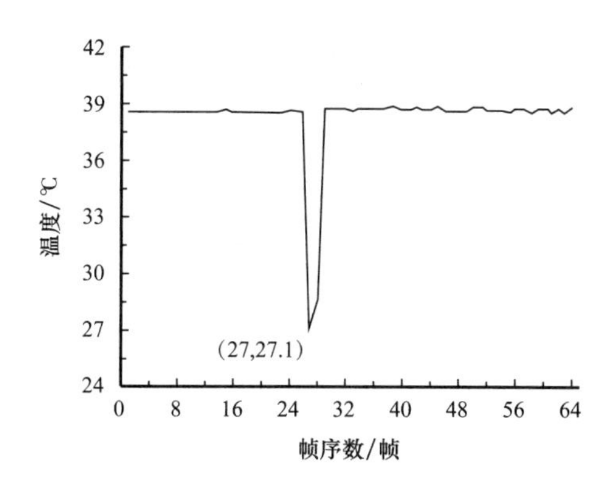

图 3.8　行人通过时电机测点温度变化

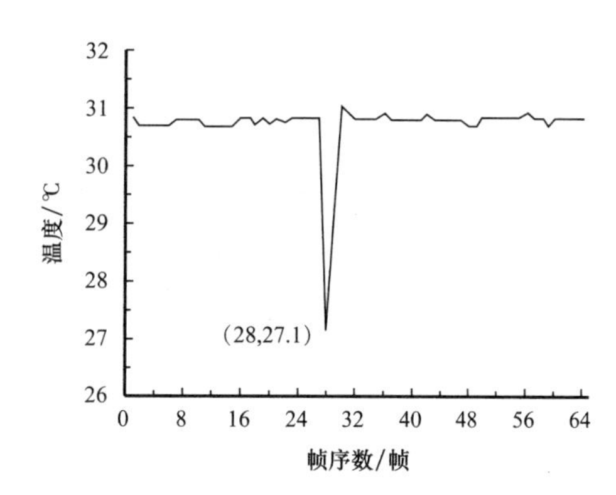

图 3.9　行人通过时动力端测点温度变化

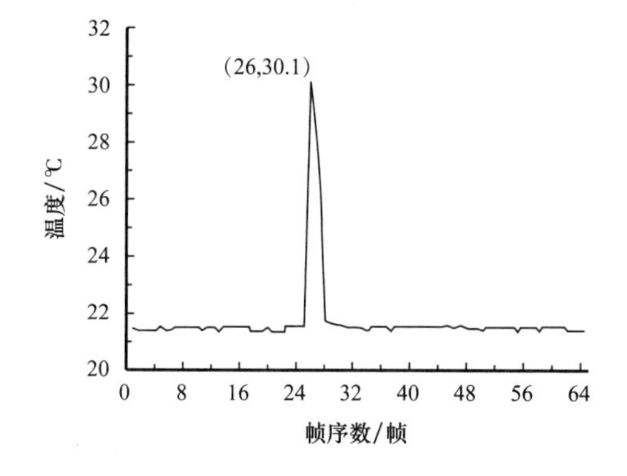

图 3.10　行人通过时输出端测点温度变化

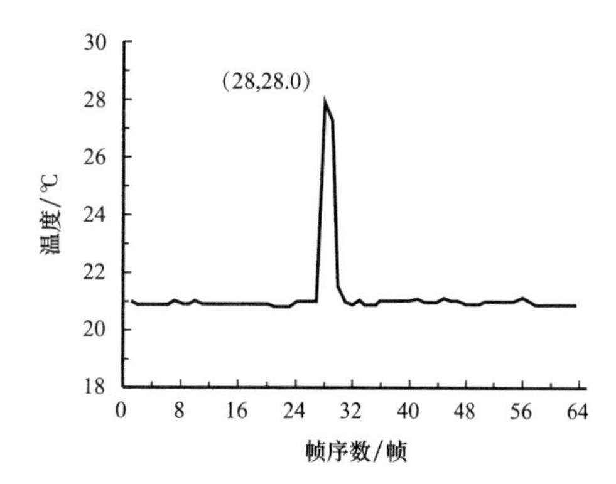

图 3.11　行人通过时输入端测点温度变化

由图 3.6 可知，泵头体测点平均温度为 20.3℃，因为行人通过，第 27、28、29 帧时温度分别升高至 26.0℃、27.8℃、26.9℃。由图 3.7 可知，传动轴测点平均温度为 35.6℃，因为行人通过，第 28、29 帧时温度分别降低为 27.3℃、33.1℃。由图 3.8 可知，电机测点平均温度为 38.7℃，因为行人通过，第 27、28 帧时温度分别降低为 27.1℃、28.7℃。由图 3.9 可知，动力端测点平均温度为 30.8℃，因为行人通过，第 28、29 帧时温度分别降低为 27.1℃、28.7℃。由图 3.10 可知，输出端测点平均温度为 21.5℃，因为行人通过，第 26、27 帧时温度分别升高至 30.1℃、27.9℃。由图 3.11 可知，输入端测点平均温度为 21.0℃，因为行人通过，第 28、29 帧时温度分别升高至 28.0℃、27.3℃。

为了消除行人意外通过（异物闯入）对红外热成像监测结果的负面影响，确保红外热成像图反映信息的准确性，减少监测系统的误报警率，需对采集的红外热成像监测数据进行清洗处理。

1. 红外热成像图异物移入时刻检测

1）构建红外热成像监测视频转化数据矩阵

按步骤 1 所述将红外热成像视频逐帧转化为 288×384 的数据矩阵 $\boldsymbol{X}_p$，p=1，2，…，63，64，并按帧序数排列组成数据矩阵 $\boldsymbol{V}$，则 $\boldsymbol{V}$ 是一个 18432×384 的大型矩阵。

$$\boldsymbol{V}_{18432\times384}=(X_1, X_2, X_3, \cdots, X_p, \cdots, X_{64})^T$$

对数据矩阵 $\boldsymbol{V}$ 做成像处理，形成连帧式图像，即各帧图像按帧序数排列，如图 3.12 所示（图示为第 23 帧至第 32 帧连帧式图像的截取片段）。

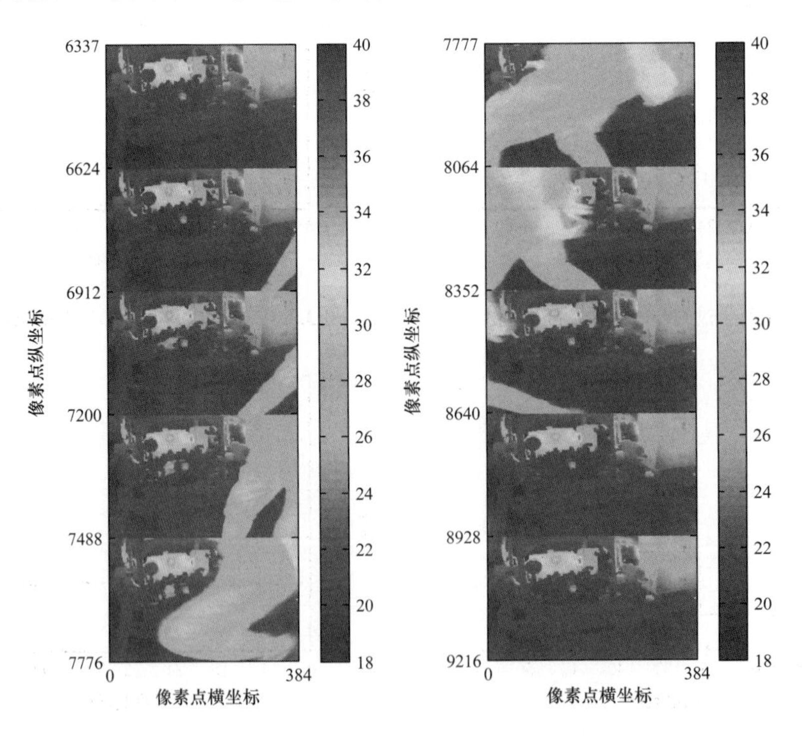

图 3.12　第 23 帧至第 32 帧连帧式图像截取片段

2）构建特殊位置转化数据向量

由案例场景可知，异物由镜头右边界进入视野，则应在数据矩阵 $\boldsymbol{V}$ 中选取右边界对应的第 384 列向量 $\boldsymbol{S}_{384}$。则 $\boldsymbol{S}_{384}$ 可视作由 64 个 288×1 的列向量按顺序拼接组合而成的长向量（构建过程如图 3.3 所示），或可视作 18432×1 的列向量（构建过程如图 3.4 所示）。

3）生成帧序向量 $\boldsymbol{S}$ 的数值曲线图

列向量 $\boldsymbol{S}_{384}$ 各元素温度值随像素点序数的变化如图 3.13 所示。正常情况下，列向量 $\boldsymbol{S}_{384}$ 中各元素温度值的图像可近似视作以 288 个像素点为周期的周期曲线。行人通过时，各元素温度值的图像曲线形态发生异常变化，即对应段像素点温度值发生了异常变化。

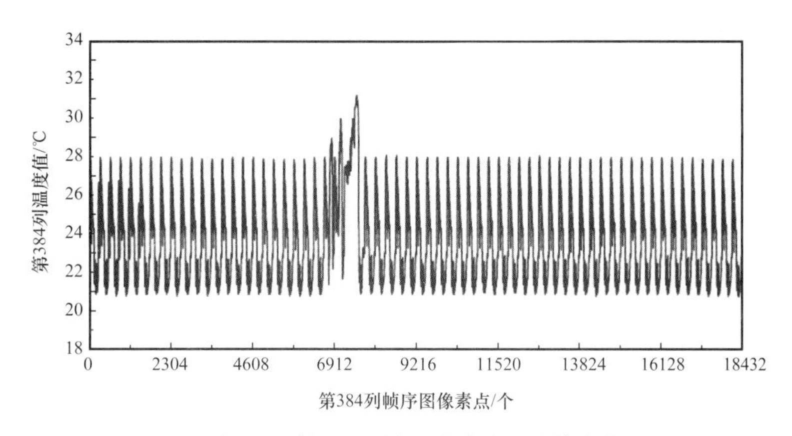

图 3.13　第 384 列向量像素点温度值变化

如图 3.13 所示，行人通过时，曲线形态发生异常变化的起始像素点为 6851，以 288 个像素点为周期换算可知异常变化出现在第 24 个周期，即第 24 帧图像中。

曲线形态异常变化的结束像素点为 7617，以 288 个像素点为周期换算可知异常变化结束在第 27 个周期，即第 27 帧图像中。

选取列向量 $\boldsymbol{S}_{384}$ 的第 24、25、26、27 周期，其各元素温度值随像素点序数的变化如图 3.14 所示。此外，选取第 23（异常变化出现的前一周期）、28（异常变化结束的后一周期）周期及随机选取的第 1、20、40、60 周期作为参照对比，其各元素温度值随像素点序数的变化如图 3.14 所示。

由图 3.14 可知，第 24、25、26、27 周期数值曲线片段相比第 1、20、23、28、40、60 周期存在明显偏离，说明第 24、25、26、27 周期数值曲线片段对应的红外热成像监测视频的第 24、25、26、27 帧图像中出现了异常。

4）数值曲线形态相似度分析

截取 $\boldsymbol{S}_{384}$ 中任意周期的数值曲线片段作为参考基准，计算其与其他周期的数值曲线片段的欧氏距离，可知各周期数值曲线片段形态的相似性。相似性越大，说明相邻帧红外热成像信号对应位置的温度值变化越平缓。相似性越小，说明相邻帧红外热成像信号对应位置的温度值发生了较大变化，而这种较大变化可能与异物闯入有关。

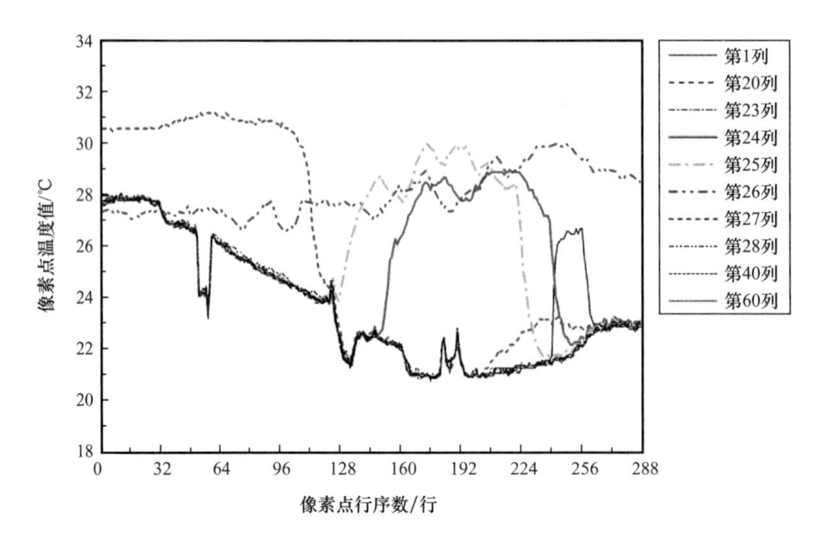

图 3.14　第 384 列向量选定周期的像素点温度值变化曲线对比

若以第 1 周期数值曲线片段（第 0～288 个像素点，对应第 1 帧数据矩阵的第 384 列）为基准，分别计算其与第 2～64 周期数值曲线片段的欧氏距离，其结果如图 3.15 所示。

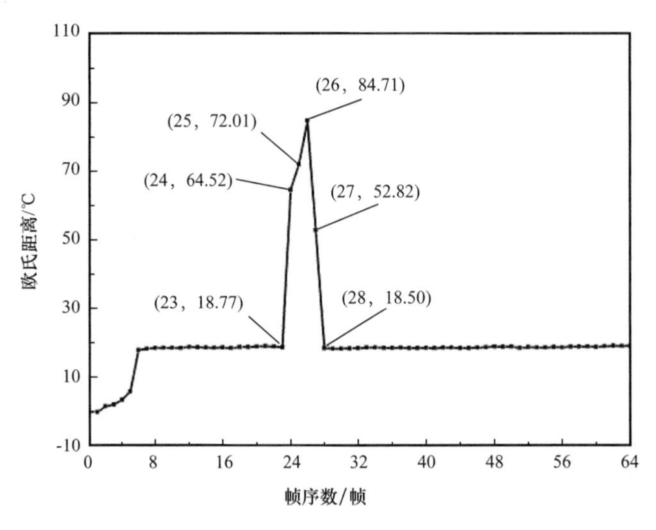

图 3.15　第 1 周期数值曲线片段欧氏距离

若以第 64 周期数值曲线片段（第 18145～18432 个像素点，对应第 64 帧数据矩阵的第 384 列）为基准，分别计算其与第 1～63 周期数值曲线片段的欧氏距离，其结果如图 3.16 所示。

由图 3.15 可知，第 1 周期与第 23 周期数值曲线片段的欧氏距离为 18.77℃，与第 24 周期的欧氏距离为 64.52℃，说明第 24 周期数值曲线片段出现异常变化；第 1 周期与第 28 周期数值曲线片段的欧氏距离为 18.50℃，与第 27 周期的欧氏距离为 52.82℃，说明第 27 周期数值曲线片段仍有异常变化，但第 28 周期数值曲线片段异常消失，恢复正常。则第 24、25、26、27 周期数值曲线片段对应的第 24、25、26、27 帧红外热成像图中可能有异物存在。

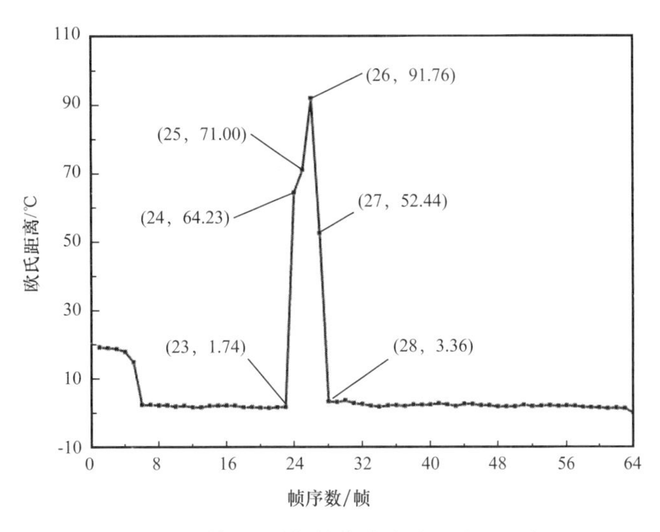

图 3.16　第 64 周期数值曲线片段欧氏距离

由图 3.16 可知，第 64 周期与第 23 周期数值曲线片段的欧氏距离为 1.74℃，与第 24 周期的欧氏距离为 64.23℃，说明第 24 周期数值曲线片段出现异常变化；第 64 周期与第 28 周期数值曲线片段的欧氏距离为 3.36℃，与第 27 周期的欧氏距离为 52.44℃，说明第 27 周期数值曲线片段仍有异常变化，但第 28 周期数值曲线片段异常消失，恢复正常。则第 24、25、26、27 周期数值曲线片段对应的第 24、25、26、27 帧红外热成像图中可能有异物存在。

此外，由图 3.15 和图 3.16 可知，第 1～5 周期数值曲线片段与参考基准的欧氏距离相比其他周期存在较为明显的差异，无法判定存在异常的是第 1～5 周期还是第 6～64 周期。这一现象表明，以某一周期数值曲线片段作为参考基准衡量各周期数值曲线片段的相似性，进而判定异常变化的存在位置时，易出现因参考基准本身存在异常导致判定模糊或判定悖论的问题。这就要求作为参考基准的周期数值曲线片段所在帧的红外热成像图中绝对没有异物存在，即需对选定的参考基准周期数值曲线片段进行甄选和判定。

为解决上述问题，提升识别与判定方法的适用性和准确性，可通过计算任意两个周期数值曲线片段的欧氏距离，生成欧氏距离矩阵的方式进行改进。

计算 $\boldsymbol{S}_{384}$ 中任意两个周期数值曲线片段的欧氏距离，得到 64×64 的欧氏距离矩阵 $\boldsymbol{Eu}_{64\times64}$，如图 3.17 所示。并基于欧氏距离矩阵 $\boldsymbol{Eu}_{64\times64}$ 绘制三维曲面图和平面等高线图，分别如图 3.18 和图 3.19 所示。计算欧氏距离矩阵 $\boldsymbol{Eu}_{64\times64}$ 各列（行）元素数值的平均值，如图 3.20 所示。

由图 3.17 至图 3.20 可知，第 24 周期数值曲线片段的欧氏距离相比第 23 周期出现明显增长（平均值由 7.18℃ 增长至 62.07℃），相似程度大幅降低；第 26 周期数值曲线片段的欧氏距离最大（平均值 87.65℃），说明当前帧图像右边界对应向量异常变化的幅度最大；第 28 周期数值曲线片段的欧氏距离相比第 27 周期出现明显下降（平均值由 52.37℃ 降低至 7.62℃），相似程度大幅升高。第 28 周期时欧氏距离已恢复正常，说明第 24～27 周期数值曲线片段对应的第 24～27 帧红外热成像图中可能有异物存在。第 1～5 周期数值曲线片段与其他各周期数值曲线片段的欧氏距离较大，即相似度较低，说明第 1～5 周期数值曲线片段对应的第 1～5 帧红外热成像图中也可能有异物存在。

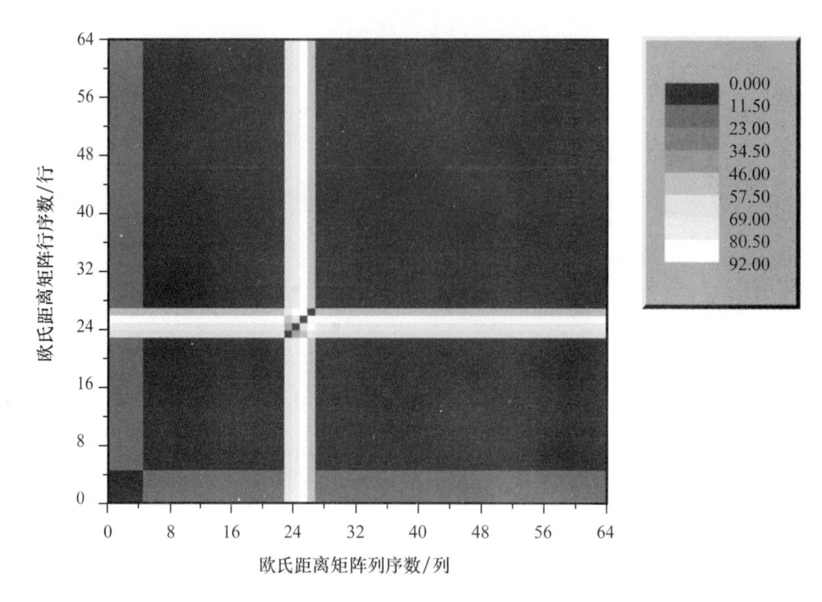

图 3.17　第 384 列数值曲线片段欧氏距离矩阵

彩图扫码

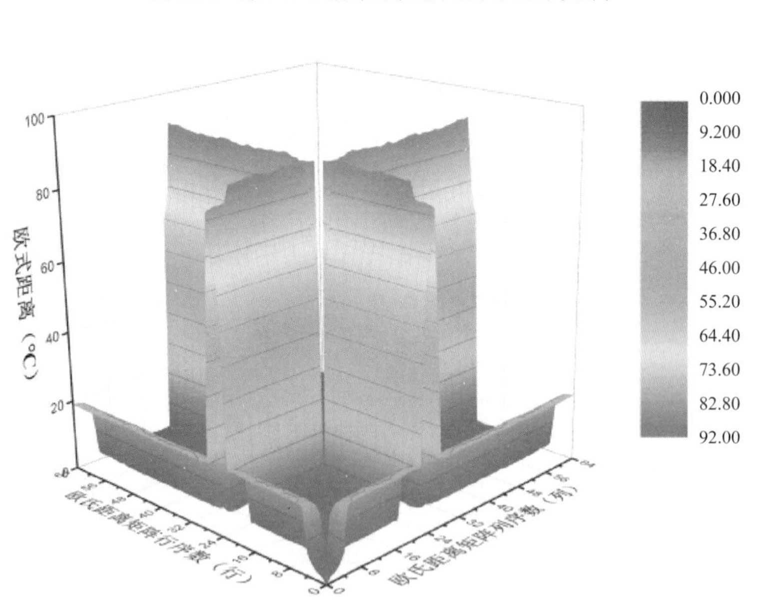

图 3.18　第 384 列数值曲线片段欧氏距离矩阵三维曲面图

彩图扫码

5）第二特殊位置分析验证

基于边界特殊位置的越界检测能够准确识别异物进入镜头视野的瞬时行为，但却无法判定其运动趋势是否会对镜头视野中监测对象的主体部分形成实际的干扰，因而需选取第二特殊位置对基于边界特殊位置的异物闯入识别结果进行分析验证。

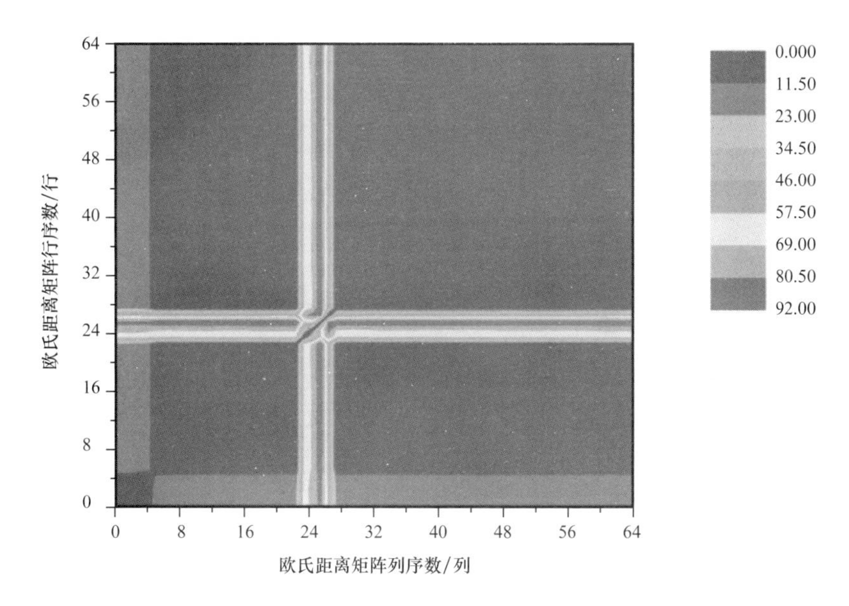

图 3.19　第 384 列数值曲线片段欧氏距离矩阵平面等高线图

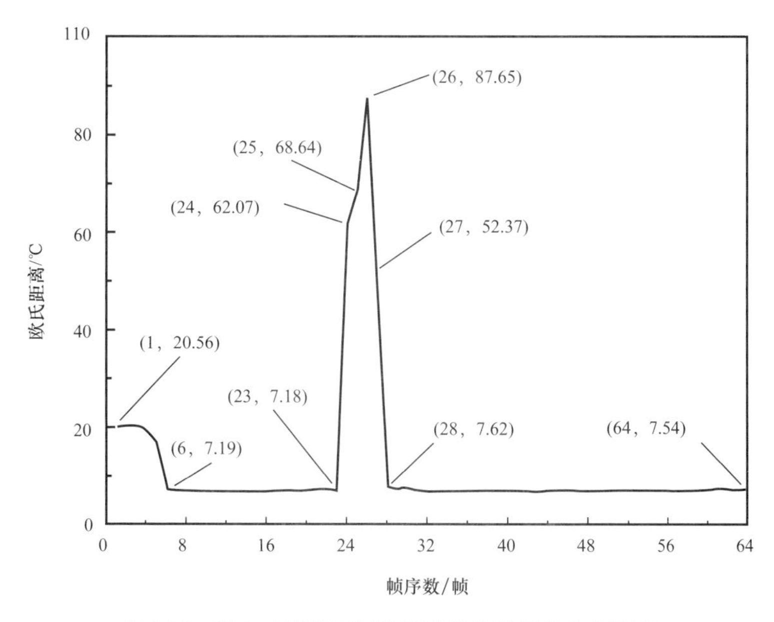

图 3.20　第 384 列各周期数值曲线片段平均欧氏距离

选取数据矩阵 $\boldsymbol{V}$ 中靠近右边界的第二特殊位置对应的第 375 列向量 $\boldsymbol{S}_{375}$，则 $\boldsymbol{S}_{375}$ 可视作由 64 个 288×1 的列向量按顺序拼接组合而成的长向量（构建过程如图 3.3 所示），或可视作 18432×1 的列向量（构建过程如图 3.4 所示）。针对 $\boldsymbol{S}_{375}$ 计算任意两个周期数值曲线片段的欧氏距离，可得到 64×64 的欧氏距离矩阵，如图 3.21 所示。基于欧氏距离矩阵绘制三维曲面图和平面等高线图，分别如图 3.22 和图 3.23 所示。计算欧氏距离矩阵各列（行）元素数值的平均值，如图 3.24 所示。

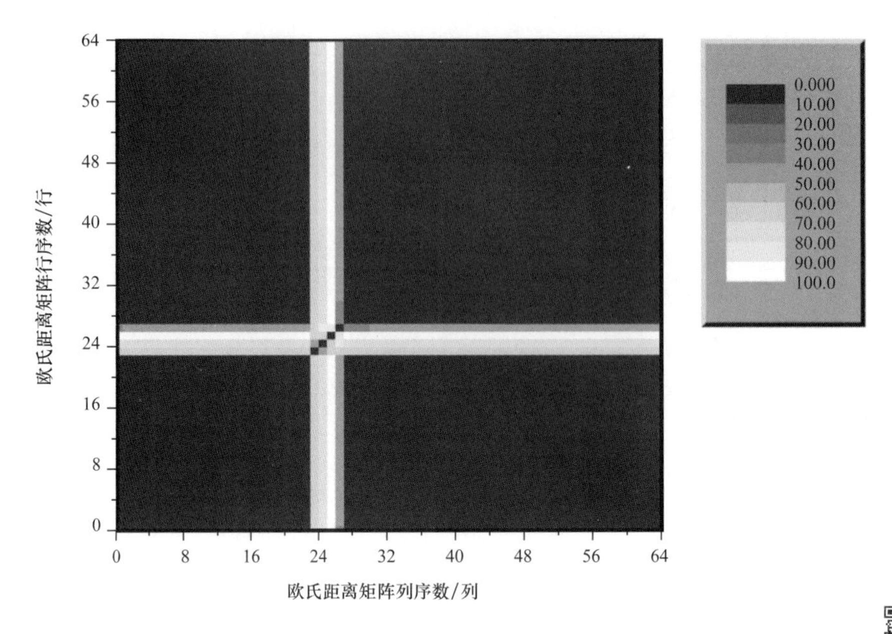

图 3.21　第 375 列数值曲线片段欧氏距离矩阵

彩图扫码

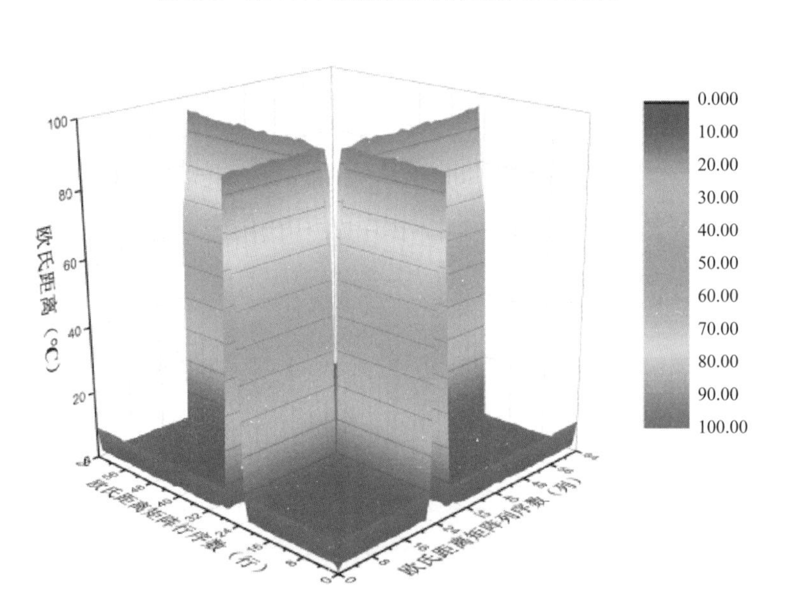

图 3.22　第 375 列数值曲线片段欧氏距离矩阵三维曲面图

彩图扫码

由图 3.21 至图 3.24 可知，第 24 周期数值曲线片段的欧氏距离相比第 23 周期出现明显增长（平均值由 5.81℃ 增长至 64.09℃），相似程度大幅降低；第 26 周期数值曲线片段的欧氏距离最大（平均值 92.52℃），说明当前帧图像右边界对应向量异常变化的幅度最大；第 28 周期数值曲线片段的欧氏距离相比第 27 周期出现明显下降（平均值由 41.94℃ 降低至 6.65℃），相似程度大幅升高。第 28 周期时欧氏距离已恢复正常，说明第 24～27 周期数值曲线片段对应的第 24～27 帧红外热成像图中可能有异物存在。

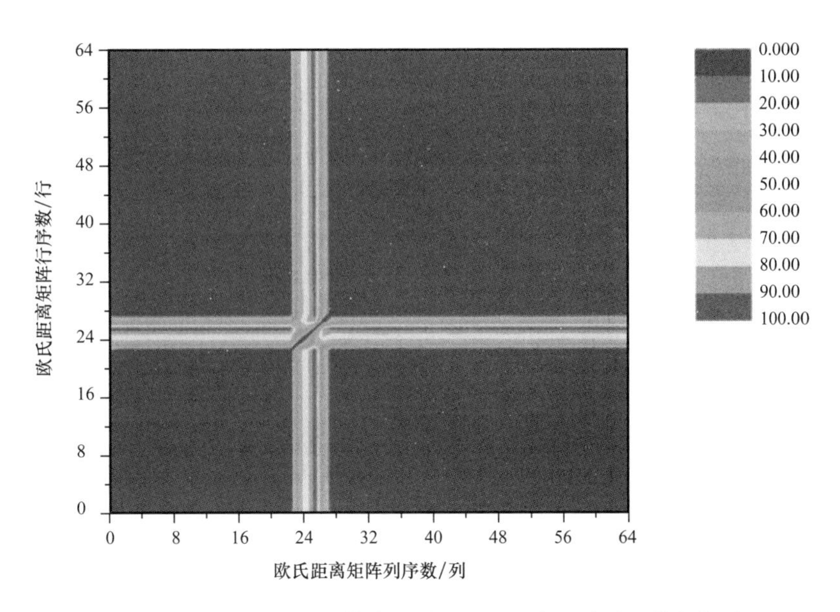

图3.23　第375列数值曲线片段欧氏距离矩阵平面等高线图

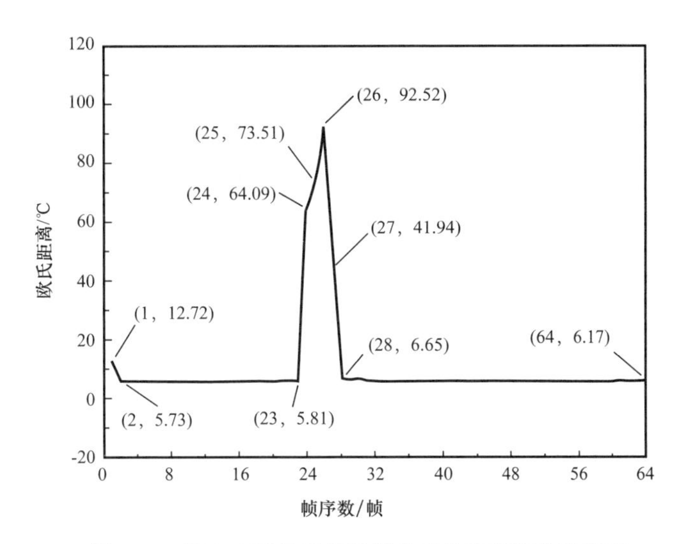

图3.24　第375列各周期数值曲线片段平均欧氏距离

第1周期数值曲线片段的平均欧氏距离为12.72℃，第2～5周期数值曲线片段的平均欧式距离分别为5.73℃、5.97℃、5.93℃、5.80℃，与多数周期曲线片段（除第1、第24～27周期外）的平均欧式距离相近，说明第1～5周期对应的第1～5帧图像中，边界位置虽然有异物存在，但并未继续向镜头视野中心位置移动，即未对监测主体构成实际干扰，可不做清洗处理。

6）异常数据清洗及重构

若针对右边界进行数据清洗，即第24～27帧红外热成像图右边界有异物存在。反馈帧序信息至监测系统，删除视频转化数据矩阵 $\boldsymbol{V}_{18432\times384}$ 自第6625行（第24帧图像转化矩阵第 1 行）至第 7776 行（第 27 帧图像转化矩阵第 288 行）的数据信息，并将原第 6624 行与原第 7777 行向量拼接，形成新的视频转化数据矩阵 $\boldsymbol{V}_{17280\times384}$。清洗后对应于右边界特殊位置的第 384 列数据向量数值曲线如图 3.25 所示。各数值曲线片段欧氏距离矩阵如图 3.26 所示。

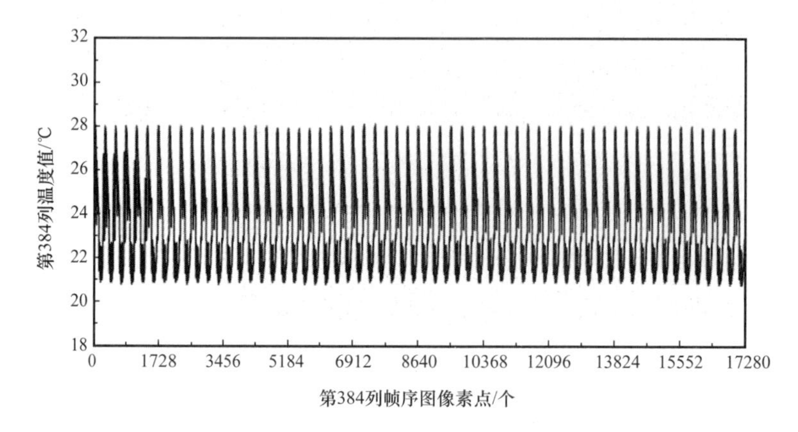

图 3.25　数据清洗后第 384 列向量像素点温度值变化

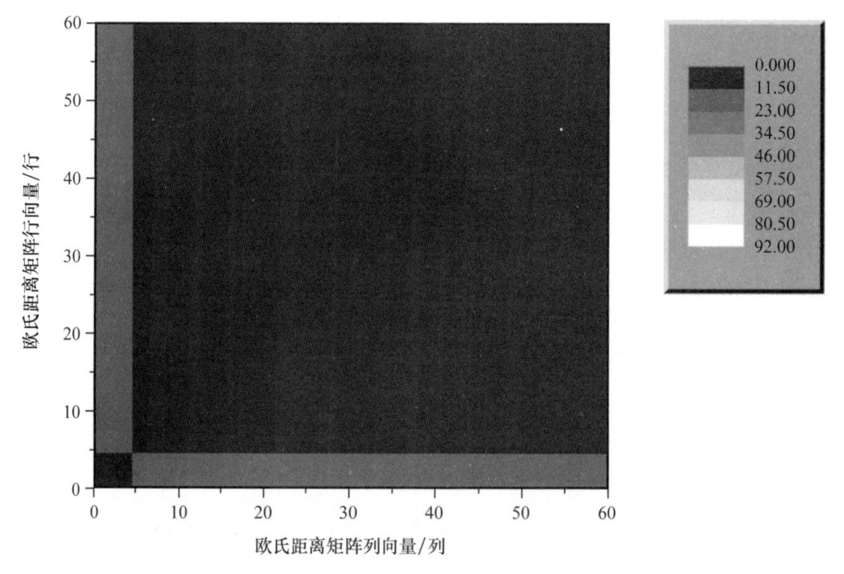

图 3.26　数据清洗后第 384 列数值曲线片段欧氏距离矩阵

完成清洗后，欧氏距离矩阵平均值 4.12℃，相比原始数据欧式距离平均值 11.88℃ 下降 65.32%，说明数据清洗后右边界特殊位置对应的帧序向量数值曲线各片段相似度有所提升。

监测视频拼接重构后，右边界数值曲线原第 23 周期和第 28 周期的平均欧式距离分别为 3.04℃ 和 3.59℃，两者标准差为 0.28℃，相比未经清洗处理的原第 23 周期和第 24 周期平均欧式距离间的标准差 27.45℃ 降低了 98.98%；相比原第 27 周期和第 28 周期平均欧式距离间的标准差 22.38℃ 降低了 98.75%，说明清洗及重构处理后相邻帧图像各点温度值的差异出现了大幅减小，即相邻帧图像温度值的变化趋于连续、平稳，已无异常物体干扰监测过程。

2. 红外热成像图异物移出时刻检测

1）构建红外热成像监测视频转化数据矩阵

按步骤 1 所述将红外热成像视频逐帧转化为 288×384 的数据矩阵 $\boldsymbol{X}_p$，p=1，2，…，63，64，并按帧序数排列组成数据矩阵 $\boldsymbol{V}$，则 $\boldsymbol{V}$ 是一个 18432×384 的大型矩阵。

$$\boldsymbol{V}_{18432\times384}=(X_1,\ X_2,\ X_3,\ \cdots,\ X_p,\ \cdots,\ X_{64})^T$$

对数据矩阵 $\boldsymbol{V}$ 做成像处理，形成连帧式图像，即各帧图像按帧序数排列，如图 3.12 所示（图示为第 23 帧至第 32 帧连帧式图像的截取片段）。

2）构建特殊位置转化数据向量

由案例场景可知，异物由镜头左边界移出视野，则应在数据矩阵 $\boldsymbol{V}$ 中选取左边界对应的第 1 列向量 $\boldsymbol{S}_1$，则 $\boldsymbol{S}_1$ 可视作由 64 个 288×1 的列向量按顺序拼接组合而成的长向量（构建过程如图 3.3 所示），或可视作 18432×1 的列向量（构建过程如图 3.4 所示）。

3）生成帧序向量 $\boldsymbol{S}$ 的数值曲线图

列向量 $\boldsymbol{S}_1$ 各元素温度值随像素点序数的变化如图 3.27 所示。正常情况下，列向量 $\boldsymbol{S}_1$ 中各元素温度值的图像可近似视作以 288 个像素点为周期的周期曲线。行人通过时，各元素温度值的图像曲线形态发生异常变化，即对应段像素点温度值发生了异常变化。

如图 3.27 所示，行人通过时，曲线形态发生异常变化的起始像素点为 7913，以 288 个像素点为周期换算可知异常变化出现在第 28 个周期，即第 28 帧图像中。

曲线形态异常变化的结束像素点为 8912，以 288 个像素点为周期换算可知异常变化结束在第 31 个周期，即第 31 帧图像中。

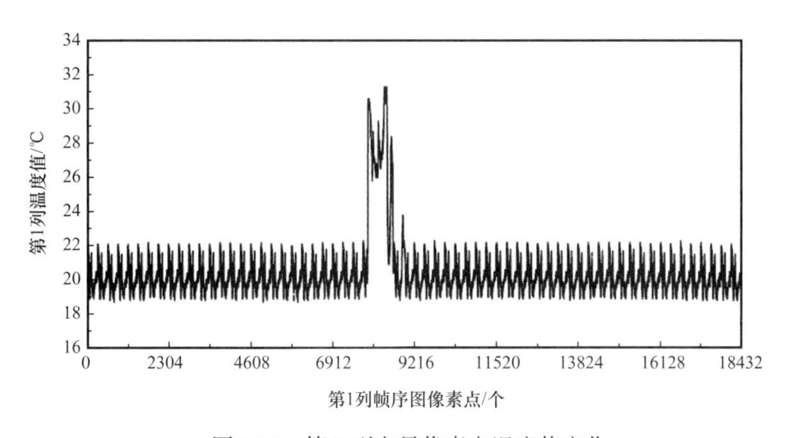

图 3.27　第 1 列向量像素点温度值变化

选取列向量 $\boldsymbol{S}_1$ 的第 28、29、30、31 周期，其各元素温度值随像素点序数的变化如图 3.28 所示。此外，选取第 27（异常变化出现的前一周期）、32（异常变化结束的后一周期）周期及随机选取的第 1、20、40、60 周期作为参照对比，其各元素温度值随像素点序数的变化如图 3.28 所示。

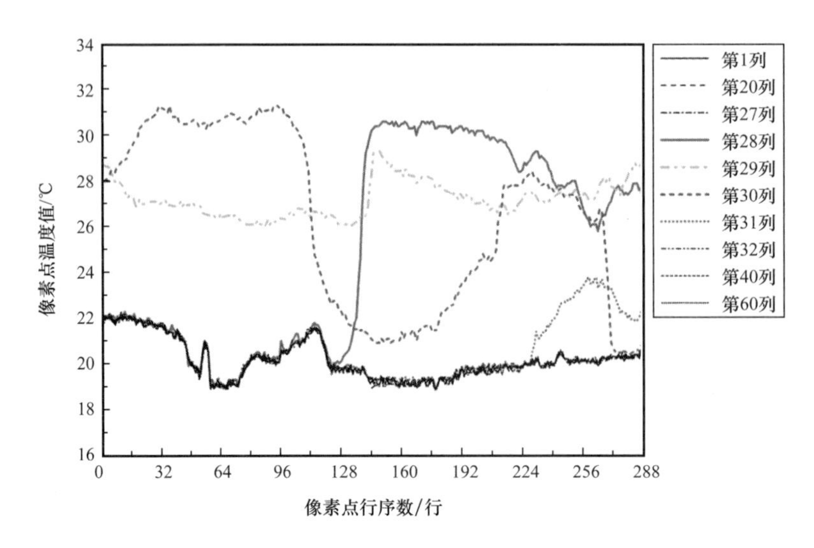

图 3.28　第 1 列向量选定周期的像素点温度值变化曲线对比

由图 3.28 可知，第 28、29、30、31 周期数值曲线片段相比第 1、20、27、32、40、60 周期存在明显偏离，说明第 28、29、30、31 周期数值曲线片段对应的红外热成像监测视频的第 28、29、30、31 帧图像中出现了异常。

4）数值曲线形态相似度分析

截取 $\boldsymbol{S}_1$ 中任意周期的数值曲线片段作为参考基准，计算其与其他周期的数值曲线片段的欧氏距离，可知各周期数值曲线片段形态的相似性。相似性越大，说明相邻帧红外热成像信号对应位置的温度值变化越平缓。相似性越小，说明相邻帧红外热成像信号对应位置的温度值发生了较大变化，而这种较大变化可能与异物闯入有关。

若以第 1 周期数值曲线片段（第 0～288 个像素点，对应第 1 帧数据矩阵的第 1 列）为基准，分别计算其与第 2～64 周期数值曲线片段的欧氏距离，其结果如图 3.29 所示。若以第 64 周期数值曲线片段（第 18145～18432 个像素点，对应第 64 帧数据矩阵的第 1 列）为基准，分别计算其与第 1～63 周期数值曲线片段的欧氏距离，其结果如图 3.30 所示。

由图 3.29 可知，第 1 周期与第 27 周期数值曲线片段的欧氏距离为 1.89℃，与第 28 周期的欧氏距离为 115.93℃，说明第 28 周期数值曲线片段出现异常变化；第 1 周期与第 32 周期数值曲线片段的欧氏距离为 2.01℃，与第 31 周期的欧氏距离为 19.43℃，说明第 31 周期数值曲线片段仍有异常变化，但第 32 周期数值曲线片段异常消失，恢复正常。则第 28、29、30、31 周期数值曲线片段对应的第 28、29、30、31 帧红外热成像图中可能有异物存在。

由图 3.30 可知，第 64 周期与第 27 周期数值曲线片段的欧氏距离为 2.62℃，与第 28 周期的欧氏距离为 117.29℃，说明第 28 周期数值曲线片段出现异常变化；第 64 周期与第 32 周期数值曲线片段的欧氏距离为 3.14℃，与第 31 周期的欧氏距离为 20.20℃，说明第 31 周期数值曲线片段仍有异常变化，但第 32 周期数值曲线片段异常消失，恢复正常。则第 28、29、30、31 周期数值曲线片段对应的第 28、29、30、31 帧红外热成像图中可能有异物存在。

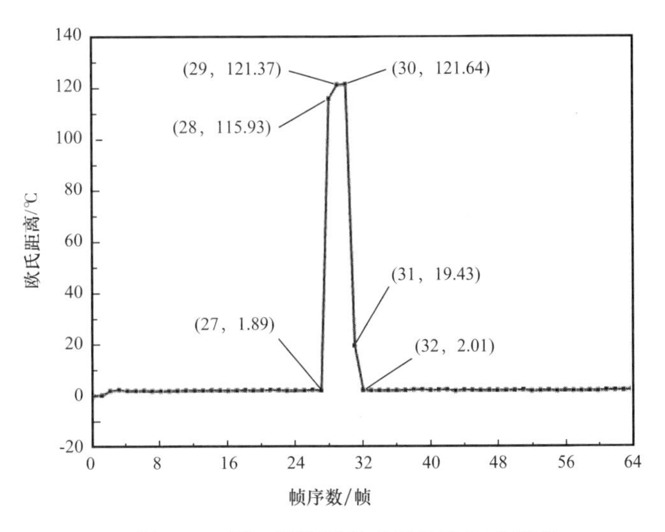

图 3.29　第 1 周期数值曲线片段欧氏距离

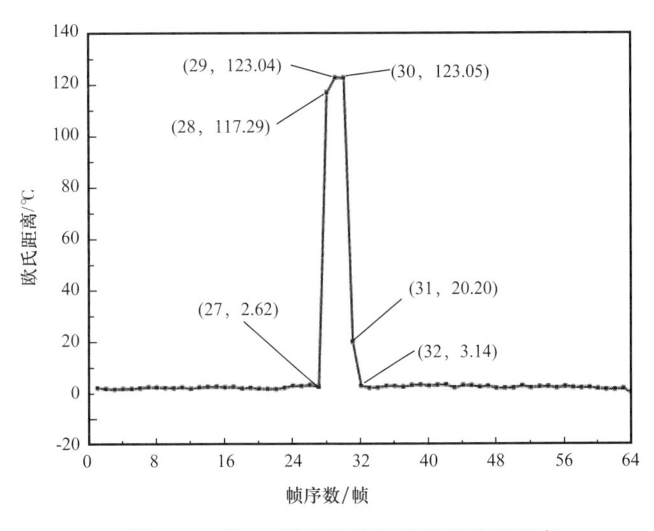

图 3.30　第 64 周期数值曲线片段欧氏距离

计算 $\boldsymbol{S}_1$ 中任意两个周期数值曲线片段的欧氏距离，得到 64×64 的欧氏距离矩阵 $\boldsymbol{Eu}_{64\times64}$，如图 3.31 所示。并基于欧氏距离矩阵 $\boldsymbol{Eu}_{64\times64}$ 绘制三维曲面图和平面等高线图，分别如图 3.32 和图 3.33 所示。计算欧氏距离矩阵 $\boldsymbol{Eu}_{64\times64}$ 各列（行）元素数值的平均值，如图 3.34 所示。

由图 3.31 至图 3.34 可知，第 28 周期数值曲线片段的欧氏距离相比第 27 周期出现明显增长（平均值由 7.73℃ 增长至 113.61℃），相似程度大幅降低；第 30 周期数值曲线片段的欧氏距离最大（平均值 118.96℃），说明当前帧图像左边界对应向量异常变化的幅度最大；第 31 周期数值曲线片段的欧氏距离相比第 30 周期出现明显下降（平均值由 118.96℃ 降低至 23.54℃），相似程度大幅升高。第 32 周期时欧氏距离恢复正常，说明第 28～30 周期数值曲线片段对应的第 28～30 帧红外热成像图中有异物存在。第 31 周期数值曲线片段与其他各周期数值曲线片段平均欧式距离较大（23.54℃），即相似度较低，说明第 31 周期数值曲线片段对应的第 31 帧红外热成像图中也可能有异物存在。

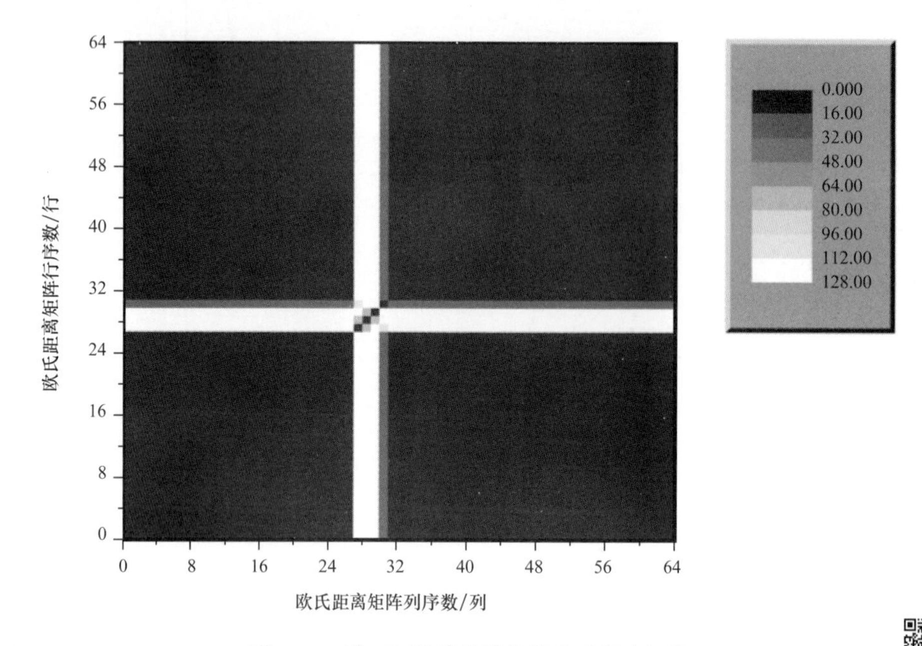

图 3.31　第 1 列数值曲线片段欧氏距离矩阵

彩图扫码

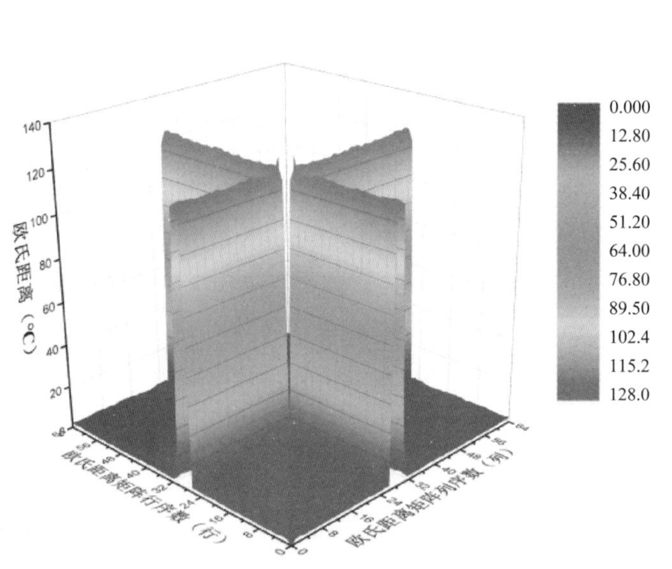

图 3.32　第 1 列数值曲线片段欧氏距离矩阵三维曲面图

彩图扫码

5）第二特殊位置分析验证

基于边界特殊位置的越界检测能够准确识别异物移出镜头视野的瞬时行为，但却无法判定其运动趋势是否会对镜头视野中监测对象的主体部分形成实际的干扰，因而需选取第二特殊位置对基于边界特殊位置的异物移出识别结果进行分析验证。

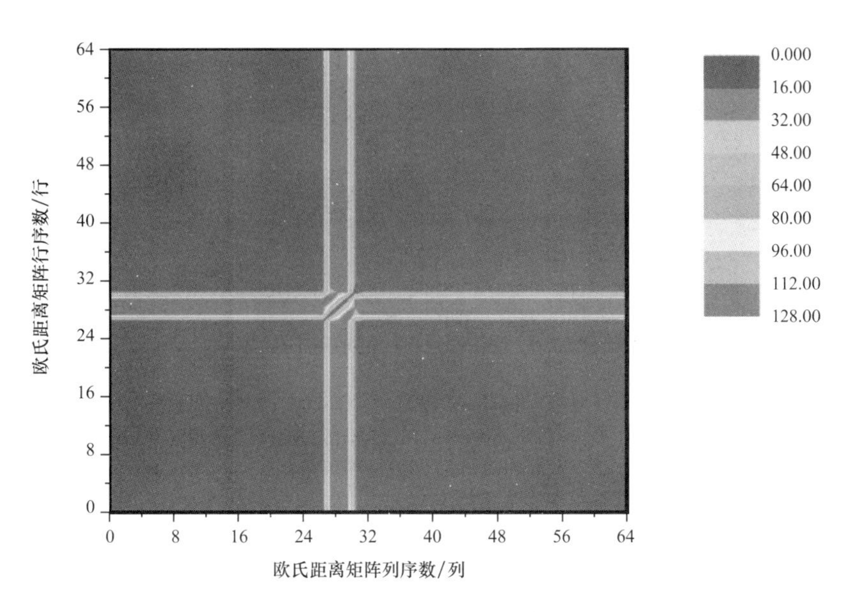

图 3.33　第 1 列数值曲线片段欧氏距离矩阵平面等高线图

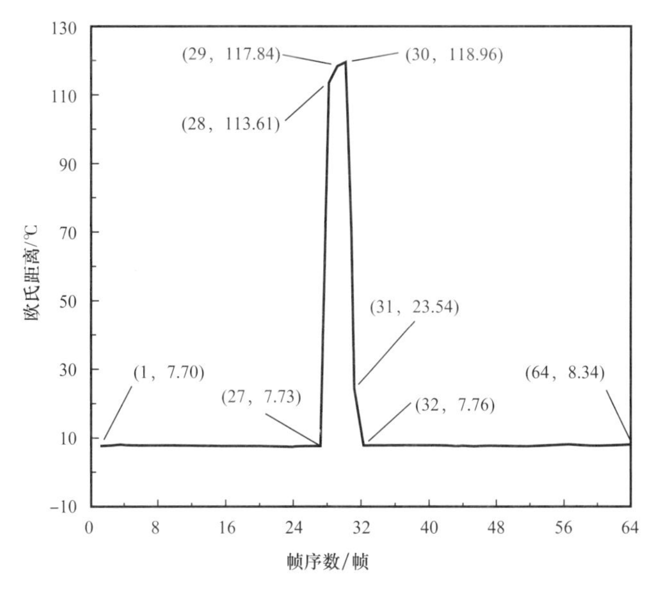

图 3.34　第 1 列各周期数值曲线片段平均欧氏距离

选取数据矩阵 $\boldsymbol{V}$ 中靠近左边界的第二特殊位置对应的第 10 列向量 $\boldsymbol{S}_{10}$，则 $\boldsymbol{S}_{10}$ 可视作由 64 个 288×1 的列向量按顺序拼接组合而成的长向量（构建过程如图 3.3 所示），或可视作 18432×1 的列向量（构建过程如图 3.4 所示）。针对 $\boldsymbol{S}_{10}$ 计算任意两个周期数值曲线片段的欧氏距离，可得到 64×64 的欧氏距离矩阵，如图 3.35 所示。基于欧氏距离矩阵绘制三维曲面图和平面等高线图，分别如图 3.36 和图 3.37 所示。计算欧氏距离矩阵各列（行）元素数值的平均值，如图 3.38 所示。

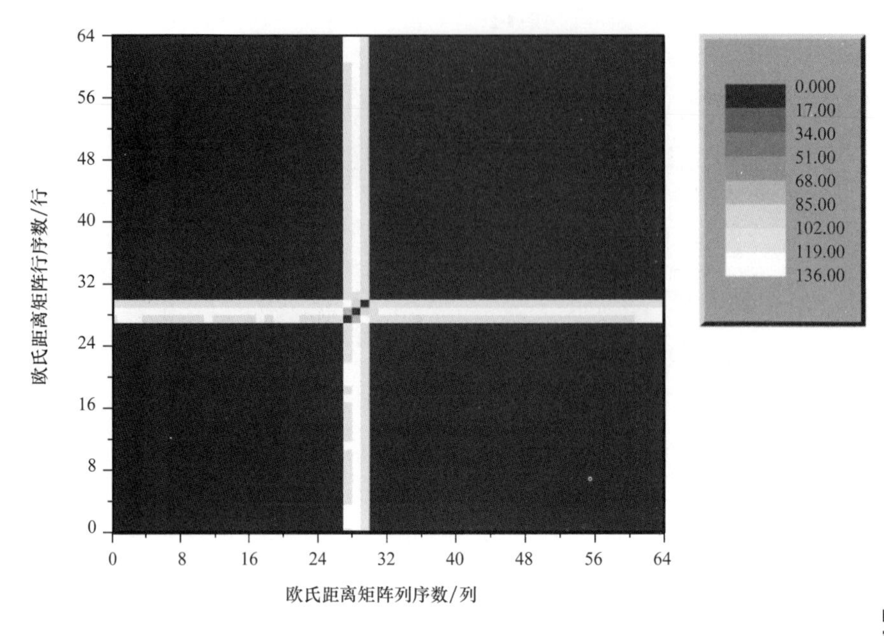

图 3.35　第 10 列数值曲线片段欧氏距离矩阵

彩图扫码

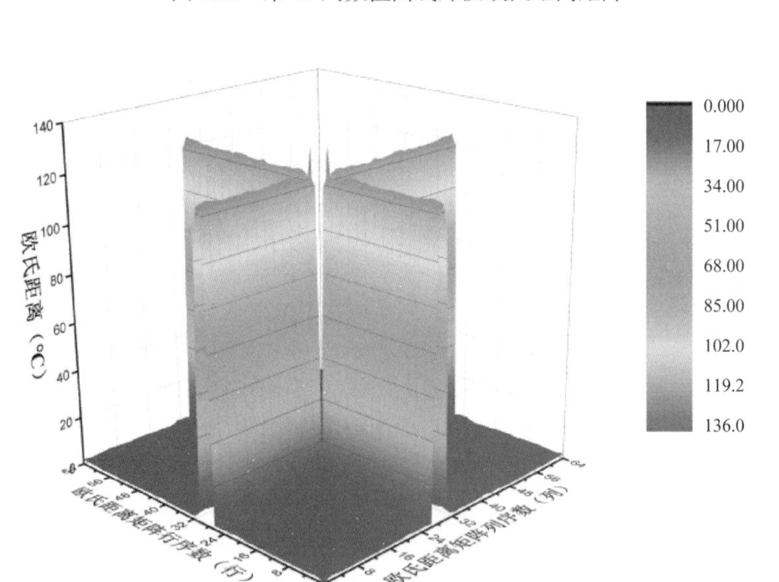

图 3.36　第 10 列数值曲线片段欧氏距离矩阵三维曲面图

由图 3.35 至图 3.38 可知，第 28 周期数值曲线片段的欧氏距离相比第 27 周期出现明显增长（平均值由 7.10℃ 增长至 116.14℃），相似程度大幅降低；第 29 周期数值曲线片段的欧氏距离最大（平均值 119.08℃），说明当前帧图像第 10 列对应向量异常变化的幅度最大；第 31 周期数值曲线片段的欧氏距离相比第 30 周期出现明显下降（平均值由 110.61℃ 降低至 12.72℃），相似程度大幅升高。第 31 周期时欧氏距离已恢复至正常水平，说明第 28～30 周期数值曲线片段对应的第 28～30 帧红外热成像图中可能有异物存在。

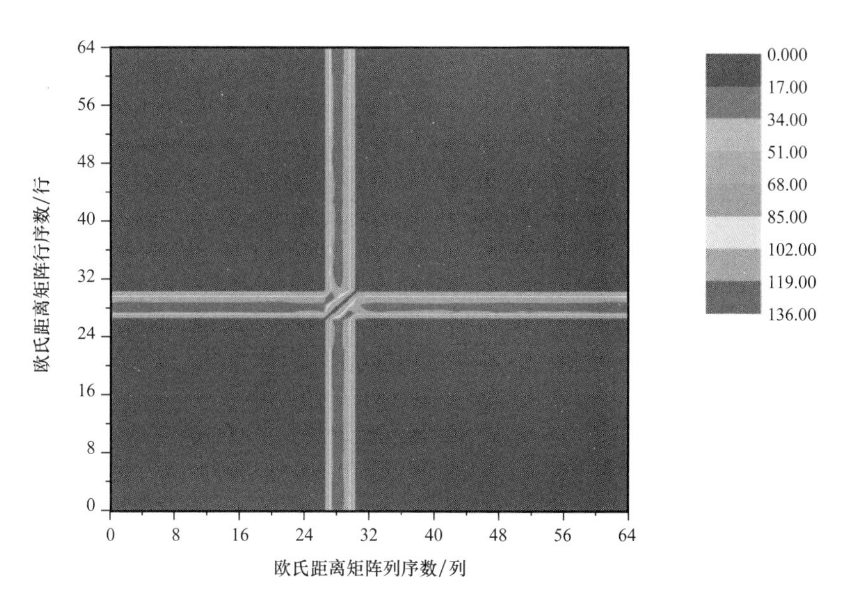

图 3.37　第 10 列数值曲线片段欧氏距离矩阵平面等高线图

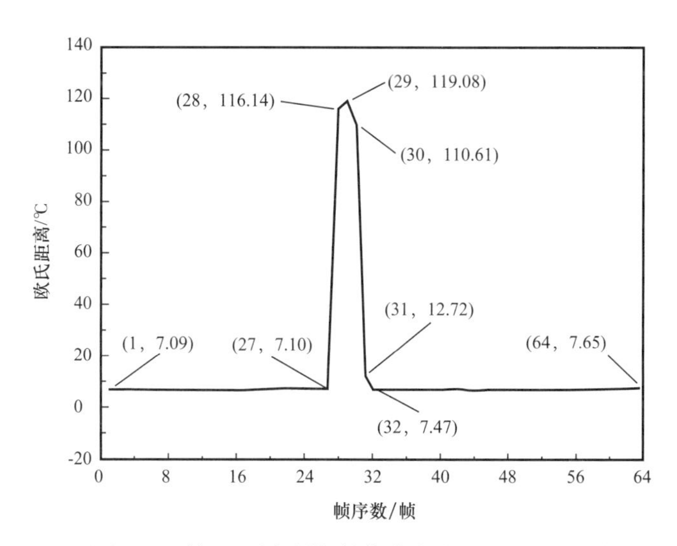

图 3.38　第 10 列各周期数值曲线片段平均欧氏距离

第 31 周期数值曲线片段的平均欧氏距离为 12.72℃，明显小于第 1 列第 31 周期数值曲线片段的平均欧式距离 23.54℃，说明第 31 周期对应的第 31 帧图像中，左边界位置虽然有异物存在，但已有移出镜头视野中心位置的运动趋势，即未对监测主体构成实际干扰，可不做清洗处理。

6）异常数据清洗及重构

若针对左边界进行数据清洗，即判定第 28～30 帧红外热成像图左边界有异物存在。反馈帧序信息至监测系统，删除视频转化数据矩阵 $\boldsymbol{V}_{18432\times384}$ 自第 7777 行（第 28 帧图像转化矩阵第 1 行）至第 8640 行（第 30 帧图像转化矩阵第 288 行）的数据信息，并将第 7776 行与第 8641 行向量拼接，形成新的视频转化数据矩阵 $\boldsymbol{V}_{17568\times384}$。清洗后对应于左边界特殊位置的第 1 列数据向量曲线如图 3.39 所示。各数值曲线片段欧氏距离矩阵如图 3.40 所示。

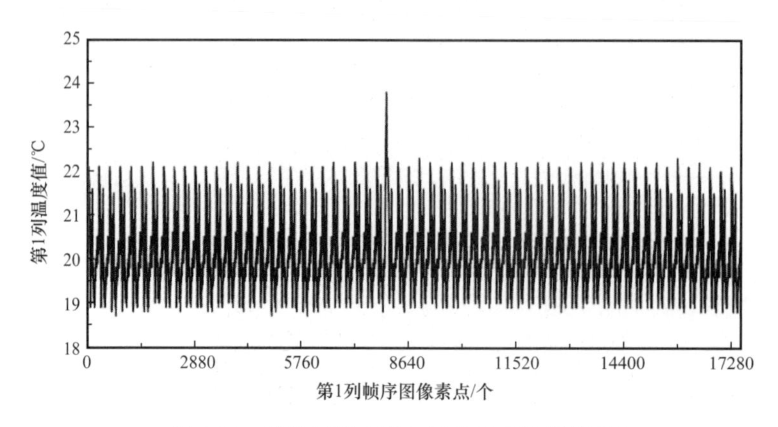

图 3.39 清洗后第 1 列向量像素点温度值变化

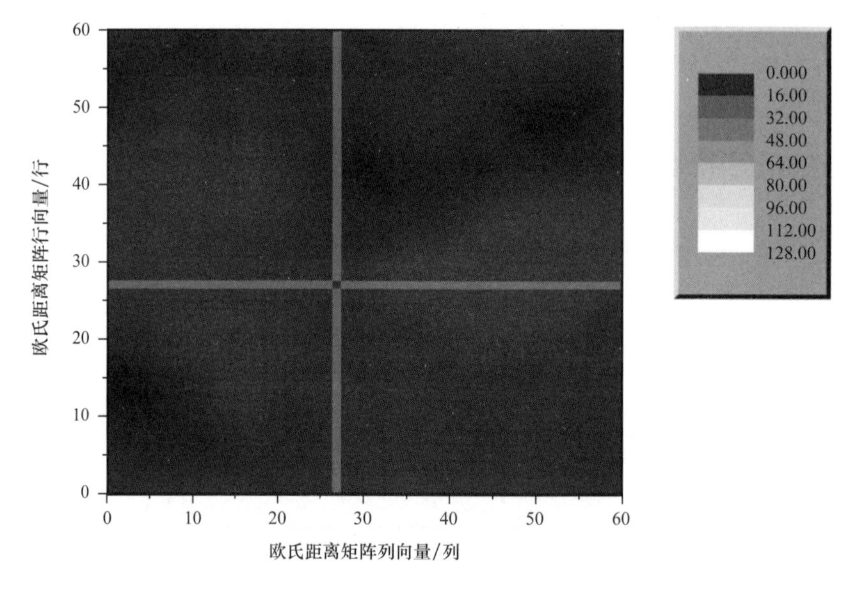

图 3.40 清洗后第 1 列数据向量各片段欧氏距离矩阵

完成清洗后，欧氏距离矩阵平均值 2.59℃，相比原始数据欧式距离平均值 13.16℃ 下降 80.32%，说明数据清洗后左边界特殊位置对应的帧序向量数值曲线各片段相似度有所提升。

监测视频拼接重构后，左边界数值曲线原第 27 周期和第 31 周期的平均欧式距离分别为 2.23℃ 和 19.18℃，两者标准差为 8.48℃，相比未经清洗处理的原第 27 周期和第 28 周期平均欧式距离间的标准差 52.94℃ 降低了 83.98%；相比原第 30 周期和第 31 周期平均欧式距离间的标准差 47.71℃ 降低了 82.23%，说明清洗及重构处理后相邻帧图像各点温度值的差异出现了大幅减小，即相邻帧图像温度值的变化趋于连续、平稳，已无异常物体干扰监测过程。

3. 红外热成像监测异常数据识别与清洗结果评价

1）识别准确率分析评价

根据左、右边界的异物通过时刻检测结果，可判定自第 24 帧至第 30 帧红外热成像图中有异物存在。其中：

（1）右边界越界检测判定第 24 至第 27 帧红外热成像图有异物存在。由选定案例的红外热成像监测视频（图 3.12）可知，第 24 帧时异物从右侧开始移入镜头视野，至第 27 帧时异物主体完全通过镜头视野右边界，完成移入动作。即第 24～27 帧时图像右边界有异物存在，且移入过程中对镜头视野内监测对象主体部分的观测形成了较大的影响，必须做清洗处理。证明所述方法对异物闯入时刻的识别结果正确。

（2）左边界越界检测判定第 28 至第 30 帧红外热成像图有异物存在。由选定案例的红外热成像监测视频（图 3.12）可知，第 28 帧时异物从左侧开始移出镜头视野，至第 30 帧时异物主体完全通过镜头视野左边界，完成移出动作。即第 28～30 帧时图像左边界有异物存在，且移出过程前对镜头视野内监测对象主体部分的观测形成了较大的影响，必须做清洗处理。证明所述方法对异物移出时刻的识别结果正确。

2）识别处理运算量分析评价

对比传统运动目标检测方法，系统需对全局共 6967296 个像素点（$288\times384\times63=6967296$）进行运算分析，所述基于越界检测的异常数据识别方法只将边界位置作为研究对象，共计 85760 个像素点（$288\times2+384\times2-4=1340$，$1340\times64=85760$），运算量下降率 98.77%。

设红外热成像监测视频共有 t 帧，则传统运动目标检测方法需对全局共 $110592(t-1)$ 个像素点进行运算分析。所述基于越界检测的异常数据识别方法只将边界位置共计 $1340t$ 个像素点作为研究对象，运算量下降率最高可达 98.79%。

$$\frac{110592(t-1)-1340t}{110592(t-1)}\times100\%=\frac{109252(t-1)-1340}{110592(t-1)}\times100\%=98.79\%-\frac{1.21\%}{t-1}$$

3）数据清洗及重构效果分析评价

反馈帧序信息至监测系统，删除视频转化数据矩阵 $\boldsymbol{V}_{18432\times384}$ 自第 6625 行（第 24 帧图像转化矩阵第 1 行）至第 8640 行（第 30 帧图像转化矩阵第 288 行）的数据信息，并将原第 6624 行与原第 8641 行向量拼接，形成新的视频转化数据矩阵 $\boldsymbol{V}_{16416\times384}$。就清洗及重构效果而言：

（1）异物闯入时刻，镜头视野右边界对应的第 384 列数据平均欧式距离为 11.88℃。经过清洗处理，平均欧式距离降至 4.12℃，相比处理前减少 65.32%。

异物移出时刻，镜头视野左边界对应的第 1 列数据平均欧式距离为 13.16℃。经过清洗处理，平均欧式距离降至 2.59℃，相比处理前减少 80.32%。

说明数据清洗后左、右边界特殊位置对应的帧序向量数值曲线各片段相似度均有显著提升。

（2）重构数据右边界数值曲线原第23周期和第28周期的平均欧式距离标准差（0.28℃）相比未经清洗处理的原第23周期和第24周期平均欧式距离间的标准差（27.45℃）降低了98.98%，相比原第27周期和第28周期平均欧式距离间的标准差（22.38℃）降低了98.75%。

重构数据左边界数值曲线原第27周期和第31周期的平均欧式距离标准差（8.48℃）相比未经清洗处理的原第27周期和第28周期平均欧式距离间的标准差（52.94℃）降低了83.98%，相比原第30周期和第31周期平均欧式距离间的标准差（47.71℃）降低了82.23%。

说明清洗及重构处理后相邻帧图像各点温度值的差异出现了大幅减小，即相邻帧图像温度值的变化趋于连续、平稳，已无异常物体干扰监测过程。重构数据能够保持监测对象基于红外热成像观测的温度变化的连续性，避免了过度清洗导致的数据失真、关键信息丢失等问题。

4. 分析与小结

本节针对页岩气压裂现场设备红外热成像监测过程中异物通过镜头前方（闯入或移出红外热成像仪镜头视野）对监测结果造成影响、引发误报警的问题，提出基于越界检测的页岩气压裂设备红外热成像监测过程异常数据识别及清洗方法。通过识别和反馈异物在镜头视野中存在时段对应的采集帧数，删除相关数据片段，保留并拼接无异物存在的正常红外热成像监测数据片段，提升页岩气压裂现场设备红外热成像监测结果的准确性，降低误报警率。

（1）所述方法相比常规越界检测针对物体二维特性的建模、追踪与检测，采用基于时序一维向量数值曲线相似度的判别指标，将面向区域的二维问题转化为面向边界的一维问题，运算量下降率最高可达98.79%。

（2）针对设定的案例场景，所述方法能够准确识别案例场景监测过程中异物闯入镜头视野的视频起始帧（第24帧）及异物移出镜头视野的视频结束帧（第30帧），反馈第24～30帧异常监测数据的相关信息。

（3）清洗及重构处理后，镜头视野右边界对应的第384列数据平均欧式距离相比处理前减少65.32%，镜头视野左边界对应的第1列数据平均欧式距离相比处理前减少80.32%，说明所述方法能够显著提升相邻帧图像边界向量数值曲线的相似程度。

（4）重构数据右边界数值曲线拼接位置的平均欧式距离标准差相比处理前降低程度超过98%，左边界数值曲线拼接位置的平均欧式距离标准差相比处理前降低程度超过82%，说明清洗及重构处理后相邻帧图像温度值的变化趋于连续、平稳，已无异常物体干扰监测过程。且重构数据能够保持监测对象基于红外热成像观测的温度变化的连续性，避免了过度清洗导致的数据失真、关键信息丢失等问题。

3.3 页岩气压裂装备红外热成像监测图像增强

页岩气压裂装备大多是由若干个功能模块组成的大型系统，各功能模块的外形、构造、材质、执行功能、能量转化形式等各不相同，运行过程中表面温度及红外辐射的变化形式、幅度、速率等差异较大。成像处理时，不同功能模块各温度值或红外辐射强度值与有限个图像参数元素的对应关系不完全相同，即监测过程中各功能模块红外辐射强度（与设备表面温度有关）与图像参数的函数关系有所不同。若对被监测设备在镜头视野范围内部分的所有子系统、部件或区域设定统一的函数关系做成像处理，易出现成像规则相互干扰、局部对比度降低、细节信息可视化水平降低等问题。如温度或红外辐射强度变化幅度大、速率快、单调性强的模块，其成像函数关系会对系统整体的成像函数关系形成较大的影响，甚至起主导作用；而温度或红外辐射强度变化幅度小、速率慢、波动性强的模块，其成像函数关系对系统整体成像函数关系的影响较小，不得不按照其他模块的成像函数关系进行红外辐射强度与图像参数的转化，导致监测信息的可视化程度降低，参数微小差异的响应敏感性减弱。

针对页岩气压裂现场设备红外热成像监测过程中温度属性差异较大的多个子系统、部件或区域基于统一的函数关系转化成像时存在的局部对比度降低、细节信息可视化水平降低等问题，本节提出基于灰度值分布优化的页岩气压裂现场装备红外热成像监测图像增强方法：应用图像分割技术构建被监测设备各子系统、部件或区域的分割矩阵，用于提取各帧红外热成像图中对应子系统、部件或区域的相关信息，滤除其他部分的无关信息。对提取出的单个（或属性相似的若干个）子系统、部件或区域设置特定且独立的用于转化成像的函数关系，使其根据自身温度分布和变化的特点优化分配成像参数，以提升设备监测信息的可视化程度，增强基于图像视觉差异的设备表面温度差异或变化的可辨识性。

3.3.1　基于灰度值分布优化的红外热成像图像增强方法原理

1. 红外热成像图像素点灰度值分布优化

红外热成像图是基于红外辐射强度与图像参数之间特定函数关系所形成的一种可视化辐射强度分布，其呈现效果由各像素点分配的色彩数值及其相对位置决定。图中像素点的数量和相对位置与红外探测器平面测温点的数量和相对位置完全对应，各像素点的色彩数值则与对应测温点接收到的红外辐射强度呈特定的函数关系，见式（3.11）：

$$N_{ij}=f\left(Ie_{ij}\right) \tag{3.11}$$

其中：N_{ij} 表示像素点阵中第 i 行、第 j 列像素点的色彩数值；Ie_{ij} 为红外探测器平面测温点阵第 i 行、第 j 列测温点接收到的红外辐射强度值；$f(\cdot)$ 表示色彩数值与红外辐射强度之间的转化函数关系。

假设被监测设备各区域到红外探测器平面的距离、角度等差异造成的红外辐射强度衰减可以忽略，则红外探测器平面各测温点接收到的红外辐射强度 Ie_{ij} 与被监测设备对应位置的局部表面温度 T_{local} 存在特定的函数关系，见式（3.12）：

$$Ie_{ij}=g\left(T_{\text{local}}\right) \tag{3.12}$$

其中：$g(\cdot)$ 为各测温点红外辐射强度 Ie_{ij} 与被监测设备对应位置表面温度 T_{local} 之间的转化函数关系。

将红外热成像图转化为灰度图像，以发挥其单通道、一维变化的优势降低运算成本，提升处理效率，则图像的呈现效果将由各像素点分配的灰度值及其相对位置决定。与之相应地，式（3.11）中 N_{ij} 将表示像素点阵中第 i 行、第 j 列像素点的灰度值，f（·）表示灰度值与红外辐射强度之间的转化函数关系。

灰度值即图像灰度等级的标识值。灰度图像按黑、白比例的不同在“黑色”和“白色”之间划分了 256 个灰度等级，用于表示各像素点的明暗程度。各灰度等级分别对应 0～255 中的一个数值，即灰度值。其中 0 对应黑色，255 对应白色。由红外热成像仪的成像特点可知，被监测设备的温度越高，红外辐射越强，生成的图像亮度越高，由灰度图像解释即灰度值越大；反之，被监测设备温度越低，红外辐射越弱，生成的图像亮度越低，由灰度图像解释即灰度值越小。

红外热成像监测技术的应用对象大多是含有多个功能模块的设备系统的整体或局部。其中各功能模块的形态、材质、执行功能、接触介质、分布位置、电热性能等参数各不相同，因而相同工艺条件下各功能模块表面温度的分布规律、变化规律及相应的红外辐射强度的分布规律、变化规律也将有所不同。

由式（3.11）、式（3.12）可知，红外热成像图转化灰度图像中某一像素点的灰度值与被监测设备对应区域（部分）的表面温度有关。则被监测设备各功能模块、各区域（部分）的温度分布可转化为灰度图像中各像素点的灰度值分布，见式（3.13）：

$$N_{ij}=f(Ie_{ij})=f[g(T_{local})] \tag{3.13}$$

其中：N_{ij} 表示灰度图像像素点阵中第 i 行、第 j 列像素点的灰度值；Ie_{ij} 表示红外探测器平面测温点阵第 i 行、第 j 列测温点接收到的红外辐射强度值；f（·）表示灰度值与红外辐射强度之间的转化函数关系；T_{local} 表示被监测设备上各测温点对应位置的表面温度值；g（·）表示各测温点红外辐射强度 Ie_{ij} 与被监测设备对应位置表面温度 T_{local} 之间的转化函数关系。

设备运行过程中，各功能模块涉及的能量转化、热量传递、介质运移的数值、方向、形式各不相同，则各功能模块、各区域（部分）温度随时间变化的大小、方向、形式也不完全相同（例如压裂柱塞泵电机运行时会有部分电能转化为内能，因而温度升高幅度较大，上升速率较快；泵头体部分不断有流动液体带走热量，因而温度变化幅度较小，变化速率较慢）。已知红外热成像图转化灰度图像中各像素点的灰度值与被监测设备对应区域（部分）的表面温度存在一定的函数关系，则被监测设备各功能模块、各区域（部分）的温度差异或变化也可转化为灰度图像中各像素点灰度值的差异或变化。

其中，表面温度的“差异”既可表现为同一时刻被监测设备上分属于不同区域、不同系统、不同部件的特定点温度值的差异，即主要体现温度差异的空间性，也可表现为不同时刻被监测设备同一区域、同一系统或同一部件上特定点温度值的差异，即主要体现温度差异的时间性。反映在红外热成像图中则表现为图像色彩与明暗差异的空间性与时间性。

综上所述，被监测设备各功能模块、各区域（部分）表面温度分布及变化规律与红外热成像图转化灰度图像中各像素点灰度值分布及变化规律的关系见式（3.14）：

$$\begin{cases} C=\{T \mid T_{\min} \leqslant T \leqslant T_{\max}\} \\ N_g=\{n_g \mid n_{g\min} \leqslant n_g \leqslant n_{g\max}\} \\ n_g=f[g(T)] \\ n_{g\min}=f[g(T_{\min})] \\ n_{g\max}=f[g(T_{\max})] \end{cases} \tag{3.14}$$

其中：C 为被监测设备辐射平面的温度值范围；T 为某一时刻被监测设备辐射平面某一位置的温度值；$T_{\min}$ 和 $T_{\max}$ 分别表示被监测设备辐射平面的最低温度值和最高温度值；N_g 为红外热成像图中像素点灰度值的取值范围；n_g 为某一时刻被监测设备辐射平面某一位置对应像素点上的灰度值；$n_{g\min}$ 和 $n_{g\max}$ 分别表示红外热成像图中各像素点灰度值的最小值和最大值；$f(\cdot)$ 表示像素点灰度值与测温点红外辐射强度的函数关系；$g(\cdot)$ 表示测温点红外辐射强度与被监测设备对应位置表面温度的函数关系。

不同时刻生成的各帧红外热成像图中，像素点颜色标识数值的取值范围是相同且固定的。以灰度值为例，各帧红外热成像图的灰度值取值范围均为 0～255，被监测设备各区域（部分）根据其温度（或温度范围）占据特定的灰度值（或灰度值范围），其中，最高温度值对应最大灰度值 255，最低温度值对应最小灰度值 0，见式（3.15）：

$$\begin{aligned} & n_g=f[g(T)],\quad T_{\min}<T<T_{\max} \\ & n_{g\min}=f[g(T_{\min})]=0 \\ & n_{g\max}=f[g(T_{\max})]=255 \end{aligned} \tag{3.15}$$

当被监测设备表面温度的所有取值都存在与之对应的灰度值时，被监测设备表面温度的差异即表现为红外热成像图亮度效果的差异。若不考虑人眼明暗感知能力的极限，理论上 256 个灰度等级最多可以表现 256 个温度分度的差异或变化。换言之，当被监测物体表面温度的最小值和最大值之间少于或等于 256 个分度等级时，每一个分度等级都将具有专属的、区别于其他分度等级的亮度特征；当被监测物体表面温度的最小值和最大值之间大于 256 个分度等级时，必将有若干个分度等级在亮度上是不可区分的。因此，为了优化人眼辨识图像色彩与明暗差异的效率和质量，进而快速、准确地识别出被监测设备表面温度的差异或变化，应当在色彩维度提高被监测设备温度差异的可分辨性，即增强相邻温度分度对应灰度值（色彩数值）的差异性，使温度值的微小差异转化为尽可能大的灰度值（色彩数值）差异。

2. 基于灰度值指标的图像增强效果评价

1）平均灰度值温度比

由式（3.14）可知，被监测设备表面温度值范围 C 中的任意温度值经过函数变换都有与之对应的灰度值取值范围 N_g 中的一个数值，任意两个温度值的差异 ΔT 也可转化为对应灰度值的差异 Δn_g。为了提高温度差异的色彩可分辨性，应使单位温度差异对应的灰度值差异尽可能地大，即令 Δn_g 与 ΔT 的比值尽可能地大，则有用于衡量温度差异的色彩可分辨性的指标——平均灰度值温度比 k 见式（3.16）：

$$k=\frac{\Delta n_g}{\Delta T}=\frac{f\left[g\left(T'\right)\right]-f\left[g\left(T\right)\right]}{T'-T} \tag{3.16}$$

其中：k 为平均灰度值温度比；Δn_g 表示灰度值的差异量或变化量；ΔT 表示温度值的差异量或变化量；T' 和 T 为被监测设备辐射平面上数值不相等的两处温度值；$f(\cdot)$ 表示像素点灰度值与测温点红外辐射强度的函数关系；$g(\cdot)$ 表示测温点红外辐射强度与被监测设备对应位置表面温度的函数关系。

由式（3.16）可知，若 k 值较大，说明单位温度差异对应的灰度值差异较大，反映在成像过程中体现为人眼可辨识的颜色属性差异较大，更易于监测人员的识别和判定；反之若 k 值较小，说明单位温度差异对应的灰度值差异较小，反映在成像过程中体现为人眼可辨识的颜色属性差异较小（甚至无法辨识）。

更进一步地，可根据评价对象的不同，将平均灰度值温度比分为两类：整体平均灰度值温度比 k_{global} 和局部平均灰度值温度比 k_{local}。其中，整体平均灰度值温度比 k_{global} 用于评价红外热成像图整体的温度差异色彩可分辨性，见式（3.17）；局部平均灰度值温度比 k_{local} 用于评价红外热成像图局部的温度差异色彩可分辨性，见式（3.18）。

$$k_{\text{global}}=\frac{\Delta n_g}{\Delta T}=\frac{n_{g\max}-n_{g\min}}{T_{\max}-T_{\min}}=\frac{f\left[g\left(T_{\max}\right)\right]-f\left[g\left(T_{\min}\right)\right]}{T_{\max}-T_{\min}} \tag{3.17}$$

其中：k_{global} 为整体平均灰度值温度比；Δn_g 为像素点灰度值的变化量；ΔT 为温度值 T 的变化量；$n_{g\min}$ 和 $n_{g\max}$ 分别表示红外热成像图中各像素点灰度值的最小值和最大值；$T_{\min}$ 和 $T_{\max}$ 分别表示被监测设备辐射平面的最低温度值和最高温度值；$f(\cdot)$ 表示像素点灰度值与测温点红外辐射强度的函数关系；$g(\cdot)$ 表示测温点红外辐射强度与被监测设备对应位置表面温度的函数关系。

$$\begin{cases}k_{\text{local}}=\dfrac{\Delta n_g}{\Delta T'}=\dfrac{f\left[g\left(T_a'\right)\right]-f\left[g\left(T_b'\right)\right]}{T_a'-T_b'}\\C_{\text{local}}=\left\{T'\middle|T_{\min}'<T'<T_{\max}'\right\}\\C_{\text{local}}\subseteq C\\T_a',T_b'\in C_{\text{local}},\quad T_a'\neq T_b'\end{cases} \tag{3.18}$$

其中：k_{local} 为局部平均灰度值温度比；Δn_g 为像素点灰度值的差异量或变化量；T' 为某一时刻被监测设备辐射平面局部区域内某一位置的温度值；$\Delta T'$ 为温度值 T' 的变化量；$f(\cdot)$ 表示像素点灰度值与测温点红外辐射强度的函数关系；$g(\cdot)$ 表示测温点红外辐射强度与被监测设备对应位置表面温度的函数关系；C_{local} 为被监测设备辐射平面局部区域的温度值范围；$T'_{\min}$ 和 $T'_{\max}$ 分别表示被监测设备辐射平面局部区域内最低温度值和最高温度值；C 为被监测设备辐射平面的温度值范围；T'_a 和 T'_b 分别表示被监测设备辐射平面局部区域内位置 a 的温度值和位置 b 的温度值。

就整体平均灰度值温度比 k_{global} 而言，同一成像系统灰度值的取值范围是相同且固定的（0～255）。当灰度值取值范围中的元素个数大于或等于被监测设备表面温度范围中的元素个数时，理论上每一个温度值元素将分配有至少一个灰度值，且该数值区别于其他温度值元素对应的灰度值；当灰度值取值范围中的元素个数小于被监测设备表面温度范围中的元素个数时，必然存在多个温度值元素共用一个灰度值的现象，此时温度的差异将无法转化为人眼可辨识的色彩的差异。即式（3.17）中的分子是恒量，k_{global} 值的大小取决于分母的大小，而分母的大小与被监测设备表面温度的取值范围有关，范围越大，k_{global} 值越小；范围越小，k_{global} 值越大。

而局部平均灰度值温度比关注的是红外热成像图中某一区域（对应于被监测设备的某一部件或区域）温度差异的色彩可分辨性。假设在红外热成像图中任意划定区域 W，则由组成 W 的全部像素点上的灰度值构成的集合 N_W 是成像系统灰度值取值范围 N 的一个子集，集合 N_W 中元素的最小值为 n'_{gmin}，最大值为 n'_{gmax}；区域 W 对应的被监测设备特定部件或区域表面温度的取值范围 C_W 则是被监测设备整体表面温度取值范围 C 的一个子集，集合中元素的最小值为 $T'_{\min}$，最大值为 $T'_{\max}$；通过特定的函数关系转化，$T'_{\min}$ 对应于 n'_{gmin}，$T'_{\max}$ 对应于 n'_{gmax}。其关系见式（3.19）：

$$\begin{cases} C_W = \left\{ T'(x,y) \middle| T'_{\min} < T' < T'_{\max},\ \ (x,y) \in W \right\} \\ N_W = \left\{ n'_g(x,y) \middle| n'_g(x,y) = f\left[g(T') \right],\ \ (x,y) \in W, T' \in C_W \right\} \\ C_W \subseteq C,\quad N_W \subseteq N_g \\ n'_{g\min} = f\left[g\left(T'_{\min} \right) \right] \\ n'_{g\max} = f\left[g\left(T'_{\max} \right) \right] \end{cases} \tag{3.19}$$

其中：C_W 为红外热成像图任意区域 W 内各位置温度值的集合；T' 为红外热成像图任意区域 W 内某一位置的温度值；$T'_{\min}$ 和 $T'_{\max}$ 分别表示红外热成像图任意区域 W 内最低温度值和最高温度值；W 为红外热成像图中任意划定的区域；x 和 y 分别表示红外热成像图任意区域 W 内各像素点的横、纵坐标值；N_W 为红外热成像图任意区域 W 内各像素点灰度值的集合；n'_g 为红外热成像图任意区域 W 内某一像素点的灰度值；$f(\cdot)$ 表示像素点灰度值与测温点红外辐射强度的函数关系；$g(\cdot)$ 表示测温点红外辐射强度与被监测设备对应位置表面温度的函数关系；C 为被监测设备辐射平面的温度值范围；N_g 为红外热成像图各像素点灰度值的取值范围；n'_{gmin} 和 n'_{gmax} 分别表示红外热成像图任意区域 W 内灰度值的最小值和最大值。

则 k_{local} 值的大小既取决于分子的大小（即区域 W 被“分配”的灰度值集合 C_W 的大小），也取决于分母的大小（即区域 W 对应的被监测设备局部温度取值范围的大小）。为使 k_{local} 取值尽可能大，应采取技术手段增加区域 W 对应的灰度值集合 C_W 中元素的数量，缩减区域 W 对应的被监测设备局部温度的取值范围。

2）灰度值跨度

灰度值跨度即灰度图像中灰度最小值到最大值之间的取值范围，用于表征图像的整体明暗效果和细节信息的可视化水平。

已知灰度值等级的取值范围 0～255 中，0 对应黑色，255 对应白色，则灰度值越接近于取值范围的低数值区，对应像素点或图像的视觉效果越灰暗；越接近于取值范围的高数值区，对应像素点或图像的视觉效果越明亮。转化为伪彩色图像时，灰度值越接近于低数值区，对应像素点或图像的主色调越趋近于蓝色；灰度值越接近于高数值区，对应像素点或图像的主色调越趋近于红色。

若图像的灰度值最大值处于低数值区内，则其全部灰度值必然都处于低数值区内，导致图像的整体视觉效果偏暗，对应伪彩色图像的主色调趋近于蓝色，不能充分利用其他色调表征设备的温度信息。同理，若图像的灰度值最小值处于高数值区内，则其全部灰度值必然都处于高数值区内，导致图像的整体视觉效果偏亮，对应伪彩色图像的主色调趋近于红色，也不能充分利用其他色调表征设备的温度信息。因此，图像的增强处理应尽可能使灰度值的最小值和最大值分别位于灰度值数轴上的不同区域，换言之，使图像的灰度值集中区域尽可能地向取值范围的中心值靠拢，以提升温度差异的色彩（视觉）可辨识性。

就灰度值跨度的尺度属性而言，灰度值跨度越大，说明当前图像的可用灰度值等级越多，即理论上单位温度差异对应的灰度值差异越大，设备温度差异或变化的图像可视化水平越高。反之，灰度值跨度越小，图像的可用灰度值等级越少，理论上单位温度差异对应的灰度值差异越小，设备温度差异或变化的图像可视化水平越低。因此，图像的增强处理应尽可能地扩展图像的灰度值跨度，以提升图像细节信息的可视化水平。

3）主灰度级位移

主灰度级，即图像全体像素点上灰度值的众数或较集中的范围，用于表征当前图像的整体视觉效果。主灰度级在灰度值数轴上发生位移，说明图像多数像素点的灰度值大小或全体像素点的灰度值分布发生了改变，则其整体视觉效果必然会有所不同。主灰度级移动幅度越大，说明不同时刻温度变化引起的图像各像素点灰度值及整体分布的变化幅度越大，相应的图像视觉差异越大，越容易被监测人员识别和理解。反之，主灰度级移动幅度越小，不同时刻温度变化引起的图像各像素点灰度值及整体分布的变化幅度越小，相应的图像视觉差异越小，越不利于监测人员的识别和理解。就红外热成像监测视频而言，不同时刻（帧）截取的红外热成像图间接表征了不同阶段监测设备的运行状态。为了突出运行状态变化对应的监测图像视觉效果的差异，图像的增强处理应尽可能地增大图像不同时刻主灰度级的位移，以提升设备不同阶段运行状态差异的视觉可分辨性。

3.3.2 实施步骤

步骤 1：构建红外热成像图转化数据矩阵。

将监测对象的红外热成像图转化为数据矩阵 $\boldsymbol{I}_{m\times n}$，即图像层 $m\times n$ 的像素点阵转化为数据矩阵层 $m\times n$ 的数值元素矩阵 $\boldsymbol{I}_{m\times n}$。像素点阵中各像素点的相对位置（$x$，$y$）与数据矩阵中各元素的相对位置（$i$，$j$）一一对应。则红外热成像图中点、线、面等几何元素描述均可替换为数据矩阵中元素、向量、子矩阵的形式。

步骤 2：构建监测对象各部件 / 区域分割矩阵。

对监测对象的红外热成像图做图像分割，提取出关注部件 / 区域的边缘，并在图像数据矩阵层标定边缘线上各像素点的相对位置。即通过图像像素点坐标与矩阵元素位置的转换，在红外热成像图的转化数据矩阵上勾勒出关注部件 / 区域的外部轮廓。轮廓线及其内部元素定义数值为 1，轮廓线外部元素定义数值为 0，构建关注部件 / 区域的分割矩阵 $\boldsymbol{F}_{m\times n}$，其性质见式（3.20）：

$$\begin{gathered} \boldsymbol{F}_{m\times n}=\left\{\omega_{ij}\right\},\quad 1\leqslant i\leqslant m,1\leqslant j\leqslant n \\ \omega_{ij}=\begin{cases}1 & (x,y)\in\Lambda \\ 0 & (x,y)\notin\Lambda\end{cases} \end{gathered} \tag{3.20}$$

其中：ω_{ij} 为分割矩阵 $\boldsymbol{F}_{m\times n}$ 中的数据元素；x，y 分别表示分割矩阵 $\boldsymbol{F}_{m\times n}$ 中各数据元素对应的像素点在图像层像素点阵中的横坐标、纵坐标，且在数值上 $x=j$，$y=i$；Λ 表示关注部件 / 区域的外部轮廓及内部区域。

针对不同的关注部件 / 区域可以构建多种分割矩阵。如泵头体分割矩阵 $\boldsymbol{H}$、动力端分割矩阵 $\boldsymbol{D}$、电机分割矩阵 $\boldsymbol{E}$、传动箱分割矩阵 $\boldsymbol{Tr}$、输入输出端分割矩阵 $\boldsymbol{O}$ 等。

步骤 3：对监测对象各部件 / 区域做图像分割。

将各部件 / 区域的分割矩阵 $\boldsymbol{F}_{m\times n}$ 分别与红外热成像图的转化数据矩阵 $\boldsymbol{I}_{m\times n}$ 做哈达玛积，构建各部件 / 区域的提取数据矩阵 $\boldsymbol{I'}_{m\times n}$，见式（3.21）：

$$\boldsymbol{I'}_{m\times n}=\boldsymbol{F}_{m\times n}*\boldsymbol{I}_{m\times n} \tag{3.21}$$

其中：$\boldsymbol{I'}_{m\times n}$ 为各部件 / 区域的提取数据矩阵；$\boldsymbol{F}_{m\times n}$ 为各部件 / 区域的分割矩阵；$\boldsymbol{I}_{m\times n}$ 为红外热成像图的转化数据矩阵；* 为矩阵哈达玛积运算符。

哈达玛积运算规则见式（3.22）：

$$\begin{gathered} \boldsymbol{A}=\left\{a_{ij}\right\}_{m\times n},\boldsymbol{B}=\left\{b_{ij}\right\}_{m\times n} \\ \boldsymbol{A}*\boldsymbol{B}=\left\{a_{ij}\cdot b_{ij}\right\}_{m\times n} \end{gathered} \tag{3.22}$$

其中：$\boldsymbol{A}$ 和 $\boldsymbol{B}$ 表示任意两个 $m\times n$ 的数据矩阵；a_{ij} 和 b_{ij} 分别为矩阵 $\boldsymbol{A}$、$\boldsymbol{B}$ 中的元素。

步骤 4：监测对象各部件 / 区域独立成像。

对各部件 / 区域的提取矩阵 $\boldsymbol{I'}_{m\times n}$ 做成像处理。由步骤 2、步骤 3 可知，提取矩阵 $\boldsymbol{I'}_{m\times n}$ 中除关注部件 / 区域之外的所有元素数值均为 0，成像时可不做处理。则其成像规则见式（3.23）：

$$n_g=f_F\left[g_F\left(T_F\right)\right],\quad T_F\in C_F \tag{3.23}$$

其中：n_g 为像素点灰度值；f_F（·）表示分割提取部件 / 区域灰度值与红外辐射强度的函数关系；g_F（·）表示分割提取部件 / 区域红外辐射强度与表面温度值的函数关系；T_F 为分割提取后关注部件 / 区域的表面温度；C_F 为分割提取后关注部件 / 区域的表面温度范围。

步骤 5：监测对象增强处理前后视觉效果对比。

基于平均灰度值温度比、灰度值跨度、主灰度级位移指标对比分析增强处理前后关注部件 / 区域红外热成像图的视觉效果，定量评价所述方法对不同部件 / 区域图像灰度值分布的优化作用。

3.3.3 案例分析

本节以柱塞泵故障模拟实验平台启动时与运行一段时间后对应的红外热成像图为例对提出方法进行说明。

柱塞泵故障模拟实验平台启动（t=0s）时与运行一段时间后对应的红外热成像彩色图像分别如图 3.41 和图 3.42 所示，灰度图像如图 3.43 和图 3.44 所示。

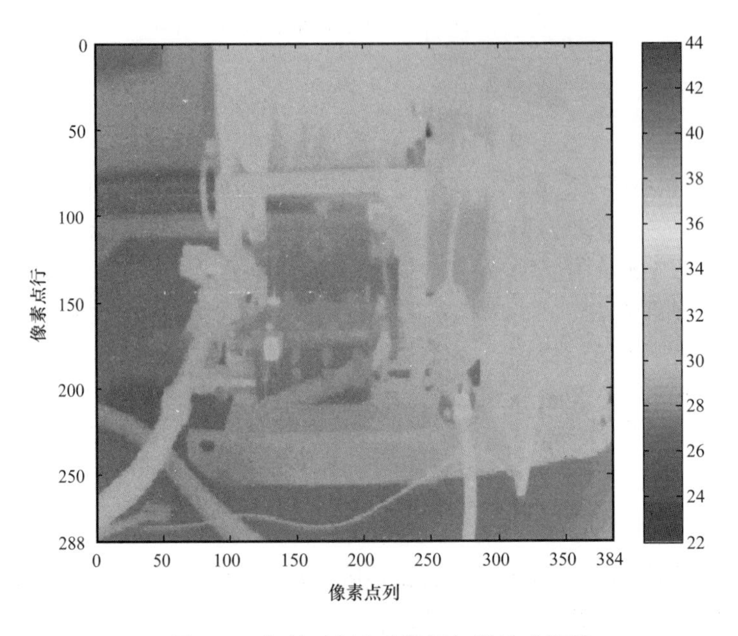

图 3.41 初始时刻实验装置红外热成像图

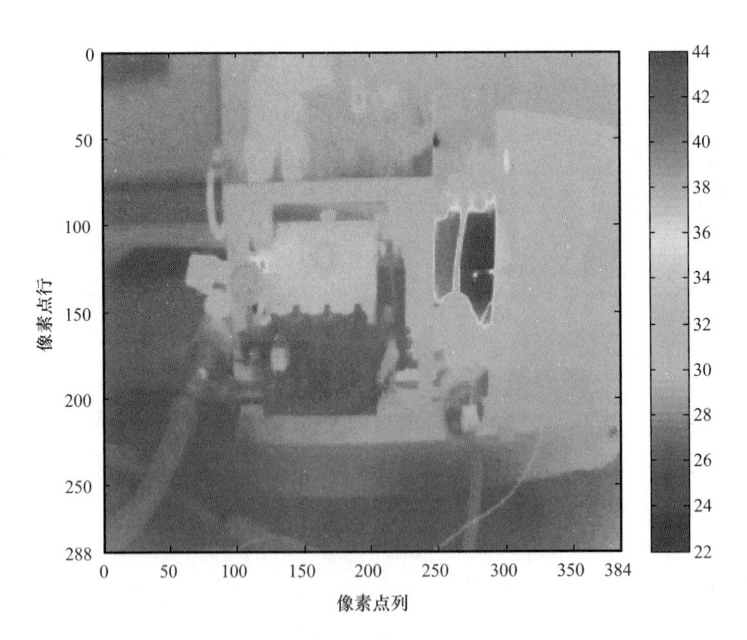

图 3.42 运行过程中实验装置红外热成像图

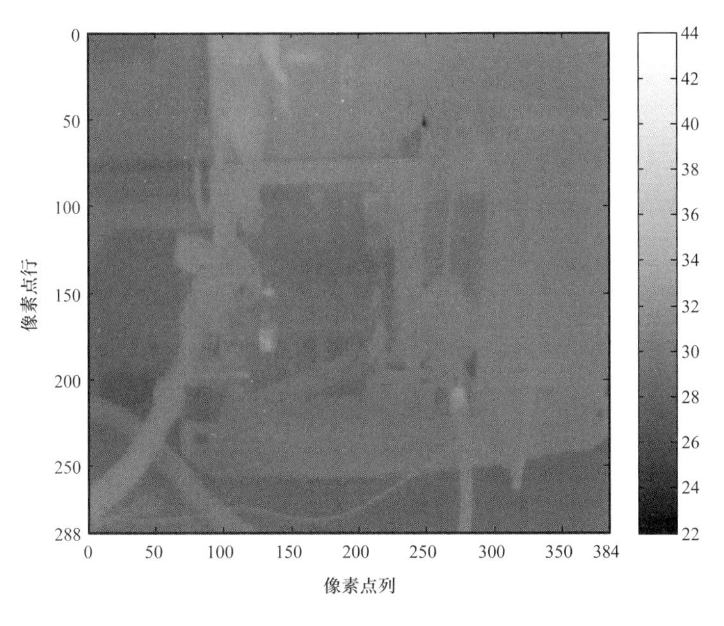

图 3.43　初始时刻实验装置灰度图像

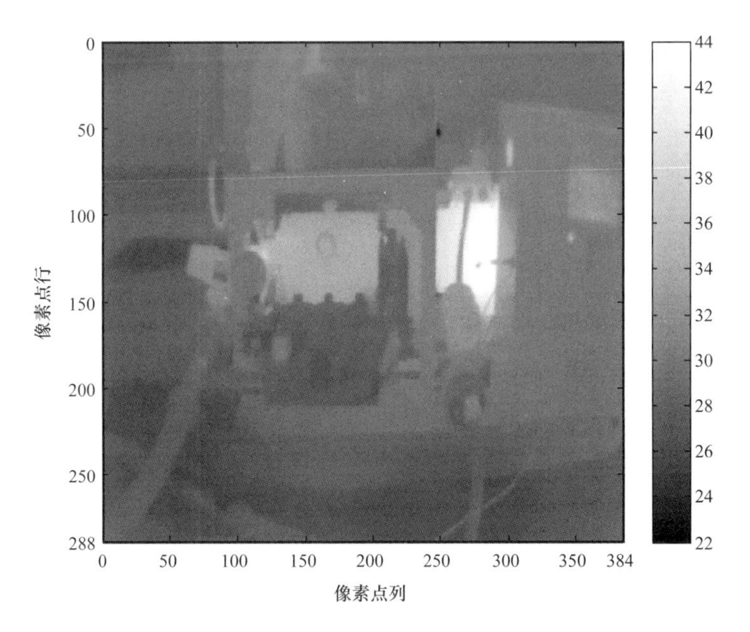

图 3.44　运行过程中实验装置灰度图像

1. 泵头体区域图像增强效果分析

1）构建泵头体区域分割矩阵

通过图像分割提取出红外热成像图中泵头体部分的所在区域 $Area_H$，构建泵头体分割矩阵 $\boldsymbol{H}$，见式（3.24）。泵头体分割矩阵 $\boldsymbol{H}$ 的成像效果如图 3.45 所示。

$$\boldsymbol{H}=\{\omega_{ij}\},\quad 1\leqslant i\leqslant 288, 1\leqslant j\leqslant 384$$
$$\omega_{ij}=\begin{cases}1 & (x,y)\in Area_H\\ 0 & (x,y)\notin Area_H\end{cases}\tag{3.24}$$

其中：ω_{ij} 为分割矩阵 $\boldsymbol{H}$ 中的数据元素；x 和 y 分别表示分割矩阵 $\boldsymbol{H}$ 中各数据元素对应的像素点在图像层像素点阵中的横坐标、纵坐标，且在数值上 $x=j$，$y=i$；$Area_H$ 表示泵头体部分的外部轮廓及内部区域。

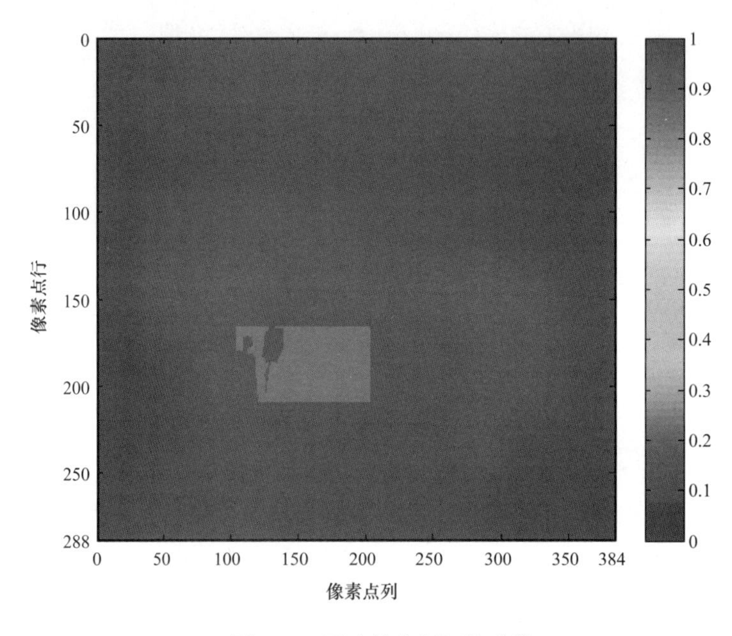

图 3.45 泵头体分割矩阵成像

2）构建泵头体区域分割提取矩阵并做成像处理

将红外热成像监测过程中形成的各帧红外热成像图转化为数据矩阵 $\boldsymbol{I}_i$（i=1，2，…，t），分别与泵头体分割矩阵 $\boldsymbol{H}$ 做哈达玛积，即在各帧红外热成像图的转化数据矩阵中提取出泵头体部分所在区域的数据信息，滤除矩阵其他区域的数据信息，构建提取数据矩阵 $\boldsymbol{I'}_i$。

对提取数据矩阵 $\boldsymbol{I'}_i$ 做成像处理即得到泵头体部分的各帧红外热成像图。其中初始时刻和运行一段时间后的泵头体部分红外热成像图分别如图 3.46 和图 3.47 所示。

3）增强处理前后平均灰度值温度比对比分析

对泵头体部分红外热成像图中温度差异的色彩可分辨性进行评价：分割提取处理前，被监测设备整体的温度变化范围为 22.1～45.0℃，则平均灰度值温度比 k=11.18；分割提取处理后，泵头体部分的温度变化范围为 24.8～28.6℃，平均灰度值温度比为 67.37。即分割提取处理后平均每摄氏度可分配的灰度值等级数是处理前的 6.03 倍。

4）增强处理前后灰度值跨度对比分析

分割提取处理前，被监测设备各区域 / 部件的温度值与红外热成像图中对应像素点灰度值等级之间的函数关系（或转换规则）是完全相同的。其转换规则见式（3.25）：

$$n_g=f\left[g\left(T\right)\right],\ T\in C \tag{3.25}$$

其中：n_g 为灰度值等级；$f(\cdot)$ 表示被监测设备灰度值等级与红外辐射强度的函数关系；$g(\cdot)$ 表示被监测设备红外辐射强度与表面温度值的函数关系；T 为被监测设备辐射平面的表面温度值；C 为被监测设备辐射平面的表面温度值范围。

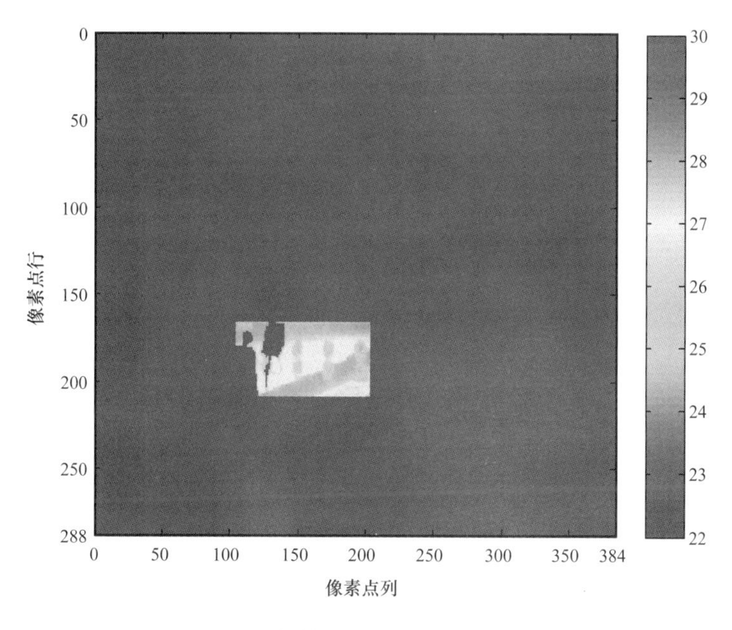

图 3.46　初始时刻泵头体红外热成像图

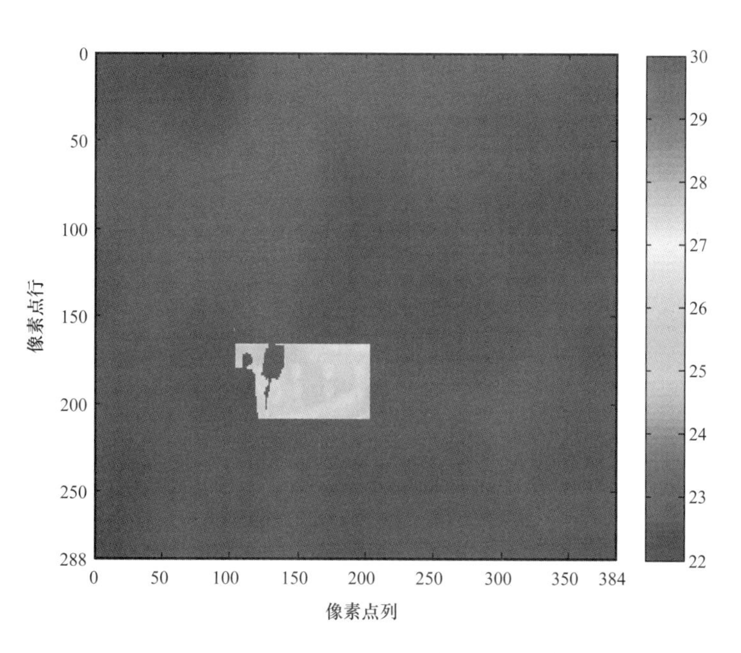

图 3.47　运行一段时间后泵头体红外热成像图

完成转化后，从被监测设备整体对应的全部像素点灰度值等级中提取出泵头体部分对应的像素点灰度值等级，统计其分布区间，生成柱状统计图如图 3.48 所示。

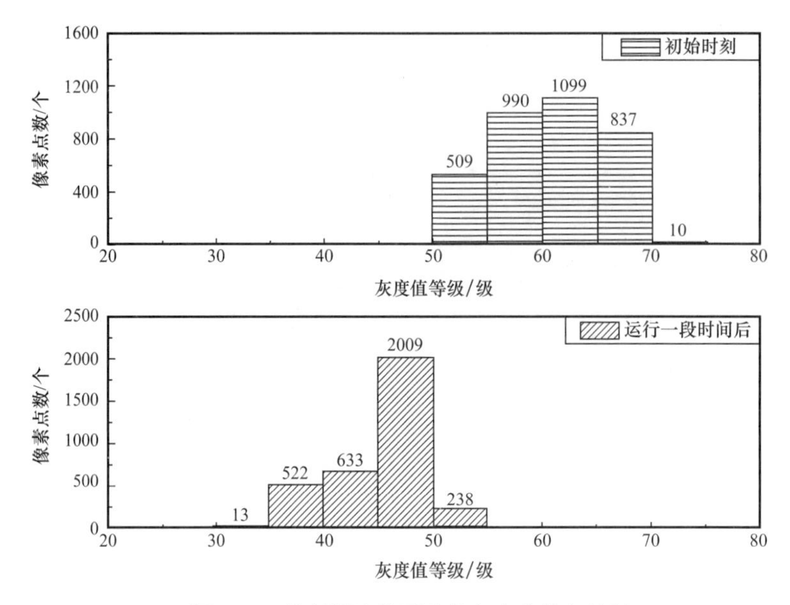

图 3.48　分割提取前泵头体灰度值等级统计

由图 3.48 可知，设备运行初始时刻，红外热成像图中泵头体部分所在区域共有 3445 个像素点。其中最小灰度值 52.11，最大灰度值 73.17，算数平均值为 60.77；灰度值跨度为 50～75 区间。

运行一段时间后，泵头体区域的像素点中，最小灰度值 31.04，最大灰度值 54.33，算数平均值 45.38；灰度值跨度为 30～55 区间。

分割提取处理后，被监测设备各区域 / 部件的温度值与红外热成像图中对应像素点灰度值等级之间的函数关系（或转换规则）是不完全相同的。各区域 / 部件根据自身温度变化的幅度、速率等属性形成特定且独立的函数关系（或转换规则）。其转换规则见式（3.26）：

$$n_g=f_H\left[g_H(T)\right],\ T\in C_H,\ C_H\subseteq C \tag{3.26}$$

其中：n_g 为灰度值等级；f_H（·）表示分割提取后泵头体区域灰度值等级与红外辐射强度的函数关系；g_H（·）表示分割提取后泵头体区域红外辐射强度与表面温度值的函数关系；T 为分割提取后泵头体区域的表面温度；C_H 为分割提取后泵头体区域的表面温度范围；C 为被监测设备整体的表面温度范围。

完成转化后，提取出泵头体部分对应的像素点上的灰度值等级，统计其分布区间，生成柱状统计图如图 3.49 所示。

由图 3.49 可知，设备运行初始时刻，红外热成像图中泵头体部分所在区域共有 3445 个像素点。其中最小灰度值 149.81，最大灰度值 210.38，算数平均值为 174.72；灰度值跨度为 140～220 区间。

运行一段时间后，泵头体区域的像素点中，最小灰度值 89.25，最大灰度值 156.19，算数平均值 130.48；灰度值跨度为 80～160 区间。

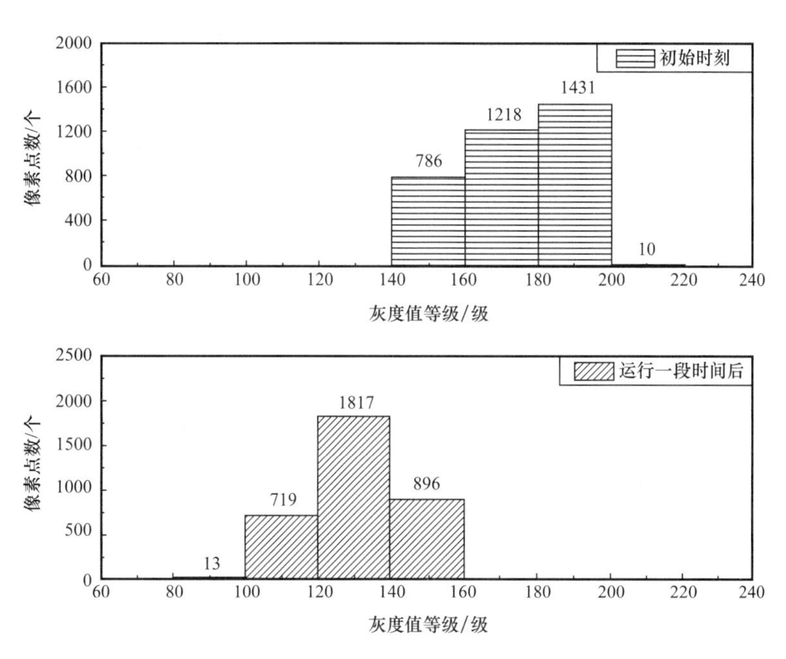

图 3.49　分割提取后泵头体灰度值等级统计

5）增强处理前后主灰度级位移对比分析

分割提取处理前，由图 3.48 可知，设备运行初始时刻，红外热成像图中泵头体部分所在区域共有 3445 个像素点，其中灰度值 55～70 区间的像素点个数最多，共 2926 个（占总数的 84.93%）。即初始时刻，泵头体部分的主灰度级集中于 55～70 区间。运行一段时间后，灰度值 45～50 区间的像素点个数最多，共 2009 个（占总数的 58.32%）。即运行一段时间后，泵头体部分的主灰度级集中于 45～50 区间。

分割提取处理后，由图 3.49 可知，设备运行初始时刻，红外热成像图中泵头体部分所在区域共有 3445 个像素点。其中灰度值 160～200 区间的像素点个数最多，共 2649 个（占总数的 76.89%）。即初始时刻，泵头体部分的主灰度级集中于 160～200 区间。运行一段时间后，泵头体区域的像素点中，灰度值 120～140 区间的像素点个数最多，共 1817 个（占总数的 52.74%）。即运行一段时间后，泵头体部分的主灰度级集中于 120～140 区间。

2. 图像增强处理前后效果对比

1）平均灰度值温度比评价指标

由表 3.1 可知，增强处理前，被监测设备整体对应的红外热成像图温度取值范围是 22.1～45.0℃，则平均灰度值温度比 k=11.18。

分割提取及独立成像增强处理后，泵头体区域对应的红外热成像图温度取值范围是 24.8～28.6℃，平均灰度值温度比 k=67.37，约为处理前图像 k 值的 6.03 倍。同理，动力端区域对应的红外热成像图温度取值范围是 26.9～38.4℃，平均灰度值温度比 k=22.26，约为处理前图像 k 值的 1.99 倍。电机区域值约为处理前的 1.36 倍，传动箱区域 k 值约为处理前的 6.36 倍，输入输出端区域 k 值约为处理前的 4.98 倍。

表 3.1　增强处理前后图像平均灰度值温度比对比

监测对象	温度取值范围		k		处理前后对比
	处理前	处理后	处理前	处理后	
泵头体	22.1～45.0℃	24.8～28.6℃	11.18	67.37	6.03 倍
动力端	22.1～45.0℃	26.9～38.4℃	11.18	22.26	1.99 倍
电机	22.1～45.0℃	28.1～45.0℃	11.18	15.15	1.36 倍
传动箱	22.1～45.0℃	28.5～32.1℃	11.18	71.11	6.36 倍
输入输出端	22.1～45.0℃	25.3～29.9℃	11.18	55.65	4.98 倍

综上所述，运行时间内某部件 / 区域的温度变化范围越小，与监测对象整体温度取值范围的差异越大，所述增强处理方法对 k 值的扩展效果越强，对温度差异色彩可分辨性的提升效果越好。运行时间内某部件 / 区域的温度变化范围越大，与监测对象整体温度的取值范围越接近，所述增强处理方法对 k 值的扩展效果越弱，对温度差异色彩可分辨性的提升效果越小。

2）灰度值跨度评价指标

由表 3.2 可知，增强处理前，各部件 / 区域初始时刻灰度值较集中于低数值区（最小值 48.78，最大值 106.43），灰度图像整体视觉效果偏暗，对应的伪彩色图像主色调为蓝色。运行一段时间后，泵头体、输入输出端区域在水流的冲刷作用下温度出现小幅下降，灰度值跨度向低数值区移动。动力端、电机等涉及电能与内能、机械能与内能转换的部件 / 区域温度变化幅度较大，且速率较快，造成其灰度值跨度大幅向高数值区移动，灰度图像视觉效果由暗转亮，对应的伪彩色图像主色调由蓝色转为黄色或红色。

表 3.2　增强处理前后图像灰度值跨度对比

监测对象		灰度值跨度		处理前后对比
		处理前	处理后	
泵头体	初始时刻	52.11～73.17	149.81～210.38	2.88
	运行一段时间	31.04～54.33	89.25～156.19	2.87
	变化范围	31.04～73.17	89.25～210.38	2.88
动力端	初始时刻	54.33～106.43	87.98～147.90	1.15
	运行一段时间	68.74～181.83	104.55～234.60	1.15
	变化范围	54.33～181.83	87.98～234.60	1.15
电机	初始时刻	67.63～78.72	82.62～92.82	0.92
	运行一段时间	166.30～255.00	173.40～255.00	0.92
	变化范围	67.63～255.00	82.62～255.00	0.92

续表

监测对象		灰度值跨度		处理前后对比
		处理前	处理后	
传动箱	初始时刻	72.07～88.70	111.56～159.38	2.88
	运行一段时间	83.15～111.98	143.44～226.31	2.87
	变化范围	72.07～111.98	111.56～226.31	2.88
输入输出端	初始时刻	48.78～87.59	163.20～252.45	2.30
	运行一段时间	36.59～84.26	135.15～244.80	2.30
	变化范围	36.59～87.59	135.15～252.45	2.30

增强处理后，泵头体、传动箱、输入输出端区域初始时刻的灰度值集中区域明显向高数值区移动（如泵头体灰度最小值由 52.11 上升至 149.81；传动箱灰度最小值由 72.07 上升至 111.56；输入输出端灰度最小值由 48.78 上升至 163.20），灰度图像整体视觉效果由暗变亮，对应的伪彩色图像主色调由蓝色变为绿色、黄色甚至红色。

动力端、电机区域初始时刻灰度值集中区域也发生了向高数值区的移动，使灰度图像的视觉亮度有所优化。

运行一段时间后，泵头体、输入输出端区域在水流的冲刷作用下温度出现小幅下降，灰度值跨度向低数值区移动。相比初始时刻，伪彩色图像主色调发生明显变化（如泵头体部分由黄—橙色变为蓝—绿色；输入输出端由红色变为黄色），即温度差异的色彩（视觉）可辨识性有所提升。

动力端、电机等温度变化幅度较大、速率较快的部件 / 区域灰度值跨度大幅向高数值区移动，灰度图像由暗变亮，对应的伪彩色图像主色调由淡蓝色（或蓝色系色调）变为红色，颜色差异明显，视觉可辨识度高。

就灰度值跨度的尺度属性而言，增强处理扩展了温度变化幅度较小的部件 / 区域的可用灰度范围（泵头体扩展了 2.88 倍；传动箱扩展了 2.88 倍；输入输出端扩展了 2.30 倍），放大了用于表征微小温度差异的色彩视觉差异。对于温度变化幅度较大的部件 / 区域，因其本身已经占用了较多的可用灰度等级，增强处理不仅不会显著扩展其可用灰度范围，甚至会压缩其可用灰度范围（如电机压缩为处理前的 92%）。

3）主灰度级位移评价指标

由表 3.3 可知，增强处理前，泵头体、传动箱、输入输出端等温度变化幅度较小的部件 / 区域的主灰度级移动幅度较小：运行一段时间后，泵头体主灰度级相比初始时刻向低数值区移动了 15 个灰度等级；传动箱主灰度级向高数值区移动了 25 个灰度等级；输入输出端主灰度级向低数值区移动了 20 个灰度等级。增强处理后，运行一段时间的泵头体主灰度级相比初始时刻向低数值区移动了 50 个灰度等级，同理传动箱主灰度级向高数值区移动了 80 个灰度等级，输入输出端主灰度级向低数值区移动了 50 个灰度等级。主灰度级移动幅度越大，说明不同时刻温度变化引起的主灰度级变化幅度越大，即图像视觉差异越大，越容易被监测人员识别和理解。增强处理放大了某些部件 / 区域温度差异对应的视觉效果的差异，提升了温度变化幅度较小的部件 / 区域红外热成像监测的可操作性。

而对于动力端、电机等温度变化幅度较大的部件 / 区域，因其本身温度变化对应的视觉效果差异已足够为监测人员所辨识，增强处理将不会显著增大其主灰度级的移动幅度，甚至会有所缩减（如处理后的电机主灰度级移动幅度比处理前减少了 8.75 个灰度等级）。

表 3.3　增强处理前后图像主灰度级位移对比

监测对象		主灰度级		处理前后对比
		处理前	处理后	
泵头体	初始时刻	55～70	160～200	117.5
	运行一段时间	45～50	120～140	82.5
	中心变化	−15	−50	35
动力端	初始时刻	40～80	80～100	30
	运行一段时间	120～140	160～180	40
	中心变化	70	80	10
电机	初始时刻	67.5～80	75～95	11.25
	运行一段时间	230～255	235～255	2.5
	中心变化	168.75	160	−8.75
传动箱	初始时刻	75～80	120～140	52.5
	运行一段时间	95～110	200～220	107.5
	中心变化	25	80	55
输入输出端	初始时刻	70～80	215～235	150
	运行一段时间	50～60	165～185	120
	中心变化	−20	−50	30

3. 分析与小结

针对页岩气压裂现场设备红外热成像监测过程中温度属性差异较大的多个子系统、部件或区域基于统一的函数关系转化成像时存在的局部对比度降低、细节信息可视化水平降低等问题，提出了基于灰度值分布优化的页岩气压裂装备红外热成像监测图像增强方法，用于提升设备细节信息的可视化程度，增强基于图像色彩视觉差异的设备表面温度差异或变化的可辨识性。

（1）案例选取泵头体、动力端、电机、传动箱、输入输出端五个部件 / 区域作为研究对象，定义基于灰度值的平均灰度值温度比、灰度值跨度、主灰度级位移三个指标作为评价标准，对比分析了增强处理前后监测对象不同运行阶段红外热成像图的视觉效果及参数变化的视觉可辨识性。结果表明，所述图像增强方法对温度变化幅度较小、局部温度取值范围与设备整体温度取值范围差异较大的部件 / 区域优化效果较好。

① 平均灰度值温度比最大可增长为处理前的 6.36 倍（传动箱）、最小可增长为处理前的 4.98 倍（输入输出端），即监测对象温度取值范围内的每一个温度等级理论上可获得更多的灰度等级用于表征温度参数的差异或变化，提升了细节信息的可视化水平。

② 灰度值跨度最大可扩展为处理前的 2.88 倍（泵头体、传动箱），最小可扩展为处理前的 2.30 倍（输入输出端），即监测对象的温度取值范围可对应转化为更大的图像灰度值取值范围，使不同阶段、不同对象红外热成像图的明暗、色彩差异或变化更为显著，更易于监测人员的辨识和理解。

③ 主灰度级位移最大可扩展为处理前的 3.33 倍（泵头体），最小可扩展为处理前的 2.50 倍（输入输出端），即监测对象不同运行阶段温度变化引发的图像灰度值的变化（主灰度级的移动幅度）更为显著，提升了参数微弱变化的图像可视化水平。

（2）对于温度变化幅度较大、局部温度取值范围与设备整体温度取值范围较为接近的部件 / 区域，因其本身参数差异造成的图像视觉效果的差异已足够为监测人员所辨识，所述增强方法将不会显著放大其相关评价指标，甚至可能出现一定程度的缩减。

① 电机平均灰度值温度比仅增长为处理前的 1.36 倍，动力端增长为处理前的 1.99 倍，显著低于其他部件的最小增长倍数（输入输出端 4.98 倍）。

② 动力端灰度值跨度仅扩展为处理前的 1.15 倍，电机灰度值跨度缩减为处理前的 92%，显著低于其他部件的最小扩展倍数（输入输出端 2.30 倍）。

③ 动力端主灰度级位移幅度仅扩展为处理前的 1.14 倍，电机主灰度级位移幅度缩减为处理前的 95%，显著低于其他部件的最小扩展倍数（输入输出端 2.50 倍）。即各项指标优化效果均弱于温度变化幅度较小、局部温度取值范围与设备整体温度取值范围差异较大的部件 / 区域。

3.4　基于红外热成像的压裂柱塞泵输出端漏水早期事故监测及识别

页岩气压裂装备主要包括压裂泵车、混砂车、仪表车和配液与供砂设备等。其中，压裂泵车柱塞泵系统是将常压下一定黏度的压裂液转化为生产所需高压、大流量压裂液的主要功能模块，其设备性能和运行状态会对压裂生产的施工作业质量构成直接的影响，因而是页岩气压裂现场装备安全管理与监测工作的重点关注对象。针对压裂柱塞泵常见的输出端漏水早期事故，本节提出一种基于红外热成像图 RGB 值分布统计的监测及识别方法，并通过设计相关实验，对比分析结果和实验现象证明了所述方法的可行性与有效性。

3.4.1　基于 RGB 值分布统计的早期事故监测及识别方法原理概述

RGB 值是任一颜色在 RGB 颜色标准下的标识代码，由表征红色亮度阶的 R 值、表征绿色亮度阶的 G 值和表征蓝色亮度阶的 B 值组成，且 R、G、B 可视作相互独立的数值变量。因此，自然界中任意一种颜色都可以用三维向量（$\boldsymbol{R}$，$\boldsymbol{G}$，$\boldsymbol{B}$）表示。

就彩色图像而言，其呈现效果由各像素点上的 RGB 值及其分布决定。图像“占用”

的 RGB 值越多，其色彩越丰富，反之色彩越单调。相邻像素点上 RGB 值的差异越大，其视觉对比度越明显，反之则越模糊。已知红外热成像监测技术是通过各像素点的颜色表征对应测温点的温度，通过各像素点的颜色分布表征监测对象表面温度的分布，通过相邻像素点的颜色差异表征监测对象相邻测温点的温度差异，则经过处理的红外热成像图“占用”的 RGB 值越多，其对监测对象温度分布的表征越全面，对温度差异的响应越明显。

因此，对红外热成像图 RGB 值点在颜色空间中的位置分布做统计分析可用于评价图像的视觉效果，进而评价基于红外热成像的页岩气压裂装备早期事故监测及识别方法的可行性及有效性。点位置分布越离散，图像视觉效果越好，用于表征微小温度差异的色彩差异越大，可分辨性越强，所述监测及识别方法的可行性和有效性越好；点位置分布越集中，图像色彩效果越单一，用于表征微小温度差异的色彩差异越小，甚至出现多个温度级共用同一 RGB 值的色彩融合现象，可分辨性越差，所述监测及识别方法的可行性及有效性越差。

其次，对各 RGB 值包含的像素点数量做统计分析可用于评价监测对象当前的温度状态，进而评价页岩气压裂装备的运行状态，识别与温度异常变化有关的早期事故。某一 RGB 值包含的像素点数量越多，其对应的温度值 T_{RGB} 在监测对象表面的分布越广，说明当前时刻监测对象的运行状态可能与温度值 T_{RGB} 有关。反之说明当前时刻监测对象的运行状态与温度值 T_{RGB} 关联性较小。鉴于页岩气压裂装备的运行过程涉及大量电能、机械能与内能的转化，且有多种事故模式与温度参数的异常变化有关，因而温度值 T_{RGB} 可作为页岩气压裂装备早期事故监测与识别的重要依据。

3.4.2 实施步骤

步骤 1：柱塞泵输出端漏水事故实验设计。

基于柱塞泵故障模拟实验平台输出端管道连接螺栓松动导致的液体泄漏模拟页岩气压裂泵高压输出端漏水事故。设计相关实验，并采集漏水实验的红外热成像监测数据。

步骤 2：构建柱塞泵输出端位置分割矩阵。

对柱塞泵红外热成像图做图像分割，提取输出端法兰口管段的图像边缘，并在图像数据矩阵层标定边缘线上各像素点的相对位置。即通过图像像素点坐标与矩阵元素位置的转换，在红外热成像图的转化数据矩阵上勾勒输出端法兰口管段的外部轮廓。轮廓线及其内部元素定义数值为 1，轮廓线外部元素定义数值为 0，构建输出端法兰口管段分割矩阵 $\boldsymbol{F}$。

步骤 3：柱塞泵输出端位置图像分割。

将柱塞泵输出端法兰口管段分割矩阵与红外热成像图的转化数据矩阵 $\boldsymbol{I}$ 做哈达玛积，构建柱塞泵输出端法兰口管段提取数据矩阵 $\boldsymbol{I}'_F$。

步骤 4：柱塞泵输出端区域独立成像。

对柱塞泵输出端法兰口管段提取矩阵 $\boldsymbol{I}'_F$ 做成像处理。提取矩阵 $\boldsymbol{I}'_F$ 中除关注的输出端法兰口管段之外的所有元素数值均为 0，成像时可不做处理。

步骤 5：柱塞泵输出端区域红外热成像图 RGB 值分布统计。

对柱塞泵输出端法兰口管段红外热成像图做 RGB 值分布统计分析：在由变量 R、G、

B 组成的三维空间中标注红外热成像图全部像素点 RGB 值对应的三维坐标位置，构建 RGB 值空间分布统计图；统计各 RGB 值包含的像素点个数，转化为体积参数赋值于对应的 RGB 值点，构建 RGB 值空间—规模分布统计图。则统计图中 RGB 值点的空间位置分布及其变化可用于表征与红外热成像图色调丰富度有关的设备表面温度的取值范围和波动范围，统计图中各 RGB 值点的尺寸大小及其变化可用于表征与红外热成像图主色调有关的设备表面温度的当前水平及未来的变化趋势。

步骤 6：柱塞泵输出端区域漏水早期事故监测及识别。

基于不同时刻红外热成像图 RGB 值分布的变化分析输出端法兰口管段温度参数的变化。若温度变化的幅度、速率大于常规数值或设定阈值，监测系统将判定当前区域发生故障或事故。由红外热成像图色彩与视觉层面的参数描述即为当色彩数值的变化幅度、速率大于常规数值或设定阈值时，监测系统将判定当前区域发生故障或事故。

3.4.3　案例分析

本节将以柱塞泵输出端法兰口管段漏水实验为例，对所述方法的实用性和有效性进行说明。

为了更好地开展相关科研工作，设计搭建了一套柱塞泵故障模拟实验平台，如图 3.50 所示。主要包括柱塞泵系统模块、运行参数监测模块、中央控制模块、红外热成像监测模块等。各模块组成部分及主要功能介绍如下：

图 3.50　柱塞泵故障模拟实验平台

（1）柱塞泵系统模块：含柱塞泵、传动箱、变频电机、循环用水箱、水路管道及阀门等，用于模拟页岩气压裂柱塞泵的工作形式及设备机械、动力、液路、电路等方面的运行特征。

（2）运行参数监测模块：含输入流量计、输出流量计、输出端压力表、润滑油油温测量装置、润滑油油压表等，用于监测柱塞泵系统的运行状态参数（流量、压力、润滑状态等）。

（3）中央控制模块：含变频电机控制器、参数显示屏、参数输出装置，用于柱塞泵系统运行频率的调节、运行状态参数的读取、存储和拓展。

（4）红外热成像监测模块：含红外热成像仪、计算机等，用于柱塞泵红外热成像信息的采集、处理和分析。

各模块功能及关系说明如图 3.51 所示。其中，柱塞泵系统结构简图如图 3.52 所示，变频电机输出动力，通过传动箱传递至柱塞泵动力端。

由图 3.52 可知，变频电机输出动力，通过传动箱传递至柱塞泵动力端。

红外热成像监测模块为外设装置，其架设位置、拍摄角度等可根据实验需要或场地条件灵活设计。监测成像结果实时传输至配套计算机，通过计算机软件实现红外热成像数据的存储、读取、分析等相关操作。

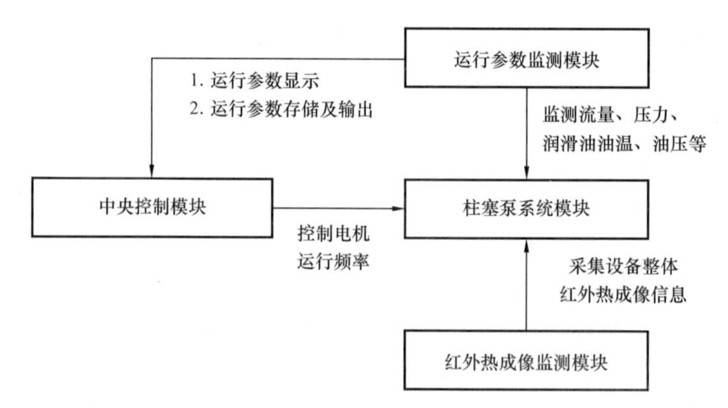

图 3.51　各模块功能及关系说明

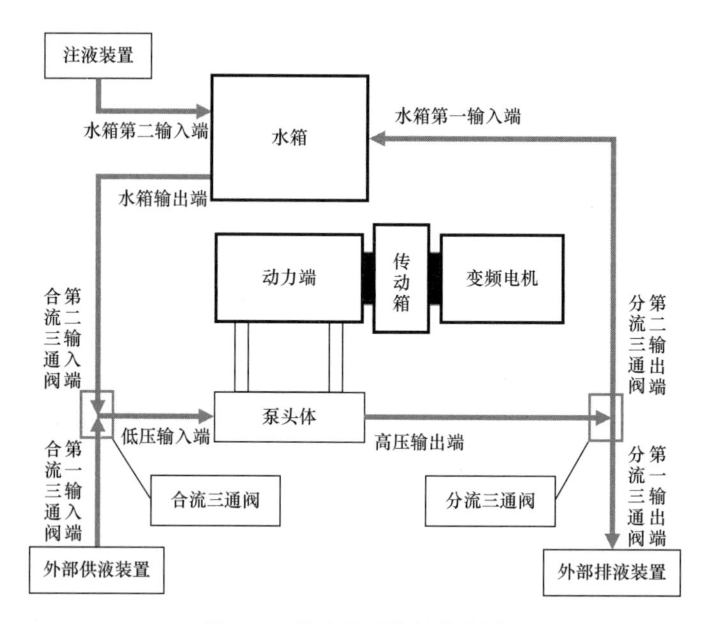

图 3.52　柱塞泵系统结构简图

案例分析所述柱塞泵输出端法兰口管段漏水实验涉及的实验场景及过程描述如下：

（1）启动柱塞泵故障模拟实验平台，调整运行频率至 25Hz，待输出流量平稳后选取任意时间点开始计时，并设定计时时刻为实验过程的起始时刻（t=0s），后续所有关于时间的描述均是以计时时刻为零点的相对时间。

（2）调节电机运行频率，由 25Hz 升至 30Hz，记录调整操作时刻为 t=160s。

（3）调节电机运行频率，由 30Hz 升至 50Hz，记录调整操作时刻为 t=334s。

（4）t=465s 时开始松动输出端管道连接螺栓。操作持续至约 t=490s 时，输出流量开始明显下降，如图 3.53 所示。

（5）设定 t=480s 作为泄漏实验流量监测的起始时间，t=660s 作为泄漏实验流量监测的结束时间。

（6）为避免高速流体持续泄漏对管道造成不可逆转的损害，t=717s 时调节电机运行频率，由 50Hz 降至 30Hz。

（7）持续观察泄漏及输出端温度变化情况一段时间后，调节电机运行频率，由 30Hz 升至 50Hz，记录调整操作时刻为 t=810s。

（8）调节电机运行频率的同时（t≈810s）开始紧固输出端管道连接螺栓，直至恢复到初始状态。

（9）流量逐渐恢复正常。

由设备说明书信息及正常运行条件下流量参数的统计结果可知，运行频率 50Hz 时柱塞泵输出流量的平均值（标准值）为 3.42m³/h。则泄漏发生后输出流量的变化情况如图 3.53 所示（流量监测时间段选取实验开始后的第 480s 至第 660s）。

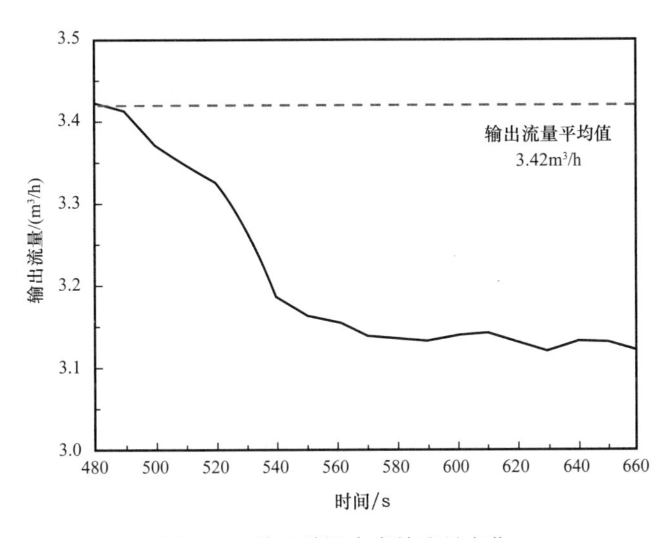

图 3.53　输出端漏水事故流量变化

选取柱塞泵输出端红外热成像图中任意一点作为参考测温点，用于观测输出端表面温度随时间的变化，如图 3.54 所示。

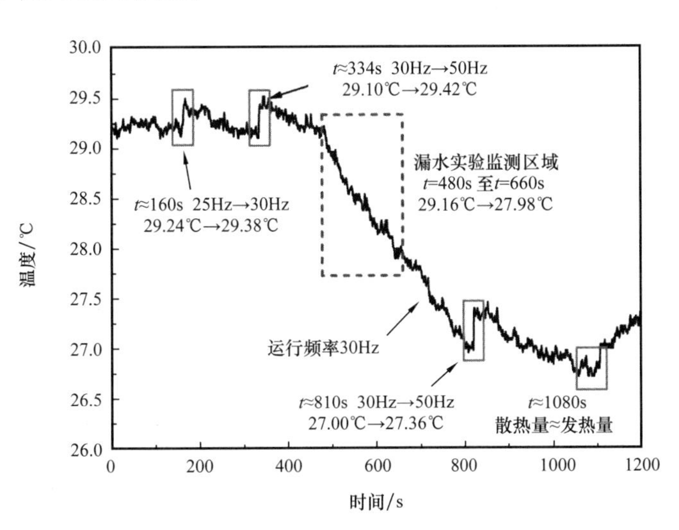

图 3.54　输出端参考测温点温度变化

由图 3.54 可知，t=0s 至 t=160s 时段输出端表面温度约为 29.22℃。t=160s 时运行频率由 25Hz 调至 30Hz，表面温度由 29.24℃ 跃升至 29.38℃，待流量平稳后（约 t=330s 时）表面温度回落至 29.12℃。t=334s 时调节运行频率至 50Hz，表面温度由 29.10℃ 跃升至 29.42℃，待流量平稳后（约 t=460s 时）表面温度回落至 29.20℃。

自 t=490s 开始柱塞泵输出端发生了明显泄漏。金属部件表面被低温液体冲刷冷却，温度出现持续性下降。t=480s 时测温点温度值为 29.16℃，第 660s 时表面温度已降至 27.98℃。

t=717s 时降低运行频率至 30Hz，表面温度由 27.70℃ 降至 27.52℃。t=810s 时调节运行频率至 50Hz，表面温度由 27.00℃ 跃升至 27.36℃。同步开始紧固输出端管道连接螺栓，使输出流量逐渐恢复正常，相应的表面温度回落至 26.98℃。约 1080s 时，泄漏液体对输出端表面的冲刷冷却作用已弱于高压液体与输出端摩擦的热效应，即当前时刻局部散热量低于发热量，输出端表面温度开始出现回升。

选取 t=344s（测温点温度最高值 29.52℃ 处）至 t=1089s（测温点温度最低值 26.72℃ 处）时段作为研究对象，并以 93s 为间隔在红外热成像监测视频中截取 9 张红外热成像图（745÷8=93…1，余下 1s 补至最后一组，即第 8 张和第 9 张间隔为 94s），如图 3.55 所示，分别为 t=344s（5min 44s 处）、t=437s（7min 17s 处）、t=530s（8min 50s 处）、t=623s（10min 23s 处）、t=716s（11min 56s 处）、t=809s（13min 29s 处）、t=902s（15min 2s 处）、t=995s（16min 35s 处）、t=1089s（18min 9s 处）。采用本节提出的图像增强方法对截取的 9 张红外热成像图做分割提取及独立成像处理。处理前后输出端局部区域红外热成像图视觉效果对比如图 3.56 至图 3.64 所示（左图为处理前，右图为处理后）。

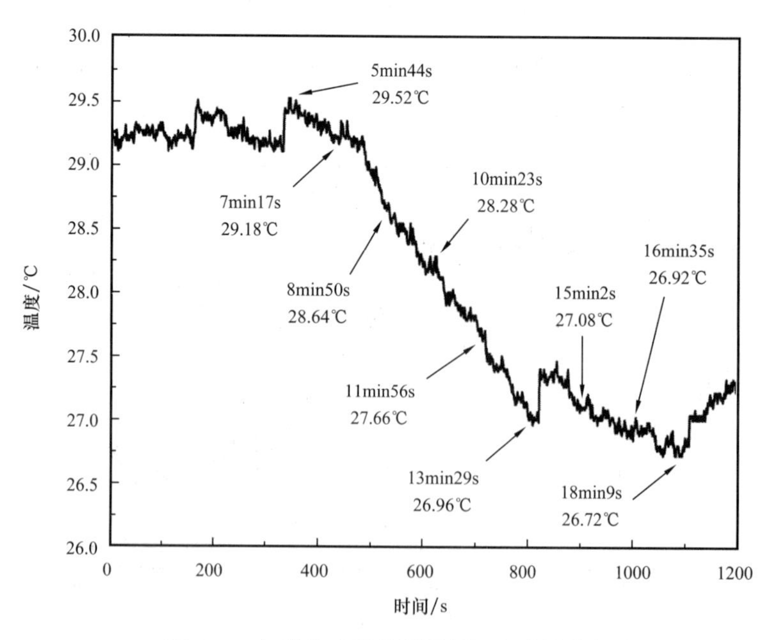

图 3.55　红外热成像监测视频截取时刻示意图

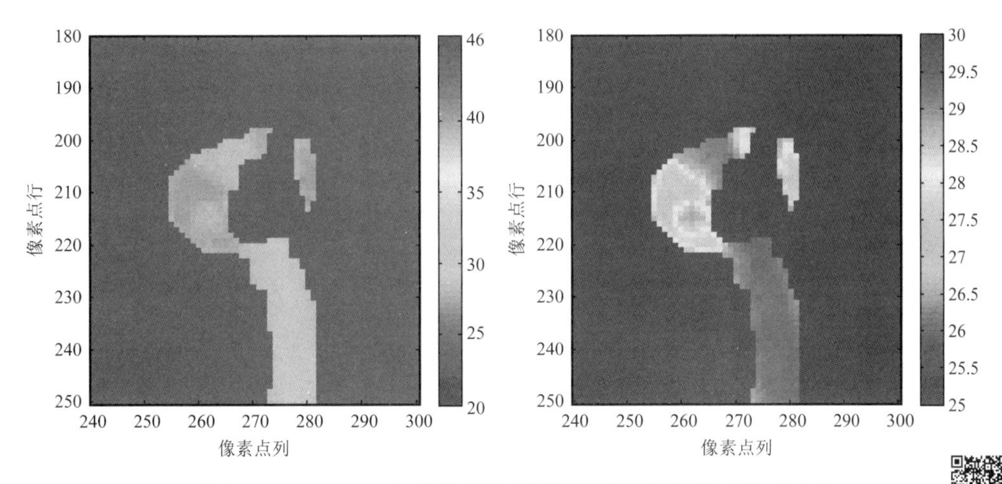

图 3.56　5min 44s 红外热成像监测视频截图增强处理前后对比

彩图扫码

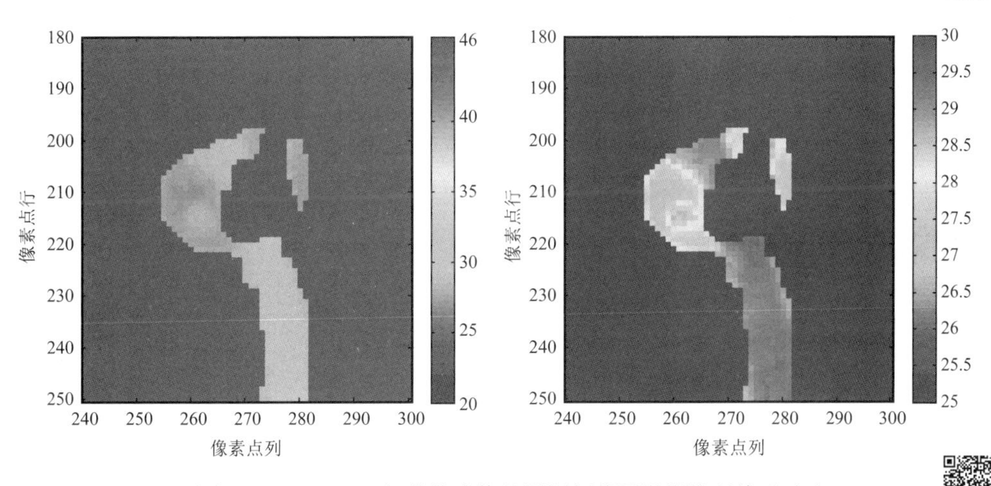

图 3.57　7min 17s 红外热成像监测视频截图增强处理前后对比

彩图扫码

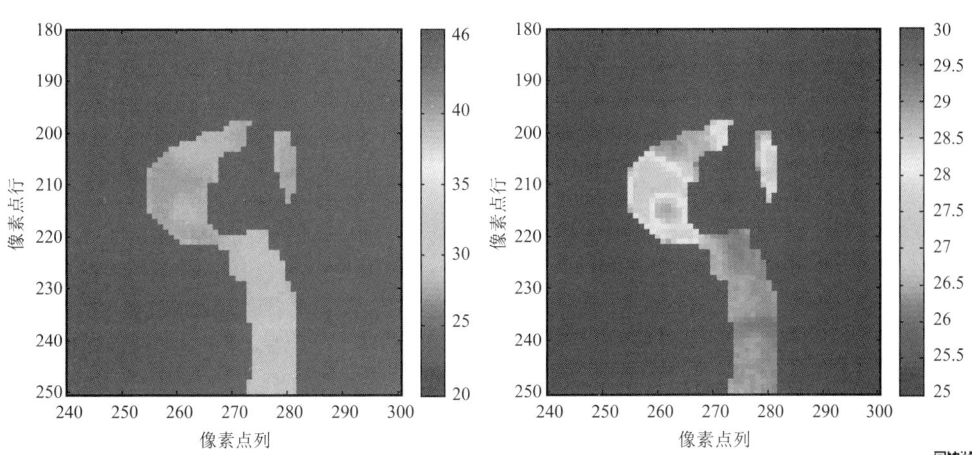

图 3.58　8min 50s 红外热成像监测视频截图增强处理前后对比

彩图扫码

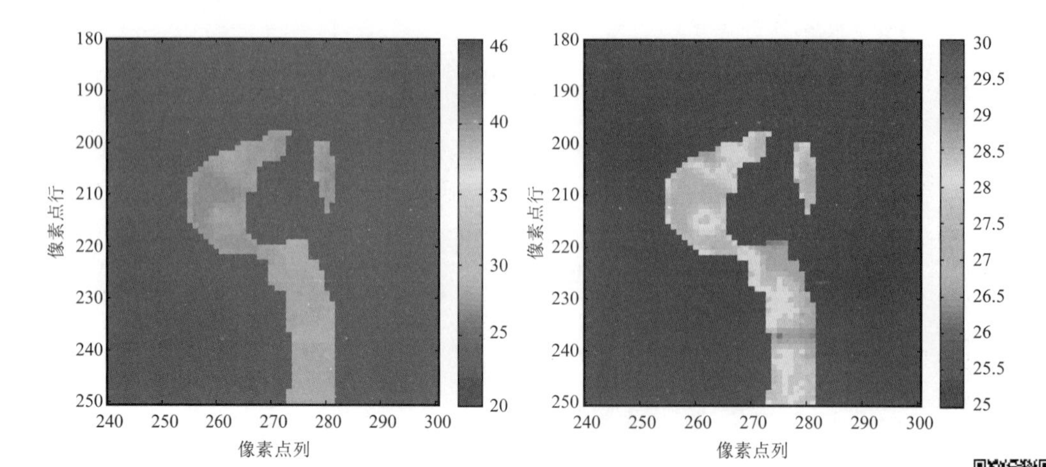

图 3.59　10min 23s 红外热成像监测视频截图增强处理前后对比

彩图扫码

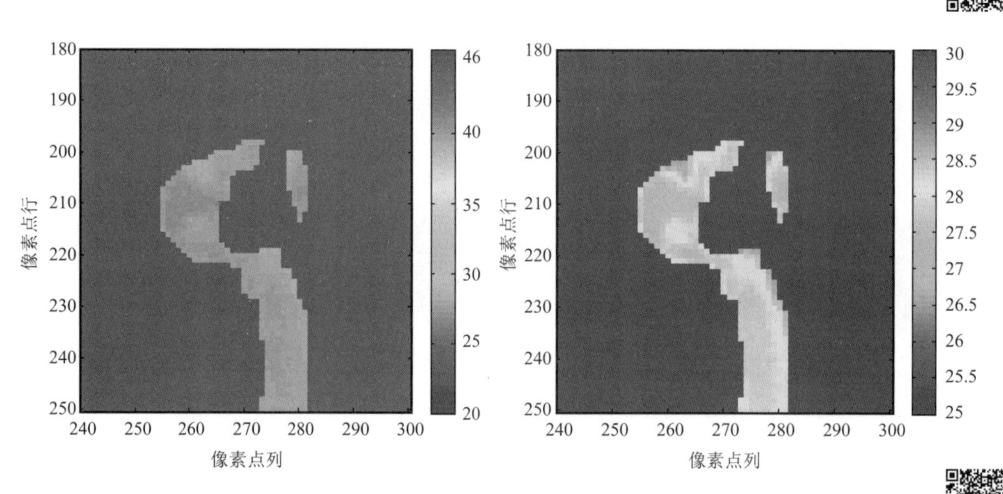

图 3.60　11min 56s 红外热成像监测视频截图增强处理前后对比

彩图扫码

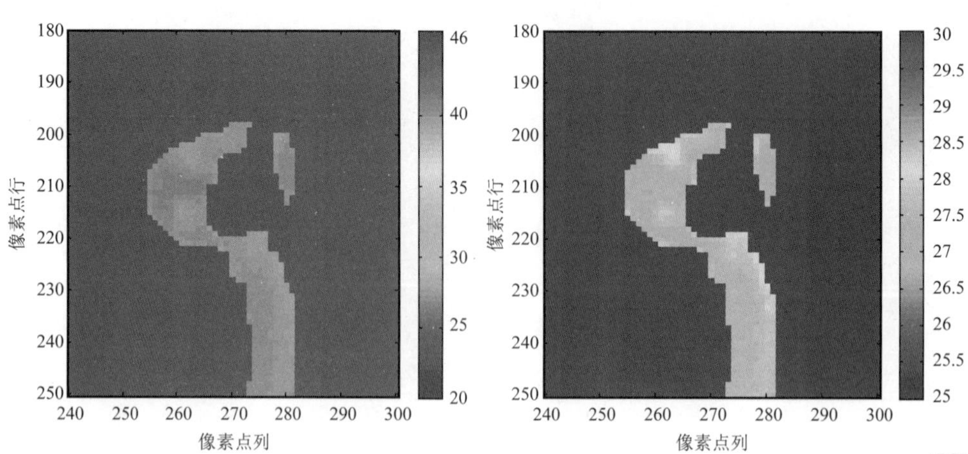

图 3.61　13min 29s 红外热成像监测视频截图增强处理前后对比

彩图扫码

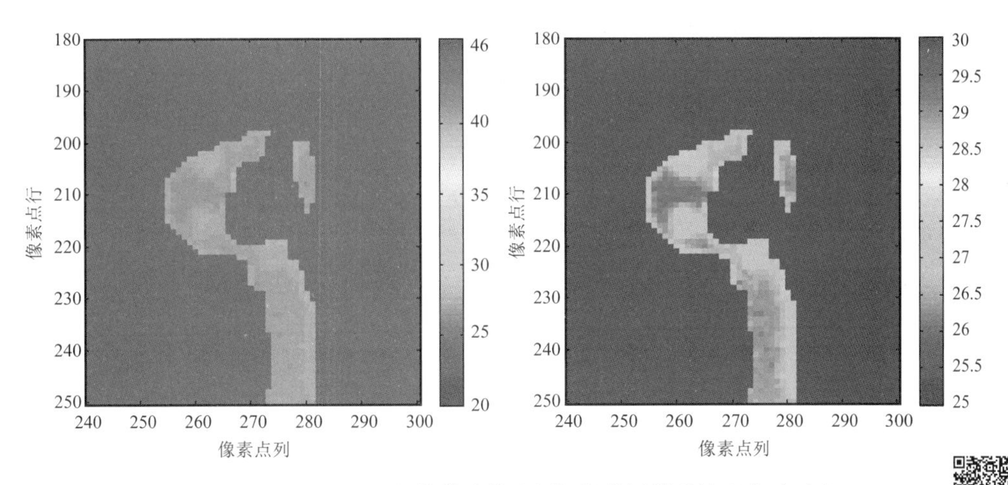

图 3.62　15min 2s 红外热成像监测视频截图增强处理前后对比

彩图扫码

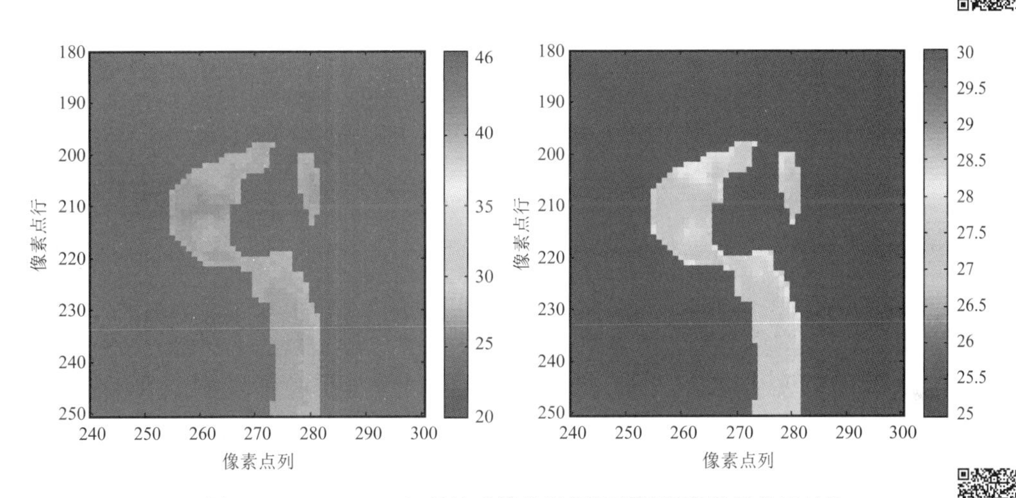

图 3.63　16min 35s 红外热成像监测视频截图增强处理前后对比

彩图扫码

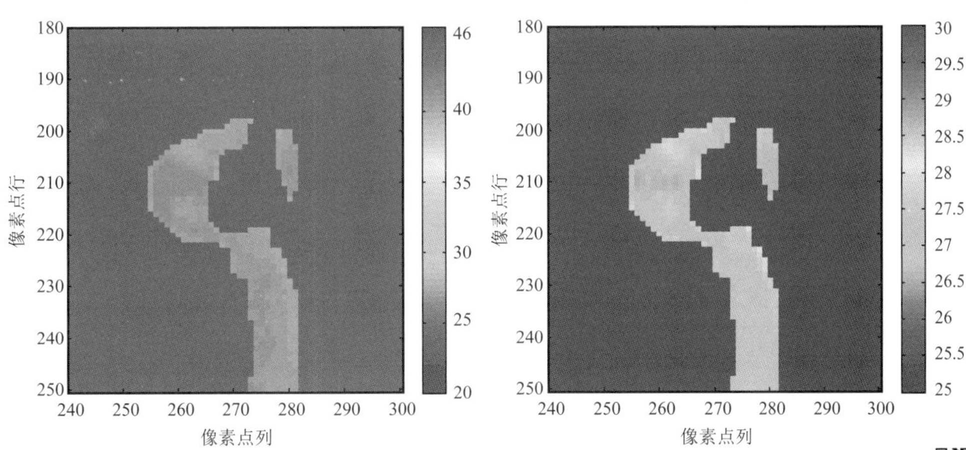

图 3.64　18min 9s 红外热成像监测视频截图增强处理前后对比

彩图扫码

对增强处理前后 9 组红外热成像图做 RGB 值分布统计，如图 3.65 至图 3.74 所示。

1. 5min 44s 红外热成像早期事故监测与识别

由图 3.65 可知，未经增强处理的第一张红外热成像图（5min 44s 处）中仅有 7 个 RGB 值点，用于表示 27.3～29.6℃ 之间 23 个温度值等级，即平均每个 RGB 值对应 3.29 个温度值等级。且 R 变量恒为 0，B 变量恒为 1，数值变化仅发生于 G 变量中。说明图像主色调为蓝色，且基于色彩差异的最小可辨识温度差异应为 0.33℃。

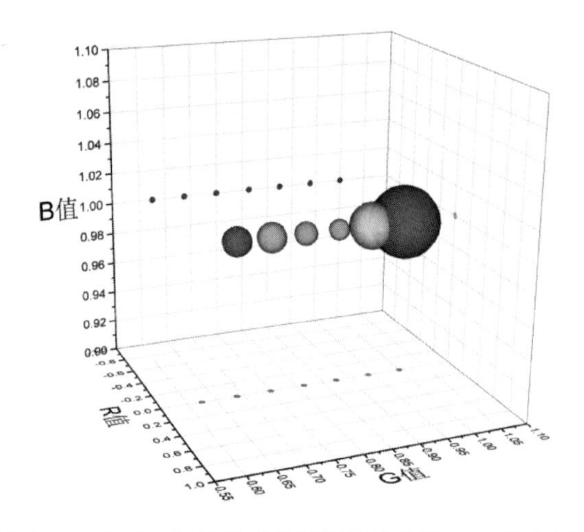

图 3.65　5min 44s 红外热成像图增强处理前 RGB 值分布统计

彩图扫码

由图 3.66 可知，增强处理后的第一张红外热成像图（5min 44s 处）共有 23 个 RGB 值，用于表示 23 个温度值等级，即每个温度值等级均有唯一的 RGB 值与之对应。且数值在 R、G、B 三个变量中均会发生变化，说明图像色调更加丰富，基于色彩差异的最小可辨识温度差异为 0.10℃。

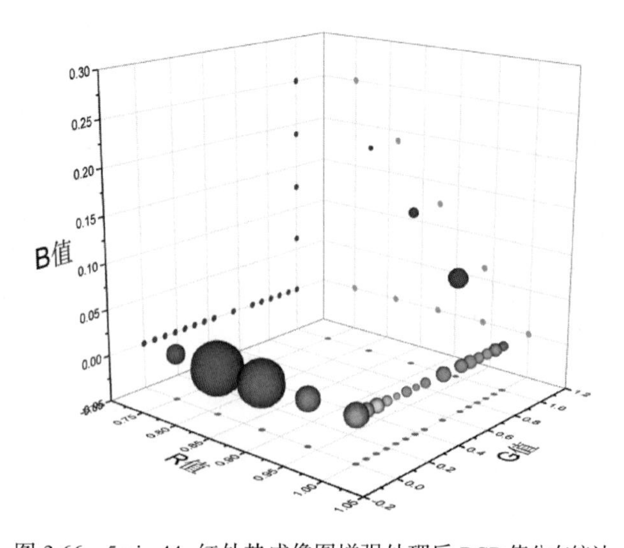

图 3.66　5min 44s 红外热成像图增强处理后 RGB 值分布统计

彩图扫码

由图 3.66 可知，*R* 轴上共有 252 个像素点，即 29.2～29.6℃ 区域共有 252 个像素点，占总量的 45.32%。且集中于两个 RGB 值处：（0.813，0，0）点包含 80 个像素点，（0.875，0，0）包含 70 个像素点，其对应的温度值分别为 29.5℃、29.4℃；*G* 轴上共有 246 个像素点，即 27.7～29.1℃ 区域共有 246 个像素点，占总量的 44.24%，但其分布均匀，平均每个温度等级 17.57 个像素点，因而不存在温度集中点。

综上所述，第一张红外热成像图（5min 44s 处）设备表面温度集中于 29.4℃、29.5℃ 两处，测温点温度 29.52℃。

2. 7min 17s 红外热成像早期事故监测与识别

由图 3.67 可知，未经增强处理的第二张红外热成像图（7min 17s 处）中仅有 7 个 RGB 值点，用于表示 27.1～29.5℃ 之间 24 个温度值等级，即平均每个 RGB 值对应 3.43 个温度值等级。且 *R* 变量恒为 0，*B* 变量恒为 1，数值变化仅发生于 *G* 变量中。说明图像主色调为蓝色，且基于色彩差异的最小可识别温度差异应为 0.34℃。

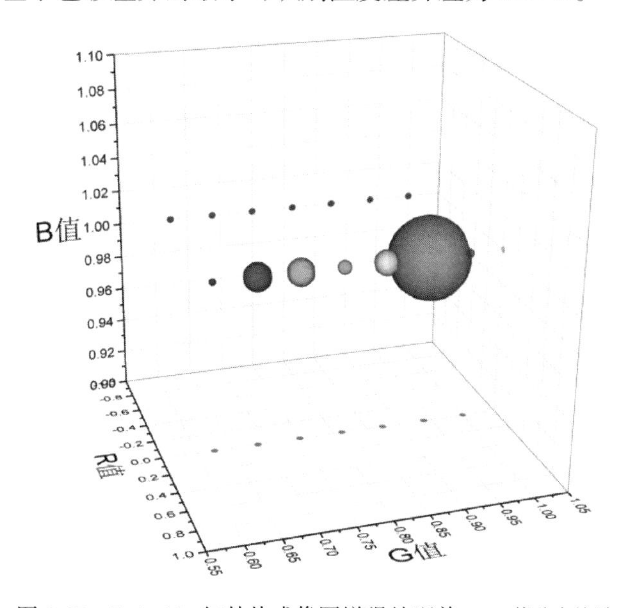

图 3.67　7min 17s 红外热成像图增强处理前 RGB 值分布统计

彩图扫码

由图 3.68 可知，增强处理后的第二张红外热成像图（7min 17s 处）共有 24 个 RGB 值，用于表示 24 个温度值等级，即每个温度值等级均有唯一的 RGB 值与之对应。且数值在 *R*、*G*、*B* 三个变量中均会发生变化，说明图像色调更加丰富，基于色彩差异的最小可辨识温度差异为 0.10℃。

由图 3.68 可知，*R* 轴上共有 176 个像素点，即 29.2～29.5℃ 区域共有 176 个像素点，占总量的 31.65%。且集中于两个 RGB 值处：（0.938，0，0）点包含 70 个像素点，（1，0，0）包含 81 个像素点，其对应的温度值分别为 29.3℃、29.2℃；*G* 轴上共有 299 个像素点，即 27.7～29.1℃ 区域共有 299 个像素点，占总量的 53.78%，但其分布均匀，平均每个温度等级 21.36 个像素点，因而不存在温度集中点。

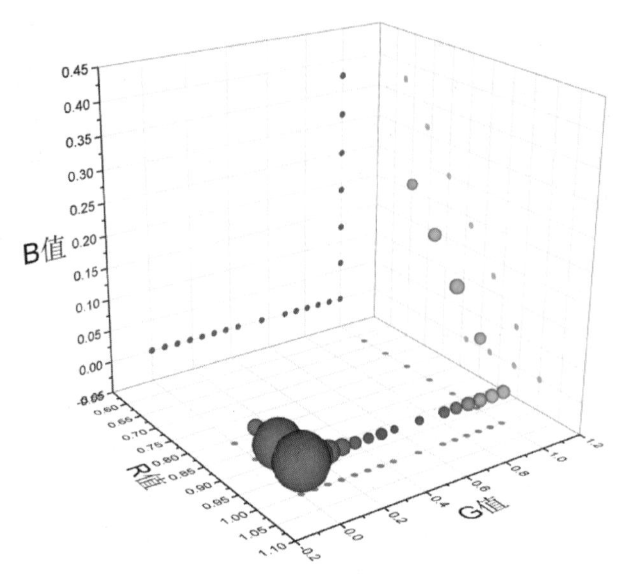

图 3.68　7min 17s 红外热成像图增强处理后 RGB 值分布统计

彩图扫码

综上所述，红外热成像图（7min 17s 处）设备表面温度集中于 29.2℃、29.3℃ 两处，测温点温度 29.18℃。

3. 10min 23s 红外热成像早期事故监测与识别

由图 3.69 可知，未经增强处理的第四张红外热成像图（10min 23s 处）中仅有 6 个 RGB 值点，用于表示 27.0～29.3℃之间 22 个温度值等级，即平均每个 RGB 值对应 3.67 个温度值等级。且 R 变量恒为 0，B 变量恒为 1，数值变化仅发生于 G 变量中。说明图像主色调为蓝色，且基于色彩差异的最小可识别温度差异应为 0.37℃。

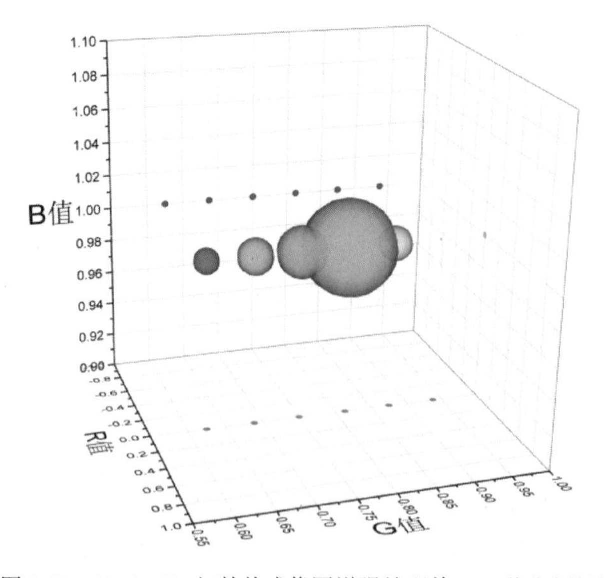

图 3.69　10min 23s 红外热成像图增强处理前 RGB 值分布统计

彩图扫码

由图 3.70 可知，增强处理后的第四张红外热成像图（10min 23s 处）共有 22 个 RGB 值，用于表示 22 个温度值等级，即每个温度值等级均有唯一的 RGB 值与之对应。且数值在 *R*、*G*、*B* 三个变量中均会发生变化，说明图像色调更加丰富，基于色彩差异的最小可辨识温度差异为 0.10℃。

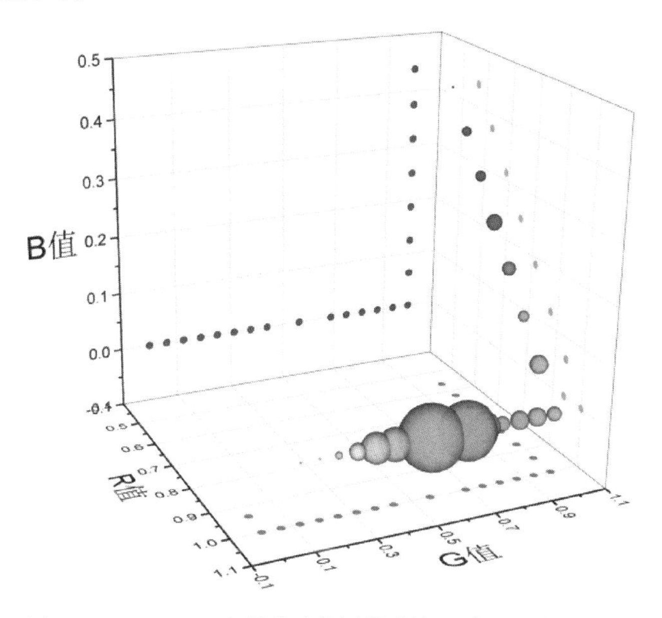

图 3.70　10min 23s 红外热成像图增强处理后 RGB 值分布统计

由图 3.70 可知，*G* 轴上共有 435 个像素点，即 27.7～29.1℃ 区域共有 435 个像素点，占总量的 78.24%，且集中于两个 RGB 值处：（1，0.563，0）点包含 90 个像素点，（1，0.688，0）包含 81 个像素点，其对应的温度值分别为 28.4℃、28.2℃。*RB* 平面上共有 120 个像素点，即 27.0～27.6℃ 区域共有 120 个像素点，占总量的 21.58%。

综上所述，红外热成像图（10min 23s 处）设备表面温度集中于 28.20℃、28.40℃ 两处，测温点温度 28.28℃。

4. 11min 56s 红外热成像早期事故监测与识别

由图 3.71 可知，未经增强处理的第五张红外热成像图（11min 56s 处）中仅有 5 个 RGB 值点，用于表示 27.0～28.7℃ 之间 17 个温度值等级，即平均每个 RGB 值对应 3.40 个温度值等级。且 *R* 变量恒为 0，*B* 变量恒为 1，数值变化仅发生于 *G* 变量中。说明图像主色调为蓝色，且基于色彩差异的最小可识别温度差异应为 0.34℃。

由图 3.72 可知，增强处理后的第五张红外热成像图（11min 56s 处）共有 17 个 RGB 值，用于表示 17 个温度值等级，即每个温度值等级均有唯一的 RGB 值与之对应。且数值在 *R*、*G*、*B* 三个变量中均会发生变化，说明图像色调更加丰富，基于色彩差异的最小可辨识温度差异为 0.10℃。

由图 3.72 可知，*G* 轴上共有 441 个像素点，即 27.7～28.7℃ 区域共有 441 个像素点，占总量的 79.32%，且集中于两个 RGB 值处：（1，0.938，0）点包含 86 个像素点，（1，1，0）

包含 94 个像素点，其对应的温度值分别为 27.8℃、27.7℃。*RB* 平面上共有 115 个像素点，即 27.0～27.6℃ 区域共有 115 个像素点，占总量的 20.68%。

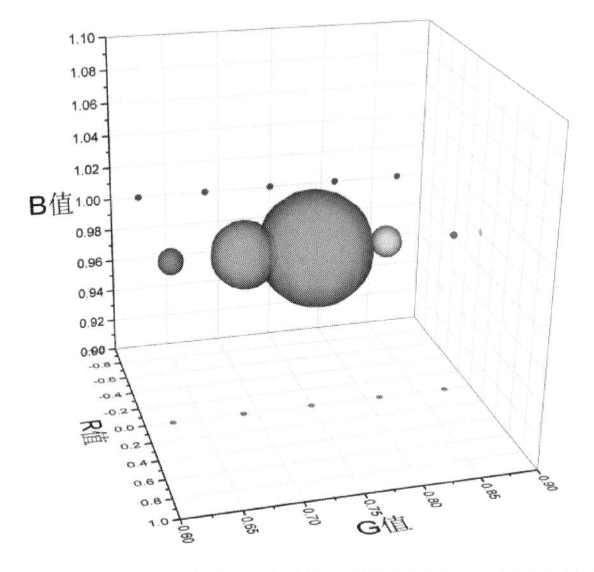

图 3.71　11min 56s 红外热成像图增强处理前 RGB 值分布统计

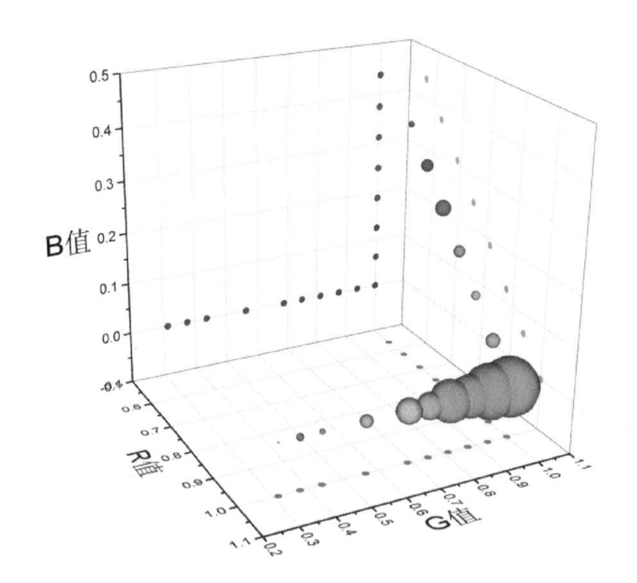

图 3.72　11min 56s 红外热成像图增强处理后 RGB 值分布统计

综上所述，红外热成像图（11min 56s 处）设备表面温度集中于 27.7℃、27.8℃ 两处，测温点温度 27.66℃。

5. 13min 29s 红外热成像早期事故监测与识别

由图 3.73 可知，未经增强处理的第六张红外热成像图（13min 29s 处）中仅有 5 个 RGB 值点，用于表示 26.7～28.2℃ 之间 16 个温度值等级，即平均每个 RGB 值对应 3.20

个温度值等级。且 R 变量恒为 0，B 变量恒为 1，数值变化仅发生于 G 变量中。说明图像主色调为蓝色，且基于色彩差异的最小可识别温度差异应为 0.32℃。

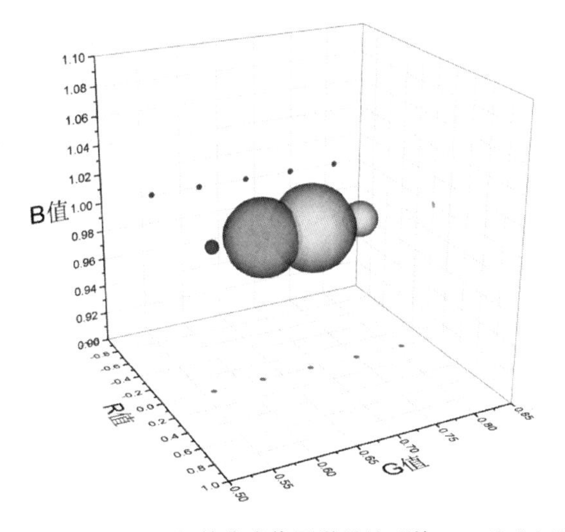

彩图扫码

图 3.73　13min 29s 红外热成像图增强处理前 RGB 值分布统计

由图 3.74 可知，增强处理后的第六张红外热成像图（13min 29s 处）共有 16 个 RGB 值，用于表示 16 个温度值等级，即每个温度值等级均有唯一的 RGB 值与之对应。且数值在 R、G、B 三个变量中均会发生变化，说明图像色调更加丰富，基于色彩差异的最小可辨识温度差异为 0.10℃。

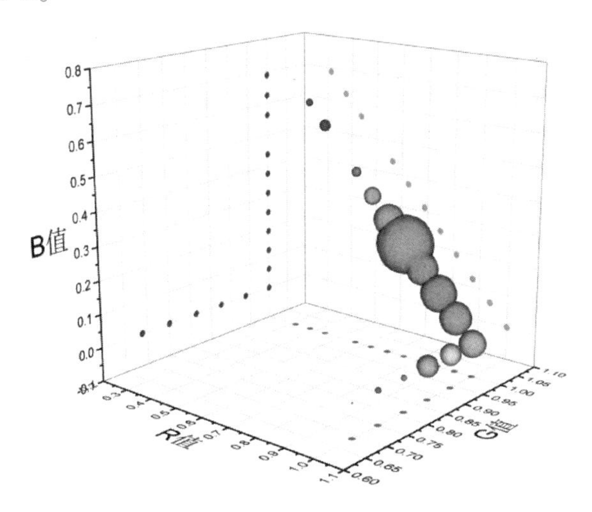

彩图扫码

图 3.74　13min 29s 红外热成像图增强处理后 RGB 值分布统计

由图 3.74 可知，G 轴上共有 141 个像素点，即 27.7～28.2℃ 区域共有 141 个像素点，占总量的 25.36%。RB 平面上共有 415 个像素点，即 26.7～27.6℃ 区域共有 415 个像素点，占总量的 74.64%。且集中于一个 RGB 值处：（0.75，1，0.25）点包含 99 个像素点，其对应的温度值为 27.30℃。

综上所述，红外热成像图（13min 29s 处）设备表面温度集中于 27.30℃ 一处，测温点温度 26.96℃。

6. 输出端漏水早期事故监测与识别

由实验结果可知，柱塞泵输出端平稳运行时其表面温度变化幅度较小，趋近于稳定状态。当调节电机运行频率改变输出流量时，输出端表面温度会发生跃变，并在运行一段时间后恢复至稳定状态。而当输出端发生漏水事故时，管路部件在漏出液体的冲刷作用下其表面温度将出现持续性降低，直至高压液体与管壁摩擦的发热量与漏出液体冲刷降温作用的散热量重新建立平衡。

对照实验现象与输出端测温点温度变化趋势（图 3.54）可知，发生漏水事故后，输出端表面温度迅速降至稳定状态（平均温度 29.20℃）以下，则以 29.20℃ 作为判定标准，当输出端表面温度持续低于稳定状态并保持下降趋势时，可推断当前时刻输出端可能发生了泄漏事故（经过数据清洗的红外热成像监测视频可以排除异物遮挡输出端区域导致的温度异常降低现象）。

在设定的成像规则中将 T=29.20℃ 换算为图像的 RGB 值，可得 R=1，G=0，B=0，即温度空间中的 T=29.20℃ 转化为颜色空间中的（1，0，0），如图 3.75 所示。

当 T>29.20℃ 时，温度降低，R 值增大，G 值、B 值不变，即 RGB 值点在 RG 平面沿 R 轴向右移动。当 27.70℃<T<29.20℃ 时，温度降低，R 值、B 值不变，G 值增大，即 RGB 值点在 RG 平面沿 G 轴向上移动。

当 T=27.70℃ 时，对应的 RGB 值点为（1，1，0）。则当 T<27.70℃ 时，G 值不变，RB 平面上 R 值减小，B 值增大，两者遵循 $R+B$=1 的数值关系。即温度降低，G 值不变，RGB 值点在 RB 平面沿 R=1−B 直线向上移动。

由图 3.75 可知，第三张红外热成像图（8min 50s 处）的 RGB 值集中点（1，0.156，0）在 G 轴方向上高于临界点（1，0，0），说明 8min 50s 时可能出现了漏水事故。此后第四张红外热成像图（10min 23s）处的 RGB 值集中点（1，0.622，0）沿 G 轴方向继续上移，即对应的设备表面温度值持续下降，说明 10min 23s 时可以确认发生漏水事故。

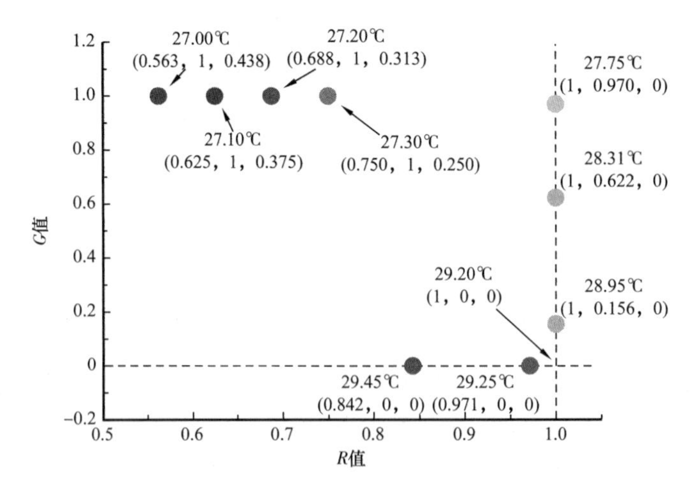

图 3.75　红外热成像图 RGB 值点 RG 平面投影图

紧固输出端管道连接螺栓修复漏水事故后，由图 3.54 可知，测温点温度值的下降速率相比漏水事故期间有所减缓。截取的三张红外热成像图（15min 2s、16min 35s、18min 9s 处）中监测对象的主温度值分别为 27.10℃、27.20℃、27.00℃，对应的 RGB 值集中点分别为（0.625，1，0.375）、（0.688，1，0.313）、（0.563，1，0.438），如图 3.75 所示。说明此时漏水事故已逐渐修复，输出端表面逐渐重建散热量与发热量之间的平衡。由实验现象可知，约第 1080s 时输出端表面温度降至最低值，即当前时刻输出液体与管壁摩擦的发热能力约等于输出端管道本身的散热能力，此后输出端表面温度将开始逐渐升高，直至恢复到正常水平。

3.5　基于红外热成像与 CNN 的压裂装备故障精准识别及预警

近年来深度学习方法得以快速发展，具有代表性的卷积神经网络（convolutional neural network，CNN）分支衍生了多类网络结构，在图像及视频目标检测、分割识别等领域得到广泛应用。压裂泵发生故障的部位主要为输出端、泵头体、输入端，这三个区域由于液体流动带来的降温效果加上外部壳体厚重使得红外热像图上的温度变化不明显。为克服传统红外图像分析方法在温度表征较小情况时的局限性，解决以压裂泵为代表的页岩气压裂装备故障的识别难点，开展压裂泵典型故障特征、红外热成像图像前期预处理及后期智能识别算法研究，建立整体性的红外热像图预处理方法，引入卷积神经网络并进行模型选取及参数优化，提取压裂装备红外热像图中的故障特征并分类，从而实现页岩气压裂泵运行故障的识别及预警。

3.5.1　基础理论

1. 红外热像图预处理

红外热成像仪在使用过程中易受环境温度、光照、发射率、风速及配套软件的调色板设置这些的因素影响使得形成的红外热像图存在差异。为使红外热像图分析结果更为准确，建立了整体性红外热像图预处理方法。首先对所有图像进行灰度化处理，消除不同调色板造成的差异并进一步降噪、边缘锐化处理，最后根据需要进行图像尺寸的归一化，如图 3.76 所示。

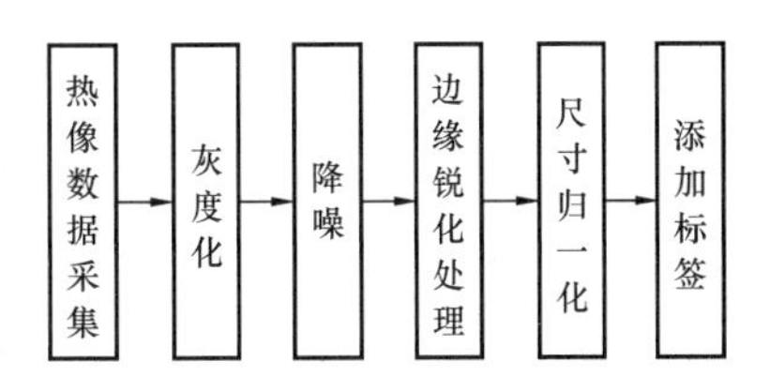

图 3.76　红外热像图预处理流程

1）中值滤波降噪

目前在图像降噪上主要使用的方法有均值滤波、小波变换、中值滤波及相关改进。但均值滤波只是将某点的噪声强度平均分布在周围数据上，尽管降低了幅值，起到了降噪作用，但增加了噪声点的颗粒面积，且会使得图像边缘变得模糊，不利于下一步图像处理。小波变换对于图像的降噪需要以牺牲分辨率为代价，这是压裂泵热成像图片分析和研究中需要竭力避免的。中值滤波是一类基于排序统计理论的降噪方法，能够较好地处理“椒盐”类部分点上随机分布的噪声，且能保持较好的清晰度，因此采用中值滤波进行图像降噪。

2）拉普拉斯边缘锐化算法

降噪后为保证图像对比度对边缘采取拉普拉斯算法进行锐化和增强。拉普拉斯算子为一类各向同性的微分算子，具有旋转不变性。一个二维图像函数的拉普拉斯变换是各向同性的二阶导数，其定义为：

$$\nabla^2 f(x,y)=\frac{\partial^2 f}{\partial x^2}+\frac{\partial^2 f}{\partial y^2} \tag{3.27}$$

为了更便于图像的处理，使用离散形式表示该方程，表示为：

$$\nabla^2 f = f(x+1,y)+f(x-1,y)+f(x,y+1)+f(x,y-1)-4f(x,y) \tag{3.28}$$

图像锐化处理的原理为通过增强灰度反差从而使模糊图像变得更加清晰。由于拉普拉斯微分算子的应用可减弱图像中灰度的缓慢变化区域，另一方面又可增强图像中灰度突变的区域。因此，可选择拉普拉斯算子对原图像进行锐化处理，产生描述灰度突变的图像，之后再将该图像与原始图像叠加而产生锐化图像。拉普拉斯锐化的基本方法可表示为：

$$g(x,y)=\begin{cases} f(x,y)-\nabla^2 f(x,y), \text{掩模中心系数为负} \\ f(x,y)+\nabla^2 f(x,y), \text{掩模中心系数为正} \end{cases} \tag{3.29}$$

其中：$g(x, y)$ 为输出；$f(x, y)$ 为原始二维图像。

2. 优化的 CNN 模型

CNN 是一种包含卷积层的特殊深层神经网络模型，凭借其权值共享、局部感知、下采样等特点能够有效地降低权值数目及网络结构的复杂度，减少前期图像的处理步骤并具备较好的泛化性能，因此当前被广泛应用在语音及图像识别领域。CNN 模型结构上一般包含输入层、卷积层、子采样层、全连接层及输出层五部分。常用的 CNN 模型有 LetNet、AlexNet、VGG、GoogleNet 等。

由于红外热成像图像尺寸相比各类网上图像数据集中照片更大，网络深度的增加无疑会增加训练时间，所以选定最为经典的一种卷积神经网络结构 LetNet−5，其结构如图 3.77 所示。

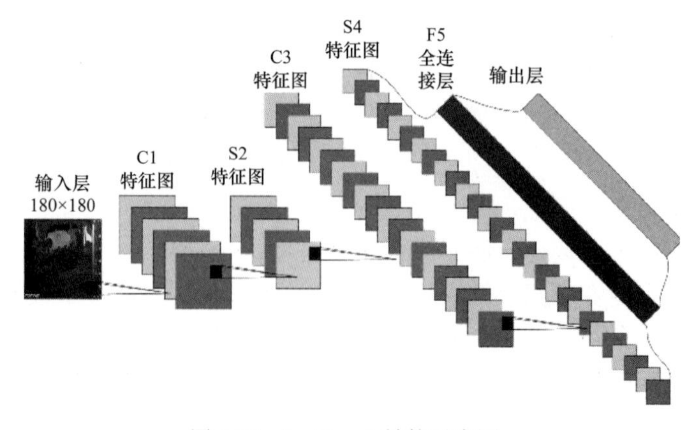

图 3.77　LetNet−5 结构示意图

其中的卷积层与子采样层交替排列，由不同的卷积核提取得到不同的二维特征图，子采样层可保证特征的缩放不变性，同一特征图的权值共享，最后由全连接层通过点积运算将二维特征图转换为一维输出。CNN 处理流程如图 3.78 所示。

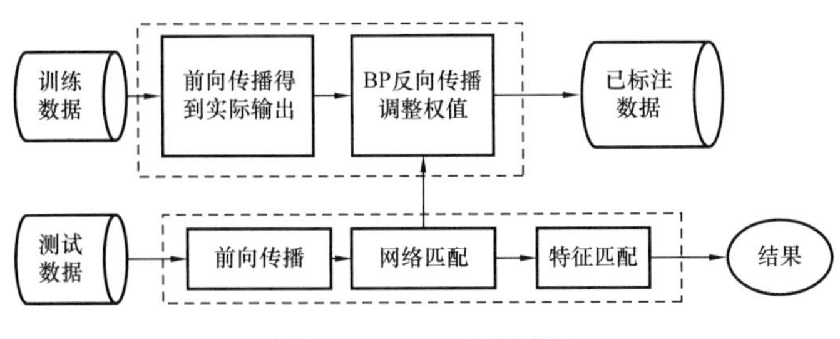

图 3.78　CNN 处理流程

为进一步提高先前的 LetNet-5 网络的训练和运算速度，同时在压裂泵运行故障样本较小的情况下获得更好的准确性，减少过拟合发生，引进 Relu 激活函数及 Dropout 层进行网络优化。

1）激活函数 Relu 引进

在多层神经网络结构中输入经过加权及求和处理后还被作用一个非线性的激活函数，以逼近任意非线性函数，否则无论网络有多少层，输出都是输入的线性组合。常用的非线性激活函数有 Sigmoid 函数及 tanh 函数。当使用 Sigmoid 函数时一旦输入远离了坐标原点，则函数的梯度几乎为零。神经网络反向传播过程是以链式法则来计算各权重 W 的微分，当反向传播经过多个 Sigmoid 函数时会导致权重 W 对损失函数影响几乎为零，发生梯度弥散现象，同时 Sigmoid 函数需要进行指数运算，图像处理时速度较慢。tanh 是双曲正切函数，在输入很大或是很小的时候，输出都几乎平滑，梯度很小，不利于权重更新。因此在网络中引进 Relu 函数作为激活函数来解决上述问题。如图 3.79 所示，Relu 为分段函数，具有分段线性性质，会使得一部分神经元输出为 0，同时减少参数相互依存性，使得网络稀疏性增加并且显著降低过拟合，提高了训练过程中的收敛速度。

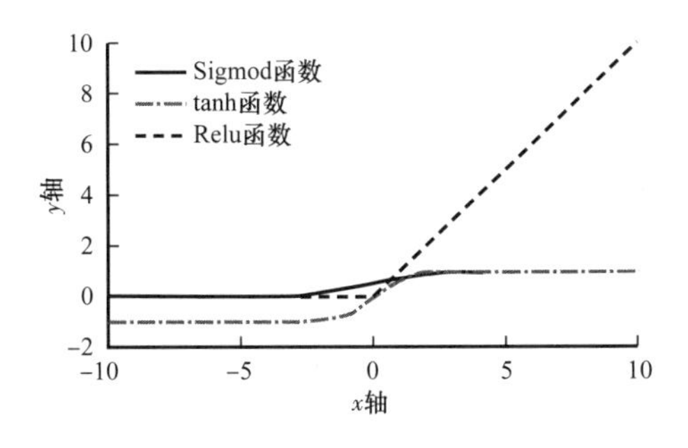

图 3.79　三类激活函数图像

2）Dropout 层设置

训练卷积神经网络模型时需要大量的数据作为训练样本，训练样本过少则会引起模型的过拟合，致使最后的分类结果准确率较低，无法保证较好的鲁棒性，针对这种情况使用

dropout 层（图 3.80），在模型训练时按照一定概率让网络某些隐含层节点的权重不工作，不工作的节点可以暂时认为不是网络结构的一部分，但是保留其权重，对于随机梯度下降来说就是随机选择，使每一个 mini-batch 都在训练不同的网络，从而有效防止过拟合现象的发生。

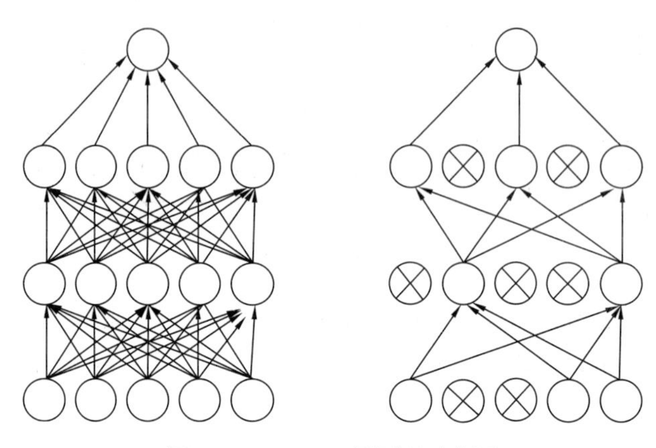

图 3.80　Dropout 层原理示意图

3.5.2　压裂泵运行故障精准识别及早期预警步骤

1. 压裂泵典型故障分析

通过对压裂施工现场及压裂设备生产厂家实地调研资料进行研究得出压裂泵的故障类型及可能原因如下：

（1）吸入端吸空。多由混砂车故障或是吸入端管道泄漏、堵塞、沉降造成。

（2）泵头体刺漏。由于长期承受高压及循环载荷作用造成，与施工时的工艺参数及材料性质决定，无明显征兆，发生此类故障则需更换泵头体。

（3）高压输出端刺漏。多由螺栓紧固力不均、径向振动幅度过大、密封失效等原因造成。

（4）油路失火。油路发生泄漏且散热装置未能及时散热造成。

（5）动力端异常。动力部分或传动装置发生故障或异常造成功率异常甚至停泵。

2. 故障识别及预警具体步骤

1）训练阶段

步骤 1：使用红外热像采集设备进行数据采集，如有智能对焦模式则自动调整焦距，若无则手动调整至监测区域设备轮廓清晰。

步骤 2：根据实际需要选择红外热成像设备温宽，自动温宽选项上下限为画面的最高最低温度，且要求相差 8℃ 以上；智能温宽可去除部分不明显温度点，提高显示对比度；固定温宽可自定义温宽上下限，且温差也要求相差 8℃ 以上。

步骤 3：设置采集频率 f，一般取 f 的范围为 3 张 / 帧至 0.5 张 / 帧，可根据故障征兆至发生故障时的时间长短进行调整。

步骤 4：红外热像设备采集的数据为视频格式，需要间隔一定时间将视频传输并转换为图片作为下一步的输入，根据硬件配置调整，传输间隔越短越好。

步骤 5：进行图片预处理，将步骤 4 中得到的红外热成像图片依次经过灰度化、中值降噪及边缘锐化处理。预处理过后的红外热成像图像根据需要进行尺寸归一化，作为训练集和测试集数据样本。

步骤 6：重复步骤 4、步骤 5 得到至少 200 张正常及故障红外热成像图像样本。

步骤 7：网络训练，以步骤 6 中图像作为输入，进行下一步网络训练。CNN 网络除输入输出外还有许多参数，如学习率、步长、卷积尺寸数目及大小等，在引入 Relu 函数及 Dropout 层后还需设定丢弃率等，这些参数的调整直接影响网络的收敛程度及速度、泛化性能及准确率，因而需要在常见的范围内不断调整，选择适合压裂泵为代表的压裂装备故障识别的最佳参数组合。

2）测试及应用阶段

步骤 1：得到不同类型故障的红外热成像图像样本及训练好的模型后使用随机抽取的测试集进行准确率测试。

步骤 2：准确率达到要求后再以故障发生初始时刻及之后单张红外热成像图像数据进行单幅测试，得出初步预警时间。如取故障发生时至发生 10s 后的单幅故障数据进行测试，若只能识别故障发生后 4～10s 的图像数据，则预警时间为 4s，多次测试以确保结果准确。

步骤 3：重复训练阶段中的步骤 1～7，在页岩气压裂施工现场安装调试红外热成像采集设备并设置好参数，得到压裂装备红外热成像图像，经过预处理后作为已经训练好的 CNN 模型输入，判断压裂装备是否处于正常状态，若识别为故障则输出故障类别。

整体流程如图 3.81 所示。

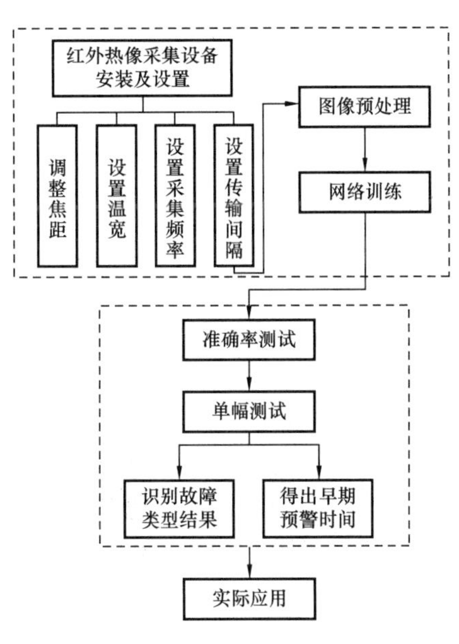

图 3.81　故障识别及预警步骤流程

3.5.3　案例与分析

1. 数据采集及预处理

设置相关参数，其中调焦模式设置为自动，温宽设定为智能模式，采集频率为 3 张 /s，视频发送间隔为 5s，得到的红外热成像图尺寸为 384×280 像素。最终用于训练和验证的图像尺寸归一化为 180×180 像素。

以高压输出端刺漏故障为例，在电机运行频率 50Hz，泵高压为 7.7MPa 工况下，通过拧松输出端螺栓模拟故障。选取了 510～640s 红外热像数据进行分析，对应的输出端及地面测温参考点温度变化如图 3.82 所示，其中在第 604s 时开始刺漏。刺漏发生前地面测温参考点 Sp1 的温度为 26.5℃，输出端测温参考点 Sp2 的温度为 27.3℃。刺漏发生后，由于漏出液体高于地面及环境温度，Sp1 的温度逐渐升高至 27.7℃；同时由于漏出液体的冲刷和热传导作用，使得输出端表面温度也升至 27.7℃，最后两者趋于稳定。

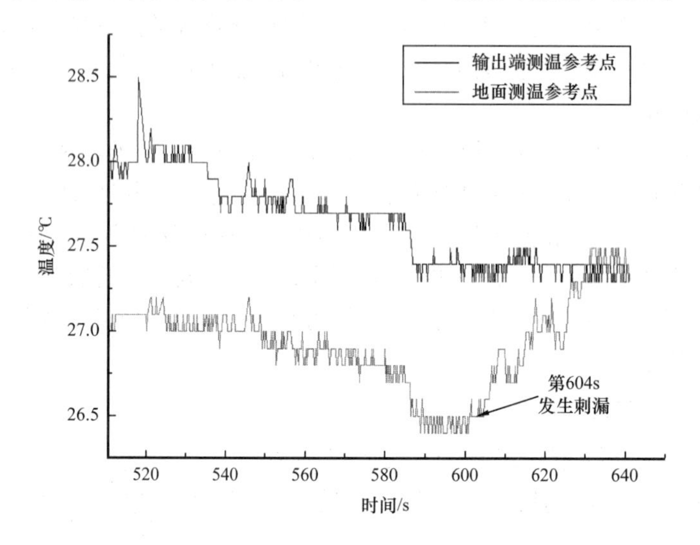

图 3.82　测温参考点温度变化曲线

彩图扫码

对应的刺漏故障发生前后局部红外热像图如图 3.83 所示。

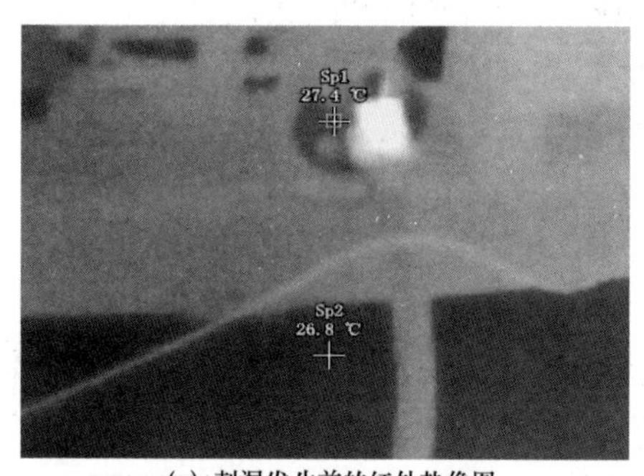

(a) 刺漏发生前的红外热像图

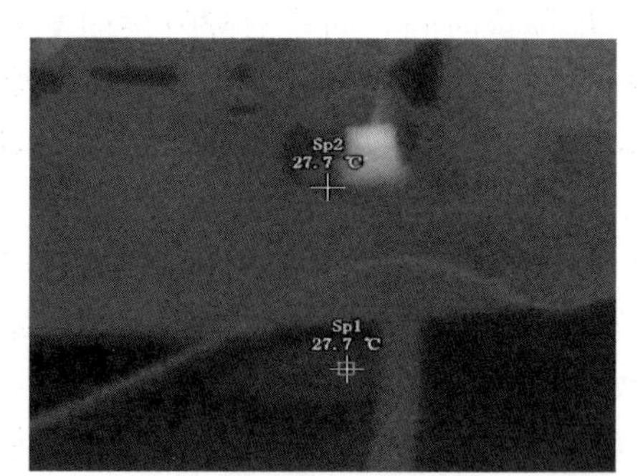

(b) 发生刺漏时的红外热像图

图 3.83　刺漏前后局部红外热像图

彩图扫码

可知输出端及地面温度变化均很小，体现在热像图上表现为色差较小，且由于光照、发射率等变化使得红外热像图的颜色层次也发生了改变，单靠人眼进行判断容易疲劳和错判。按照灰度化、去噪、锐化预处理流程对所得图像进行处理，结果如图 3.84 所示。再进行尺寸归一化，得到尺寸为 180×180 像素的数据集，其中刺漏故障样本为 110 张，对应的正常类样本为 120 张，如图 3.85 所示。

2.CNN 网络训练

改进的 CNN 网络模型采用五层网络结构，选取 Relu 为激活函数，添加 dropout 层，以 max-pooling 为手段，利用交叉熵来定义损失，在经过多次调参后，选定学习率为 0.0001，dropout 率为 0.25 时效果较好。训练次数为 2000 次时的 loss 值变化如图 3.86 所示，在经过约 300 次的训练 loss 值已经降低到很小。训练准确率变化如图 3.87 所示，经过约 300 次训练也获得了接近 100% 的准确率。

图 3.84　红外热像图预处理结果

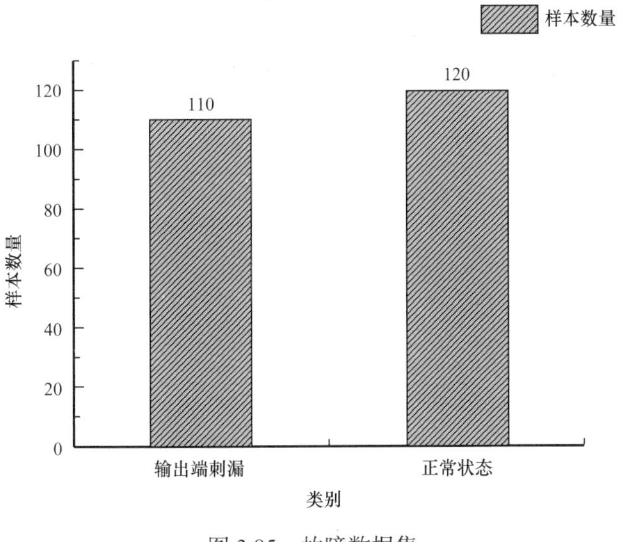

图 3.85　故障数据集

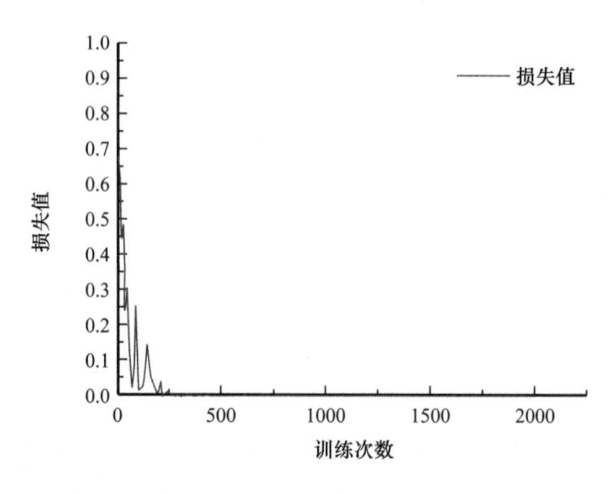

图 3.86　损失函数变化曲线

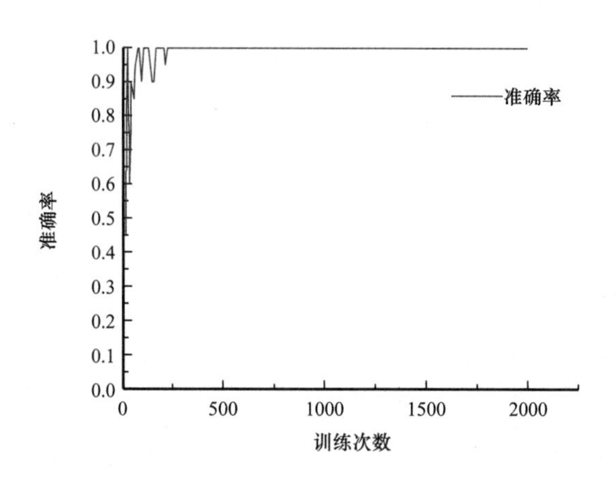

图 3.87　训练准确率变化曲线

使用 Tensorboard 工具对训练过程进行可视化可以得到卷积层 1、卷积层 2、全连接层，以及分类器的张量变化情况，而将高维向量输入，通过工具中的 embedding projector 投影到 3D 空间，初始状态如图 3.88（a）所示，中间 200 次迭代的状态如图 3.88（b）所示，可看出明显的位置分布。

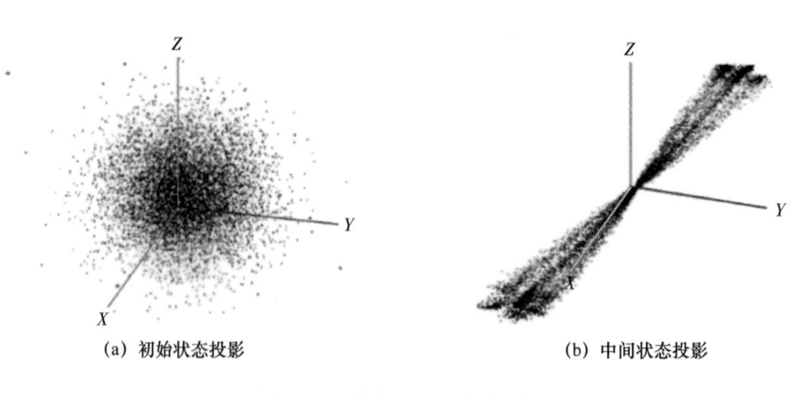

图 3.88　数据 3D 空间投影

3. 故障识别结果

选取 110 张刺漏故障样本及 120 张正常样本进行识别，并将本节方法与常见的图像识别分类方法如 LBP+SVM、HOG+SVM、聚类 K-means 进行比较，取正常及刺漏故障图像的识别正确数目（张）占测试集图像总数的比例作为准确率，结果如表 3.4 及图 3.89 所示。

表 3.4　不同方法在刺漏故障数据集上识别结果

方法	识别为故障数 / 张	实际故障数 / 张	识别为正常数 / 张	实际正常数 / 张	准确率 /%
K-means	67	40	163	92	57.4
LBP+SVM	75	53	155	103	67.8
Hog+SVM	82	79	148	110	82.2
CNN	99	98	131	120	94.8

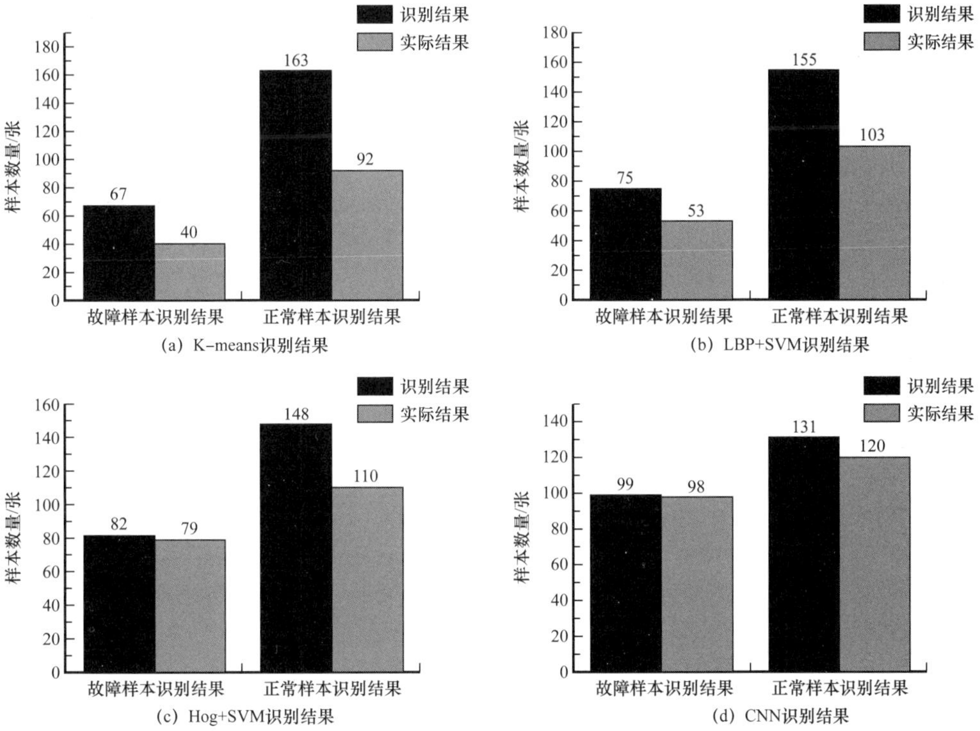

(a) K-means识别结果

(b) LBP+SVM识别结果

(c) Hog+SVM识别结果

(d) CNN识别结果

图 3.89　不同方法下的刺漏故障识别结果

提出的方法准确率达到了 94.8%，相比传统方法有了很大程度的提高。随机单张红外热成像图测试表明训练后的网络模型可以准确识别出第 604s，即刺漏故障初始时刻的红外热成像图像，按照现场监控范围、传输耗时及人员做出反应造成的延迟初步估计能够提前 10s 进行早期预警，且随着监控人员的疲劳，这个差距仍会增加，提前的时间可以允许操作人员进行关停故障设备或调整运行工况，从而降低事故后果严重度。

参 考 文 献

[1]李思洋.基于红外热成像的页岩气压裂泵早期事故监测及识别方法研究[D].中国石油大学(北京),2019.

[2]Huizhou Liu，Jinqiu Hu，An adaptive defect detection method for LNG storage tank insulation layer based on visual saliency[J].Process Safety and Environmental Protection，2021(156)：465-481.

[3]胡瑾秋，李思洋，张来斌.基于正交试验设计的压裂管线冲蚀磨损参数效应分析[J].石油科学通报，2018，3(4)：466-474.

[4]胡瑾秋，刘慧舟. 页岩气压裂作业井下事故智能监测与远程预警发布系统：中国自动化大会暨国际智能制造创新大会论文集[C].济南：中国自动化学会，2017：6-13.

[5]胡瑾秋，王倩琳，张来斌，等. 变压力工况下压裂泵的疲劳失效演化规律研究[J].石油机械，2017，45(4)：67-73.

[6]KALPANA G，JYOTI S. Texture-based self-adaptive moving object detection technique for complex scenes[J].Computers & Electrical Engineering，2018，70：275-283.

[7]HU W C，CHEN C H，CHEN T Y，et al. Moving object detection and tracking from video captured by moving camera[J].Journal of Visual Communication and Image Representation，2015，30：164-180.

[8]ZHANG Y G，ZHENG J，ZHANG C，et al. An effective motion object detection method using optical flow estimation under a moving camera[J].Journal of Visual Communication and Image Representation，2018，55：215-228.

[9]郑雅诗.数据清洗在多雷达数据融合算法中的研究与应用[D].北京：北京邮电大学，2018.

[10]谭晖，廖振松，周小翠，等.大数据的数据清洗方法研究[J].信息通信，2017(1)：238-239.

[11]ZHANG Laibin，ZHANG Xin，HU Jinqiu，et al. A comprehensive method for safety management of a complex pump injection system used for shale-gas well fracturing[J].Process Safety and Environmental Protection，2018(20)：370-387.

[12]WANG Qianlin，ZHANG Laibin，HU Jinqiu，et al. A dynamic and non-linear risk evaluation methodology for high-pressure manifold in shale gas fracturing[J].Journal of Natural Gas Science and Engineering，2016(29)：7-14.

[13]ZHANG Xin，ZHANG Laibin，HU Jinqiu. Real-time diagnosis and alarm of down-hole incidents in the shale-gas well fracturing process[J].Process Safety and Environmental Protection，2018(116)：243-253.

[14]宓为建，沈晴，刘园，等. 基于红外热成像技术的发动机故障诊断[J].上海海事大学学报，2016，37(4)：65-69.

[15]刘云鹏，裴少通，武建华，等.基于深度学习的输变电设备异常发热点红外图片目标检测方法[J].南方电网技术，2019(2)：27-33.

[16]周可慧，廖志伟，肖异瑶，等. 基于改进 CNN 的电力设备红外图像分类模型构建研究[J].红外技术，2019，41(11)：1033-1038.

第 4 章

基于文本数据挖掘的事故事件预警技术

4.1　油气生产系统安全管理文本数据挖掘与关联分析

近年来，随着企业事故隐患排查治理信息系统和政府事故隐患排查治理网络管理平台逐渐建立完善，企业在 HSE 审核过程管理中积累了大量隐患事件记录、监检测数据等信息，且具有隐患类型多、数量大、数据多源异构等特点。然而，大多数生产单位仅片面性地使用这些数据，缺少深层利用。数据收集存储能力提升与数据处理利用水平不足之间的不对称发展，强烈限制了企业安全管理能力的进一步提高。

挖掘安全管理数据中的潜在价值，找出隐患之间的关联规则，实现事故事件的早期预警，将成为企业安全发展的关键。为了改善企业隐患治理工作，国内外专家学者开展了相关的研究工作，例如采用 B/S 模式设计出煤矿事故预警系统，实现隐患的管理、预警与监测；利用 Apriori 方法提取高速公路交通事故数据的关联规则，挖掘出事故形态与天气等字段之间的联系，为交通事故预警提供依据；使用贝叶斯网络找寻危化品运输事故影响因素的关系与概率，确认人员的失误与企业的管理是降低事故率的关键；提出过滤算法对 Apriori 算法进行改进，并建立食品安全的预警模型。

通过以上的研究发现，数据挖掘技术在事故隐患排查治理方面的应用尚处于起步阶段，对事故事件早期预警方面的研究较少，因此，针对企业存储的大量非结构化或半结构化的文本隐患数据，为实现潜在知识发现、有效利用隐患文本数据价值，本节结合数据挖掘技术建立隐患关联预警及可视化系统。通过文本挖掘技术与数据关联挖掘技术分析事故隐患数据，从中挖掘所需知识信息；同时利用可视化技术，将枯燥的文本或表格数据可视化并结合图形用户界面（Graphical User Interface，GUI）的形式展现出来，使得管理人员能清晰明了地看到由数据挖掘技术所处理得到的有用信息，便于分析与管理的进行，实现人机交互。

4.1.1　事故隐患文本数据特征提取方法

文本挖掘属于自然语言处理（Natural Language Processing，NLP）的范畴，挖掘处理的文档对象通常具有海量、异构、分布的特点。传统的数据挖掘所处理的对象均是结构化的，但是企业安全管理文本大多以半结构或无结构的形式存在。因此，文本挖掘面对的第一个难题就是怎样在计算机中适宜、准确地表征文档内容，让其既要蕴含充足的信息以体现文档的特征，又不至于过于复杂使学习算法无法处理。

文档的表征与其特征量的选择是进行文本挖掘与信息检索需考虑的首要问题，通过提取文档中的特征词并做数学上的量化处理，来表征文档内容。将原始文档从无结构模式转化为结构化的计算机可以直接理解并进行处理的信息，即对文档加以科学的抽象，构建其数学模型，以此来表征和替代文档内容，从而让计算机可以使用这种数学模型进行计算和操作来达到文档识别的目的。

另一方面，若直接对已经结构化后的文本进行处理，其维度之大将会对后续工作产生巨大的计算开销，不仅浪费内存和时间，降低整个处理过程的效率，还会影响处理结果的精确性和准确度。因此，需对文本向量做更深层次过滤，使其在确保原文意义的基础上，找出最能够代表文本类别的特征。针对这个问题，目前最有效的方法就是选取特征量来达到降维的目的，即关键词提取。通常，采取评分排序的概念对各特征进行评分，每个特征的得分都是根据某一特征评价函数计算得到，然后依据分数值对这些特征进行降序处理，从中选取一定的最高得分的特征作为特征词。

特征选取的方式有四种：（1）用映射或转换的方式将初始特征转换为较少的新特征；（2）从初始特征中选取一定的最具代表意义的特征；（3）根据专家的知识挑选最有影响的特征；（4）采用数学方法找出最具有分类信息的特征，这种方式较准确，由于其人为干扰的成分较少，特别适用于自动文本分类挖掘系统的应用。

文本特征提取步骤包括：文本预处理、获取关键词候选集、关键词提取。

1. 文本预处理

1）数据清理

通常，在企业安全管理信息系统中存储着大量事故事件及隐患数据报表，为了后续数据处理更加方便、有效、准确地进行，需要对最原始的数据进行数据清理的工作，目的在于去除“噪声”、冗余或矛盾的数据，其中包括删除无关信息、去除空事务、统一数据规格等。无关信息是指与本次挖掘目的无关的信息，如编号、时间、地点等，删除无关数据可以较大程度上节省存储空间；空事务（Null Transactions）是一个不包含任何项集的事务，其存在不仅对后续关键词提取和关联规则的挖掘没有帮助，而且占用较多的内存空间和处理时间，因此需要去除空事务以减少处理时间；统一数据规格是指将需分析的数据的类型、单位、格式进行统一。

2）分词

分词常用的方法主要有三类：基于字典匹配、基于语义分析，以及基于概率统计模型。目前来讲，基于概率统计模型的分词算法综合成效较好，基于语义分析的算法太过繁复，而基于字典匹配的算法相对比较容易实现，但分词结果不够准确。目前，有一些公开提供服务的分词工具可以应用，如 Jieba 分词、清华大学的 THULAC、哈工大的 LTP 等。专门有研究机构对分别来自新闻、微博和大众点评的 540 份数据采用常见分词工具进行了测试，测试结果如表 4.1 所示。

本节采取 Python 环境对事故事件文本数据进行挖掘，结合 Jieba 分词工具实现事故隐患文本数据的分词工作。Jieba 分词属于基于概率统计模型的分词方法，切分原理如下：基于统计词典，建立前缀词典，获取所有切分可能，并依据切分位置，构建一个有向无环图（Directed Acyclic Graph，DAG），基于 DAG 图采用动态规划计算最大概率路径（最有可能的分词结果），最后根据最大概率路径实现分词。

表 4.1　常见中文分词工具

工具名称	分词粒度	错误状况	词性标注	认证方式	接口
BosonNLP	多选择	无	有	Token	REST API
IKAnalyzer	多选择	无	无	无	Jar 包
NLPIR	多选择	有	有	无	多语言接口
SCWS	多选择	无	有	无	PHP 库 / 命令行工具
Jieba 分词	多选择	无	有	无	Python 库
盘古分词	多选择	无	无	无	无
庖丁解牛	多选择	无	无	无	Jar 包
搜狗分词	小	有	有	无	支持上传文档但失败率高
腾讯文智	小	有	有	Signature	REST API
新浪云	大	无	有	需要新浪仓库	REST API
语言云	适中	无	有	Token	REST API

2. 获取关键词候选集

对事故隐患文本数据进行分词后，很重要的一步便是对分词后的数据进行“去停用词”处理。停用词是指那些无法表示文档主要内容的功能词。例如：“了”“只”“而”之类的助词，以及像“因为”“所以”等只能表示语句结构的词语，其不仅无法反映文档的主要思想，而且还会降低关键词的提取效率，有必要将其滤除。停用词的去除通常通过遍历停用词表进行，本节使用的是“百度停用词表”，一共约 1850 个字段。

“去停用词”可以看作是更深层次的数据清理，将无法直接清理掉的数据去除，能有效提高数据处理的速度及结果的准确性。“去停用词”处理后的词语集便作为下一步提取关键词的关键词候选集。

3. 关键词提取

关键词的提取通常是通过构造评估函数，对每个特征进行评估，得到各自的评估值，也叫权重，然后将所有特征按权重大小进行排序，提取指定数量的最优特征作为处理文本的关键词集。目前流行的关键词提取方法有 TF-IDF 算法、Page-Rank 算法、TextRank 算法、互信息等。

1）TF-IDF 算法

词频率—逆文档频率（Term Frequency-Inverse Document Frequency，TF-IDF）是一种可用于信息检索和文本挖掘领域的特征评估算法，其使用概率统计的思想评价词语在文档集中的关键性。TF-IDF 是建立在这样的假设基础上：若某词在一个文档中频繁出现，但在其他文档中出现较少，甚至不出现，则代表着该词可以很好地代表此文档的主题，有着较好的区分性能（即该词较关键），易于区别该文档与其他文档。核心计算思想为：特征词在文档中的权重为特征词在文档中出现的频数反比于包含该特征词的文档数目。

IDF 的含义是若一个语料库中包含特征词 t 的文档数越少，则特征词 t 的区分度越大，*IDF* 值也就越高，作为关键词的可能性也越大。计算方法见式（4.1）：

$$IDF=\lg\left(\frac{N}{n}+1\right) \tag{4.1}$$

其中：N 为语料库总文档数；n 为出现特征词 t 的文档数。

考虑到若当特征词 t 在一篇文档中出现频率较高时，即使其在其他文档中出现的频率也高，但不能百分之百否认其有成为关键词的概率。针对该问题，为了减少 *IDF* 的影响，在其基础上添加 *TF* 的概念对其进行修正：

TF 表示特征词 t 在指定文档中的出现频率，计算方法见式（4.2）：

$$TF=\frac{m}{M} \tag{4.2}$$

其中：m 为指定文档中特征词 t 出现的次数；M 为指定文档的总词数。

最终，TF-IDF 的权重公式见式（4.3）：

$$\omega_{\mathrm{TF-IDF}}=TF\times IDF \tag{4.3}$$

2）TextRank 算法

受到信息检索领域中 PageRank 方法的影响，Rada Mihalcea 提出了一种基于图的文本关键词提取算法——TextRank。TextRank 算法将文档当作一个图，文档中的候选关键词当作一个节点，假设一个窗口大小为 N，认定在同一个句子中，出现在相同窗口的词语是共现的，于是在这些词语间构建两两相连的无向边，同时对原始的 PageRank 进行改善，最终其递归公式见式（4.4）：

$$WS\left(V_i\right)=\left(1-d\right)+d\times\sum_{V_i\in In\left(V_i\right)}\frac{\omega_{ji}}{\sum\limits_{V_k\in Out\left(V_i\right)}\omega_{jk}}WS\left(V_j\right) \tag{4.4}$$

其中：ω_{ji} 表示由结点 V_j 指向结点 V_i 的边的权重；In（V_i）表示指向结点 V_i 的结点集合；Out（V_i）表示结点 V_i 所指向的结点的集合；d 为阻尼系数。TextRank 算法构建的是一种无向无权图，每一个结点被赋予一个初始值 1，然后代入式（4.4）中进行迭代计算权重，直至最后的结果平稳或达到设置的阈值后结束，最后选择权重最高的词作为关键词。相较于一般基于统计的关键词算法，TextRank 算法的实现更为复杂，且需要多次迭代计算，通常需要 20～30 次迭代。

4.1.2　事故隐患数据关联分析技术

关联分析（Association Analysis）方法，是用以发掘隐藏在大规模数据集中有意义的联系，所发现的联系通常用关联规则（Association Rules）或频繁项集的方式进行表征。本节将会运用 Apriori 算法进行事故隐患数据的关联分析。

1. 问题引入

在关联分析中，将数据集看作事务的集合，每个事务又看成不同数据的集合。令 $I=\{i_1, i_2, i_3, \cdots, i_d\}$ 是事务集中所有项的集合，而 $T=\{t_1, t_2, t_3, \cdots, t_N\}$ 是所有事务的集合。每个事务 t_i 包含的项集都是 I 的子集。

1）基本定义

（1）项（item）：数据集中的每个数据称为一项。

（2）k- 项集（k-itemset）：包含 0 个以上项的集合称为项集（itemset），若一个项集包含 k 个项，则称它为 k- 项集。

（3）项集的支持度计数：指包含特定项集的事务个数。在数学上，项集的支持度计数 $\sigma(A)$ 可表示为式（4.5）：

$$\sigma(A)=\left|\left\{t_i \middle| A\subseteq t_i, t_i\in T\right\}\right| \tag{4.5}$$

其中：符号 $|\cdot|$ 表示集合中元素的个数。

（4）项集的支持度（support）计算见式（4.6）：

$$S=\sigma(A)/N \tag{4.6}$$

其中：N 为事务的个数。

（5）频繁项集（frequent itemset）：满足最小支持度（min_sup）的所有项集称作频繁项集。

（6）关联规则：是形如 $A\rightarrow B$ 的蕴含表达式，其中 A 和 B 是不相交的项集，即 $A\cap B=\varnothing$。

（7）关联规则的支持度计算见式（4.7）：

$$S(A\rightarrow B)=\sigma(A\cup B)/N \tag{4.7}$$

（8）关联规则的置信度（confidence）计算见式（4.8）：

$$C(A\rightarrow B)=\sigma(A\cup B)/\sigma(A) \tag{4.8}$$

2）重要度量

支持度 S 对项集与关联规则而言是一种重要的度量，它确定了某个项集或某条规则在给定数据集的频繁程度。支持度较小的规则也许具有一定的偶然性，从价值的方面来看，低支持度的规则大多是没有意义的，因此 S 通常用于删除那些无意义的项集或规则。

置信度 C 对强关联规则的挖掘是一种重要的度量，它度量通过规则进行推理的可靠性。例如对于某一规则 $A\rightarrow B$，C 越高则表示在包含 A 的事务中同时包含 B 的概率越大。

显然置信度 C 可以看作 B 在给定 A 下的条件概率。

3）关联规则挖掘的基本策略

挖掘关联规则的一种传统方法是计算每个规则的支持度与置信度，但这种方法的代价很高，令人望而生畏，因为从数据集中挖掘出的规则数量能够达到指数级。因此，大多数关联规则挖掘算法通常分为以下两个步骤：

（1）频繁项集的产生：其目标是计算各项集的支持度大小，通过设定最小支持度，找出所有的频繁项集。

（2）规则的产生：其目标是计算各规则的置信度，通过设定最小置信度，从上一步发现的频繁项集中过滤出所有高置信度的规则，这些规则称作强规则。

2. 频繁项集的产生

格结构（Lattice Structure）常用来枚举所有可能的项集。图4.1显示 $I=\{a，b，c，d，e\}$ 的项集格。一般来说，一个包含 k 个项的数据集可能产生 2^k-1 个频繁项集（不包括空集在内）。很多实际情况中的值会特别大，因此需要检查的项集搜索空间可能为指数级。

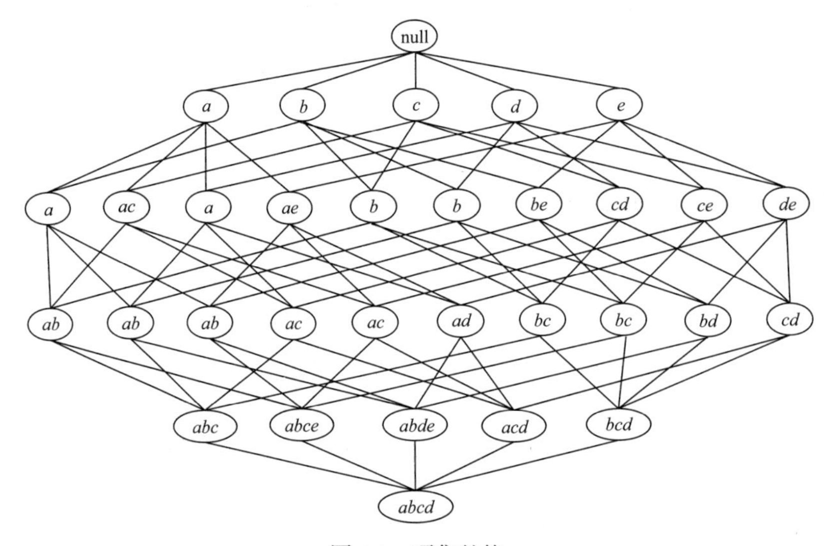

图 4.1　项集的格

最初，为了发现事务里的频繁项集所用的方法是计算出格结构中的候选项集的支持度计数。而为了达到这一目标，需将每个候选项集都与各个事务进行比较，显然这种方法的计算开销会非常大。因此，后来的一些算法都会设法降低产生频繁项集的计算复杂度。其中的先验原理就是一种不用计算支持度值而有效删去某些候选项集的方法。先验原理的基本思想是：如果一个项集是频繁的，则它的所有子集一定也是频繁的。思考如图 4.2 所示的项集格，假设有一项集 $\{c，d，e\}$，显然任何包含 $\{c，d，e\}$ 的事务也一定包含它的子集。因此，若 $\{c，d，e\}$ 是一个频繁项集，则它的所有子集（图 4.2 虚线内的项集）也一定是频繁的。相反，如果某一项集是非频繁的，则它的所有超集也一定是非频繁的。如图 4.2 所示，一旦项集 $\{a，b\}$ 是非频繁的，则整个包含 $\{a，b\}$ 的超集可以被立刻剪枝。这种基于支持度的修剪指数搜索空间的策略称为“基于支持度的剪枝”。

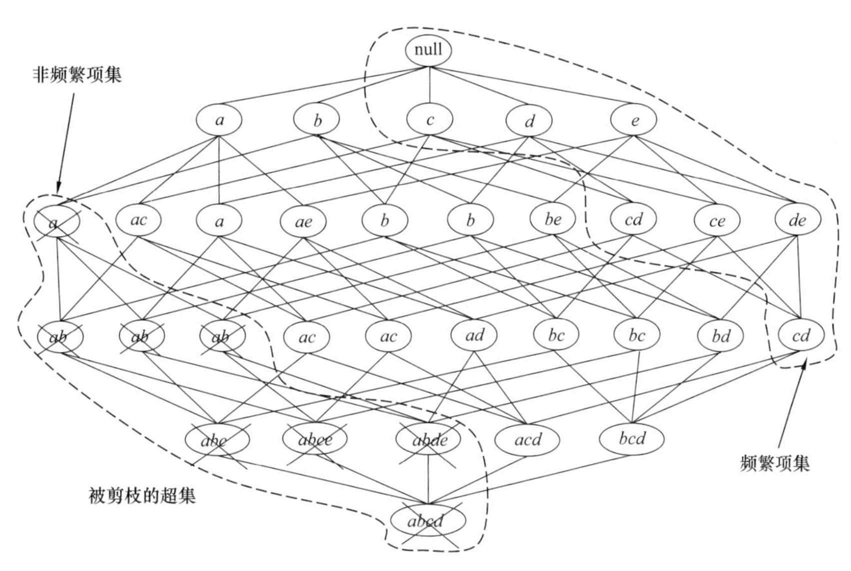

图 4.2　先验原理与基于支持度的剪枝

3. 关联规则的产生

与频繁项集的产生原理类似，只是对象不同。关联规则是从给定的频繁项集中提取，且每个频繁 k- 项集可以产生多达 2^k-2 个关联规则。关联规则可以这样提取：将频繁项集 Y 划分为两个非空子集 X 与 $Y-X$，使得规则 $X\rightarrow Y-X$ 满足置信度阈值。

为了减少计算开销，可以通过置信度对规则进行剪枝。若规则 $X\rightarrow Y-X$ 不满足最小置信度，则形如 $X'\rightarrow Y-X'$ 的规则也一定不满足最小置信度，其中 X' 是 X 的子集。

4. Apriori 算法

Apriori 算法开创性地使用了基于支持度的剪枝技术，全方位地控制候选项集的指数增长。其在产生频繁项集上有两个重要的特点：首先，是一种逐层（level-wise）的算法，即从频繁 1- 项集到最长的频繁项集，它每次会遍历项集格中的一层；其次，其采取“产生—测试”的策略发掘频繁项集。每一次迭代后，新的候选项集均由上一次迭代产生的频繁项集构成，再对新的候选项集进行支持度的计算，同时与最小支持度作比较。这种算法共需迭代 $k_{max}+1$ 次，其中 k_{max} 为频繁项集的最大长度。Apriori 算法同样采取逐层的方法来生成关联规则，其中每层对应于规则后项中的项数。首先，提取规则后项只有一个项的所有高置信度的规则；然后，通过这些规则来生成新的候选规则；最后，根据剪枝方法，可有效地得到最终所需的强关联规则。

4.1.3　事故隐患文本预处理与关键词提取

准确、清晰的结果通常是建立在具有良好格式的原始数据的基础之上，当原始数据不具备好的处理素质时，再好的处理方法也不能得到准确的结果。因此，对事故隐患原始数据进行预处理是很有必要且重要的，它将决定你的结果是否可靠。面对成千上万条的数据，人们往往无法较快地锁定重点，相对于人工对大量的文本数据进行判断分析的不便及巨大的时间消耗，利用计算机进行关键词的提取工作可以更加有效且快速地从大数量的文本数据中挖掘出更具价值的信息。

本节结合某企业 1999—2017 年各个月份近 3000 条事故隐患数据记录，通过建立自定义字典，提高分词的准确性，利用 TF-IDF 算法进行关键词提取工作，所提取的关键词能够很好地帮助管理者定位重点需改善的对象，提高企业安全管理效率与治理措施的精确性。原始的事故隐患信息以 Excel 文件的形式存储，通过 Python3.5 的语言环境，开发适合的程序以达到关键词提取的目的，有效地降低事故隐患文本数据的特征维度，方便后续进一步的预警分析。

1. 基于自定义字典的事故隐患文本预处理

在文本预处理的分词阶段，只使用 Jieba 分词工具自带的统计字典往往太过局限，因统计字典仅包含基础词汇，无针对性，导致无法辨识大多专业性强的词汇，因此较难获得理想的结果。通过建立用户的自定义字典可以很好地解决此问题，增加分词效果的指向性。

1）事故隐患数据清理与分词

对原始数据进行清理，删除 Excel 文件中的空事务及无关的日期、人员信息，为分词做准备。Jieba 分词很好地增加了用户使用的权限，能自定义地建立企业安全事故隐患方面的专业字典，即主题词库或专业词库，使分词结果更加贴近实际用语。Jieba 分词可以直接采用命令“pip install jieba”来安装，并通过“import jieba”来引用。以一条隐患数据“没有安全操作规程或不健全”为例，代码为：

```
import jieba
data = ‘没有安全操作规程或不健全’
Seg_list = jieba.cut ( data )
Print (‘/’ .join ( Seg_list ))
```

输出结果为：没 / 有 / 安全 / 操作 / 规程 / 或 / 不 / 健全。

可以从输出结果很明显地看出，若只依据 Jieba 分词自带的内置字典进行分词，其效果有些差强人意，特别是对于专业性较强的数据，更难很好地得到准确的字段。在此基础上，若引入实现建立好的专业字典，分词结果便会更加准确，载入专业字典的代码如下：

```
import jieba
data = ‘没有安全操作规程或不健全’
jieba.load_userdict ( 'D：/Python/Lib/site-packages/jieba/userdict.txt' )
Seg_list = jieba.cut ( data )
Print (‘/’ .join ( Seg_list ))
```

输出结果为：没有 / 安全操作规程 / 或 / 不健全。

用户自定义的字典需以“utf-8”的编码形式进行储存，才能被 Jieba 分词工具识别。载入了自定义的专业字典后，分词效果明显提升，能有效地将“安全”“操作”“规程”三次识别为一个词语输出，符合现实情况。显然，若想要分词的结果越准确，所建立的自定义字典也需越详尽才行。

2）去停用词处理

去停用词通常在分词之后，引入事先建好的停用词表，对分词后的数据进行去除停用词的工作，仍以上述例子为例，代码如下：

```
import jieba
data = ‘没有安全操作规程或不健全’
jieba.load_userdict（'D：/Python/Lib/site-packages/jieba/userdict.txt'）
Seg_list = jieba.cut（data）
c = movestopwords（Seg_list）
print（c）
```

输出结果为：安全操作规程不健全。

很明显，遍历了去停用词表后，准确地去掉了“没有”“或”这种指向性不强且很普遍的词。如此一来，可以有效地减少数据存储量，以及后续处理工作的计算难度与时间。其中，movestopwords（）函数为自定义去停用词函数，通过遍历停用词表完成去停用词的工作。

2. 基于 TF-IDF 算法的事故隐患关键词提取

Jieba 分词工具自带 TF-IDF 算法与 TextRank 算法。通过实验对比使用这两种算法对事故隐患数据集进行处理后所得的关键词，发现 TF-IDF 算法提取的关键词更加准确，因此本节选取此方法进行事故隐患关键词的提取工作。

通过命令代码“import jieba.analyse”可使用 TF-IDF 算法进行关键词提取，代码如下：

```
import jieba.analyse
fh3 = open（'E：/ 已处理数据 / 初次处理 - 关键字。txt'，'w'）
k = self.spinBox.value（）
tag = jieba.analyse.extract_tags（cutdata，k）
kword = ''
for word in tag：
    kword = kword+word+'\n'
fh3.write（kword）
fh3.close（）
```

其中：K 是用户输入的关键词提取个数，从屏幕获取。最终提取的关键词将会被写入路径为“E：\已处理数据”下的“初次处理－关键字。txt”的文本文件中。

4.1.4 事故隐患数据的关联分析及预警

在上述关键词提取的基础上，引入数据关联分析方法，计算出隐患的发生概率，帮助企业实现事故事件的早期预警，从而避免事故的突然发生，提高安全管理水平。

本节根据共 211 条某石油企业事故隐患管理数据，通过 Apriori 算法对其进行关联分析，找出事务集中蕴含的强关联规则。关联规则可以分为频繁前项和频繁后项，即规则：“$A \rightarrow B$”中，A 为频繁前项，B 为频繁后项。由挖掘出的强关联规则，容易实现当频繁前项 A 出现，预测出其对应的频繁后项 B 出现的概率，从而达到事故事件的早期预警目的。与此同时，可对挖掘出的规则频繁后项进行风险评估，以扩展关联规则的预警作用，增强关联预警的实用性。

1. 基于 Apriori 的事故隐患关联分析

基于 Apriori 算法，结合 Python 语言环境进行编程实现该算法，该算法的逻辑步骤可以归结如下：

（1）首先扫描一次数据集，计算各项的支持度。一旦完成，将能获得所有的频繁 1-项集的集合。

（2）接下来，该算法使用前一次迭代产生的频繁（k−1）－项集，产生新的候选 k-项集。

（3）再次扫描数据集以计算候选项的支持度。

（4）在计算出候选项集的支持度后，算法将过滤掉支持度小于 min_sup 的所有候选项集。

（5）当没有新的频繁项集生成时，此部分算法将结束。

（6）产生关联规则的过程与频繁项集的产生过程类似，迭代每一个频繁 k- 项集，但在规则生成时不必重复扫描数据集以确定候选规则的置信度，只需利用频繁项集产生时计算出的支持度来获取每个规则的置信度即可。

最终，通过输入 211 条企业事故隐患事务，自定义最小支持度（min_sup）为 0.3，最小置信度（min_conf）为 0.6。为了提高隐患预警的实用性，只选取频繁后项只有包含一个项的关联规则，最终共挖掘出 47 条关联规则。部分关联规则如表 4.2 所示，表中数据以置信度的值作降序排列。

表 4.2 事故隐患关联规则（部分）

编号	关联规则		支持度	置信度
	频繁前项	频繁后项		
1	缺乏安全操作知识	教育培训不够	0.527363184	1
2	教育培训不够	缺乏安全操作知识	0.527363184	1

续表

编号	关联规则		支持度	置信度
	频繁前项	频繁后项		
3	缺乏安全操作知识，违反操作规程或劳动纪律	教育培训不够	0.512437811	1
4	教育培训不够，违反操作规程或劳动纪律	缺乏安全操作知识	0.512437811	1
5	缺乏安全操作知识，设备、设施、工具、附件有缺陷	教育培训不够	0.373134328	1
6	教育培训不够，设备、设施、工具、附件有缺陷	缺乏安全操作知识	0.373134328	1
7	教育培训不够，设备、设施、工具、附件有缺陷	违反操作规程或劳动纪律	0.373134328	1
8	缺乏安全操作知识，设备、设施、工具、附件有缺陷	违反操作规程或劳动纪律	0.373134328	1
9	缺乏安全操作知识，设备、设施、工具、附件有缺陷，违反操作规程或劳动纪律	教育培训不够	0.373134328	1
29	生产场地环境不良，违反操作规程或劳动纪律	设备、设施、工具、附件有缺陷	0.368159204	0.74
30	生产场地环境不良	设备、设施、工具、附件有缺陷	0.383084577	0.733333333
31	教育培训不够，违反操作规程或劳动纪律	设备、设施、工具、附件有缺陷	0.373134328	0.72815534
32	缺乏安全操作知识，违反操作规程或劳动纪律	设备、设施、工具、附件有缺陷	0.373134328	0.72815534
33	教育培训不够，缺乏安全操作知识，违反操作规程或劳动纪律	设备、设施、工具、附件有缺陷	0.373134328	0.72815534
42	设备、设施、工具、附件有缺陷	生产场地环境不良	0.383084577	0.620967742
43	设备、设施、工具、附件有缺陷，违反操作规程或劳动纪律	生产场地环境不良	0.368159204	0.616666667
44	生产场地环境不良，违反操作规程或劳动纪律	教育培训不够	0.303482587	0.61
45	生产场地环境不良，违反操作规程或劳动纪律	缺乏安全操作知识	0.303482587	0.61
46	设备、设施、工具、附件有缺陷	教育培训不够	0.373134328	0.60483871
47	设备、设施、工具、附件有缺陷	缺乏安全操作知识	0.373134328	0.60483871

对挖掘出的多条强关联规则进行分析，从中筛选出具有代表性的几条规则如下所示：

规则 1："缺乏安全操作知识→教育培训不够"，S=0.527363184，C=1。

规则 2："教育培训不够→缺乏安全操作知识"，S=0.527363184，C=1。

规则 3："教育培训不够，设备、设施、工具、附件有缺陷→违反操作规程或劳动纪律"，S=0.373134328，C=1。

规则 4："缺乏安全操作知识，设备、设施、工具、附件有缺陷→违反操作规程或劳动纪律"，S=0.373134328，C=1。

规则 5："生产场地环境不良，违反操作规程或劳动纪律→设备、设施、工具、附件有缺陷"，S=0.368159204，C=0.74。

规则 6："教育培训不够，违反操作规程或劳动纪律→设备、设施、工具、附件有缺陷"，S=0.373134328，C=0.72815534。

规则 7："缺乏安全操作知识，违反操作规程或劳动纪律→设备、设施、工具、附件有缺陷"，S=0.373134328，C=0.72815534。

规则 8："设备、设施、工具、附件有缺陷→生产场地环境不良"，S=0.383084577，C=0.620967742。

规则 9："设备、设施、工具、附件有缺陷→教育培训不够"，S=0.373134328，C=0.60483871。

规则 10："设备、设施、工具、附件有缺陷→缺乏安全操作知识"，S=0.373134328，C=0.60483871。

基于以上规则，可从这部分事故隐患数据中得到如下解释：

（1）由规则1、2可看出："缺乏安全操作知识"与"教育培训不够"一定会一起出现。可能是员工缺乏安全操作知识是由于员工在教育培训阶段学习不到位，导致其对相关的操作知识掌握不熟练，亦或是根本就没从教育培训中学习到相关的知识；而这两项在这些年的事故隐患数据中最常出现，这提醒了企业管理人员在对员工教育培训方面应当格外注意，进行加强。

（2）规则3、4体现了：当"设备、设施、工具、附件有缺陷"出现时，只要再出现"教育培训不够"或"缺乏安全操作知识"，一定会发生员工"违反操作规程或劳动纪律"的情况。这两条规则不同于前两条规则，其并没有逻辑上的因果关系，因为关联分析只是从概率上去分析，并不会从因果上去考虑。

（3）同（2），规则5、6、7的频繁后项"设备、设施、工具、附件有缺陷"与频繁前项均没有逻辑上的因果关系，但也许是因为员工的培训不到位导致其安全意识薄弱，再加上平时的一些操作不当及环境的影响，导致设备设施等没能按时检查，从而出现缺陷。

（4）规则8、9、10揭示了：当"设备、设施、工具、附件有缺陷"出现时，会有大约60%的概率发生"生产场地环境不良""教育培训不够""缺乏安全操作知识"。

基于以上解释，下一步，企业便可以制订有针对性的风险管控措施。

2. 结合风险评价的事故隐患预警

通过上述分析可以很清楚地看到每条关联规则的频繁前项与频繁后项。在企业的日常管理过程中，一旦出现关联规则的频繁前项的问题，自然地就会联想到频繁后项可能会发生，以此达到事故隐患预警的作用。而为了增加事故隐患预警的实用性，更好地在企业中利用提取出的关联规则，可以结合风险评价方法，对频繁后项进行风险评估，扩展关联规则的预警作用。

例如，参考风险的定义，将事故隐患风险的评估分解为隐患的发生概率 L、后果严重度 S 与调整系数 δ 这三项指标。发生概率 L 的度量方法有许多，但大多传统的度量方法往往对概率等级的划分与基准分钟的设定具有较强的主观性，缺乏一个客观的量化体系。而从 Apriori 算法中置信度 Conf 的计算公式可以看出，置信度其实就是当某一规则中频繁前项出现时，频繁后项出现的条件概率，因此关联规则的置信度可以用来计算隐患的发生概率，且取值范围在［0，1］。

后果严重度 S 体现的是隐患后果的严重程度，现有的评价方法通常是通过在危害程度、治理难度及影响程度等方面建立适宜的综合评价指标体系，利用层次分析、模糊评价、BP 神经网络、DHGF 集成等方法确定各指标的权重大小，从而确定最终的后果严重度。

调整系数 δ 旨在对前面两项进行一定程度的调整，增强结果的可靠性。由企业负责隐患事故管理方面的人员就自身经验与企业实际情况做出主观性判断，从而使评估结果更符合真实情况。最终事故隐患评估模型可表述为：

$$R = Conf \times S \times \delta \tag{4.9}$$

其中："×" 仅代表 R 与 $Conf$、S 和 δ 有关，并非数学上的乘积关系。

通常以风险矩阵结合 ALARP 原则的方式对风险进行等级划分。一般可将隐患风险等级分为低、中、高、严重四个等级，其对应低等预警等级、中等预警等级、高等预警等级、重大预警等级。针对不同预警等级，企业可以更好地对出现的隐患采取措施，更加有效地进行安全监管工作。

根据关联规则，发现规则的频繁前项，对频繁后项进行预警评估，计算其风险值，最终确定隐患预警等级，安全管理人员即可针对不同等级的隐患指定相应的预警措施与相应等级，实现隐患的预控。

4.2　基于文本增强的风险因素因果关系抽取

随着 AI 技术的逐步发展，深度神经网络模型被广泛应用于 NLP 以提高分析处理的智能化水平和计算效率，与此同时对数据规模的要求也逐步提升，深度学习方法的优异效果在较大程度上取决于有效数据的多少。虽然深度学习在通用领域的 NLP 任务中应用已十分广泛，但在油气生产现场安全管理文本方面，却由于存在"小样本"问题，使得现有数据量无法支撑深度学习模型的训练需求，若直接运用深度学习方法容易出现模型过拟合、泛化能力不强等问题，不利于后续 NLP 任务在特定场景下的执行与落地。

因此，为解决某些特定油气生产现场（例如 LNG 储备库现场）事故文本存在的小样本学习问题，降低有效文本不足对深度学习方法的不利影响，本节提出一种基于文本增强的风险因素因果关系抽取方法。首先，在利用石化领域相关文本对 LNG 储备库安全管理文本进行语料扩充的基础上，将特征加强、词句拼接方法与双向长短期记忆网络、条件随机场算法结合，从而获取更多的文本语义表达，提高因果关系抽取方法的特征抽取能力，并通过抽取安全管理文本中的因果关系节点，得到事故演化的因果关系。最后，在案例分析中对提出的 LNG 储备库风险因素因果关系抽取方法进行实际应用，并与未经过文本增强的因果关系抽取方法，以及采用不同文本增强的因果关系抽取方法进行对比评估，证明所提方法的有效性与准确性。

4.2.1 文本因果关系抽取基本原理

1. 文本增强方法

在样本数据不足或不均衡的情况下，文本增强是扩充数据样本规模、提高模型的鲁棒性的一种有效方法。数据的规模越大、质量越高，深度学习模型才能有更好的泛化能力，减少模型训练过程中过拟合的发生，使模型更关注文本的语义信息，并对文本的局部噪声不再敏感。以 LNG 储备库安全管理文本为例，其文本增强可以通过以下三种方法实现。

1）语料扩充

语料是指自然语言处理任务中所需要的各类文本的集合，通常根据目标任务的不同可以进行对应的划分或标注。本节中的语料扩充是指利用与所需领域在内容关联性强的领域语料，构造与所需领域文本特征分布相似的文本，实现扩充所需领域所需文本数量的方法。在所需领域模型训练语料较少的情况下，通过句法分析、词性标注的方式从所需领域文本中提取模板，人为构造与所需领域文本特征相似的文本，能够实现训练文本数量的增加，减少过拟合的发生。与此同时，利用与所需领域关联性强的领域语料进行文本构造，能够保障所构造文本与所需领域在内容上具有相关性且深度学习模型训练结果受到影响较小，具备可靠性；相比于直接在已有的语料上利用模板进行文本生成所带来的语言与内容上的单一性，还能够引入更加多样的样本内容，使模型取得更好的学习效果，从而有效增加语料库规模，支撑深度学习模型参数训练。

2）特征加强

在原有的单一字词上，通过词边界划分、词性分析、偏旁部首提取、拼音提取、句法分析等方法，向原始文本数据中增加更多的特征维度，从而丰富文本特征与语义信息，实现文本特征加强的目的。

3）句段拼接

在初始句段的基础上，通过对句段进行 N 对 N 的拼接，实现句段数量的增加，丰富原有文本的语言表达，并通过产生更加多样的长句段数目，实现更好地训练深度学习神经网络对长文本的特征抽取能力，提高模型的性能。

2. 双向长短期记忆网络算法

相较于循环神经网络存在的梯度消失或梯度爆炸的问题，长短期记忆网络（Lang

Short Term Memory，LSTM）能够更好地捕获长期依赖效应。其主要思想是将历史信息储存在记忆单元中，记忆单元里的更新、衰减、输入、输出等动作均由多个门来控制相应的记忆单元，通过学习这些门的参数决定记忆单元的信息保存或遗忘。LSTM 单元内部结构如图 4.3 所示，包含了记忆单元、更新门（update gate）、遗忘门（forget gate）和输出门（output gate）。

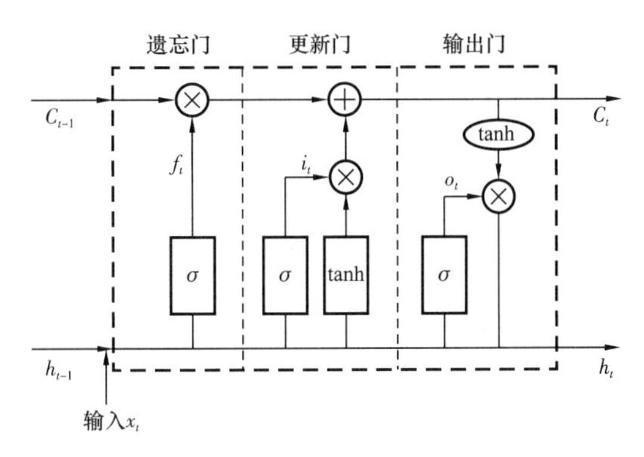

图 4.3　LSTM 单元

设在 t 时刻的输入为 u_t，$t-1$ 时刻的隐藏层和记忆单元分别为 a_{t-1}、C_{t-1}，计算过程如下：

（1）计算门信息，用于控制记忆单元中的信息。

更新门：

$$u_t = \sigma\left(\boldsymbol{W}_{\mathbf{xu}} x_t + \boldsymbol{W}_{\mathbf{au}} a_{t-1} + \boldsymbol{W}_{\mathbf{cu}} C_{t-1} + \boldsymbol{b}_{\mathbf{u}}\right) \tag{4.10}$$

输出门：

$$O_t = \sigma\left(\boldsymbol{W}_{\mathbf{xo}} x_t + \boldsymbol{W}_{\mathbf{ao}} a_{t-1} + \boldsymbol{W}_{\mathbf{co}} C_{t-1} + \boldsymbol{b}_{\mathbf{o}}\right) \tag{4.11}$$

遗忘门：

$$f_t = \sigma\left(\boldsymbol{W}_{\mathbf{xf}} x_t + \boldsymbol{W}_{\mathbf{af}} a_{t-1} + \boldsymbol{W}_{\mathbf{cf}} C_{t-1} + \boldsymbol{b}_{\mathbf{f}}\right) \tag{4.12}$$

（2）计算记忆单元：

$$C_t = f_t C_{t-1} + u_t \tanh\left(\boldsymbol{W}_{\mathbf{xC}} x_t + \boldsymbol{W}_{\mathbf{aC}} a_{t-1} + \boldsymbol{b}_{\mathbf{C}}\right) \tag{4.13}$$

（3）计算 t 时刻隐藏层的值：

$$a_t = o_t \tanh\left(C_t\right) \tag{4.14}$$

其中：$\boldsymbol{W}$ 和 $\boldsymbol{b}$ 均表示参数矩阵；σ 一般取 sigmoid 函数。

通过图 4.3 及式（4.10）至式（4.14）可以看出，更新门和不加门时的记忆单元值相乘，将输入信息输入到记忆单元。遗忘门和 $t-1$ 时刻的值相乘，得到记忆单元的衰减。输出门和 t 时刻的记忆单元相乘，将记忆单元中的信息输出到隐藏层，从而影响 $t+1$ 时刻每个门的输出。经过记忆单元对信息的控制，长短期记忆网络可以将对任务最有用的信息保存。

由于单向的LSTM模型无法同时处理上下文信息，而双向长短期记忆网络（Bidirectional Long-Short Term Memory，Bi-LSTM）的基本思想就是对每个词序列分别采取前向和后向 LSTM，然后将同一个时刻的输出进行合并。因此对于每一个时刻而言，都对应着前向与后向的信息，具体结构如图 4.4 所示，其中输出见式（4.15）：

$$h_t = \left[\vec{h}_t, \overleftarrow{h}_t\right] \tag{4.15}$$

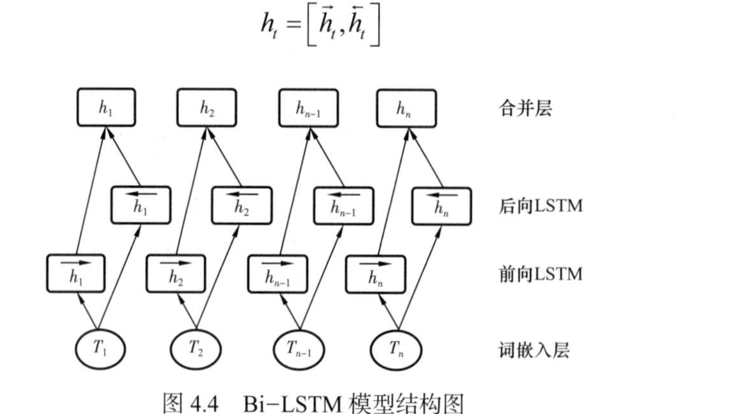

图 4.4　Bi-LSTM 模型结构图

3. 条件随机场算法

在序列标注中，双向 LSTM 能够提取到长距离的语义信息，却无法考虑输出标签之间的影响关系，此时，条件随机场（Conditional Random Field，CRF）算法能够很好地解决这个问题。该算法能够通过邻近标签的关系获得一个最优的预测序列，可以弥补 Bi-LSTM 的缺点。对于任一个长度为 n 的观测序列 $X=(x_1, x_2, \cdots, x_n)$，对预测序列 $Y=(y_1, y_2, \cdots, y_n)$ 而言，得到它的分数函数计算公式［式（4.16）］：

$$\boldsymbol{s}(\boldsymbol{X},\boldsymbol{Y})=\sum_{i-0}^{n}\boldsymbol{A}_{y_i,y_{i+1}}+\sum_{i=1}^{n}\boldsymbol{P}_{i,yi} \tag{4.16}$$

其中：$\boldsymbol{A}$ 表示转移分数矩阵，大小为 $k+2$，$\boldsymbol{A}_{yi,\ yi+1}$ 代表标签 $\boldsymbol{y}_i$ 转移为标签 $\boldsymbol{y}_{i+1}$ 的转移概率，其中 k 为标签个数；$\boldsymbol{P}$ 表示发射分数矩阵，大小为 $n\times k$，其中 n 为词的个数，$\boldsymbol{P}_{i,\ yi}$ 表示第 i 个词的第 y_i 个标签的发射概率。预测序列 Y 产生的概率通过式（4.17）计算得到：

$$p(Y\mid X)=\frac{\mathrm{e}^{s(X,Y)}}{\sum_{\tilde{Y}\in Y_X}\mathrm{e}^{s(X,\tilde{Y})}} \tag{4.17}$$

两头取对数得到预测序列的似然函数，得到式（4.18）：

$$\ln\left[p(Y|X)\right]=s(X,Y)-\ln\left[\sum_{\tilde{Y}\in Y_x}s(X,\tilde{Y})\right] \tag{4.18}$$

其中：Y_x 表示所有可能的标注序列。解码后得到使条件概率最大的输出序列 Y^*［式（4.19）］：

$$Y^{*}=\underset{\tilde{Y}\in Y_X}{\arg\max}\, p\left(\tilde{Y}\middle|X\right) \tag{4.19}$$

4.2.2　基于文本增强的 LNG 储备库风险因素因果关系抽取方法

本节将 LNG 储备库安全管理文本因果关系抽取任务转换成安全管理文本中的因果节点（包括风险因素节点与事故类型节点）抽取这一序列标注任务，以此获得 LNG 储备库风险因素间的因果关系。基于文本增强的 LNG 储备库风险因素因果关系抽取方法在 Bi-LSTM 特征提取层的基础上增加了文本增强层，并将条件随机场作为损失计算层。相较于 Bi-LSTM-CRF 方法，本节所提出的方法通过“特征加强 + 句段拼接”的方法，向深度神经网络中输入更多的语义特征信息，能够提升因果关系抽取任务的效果。其方法流程如图 4.5 所示。

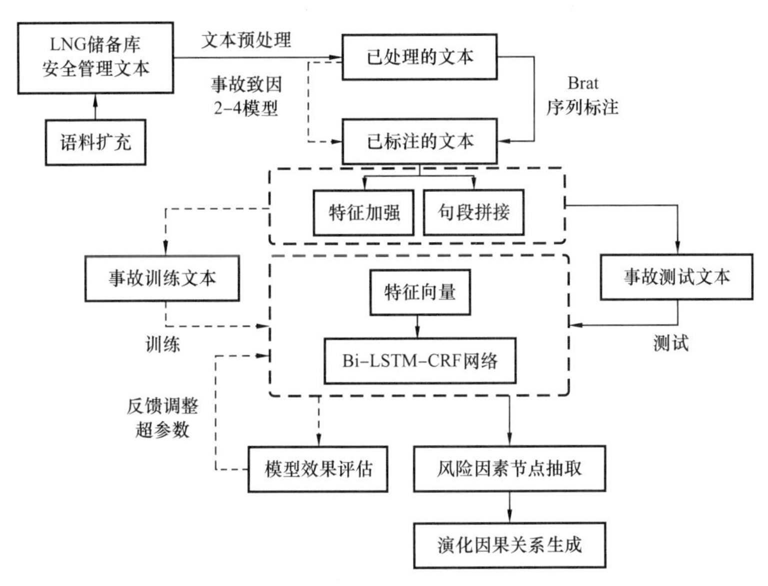

图 4.5　基于文本增强的风险因素因果关系抽取方法流程

1. 安全管理文本语料扩充

由于 LNG 储备库在我国还处于初期的发展阶段，可收集到的安全管理文本信息不多，不利于深度学习模型的训练，因此，通过与 LNG 储备库相似的成熟领域的安全管理文本对其进行语料扩充。通过查阅 LNG 事故相关文献资料，得到 LNG 储备库可能发生的事故类型及发生次数如图 4.6 所示，可能的事故原因及比例如图 4.7 所示。从图中可以看出，泄漏事故、爆炸事故及火灾事故是 LNG 储备库的主要事故类型；主要的事故原因是附属装置失效占 35%、人员操作失误占 31%、操作违规占 7%、设备泄漏占 7%、设备故障占 7%。可以看出，LNG 储备库的事故特征与石化企业生产运行中所发生的事故类型与事故原因具备共通性，且 LNG 储备库系统中设备的结构和功能与石化系统的设备相通，两者事故发生的内在规律是一致的。因此，本节通过句法分析及人工分析句式结构的方式从 LNG 储备库文本中提取语言描述模板，基于石化企业生产运行过程中积累的安全管理文本构造与LNG储备库安全管理文本特征相似的文本，对所需训练语料进行补充、完善，保证后续分析处理工作的正常进行。

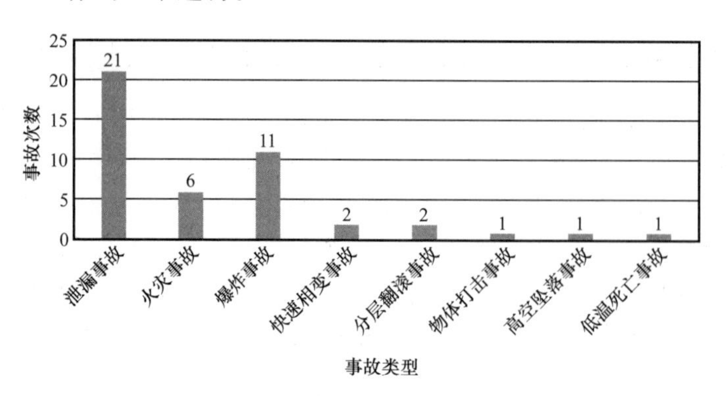

图4.6　LNG储备库事故类型及发生次数

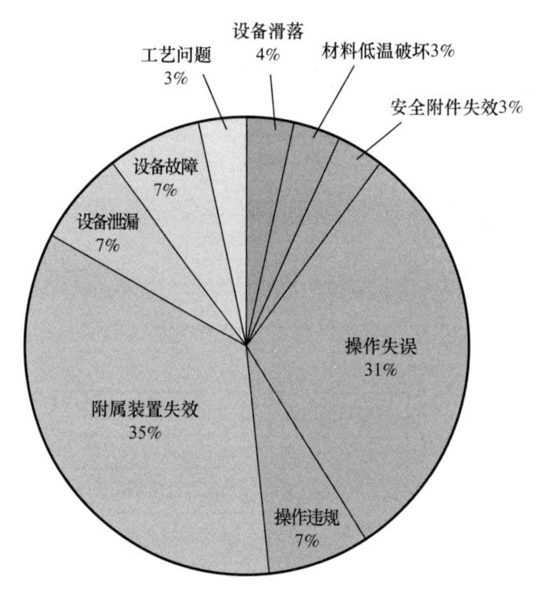

图4.7　LNG储备库事故原因及比例

2. 安全管理文本预处理

在对实际LNG储备库及相关石化领域安全管理文本的收集过程中发现，由于缺乏相应的记录规范标准，现存的安全管理文本大多存在以下特点：

（1）无效信息多。

由于安全管理记录无统一规范标准，因此存在较多无效信息，如人员姓名、人员对话、无关的事件等的描述。

（2）用语繁杂。

由于记录人员不同，且没有标准用语规范，因此会出现一种事物多种表述、缩写简写等情况。

（3）事故信息不完善。

由于安全管理记录无统一规范标准，因此存在安全管理信息不完善、缺少逻辑节点等问题。

综上所述，针对 LNG 储备库及石化领域现有安全管理文本的特点，在进行后续的因果关系抽取任务前，需对文本语料进行预处理工作，去掉噪声信息，必要时需结合专家意见对其进行逻辑补充，以保证因果关系抽取结果的准确性。安全管理文本预处理流程如下：

步骤 1：无效信息的删除。

大多已有的安全管理文本都是以较为口语化的方式记录，用词冗余、无效信息过多，严重影响文本的质量，因此需要对文本中的无用信息，例如日期、员工间的对话、作业程序的描述、日常经过描述等不包含因果信息的文本进行适当删除，具体示例如表 4.3 所示。

表 4.3　安全管理文本无效信息删除示例

序号	原始安全管理文本	第一次预处理后的安全管理文本
1	1944 年 10 月 20 日，位于美国克利夫兰市 LNG 库区的 4#LNG 储罐突然发生破裂漏气，LNG 液体泄漏，此时，工作人员并未发现异常。过了一段时间，由于当时储罐没有设置围堰，LNG 液体和蒸发气体流入排水管道或被风吹散到周围街道，发生爆炸及火灾事故	LNG 库区的 LNG 储罐突然发生破裂漏气，LNG 液体泄漏，由于当时储罐没有设置围堰，LNG 液体和蒸发气体流入排水管道或被风吹散到周围街道，发生爆炸及火灾事故
2	2008 年，某管道公司由于员工安全培训不到位，发生了火灾爆炸事故。当天凌晨，某管段压力突然升高，当地输气处立即组织全线巡查检漏工作。上午 9 时，当地管道维护站工作人员张某对管段进行巡查检漏，未发现异常情况。次日凌晨，管线工作人员进行事发前最后一次巡查检漏，也未发现异常。凌晨 4 时，管道出现泄漏爆炸，产生了巨大声响，管段阀室工艺间着火	某管道公司由于员工安全培训不到位，发生了火灾爆炸事故。由于员工未及时发现异常，管道出现泄漏爆炸，产生了巨大声响，管段阀室工艺间着火

步骤 2：关键信息的补充完善。

部分安全管理文本由于记录时缺少相应标准，导致现有文本存在风险因素演化关键信息缺失的问题，严重影响后续因果信息抽取工作的开展，因此本部分结合专家经验，对已有文本进行关键信息补充，使风险因素演化因果关系链完善，有助于后续工作的进行，具体示例如表 4.4 所示。

步骤 3：安全管理文本分词。

在将文本进行向量化表征前，需将文本进行字段划分的处理，通过建立自定义的专业领域词典，结合 Jieba 分词工具可以准确地完成字段划分工作，具体示例如表 4.5 所示。

3. 安全管理文本标注

具体实施步骤如下：

步骤 1：安全管理文本风险因素划分。

为获取后续因果关系抽取模型所需的训练与测试文本数据集，对LNG储备库相关安全管理文本中的因果节点中的风险因素进行类别划分，参考事故致因2-4模型，将风险因素划分为：根本因素、间接因素、直接因素，具体示例如表4.6所示。

表4.4 安全管理关键信息补充完善示例

序号	第一次预处理后的安全管理文本	第二次预处理后的安全管理文本
1	LNG库区的LNG储罐突然发生破裂漏气，LNG液体泄漏，由于当时储罐没有设置围堰，LNG液体和蒸发气体流入排水管道或被风吹散到周围街道，发生爆炸及火灾事故	LNG库区因日常检查存在漏洞，发生了火灾爆炸事故。LNG储罐由于罐体材料在低温下失效，造成LNG液体泄漏，因为储罐没有设置围堰，导致LNG液体和蒸发气体流入排水管道或被风吹散到周围街道，遇火花发生火灾、爆炸
2	某管道公司由于员工安全培训不到位，发生了火灾爆炸事故。由于员工未及时发现异常，管道出现泄漏爆炸，产生了巨大声响，管段阀室工艺间着火	某管道公司由于员工安全培训不到位，发生了火灾爆炸事故。由于日常巡查检漏不到位，未发现异常，使得管道泄漏，且又遇明火，产生爆炸

表4.5 安全管理文本分词示例

第二次预处理后的事故文本	分词后的事故文本
LNG库区因日常检查存在漏洞，发生了火灾爆炸事故。LNG储罐由于罐体材料在低温下失效，造成LNG液体泄漏，因为储罐没有设置围堰，导致LNG液体和蒸发气体流入排水管道或被风吹散到周围街道，发生火灾、爆炸	LNG库区/因/日常检查存在漏洞/发生了/火灾爆炸事故/LNG储罐/由于/罐体材料在低温下失效/造成/LNG液体泄漏/因为/储罐/没有设置围堰/导致/LNG液体/和/蒸发气体/流入/排水管道/或/被风吹散到/周围街道/遇火花/发生/火灾/爆炸

表4.6 安全管理文本风险因素划分示例

预处理后的安全管理文本	风险因素节点			事故类型节点
	根本因素节点	间接因素节点	直接因素节点	
LNG库区/因/日常检查存在漏洞/发生了/火灾爆炸事故/LNG储罐/由于/罐体材料在低温下失效/造成/LNG液体泄漏/因为/储罐/没有设置围堰/导致/LNG液体/和/蒸发气体/流入排水管道/或/被风吹散/到/周围街道/遇火花/发生/火灾/爆炸	日常检查存在漏洞	罐体材料在低温下失效、LNG液体泄漏、没有设置围堰	流入排水管道、被风吹散、遇火花	火灾爆炸事故

通过对安全管理文本进行风险因素节点的划分，结合事故类型节点即能获得风险因素发展过程中的事故因果演化路径，如图4.8所示，当日常检查存在漏洞时，罐体材料容易出现在低温下失效的情况，导致LNG液体泄漏，由于没有设置围堰，造成LNG流入排水管道，蒸发的天然气被风吹散，最终遇火花发生火灾爆炸事故。

步骤2：安全管理文本序列标注。

在序列标注任务中，深度学习模型会对输入序列的每一个字段进行类别划分，然后输出其对应的预定标签，标签代表了字段的类别和边界。因此在进行深度神经网络的训练之前，需要预先定义标签类别来对数据进行标注。利用 Brat 自然语言文本标注软件对安全管理文本中的因果节点进行标注工作，示例如图 4.9 所示。其中，绿色标注代表“根本因素”，紫色标注代表“事故类型”，黄色标注代表“间接因素”，蓝色标注代表“直接因素”。

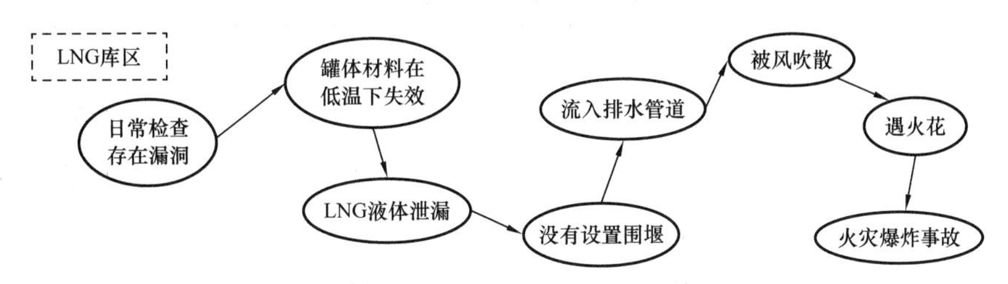

图 4.8　安全管理文本风险因素因果演化路径示例

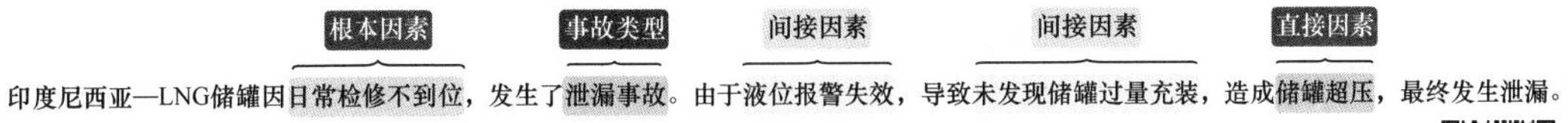

根本因素　事故类型　间接因素　间接因素　直接因素

印度尼西亚—LNG储罐因日常检修不到位，发生了泄漏事故。由于液位报警失效，导致未发现储罐过量充装，造成储罐超压，最终发生泄漏。

彩图扫码

图 4.9　安全管理文本标注示例

基于 Brat 标注工具可以得到用于后续深度学习神经网络训练的训练序列样本。训练样本标签集采用 BIO 标准，其中，B 表示因果节点的开头，I 表示在因果节点的内部，O 表示非因果节点的。标注标签集如表 4.7 所示。

表 4.7　BIO 标签集

因果节点类别	对应标签名	开始标记	中间标记	结束标记
根本因素	GEN	B−GEN	I−GEN	I−GEN
间接因素	JIAN	B−JIAN	I−JIAN	I−JIAN
直接因素	ZHI	B−ZHI	I−ZHI	I−ZHI
事故类型	ACI	B−ACI	I−ACI	I−ACI
其他	OTHER	O	O	O

4. 安全管理文本因果关系抽取

步骤 1：文本特征加强。

本节在安全管理文本单一文本特征的基础上，增加了词边界、词性、偏旁部首、拼音这四个维度的特征信息，最终形成了包含五个维度特征的安全管理文本，丰富了语料信息，能够帮助因果关系抽取模型学习到更多元化的特征信息，提升模型的泛化能力。

步骤 2：文本句段拼接。

对包含风险因素的安全管理文本各句段进行 N 对 N 的拼接操作，增加了安全管理文本的数量，并且加大了长文本在整体语料的占比，可以优化因果关系抽取模型对长文本序列的处理能力，提高模型的鲁棒性。

步骤 3：因果关系抽取模型参数设置。

在模型初始化阶段，需要对模型中的共 11 项超参数进行设置，所需设置参数如表 4.8 所示。通过设置合适的参数，可以帮助模型具备良好的性能与效果。

表 4.8　因果关系抽取模型参数

序号	参数名	序号	参数名
1	字向量维度	7	LSTM 维度
2	词边界向量维度	8	词性向量维度
3	偏旁部首向量维度	9	拼音向量维度
4	批次大小	10	激活函数
5	学习速率	11	修剪梯度
6	训练次数		

步骤 4：LNG 储备库风险因素因果关系抽取模型构建。

LNG 储备库风险因素因果关系抽取模型主要由四层组成，分别为：特征文本输入层、特征文本嵌入层、双向 LSTM特征提取层和 CRF 因果节点输出层，如图 4.10 所示。

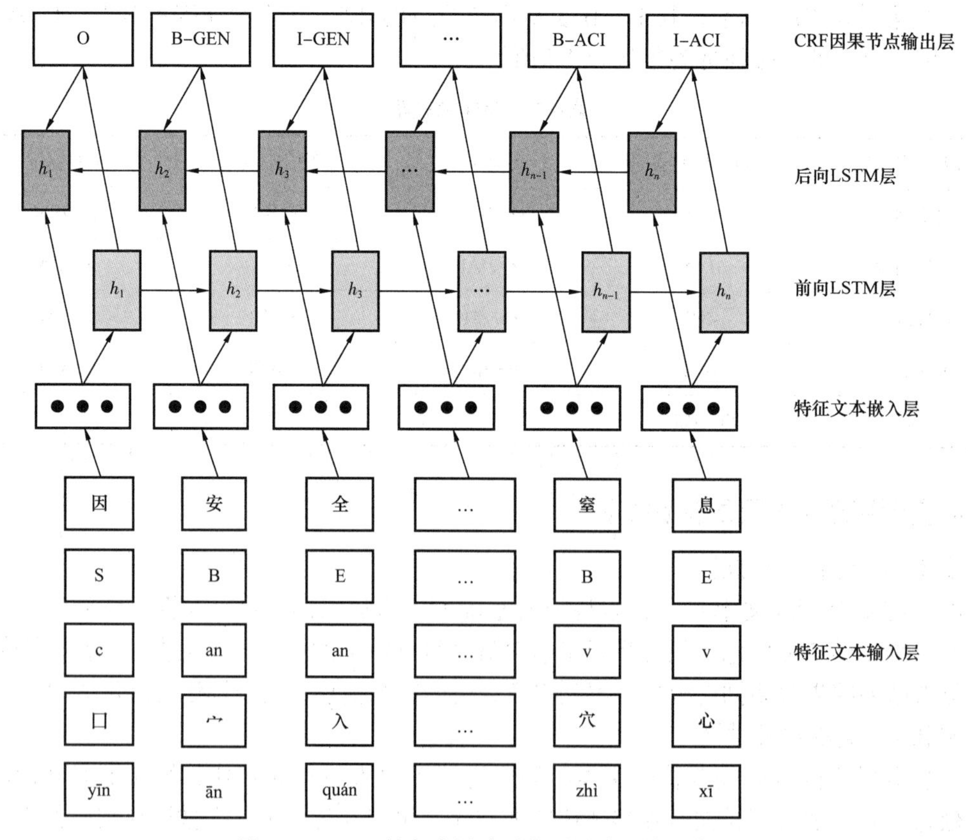

图 4.10　LNG 储备库风险因素因果关系抽取模型

1）特征文本输入层

由于神经网络每个批次的输入通常要求为固定的长度，而每一条安全管理文本的长度通常不一致，因此首先需要将每个批次中输入的每个句段扩展到相同的长度，将长度小于固定长度的句段用“＜PAD＞”标签补齐；同时，对于非字典库的词用“＜UNK＞”标签代替。

2）特征文本嵌入层

特征文本嵌入是指对输入因果关系抽取模型的五个维度的特征文本进行向量化表示。通过将所有的特征文本在随机初始化的特征空间里进行映射，获取初始特征向量。

3）双向 LSTM 特征提取层

双向 LSTM 层是由两层 LSTM 网络结构组成，一个正向 LSTM，一个反向 LSTM。通过 LSTM 特殊的门控结构，能够捕捉到安全管理文本的上下文信息，抽取安全管理文本的高维特征。

4）CRF因果节点输出层

本模型采用 CRF 方法作为损失函数。通过利用 Bi-LSTM 层来抽取数据中的高维特征，同时结合 CRF 全局优化的特点，让模型学习到更多安全管理句子级别的强约束条件，实现输出序列概率最大化，从而提高模型因果关系抽取结果的准确性，弥补 Bi-LSTM 局部最优的不足。

步骤 5：LNG 储备库风险因素因果关系抽取模型训练。

对标注完成的安全管理训练文本数据集进行文本增强及编码处理后，将所有的句段转换成对应的特征向量表示，用以模型的输入，对 Bi-LSTM-CRF 深度学习模型的各参数进行训练。具体步骤如下：（1）将文本增强后的五维特征文本输入模型的特征文本输入层中，进行长度补齐操作，并通过特征文本嵌入层转化成对应的特征向量；（2）通过双层的 Bi-LSTM 层实现模型的特征学习；（3）利用 CRF 因果节点输出层进行反向传播，在序列层面进行归一化，实现梯度下降。

步骤 6：LNG 储备库风险因素因果关系抽取模型测试。

利用安全管理测试文本数据集对已训练得到的风险因素因果关系抽取模型进行测试，通过对比模型预测得到的标签与实际标签的差距评估模型的优劣。基本实施流程同步骤 5 所示，但此时不需要对模型参数进行梯度计算与更新。

4.2.3　案例分析

1. 测试与验证

以包含因果信息的安全管理文本因果节点序列标注任务为目标任务，对基于文本增强的 LNG 储备库风险因素因果关系抽取模型进行实际应用。

步骤 1：安全管理文本语料扩充。

在收集的 31 条 LNG 储备库安全管理文本基础上，加入 331 条石化领域相关安全管理文本，实现语料扩充。最终形成 LNG 储备库相关安全管理文本数据集，包含共 362 个非结构化的安全管理文本，近2000条风险因素因果关系，将此数据集按照8：2的比例划分为训练集和测试集。

步骤2：安全管理文本预处理。

首先人工进行无效信息的删除、关键信息的补充完善；然后基于Python语言环境，结合jieba分词工具包，对安全管理文本进行分词操作，切割出文本中的风险因素句段与事故类型句段。

步骤3：安全管理文本标注。

对安全管理文本划分好风险因素节点与事故类型节点后，基于ubuntu系统环境，利用Brat文本标注工具对LNG储备库安全管理文本进行各类因果节点的标注，最终标记1870个因果节点。

步骤4：安全管理文本特征加强。

基于Python语言环境，对安全管理文本进行词边界、词性、偏旁部首、拼音这四个特征信息提取，形成包含五个维度特征的LNG储备库安全管理文本语料。

步骤5：安全管理文本句段拼接。

基于Python语言环境，在特征加强后的语料的基础上对包含风险因素的安全管理文本各句段进行2对2、3对3的拼接操作，最终形成LNG储备库风险因素因果关系抽取模型所需语料。

步骤6：深度学习模型参数设置。

根据多次试验结果，LNG储备库风险因素因果关系抽取模型的各参数设置如表4.9所示。设置字向量维度为100维，词边界向量维度为20维，偏旁部首向量维度为50维，词性向量维度为50维，拼音向量维度为50维，LSTM单元维度为128维，激活函数采用Relu函数，批次大小为32，学习速率为0.0001，修剪梯度设为［−5，5］，训练次数定为50。实验过程中在各数据集上使用相同的初始化模型，算法各运行3次，结果取均值。

表4.9　模型参数设置

参数名	参数值	参数名	参数值
字向量维度	100	LSTM单元维度	128
词边界向量维度	20	词性向量维度	50
偏旁部首向量维度	50	拼音向量维度	50
批次大小	32	激活函数	Relu
学习速率	0.0001	修剪梯度	［−5，5］
训练次数	50		

步骤7：LNG储备库风险因素因果关系抽取模型构建。

基于Python语言环境、TensorFlow深度学习框架，结合cnradical工具包，搭建基于文本增强的LNG储备库风险因素因果关系抽取模型，模型结构如图4.11所示。

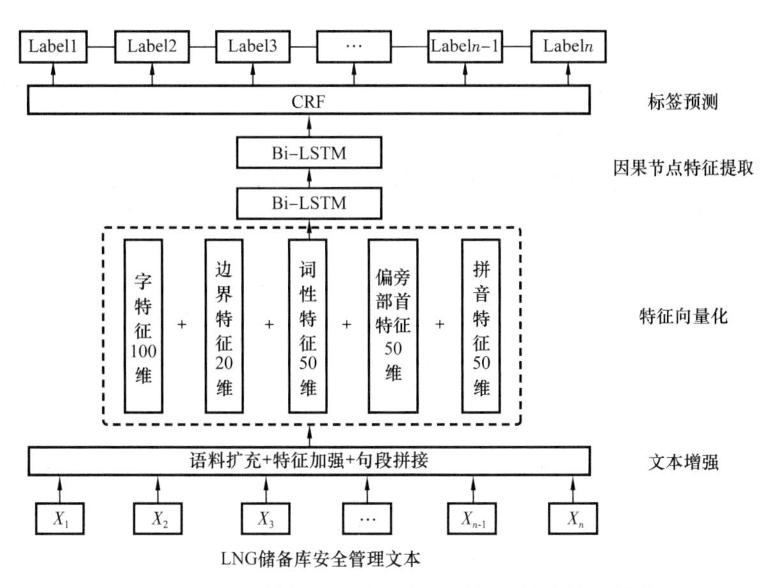

图 4.11　LNG 储备库风险因素因果关系抽取模型结构

为评估 LNG 储备库风险因素因果关系抽取方法的效果，从三个方面对方法应用结果进行评估，各评估指标越趋近 100%，说明方法的效果越好。

首先，从粗粒度的角度考虑，评判所提出方法是否能够按照预期返回四类因果节点（即不出现某类因果节点没有返回的情况），通过计算因果节点召回率体现，计算见式（4.20）：

$$R=\frac{c_1}{c_2}\times100\% \tag{4.20}$$

其中：c_1 为返回结果中正确的个数；c_2 为应该返回结果的个数。

其次：从细粒度的角度出发，判断所抽取的因果节点是否符合要求，通过计算安全管理文本因果节点序列标注任务的识别准确度 A，评价所提出方法的效果，具体见式（4.21）：

$$A=\frac{c_1}{c_3}\times100\% \tag{4.21}$$

其中：c_1 为返回结果中正确的个数；c_3 为所有返回结果的个数。

最后，从平衡性角度进行评估，考察所提出方法是否能够较好平衡粗粒度、细粒度两方面的效果，达到风险因素抽取结果的综合最优化，计算方法见式（4.22）：

$$\mathrm{F1}=\frac{2A\times R}{A+R}\times100\% \tag{4.22}$$

其中：A 为因果节点识别准确度；R 为因果节点召回率。

在根本因素、间接因素、直接因素、事故类型这四类因果节点文本上，应用本节提出的基于文本增强的 LNG 储备库风险因素因果关系抽取方法，分析其在不同类型因果文本上抽取效果的优劣。根据式（4.20）至式（4.22），四类因果标签上模型的召回率、准确度、F1 值变化情况分别如图 4.12 至图 4.14 所示；其中，第 50 次训练后的模型评估指标情况如表 4.10 所示。

表 4.10　本节方法在四类因果节点上第 50 次训练结果的评估指标

因果节点类型	召回率 /%	准确度 /%	F1 值 /%
事故类型	99.48	95.74	97.57
根本因素	94.38	93.07	93.72
间接因素	56.75	35.63	43.77
直接因素	49.54	33.84	40.21

从表 4.10 可以看出，本节所提方法在抽取事故类型节点上表现最好，召回率达到了 99.48%，准确度达到了 95.74%，F1 值达到了 97.57%，其次为根本因素节点（召回率 94.38%，准确度 93.07%，F1 值 93.72%）、间接因素节点（召回率 56.75%，准确度 35.63%，F1 值 43.77%），表现最差的为直接因素节点（召回率 49.54%，准确度 33.84%，F1 值 40.21%）。出现这种结果的原因可能在于：相较于事故类型文本与根本因素文本，间接因素文本与直接因素文本的表征形式更为多样，具有边界模糊、文本长度多变等特点，导致在抽取间接因素节点与直接因素节点时，风险因素因果关系抽取方法不能较好地提取、学习语义特征。

从图 4.12 可以看出，本节所提方法在抽取四类因果节点任务中，召回率的变化趋势有较大区别：事故类型节点前期提升最快，根本因素节点的前期提升速度略小于事故类型节点；而间接因素节点与直接因素节点的前期提升速度小于事故类型节点与根本因素节点，增长较为缓慢并伴有一定的波动，其中间接因素节点的波动最为明显；四条曲线后期随着训练次数的增加均逐渐收敛，趋于稳定水平。对比分析四条曲线可以得到以下几点结论：

（1）本节所提方法在抽取四类因果节点方面：抽取事故类型节点与根本因素节点召回率远高于抽取间接因素节点与直接因素节点。

（2）本节所提方法在抽取事故类型节点、根本因素节点时的初始召回率大致相同，大约为 25%；在抽取间接类型节点、直接因素节点时的初始召回率大致相同，大约为 3%。

（3）本节所提方法在抽取事故类型节点、根本因素节点方面收敛更快，召回率大约在第 23 次训练时趋于水平；在抽取间接原因节点与直接原因节点时，召回率大约在第 37 次训练时趋于水平。

从图 4.13 可以看出，基于文本增强的风险因素因果关系抽取方法在抽取四类因果节点任务中，准确度的变化趋势与召回率的变化趋势大致相同。通过对比分析四条曲线可以得到以下几点结论：

（1）基于文本增强的风险因素因果关系抽取方法在抽取事故类型节点、根本原因节点时，准确度远高于抽取间接原因节点与直接原因节点。

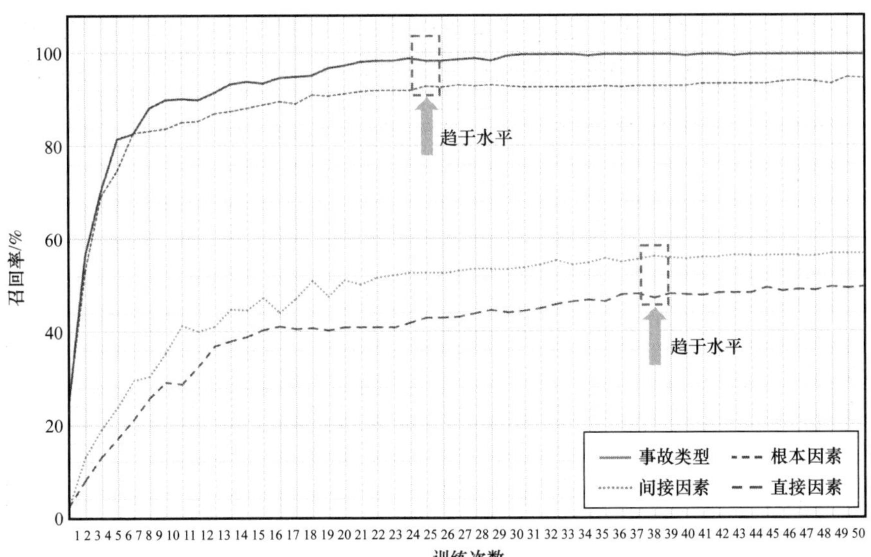

图 4.12　本节方法在四类因果节点上召回率随训练次数的变化情况

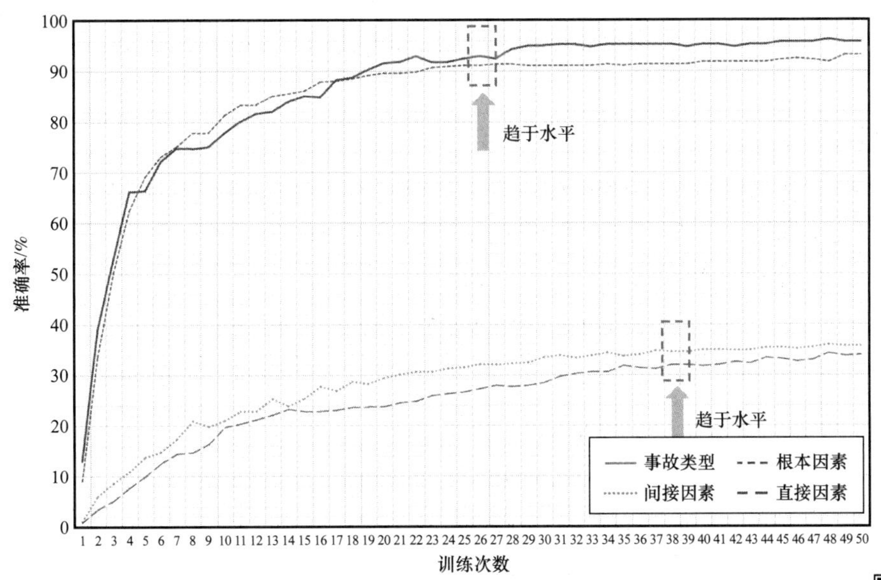

图 4.13　本节方法在四类因果节点上准确度随训练次数的变化情况

（2）在抽取事故类型节点、根本因素节点方面，本节所提方法的准确度大约在第 27 次训练时趋于水平，相比于抽取间接因素节点与直接因素节点在第 38 次训练时趋于水平更快。

通过对比分析图 4.14 中的四条曲线可以得到以下几点结论：

（1）该方法在抽取事故类型节点、根本因素节点时，F1 值远高于抽取间接因素节点与直接因素节点。

（2）在抽取事故类型节点、根本因素节点时，F1 值收敛更快，大约在第 27 次训练时趋于水平；而在抽取间接因素节点与直接因素节点时，F1 值大约在第 42 次训练时趋于水平。

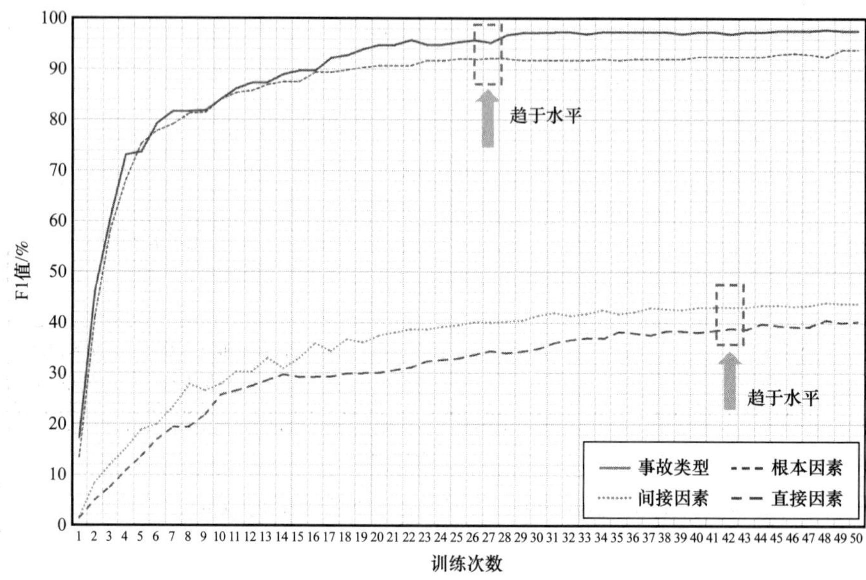

图 4.14　该方法在四类因果节点上 F1 值随训练次数的变化情况

2. 对比分析

为了验证文本增强对于 LNG 储备库风险因素因果关系抽取方法的提升程度，与三组不同因果关系抽取方法在相同的 LNG 储备库相关安全管理文本上进行对比分析，具体如表 4.11 所示，并利用式（4.21）和式（4.22）量化其效果。

表 4.11　因果关系抽取方法对比方案设计

序号	方法名称	验证文本
1	初始 Bi-LSTM+CRF 方法	LNG 储备库相关安全管理文本
2	特征加强 +Bi-LSTM+CRF 方法	
3	句段拼接 +Bi-LSTM+CRF 方法	
4	文本增强 +Bi-LSTM+CRF 方法	

四种风险因素因果关系抽取方法在 LNG 储备库相关安全管理文本上，损失值随着训练次数的变化情况如图 4.15 所示。

从图 4.15 可以看出，四种方法在 LNG 储备库相关安全管理文本上损失呈现相同的变化趋势：经过骤降后逐渐收敛，趋于稳定水平。对比分析四条曲线可以得到以下几点结论：

（1）损失下降速度方面：文本增强 +Bi-LSTM+CRF 方法＞句段拼接 +Bi-LSTM+CRF 方法＞特征加强 +Bi-LSTM+CRF 方法＞初始 Bi-LSTM+CRF 方法，因此可以得出，文本增强方法能够使训练损失值更快地下降至收敛。

（2）最低损失值方面：文本增强 +Bi−LSTM+CRF 方法＞句段拼接 +Bi−LSTM+CRF 方法＞特征加强 +Bi−LSTM+CRF 方法＞初始 Bi−LSTM+CRF 方法，因此可以得出，文本增强方法的加入能够更好地降低因果节点抽取任务的损失值，使预测结果与真实结果更接近。

（3）文本增强方法中，句段拼接方法比特征加强方法在损失下降方面效果更好。

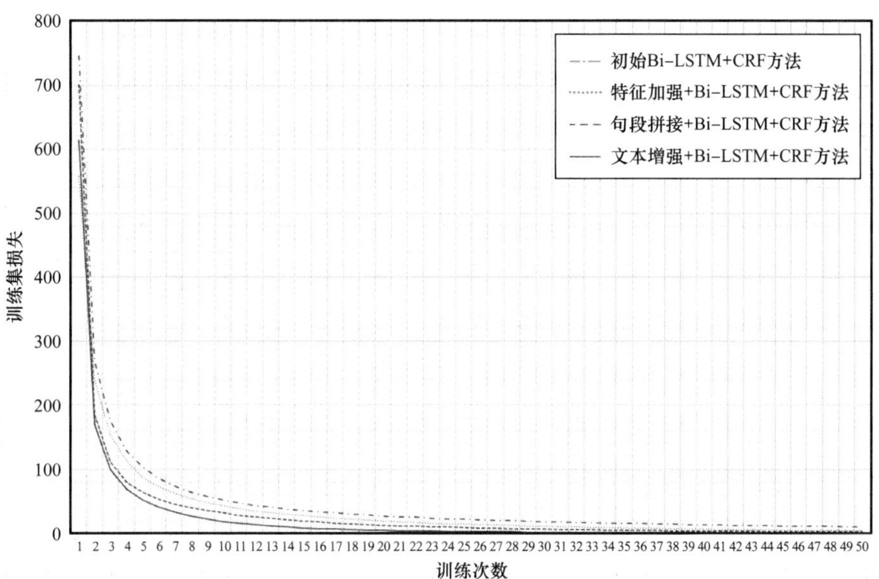

图 4.15　四种风险因素因果关系抽取方法的损失随训练次数的变化情况

四种风险因素因果关系抽取方法在 LNG 储备库相关安全管理文本上，经过 50 次的训练后，方法的召回率、准确度、F1 值变化情况分别如图 4.16 至图 4.18 所示，其中第 50 次训练结束后模型评估指标及指标效果提升情况如表 4.12 所示。

表 4.12　四种风险因素因果关系抽取方法第 50 次训练的模型评估值及提升情况

因果关系抽取方法	召回率 R/%	准确率 A/%	F1 值	+R/%	+A/%	+F1
初始 Bi−LSTM+CRF 方法	54.80	35.42	43.01	0	0	0
特征加强 +Bi−LSTM+CRF 方法	63.91	41.27	50.15	+9.11	+5.85	+7.14
句段拼接 +Bi−LSTM+CRF 方法	69.45	52.01	59.47	+14.65	+16.59	+16.46
文本增强 +Bi−LSTM+CRF 方法	70.58	52.82	60.42	+15.78	+17.40	+17.41

从表 4.12 可以看出，基于文本增强的 LNG 储备库风险因素因果关系抽取方法在各方面都表现更好，相比于初始 Bi−LSTM+CRF 方法有了较大优化，模型的召回率、准确率、F1 值方面分别提升了 15.78%、17.40% 与 17.41%。

从图 4.16 可以看出，四种方法在 LNG 储备库相关安全管理文本上呈现大致相同的变化趋势：召回率在前期上升较快，随训练次数的增加逐渐收敛。对比分析四条曲线可以得到以下几点结论：

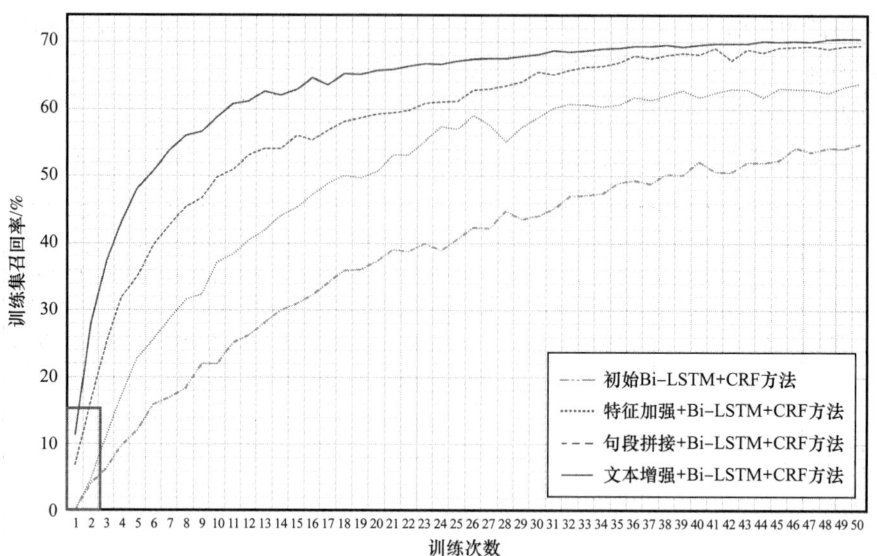

图 4.16 四种风险因素因果关系抽取方法召回率随训练次数的变化情况

（1）如实线框处所示，文本增强 +Bi-LSTM+CRF 方法的初始召回率更高，相比于初始 Bi-LSTM+CRF 方法提升了近 10%，按照准确度大小排序，随后依次为：句段拼接 +Bi-LSTM+CRF 方法、特征加强 +Bi-LSTM+CRF 方法及初始 Bi-LSTM+CRF 方法。

（2）召回率的上升速度方面：文本增强 +Bi-LSTM+CRF 方法＞句段拼接 +Bi-LSTM+CRF 方法＞特征加强 +Bi-LSTM+CRF 方法＞初始 Bi-LSTM+CRF 方法，因此可以得出，经过文本增强处理后，风险因素因果关系抽取模型随着训练次数的增加，召回率能够更快上升至收敛。

（3）最高召回率方面：文本增强 +Bi-LSTM+CRF 方法＞句段拼接 +Bi-LSTM+CRF 方法＞特征加强 +Bi-LSTM+CRF 方法＞初始 Bi-LSTM+CRF 方法，因此经过文本增强后的风险因素因果关系抽取模型能够更好地按照预期返回各类风险因素节点与事故类型节点。

（4）文本增强方法中，句段拼接方法比特征加强方法能够更好地提升召回率。

从图 4.17 可以看出，该模型的准确度在四种训练集上呈现大致相同的变化趋势：准确度在前期上升较快，随训练次数的增加逐渐收敛。对比分析四条曲线可以得到以下几点结论：

（1）基于文本增强的风险因素因果关系抽取方法的初始准确度相比于初始 Bi-LSTM+CRF 方法有了近 20% 的提升，如实线框处所示。按照准确度大小排序，随后依次为：句段拼接 +Bi-LSTM+CRF 方法、特征加强 +Bi-LSTM+CRF 方法及初始 Bi-LSTM+CRF 方法。

（2）准确度的上升速度方面：文本增强 +Bi-LSTM+CRF 方法≥句段拼接 +Bi-LSTM+CRF 方法＞特征加强 +Bi-LSTM+CRF 方法＞初始 Bi-LSTM+CRF 方法，因此可以得出，本节所提方法的准确度能够更快上升至收敛，但经过句段拼接和经过特征加强的模型收敛速度相差不大。

（3）最高准确度方面：文本增强 +Bi-LSTM+CRF 方法＞句段拼接 +Bi-LSTM+CRF 方法＞特征加强 +Bi-LSTM+CRF 方法＞初始 Bi-LSTM+CRF 方法，因此可以得出，在加入文本增强方法后，因果关系抽取模型能够更准确地返回各类因果节点。

（4）文本增强方法中，句段拼接方法的准确度仍比特征加强方法效果更好。

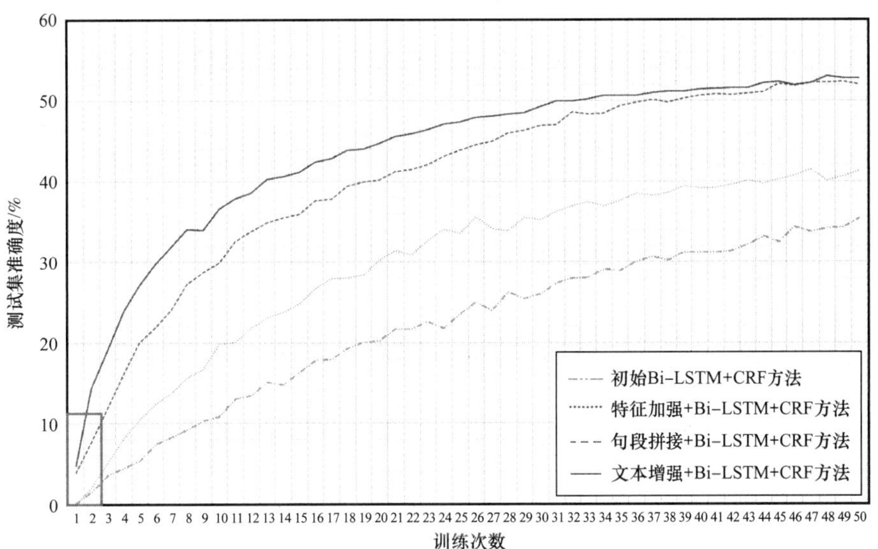

图 4.17　四种风险因素因果关系抽取方法准确度随训练次数的变化情况

从图 4.18 可以看出，四种风险因素因果关系抽取方法的 F1 值随训练次数呈现大致相同的变化趋势：F1 值在前期上升较快，随训练次数的增加逐渐收敛。对比分析四条曲线可以得到以下几点结论：

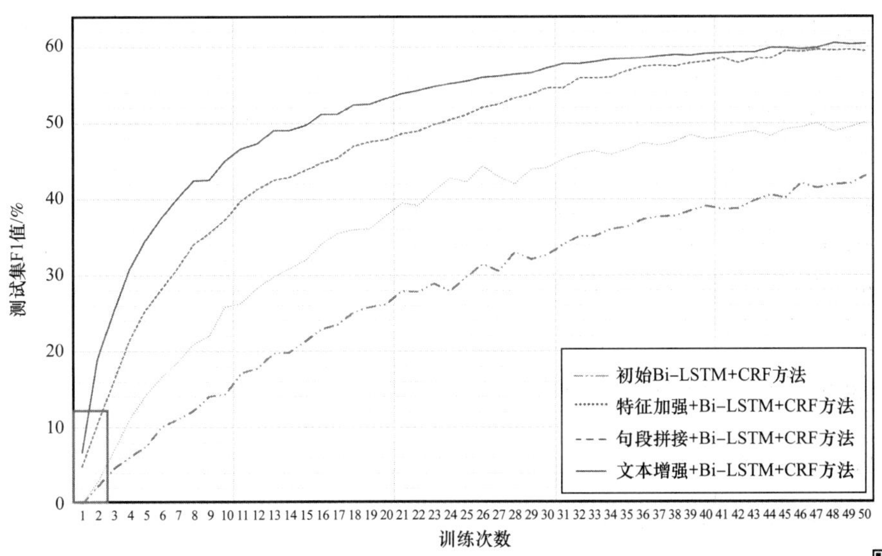

图 4.18　四种风险因素因果关系抽取方法 F1 值随训练次数的变化情况

（1）如实线框处所示，相比于初始 Bi-LSTM+CRF 方法，本节所提方法的初始准确度有了近 5% 的提升，按照准确度大小排序，随后依次为：句段拼接 +Bi-LSTM+CRF 方法、特征加强 +Bi-LSTM+CRF 方法及初始 Bi-LSTM+CRF 方法。

（2）在模型准确度的上升速度方面：文本增强 +Bi-LSTM+CRF 方法＞句段拼接 +Bi-LSTM+CRF 方法＞特征加强 +Bi-LSTM+CRF 方法＞初始 Bi-LSTM+CRF 方法，因此可以得出，文本增强的加入使得因果关系抽取模型的 F1 值能够更快上升至收敛；但经过句段拼接和经过特征加强的模型收敛速度相差不大。

（3）在模型的最高 F1 值方面：文本增强 +Bi-LSTM+CRF 方法＞句段拼接 +Bi-LSTM+CRF 方法＞特征加强 +Bi-LSTM+CRF 方法＞初始 Bi-LSTM+CRF 方法，因此可以得出，本节所提方法的平衡性更好。

（4）在文本增强方法中，句段拼接方法比特征加强方法能够更好地提升 F1 值。

4.3 油气生产系统风险因素演化知识图谱的构建

建立 LNG 储备库风险因素演化知识图谱，不仅能很好地整合非结构化安全管理文本中蕴含的因果关系，也能直观反映风险因素的发展过程，为后续的 LNG 储备库事故智能预警的实现提供基础。具体风险因素的泛化对于 LNG 储备库风险因素演化知识图谱的建立至关重要，将意义相近但文字表达不同的风险因素归并到同一个抽象的因素类中，能够降低风险因素演化知识图谱中的节点规模，提升知识图谱的事理逻辑描述能力和应用普适性，有效表征 LNG 储备库风险因素的发展规律；同时，泛化之后的风险因素因果关系可以帮助管理者更好地理解在具体事件背后的隐藏的因果模式。

因此，为提高 LNG 储备库风险因素演化知识图谱的总结性与归纳性，挖掘更多的语义信息，解决常规文本泛化方法对文本表达的局限性，减小由于中文分词误差对事故泛化结果产生的影响，针对安全管理文本语言表达复杂、多变的特点，本节提出基于字词特征—凝聚层次聚类（Char-Word Feature Based Agglomerative Nesting，CW-AGNES）方法的 LNG 储备库风险因素演化知识图谱构建方法。为引入更加丰富的语义信息，提高风险因素泛化的效果，将文字特征、二元词组特征加入到特征向量表示中，通过 AGNES 算法，对通过风险因素因果关系抽取方法得到的安全管理文本中的具象风险因素进行泛化，以获得 LNG 储备库运行过程中一般性风险演化因果规律及转移概率，实现 LNG 储备库风险因素演化知识图谱的构建。在案例分析中对具象风险因素节点进行泛化方法效果评估，验证提出的风险因素演化知识图谱构建方法的准确性与可靠性。

4.3.1 风险因素泛化基本原理

1. Word2Vec 模型

Word2Vec 是经典的分布式词嵌入表示方法，主要思想把每个特征词映射到对应的特征空间里，将文本的语义信息在一定程度上向量化。Word2Vec 提供了两种模型，一是 CBOW 模型，另一个是 Skip-Gram 模型，都是包括输入层、投影层和输出层三层网络，可以在大数据量上进行高效训练从而得到分布式表示。CBOW 模型通过中心词的上下文分布式表示对中心词的出现概率进行预测，并输出中心词的分布式表示；Skip−Gram 模型与 CBOW 模型的思路相反，是通过中心词去预测上下文的分布式表示，使用哈夫曼树 Softmax 作为中心词的概率计算方法，根据从根节点出发到达指定节点的路径来预测上下文的单词。Skip−Gram 相对 CBOW 而言，可以更好地解决由于窗口较小使得模型不能体现窗口外的区域的词语与当前词之间关系的问题，Skip−Gram 模型的结构如图 4.19 所示。

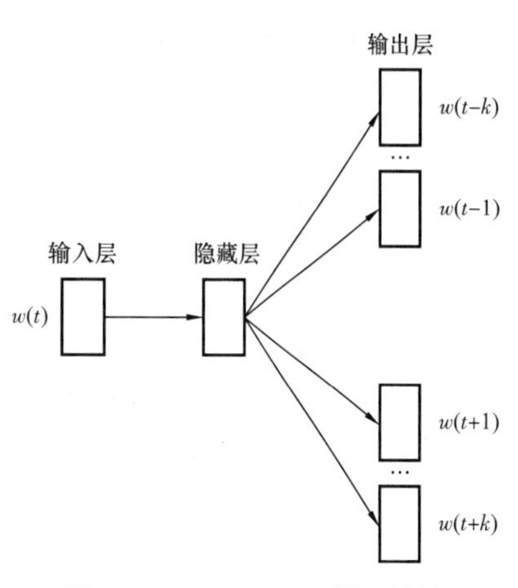

图 4.19　Skip−Gram 模型结构

如给定中心词 w_t 和其上下文单词 $c_t=w_{t-k}$，⋯，w_{t-1}，w_{t+1}，⋯，w_{t+k}，其中 $2k$ 表示窗口大小，Skip−Gram 算法的目标函数计算见式（4.23）：

$$P\left(c_t \mid w_t\right)=\sum_{j=1}^{2k} \lg P\left(w_j \mid w_t\right) \tag{4.23}$$

其中：$P\left(w_j \mid w_t\right)$ 为给定中心词 w_t 下出现单词 w_j 的条件概率。

Skip−Gram 模型相对传统的文本表示方法，能够避免文本语义模糊、无法精确表示文本信息等问题。

2. 凝聚层次聚类算法

凝聚层次聚类（Agglomerative Nesting，AGNES）算法是一种自底向上的凝聚型层次算法，它把每个初始对象都作为一个簇，通过计算每个对象之间的距离，将两个属于不同簇的对象中距离最小的簇进行合并，通过不断的计算距离将距离最近的簇进行合并，直到达到设定的终止条件，或者全部对象合并完成为止。AGNES 算法的步骤描述如下：

输入：包含 n 个样本数据点的数据集 S。

输出：聚类结果。

步骤 1：把每一个数据点都看成一个单独的簇。

步骤 2：计算所有数据点两两之间的空间距离 $dist(i, j)$，建立数据点之间的初始相似矩阵。

步骤 3：合并距离最小、相似度最大的两个簇。

步骤 4：重新计算新合并的簇与其他簇之间的距离，更新相似矩阵。

步骤 5：重复步骤 3 和步骤 4，直至合并为一类或者达到指定数目的簇类。

3. T 分布随机邻域嵌入算法

T 分布随机邻域嵌入（T−distributed Stochastic Neighborhood Embedding，TSNE）算法是一种典型的流形学习方法，近年来深受各个领域学者及专家的关注。TSNE 算法的基本思想是将高维空间的点映射到低维空间的同时，保持相互之间分布的概率不变，在高维空间下使用高斯分布将距离转化为概率分布，在低维空间下使用 T 分布将距离转化为概率分布，采用联合概率表示点对应的相似度，通过优化两个分布之间的距离 KL 散度，得到在低维空间的样本分布。

设高维数据点为 $\boldsymbol{X}=(x_1, x_2, \cdots, x_n)$，低维映射点 $\boldsymbol{Y}=(y_1, y_2, \cdots, y_n)$，KL 散度计算见式（4.24）：

$$C = KL\left(P \| Q\right) = \sum_i \sum_j p_{ij} \lg \frac{p_{ij}}{q_{ij}} \tag{4.24}$$

其中：p_{ij} 为高维空间样本分布的联合概率；q_{ij} 为低维空间中样本分布的联合概率，则高维数据点 x_i、x_j 的联合概率函数计算见式（4.25）：

$$p_{ij} = \frac{\exp\left(-\| x_i - x_j \|^2 / 2\sigma^2\right)}{\sum_{k \neq l} \exp\left(-\| x_k - x_j \|^2 / 2\sigma^2\right)} \tag{4.25}$$

联合概率可通过式（4.26）、式（4.27）求得：

$$p_{ij} = \frac{p_{j|i} + p_{i|j}}{2n} \tag{4.26}$$

$$p_{j|i} = \frac{\exp\left[-\| x_i - x_j \|^2 / \left(2\sigma_i\right)^2\right]}{\sum_{k \neq i} \exp\left[-\| x_i - x_k \|^2 / \left(2\sigma_i\right)^2\right]} \tag{4.27}$$

其中：σ 是中心在 x_i 的高斯方差，通过预先设置的复杂度因子对其执行二分搜索获得最佳的 σ。在低维空间中，数据点 y_i，y_j 的联合概率函数计算见式（4.28）：

$$q_{ij} = \frac{\left(1 + \| y_i - y_j \|^2\right)^{-1}}{\sum_{k \neq l} \left(1 + \| y_k - y_l \|^2\right)^{-1}} \tag{4.28}$$

TSNE 算法通过梯度下降方法将 loss 函数最小化，算法的逻辑步骤如下：

（1）根据式（4.27）、式（4.28）计算给定复杂度下的联合概率。

（2）用正态分布 N 随机初始化 $\boldsymbol{Y}$，获得初始解 $\boldsymbol{Y}^{(0)}$。

（3）利用梯度下降算法进行迭代操作，最终得到高维输入向量的低维表示。

TSNE 在低维空间使用的是更偏重长尾分布的 T 分布，使得在高维空间下的距离较大的簇在低维空间中的距离拉大，从而解决数据拥挤问题。

4.3.2 基于字—词特征的 LNG 储备库风险因素演化知识图谱构建

针对 LNG 储备库风险因素文本语义信息、语句表征丰富的特点，本节在 AGNES 算法的基础上，增加了字—词特征向量层，提出了基于 CW−AGNES 的知识图谱构建方法，以帮助更好地实现 LNG 储备库风险因素演化知识图谱的建立。相比于传统的 AGNES 算法，本节提出的 CW−AGNES 方法通过提取安全管理文本中风险因素的字特征向量及二元词特征向量，能够更好地引入丰富的有效信息，使得风险因素特征映射空间更加准确且保存更多的语义信息，保障风险因素泛化的准确性。基于 CW–AGNES 算法的 LNG 储备库事故演化知识图谱构建方法具体流程如图 4.20 所示。

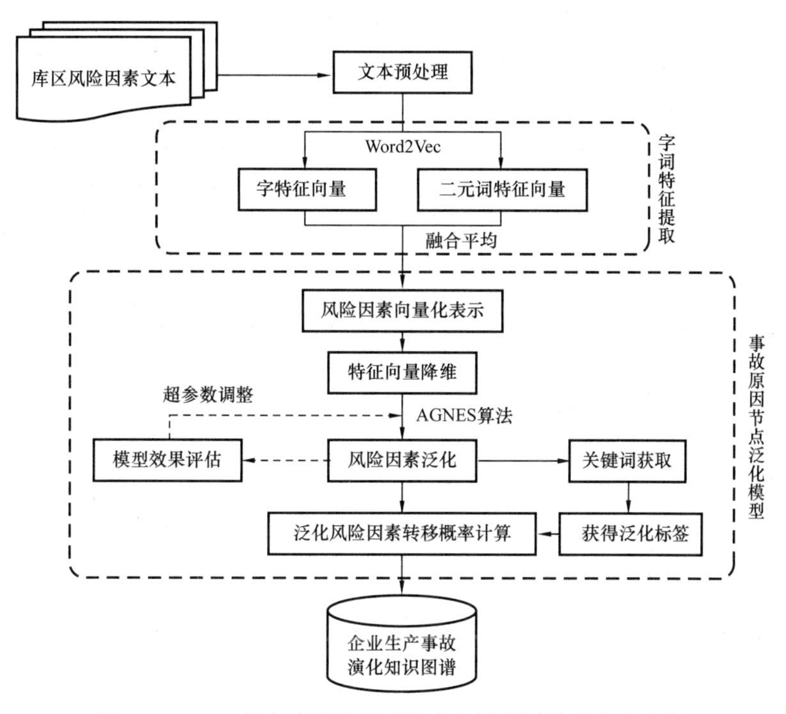

图 4.20　LNG 储备库风险因素演化知识图谱构建方法流程

1. 基于 Word2Vec 的安全管理文本特征向量获取

步骤 1：文本预处理。

对 LNG 储备库安全管理相关文本进行特征划分，将文本分别按照字、二元词组的形式切割为不同的特征数据集。

步骤 2：基于字特征的文本向量化。

利用 Word2Vec 工具，对字特征数据集进行语义信息学习，以高维向量的形式表征安全管理文本中的字特征信息。

步骤 3：基于二元词特征的文本向量化。

利用 Word2Vec 工具，对二元词组特征数据集进行语义信息学习，以高维向量的形式表征安全管理文本中的二元词组特征信息。

2. 基于字词特征的风险因素泛化方法

风险因素泛化是指将因果关系中具体的风险因素节点通过聚类的方式将其泛化为抽象意义风险因素的过程。通过风险因素因果关系抽取方法得到的 LNG 储备库风险因素及其因果关系是具体事件间的，由于中文语法表达丰富、词汇众多，导致无法从中较好地发现风险因素演化的一般性规律。例如，只能获得类似“设备检查不到位→再冷凝器内漏→压缩机温度升高→LNG 泄漏事故”这样具体的风险因素因果演化关系，而无法总结得到发现更泛化、通用性强的因果演化模式，如“设备运行管理不完善→设备泄漏→设备温度超标→泄漏事故”。因此，对具体的风险因素进行泛化处理，可以使风险因素因果关系链更具代表性与规律性。LNG 储备库风险因素泛化示意图如图 4.21 所示，图中下层是具体风险因素组成的具体风险因素演化因果网络，上层是从底层归纳、泛化而来的由抽象风险因素组成的抽象风险因素演化因果网络。

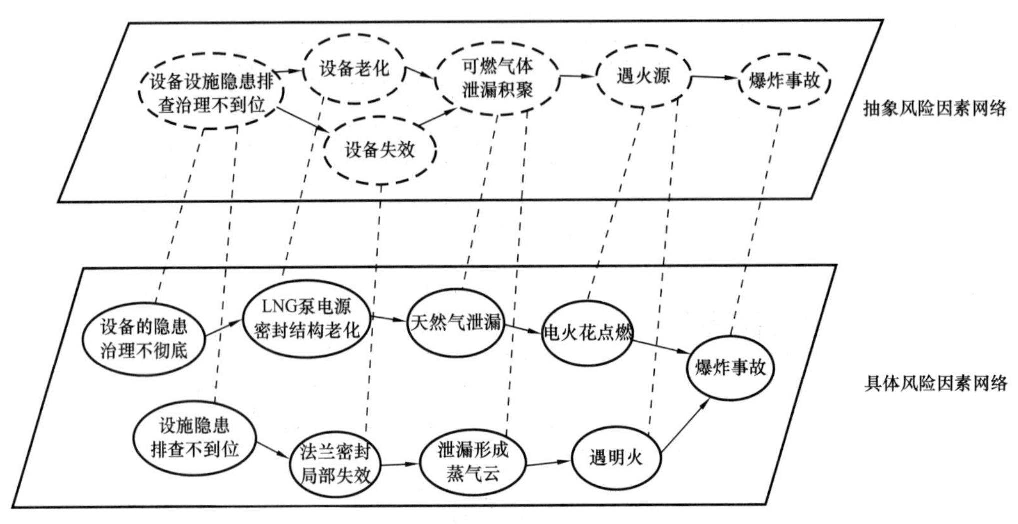

图 4.21　风险因素节点泛化示意图

如图 4.21 所示，实线的节点和实线节点间的有向边构成了具体因果网络，虚线的节点和虚线节点间的有向边构成了抽象因果网络，而从实线节点到虚线节点之间的虚线无向边则代表着具体风险因素与抽象风险因素间的转换过程。LNG 储备库风险因素泛化过程如下所示。

步骤 1：泛化方法参数设置。

在方法的初始化阶段，需要对方法中涉及的各项参数进行设置，所需设置参数如表 4.13 所示。通过设置合适的参数，可以帮助方法具备良好的性能与效果。

表 4.13　泛化方法所需设置参数

序号	参数名	序号	参数名
1	字向量维度	6	批次大小
2	词向量维度	7	学习速率
3	训练模型	8	训练次数
4	最小词频	9	窗口大小
5	聚类链接方式	10	距离计算方法

步骤 2：基于字—词特征的风险因素节点表示。

文本可以由字或者二元词组组合而成。为了更加有效的利用蕴含在安全管理文本中的价值信息，将风险因素分别划分为以单个字为单位的字组，以及除不可分割的术语、单个副词以外划分为二元词组，例如：将间接因素节点“带电设备安全标识不明显”，分割为“带 / 电 / 设 / 备 / 安 / 全 / 标 / 识 / 不 / 明 / 显”和“带电 / 设备 / 安全 / 标识 / 不 / 明显”。

在此基础上，使用特征向量均值的方法获得具体风险因素节点的向量表示，即取风险因素节点中所有字的向量与二元词组的向量的平均值，将其作为风险因素节点在特征空间中的数值化表征。

步骤 3：风险因素节点特征降维。

在保证风险因素节点语义信息丢失较少的情况下，为了提高模型效率，选择 TSNE 算法对风险因素节点特征向量进行降维处理，以降低后续步骤的计算复杂度。

步骤 4：泛化簇类数目确定。

根据风险因素文本内容的实际情况，根据专家经验确定泛化的簇类别。

步骤 5：风险因素节点泛化模型构建。

首先，基于提出的 CW-AGNES 方法，对风险因素节点进行泛化操作，将语义空间里距离相近的节点合并为一类；然后，通过统计聚为一类的风险因素节点的词频信息，得到此类风险因素节点中的关键词；最后，根据关键词信息得到该类风险因素的泛化标签。

根据风险因素节点向量的空间分布，选择欧氏距离作为节点间的相似度衡量方法，计算见式（4.29）：

$$dist_{ij}=\sqrt{\left(i_1-j_1\right)^2+\left(i_2-j_2\right)^2+\cdots+\left(i_n-j_n\right)^2} \tag{4.29}$$

其中：$dist_{ij}$ 为节点间的距离；i_n、j_n 为节点语义空间中的坐标。

最终，形成的 LNG 储备库风险因素节点泛化模型主要由四层组成，分别为特征向量输入层、特征向量融合层、风险因素节点聚合层、泛化标签获取层，具体的泛化模型架构如图 4.22 所示。

3. LNG 储备库风险因素因果演化知识图谱构建

LNG 储备库风险因素演化知识图谱的形式如 $G=VE$，其中 V 是点的集合，在知识图谱当中，每一节点都代表了一个风险因素；E 是边的集合，代表了风险因素间的演化因果关系。为了度量风险因果发展的可能性，需在 LNG 储备库风险因素演化知识图谱的边上标明因果转移概率。风险因素转移概率的计算见式（4.30）：

$$p\left(E_j \mid E_i\right)=\frac{count\left(E_i,E_j\right)}{\sum_k count\left(E_i,E_k\right)} \tag{4.30}$$

其中：$count$（E_i，E_j）表示 E_i 发生时，E_j 发生的频率；$\sum_k count\left(E_i,E_k\right)$ 表示 E_i 发生时，所有可能发生的事件的总数。

对风险因素进行泛化后，不同表述或者意义相近的具体风险因素将被归一化，使得抽取出的大部分风险因素因果关系中存在相同的因果节点，从而让多条因果关系链通过某个或者某些共有的抽象风险因素交叉链接，形成抽象的 LNG 储备库风险因素演化知识图谱。

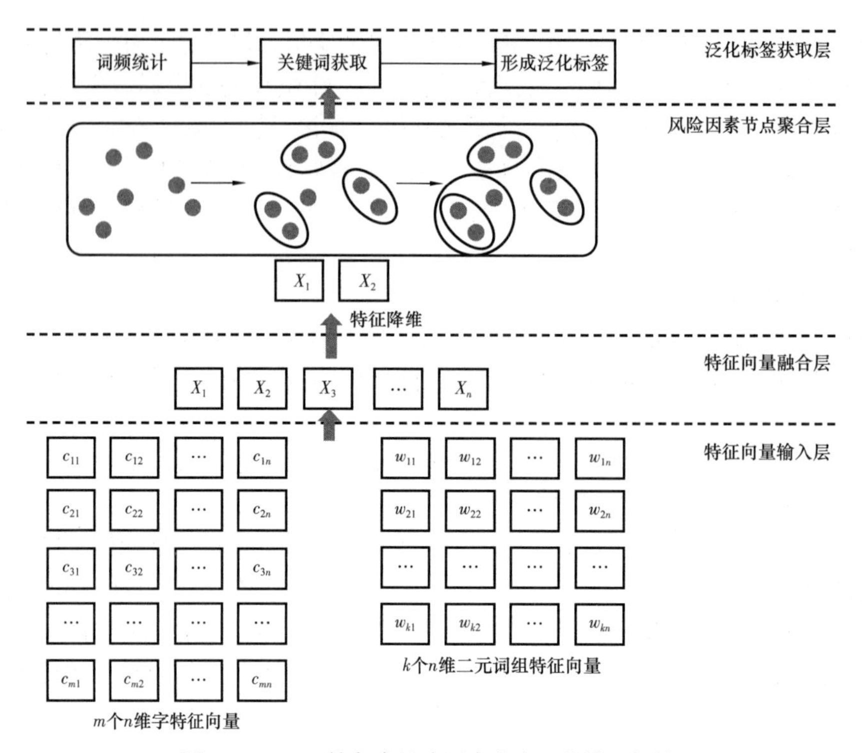

图 4.22　LNG 储备库风险因素节点泛化模型架构

4.3.3　案例分析

1. 测试与验证

案例中的文本数据分为两部分：（1）数据集 A，LNG 储备库及石化领域相关文本，共 2972 条，用于字词特征向量训练；（2）数据集 B，LNG 储备库相关安全管理文本中的风险因素，共 773 条，用于风险因素演化知识图谱构建方法的测试。

步骤 1：LNG 储备库风险因素节点泛化方法参数设置。

如表 4.14 所示，设置方法的初始化参数，其中：字向量维度设为 100 维，词向量维度设为 100 维，训练模型定为 Skip-Gram 模型，最小词频数定为 1，每个批次的大小定为

表 4.14　LNG 储备库风险因素节点泛化方法参数

参数名	参数值	参数名	参数值
字向量维度	100	批次大小	1000
词向量维度	100	学习速率	0.0001
训练模型	Skip-Gram	训练次数	50
最小词频数	1	窗口大小	10
聚类链接方式	离差平方和方法	距离计算方法	欧式距离

1000，学习速率设为 0.0001，训练次数为 50 次，窗口大小为 10，聚类的链接方式采用离差平方和方法，距离计算方法采用欧氏距离计算。

步骤 2：安全管理文本特征向量获取。

基于 Python 语言环境，结合 gensim 工具包，对数据集 A 分别搭建字特征与二元词特征的向量模型。建立了字特征的 Char2Vec 特征向量模型（包含 2979 个 100 维的字特征向量），二元词特征的 Word2Vec 特征向量模型（包含 29576 个 100 维的词特征向量）。

步骤 3：LNG 储备库风险因素节点表示。

对数据集 B 中的风险因素进行字划分和二元词组划分，并通过对应预训练特征向量模型，得到每一个风险因素所有的字特征向量与二元词组特征向量；通过风险因素节点所有字的特征向量与二元词组的特征向量，取其平均值，将其作为事故原因节点的表征，得到对应的 100 维特征向量。

步骤 4：LNG 储备库风险因素泛化簇类数目确定。

根据根本因素、间接因素及直接因素的文本内容，将根本因素的泛化簇类数定为 9 类，间接因素的泛化簇类数定为 42 类，直接因素的泛化簇类数定为 31 类。

步骤 5：LNG 储备库风险因素节点泛化模型构建。

基于 Python 语言环境，结合 sklearn、scipy 工具包，搭建基于 CW-AGNES 方法的 LNG 储备库风险因素节点泛化模型，以输入根本原因节点“安全教育培训不到位”为例，模型流程如图 4.23 所示。

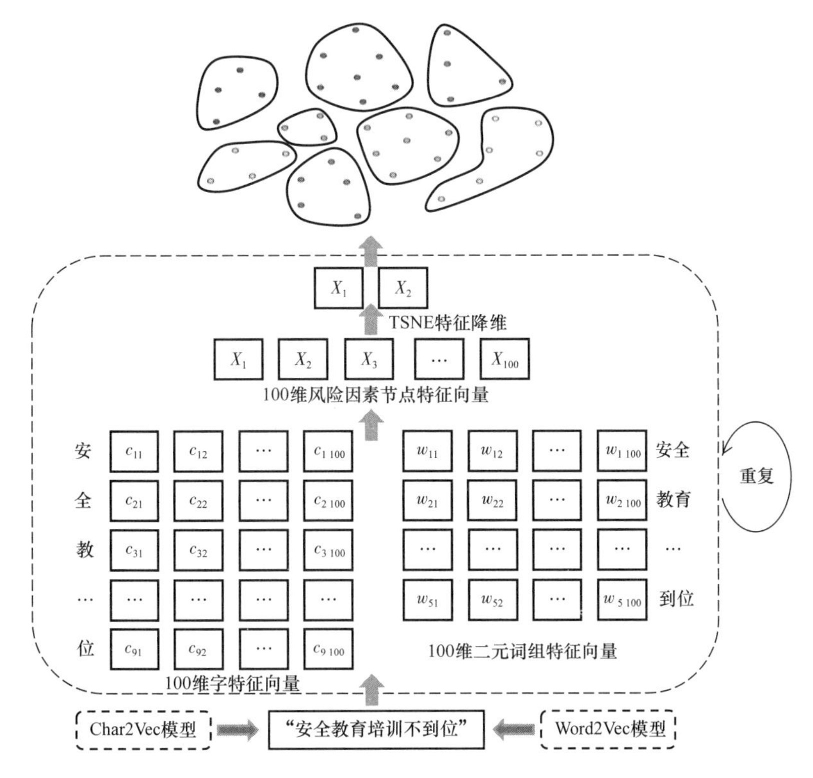

图 4.23　LNG 储备库风险因素节点泛化模型流程

基于CW-AGNES的LNG储备库风险因素节点泛化模型，分别在根本因素节点、间接因素节点、直接因素节点上进行泛化处理，泛化结果如下。

1）根本因素泛化结果

在数据集B上，对41个根本因素节点进行泛化处理，当簇类别数目为9时，泛化结果在二维平面的散点图如图4.24所示。从图4.24中9种颜色的簇类可以看出，在语义空间中距离相近的点大致聚为了一类，通过统计聚为一类的根本因素节点的词频信息，得到各簇类的关键词，具体结果如表4.15所示。

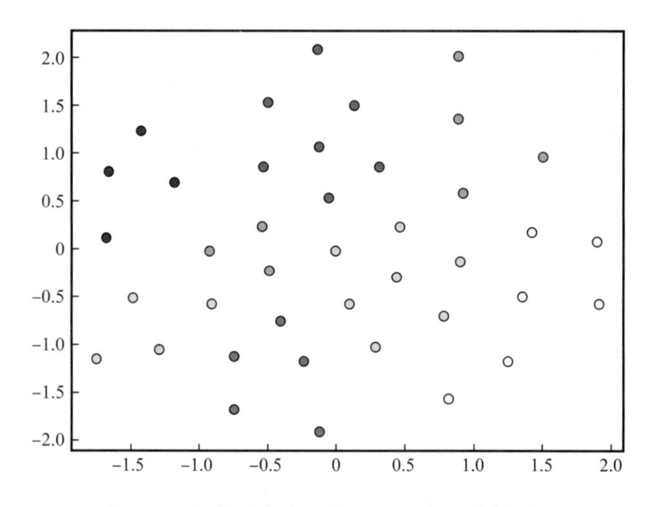

图4.24　根本因素在二维平面上的泛化结果图

彩图扫码

表4.15　根本因素各簇类的关键词

类别	簇类关键词
第1类	操作规程、不完善、停工
第2类	不到位、管理、作业
第3类	不到位、日常、检查
第4类	不到位、排查、隐患
第5类	培训、扎实、不够
第6类	安全、欠缺、培训
第7类	不到位、培训、教育
第8类	安全管理、落到实处、漏洞
第9类	不到位、辨识、风险

对表4.15每个簇类的关键词信息进行归纳总结，得到9种簇类中的根本因素节点的主要含义分别为：第1类为操作规程不完善，第2类为作业管理不到位，第3类为日常检查不到位，第4类为隐患排查不到位，第5类为培训不够扎实，第6类为安全培训有欠缺，

第 7 类为教育培训不到位，第 8 类为安全管理没有落到实处，第 9 类为风险辨识不到位。可以看出第 5 类、第 6 类、第 7 类在内容上有重合，风险因素节点泛化模型未能成功将这三类聚为一类，导致泛化结果存在误差。

2）间接因素泛化结果

在数据集 B 上，对 400 个间接原因节点进行聚类，当簇类别数目为 42 时，泛化结果在二维平面的散点图如图 4.25 所示。

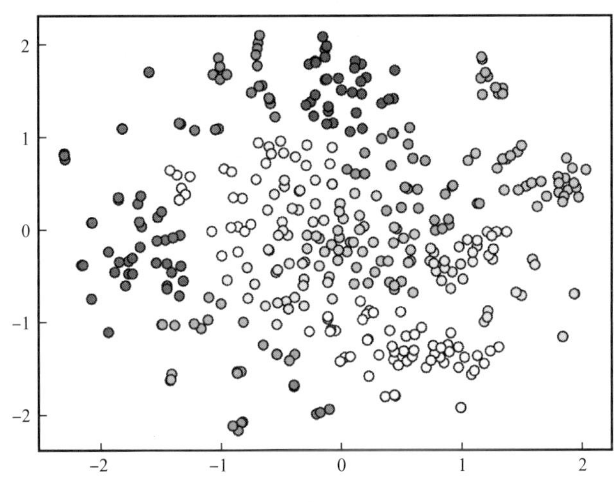

图 4.25　间接因素在二维平面上的泛化结果图

从图 4.25 中 42 种颜色的簇类可以看出，在语义空间中距离相近的点大致聚为了一类，但由于有的点相隔很近，无法较好地划分簇边界，从而使得泛化结果存在一定误差。各簇类的关键词信息如表 4.16 所示。

表 4.16　间接因素各簇类的关键词

类别	簇族关键词
第 1 类	腐蚀、储罐、管线阀门、换热器、螺栓
第 2 类	弯头、管道、破裂、黏扣、过久
第 3 类	法兰、泄漏、冷却器、连接处、止回阀
第 4 类	老化、法兰、失效、阀门、封头
第 5 类	溢流、井底、突发
第 6 类	控制阀、聚合反应釜、滚筒、异常、新线
第 7 类	管线、急升、高压、软管、关闭
第 8 类	压力、过大、丙烯塔、空冷器、超标
第 9 类	闪爆、缓冲罐、换热器、百叶窗、防爆
第 10 类	违规操作、错误、不到位、巡查、人员

续表

类别	簇族关键词
第 11 类	不合理、摆放、放置、钻铤、钻杆
第 12 类	通风、室内、不良、污水池底、烧炭
第 13 类	可燃气体、未检测、有毒气体、氧气含量、浓度
第 14 类	年久失修、受力、不均、抽油机、四木塔
第 15 类	过大、排气口、溢水、管间距、防毒设备
第 16 类	不规范、操作、不到位、人员、应急演练
第 17 类	操作不当、操作失误、不当、人员、员工
第 18 类	安全意识、着装、不合、钻工、规范
第 19 类	未穿戴、安全绳、安全防护设备、未佩戴、安全设备
第 20 类	安全防护装置、没有、安全防护设备、皮带轮、安全警示
第 21 类	安全范围、作业、安全警告、安全管理、安全距离
第 22 类	固定、升降车、闸板、储罐、防喷器
第 23 类	吊管机、不平衡、刹车、管套、短管
第 24 类	破损、失控、吊顶、平板阀、网架
第 25 类	故障、管接头、轴流泵、浮头、储罐
第 26 类	储罐、擅自、气化器、LNG、充装过多
第 27 类	油罐、内对口、油污、罐内、冰霜
第 28 类	作业环境、湿滑、潮湿、挂冰、变压器底座
第 29 类	抛丸机、气阀门、发现异常、引燃、烟头
第 30 类	未安全确认、作业环境、及时、检查、验电
第 31 类	人员、违章、作业、交流信息、阀组
第 32 类	非专业、人士、设备、操作、作业
第 33 类	高压电线、输送管、横跨、泵车、靠近
第 34 类	抽油杆、钻具、断开、脱出、倾倒
第 35 类	过近、坡度、高压线、地面、举升
第 36 类	大风、暴雨、突然
第 37 类	土质、下雨、管沟、管沟壁、塌方
第 38 类	作业票、不过关、质量、焊缝、隔爆箱
第 39 类	脱落、游动滑车、大钩、下钩架、变形

续表

类别	簇族关键词
第 40 类	油管、较轻工件、上提油管、上窜、大钩
第 41 类	横梁、下落、钻机、水龙带、游车
第 42 类	钢丝绳、断裂、老化、挂钩、吊具

对表 4.16 每个簇类的关键词信息进行总结，得到 42 种簇类中的间接因素节点的主要含义分别为：第 1 类为储罐、管线等设备装置被腐蚀，第 2 类为弯头等附属装置破裂，第 3 类为法兰等附件连接处泄漏，第 4 类为法兰、阀门等附件失效，第 5 类为井底突发溢流，第 6 类为控制阀等设备异常，第 7 类为管线等设备压力急升，第 8 类为设备压力超标，第 9 类为缓冲罐、换热器等设备闪爆，第 10 类为违规操作、巡查不到位，第 11 类为设施摆放不合理，第 12 类为室内通风不良，第 13 类为未检测可燃有毒气体浓度，第 14 类为年久失修、设备受力不均，第 15 类为排气口溢水、管间距过大，第 16 类为操作不规范，第 17 类为操作不当、失误，第 18 类为安全着装不合规范，第 19 类为未穿戴安全防护装置，第 20 类为没有安全防护设备，第 21 类为安全范围外作业，第 22 类为升降车等设备固定，第 23 类为吊管机不平衡，第 24 类为部件破损失控，第 25 类为设备故障，第 26 类为 LNG 充装过多，第 27 类为油罐有油污冰霜，第 28 类为作业环境湿滑，第 29 类为设备异常，第 30 类为未安全确认作业环境，第 31 类为人员违章作业，第 32 类为非专业人士操作设备，第 33 类为输送管横跨高压电线，第 34 类为抽油杆、钻具等断开脱出，第 35 类为高压线过近，第 36 类为突然大风暴雨，第 37 类为管沟塌方，第 38 类为作业票不过关、焊缝质量不过关，第 39 类为游动滑车脱落变形，第 40 类为油管上窜，第 41 类为横梁等重物下落，第 42 类为钢丝绳等工具老化断裂。可以看出第 6 类与第 29 类、第 7 类与第 8 类、第 27 类与第 28 类、第 33 类与第 35 类意思相近；第 39 类与第 41 类意思有重合；第 14 类、第 15 类、第 38 类存在两种不同含义。除以上类别以外，文本所提方法能够较好地将意思相近的间接因素聚合为一类。

3）直接因素泛化结果

在数据集 B 上，对 332 个根本原因节点进行聚类，当簇类别数目为 31 时，泛化结果在二维平面的散点图如图 4.26 所示。

从图 4.26 中 31 种颜色的簇类可以看出，聚类结果能够在一定程度上满足同一簇类中的点在语义空间中距离相近这一要求，但由于存在不同类别的点相距过近的情况，因此会使得泛化结果有误差。各簇类的关键词信息如表 4.17 所示。

对表 4.17 每个簇类的关键词信息进行总结，得到 31 种簇类中的根本因素节点的主要含义分别为：第 1 类为天然气泄漏，第 2 类为氧含量不足，第 3 类为 LNG 泄漏形成蒸气云，第 4 类为附件飞出，第 5 类为未佩戴防毒设备，第 6 类为压缩机等设备温度过大、爆裂，第 7 类为作业产生火花，第 8 类为遇火源，第 9 类为硫化氢浓度，第 10 类为可燃有毒气体积聚，第 11 类为点火、吸烟，第 12 类为油气积聚，第 13 类为触电、带电，第 14 类为垫片弹开，第 15 类为高速旋转，第 16 类为卷入、滑倒，第 17 类为重型设备下落、倾斜，第18类为被设备挤压，第19类为设备断裂、失去平衡，第20类为未穿戴安全防护设备，第21类为设备漏电，第22类为绊倒、设备滑脱，第23类为踏空坠落，第24类为不慎滑倒、坠落，第25类为胶芯、驴头弹出，第26类为失足坠落，第27类为管沟坍塌，第28类为大型设备滑动，第29类为油管等器具下滑，第30类为钢管倒塌、滑落，第31类为支架等装置倾倒。可以看出第1类与第3类，第7类与第8类，第23类、第24类与第26类意思相近；第10类与第12类，第7类、第8类与第11类意思有重合部分。由此可知，本节所提方法在对直接因素泛化时容易将语义相似的直接因素划分成不同的簇，但总体而言能够较好地将语义相近的因素聚为一类。

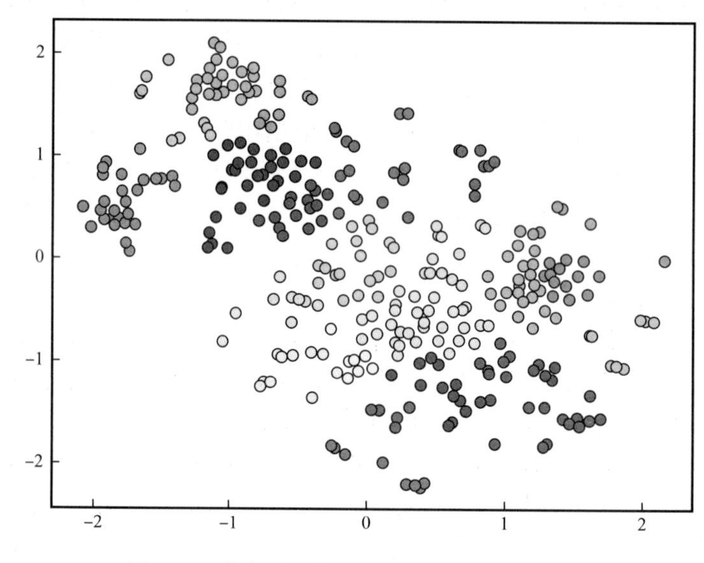

图4.26　直接原因在二维平面上的泛化结果图

表4.17　直接因素各簇类的关键词

类别	簇族关键词
第1类	泄漏、天然气、空冷器、LNG、管线、油气
第2类	空气、氧气含量、氧含量、油性、吸入、液体
第3类	泄漏、蒸气云、LNG、超压、压气站、压力表
第4类	飞出、伤人、封头、销子、罐顶、卸扣
第5类	未佩戴、储罐、残留、电缆槽、防毒面罩、空气呼吸器
第6类	新氢压缩机、爆裂、温度、过大、管道、炉内
第7类	火花、产生、作业时、动火火花、氧焊火花、空爆弹
第8类	电火花、明火、火花、静电、点燃、遇火
第9类	硫化氢、浓度、极限、爆炸、氮气、达到
第10类	可燃气体、有毒气体、积聚、聚集、检测、沉积

续表

类别	簇族关键词
第 11 类	点火、吸烟、开灯、宿舍
第 12 类	油气、积聚、泄漏、机泵房、喷入、砂石
第 13 类	接触、触电、带电、电焊条、高压放电、铜芯
第 14 类	垫片、集水池、防盗箱门、弹开、跌落、弯曲
第 15 类	高速旋转、衣服、皮带轮、刮蹭、绞住、衣杆
第 16 类	卷入、滑倒、抽油机、皮带轮、掉下、保险绳
第 17 类	下落、倾斜、天车、大钩、滚子方补心壳体、悬绳器
第 18 类	挤压、吊管机、人员、车辆、腹部、龙门吊
第 19 类	断裂、失去平衡、钢丝绳、摆动、不当、人员疏散
第 20 类	未穿戴、绝缘装置、内对口、安全防护设备、外檐、安全绳
第 21 类	漏电、设备、LNG、管线、失控、清洗机
第 22 类	绊倒、防喷器、电杆、滑脱、连续油管、防喷器卡瓦
第 23 类	坠落、踏空、平台、二层、不慎、作业平台
第 24 类	滑倒、油罐、坠落、不慎、摔倒、跌落
第 25 类	弹出、胶芯、驴头
第 26 类	坠落、失足、弯头、人随、连接管、顶驱
第 27 类	坍塌、管沟、池壁、堆土、起重架、压塌
第 28 类	滑动、基础块、罐车、塌方、管子、松动
第 29 类	下滑、油管、吊管机、钻铤、刮倒、支柱
第 30 类	钢管、倒塌、滑落、挤伤、短管、阀组
第 31 类	倾倒、支架、平板车、套管、吊车、转动

最终，综合泛化结果各簇类的关键词信息与原风险因素文本，得到所有风险因素的泛化标签如表 4.18 所示。

表 4.18　LNG 储备库风险因素泛化标签类别

风险因素类型	泛化标签类别名称		
根本因素	安全教育培训不到位	风险危害辨识管控不到位	日常检查维护不到位
	安全监管机制不完善	设备运行管理不完善	隐患排查治理不到位
	操作规程不完善	作业管理不到位	安全管理体系不完善

续表

风险因素类型	泛化标签类别名称		
间接因素	人员操作不规范	人员违章操作	人员安全意识不足
	设备处于不安全状态	人员安全知识储备不足	人员沟通交流有误差
	人员做出不安全行为	缺乏现场指导、监护	安全管理有漏洞
	有害物质扩散	作业环境不良	场所通风不良
	危险处没有警告标志	设备年久老化	设备被腐蚀
	坍塌	设备、部件处于不正确位置	检测仪器未报警
	设备没有安全防护装置	人员未佩戴安全防护装备	人员滑倒
	人员未检测氧气浓度	人员未检测可燃有害气体浓度	设备参数出现异常
	设备使用超出设计限制	设备泄漏	人员在安全范围内作业
	设备发生爆炸	设备故障、失效	设备部件破损、断裂
	设备变形	设备设施放置不合理	设备设施未固定
	产生火源	作业前未安全检查	作业操作不正确
	作业时操作不当	自然灾害	设备不符合要求
	设备发生低温破坏	设备未按照规定关闭 / 打开	LNG 出现分层 / 翻滚
直接因素	可燃气体泄漏积聚	有害气体泄漏积聚	环境氧气浓度过低
	作业产生火花	未穿戴安全防护设备	设备移动
	设备倾倒	设备带电	设备坠落
	设备部件受损失效	设备压力过大	设备失控
	设备温度过高	设备高速运行	部件飞出
	建筑物倒塌	土地塌方	人员失足
	LNG 与水接触	人员触电	人员受到撞击
	人员受到挤压	人员受到刮蹭	人员被设备吸入
	人员站位不当	人员操作失误	遇高温物体
	人员判断失误	现场缺少安全防护	罐内液体分层
	人员滑倒		

步骤 5：LNG 储备库风险因素演化知识图谱构建。

基于 CW-AGNES 方法的 LNG 储备库风险因素节点泛化模型，对风险因素节点进行泛化；利用式（4.30）计算企业生产事故各原因节点间的转移概率，得到 476 对具有有效转移概率的因果关系。最终，得到 LNG 储备库风险因素演化知识图谱，部分风险因素因果演化关系如表 4.19 所示。

表 4.19　LNG 储备库风险因素演化知识图谱（部分）

序号	因果节点	转移概率 10^{-3}	因果节点	转移概率 10^{-3}	因果节点	转移概率 10^{-3}	因果节点	转移概率 10^{-3}
1	安全教育培训不到位	6.95	人员违章操作	0.70	LNG 出现分层 / 翻滚	0.70	设备参数出现异常	4.17
	可燃气体泄漏积聚	4.17	泄漏事故					
2	日常检查维护不到位	10.43	设备故障、失效	4.17	可燃气体泄漏积聚	0.70	冻死事故	
3	隐患排查治理不到位	0.70	设备使用超出设计限制	0.70	可燃气体泄漏积聚	0.70	LNG 与水接触	0.70
	冷爆炸事故							
4	操作规程不完善	0.70	设备不符合要求	0.70	人员操作不规范	2.09	设备部件受损失效	0.70
5	可燃气体泄漏积聚	49.37	作业产生火花	25.73	爆炸事故			
6	作业管理不到位	0.70	设备未按照规定关闭 / 打开	0.70	可燃气体泄漏积聚	49.37	作业产生火花	4.17
	火灾爆炸事故							
7	安全教育培训不到位	6.95	人员违章操作	2.09	人员未检测可燃有害气体浓度	10.43	可燃气体泄漏积聚	49.37
	作业产生火花	27.82	爆炸事故					
8	作业管理不到位	0.70	LNG 出现分层 / 翻滚	1.39	设备压力过大	2.09	泄漏事故	
9	安全教育培训不到位	6.95	人员违章操作	0.70	人员操作不规范	0.70	设备坠落	0.70
	部件飞出	0.70	未穿戴安全防护设备	0.70	机械伤害事故			
10	日常检查维护不到位	2.78	设备被腐蚀	4.87	可燃气体泄漏积聚	49.37	作业产生火花	19.47
	火灾事故	1.39	灼烫事故					

续表

序号	因果节点	转移概率 10^{-3}	因果节点	转移概率 10^{-3}	因果节点	转移概率 10^{-3}	因果节点	转移概率 10^{-3}
11	安全监管机制不完善	1.39	设备发生低温破坏	0.70	设备没有安全防护装置	2.09	可燃气体泄漏积聚	49.37
	作业产生火花	4.17	火灾爆炸事故					

对构建的LNG储备库风险因素演化知识图谱分析可以得出，“安全教育培训不到位”“安全监管机制不完善”“设备运行管理不完善”“日常检查维护不到位”“隐患排查治理不到位”是LNG储备库发生事故的根本原因；LNG储备库事故的间接原因中，“人员违章操作”“人员操作不规范”“设备处于不安全状态”“人员未佩戴安全防护装置”“设备故障、失效”“设备破损”等被关联更多；而在LNG储备库事故的直接原因中，需着重注意作业场所中出现“可燃气体泄漏积聚”的情况，对于可移动设备注意出现“设备移动”的情况，防止被挤压，对于高速设备及附件较多的设备应预防“物体打击”的发生。

2. 对比分析

为评价本节所提方法对于LNG储备库风险因素的泛化效果，将实际风险因素文本按照表4.18的泛化标签进行划分后，选择调整兰德系数和调整互信息、FMI值及V−measure值作为所提方法的评估指标，具体如下。

1）调整兰德系数

调整兰德系数（Adjusted Rand Index，ARI），用以衡量模型预测簇向量与样本真实向量间的相似度，取值范围是［−1，1］，值越大代表聚类结果和真实情况越吻合，计算见式（4.31）：

$$ARI=\frac{\sum_{ij}\binom{n_{ij}}{2}-\left[\sum_i\binom{a_i}{2}\sum_j\binom{b_j}{2}\right]/\binom{n}{2}}{\frac{1}{2}\left[\sum_i\binom{a_i}{2}+\sum_j\binom{b_j}{2}\right]-\left[\sum_i\binom{a_i}{2}\sum_j\binom{b_j}{2}\right]/\binom{n}{2}} \tag{4.31}$$

其中：i，j分别表示真实簇类和预测簇类；n_{ij}表示真实簇类为i、预测簇类为j的个数；a_i表示含义与n_i相同；b_j表示含义与n_j相同。

2）调整互信息

调整互信息（Adjusted Mutual Information，AMI），利用基于互信息的方法来衡量两个簇向量之间的相关程度，取值范围是［−1，1］，值越大代表聚类结果和真实情况越相符，计算见式（4.32）至式（4.36）：

$$AMI=\frac{MI(U,V)-E\left[MI(U,V)\right]}{\max\left\{H(U),H(V)\right\}-E\left[MI(U,V)\right]} \tag{4.32}$$

$$MI(U,V)=\sum_{i=1}^{|U|}\sum_{j=1}^{|V|}P(i,j)\text{lb}P(i,j)/P(i)P(j) \tag{4.33}$$

$$H(U)=\sum_{i=1}^{|U|}P(i)\text{lb}P(i) \tag{4.34}$$

$$H(V)=\sum_{j=1}^{|V|}P(j)\text{lb}P(j) \tag{4.35}$$

$$P(i,j)=\frac{|U_i\cap V_j|}{N},P(i)=\frac{|U_i|}{N},P(j)=\frac{|V_j|}{N} \tag{4.36}$$

其中：U 与 V 是对某一含有 N 个样本的集合的两种划分方法。

3）FMI 值

FMI 是对准确率与召回率的几何平均，取值范围是［0，1］，值接近于 1 表示预测簇类与真实簇类越一致。计算见式（4.37）：

$$FMI=\frac{TP}{\sqrt{(TP+FP)(TP+FN)}} \tag{4.37}$$

其中：TP 为真实标签和预测标签属于相同簇类的样本个数；FP 为真实标签属于同一簇类，相应的预测标签不属于该簇类的样本对个数；FN 为预测标签属于同一簇类，相应的真实标签不属于该簇类的样本对个数。

4）V-measure 值

V-measure 是均一性与完整性的加权平均，用以评价两个簇类向量间的相似度，取值范围是［0，1］，V-measure 值为 1 时表示最优的相似度。其中：均一性是指每个簇类只包含单个类别的样本，值越大则均一性越小；完整性是指同类别样本被归类到相同的簇中，值越大则完整性越小。计算见式（4.38）：

$$V=\frac{2hc}{h+c} \tag{4.38}$$

其中：h 为均一性；c 为完整性。

将不同泛化方法与本节所提出的方法在各类风险因素文本泛化任务上进行评估指标 ARI、AMI、V-measure 及 FMI 的计算，根本因素上的泛化效果如表 4.20 及图 4.27 所示，间接因素上的泛化效果如表 4.21 及图 4.28 所示，直接因素上的泛化效果如表 4.22 及图 4.29 所示。

从表 4.20 可以看出，相比于 Word2Vec+AGNES 方法，加入了字—词特征后的泛化方法在四个指标上都有了较高的提升。其中，在指标 AMI 上的提升最多，达到了 5.74%，说明字—词特征的加入可以更好地帮助泛化模型保留根本因素中更多的真实信息，提高泛化结果的可靠性与准确性。

表 4.20　不同泛化方法在根本因素上的泛化效果

不同的泛化方法	ARI/10^{-1}	AMI/10^{-1}	V−measure/10^{-1}	FMI/10^{-1}
Word2Vec+AGNES 方法	4.45	5.40	7.12	5.21
二元词特征 +Word2Vec+AGNES 方法	3.70	4.99	6.88	4.54
字—词特征 +Word2Vec+AGNES 方法	4.59	5.71	7.32	5.34
本节方法提升效果	+3.15%	+5.74%	+2.81%	+2.50%

根据泛化效果对三个方法进行排序，从图 4.27 可以看出：本节提出的字—词特征 +Word2Vec+AGNES 方法＞Word2Vec+AGNES 方法＞二元词特征 +Word2Vec+AGNES 方法。对于 LNG 储备库根本因素文本而言，加入二元词特征并不能提高泛化方法的泛化效果，其原因可能在于根本因素的文本数量较少，此时将根本因素文本分割为二元词组，不能保留原有的语义信息，因此方法的泛化效果较差，但若再加入字特征信息后，方法效果能有较好提高。

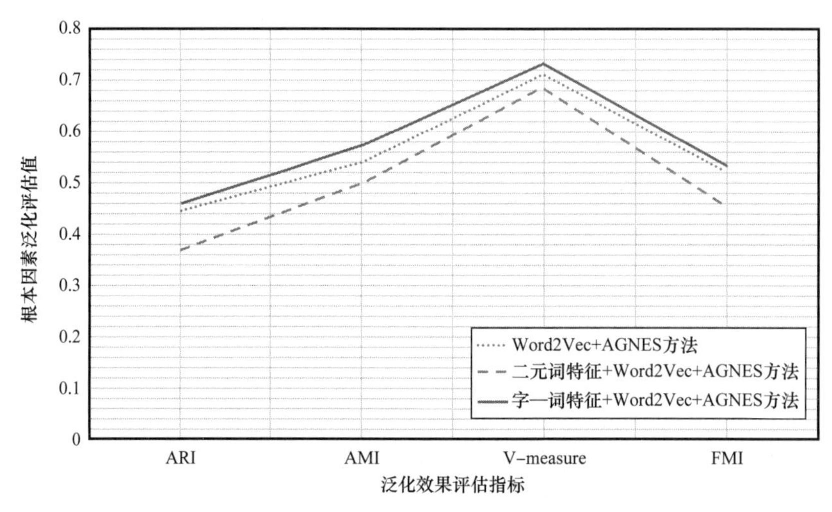

图 4.27　根本因素泛化评估指标值折线图

从表 4.21 可以看出，相比于 Word2Vec+AGNES 方法，加入了字—词特征后的泛化方法在四个指标上都有了明显的提升。其中，在指标 ARI 上的提升最多，达到了 25.21%，FMI 次之，达到了 22.47%。说明本节所提方法提高了泛化方法预测结果与真实标签间的重合程度，保留了间接因素文本中更多的有效信息，使得泛化结果更加准确，贴近实际类别。

表 4.21　不同泛化方法在间接因素上的泛化效果

不同的泛化方法	ARI/10^{-1}	AMI/10^{-1}	V−measure/10^{-1}	FMI/10^{-1}
Word2Vec+AGNES 方法	2.42	4.27	6.47	2.67
二元词特征 +Word2Vec+AGNES 方法	2.96	4.38	6.53	3.19

续表

不同的泛化方法	ARI/10^{-1}	AMI/10^{-1}	V−measure/10^{-1}	FMI/10^{-1}
字—词特征 +Word2Vec+AGNES 方法	3.03	4.63	6.68	3.27
本节方法提升效果	+25.21%	+8.43%	+3.25%	+22.47%

根据间接因素的泛化效果对三个方法进行排序，如图 4.28 所示，可以看出：本节提出的字—词特征 +Word2Vec+AGNES 方法＞二元词特征 +Word2Vec+AGNES 方法＞Word2Vec+AGNES 方法。对于 LNG 储备库间接因素而言，加入二元词特征和字—词特征能够提高方法的泛化效果，可以更好地保留原有的语义信息；泛化方法在加入词特征后也有一定的提升效果，但在指标 AMI、V−measure 上不明显。

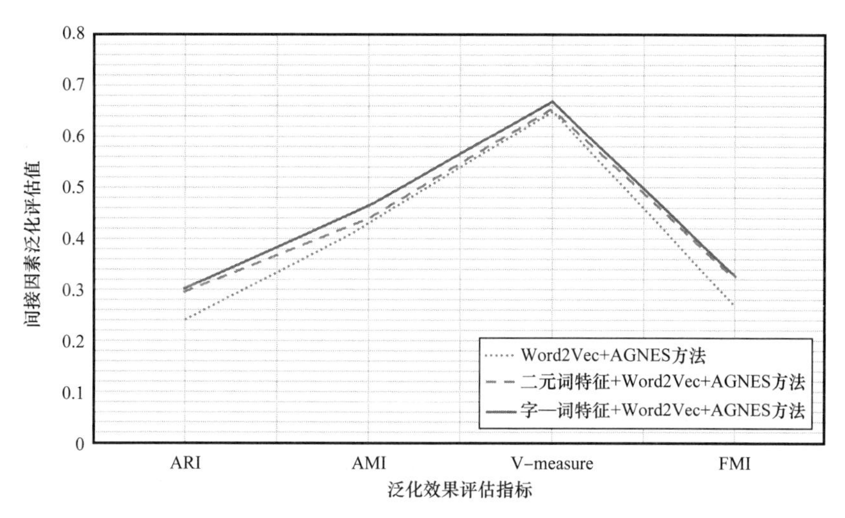

图 4.28　间接因素泛化评估指标值折线图

从表 4.22 的各项方法指标结果可以看出，本节所提方法的泛化效果在四个指标上都有了一定提高。其中，在指标 ARI 上的提升最多，达到了 9.54%。结果可以说明字—词特征的加入提高了方法的泛化能力，增加了预测结果与真实标签间的重合程度，更好地保留了直接因素文本中的语义信息，使得文本泛化方法结果更加准确、有效。

表 4.22　不同泛化方法在直接因素上的评估值

不同的泛化方法	ARI/10^{-1}	AMI/10^{-1}	V−measure/10^{-1}	FMI/10^{-1}
Word2Vec+AGNES 方法	2.62	4.50	6.19	3.08
二元词特征 +Word2Vec+AGNES 方法	2.65	4.34	6.06	3.11
字—词特征 +Word2Vec+AGNES 方法	2.87	4.62	6.24	3.32
本节方法提升效果	+9.54%	+2.67%	+0.81%	+7.79%

对于图 4.29 中的三条折线，根据直接因素的泛化效果对三个方法进行排序：本节提出的字—词特征 +Word2Vec+AGNES 方法＞Word2Vec+AGNES 方法＞二元词特征 +Word2Vec+AGNES 方法，模型对于文本语义信息的提取能力更强，可以收集到更多价值信息。对于 LNG 储备库直接因素而言，加入二元词特征并不能提高泛化方法的泛化效果，其原因可能在于直接因素的文本的语义信息无法较好地通过二元词组体现，反而会引入误差，但若再加入字特征信息后，方法效果能有一定的提高。

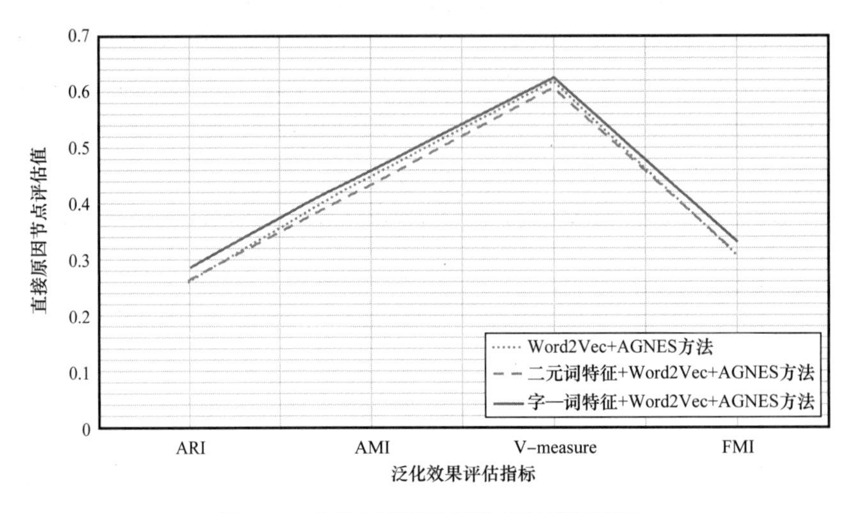

图 4.29　直接因素泛化评估指标值折线图

4.4　基于知识图谱的油气生产系统事故智能预警

为了更加充分地、有效地利用安全管理过程中积累的非结构化文本，实现多节点的风险因素演化路径预测，本节基于 LNG 储备库风险因素演化知识图谱，通过文本匹配方法和局部择优搜索方法，找出库区现有风险因素转移概率最大的演化路径，实现事故智能预警，从而更好地帮助库区完成安全管理、隐患治理和事故预防等工作，保障 LNG 储备库运行过程中的安全。

4.4.1　事故智能预警基本原理

1. 短文本相似度计算方法

常用的文本相似度计算方法可以分为：基于分割字段的相似度方法和基于编辑距离的相似度方法，其中基于分割字段的相似度方法通常有余弦相似性和 Jaccard 相似性。

1）余弦相似性方法

通过余弦公式计算向量空间中两个向量夹角的余弦值来代表两个短文本间的相似度大小，余弦值越接近 1，两个短文本就越相似。余弦相似性是常用的相似性度量方法，计算结果准确，适合对短文本进行处理，计算见式（4.39）：

$$\cos(A,B)=\frac{A\cdot B}{\|A\|\|B\|}=\sum_{i=1}^{n}A_iB_i\Bigg/\left(\sqrt{\sum_{i=1}^{n}A_i^2}\sqrt{\sum_{i=1}^{n}B_i^2}\right) \tag{4.39}$$

其中：A、B 分别为两个短文本所对应的向量表示。

2）Jaccard 相似性方法

Jaccard 系数等于两个短文本字段集合的交集与并集的比值，即两个短文本共同拥有的字段除以两个短文本包含的所有的字段，可用于衡量两个段文本间的相关性。基于 Jaccard 系数的相似性函数优点在于集合相交操作与集合中字段的顺序无关，因此字段的先后顺序对相似性度量结果基本没有影响，但同时也表示该方法无法体现文字顺序包含的语义信息。其相似度计算见式（4.40）：

$$\mathrm{Jaccard}(S_i,S_j)=\frac{S_i\cap S_j}{S_i\cup S_j} \tag{4.40}$$

其中：S_i、S_j 分别为用于计算相似度的短文本的所有词的组合。

3）基于编辑距离的相似性方法

基于编辑距离的相似性函数是将待匹配文本字符串看作一个整体，通过将字符串转换成另一个字符串所需的编辑操作的最小代价作为衡量两个字符串相似性的度量。其中的编辑操作包括插入、删除、替换、交换位置等。其相似度计算见式（4.41）：

$$similarity=1-\frac{ED_{AB}}{\max(L_A,L_B)} \tag{4.41}$$

其中：ED_{AB} 为最小编辑距离；L_A 为短文本 A 的字符串长度；L_B 为短文本 B 的字符串长度。

2. 局部择优搜索方法

局部择优搜索是一种启发式搜索方法，是对深度优先搜索方法的一种改进。该方法基本思想：当一个节点被扩展以后，按照事先规定的评价函数 $f(x)$ 对每一个子节点计算估价值，并选择最小者作为下一个要考察的节点，由于每次都只是在子节点范围内选择下一个要考察的节点，范围比较狭窄，称为局部择优搜索。该方法的逻辑步骤可表述如下：

（1）将初始节点 S_0 放入 Open 表中，并计算其价值 $f(S_0)$。

（2）如果 Open 表为空，则问题无解，失败退出。

（3）把 Open 表的第一个节点取出放入 Closed 表，并记该节点为 n。

（4）考察节点 n 是否可以扩展。若无法扩展，则任务完成，退出搜索。

（5）扩展节点 n，用评价函数 $f(x)$ 计算每个子节点的估价值，并按估价值升序依次放到 Open 表的首部，为每个子节点设置指向父节点的指针，转第（2）步。

4.4.2　基于知识图谱的事故智能预警方法

通过文本匹配方法，在风险因素演化知识图谱中定位与库区现有风险因素最为相似的节点，并将其作为演化路径的起始位置，进行后续发展的演化推理，从而实现事故智能预警。

1. 基于预训练特征向量的风险因素文本匹配

为了保证 LNG 储备库风险因素节点文本匹配结果的准确性，对比分析了三种文本相似度计算方法（预训练特征向量 + 余弦相似性方法、Jaccard 相似性方法、基于编辑距离的相似性方法）在企业生产事故文本上的效果，最终选取效果最好的方法作为本节的风险因素文本匹配方法。

以三组实际语义相同、实际相似度为 1 的短文本组合："安全教育培训不到位"与"培训工作不够扎实""安全教育培训不到位"与"安全教育没有落到实处""安全教育培训不到位"与"日常培训教育不力"为例，通过三种文本相似度计算方法获取相似度结果，并以方法得到的相似度与实际相似度的比值作为相似度计算方法的准确率，具体结果如表 4.23 所示。

表 4.23　三种文本相似度计算方法示例对比

序号	不同的短文本组合	预训练特征向量 + 余弦相似性	Jaccard 相似性	基于编辑距离的相似性	实际相似度
1	"安全教育培训不到位" "培训工作不够扎实"	0.78	0.13	0	1
2	"安全教育培训不到位" "安全教育没有落到实处"	0.88	0.29	0.44	1
3	"安全教育培训不到位" "日常培训教育不力"	0.92	0.29	0.11	1
平均匹配准确率 /%		83.33	23.67	18.33	—

从表 4.23 可以明显看出，基于预训练特征向量 + 余弦相似性的方法在三组短文本组合中的平均匹配准确率达到了 83.33%，效果明显好于 Jaccard 相似性方法、基于编辑距离的相似性方法，因此本节选择预训练词向量 + 余弦相似性方法作为 LNG 储备库风险因素文本相似度的计算方法，使用的预训练特征向量模型为第 3 章训练得到的 Word2Vec 模型 + Char2Vec 模型。

2. 基于知识图谱的事故演化路径推理

基于知识图谱的 LNG 储备库风险因素演化推理模型如图 4.30 所示。

步骤 1：基于预训练特征向量相似节点匹配。

通过预训练特征向量 + 余弦相似性方法进行文本匹配，计算 LNG 储备库现存风险因素与知识图谱泛化前的所有具象风险因素节点的相似度，找到最相似的风险因素节点。

步骤 2：泛化节点定位。

根据事先定义的泛化标签库，获取与库区现存风险因素最相似的风险因素节点的泛化标签，定位 LNG 储备库风险因素知识图谱中与泛化标签相同的节点。

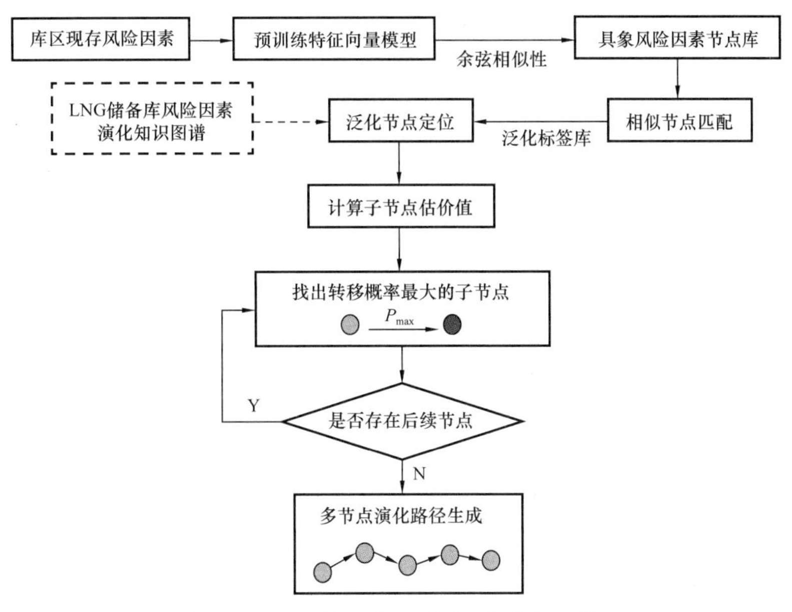

图 4.30　LNG 储备库风险因素演化推理模型

步骤 3：基于局部择优的演化路径推理。

基于局部择优搜索方法，以知识图谱中的泛化节点作为路径推理的初始节点，通过知识图谱的因果关系边确定子节点，子节点的评价函数 $f(x)$ 计算见式（4.42）：

$$f(x)=\frac{1}{p} \tag{4.42}$$

其中：$f(x)$ 为子节点评估值；p 为父节点与子节点之间的转移概率。

根据所有子节点的估价值找出转移概率最大的下一个节点，不断重复直至无法找到后续节点为止，实现风险因素的多节点演化路径生成。

4.4.3　案例分析

根据本节提出的基于 LNG 储备库风险因素演化知识图谱的事故智能预警方法，针对 LNG 储备库安全管理、设备设施、工艺参数三方面存在的风险因素场景，进行案例应用与分析。

1. 案例 1：库区教育培训不足场景的事故智能预警

当 LNG 储备库工作人员在对库区的安全管理工作进行审核时，发现库区在员工的教育培训方面存在不足，利用本节提出的事故智能预警方法，找出此风险因素的演化路径，具体过程如下所示。

步骤 1：相似节点匹配。

根据预训练特征向量模型与式（4.39），在具象风险因素节点库中匹配与现有风险因素“库区教育培训不足”最相似的风险因素，匹配结果如表 4.24 所示。

表 4.24　案例 1 的相似节点匹配结果

序号	相似节点	相似度 /10^{-2}
1	安全教育培训不到位	75.70
2	教育培训不到位	75.39
3	培训教育不到位	75.39
4	日常培训教育不力	74.90
5	安全文化欠缺	74.44

从表 4.24 可以看出，现有风险因素与具象风险因素节点“安全教育培训不到位”的相似度最高，达到了 75.70×10^{-2}，其次依次为“教育培训不到位”75.39×10^{-2}、“培训教育不到位”75.39×10^{-2}、“日常培训教育不力”74.90×10^{-2}、“安全文化欠缺”74.44×10^{-2}。可以看出相似度最高的具象风险因素节点与现有风险因素的语义相符，因此将“安全教育培训不到位”作为现有风险因素的最相似具象风险因素节点。

步骤 2：泛化节点定位。

获取具象风险因素节点“安全教育培训不到位”的泛化标签为“安全教育培训不到位”，定位 LNG 储备库风险因素知识图谱中与泛化标签相同的节点。

步骤 3：基于局部择优的演化路径推理。

基于局部择优搜索方法，在知识图谱中以“安全教育培训不到位”节点作为路径推理的初始节点，得到风险因素“库区教育培训不足”的多节点演化路径及节点间的转移概率如表 4.25 所示。

表 4.25　案例 1 的风险因素演化路径

因果节点	转移概率 /10^{-2}	因果节点	转移概率 /10^{-2}
安全教育培训不到位	4.03	人员操作不规范	0.77
人员未检测可燃有害气体浓度	1.04	可燃气体泄漏积聚	4.94
作业产生火花	2.78	爆炸事故	0.21
部件飞出	1.46	物体打击事故	—

根据表 4.25 所示，最终得到了 LNG 储备库现有风险因素“库区教育培训不足”的多节点演化路径为：“安全教育培训不到位→人员操作不规范→人员未检测可燃有害气体浓度→可燃气体泄漏积聚→作业产生火花→爆炸事故→部件飞出→物体打击事故”。可以看出通过本节提出的事故预警方法能够有效利用知识图谱，综合 LNG 储备库风险因素的历史信息，从中推理出在 LNG 储备库发生安全管理类风险因素“教育培训不足”时，最可能发生的演化路径，且推理结果符合实际经验。

2. 案例 2：LNG 储罐阀门弯头老化场景的事故智能预警

当 LNG 储备库工作人员在日常检查时，发现 LNG 储罐阀门的弯头出现老化问题，利用本节提出的事故智能预警方法，找出此风险因素的演化路径，具体过程如下。

步骤 1：相似节点匹配。

根据预训练特征向量模型与式（4.39），在具象风险因素节点库中匹配与现有风险因素“LNG 储罐阀门弯头老化”最相似的风险因素，匹配结果如表 4.26 所示。

表 4.26　案例 2 的相似节点匹配结果

序号	相似节点	相似度 /10^{-2}
1	阀门弯头老化	81.65
2	管线阀门老化	77.28
3	储罐阀门处腐蚀	73.62
4	管线阀门腐蚀	73.41
5	苯乙烯法兰老化	69.46

从表 4.26 可以看出，现有风险因素与具象风险因素节点“阀门弯头老化”最为相似，相似度达到了 81.65×10^{-2}，其次依次为“管线阀门老化” 77.28×10^{-2}、“储罐阀门处腐蚀” 73.62×10^{-2}、“管线阀门腐蚀” 73.41×10^{-2}、“苯乙烯法兰老化” 69.46×10^{-2}。可以看出相似度最高的“阀门弯头老化”具象风险因素节点与现有风险因素的语义相符，因此将其作为现有风险因素的最相似具象风险因素节点。

步骤 2：泛化节点定位。

获取具象风险因素节点“阀门弯头老化”的泛化标签为“设备年久老化”，定位 LNG 储备库风险因素知识图谱中与泛化标签相同的节点。

步骤 3：基于局部择优的演化路径推理。

基于局部择优搜索方法，在知识图谱中以“设备年久老化”节点作为路径推理的初始节点，得到风险因素“LNG 储罐阀门弯头老化”的多节点演化路径及节点间的转移概率如表 4.27 所示。

表 4.27　案例 2 的风险因素演化路径

因果节点	转移概率 /10^{-2}	因果节点	转移概率 /10^{-2}
设备年久老化	0.56	可燃气体泄漏积聚	4.94
作业产生火花	2.78	爆炸事故	0.21
部件飞出	1.46	物体打击事故	—

根据表 4.27 所示信息，最终得到的 LNG 储备库现有风险因素“LNG 储罐阀门弯头老化”的多节点演化路径为：“设备年久老化→可燃气体泄漏积聚→作业产生火花→爆炸事故→部件飞出→物体打击事故”。可以看出本节提出的事故预警方法有效利用了 LNG 储备库安全管理文本的历史信息，能够有效整合风险因素间的因果关系，当 LNG 储备库中的相关设备类出现类似于“LNG 储罐阀门弯头老化”的问题时，可以推理得到最可能发生

的演化路径，且方法所得结果符合实际经验。

3. 案例 3：气体压缩机温度过高场景的事故智能预警

当 LNG 储备库工作人员在库区正常进行工作时，从监测仪器发现库区某台气体压缩机出现温度上升异常的情况，利用本节提出的事故智能预警方法，找出此风险因素的演化路径，具体过程如下。

步骤 1：相似节点匹配。

根据预训练特征向量模型与式（4.39），在具象风险因素节点库中匹配与现有风险因素“气体压缩机温度过高”最相似的风险因素，匹配结果如表 4.28 所示。

表 4.28　案例 3 的相似节点匹配结果

序号	相似节点	相似度 /10^{-2}
1	新氢压缩机温度超标	75.58
2	新氢压缩机温度高	72.76
3	压缩机温度高	72.68
4	压力超标	66.47
5	高压阀出现泄漏	66.07

从表 4.28 可以看出，现有风险因素“气体压缩机温度过高”与具象风险因素节点中的“新氢压缩机温度超标”相似度最高，达到了 75.58×10^{-2}，其次依次为“新氢压缩机温度高”72.76×10^{-2}、“压缩机温度高”72.68×10^{-2}、“压力超标”66.47×10^{-2}、“高压阀出现泄漏”66.07×10^{-2}，可以看出相似度最高的具象风险因素节点“新氢压缩机温度高”与现有风险因素的语义大致相符，核心意义相同，因此将其作为现有风险因素最相似的具象风险因素节点。

步骤 2：泛化节点定位。

获取具象风险因素节点“新氢压缩机温度超标”的泛化标签为“设备温度超标”，定位 LNG 储备库风险因素知识图谱中与泛化标签相同的节点。

步骤 3：基于局部择优的演化路径推理。

基于局部择优搜索方法，在知识图谱中以“设备温度超标”节点作为路径推理的初始节点，得到风险因素“气体压缩机温度过高”的多节点演化路径及节点间的转移概率如表 4.29 所示。

表 4.29　案例 3 的风险因素演化路径

因果节点	转移概率 /10^{-2}	因果节点	转移概率 /10^{-2}
设备温度超标	0.28	爆炸事故	0.21
部件飞出	1.46	物体打击事故	—

根据表 4.29 中的信息，可以得到当 LNG 储备库发生“气体压缩机温度过高”后，其多节点演化路径为：“设备温度超标→爆炸事故→部件飞出→物体打击事故”。可以证明本节提出的事故预警方法能够有效整合风险因素间的因果关系，充分利用 LNG 储备库安全管理文本隐藏的价值信息，当 LNG 储备库中的类似于“气体压缩机温度过高”这类工艺参数异常的问题时，基于本节所提方法能够推理得到 LNG 储备库中风险因素的发生概率最大的演化路径，且方法所得结果基于真实文本、符合实际经验。

4. 分析与小结

（1）针对常规事故预测方法需要大量先验数据支撑、无法直接利用非结构化文本、深度学习方法无法实现多节点风险因素演化预测的问题，为实现 LNG 储备库事故多节点智能预警，本节基于 LNG 储备库风险因素演化知识图谱，通过文本相似度匹配方法和局部择优搜索方法，找出库区现有风险因素转移概率最大的多节点演化路径，实现事故智能预警。

（2）本节将知识图谱作为 LNG 储备库事故智能预警的根本支撑，在历史数据不充足、缺乏先验知识的情况下，可以有效整合已有安全管理文本知识，体现各风险因素间的因果语义关联。从案例分析可以看出，所提方法能够利用知识图谱信息得到风险因素的演化路径，推理结果符合实际经验：当 LNG 库区出现“安全教育培训不到位”时，通常会引起“人员操作不规范”的发生，在进行日常安全管理时应着重注意安全教育的问题；而发生爆炸事故时极易伴随物体打击事故的发生，应注意此类次生事故发生。

（3）相较于 Jaccard 相似性方法、基于编辑距离的相似性方法，本节提出的基于预训练特征向量和余弦相似度的文本匹配方法能够很好地克服 LNG 储备库风险因素语法词汇丰富、一意多表征的难点，文本匹配结果准确率达到了 83.33%；基于知识图谱实现 LNG 储备库事故智能预警，降低了对数据量及先验知识的依赖，能够在有限的安全管理文本数据中获取多节点的事故发展路径及概率。

4.5 LNG 储备库事故智能决策推荐系统设计与开发

为了帮助 LNG 储备库更方便、快速地实现风险因素的治理及事故预防等工作，本节基于事故智能预警方法，结合各类知识数据库及专家知识，设计开发了 LNG 储备库事故智能决策推荐系统。本系统耗时短，且对人员无相关专业背景要求，因此不具备安全行业相关知识的人员也能获得很好使用体验。

用户通过可交互的软件界面，输入 LNG 储备库现存的风险因素描述文本后，系统利用文本相似度匹配技术及局部择优搜索方法，基于风险因素演化知识图谱，自动预测 LNG 储备库现存的风险因素演化发展路径及转移概率，实现事故预警的功能；并且通过演化路径节点返回对应的安全防范决策推荐项，为 LNG 储备库工作提供更加长期的安全保障决策支持提供数据支撑，从而更好地帮助库区完成安全生产管理、隐患治理、事故预防等工作，保障 LNG 储备库日常运行过程中的安全。相比于传统模式下的安全管理，本系统对于 LNG 储备库的安全运行信息化改革具有启发性与前瞻性。

4.5.1 事故智能决策推荐系统开发基本技术

1. MySQL 数据库

MySQL 数据库是一种支持多种操作系统的关系型数据库管理系统，它采用 C 和 C++ 语言编写，并采用了多种编译器进行测试。它具有典型的 C/S 结构特点，通过客户端连接服务端，来实现数据操作的过程。MySQL 数据库占用内存空间少，运行速度块，具有较好的性能，可以处理千万条数据记录。此外，它为多种编程语言，例如 Python、PHP、Java 等提供了 API，具有较强的适应性。关系数据库将数据保存在不同的表中，而不是将所有数据放在一个大仓库内，这样就增加了速度并提高了灵活性。本系统通过此数据库管理系统存储企业安全生产防护措施等信息，并通过 Python 连接数据库，实现数据库的操作。

2. Neo4j 图形数据库

Neo4j 是一个高性能的图形数据库，它能够将结构化的文本数据以可视化网络的形式进行存储与展示，具备优秀的查询和插入功能，可以完美地支持知识图谱中各节点、相关属性及各节点间关系的存储，因其在各方面性能表现较好，在市面上得到了广泛应用。因此，本节选择 Neo4j 图形数据库来存储、可视化企业安全生产事故演化知识图谱。Neo4j 有节点和边两种主要的数据类型；节点对应企业安全生产事故演化知识图谱中的原因节点，边对应企业安全生产事故演化知识图谱中的因果演化关系，而且在节点和边上都可以存储属性。

4.5.2 LNG 储备库事故智能决策推荐系统设计与开发

LNG 储备库事故智能决策推荐系统的核心思想是基于建立的 LNG 储备库风险因素演化知识图谱对在 LNG 储备库运行过程中发生的风险因素利用事故智能预警方法进行多节点演化预测，并根据事故演化路径进行相关决策的智能推荐，从而达到隐患及时排查治理，提高 LNG 储备库安全水平的目的。本系统基于 Python 语言环境，结合 Qt designer 工具、Neo4j 数据库、MySQL 数据库开发完成。

1. 知识图谱可视化数据库存储

以泛化的风险因素为节点，因果关系为有向边，有向边上的转移概率表示事件演化的可能性，利用 Neo4j 图形数据库对知识图谱进行可视化，最终 LNG 储备库风险因素演化知识图谱如图 4.31 所示。图 4.31 中浅红色节点代表根本风险因素，蓝色节点代表间接风险因素，黄色节点代表直接风险因素，红色节点代表事故类型；图中节点间的连线代表各类节点间的因果关系，连线上的数值代表节点间的转移概率。

2. LNG 储备库安全保障信息数据库建立

构建各类不安全因素、可能发生的事故类型与相关安全保障信息的知识库，为隐患治理、事故预防等工作提供安全决策信息。

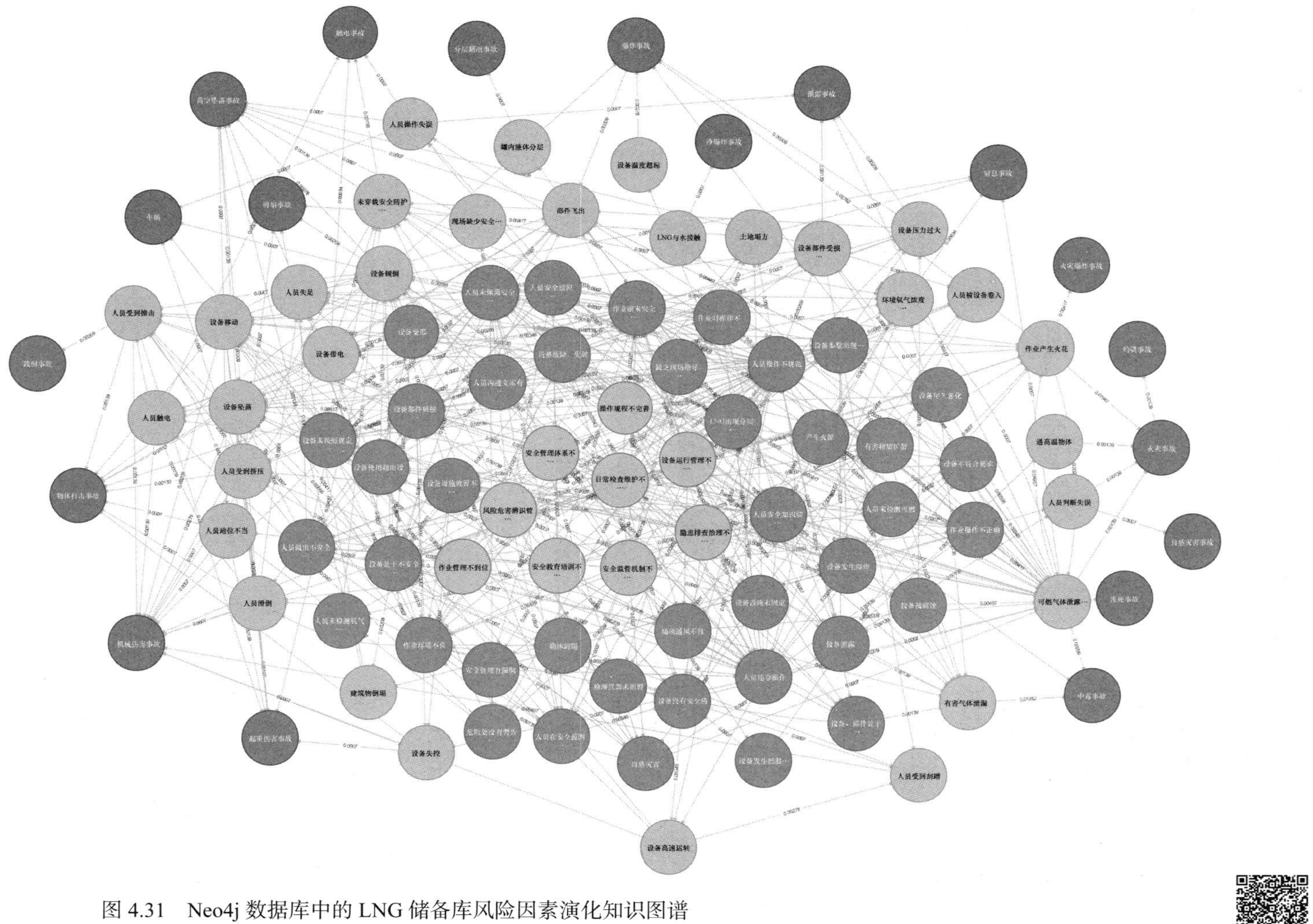

图 4.31　Neo4j 数据库中的 LNG 储备库风险因素演化知识图谱

彩图扫码

通过 SQL 语句建立名为“KGdb”的数据库，并在其中建立名为“safety_measure”的数据表，列“risk_factor”保存可能发生各种不安全因素，列“measure”保存各隐患所对应的安全保障信息。

3. 系统功能及页面设计

LNG 储备库事故智能决策推荐系统包括四个主要功能模块。

1）用户登录模块

用户通过预先置入 MySQL 数据库的用户名与对应的密码连接后台进行系统登录，如图 4.32 所示，在主页面“用户名”框处输入用户名“python”，在“密码”框处输入密码“123456”后，可以登录进系统；若此时用户名与密码输入错误，则会出现信息提示框对用户予以提醒，告知用户“用户名或密码错误，请重试”的信息。

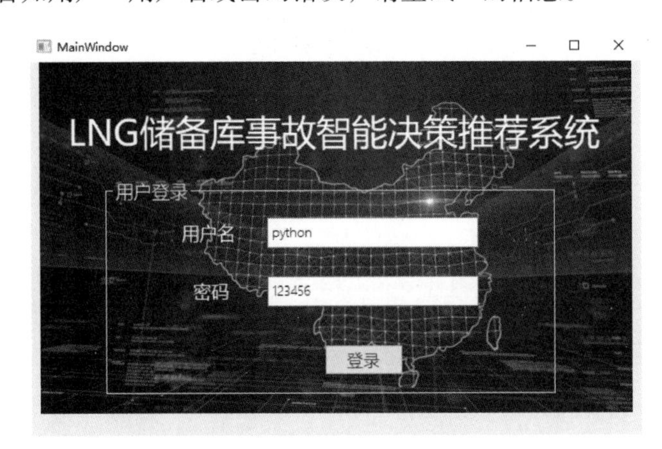

图 4.32　用户登录模块

2）LNG 储备库风险因素演化知识图谱查看模块

如图 4.33 所示，用户通过点击“查看”按钮，可以查看系统中知识图谱的整体信息，帮助用户了解 LNG 储备库事故演化知识图谱的整体脉络、逻辑结构等主要信息。

3）事故智能预警分析模块

该模块主要功能为：根据 LNG 储备库中的风险因素文本进行事故演化自动推理，并返回风险因素的演化路径及可能发生的事故类型，实现事故智能预警，同时也为后续的安全防范决策推荐提供主要的信息支撑。该模块包括相似节点匹配、泛化标签生成和风险因素多节点事故演化推理三个功能，具体如图 4.34 所示。结合图 4.34，该模块的操作步骤如下：

（1）相似节点匹配：

步骤 1：用户在“风险因素文本输入”框处输入库区现存的风险因素信息。

步骤 2：在“相似节点个数”处，根据需求设置希望系统匹配的相似节点个数。

步骤 3：点击“开始匹配”按钮，系统将快速找出相似风险因素节点，并将结果返回到“候选节点”框中。

（2）泛化标签生成：用户通过匹配到的候选节点，可以自主选择其中一个输入到“输入匹配节点”框中，点击“生成候选标签”获取相应的风险因素泛化标签。

（3）风险因素多节点事故演化推理：用户选择任一候选泛化标签，将其输入至“输入泛化标签”中，点击“生成路径”按钮，即可将发生概率最大的风险因素多节点演化路径及可能发生的事故类型返回。

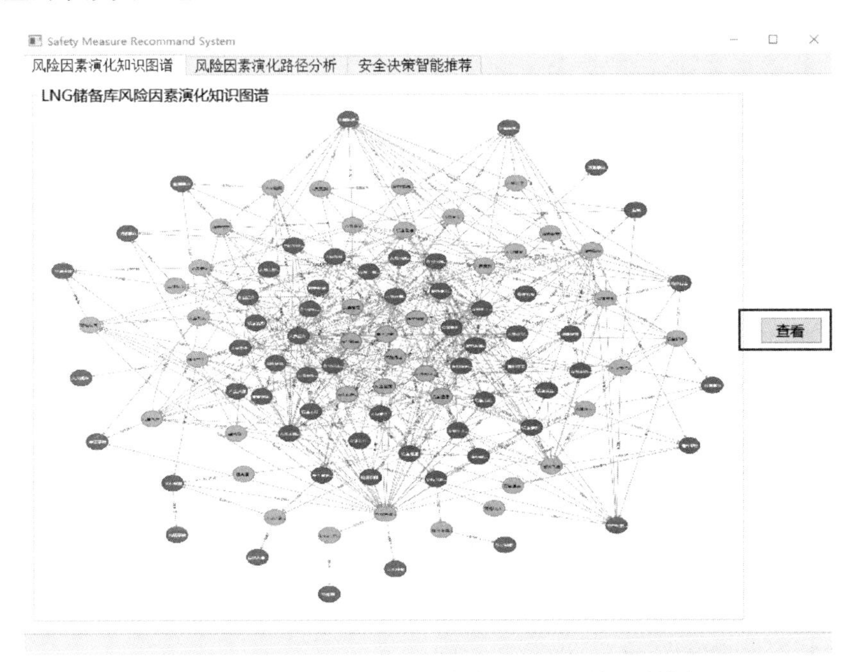

图 4.33　LNG 储备库风险因素演化知识图谱查看模块

图 4.34　LNG 储备库事故智能预警分析模块

4）安全保障决策推荐模块

该模块提供了 LNG 储备库风险因素演化路径的可视化部分与安全决策推荐两个功能，如图 4.35 所示。

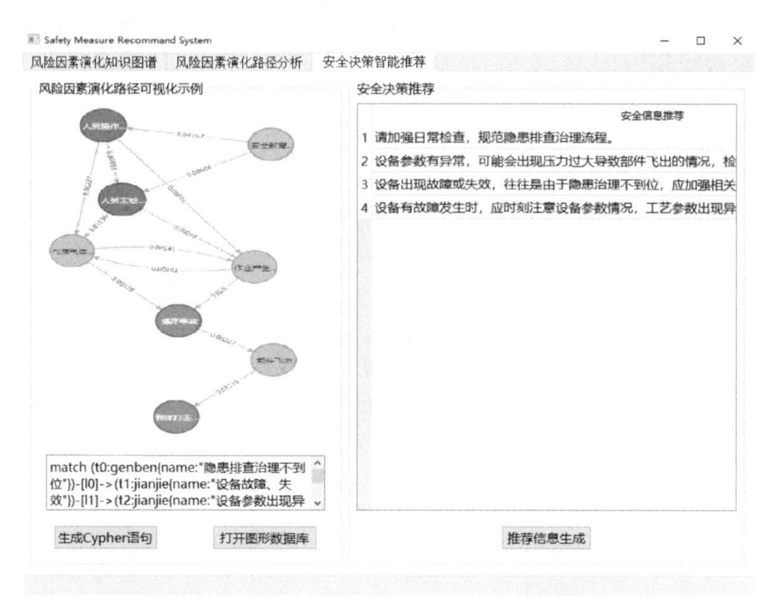

图 4.35　LNG 储备库事故安全决策智能推荐模块

具体操作步骤如下所示：

（1）风险因素演化路径可视化。

为了方便用户查看生成的风险因素演化路径在 Neo4j 数据库中的情况，提供了 Neo4j 数据库连接及查询功能，以可视化的方式展示风险因素演化路径的具体节点与转移概率信息。操作步骤如下：

步骤 1：点击“生成 Cypher 语句”按钮，可以一键生成 Neo4j 数据库的查询语句，使得此功能更具兼容性，降低系统对用户储备知识的要求。

步骤 2：点击“打开图形数据库”，即可在浏览器端打开 Neo4j 数据库，如图 4.36 所示；在页面最上方输入生成的 Cypher 语句，即可以可视化的方式查看风险因素多节点演化路径的具体信息。

（2）安全决策智能推荐。

用户点击“推荐信息生成”按钮，系统将会与事先建立的基于 MySQL 的 LNG 储备库安全保障信息数据库连接，并根据风险因素演化路径返回各个节点对应的安全决策信息，实现智能推荐功能。

4.5.3　事故智能决策推荐系统

1. 案例 1：库区教育培训不足场景的事故智能决策推荐

向系统中输入库区现存不安全因素文本：“库区教育培训不足”，多节点演化路径为：

“安全教育培训不到位→人员操作不规范→人员未检测可燃有害气体浓度→可燃气体泄漏积聚→作业产生火花→爆炸事故→部件飞出→物体打击事故”，具体的系统操作情况、安全决策智能推荐结果如图 4.37 至图 4.39 所示，得到的决策信息如表 4.30 所示。

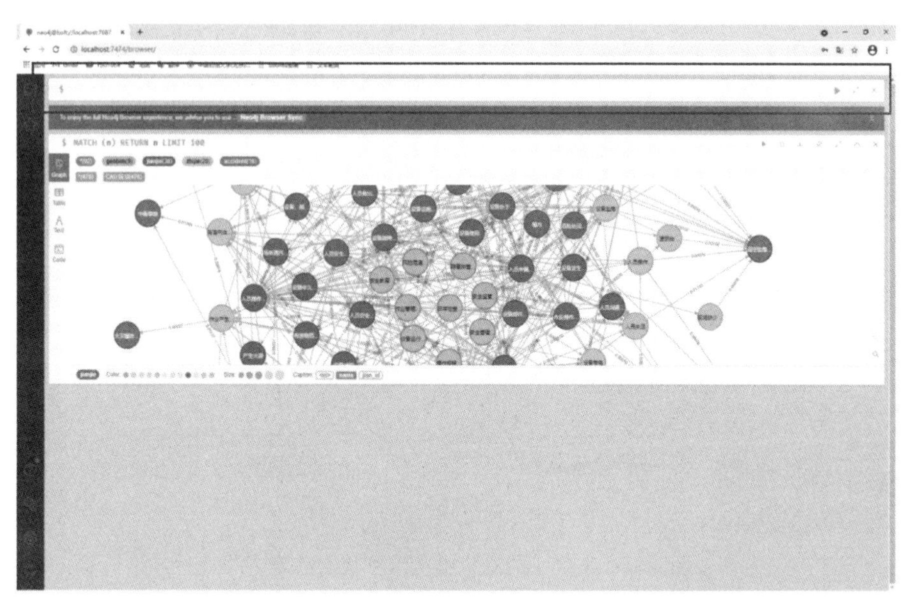

图 4.36　Neo4j 数据库浏览器页面及 Cypher 语句输入框展示

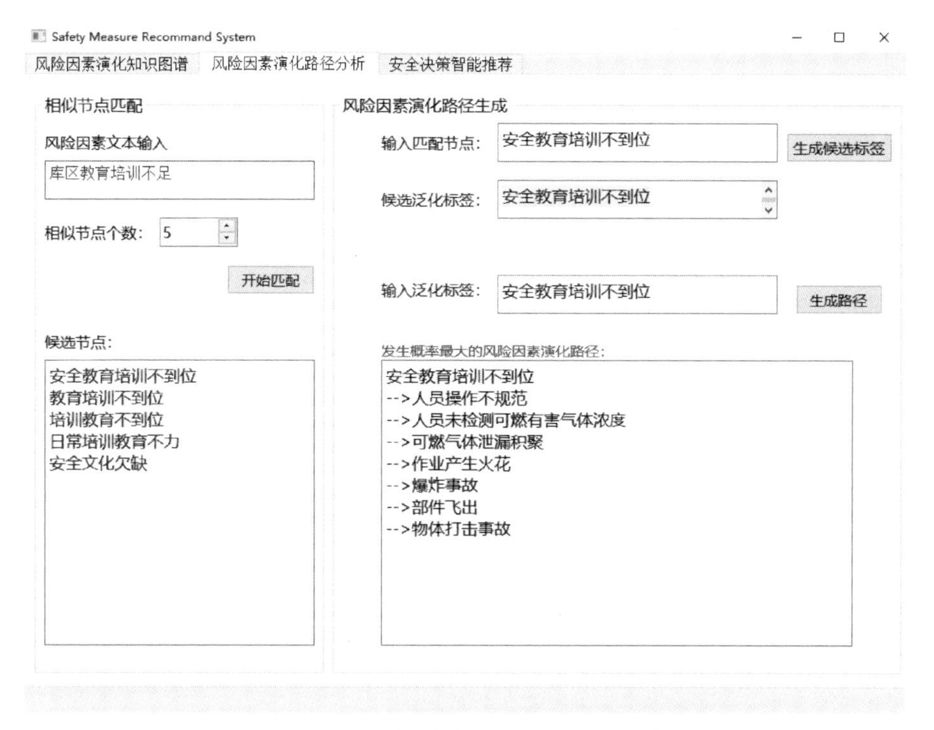

图 4.37　案例 1 的风险因素演化路径分析情况

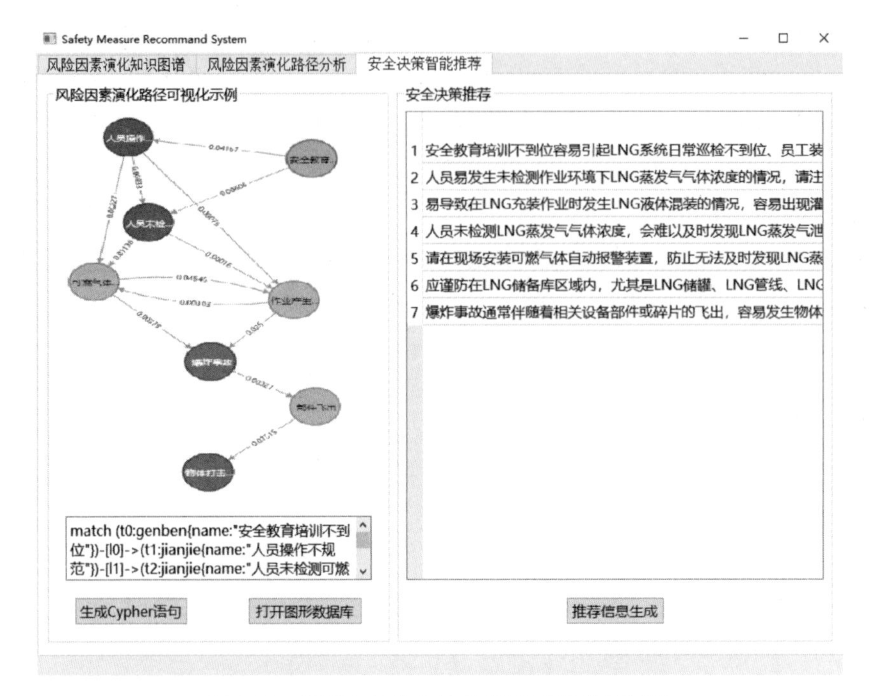

图 4.38　案例 1 的安全决策信息智能推荐结果

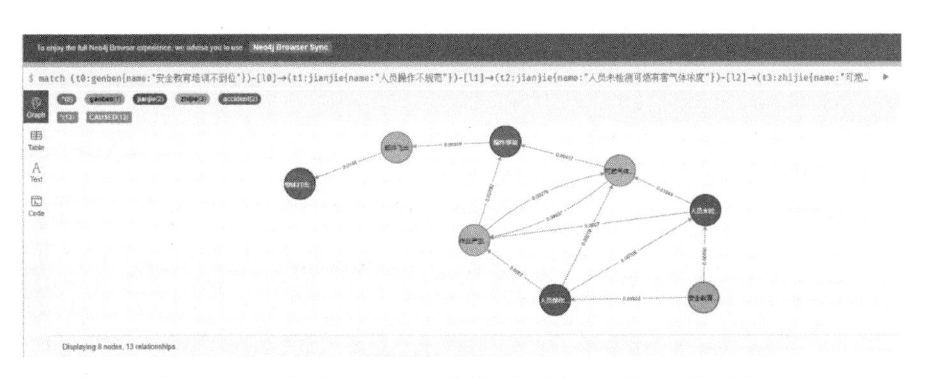

图 4.39　案例 1 的 Neo4j 数据库风险因素演化路径查询结果

表 4.30　案例 1 的安全决策信息推荐表

序号	安全决策信息
1	安全教育培训不到位容易引起 LNG 系统日常巡检不到位、员工装卸料操作不规范及安全装置佩戴不合格等问题，应在日常安全管理中加强罐区员工的安全意识培养及安全知识检查等工作
2	人员易发生未检测作业环境下 LNG 蒸发气气体浓度的情况，请注意检查防范
3	易导致在 LNG 充装作业时发生 LNG 液体混装的情况，容易出现灌内液体分层翻滚，应在充装前核对清楚充装液体与罐内液体的浓度是否一致
4	人员未检测 LNG 蒸发气气体浓度，会难以及时发现 LNG 蒸发气泄漏积聚情况，请关注员工相关操作的实施是否到位

续表

序号	安全决策信息
5	请在现场安装可燃气体自动报警装置，防止无法及时发现 LNG 蒸发气积聚的情况
6	应谨防在 LNG 储备库区域内，尤其是 LNG 储罐、LNG 管线、LNG 卸料臂等设备附近出现火源，预防发生火灾爆炸事故
7	爆炸事故通常伴随着相关设备部件或碎片的飞出，容易发生物体打击事故，请小心防范

从表 4.30 可以看出，决策推荐系统通过预测出的演化路径中的各个节点信息，能够从知识库中匹配找寻最合适的决策意见返回，帮助使用人员快速、有依据地做出决策。

2. 案例 2：LNG 储罐阀门弯头老化场景的事故智能决策推荐

向系统中输入不安全因素文本：“LNG 储罐阀门弯头老化”，多节点演化路径为：“设备年久老化→可燃气体泄漏积聚→作业产生火花→爆炸事故→部件飞出→物体打击事故”。具体的系统操作情况、安全决策智能推荐结果如图 4.40 至图 4.42 所示，得到的安全决策信息如表 4.31 所示。

3. 案例 3：气体压缩机温度过高场景的事故智能决策推荐

企业现存不安全因素文本输入：“气体压缩机温度过高”，多节点演化路径为：“设备温度超标→爆炸事故→部件飞出→物体打击事故”。具体的系统操作情况、安全决策智能推荐结果如图 4.43 至图 4.45 所示，得到的安全决策信息如表 4.32 所示。

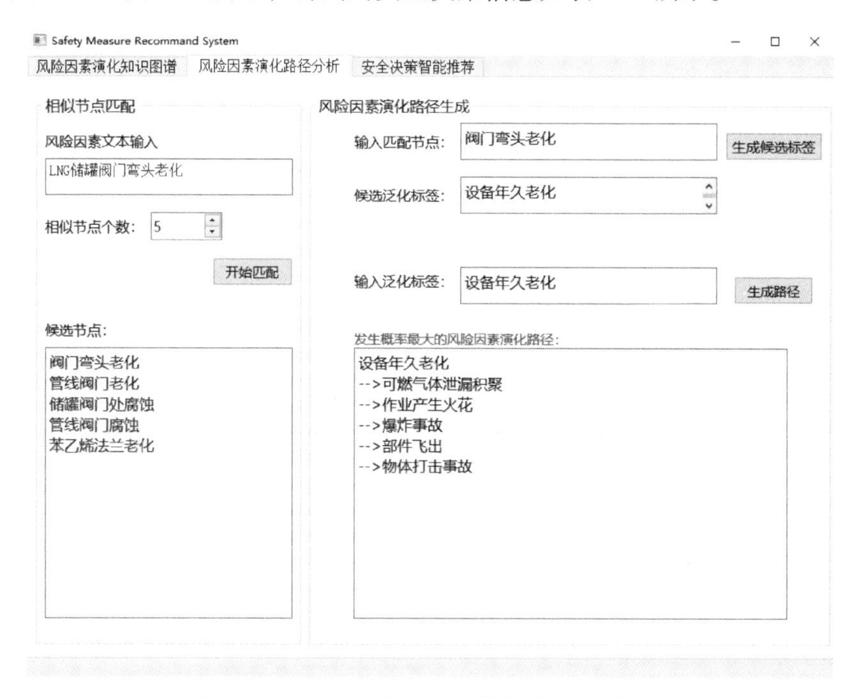

图 4.40　案例 2 的风险因素演化路径分析情况

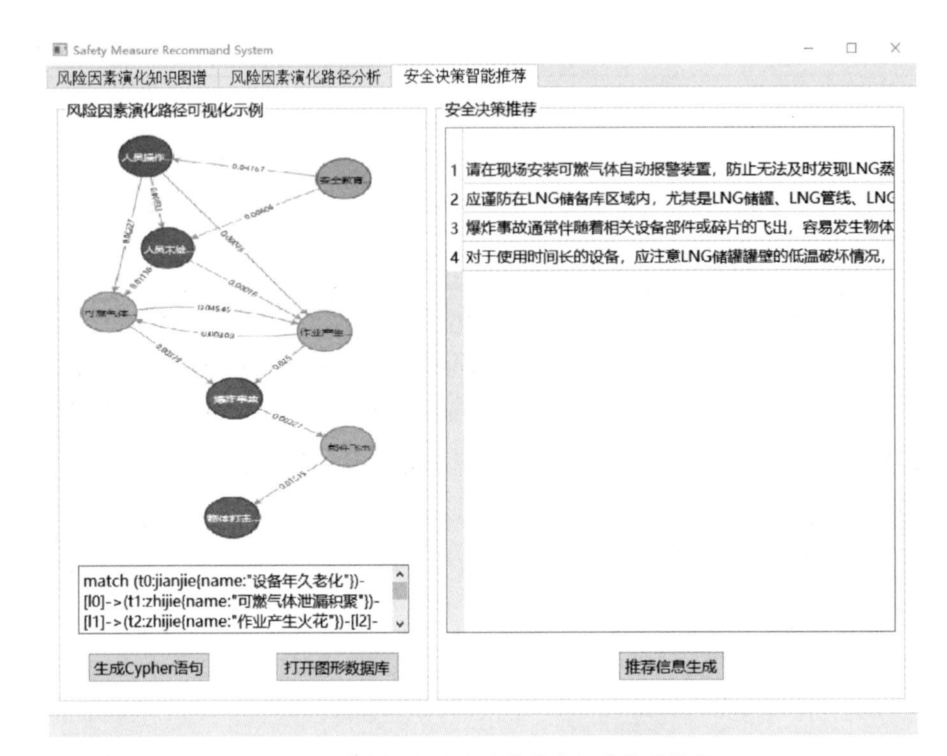

图 4.41　案例 2 的安全决策信息智能推荐结果

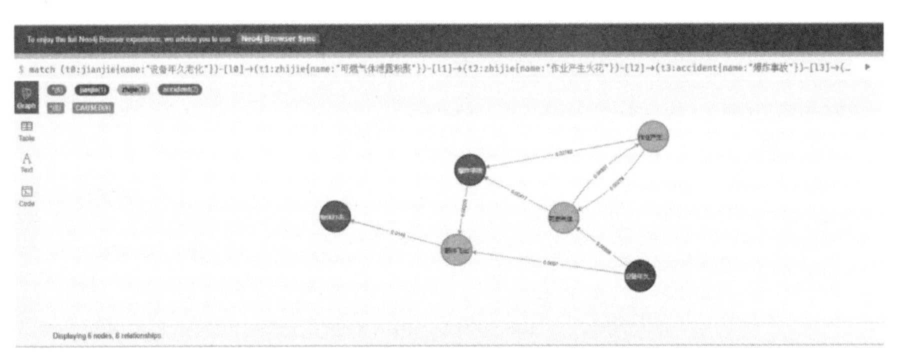

图 4.42　案例 2 的 Neo4j 数据库风险因素演化路径查询结果

表 4.31　案例 2 的安全决策信息

序号	安全决策信息
1	请在现场安装可燃气体自动报警装置，防止无法及时发现 LNG 蒸发气积聚的情况
2	应谨防在 LNG 储备库区域内，尤其是 LNG 储罐、LNG 管线、LNG 卸料臂等设备附近出现火源，预防发生火灾爆炸事故
3	爆炸事故通常伴随着相关设备部件或碎片的飞出，容易发生物体打击事故，请小心防范
4	对于使用时间长的设备，应注意 LNG 储罐罐壁的低温破坏情况，着重检查阀门、法兰、密封圈、垫片及仪器仪表连接处的老化情况，以免 LNG 发生泄漏

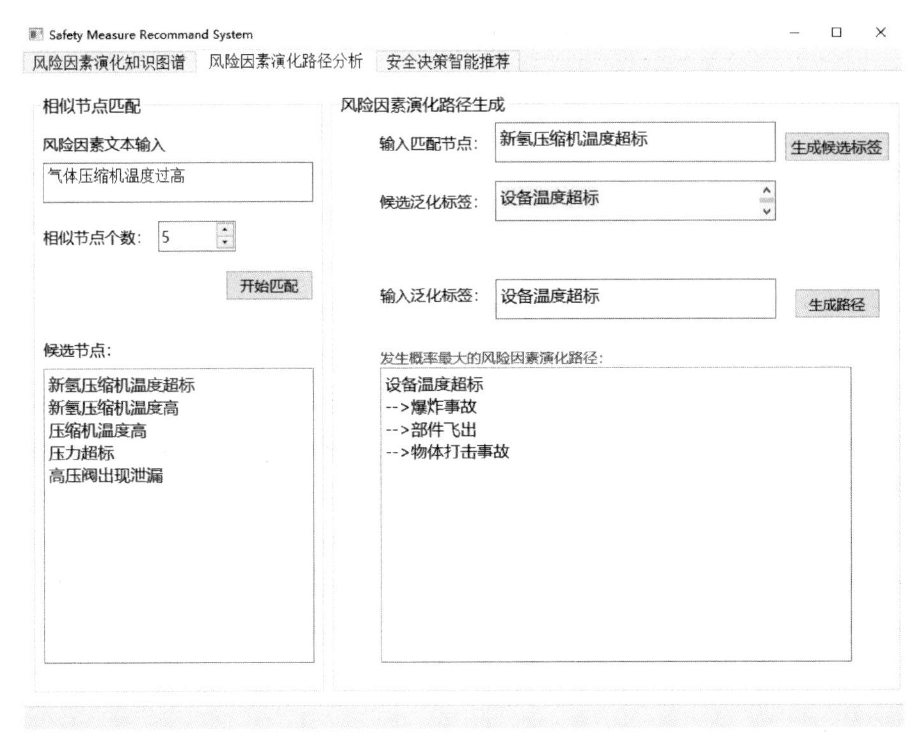

图 4.43　案例 3 的风险因素演化路径分析情况

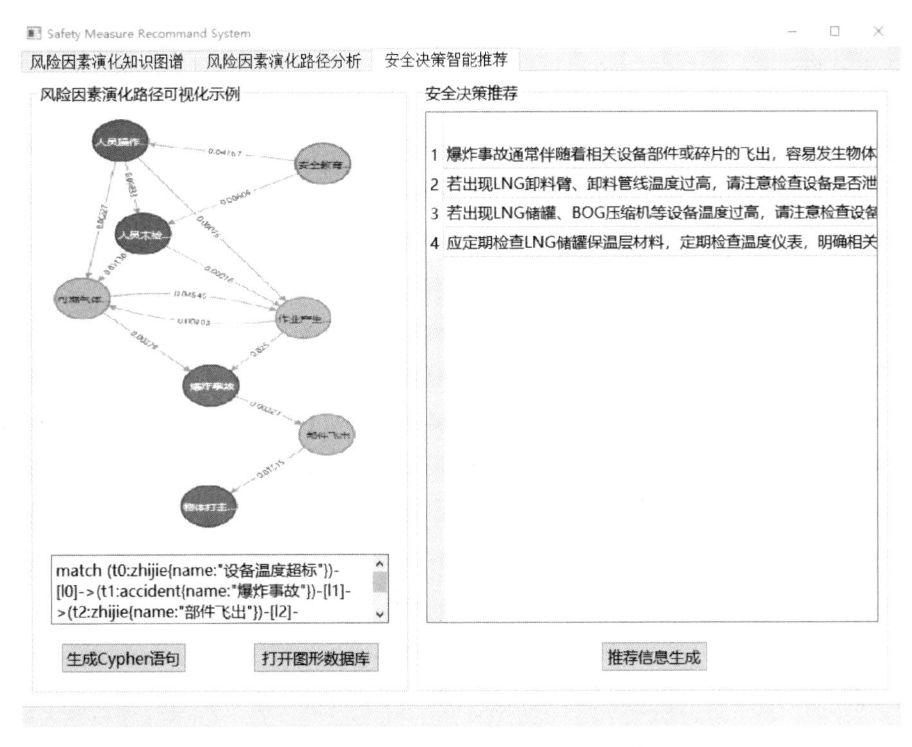

图 4.44　案例 3 的安全决策信息智能推荐结果

表 4.32　案例 3 的安全决策信息

序号	安全决策信息
1	爆炸事故通常伴随着相关设备部件或碎片的飞出，容易发生物体打击事故，请小心防范
2	若出现 LNG 卸料臂、卸料管线温度过高，请注意检查设备是否泄漏？双球阀是否意外关闭？ QCDC 是否断开？并注意排查是否是由于设备预冷不均或不到位所造成的，并明确预冷操作流程
3	若出现 LNG 储罐、BOG 压缩机等设备温度过高，请注意检查设备是否发生泄漏
4	应定期检查 LNG 储罐保温层材料，定期检查温度仪表，明确相关故障模式和原因

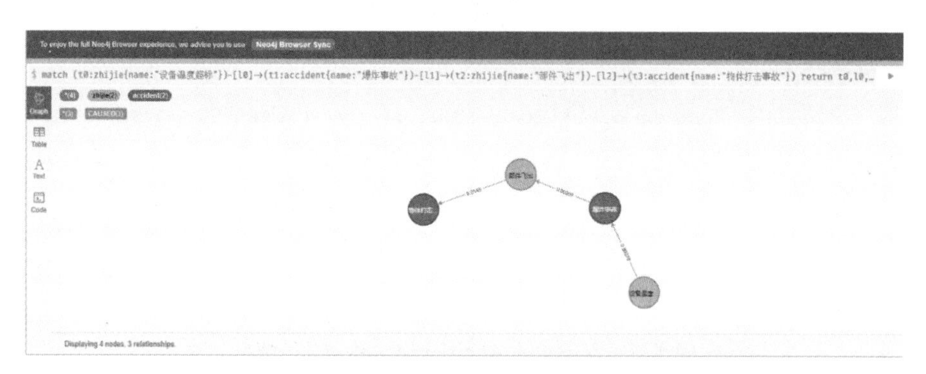

图 4.45　案例 3 的 Neo4j 数据库风险因素演化路径查询结果

4. 对比分析

通过案例分析可以看出，基于本节开发的 LNG 储备库事故智能决策推荐系统进行安全管理工作相比于传统模式下的安全管理流程更具优势，从六方面进行对比，分析结果如表 4.33 所示。

从表 4.33 可以看出，在对于历史安全管理文本信息的利用整合、事故预测预警、风险治理决策制订、工作人员知识要求、风险因素治理流程复杂度及整体工作效率情况这六方面而言，本节开发设计的 LNG 储备库事故智能决策推荐系统具有明显优势：在事故预警及风险因素治理决策制动方面，能够减少人力和时间消耗，流程更为简单、方便，减少主观因素对安全管理工作的影响，可视化结果使事故预警信息更加直观。

表 4.33　本节开发系统与传统模式下的安全管理工作的对比结果

序号	对比项	传统模式下的安全管理	基于本节开发系统的安全管理
1	历史安全管理文本信息利用整合方面	基于纸质表单	基于可视化知识图谱
2	事故预测预警方面	（1）基于人员经验及领域知识； （2）查看风险评价报告； （3）预警结果受主观因素影响	（1）一键生成多节点演化路径； （2）预警结果基于客观事实数据

续表

序号	对比项	传统模式下的安全管理	基于本节开发系统的安全管理
3	风险治理决策制订方面	查看翻阅相关手册	一键返回安全防范信息，辅助人员制订决策
4	工作人员知识要求方面	要求相关专业背景	不要求具备相关知识
5	风险因素治理流程复杂程度方面	流程复杂	操作简单、流程少
6	整体效率方面	耗时长	耗时小于 1min

参考文献

[1]张曦月，胡瑾秋，张来斌，等. 基于 CW-AGNES 的油气储运企业事故风险因素文本泛化方法［J］. 油气储运，2021，40（11）：1242-1249.

[2]胡瑾秋，张曦月，吴志强. 结合 TF-IDF 的企业生产隐患关联预警及可视化研究［J］. 中国安全科学学报，2019，29（07）：170-176.

[3]Mikolov T，Sutskever I，Chen K，et al. Distributed representations of words and phrases and their compositionality［C］// Proceedings of the 27th Annual Conference on Neural Information Processing Systems（NIPS）. Lake Tahoe：NIPS，2013：3111-3119.

[4]Mikolov T，Yih W T，Zweig G. Linguistic regularities in continuous space word representations［C］// Proceedings of the 2013 Conference of the North American Chapter of the Association for Computational Linguistics：Human Language Technologies（NAACL HLT）. Stroudsburg：Association for Computational Linguistics，2013：746-751.

[5]Socher R，Bauer J，Manning C D. Parsing with compositional vector grammars［C］// Proceedings of the 51st Annual Meeting of the Association for Computational Linguistics. Stroudsburg：Association for Computational Linguistics，2013：455-465.

[6]Socher R，Perelygin A，Wu J，et al. Recursive deep models for semantic compositionality over a sentiment treebank［C］// Proceedings of the 2013 conference on empirical methods in natural language processing. Stroudsburg：Association for Computational Linguistics，2013：1631-1642.

[7]Naili M，Chaibi A H，Ghezala H H B. Comparative study of word embedding methods in topic segmentation［J］. Procedia Computer Science，2017，112：340-349.

[8]Mikolov T，Chen K，Corrado G，et al. Efficient estimation of word representations in vector space［R/OL］. 2013［2019-01-14］. https：//arxiv. org/pdf/1301. 3781.

[9]Sayer N. Google Code Archive-Long-term storage for Google Code Project Hosting［EB/OL］. 2014［2019-01-14］. https：//code. google. com/archive/p/open-evse/wikis/Hydra. wiki.

[10]Mnih A，Hinton G E. A scalable hierarchical distributed language model［C］// Proceedings of the 23rd Annual Conference on Neural Information Processing Systems（NIPS）. Vancouver：NIPS，2009：1081-1088.

[11]De Mulder W，Bethard S，Moens M F. A survey on the application of recurrent neural networks to statistical language modeling［J］. Computer Speech and Language，2015，30（1）：61-98.

[12]Pham T，Tran T，Phung D，et al. Predicting healthcare trajectories from medical records：A deep learning approach［J］. Journal of Biomedical Informatics，2017，69：218-229.

[13] Evermann J, Rehse J R, Fettke P. Predicting process behaviour using deep learning [J]. Decision Support Systems, 2017, 100: 129–140.
[14] Greff K, Srivastava R K, Koutník J, et al. LSTM: A search space odyssey [J]. IEEE Transactions on Neural Networks and Learning Systems, 2015, 28 (10): 2222–2232.

第 5 章

基于视线追踪的油气生产操作人员行为安全早期智能预警技术

海因里希在事故致因理论中提出，人的不安全行为或物的不安全状态是导致事故发生的直接原因，他同时指出事故更多是由人的不安全行为导致，即使事故由物的不安全状态直接导致，人员失误及操作人员的疏忽等原因也是造成物的不安全状态产生的主要原因。根据国家安全生产监督管理总局在其网站发表的统计数据显示，2007 年各行各业所发生的安全生产事故共有 50673 起，这些事故共造成的死亡人数为 101480 人。根据事故所产生的后果统计，其中特大事故共占 86 起，由特大事故所造成的人员死亡达到了 1525 人，而调查统计事故发生的原因，可以发现由于人员行为失误所导致的事故比例高达 70% 以上。而在炼油、化工等行业中，人员的行为失误同样是导致其发生重大生产安全事故的主要原因，例如：有学者对美国化工厂发生的 190 起事故原因进行了调查，对事故原因进行统计后发现，在这些事故中有 34% 是由于人员缺乏专业知识所导致，32% 是由于产品或系统的设计缺陷导致，24% 是由于程序错误导致，人员失误在其中占到了 16% 的比例。在对炼油厂事故的调查统计后发现，设备设施故障和人员操作失误是主要原因，各占 41%，其余原因则为程序错误或缺乏对设备设施环境的定期检验；而对大量事故进行统计后得出的结果显示，在化工生产过程中，有 90% 的硬件系统失效由人为失误导致，因此人员行为失误会大大降低硬件系统的冗余设计的安全性和可靠性。在油气生产过程复杂的人—机—环境系统中，人的活动发挥着主导作用，但由于人员的不可控性，这一环节同时也是油气生产过程中最薄弱并难以控制的地方。因此对油气生产工艺操作行为失误的识别和预警技术的研发十分必要。

在国内油气生产行业中，主要由管理层利用对操作人员或生产相关人员择优选拔、岗前培训、相互监督，并采取适当奖惩措施的方法来减少可能发生的人为失误，并在日常生产工作中强调规章管理的重要性，然而这些控制方法都无法对操作者在生产过程中的异常操作进行实时干预和管控以防止或减少人员失误的发生。如 2005 年在中石油吉林石化分公司双苯厂发生的爆炸事故中，由于在生产过程中当班操作人员对进料系统的失误操作，导致其系统温度超高引发爆裂，最终导致了连环爆炸事故；2011 年安庆鑫富化工同样由于操作人员误操作导致物料剧烈反应后发生爆炸，这两起事故均产生了恶劣的社会影响。因此本节引入视线追踪技术，实现操作人员眼动数据的实时监测追踪，并进一步建立操作者不安全行为及异常认知行为的提前感知方法和智能预警模型，从而避免或减少人员操作失误的发生。

视线追踪技术通过对操作者在操作过程中视线的实时注视位置、在各个位置停留时间长短及眼球的运动轨迹等信息进行采集，以此来为研究人员对操作者的注意力及未来可能的动作情况提供判断和决策。这一技术能够实时监测人的眼动特征，而在操作过程中，操作者的眼动特征能够体现其认知情况，因此，利用视线追踪技术以眼动特征为感知目标来认知操作者的异常认知行为，并将人为失误可能导致的事故消灭在萌芽阶段，有效预防油气生产过程中的人为失误造成的安全事故，对保障油气生产过程的安全进行具有重要意义。

5.1 基于视线追踪技术的人员行为安全早期智能预警技术框架

5.1.1 基于视线追踪技术的工艺操作人员眼动数据采集

针对已有的人为失误分析方法大都依赖于历史数据或主观判断，不能实现对生产过程中认知行为实时感知的问题，建立基于视线追踪技术的油气生产工艺操作人员眼动数据实时采集的方法。

眼动数据采集设备包括四个系统，即光学系统、瞳孔中心坐标提取系统、视景与瞳孔坐标迭加系统和图像与数据的记录分析系统。当人的眼睛看向不同方向时，眼部会有细微的变化，这些变化会产生可以提取的特征，眼动数据采集系统可以通过图像捕捉或扫描提取这些特征，并将这些特征信号化并传给计算机。在眼动数据采集系统的前端设有摄像设备，来捕捉周围环境画面形成实时视频。通过设备连接，利用计算机编制相应软件进行眼动数据的分析处理，从而实时追踪人员视线的变化，达到人员意识、心理状态的识别和下一阶段可能的行为的预测。

人员眼动监测过程中，眼动一般有三种基本方式：注视、眼跳和追随运动。眼动可以反映视觉信息的选择模式，对于揭示人员操作不安全行为的心理机制具有重要意义。利用眼动数据进行不安全行为的识别与预警所用到的基础参数包括但不限于：注视参数（如注视点总个数等）、扫视参数（如平均扫视长度等）、眨眼参数（如眨眼频率等）及注视点轨迹图和热点图等，具体说明如表 5.1 所示。

表 5.1 作业人员眼动数据类型

参数分类	参数名称	参数单位	参数说明
注视参数	F_{pn}	n	注视点总个数
	F_{ps}	n	每秒注视点数量
	F_{t}	s	总注视时间
	F_{td}	s	平均注视持续时间
扫视参数	S_{n}	n	扫视总次数
	S_{lt}	px	扫视总长度
	S_{la}	px	平均扫视长度

续表

参数分类	参数名称	参数单位	参数说明
扫视参数	S_t	s	扫视总时间
	S_{ta}	s	扫视平均时间
	S_{va}	px/s	平均扫视速度
眨眼参数	B_f	n/s	眨眼频率
	B_d	s	眨眼持续时间

眼动数据采集系统的前端眼动仪分为桌面式与头戴式两种，如图 5.1 所示。桌面式适合油气生产现场中控室的操作人员，用于监控、诊断内操人员对工艺操作的失误、违规及疲劳等安全隐患。头戴式适用于现场室外操作、巡检、维修及安全监督人员，用于人员室外作业和观察过程中的错误、失误、违章及注意力不集中等安全隐患。

(a) 桌面式眼动数据采集器

(b) 头戴式眼动数据采集器

图 5.1　眼动数据采集设备

5.1.2　基于学习矢量量化神经网络的工艺操作人员失误模式智能识别

传统的人员失误的识别和预警通常利用心理特征和行为操作特征建立指标体系进行静态诊断预警，这将导致具体操作过程中对失误特征的提取存在主观判断的情况，且无法做到实时诊断、超前预警，无法杜绝误操作的发生。

引入学习矢量量化神经网络，以操作者眼动数据特征为指标建立人员失误模式智能识别方法。通过对眼动实验数据的统计归纳结合认知状态与安全行为科学原理将操作者的失误模式归纳为操作生疏、高度紧张和精神涣散三类。通过划分兴趣区域，分别分析四类（包括三类失误）操作者在不同兴趣区域的注视停留时间，将操作者初次采取控制动作的时间及操作者在不同兴趣区域停留频次等 13 项统计数据作为特征向量，建立学习矢量量化模型对工艺操作人员的失误模式进行识别。

5.1.3　基于眼动热点图的工艺操作人员失误模式识别及预警

针对已有的眼动数据分析方法大多采用统计学方法选取特征参数进行分析，而未对眼动数据图像进行识别的情况，提出以眼动热点图图像特征对操作人员失误模式进行综合评价的方法。将操作者眼动热点图像转换为灰度图像后，分别提取其梯度直方图（HOG）

特征及灰度共生矩阵（GLCM）特征，并融合其图像特征最终得到进行 SVM 识别所需的 HOG_GLCM 特征向量，可以准确对操作者不安全行为进行识别判断并发布预警信息，其识别率远高于单一特征识别的结果。

5.2 基于视线追踪技术的工艺操作人员操作失误测试实验平台

通过建立实验所需的生产工艺模拟控制平台，对化工过程中可能出现的多项干扰情况进行模拟。在这一平台的基础上设计相关实验方案，结合视线追踪技术对操作者进行干扰抑制任务过程中的眼动数据进行采集，对这些数据的分析统计可以为建立认知和失误模式提供数据基础。

5.2.1 工艺模拟操作平台设计

1. 操作平台基本原理

在本次眼动分析实验中通过控制室操作人员对生产乙醇流程的控制来研究操作人员的认知情况。整个生产装置主要由进行反应的连续搅拌反应器（CSTR）及对产物进行处理的蒸馏塔组成。主要发生的化学反应为乙烯与水在 CSTR 中发生反应生成产物乙醇，其反应机理见式（5.1）：

$$C_2H_4 + H_2O \rightleftharpoons CH_3CH_2OH \quad \Delta H = -45\text{kJ} \cdot \text{mol}^{-1} \tag{5.1}$$

具体生产过程的流程示意图如图 5.2 所示。由于这一反应为放热反应，因此需要在连续搅拌反应器的夹套中引入循环产生的冷却水来维持反应的持续进行。对产物进行精馏的

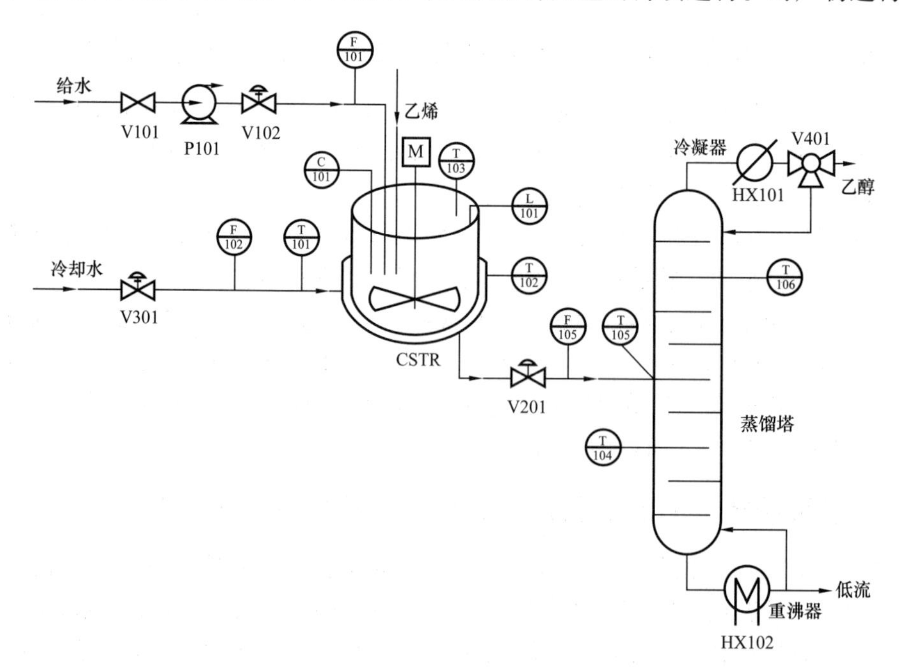

图 5.2 乙醇生产流程示意图

蒸馏塔共含有 9 个塔板，CSTR 中生成的反应产物乙醇与未反应的乙烯混合物从第五塔板进入蒸馏塔，并在馏出物料流中得到较纯的产物乙醇。

选择这一工艺过程作为模拟工艺流程的原因主要包括（1）整体流程较为简单，方便实验者在经过简单培训之后掌握流程控制方法;（2）这一流程也包含了连续搅拌反应器和蒸馏塔等在实际产生中较易发生失效和人员误操作的化工设备。而这一工艺过程中没有任何自动控制器，因此所有的监视和控制过程需要由操作者人工参与执行。在平台设计过程中我们对表 5.2 中列出的 11 个测量变量进行实时测量，这些数值在工艺流程进行过程中相互关联，并分别对这些变量配置了高低警报，因此超过指定阈值的任何偏差都将由报警标记后告知操作者。

表 5.2　乙醇工艺中的过程变量

标签	描述	稳态值	报警上限	报警下限
C101	CSTR 中的乙烯浓度 /（μmol/lt）	1378.5	1555.6	955.6
F101	CSTR 进料流速 /（lt/h）	700.7	950	550
F102	CSTR 冷却剂流速 /（lt/h）	130	200	70
F105	蒸馏塔进料流速 /（lt/h）	733.4	993.7	575.3
L101	CSTR 液面 /m	1.25	1.8	0
T101	冷却水入口温度 /℃	20	40	0
T102	冷却水出口温度 /℃	29.4	32.5	15.2
T103	CSTR 内的温度 /℃	30.5	33	29.5
T104	精馏塔板 3 的温度 /℃	100	100.5	98.5
T105	精馏塔板 5 的温度 /℃	87.4	89.5	86.5
T106	精馏塔板 8 的温度 /℃	79.5	80.4	78.5

在操作平台的设计中引入了表 5.3 中列出的六个干扰场景来分析操作者的认知行为，这六个场景（D1～D6）均与扰动相关。在实验过程中，每个测试者所要执行的任务就是由这六个场景组成的随机集合。当发生干扰时，一个或多个变量将从其稳定状态受到明显扰动，并且产生报警。操作者需要操纵四个控制阀中的一个或多个来使设备回到正常状态。与上述工况相关联的参数有：CSTR 的进料流速 F101、冷却水流速 F102、从分馏塔的进料流速 F105 及精馏塔板 5 的温度 T105。如在场景 D5 中，进入 CSTR 的进料流速的突然降低导致反应器中的乙烯高度聚集，并且产生了 F101 的低警报和 C101 的高报警。操作者则需要对情况进行诊断，并确定和实施必要的纠正措施。在 D5 场景下，可以通过阀 V102 来增加进入 CSTR 的进料流量来排除干扰。其余场景下对于干扰情况应该采取的纠正措施的详细信息在表 5.4 中列出。

表 5.3 实验中的异常控制场景

场景编号	场景描述
D1	CSTR 进料流量增加
D2	CSTR 夹套冷却水流量减少
D3	从 CSTR 进入蒸馏塔的流量减少
D4	回流比不平衡
D5	CSTR 进料流量减少
D6	CSTR 夹套冷却水流量增加

表 5.4 6 个扰动场景下对应需要采取的校正动作

场景编号	需要采取的措施
D1	调节 V102 对应滑块降低进入 CSTR 的进料流量
D2	调节 V301 对应滑块增加冷却水流量
D3	调节 V201 对应滑块增加进入蒸馏塔的流量
D4	调节 V401 对应滑块改变回流速率
D5	调节 V102 对应滑块增加进入 CSTR 的进料流量
D6	调节 V301 对应滑块减少冷却剂流量

2. 人机界面

本次研究使用的模拟平台由 Aspen HYSYS 软件与 MATLAB 联用搭建而成。首先利用 Aspen HYSYS 软件对乙醇生产流程进行动态模拟，其工艺流程如图 5.3 所示。在 MATLAB 中对已建立的动态流程进行调用，并使用 GUI 界面设计对流程进行控制。在程序设计中设置了上文中提到的六个干扰场景，并对生产流程中的过程变量设置了相应的报警上下限。

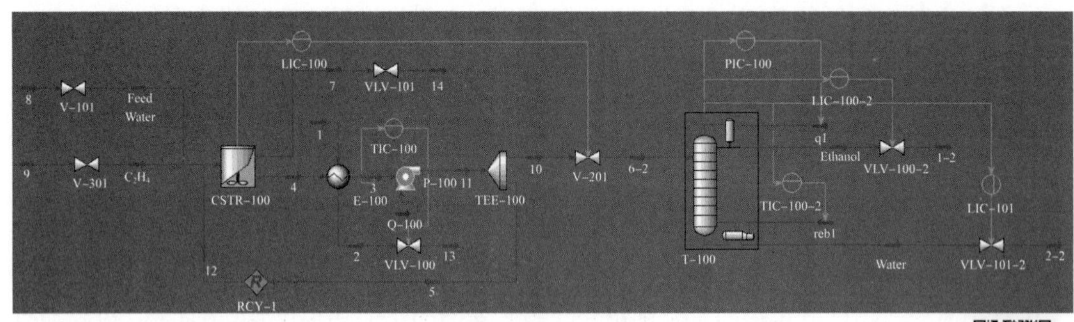

图 5.3 乙醇生产模拟流程

彩图扫码

最终建立的实验平台如图 5.4 所示。11 个测量变量的实时值、报警列表和任何一个变量（由测试者选择）的趋势信息都可以在其中看到。具体说明如下：

（1）中心窗口中 11 个蓝色圆圈表示各种过程变量。圆圈附近的数值为该变量对应的实时监测数据值，数值的颜色表示该变量目前的状态：黑色表示相应的过程变量在其正常范围内，而红色表示变量处于报警状态。

（2）四个滑块分别对应于四个控制阀，操作者可以在任务中通过移动控制阀的滑块来实时地操纵四个阀门中的任何一个。

（3）下部的报警汇总窗口中包含有关当前和历史所有标记的报警信息，包括其出现时间、警情性质（高 PV 或低 PV）及对报警变量的描述。

（4）右下角的趋势窗口中为某一过程变量的趋势信息。操作者可以通过单击布局图中的相应变量调用任何一个变量的详细历史趋势。

（5）左下角的停止运行按钮可以用来随时结束运行场景。

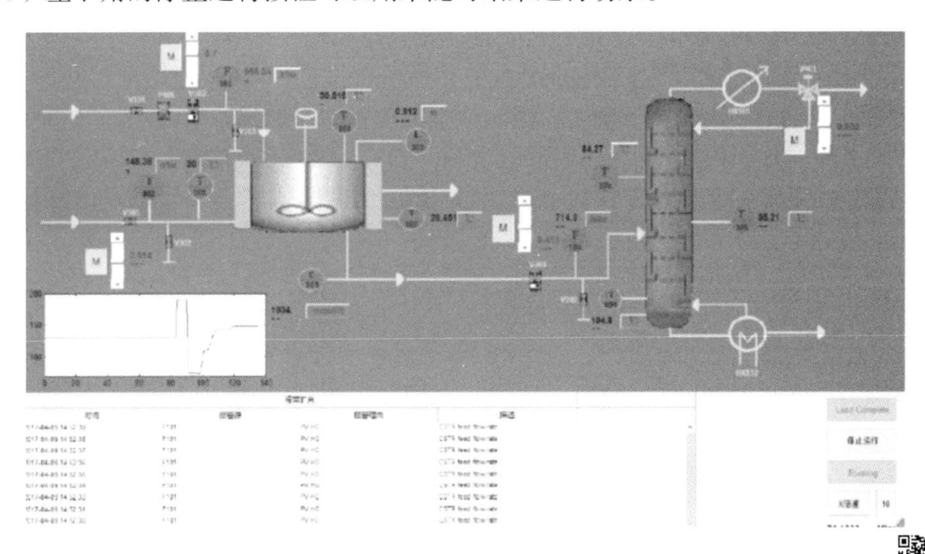

彩图扫码

图 5.4　模拟操作实验平台界面

5.2.2　实验方案设计

1. 实验概述

该实验研究在受控环境中进行，测试者通过与人机界面的交互来实时观测和控制工艺操作过程。在实验之前，没有告知操作者这项研究的真实目的，以防止影响他们的认知行为并防止他们产生任何辅助或破坏实验假设的战略反应。

每名操作者在进行实验之前都会获得相关的资料以了解操作中的技术细节和与人机界面的交互方式。资料包括：（1）概述部分，解释测试者作为操作者的作用及其职责。（2）技术部分，提供乙醇生产的工艺细节。（3）人机界面介绍部分，解释所有显示单元和与装置交互的方式（包括趋势窗口、操作阀等）。随后测试者将对其中某一例证性场景进行模拟操作，以确保测试者在实际操作前对任务组成已有了详细的了解。整个培训阶段大约持续 5～10min。

在每个任务开始之前，会告知测试者该任务相对应的操作指令，如干扰 D1 为调节 V102 阀位来降低 CSTR 的进料流速（F101）并在装置发生异常时使其恢复正常状态。每个干扰的指令都指示测试者应当对由干扰引起的警报产生的反应，并且使用滑块来操纵控制阀以使设备恢复正常状态，而要操纵的特定控制阀（表 5.4）也在指令中被明确地提及。在读取指令后，测试者可以通过按下界面中的“开始运行”按钮来启动任务。通常在任务开始后的 10s 左右，在测试者不知情的情况下引入扰动，某些过程变量将偏离其正常域值并产生报警。当报警被标记时相应的变量值在布局图窗口中由黑色变为红色，这一报警的详细信息在报警汇总窗口中列出。

在任务开始后，测试者将采取自认为可行的动作来评估异常工况情形并试图采取措施对异常工况进行纠正，如搜索信息、观察相关参数变化趋势、打开 / 关闭控制阀等。如果测试者排除干扰成功，即异常工况处置正确，则所有过程变量将返回到其正常范围，即任务成功。如果测试者在 240s 内无法将整个流程恢复到正常状态，则任务会自动停止。测试者也可以通过按下示意图窗口中的“停止运行”按钮随时停止操作。

图 5.5 中的任务流程体现了测试者在实验期间操作动作的完整集合。它代表的是从实验开始到第一个任务结束的所有事件。除了最开始的培训，其他的所有活动（从任务指令开始）都需要每个测试者在进行六项任务的过程中不断重复。

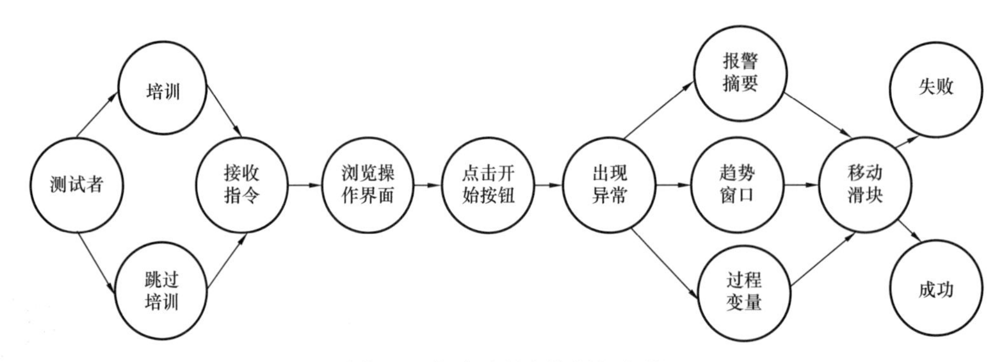

图 5.5　实验过程中的任务流程

上述实验方案具有以下特点：

（1）确保测试者在实验开始之前进行了一些基本训练。

（2）通过重复的任务提高测试者对工艺过程和操作界面的熟悉度。

（3）通过限制总实验持续时间（小于 30min）来防止测试者疲劳。

（4）通过不同难度级别的任务场景和过程中的不同部分来全面测试测试者的认知过程。

（5）将情景的分配随机化以避免任何系统偏差。

2. 具体实验方案

1）实验目的

获取操作者在模拟乙醇生产操作平台中进行操作行为时的眼动特征参数，探究工艺操作人员进行操作时的认知状态，实现工艺操作人员行为失误的眼动特征提取。

2）实验设计

在不告知测试者真实实验目的的情况下进行实验，只告知测试者以操作员的身份进行化工流程控制，达到油气生产现场实际工艺操作的模拟效果。

3）实验假设

化工操作中人为失误的产生主要与操作者的异常认知情况有关。

4）实验任务

实验任务主要为测试者对乙醇生产流程中产生的干扰（异常工况）进行排除。在任务期间，引入的扰动（D1～D6 中随机选择）会导致一个或多个过程变量偏离由警报标记的稳态，测试者需要通过调节相关滑块来使生产流程恢复正常状态。

5）实验仪器和实验平台

实验仪器：实验采用的是 Eyeso Ec80 遥测式眼动仪（图 5.6）。

图 5.6　Eyeso Ec80 遥测式眼动仪

实验平台：实验根据乙醇生产流程建立相应的动态模拟平台，整个实验过程为交互式，测试者可以通过实验界面来获取过程信息并操纵控制阀。

6）实验流程

前期实验准备阶段：为测试者分发对实验过程进行介绍的相关资料，其中包括测试者应该进行的相关操作流程及对人机操作环境的介绍，并由实验员为测试者进行详细的讲解。然后，对所有测试者进行培训，选取一项干扰让测试者模拟操作，并在其中担任操作员的角色，确保测试者在实验开始之前进行了一些基本训练。

眼动数据采集阶段：

（1）测试者进入实验室，调节实验椅至合适的高度和角度，实验员告知测试者放松，使其正对显示屏，保持身体稳定，距离屏幕 60cm ± 10cm，如图 5.7 所示。

（2）实验员调整眼动仪的位置和角度，使其能够清晰捕捉到测试者眼球运动和视线运动轨迹，如图 5.8 所示。

（3）测试者信息收集。测试者在眼动数据分析软件中填写其个人信息，包括年龄、专业、性别等，并备注其戴眼镜情况和相关特征。

（4）眼球九点定标。测试者首先进入眼动数据采集的九点定标界面，要求测试者“注视并跟随屏幕上随机移动的红点。在此过程中，要求身体和头部保持不动”。定标效果达到可接受程度后方可进行正式实验。

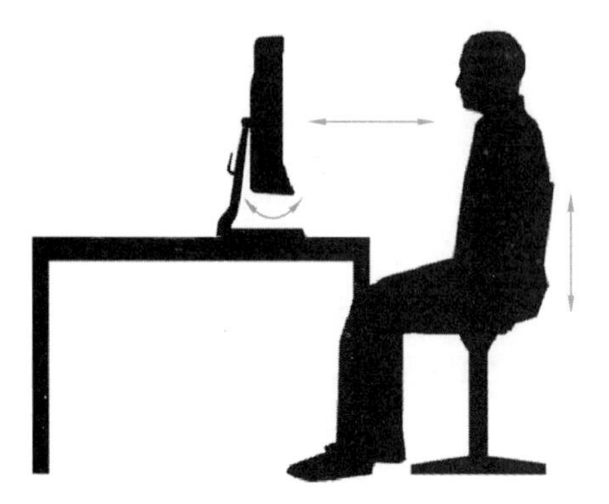

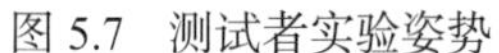
图 5.7　测试者实验姿势

图 5.8　眼动仪角度

（5）实验开始。定标完成后，测试者点击记录按钮，随即开始对测试者的操作过程进行眼动数据采集与记录，实验正式开始。

在实验期间测试者操作界面过程中进行的各项动作均被眼动数据采集系统记录下来，包括视线的移动、鼠标的点击移动及其对各个滑块的操作和各项过程变量的变化。如图 5.9 为测试者进行操作时眼动数据采集的真实场景。

数据采集系统前端使用 Eyeso 遥测式眼动传感器捕捉测试者的视线运动情况，同时采集系统也具备屏幕录制功能［图 5.10（a）］可以用视频记录下测试者和人机界面之间的所有交互动作，利用视频编辑功能［图 5.10（b）］可以在实验数据分析阶段将整个视频按照不同特征及认知状况分成几段。最后，导出眼动数据［图 5.10（c）］用于后续的失误模式识别、诊断及早期预警模型的计算与分析。

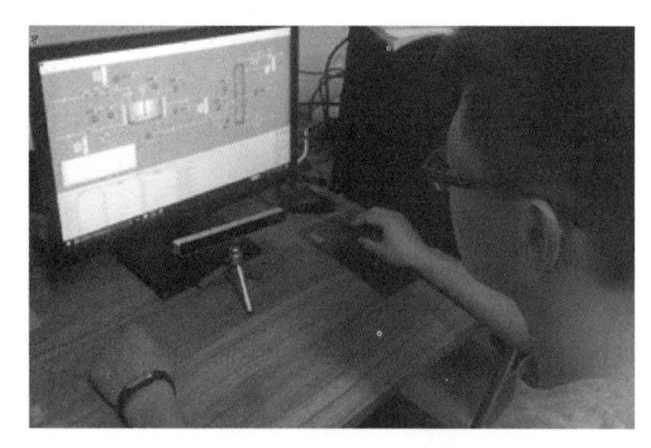

图 5.9　测试者实验场景

(a) 屏幕录制

(b) 视频编辑

(c) 导出数据

图 5.10　眼动软件部分操作模块

5.2.3　案例分析

为充分揭示操作者的认知状态与其视线注视情况的联系，对成功操作的测试者在操作过程中的视线注视情况及其操作（主要为阀门按钮控制）与化工流程中的过程变量变化相对应，对其进行分析。

图 5.11 为场景 D3 中主要干扰变量 F105 流速的变化趋势，下方箭头指示代表操作者在该对应时刻采取的控制措施。首先从表 5.3 和表 5.4 可以得知，在 D3 场景中，发生的异常干扰为从 CSTR 进入蒸馏塔的流量意外下降，操作者所需要采取的干扰抑制动作为使用

阀门 V201 增加进入蒸馏塔的流量。从图 5.11 中可以发现，上述干扰在 25s 时发生，F105 流量突然下降，并在 26s 触发超低警报。因此操作者在 39s 时第一次采取控制措施增大了 V201 阀门的通过流量，这一操作使 F105 流量增加并稳定在 440L/h。由于此时 F105 的流量值仍低于报警下限，报警未解除，因此在 44s 和 46s 之间操作者再次加大流量，这一操作使 F105 流量在 48s 左右回到正常范围内，并在 50s 左右达到稳定水平。此时该流程回到正常状态，所有变量参数处于正常范围内，操作者的干扰抑制任务成功，实验结束。

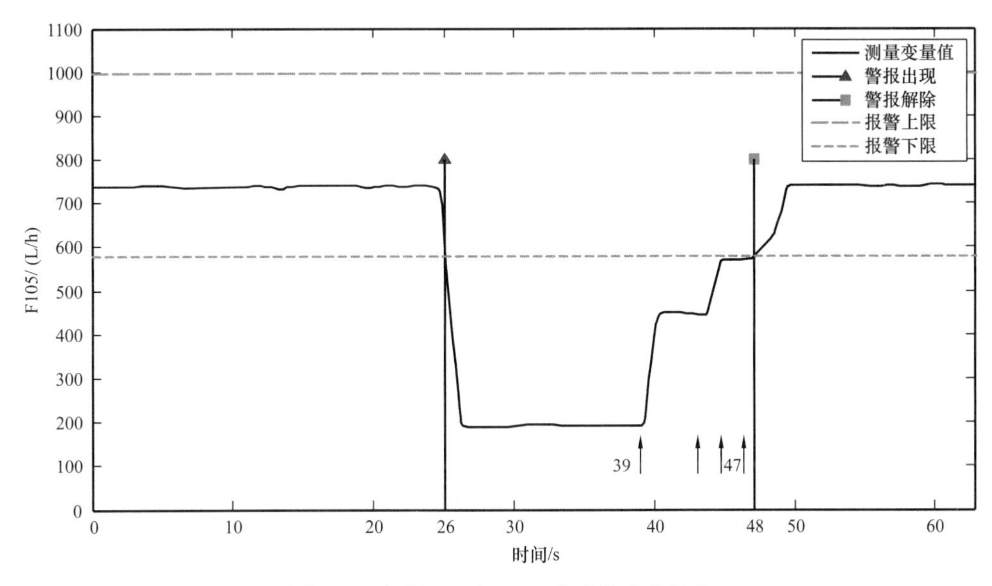

图 5.11　场景 D3 中 F105 流速的变化趋势

接下来通过对操作者在实验过程中的视线停留情况进行分析，将其与流速变化对应以了解其操作过程中的认知情况。图 5.12 中的曲线变化显示了操作者在任务进行过程中的视线停留情况，即操作者在各种关键标签区域的停留时间。从图 5.12 中可以看出，在任务开始时，操作者关注 F105 标签并马上转移视线至 T106 标签处，之后操作者分别观察了 F105、V201、T105、T106，并在趋势窗口之间反复跳转，但其停留时间均较短，可以得出，此时操作者处于任务的初期，他正在对操作环境进行理解。26s 时，第一次报警发生，在操作者发现报警产生时，他在 28s 时开始注视 T105 标签，之后在 F105 标签及趋势窗口之间较长停留。从图 5.11 可以得知操作者在 39s 第一次采取控制措施，此时其视线注视于操作滑块 V201 处，在采取了控制措施后，他的视线返回到趋势窗口，之后他反复重复上述操作，视线在 V201 及趋势窗口之间来回移动，直至 48s 左右报警解除，趋势窗口流量达到稳定值。前述过程体现了操作者对流程控制过程中的视线情况。50s 左右流程回到稳定状态，操作者视线开始在 T104、T106 和 F195 之间跳转，这一视线转移情况与异常发生前的情况类似。

因此，通过上述分析，可以得出将操作者在实验过程中的视线注视情况及其操作行为与化工流程中过程变量的变化情况相对应，可以实现对其各项操作行为实际意义的理解，并对操作者认知情况实现有效的实时感知。

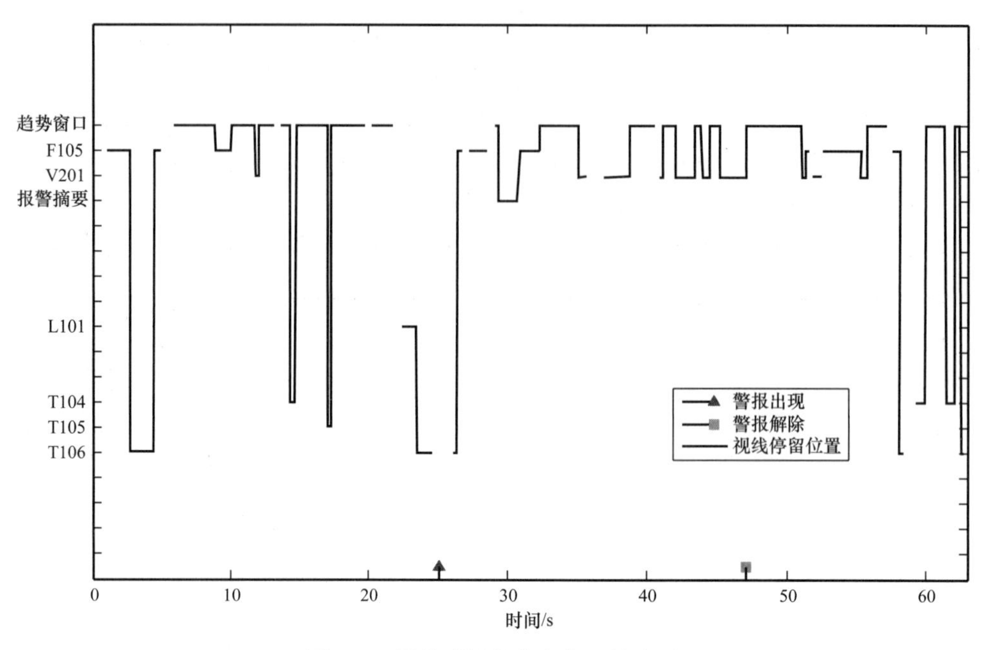

图 5.12　操作者视线停留位置转移图

5.3　基于学习矢量量化神经网络的工艺操作人员失误模式识别

上一节的实验研究验证了人员操作过程中的眼动数据可以间接反映操作行为是否正确及是否存在操作失误的可能，为人员不安全行为的实时识别、诊断及预警提供了坚实的理论基础。本节提出了一种基于学习矢量量化神经网络的工艺操作人员失误模式智能识别方法，在上一节所获取的操作者眼动数据的基础上，将操作者实验过程中的操作界面按其关键功能划分为 17 个兴趣区域，统计计算其视线停留时间及转移概率矩阵从而建立失误模式模型并提取其失误特征，以操作者实验过程中得到的 13 项眼动数据作为识别指标，建立了学习矢量量化模型实现了对工艺操作人员失误模式的有效识别。

5.3.1　基于眼动数据的操作人员失误模式识别

1. 眼动数据分析及失误特征提取

由上节可知，在操作过程中，操作者在处理异常情况期间的认知行为可以分为熟悉情况、诊断和执行三个步骤。通常情况下，当异常发生时操作者通过控制系统、报警系统等界面来收集实时数据和信息，在这一阶段，操作者侧重于对当前流程情况的熟悉。一旦操作者获取了足够的数据，他们通过所掌握的认知和经验来假设一组造成当前异常情况的原因来执行诊断操作，这些原因能够解释操作者所观察到的现象并且能够最终识别可能导致异常情况的根本原因。基于操作者的诊断结果，他将据此采取校正控制动作将异常过程恢复至正常操作状态或至少使其进入安全状态。根据操作的结果，操作者将重复以上三个步骤直至异常情况完全解除并使流程重新得到控制。在这些过程中，眼动数据特征可以作为对于操作者认知情况进行实时测量的指标。

眼动特征的重要性可以被归纳为以下三点：第一，人类的视觉具有主动性；第二，对眼动情况的分析可以使我们进一步了解操作者操作过程中注意力所具有的选择性；第三，操作者的眼动特征可以作为一个无干扰、灵敏、实时的视觉认知情况的测量指标。

对于操作过程中眼动数据的统计归纳可以用来对认知过程进行解释，例如操作者注视时间的长短表明其对于过程信息的处理量和熟悉程度，注视率可以表明对任务难度的度量，停留时间长短表明操作者对信息的理解能力等。

为了对操作者在实验期间的认知行为进行分析，将操作控制系统界面中的 17 个关键功能区域标记为兴趣区域（Area of Interest，AOI），并按其功能进行分类，其中包括 11 个变量标签（T）区域、4 个滑块（V）区域、趋势窗口区域及报警摘要区域。具体的兴趣区域形状、大小及划分情况在图 5.13 中给出，对各个兴趣区域的眼动指标的分类分析可以将数据的有效性最大化并且使校准误差最小化。

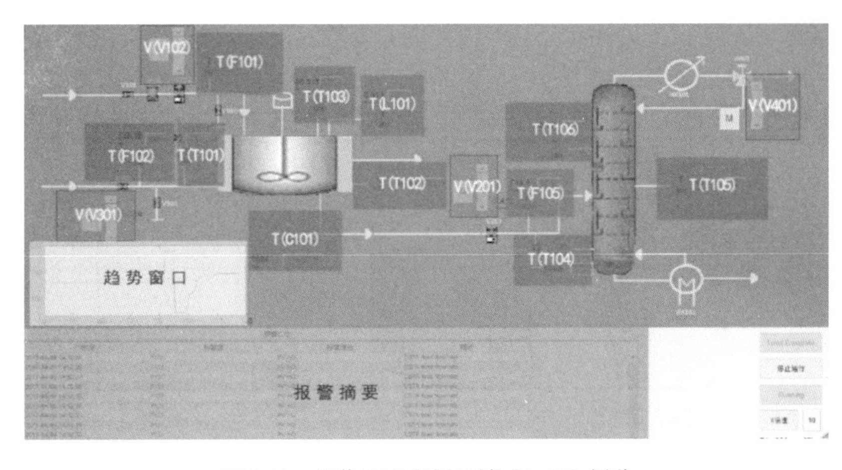

图 5.13　操作界面兴趣区域（AOI）划分

彩图扫码

从认知行为的角度来看，一旦出现异常，操作者必须在实验操作界面中使用多个兴趣区域来排除异常：通过点击变量标签来显示对应变量的变化趋势，通过观察趋势窗口来观察变量的变化情况，通过操作主滑块来控制阀门的开闭度。因此，通过统计操作者在各个兴趣区域上的持续注视时间和各个兴趣区域之间的转换可以对操作者的认知情况进行研究。

1）操作者整体眼动特征分析

在划分兴趣区域的前提下，对操作者在操作过程中的眼动情况进行数据统计，并在兴趣区域记录模块下给出直观的数据统计结果，如图 5.14 所示。图 5.14（b）中，方框中的黑色数值表示操作者在该兴趣区域中的总注视时间，不同方框之间的线段体现了操作者在不同注视区域之间的转换次数。

(a) 兴趣区域模块

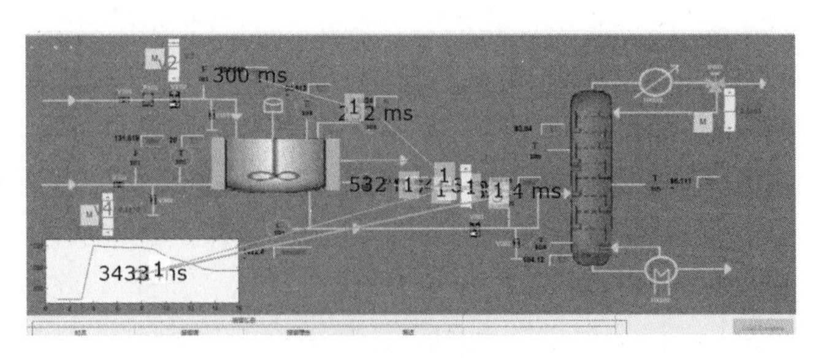

(b) 统计结果示例

图 5.14　眼动数据统计结果显示

为了评估操作者在处理异常情况下的整体认知参与度，首先对操作者在整个实验过程中在各 AOI 的停留持续时间、AOI 计数及相关转换情况进行统计。从实验结果显示，受 CSTR 冷却水流量干扰的 D2 和 D6 场景中，测试者具有 100% 的完成率，选取测试者在 D2 场景中的行为作为典型操作模式，其操作过程中的具体视线停留时间分布情况如图 5.15 所示，其中次要滑块指在当前实验场景下与表 5.4 中所指出的关键滑块不对应的其他滑块区域。

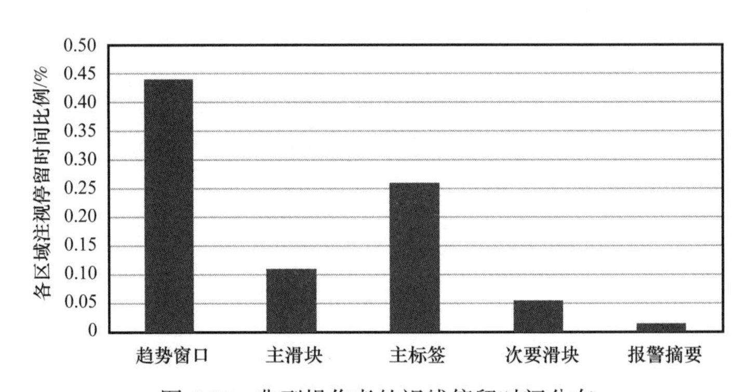

图 5.15　典型操作者的视线停留时间分布

图 5.15 中的柱状图表示操作者在不同兴趣区域停留的时间比例。从图 5.15 中可以看出，操作者在趋势窗口的停留时间最长，达到了 44.1%，主标签次之为 26.2%，主滑块和次要滑块分别为 11% 和 5.5%，而在报警摘要的停留时间最短，仅为 1.15%。对兴趣区域停留持续时间的分析表明，在执行干扰抑制任务的过程中使用频率最高的 AOI 是趋势窗口、主滑块和主变量标签。在任务完成之后与操作者的沟通中，他们同样承认在异常工况情况下依赖于趋势窗口来获得更多操作信息。这些情况都体现出操作者进行干扰抑制任务时趋势窗口和主滑块作为最主要的兴趣区域的重要性。

2）典型人员失误特征提取

在数据分析阶段，发现当操作者存在部分操作失败时，其眼动数据显示与操作正确者具有不同的特征。因此，按不同眼动特征对这些测试者眼动数据进行分类。分类后通过与测试者沟通，得出其当下认知或注意力状态，并将其操作方式对应不同认知状态。这一分类的前提在于在实验结束后告知测试者该实验结果对其不会产生任何不利影响，以消除测试者的刻意隐瞒或其他疑虑，使认知状态的获取更为真实可靠。

失误模式主要可以分为三类：操作生疏（或指令不明确）、精神涣散（注意力不集中）及高度紧张，如图 5.16 所示。

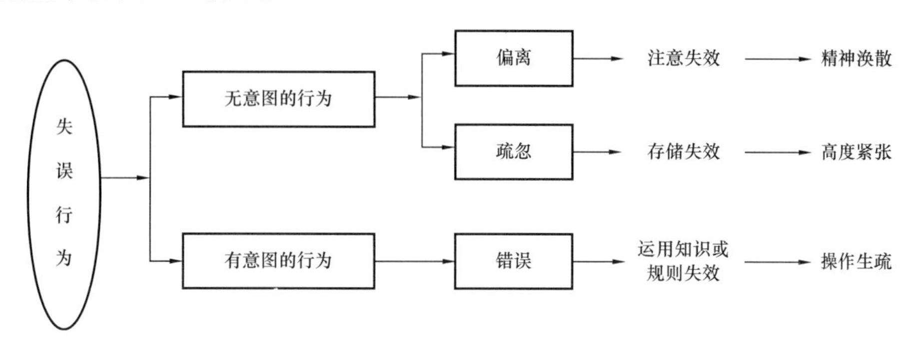

图 5.16　失误模式分类

将实验结果数据按认知状态分为四组：

A 组：操作者正常操作状态。

B 组：操作者精神涣散状态，包括操作者精神疲劳或在实验期间受其他因素的影响。

C 组：操作者高度紧张状态。

D 组：操作者操作生疏状态，包括未培训及培训完后未掌握操作技巧的人员。

针对这四组认知状态，分组对其实验数据进行统计分析：

（1）视线停留时间分布统计。使用数据统计的方法将这四组在不同兴趣区域中的视线停留时间进行对比分析，以得出各失误模式的失误特征，统计结果如图 5.17 所示。图中横坐标按四种状态在不同区域的注视情况分类，纵坐标为该组在该区域注视停留时间占总时间的百分比。结果显示不同认知状态在不同区域的注视情况有明显差异。

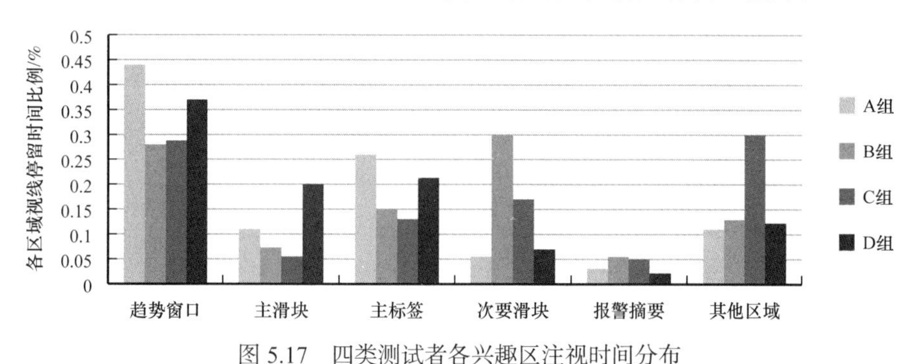

图 5.17　四类测试者各兴趣区注视时间分布

从图 5.17 中可以看出，在视线停留时间的分布上：

① B 组在次要滑块上的停留时间远高于 A 组，达到了 30%，而在趋势窗口和主变量标签上的值远低于 A 组，分别为 28% 和 15%。

② C 组在其他区域上的停留时间远高于 A 组，达到了 30%。

③ D 组在主滑块上的停留时间远高于 A 组。

（2）建立一步转移概率矩阵。根据兴趣区域的划分方式及上一节对于操作者操作过程中的认知行为分析，可以认为在操作者的操作行为中，其视线注视区域的选择可以体现其当前的认知状态，同时操作者对于视线注视区域的转移选择只与当前注视区域的情况有关，而与上一个注视区域无关。即通过操作者注视区域的改变可以体现其认知状态的改变，同时这一认知状态的改变只受当前状态的影响，根据这一观点，可以认定操作者的视线转移方式是一个典型的齐次马尔科夫链。

之后使用统计估算的方法来分别求解四组操作者的一步转移概率矩阵。在建立矩阵的过程中，以操作者的注视区域编码作为该组操作马尔科夫链建立的状态编码，矩阵中的数值为操作者在实验过程中统计所得的在不同注视区域之间转移的概率。

矩阵建立中以状态 1、2、3、4、5 分别对应被操作者注视趋势窗口、主滑块、主变量标签、次要变量和滑块、其他区域的五种情况。那么通过实验过程中操作者的眼动转移情况可以统计得到 a_{ij} 的数值为操作者由 i 区域将视线转移至 j 区域的频数，即 a_{12} 的数值表示当操作者注视趋势窗口区域（即处于状态 1）情况下，其下一注视点转移至主滑块区域（即状态 2）的频数统计数值；a_{22} 表示当前操作者注视主滑块区域（即处于状态 2），下一注视点转换后其注视点所属区域仍处于主滑块区域的频数统计数值。

离散型随机变量的理论分布可用次数分布进行评估，当次数分布随着样本容量增加，那么其结果也逐步逼近理论分布。因此，在本次实验研究中，操作者视线转移概率的数值可以由对样本转移频率的统计数值计算得到。设：

$$\sum_{j=1}^{n} a_{ij}=a_i\left(i,j=1,2,\cdots n\right) \tag{5.2}$$

那么操作者由状态 i 转向状态 j 的转移概率见式（5.3）：

$$p_{ij}\approx\frac{a_{ij}}{a_i}\left(i=1,2,\cdots,n\right) \tag{5.3}$$

由各状态一步转移概率可以建立各组认知状态下的操作者认知状态一步转移矩阵，见式（5.4）：

$$\boldsymbol{P}=\begin{bmatrix} p_{11} & \cdots & p_{1j} \\ \vdots & \ddots & \vdots \\ p_{i1} & \cdots & p_{ij} \end{bmatrix} \tag{5.4}$$

这样便可以得到四组状态的被试注视点马尔可夫链的一步转移概率矩阵：

$$\boldsymbol{P}_{\mathrm{A}}=\begin{bmatrix} 0.57 & 0.21 & 0.10 & 0.00 & 0.03 \\ 0.42 & 0.14 & 0.23 & 0.11 & 0.10 \\ 0.32 & 0.48 & 0.02 & 0.11 & 0.07 \\ 0.12 & 0.20 & 0.41 & 0.24 & 0.03 \\ 0.69 & 0.16 & 0.10 & 0.05 & 0.00 \end{bmatrix} \quad \boldsymbol{P}_{\mathrm{B}}=\begin{bmatrix} 0.27 & 0.32 & 0.20 & 0.16 & 0.05 \\ 0.40 & 0.21 & 0.15 & 0.19 & 0.05 \\ 0.23 & 0.45 & 0.08 & 0.21 & 0.03 \\ 0.10 & 0.15 & 0.16 & 0.47 & 0.12 \\ 0.17 & 0.28 & 0.12 & 0.43 & 0.00 \end{bmatrix}$$

$$\boldsymbol{P}_{\mathrm{C}}=\begin{bmatrix}0.22 & 0.12 & 0.08 & 0.10 & 0.48\\0.26 & 0.09 & 0.13 & 0.20 & 0.32\\0.08 & 0.24 & 0.12 & 0.43 & 0.13\\0.20 & 0.32 & 0.27 & 0.03 & 0.18\\0.17 & 0.12 & 0.09 & 0.08 & 0.56\end{bmatrix}\quad \boldsymbol{P}_{\mathrm{D}}=\begin{bmatrix}0.68 & 0.09 & 0.04 & 0.10 & 0.09\\0.03 & 0.69 & 0.13 & 0.00 & 0.15\\0.13 & 0.20 & 0.46 & 0.02 & 0.19\\0.20 & 0.15 & 0.31 & 0.21 & 0.13\\0.21 & 0.28 & 0.14 & 0.16 & 0.11\end{bmatrix}$$

根据一步转移概率矩阵的定义，可以得出，当 $i=j$ 时，p_{ij} 的数值则对应该概率矩阵对角线上各数的数值，其现实意义表现为操作者在对应区域反复注视并停留的概率。因此将概率矩阵结合操作界面兴趣区域的划分情况，通过对以上建立的四个一步转移概率矩阵的分析，可以发现各组操作者即各个认知状态情况下的注视行为在各注视区域转移时存在以下规律：B 组在次要变量和次要滑块的重复注视概率较大；C 组在其他区域的重复注视概率较大，这一结果与对注视停留时间的分析一致；D 组被试者的对各区域的重复注视概率远大于标准值，说明 D 组被试者的视线转移频率较低，常常长期注视某一兴趣区域。

3）典型失误模式特征

根据以上分析，不难得出：在不同的认知情况下，操作者在眼动数据的展现上体现出了明显不同的特征，如表 5.5 所示。因此，在对操作人员行为失误模式识别的过程中选取操作者的视线注视统计数据构建特征样本库。

表 5.5　失误模式及其对应眼动特征

失误模式	失误特征
操作生疏（指令不明）	视线长时间停留次要区域 视线短暂停留趋势窗口
精神涣散（困倦）	视线长时间停留其他区域
高度紧张	视线转换频率低

2. 基于 LVQ 神经网络的失误模式识别

学习向量量化（Learning Vector Quantization，LVQ）神经网络是一种应用于模式识别和聚类的常用算法，图 5.18 为该算法结构示意图，从图中可以看出这一神经网络由输入层、竞争层、输出层三层神经元组成。这一算法在学习过程中赋予每个样本一个假设标签，在重复学习过程中将其结果与初始样本对比，并根据结果动态调整其权值，最终实现算法，这一学习方法也被称为有监督学习方法。

从图 5.18 中可以看出，输入层中的每个神经元均与竞争层神经元相连接，竞争层神经元与输出层神经元则单一连接，其连接权值固定为 1。而输出层中的一个神经元可以与多个竞争层神经元相连接，这一连接权值为 0 或 1，当神经网络中有样本输入时，竞争层中与输入样本模式距离较近的竞争层神经元胜出，其状态被激活为“1”，因此与该神经元连接的输出层神经元状态为“1”，其他输出层神经元状态则为“0”。

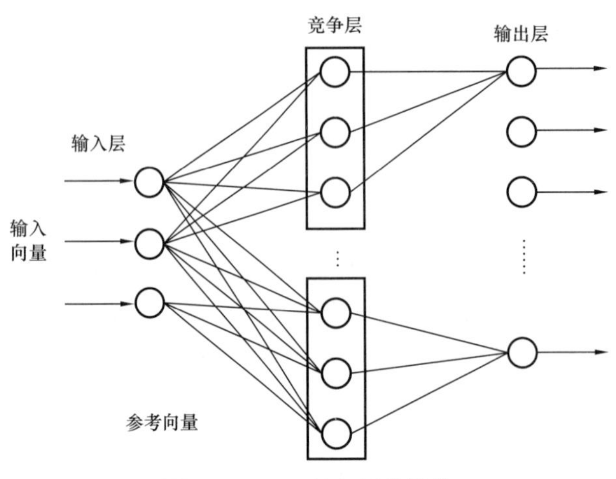

图 5.18　LVQ 神经网络结构

如上所示，采用这一方法的优点在于（1）采用有监督的学习方法可以有效地将识别距离较近的输入样本进行分类；（2）其神经网络结构简单，对于复杂性质的输入样本可以通过内部单元的相互作用，最终使其实现结果上的清晰分类；（3）该方法通过比较输入样本与竞争层之间的距离来进行识别，因此对于不同性质向量组成的输入样本不需要进行参数的归一化或正交化处理，从而实现对非线性可分问题向线性可分的转换。

因此，本节以操作者眼动数据的特征向量作为输入样本参数，利用神经网络学习矢量量化（LVQ）方法以实现对操作者不同状态下的认知行为的识别。

5.3.2　实施步骤

步骤 1：获取样本。

利用 5.2 人员操作失误模拟仿真平台开展模拟实验采集操作者眼动数据样本用于建立模型与模型检验，为了全面体现操作者的认知状态，采用 5.3.1 中对于各类失误模式的眼动特征指标，选取以下统计数据作为 LVQ 模型的特征向量：操作者在趋势窗口、主滑块、主标签、次要滑块、报警摘要和其他区域的注视持续时间，操作者第一次到达主标签区域的时间，操作者初次采取控制动作的时间，操作者视线停留在趋势窗口、主滑块、主标签、次要标签和报警摘要区域的次数。

步骤 2：采用交叉验证方法对实验模型进行训练。

对实验获得的数据进行分类，并选取其中部分数据作为训练样本。

步骤 3：操作者认知状态类型编码。

根据 5.3.1 中得到的典型失误模式将数据样本操作者状态分为正常、操作生疏、精神涣散、高度紧张，对其进行相应编码，结果如表 5.6 所示。

步骤 4：建立基于 LVQ 神经网络的识别模型。

利用 Matlab 的神经网络工具箱建立基于 LVQ 神经网络的识别模型，以 88 组实验结果的 13 项眼动数据作为模型的输入样本，即该模型的输入矩阵阶数为 88×13。本研究中，输入向量为各个操作者在进行模拟化工操作过程中的视线注视情况的 13 项统计指标，识别对象为操作者实验过程中对应的四种不同类型的认知状态。因此，建立的 LVQ 神经网络结构为 13-20-4，其中 20 为在重复试验后得到的可以实现最佳识别效率的竞争层神经元个数。

表 5.6　失误类型编码

编码	失误模式
1	正常
2	操作生疏
3	精神涣散
4	高度紧张

步骤 5：LVQ 神经网络的训练与失误模式识别。

以实验所得眼动数据整合得到对 LVQ 神经网络进行训练的训练样本，并输入识别模型中，利用 Matlab 中的 train（ ）函数对其进行训练。对模型完成训练后，以剩余样本为测试样本，利用 sim（ ）函数实现对测试用眼动数据样本的标签识别，从而实现对操作者失误模式的识别。

步骤 6：模型对比与可行性评价。

将本节所用模型与其他如 BP 神经网络等进行结果比对，通过比较两种模型对于案例分析数据的识别准确率，对其实现操作者认知行为识别的可行性进行评价。

5.3.3　案例分析

1. 工艺操作人员的眼动数据采集与分析

为了全面体现操作者的认知状态，基于 5.3.1 中对操作者失误模式特征的提取，选取了以下 13 项统计数据作为 LVQ 模型的特征向量：操作者在趋势窗口、主滑块、主标签、次要滑块、报警摘要和其他区域的注视持续时间，操作者第一次到达兴趣区域的时间，操作者初次采取控制动作的时间，操作者视线停留在趋势窗口、主滑块、主标签、次要标签和报警摘要区域的次数。为了对基于 LVQ 神经网络的工艺操作人员失误模式识别模型的识别准确率进行验证，将实验得到的操作者眼动数据按表 5.7 中的分组情况分别进行训练和测试。

表 5.7　样本的分组

项目	正常	操作生疏	精神涣散	高度紧张	合计
训练样本	17	16	16	17	66
测试样本	5	6	6	5	22
合计	22	22	22	22	88

最终得到的分类结果如图 5.19 所示，图中蓝圈表示测试集中样本的实际类别标签，红点表示识别得到的测试集样本识别结果。因此当两者重合时，表示对于该样本的识别正确。

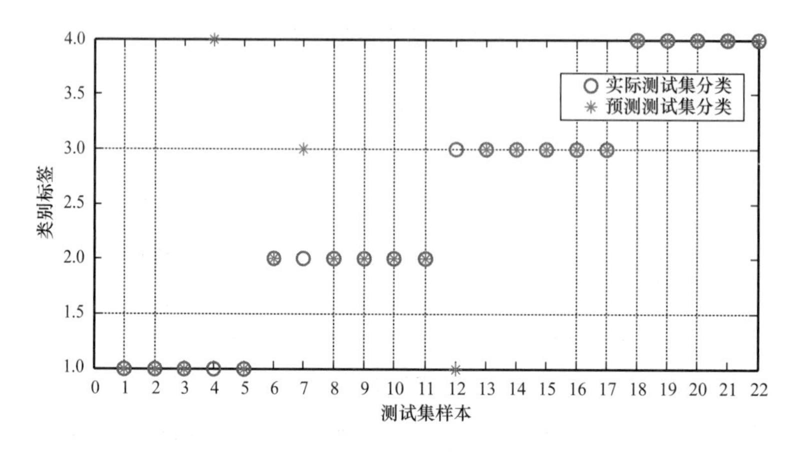

图 5.19 LVQ 分类结果图

对比识别结果与实际情况，其识别准确率如表 5.8 所示。从图 5.19 和表 5.8 中可以看出，利用 LVQ 对操作者眼动数据样本进行分类时，第 4、7、12 个样本的分类结果与实际情况存在误差，总体的识别准确率为 86.4%（19/22）。

表 5.8 LVQ 网络识别准确率

认知状态	测试数量	识别正确数量	识别准确率
正常	5	4	80.0%
操作生疏	6	5	83.3%
精神涣散	6	5	83.3%
高度紧张	5	5	100.0%
总计	22	19	86.4%

由此可见，该模型已经具有了较好的分类识别能力。为了进一步论证 LVQ 神经网络对认知模式的识别效果，本节建立了 BP 神经网络模型来与此进行对比。由于输入向量含 13 项识别参数，输出为四种模式识别，因此建立 13-14-4 结构的 BP 神经网络模型。取与 LVQ 模型中相同的训练样本对 BP 模型进行训练，最终经六步训练使其模型达到稳定。将 22 组相同的测试样本输入 BP 神经网络以进行识别效果检验，测试结果如图 5.20 所示，图中蓝圈表示测试集中样本的实际类别标签，红点表示识别得到的测试集样本识别结果。因此当两者重合时，表示对于该样本的识别正确。

对比识别结果与实际结果，其识别准确率如表 5.9 所示。从图 5.20 和表 5.9 中可以看出，利用 BP 神经网络对操作者眼动数据样本进行分类时，第 2、7、9、10、12、14、18、22 等多个样本的分类结果与实际不符，总体的识别准确率为 63.6%（14/22）。

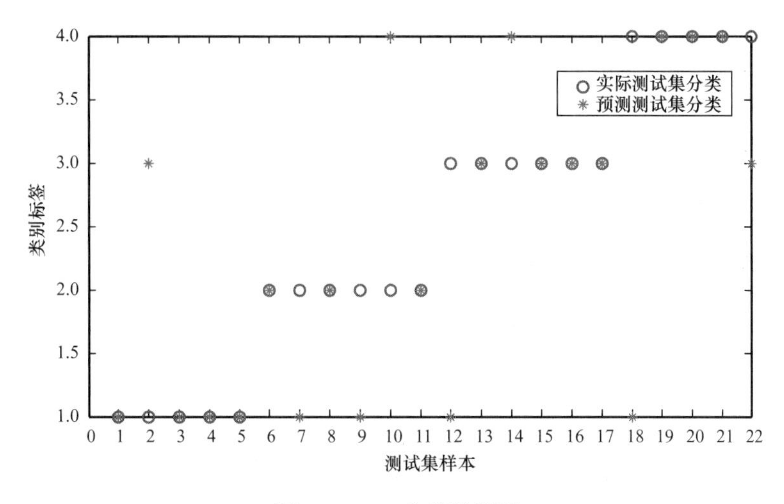

图 5.20　BP 分类结果图

表 5.9　BP 网络识别准确率

认知状态	测试数量	识别准确数量	识别准确率
正常	5	4	80.0%
操作生疏	6	3	50.0%
精神涣散	6	4	66.7%
高度紧张	5	3	60.0%
总计	22	14	63.6%

根据上述两组实验，分析比较在相同实验条件下，得出两组识别准确率结果对比图如图 5.21 所示。从图 5.21 中可知，尽管在模型训练过程中，BP 网络的训练步数较少，但在识别准确率方面，LVQ 神经网络在对各类认知状态的识别上都优于前者。LVQ 神经网络的识别准确率为 86.4%，达到工程应用条件，相对于 BP 神经网络的 63.6%，提高了 22.8%，体现了 LVQ 神经网络对操作人员失误模式识别的稳定性与准确性。

2. 油库火灾应急演练模拟训练眼动数据采集与分析平台

为了进一步验证基于 LVQ 网络的工艺操作人员失误识别模型的可靠度和识别精度，利用灭火救援指挥三维计算机模拟训练平台（简称“灭火救援系统”），对实验人员在模拟油罐火灾发生后的灭火救援能力进行测试。实验场景设计为某厂区一个拱顶油罐的稳定燃烧型火灾，在实验过程中，操作者通过选择正确的消防灭火剂及其流速和流量，利用键盘、鼠标控制人物行走和消防枪的位置姿态，对着火油罐进行灭火救援。具体操作界面及兴趣区域划分如图 5.22 所示，其中包括火量模块、火势模块、提示栏模块及菜单模块。

实验选取了以下 11 项统计数据作为 LVQ 模型的特征向量：操作者在火量、火势、提示栏、菜单和其他区域的注视持续时间，操作者第一次到达兴趣区域的时间，操作者初次采取控制动作的时间，操作者视线停留在火量、火势、提示栏和菜单区域的次数。

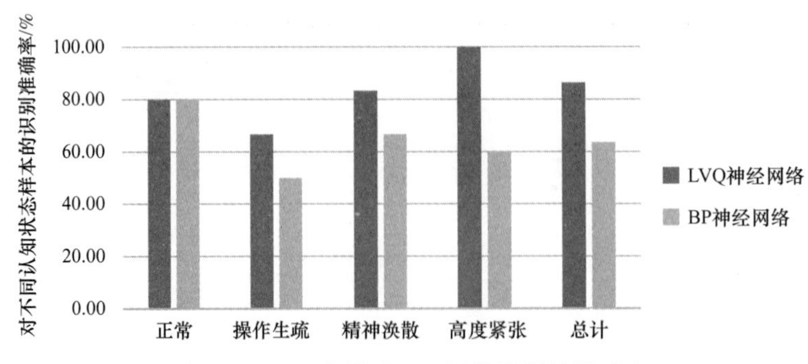

图 5.21 LVQ 网络与 BP 网络识别结果对比

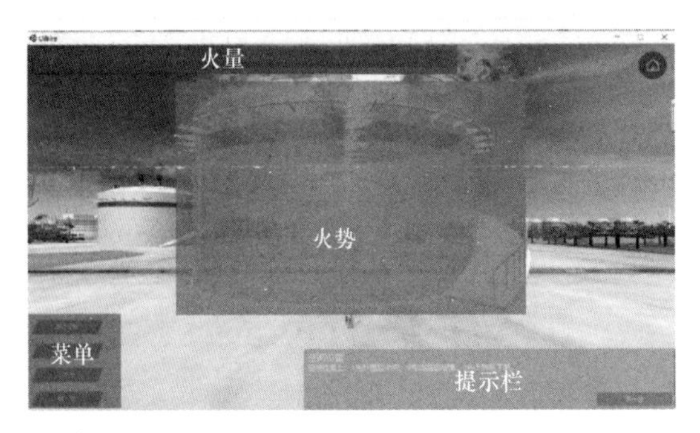

图 5.22 操作界面兴趣区域（AOI）划分

取同组眼动特征向量样本分别对 LVQ 网络和 BP 神经网络进行训练，并将检验样本输入训练完成的神经网络进行识别。其中 BP 网络的竞争层神经元设置为 13，网络训练最大迭代次数为 200，显示频率设置为 10，学习速率为 0.1，训练目标最小精度为 0.1。LVQ 神经网络的结构为 11−20−3，最大迭代次数设置为 100，显示频率设置为 10，学习速率选取 0.01，训练目标的最小精度设为 0.1。最终得到的 LVQ 神经网络误差曲线图和 BP 神经网络误差曲线图分别如图 5.23 和图 5.24 所示，测试结果如表 5.10 所示。

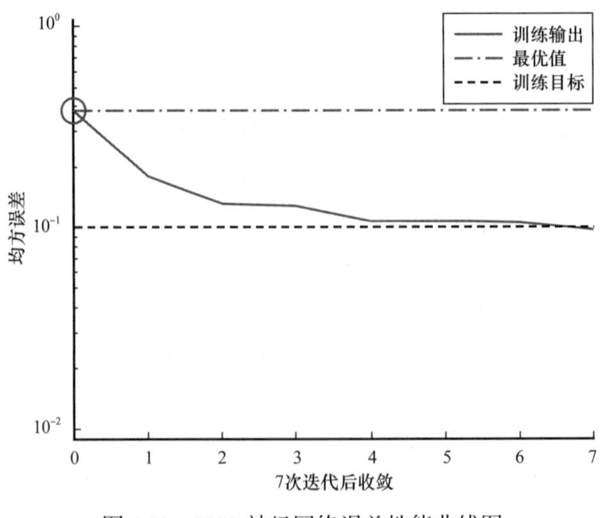

图 5.23 LVQ 神经网络误差性能曲线图

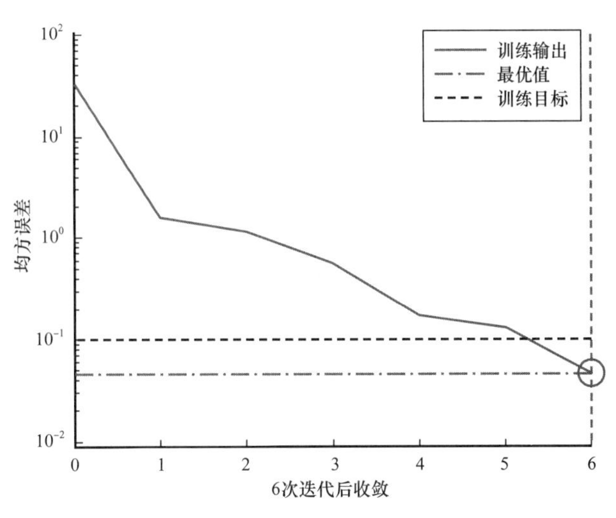

图 5.24　BP 神经网络误差性能曲线图

表 5.10　神经网络识别准确率

识别状态	操作熟练	操作生疏	精神不集中	平均识别准确率
LVQ 网络识别准确率	100%	87.5%	88.9%	92%
BP 网络识别准确率	87.5%	87.5%	77.8%	84%

从表 5.10 中可知，在识别准确率方面，LVQ 神经网络在对各类认知状态的识别上仍旧优于 BP 神经网络。LVQ 神经网络的识别准确率为 92%，相对于 BP 神经网络的 84%，提高了 8%，体现了 LVQ 神经网络对操作人员失误模式识别的稳定性与准确性。

5.4　基于眼动热点图的工艺操作人员行为失误识别

眼动热点图主要用来反映操作者视线浏览和注视的情况，眼动热点图也被称为眼动热力图或眼动热区图，热点图可展示出操作者在观测对象上的注意力分布情况。如图 5.25 所示，红色代表浏览和注视最集中的区域，黄色和绿色代表目光注视较少的区域。与注视轨迹图相比，热点图未提供观察顺序的信息和单个注视点的详细信息。但热点图能够高效地同时展示出当前操作者在一段时间内的视觉关注重点区域及被吸引程度。

针对获得的热图进行分析，能够较好地揭示人员操作过程中的行为安全隐患，例如：在对配电箱进行检测时，被试人员的注意力主要集中在电闸、按钮等可以操作的部位，而针对线路的关注较少；在对线路进行巡检时，被试人员虽然用手持光源对仪表进行了照明，但其关注点还是集中在焊缝上，说明该被试人员对焊缝的关注较多；在对设备按钮进行操作时，被试人员的视线基本全部集中在按钮的标签上，未能关注按钮及信号灯；对阀门进行操作时，被试人员部分注意力被分散到自己的腕部，可能会导致工作不专心、注意力不集中等问题。由此可以发现，在实际使用时，热图可用来直观地反映操作人员在作业时的兴趣区间，以及针对不同位置的关注程度，清晰全面地认识操作人员在工作时的观察习惯与熟练度等问题，从而对可能发生的不安全行为及其后果进行早期预警。

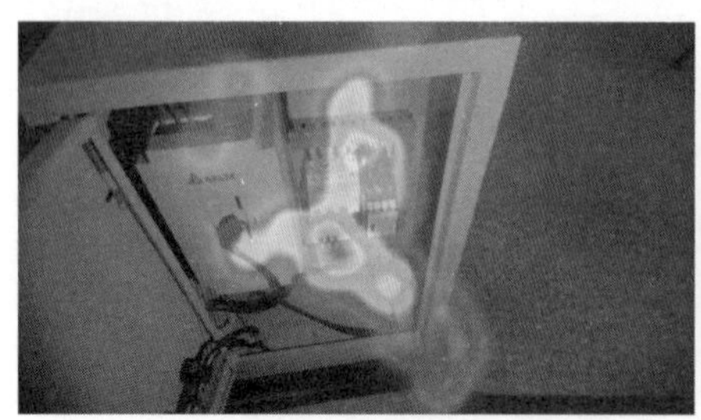

(a) 配电箱维检修视线热图

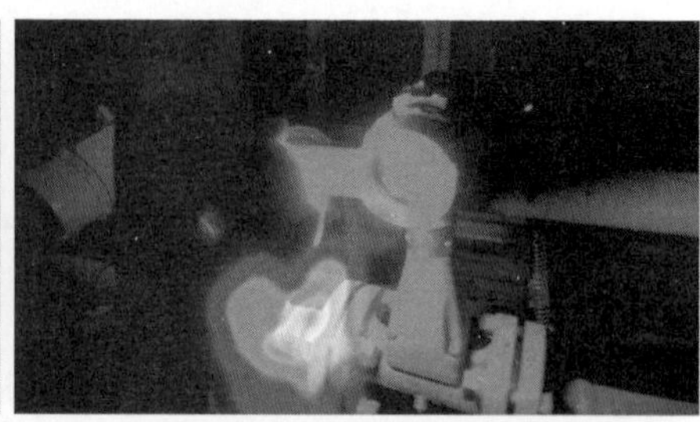

(b) 管道检查视线热图

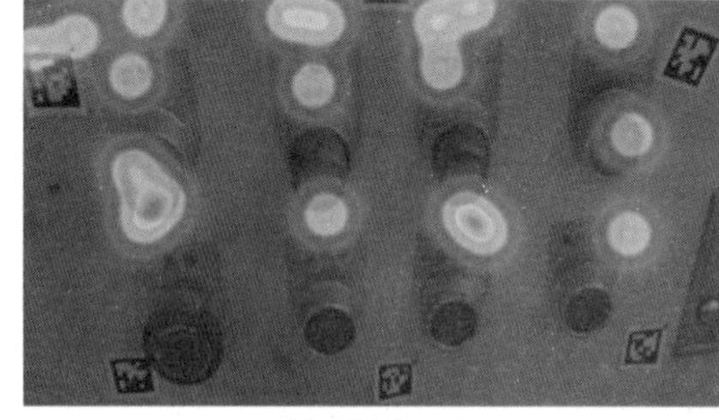

(c) 按钮操作视线热图

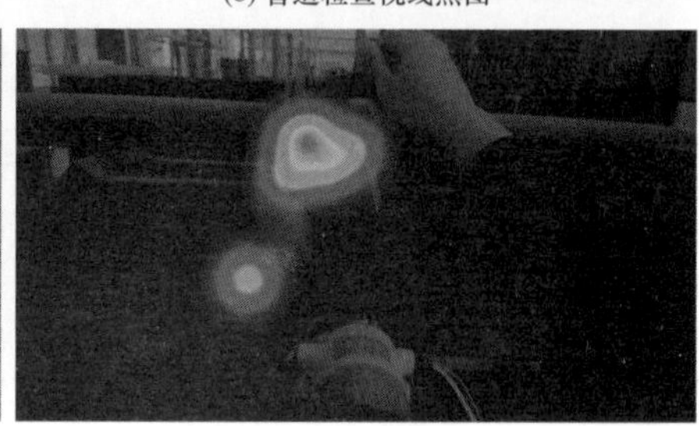

(d) 阀门操作视线热图

图 5.25　操作人员作业时眼动热点图

鉴于本节提出了一种基于眼动热点图的工艺操作人员行为失误的识别及预警方法。在5.2 所获取的操作者眼动数据热点图像的基础上，通过提取眼动热点图像的灰度共生矩阵（GLCM）相关特征和方向梯度直方图（HOG）特征，并将其构建 HOG_GLCM 融合特征，建立基于支持向量机的操作人员行为失误识别模型，利用该识别模型实现对工艺操作人员的操作行为失误的识别和早期预警。

5.4.1　基于眼动热点图的人员操作失误识别方法

在图像识别研究中，其对象通常为图像的视觉特征。现有研究中对于图像特征的研究主要包括图像的颜色特征、纹理特征、形状特征和空间关系特征等。因此对于图像视觉特征的提取成为影响图像识别精度的重要因素，良好的视觉特征提取可以大大提高图像识别的分类准确性。

眼动热点图像是基于操作者在进行模拟操作过程中视线注视情况与图像对应区域参数之间特定的函数关系所形成的一种可视化辐射强度分布所形成的图像，其呈现效果由各像素点分配的注视时间长短及其相对位置决定。在热点图像中，算法根据所有指定注视点的注视时间长度计算其高斯分布，然后添加数值使振幅标准化，对应不同的颜色梯度从而实现对操作者注视时间长短的可视化。因此，不同的颜色分布对应操作者在不同区域中的注视时间长短，其中操作者注视时间较久的区域通常呈现更深的颜色。在本书研究中，眼动热点图像中红色区域表示操作者在该区域具有较长的视线注视时间，蓝色区域表示操作者在该区域具有较少的视线注视时间。

1. 收集训练集与测试集

本节所采用的热点图算法根据操作者在进行化工模拟操作过程中所有注视点的注视时间长度计算其高斯分布（如果能够加权），然后添加数值，使振幅标准化。最后在调色板菜单中选择彩虹热图的热点图显示模式（图 5.26），将计算结果应用于可视化分析。

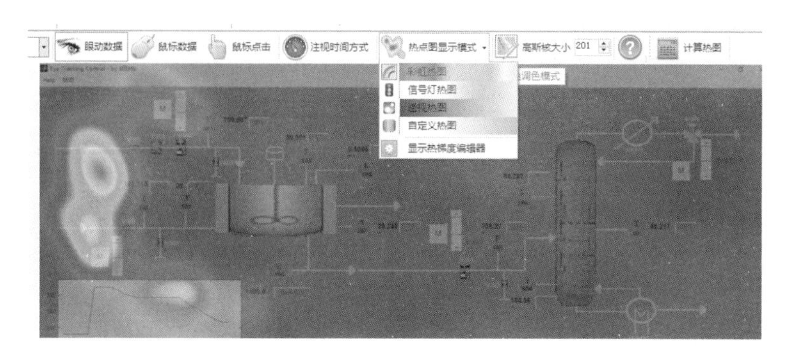

图 5.26　热点图显示模式选择

彩图扫码

本节根据操作者在进行模拟工艺流程控制实验中得到的眼动热点图像建立图像分类数据集，数据集中共包括 100 张眼动热点彩色图像，其中 50 张为正常操作情况下的眼动热点图，另 50 张为异常操作情况下（即操作失误）操作者的眼动热点图，分别命名为 data_Y 和 data_N。100 张图像中 80 张作为训练数据，20 张用于测试数据。图像分类数据集中的部分图像如图 5.27 所示。

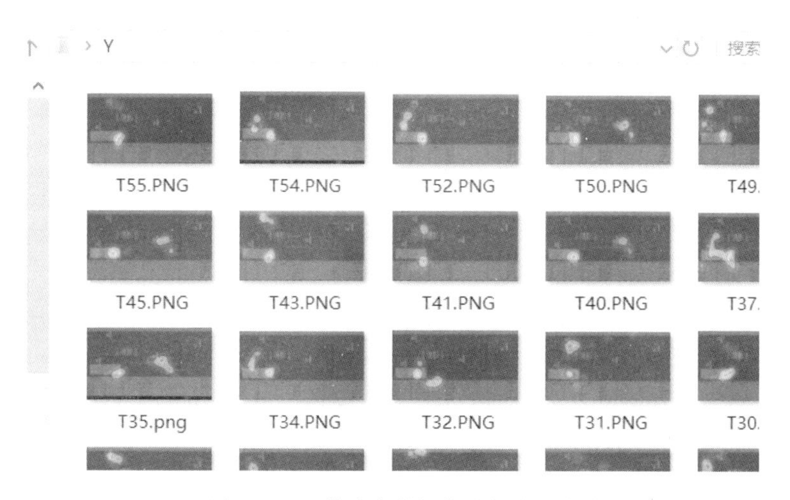

图 5.27　图像分类数据集中部分图像

彩图扫码

2. 支持向量机分类算法

支持向量机（Support Vector Machine，SVM）是以最优化理论为基础来处理机器学习的新方式，主要用于解决两类分类问题，即在两类中寻找一个最优超分平面将两类分开，以提高分类的正确率，其主要思路是建立一个分类超平面作为决策曲面，使正例和反例之间的隔离边缘被最大化。支持向量机的理论基础是统计学习理论，更精确地说，支持向量机是结构风险最小化的近似实现。通常情况下，机器学习在测试数据上的误差率（即泛化误差率）以训练误差率和一个依赖于VC维数的项的和为界，在可分模式下，支持向量机对于前一项的值为零，并且使第二项最小化。因此，尽管支持向量机方法不利用问题的领域内部问题，但在模式分类问题上支持向量机能提供较好的泛化性能。

如在非线性可分情况下，设样本集为：

$$T=\{(x_1,y_1),\cdots,(x_l,y_l)\},x_i\in R^n,y_i=1,-1,i=1,\cdots,l$$

则其空间中能使得两类正确分开且能使两类之间的距离最大的最优超平面方程可记为：

$$\omega^T\varphi(x)+b=0$$

使训练样本中正类输入和负类输入分别位于该超平面的两侧且该超平面使两类之间间隔最大，如图5.28所示。

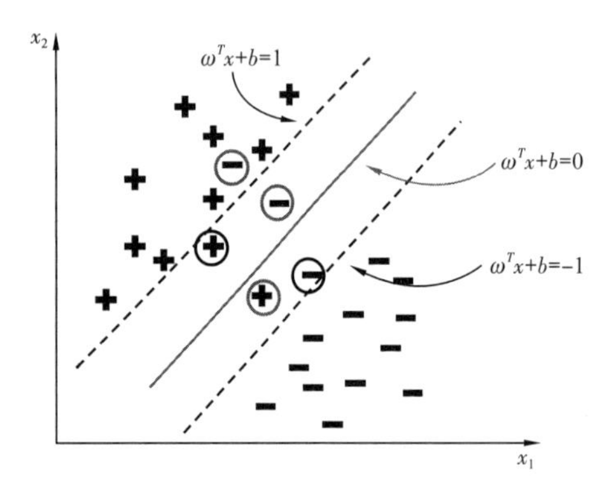

图5.28 支持向量机分类基本原理示意图

在本节中主要采用一对一（one-versus-one）法的分类方法来构建多分类器。这一方法需要在每两类样本之间构建一个支持向量机分类器，基于这一点，那么对于n类多类别样本的分类则需要构建n（$n-1$）/2个分类器，在分类过程中，未知样本得票最多的类别即为该样本所属类型。

3. 图像特征选择与提取

在对图像进行分类识别前，应首先对图像的视觉特征进行提取。特征选择时，通过对图像的颜色特征、纹理特征、形状特征和空间关系特征等方面进行分析对比，并选取不同类别图像在上述特征中存在明显区分差异的特征作为图像的识别特征。针对前述特征提取后，需要采用合适的分类器对其进行测试，从而判断所提取的图像特征及所选取的分类器对于测试样本能否较好地区分，并根据测试结果选择对特征提取方式进行优化或选取其他更优图像特征。

在本节的SVM训练中，以眼动热点图像的纹理特征和形状特征作为图像识别的分类依据，并选取方向梯度直方图（HOG）和灰度共生矩阵（GLCM）对图像进行特征提取。

1）方向梯度直方图（HOG）

（1）归一化图像。为了减少计算量将彩色图像转换为灰度图像，灰度公式见式（5.5）：

$$Gray=0.2989B+0.5870G+0.1140R \tag{5.5}$$

其中：R（红）、G（绿）、B（蓝）分别表示图像中红绿蓝三色的颜色分量值。随后对该图像进行Gamma校正，实现颜色空间的归一化，见式（5.6）：

$$Y(x,y)=I(x,y)^{\text{Gamma}} \tag{5.6}$$

其中：I（x，y）表示的是像素点（x，y）处的像素值；Y（x，y）是经过 Gamma 校正后该点的弧度值，取 Gamma 的值为 0.5。

（2）图像梯度值计算。对归一化后得到的图像进行卷积计算，分别得到各像素点水平方向的梯度值分量和垂直方向的梯度值分量。图像中像素点（x，y）的梯度计算见式（5.7）：

$$\begin{cases} G_x(x,y)=H(x+1,y)-H(x-1,y) \\ G_y(x,y)=H(x,y+1)-H(x,y-1) \end{cases} \tag{5.7}$$

其中：G_x（x，y）、G_y（x，y）表示的是图像中像素点（x，y）处的水平方向梯度函数和垂直方向梯度函数；H（x，y）表示图像中像素点（x，y）处的像素值。

根据上述计算得到的（x，y）像素点处的水平梯度值与垂直梯度值，利用正交计算，即可计算得出（x，y）点处的梯度幅值与梯度方向，计算见式（5.8）、式（5.9）：

$$G(x,y)=\sqrt{G_x(x,y)^2+G_y(x,y)^2} \tag{5.8}$$

$$\alpha(x,y)=\tan^{-1}\frac{G_y(x,y)}{G_x(x,y)} \tag{5.9}$$

其中：G（x，y）表示图像中像素点（x，y）处的梯度幅值；α（x，y）表示图像中像素点（x，y）处的梯度方向。

（3）构建梯度直方图。首先对图像以细胞单元（cell）为单位进行划分，以 64×128 像素的图像为例，将细胞单元大小确定为 8×8 像素，那么整个图像可以划分为 8×16 个细胞单元。在对每一细胞单元像素值计算过程中，将其梯度方向限制于［0°，180°］范围内，并将其划分为 9 个区间，那么每个区间为 20°。最终遍历细胞单元，对其中每个像素按照其梯度方向进行加权投影，最终得到一个细胞单元的梯度方向直方图，即该细胞单元对应的 9 维特征向量。

（4）归一化梯度直方图。

对相邻 4 个单位的细胞单元进行整合，使其组成一个较大的块（block），那么每个检测单位中则对应了 36 维的特征向量。对块中的 36 维特征向量进行归一化处理，可以消除由于图像中前景和背景之间的对比度差异引起的梯度变化波动。归一化计算见式（5.10）：

$$V=\frac{v}{\sqrt{\|v\|_2^2+\varepsilon^2}} \tag{5.10}$$

其中：v 是细胞单元子向量；$\|v\|_2$ 是 v 的 2 范数；ε 为常数。

（5）提取 HOG 特征。如图 5.29 所示，采用滑动窗口的方法，以 block 为单位对样本图像进行扫描，步长取一单元细胞（cell）为单位。经过图像遍历，可以得到该图像经归

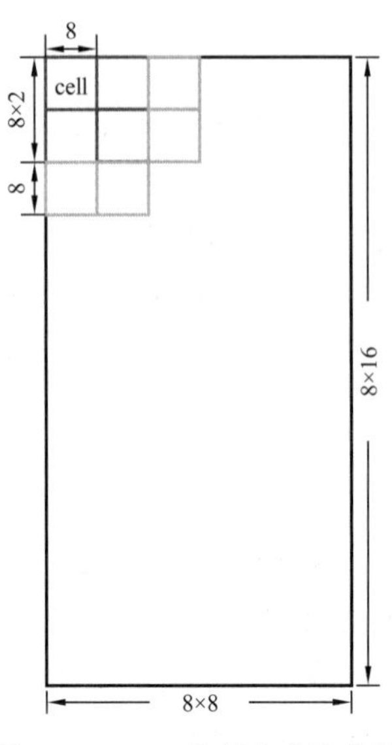

图 5.29　HOG 特征生成示意图

一化处理后的 3780 维 HOG 特征向量。

2）灰度共生矩阵（GLCM）

灰度共生矩阵是通过对图像中各个像素坐标中的灰度值在不同方向、间隔区间及变化值的计算而建立的，这一方法可以将图像的纹理特征信息及排列规律转化成数据向量的形式。

灰度共生矩阵中的数值是通过统计与图像中灰度为值为 i 的像素点（x，y）距离为 d，且灰度值为 J 的像素（$x+Dx$，$y+Dy$）的数量 p（i，j，d，θ）。表现为数学形式，见式（5.11）：

其中：（x，y）是图像中的像素坐标；i，j 为像素点灰度级；Dx，Dy 是位置偏移量；d 为生成灰度共生矩阵的步长；θ 为生成方向，可以取 0°、45°、90°、135° 四个方向，从而生成不同方向的共生矩阵。

$$p(i,j,d,\theta)=\left[(x,y),(x+Dx,y+Dy)\mid f(x,y)=i,f(x+Dx,y+Dy)=j\right]$$

$$(x,y=0,1,2,\cdots,N-1,i,j=0,1,2,\cdots,L-1) \tag{5.11}$$

如图 5.30 所示，以对灰度共生矩阵中（1，1）点的数值计算为例：由于在原始图像 I 中步长为 1 的相邻像素点，且其灰度值均为 1 的情况只出现了 1 次，所以 GLCM（1，1）的值是 1。同理，在图像 I 中水平相邻的像素对的灰度值分别为 1 和 2 的情况出现了 2 次，所以 GLCM（1，2）的值是 2。迭代以上过程，就可以计算出 GLCM 的所有位置的取值。

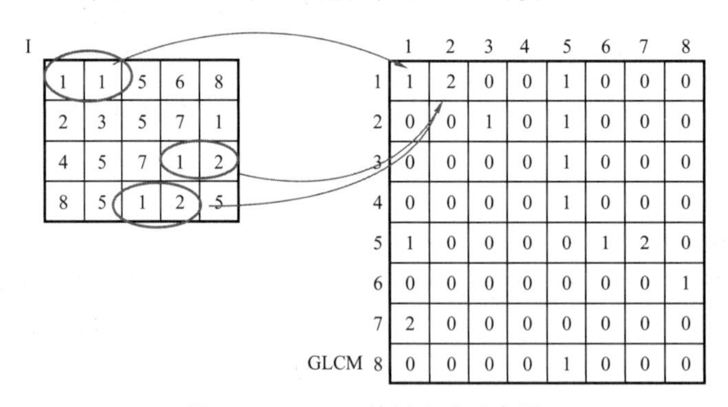

图 5.30　GLCM 特征生成示意图

在本节中，取步长为 1，通过循环计算各个方向的灰度共生矩阵并进行归一化处理，采用以下四种特征：

（1）对比度（Contrast）：其值可以表示整幅图像中像素和它相邻像素之间的亮度反差。取值范围：[0，（GLCM 行数 −1）^{2}]。对于灰度一致的图像，对比度为 0。

（2）互相关（Correlation）：其值可以表示整幅图像中像素与其相邻像素之间的相关程度。取值范围：[−1，1]。对于灰度一致的图像，相关性为 NaN。

（3）能量（Energy）：其值可以表示整幅图像中灰度值变化的剧烈程度。取值范围：[0，1]。对于灰度一致的图像，能量为 1。

（4）同质性（Homogeneity）：其值可以表示 GLCM 中元素的分布到对角线紧密程度。取值范围：[0，1]。对角矩阵的同质性为 1。

因此，在本节中由灰度共生矩阵的定义求出原始图像的灰度共生矩阵，从而计算灰度共生矩阵下的四个纹理特征，以此作为 SVM 训练中的输入特征。

5.4.2　实施步骤

采集操作者在模拟工艺操作实验中所得眼动热点图，按其成功与否分为正常操作与异常操作两组，共 100 组眼动热点图像。两组数据按 8∶2 的比例将其分为训练图片集和测试图片集，且测试样本中的图像数据不能与训练样本重复。

步骤 1：图像预处理。

Matlab 环境中调用 rgb2gray（）将实验获取的真彩色 RGB 图像转化为灰度图像。即采用加权平均法对图像的三原色像素分量（R、G、B 分量）进行加权平均，见式（5.5）。

随后对图像进行阈值分割，将灰度图转换为二值图像，并使图像大小固定在 256×256 的统一大小范围。使用 graythresh（）函数可以通过最大类间方差法找到输入图像的合适阈值，随后调用 im2bw（）利用该阈值将灰度图像转换为二值图像。

步骤 2：提取 HOG 特征。

调用 extractHOGFeatures（）实现对图像 HOG 特征的提取。在本节中，所进行识别的图像固定为 256×256 像素。设置细胞单元（cell）大小为 8×8 像素，相邻的 2×2 个细胞单元组成一个块（block），以此遍历整幅图片。分别得到各像素点水平方向的梯度值分量和垂直方向的梯度值分量，以此正交化最终得到各个像素点的梯度方向值，为每个细胞单元构建梯度方向直方图。随后把细胞单元组合成大的块（block），块内归一化梯度直方图。那么将一个区间内的所有区域的特征向量整合起来便得到该区域的 HOG 特征，并将它们结合成最终的特征向量供分类使用。对于本节的研究对象而言，每个细胞单元包含 9 个特征，因此对于其所组成的扫描单元 / 块而言，其中共有 4×9=36 个特征。以 8 个像素为步长遍历整个图像，则在水平和垂直方向上各有 31 个扫描单元，所以在本节中，每幅图像可以得到 36×31×31=34596 个特征。

步骤 3：提取 GLCM 特征，并将 GLCM 特征与 HOG 特征串联整合。

对于图像中水平相邻的像素点，且其灰度值分别为 i 和 j 的次数进行统计生成该图像的灰度共生矩阵 GLCM。即矩阵中的每一元素（i，j）表示该图像中左右相邻两像素点的像素值分别为 i 和 j 的次数。

调用 graycomatrix（）函数实现对图像灰度共生矩阵的提取。在本节中对不同方向（0°、45°、90°、135°）的灰度共生矩阵进行提取，通过循环计算各个方向的灰度共生矩阵并进行归一化处理，分别提取了对比度、相关性、能量、同质性四种特征，最后取其平均值和方差作为最终提取的特征。

最后将每幅图像提取所得的 HOG 特征和 GLCM 特征结合，作为下一步分类识别所需的特征向量。

步骤 4：SVM 训练与测试。

在 SVM 训练与测试过程中，以上文所得的 HOG 与 GLCM 特征作为样本输入的特征向量，以每张图片所属文件夹的图像描述作为其标签。将步骤 3 中提取得到的 HOG_GLCM 特征向量输入 SVM 模型中进行训练，并运用训练好的样本对测试样本进行分类，最终实现对操作人员操作过程中眼动热点图的识别。

5.4.3 案例分析

经过眼动数据采集系统实时记录操作者在进行工艺操作实验后，根据其在不同区域中注视时间长短的不同所生成的眼动热点图分别如图 5.31（a）和（c）所示，经灰度化并生成二值图像后，经图像大小整合后其图像分别如图 5.31（b）和（d）所示。

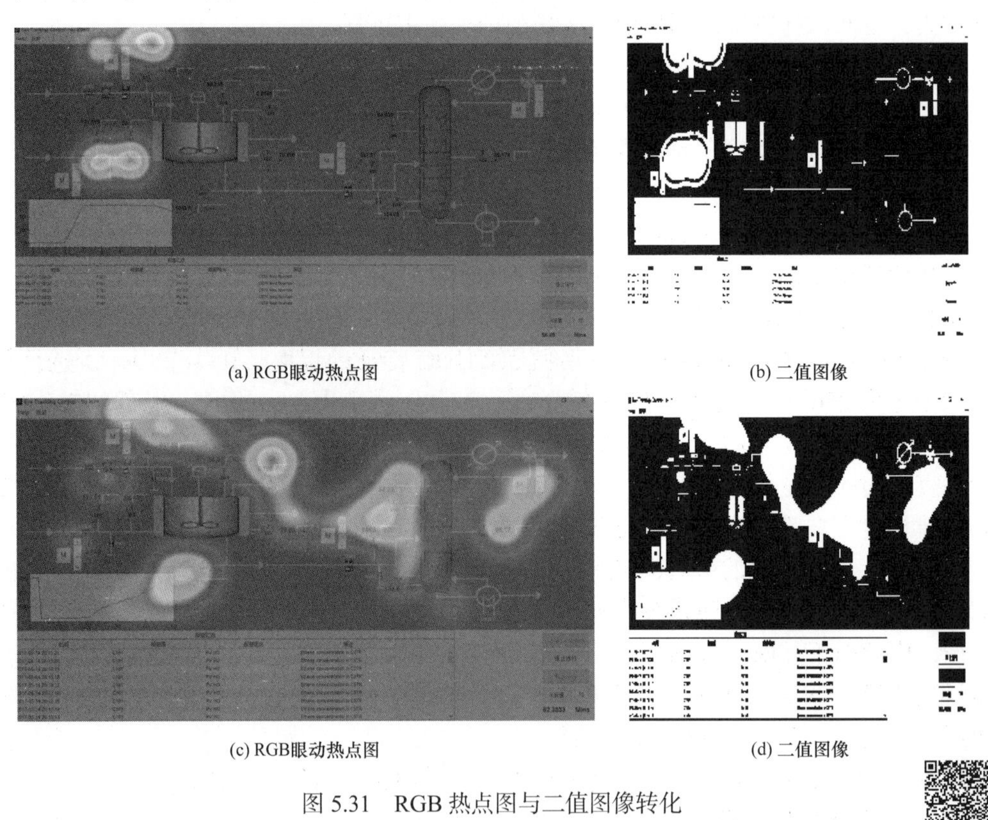

(a) RGB眼动热点图　(b) 二值图像

(c) RGB眼动热点图　(d) 二值图像

图 5.31　RGB 热点图与二值图像转化

彩图扫码

从图 5.31 中可以明显看出，眼动热点图经灰度图像转换为二值图像后，对于背景画面上的图案可以有效分割，同时也将部分注视时间过短但在热点图生成过程中未体现的区域进行剔除，对视线长期停留注视区域的分割效果明显。随后利用 HOG 特征提取法对上述得到的二值图像进行特征向量的提取。图 5.32 为上述两幅眼动热点图对应生成的梯度幅值图。

本节将所有图像设置为 256×256 像素，取细胞大小为 8×8 像素，块的大小为 2×2 个细胞，因此所得 HOG 特征向量为 34596 维，并将该向量存储于 featureVector［ ］数组中。随后对眼动热点图的灰度共生矩阵进行提取。调用 graycomatrix（ ）实现对灰度共生矩阵的调用，本节通过循环计算对（0°、45°、90°、135°）各个方向的灰度共生矩阵进行提取，最终获取的 GLCM 结果如下：

对于上述循环计算得到的灰度共生矩阵，分别计算其对比度（Contrast）、互相关（Correlation）、能量（Energy）、同质性（Homogeneity），分别见式（5.12）至式（5.15），然后取平均值和方差作为最终提取的特征。

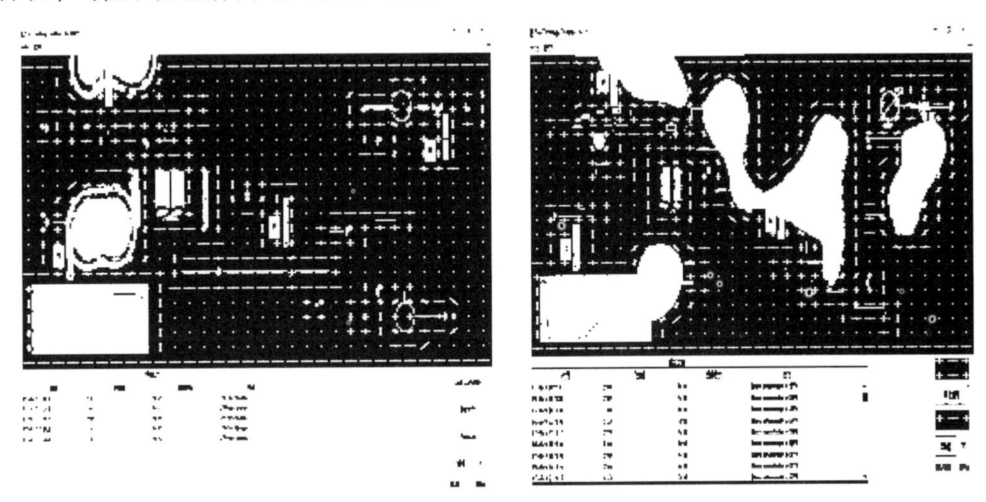

图 5.32　梯度幅值图

$$
\boldsymbol{glcm0}=\begin{bmatrix}
83 & 102 & 62 & 29 & 44 & 47 & 0 & 0\\
162 & 843 & 1096 & 288 & 182 & 200 & 21 & 1\\
17 & 1040 & 5830 & 2767 & 744 & 656 & 52 & 4\\
20 & 482 & 3265 & 5177 & 2686 & 826 & 96 & 1\\
49 & 164 & 984 & 3676 & 5561 & 2768 & 400 & 14\\
33 & 189 & 602 & 967 & 3343 & 13514 & 1183 & 10\\
3 & 29 & 61 & 129 & 499 & 1035 & 919 & 1\\
0 & 0 & 0 & 1 & 2 & 3 & 25 & 3
\end{bmatrix}
$$

$$
\boldsymbol{glcm45}=\begin{bmatrix}
14 & 62 & 164 & 89 & 27 & 9 & 2 & 0\\
94 & 437 & 959 & 830 & 244 & 206 & 17 & 6\\
130 & 1243 & 5045 & 2563 & 846 & 1179 & 92 & 8\\
50 & 649 & 3388 & 4318 & 2921 & 1053 & 166 & 3\\
26 & 212 & 1017 & 3151 & 5137 & 3315 & 645 & 9\\
45 & 177 & 452 & 1045 & 3187 & 11343 & 1239 & 8\\
5 & 55 & 71 & 124 & 448 & 1437 & 520 & 0\\
3 & 5 & 6 & 2 & 0 & 10 & 8 & 0
\end{bmatrix}
$$

$$
\boldsymbol{glcm90}=\begin{bmatrix}
1 & 128 & 99 & 72 & 50 & 17 & 0 & 0\\
126 & 274 & 1194 & 810 & 273 & 18 & 4 & 0\\
79 & 1590 & 5483 & 2988 & 894 & 814 & 48 & 0\\
30 & 510 & 3295 & 4811 & 3320 & 919 & 141 & 0\\
58 & 166 & 658 & 2707 & 6039 & 3498 & 564 & 12\\
69 & 128 & 306 & 643 & 2722 & 13427 & 1108 & 8\\
4 & 36 & 63 & 86 & 207 & 1457 & 824 & 14\\
0 & 8 & 4 & 5 & 0 & 17 & 0 & 0
\end{bmatrix}
$$

$$
\boldsymbol{glcm135}=\begin{bmatrix}
12 & 98 & 106 & 95 & 46 & 7 & 3 & 0\\
115 & 250 & 848 & 1021 & 363 & 226 & 26 & 0\\
99 & 1344 & 4797 & 3139 & 1206 & 1193 & 118 & 0\\
27 & 631 & 3090 & 3860 & 3788 & 1391 & 238 & 1\\
37 & 189 & 855 & 2721 & 5054 & 3404 & 752 & 9\\
74 & 231 & 531 & 792 & 2469 & 11445 & 1079 & 11\\
3 & 40 & 94 & 87 & 397 & 1615 & 42 & 13\\
0 & 1 & 8 & 1 & 3 & 21 & 0 & 0
\end{bmatrix}
$$

$$Contrast=\sum_{i,j}\left|i-j\right|^{2}p\left(i,j\right) \tag{5.12}$$

$$Correlation=\sum_{i,j}\frac{\left(i-\mu i\right)\left(j-\mu j\right)p\left(i,j\right)}{\sigma_{i}\sigma_{j}} \tag{5.13}$$

$$Energy=\sum_{i,j}p\left(i,j\right)^{2} \tag{5.14}$$

$$Homogeneity=\sum_{i,j}\frac{p\left(i,j\right)}{1+\left|i-j\right|} \tag{5.15}$$

最终得到一个 80 维的特征向量矩阵，并将其存储于 features［ ］数组中。即在 GLCM 特征提取函数中，输入值为彩色眼动热点图转换后得到的灰度图像矩阵，输出结果为提取后的灰度共生矩阵特征值。对上述方向梯度直方图特征及灰度共生矩阵特征提取完成后，合并其数组，最终得到训练及测试用的特征向量，对应其特征标签，便可以进行 SVM 的训练与测试。

调用 fitcecoc（ ）函数对上述训练样本所得到的特征向量及其对应标签进行训练，训练完成后，调用测试函数，同样对测试样本同样特征向量的提取，最终实现对测试样本对应的模拟实验操作人员操作状态的识别。评价结果的好坏利用混淆矩阵，通过计算混淆矩阵对角线上的值占每行总数的比值得出分类准确率，得出混淆矩阵及准确率：

$$confMat=\begin{bmatrix}9 & 1\\ 1 & 9\end{bmatrix}$$

$$accuracy=0.9000$$

因此可以得出利用 HOG_GLCM 对热点图像分类，其识别准确率为 90%，可以较好地实现对操作认知状态的识别。为了验证不同方式的图像特征提取方式对操作者眼动热点图像的分类效果，本书研究分别采用 GLCM 特征提取、HOG 特征提取及 HOG_GLCM 融合特征提取的方式对同组实验下，相同的实验样本分别进行分类识别。通过对眼动图像上述三种特征的分别提取，输入 SVM 模型对其进行训练，并利用训练所得模型进行测试，根据测试结果可以分别判断三种不同特征提取情况下对操作人员眼动热点图识别的效果。以上三种特征提取所得的识别准确率结果如表 5.11 所示。

表 5.11　不同特征提取算法的识别准确率

项目	测试样本数量	正确识别数量	识别准确率
HOG_GLCM+SVM	20	18	90%
HOG+SVM	20	15	75%
GLCM+SVM	20	11	55%

从表 5.11 中得出，HOG_GLCM 融合特征的识别准确率达到了 90%，相较于单一 HOG 特征 75% 的识别率和单一 GLCM 特征的 55% 识别准确率，分别提高了 15% 和 35%。由此可以看出，相对于单一特征的提取来说，采用融合特征对眼动热点图像的识别可以使识别过程中对图像的整体特征有更完善的体现，使其对于眼动热点图像的识别准确率有了较大的提升。因此运用 HOG_GLCM 融合特征可以实现对操作人员异常认知的有效识别。

参考文献

[1] 胡瑾秋，胡静桦，张曦月．基于视线追踪的三维模拟灭火救援培训效果评估［J］．安全，2019，40（07）：58-62.

[2] 胡瑾秋，张来斌，胡静桦．基于视线追踪技术的工艺操作人员人为失误识别研究［J］．中国安全生产科学技术，2019，15（05）：142-147.

[3] 胡静桦．基于视线追踪技术的油气生产工艺操作行为失误智能识别研究［D］．中国石油大学（北京），2020.

[4] 费雪松，朱浩，蔡亮．美国石油行业减少人为失误标准先进性研究［J］．全面腐蚀控制，2015，29（12）：17-20.

[5]《中国石油 2003～2005 年事故案例选编》编委会．中国石油 2003-2005 年事故案例选编［M］．北京：石油工业出版社，2006.

[6] F. Hermens，R. Flin，I. Ahmed. Eye movements in surgery：a literature review［J］. Journal of Eye Movement Research，2013，6(4)：1-11.

[7] Raney G E，Campbell S J，Bovee J C. Using eye movements to evaluate the cognitive processes involved in

text comprehension [J] . Journal of Visualized Experiments, 2014 (83): e50780.
[8] Recarte Miguel A, Nunes Luis M. Effects of verbal and spatial-imagery tasks on eye fixations while driving [J] . Journal of Experimental Psychology Applied, 2000, 6(1): 31-43.
[9] Stasi L D, Contreras D, A Cándido. Behavioral and eye-movement measures to track improvements in driving skills of vulnerable road users: First-time motorcycle riders [J] . Transportation Research, 2011, 14 (1): 26-35.
[10] Pradhan A K, Hammel K R, Deramus R. Using eye movements to evaluate effects of driver age on risk perception in a driving simulator [J] . Human Factors, 2005, 47 (4): 840-852.
[11] Kilingaru K, Tweedale J W, Thatcher S, et al. Monitoring pilot situation awareness [J] . Journal of Intelligent & Fuzzy Systems, 2013, 4 (3): 457–466.
[12] Fletcher L, Zelinsky A. Driver inattention detection based on eye gaze-road event correlation [J] . The International Journal of Robotics Research, 2009, 28 (6): 774-801.
[13] Kodappully M , Srinivasan B , Srinivasan R . Towards predicting human error: Eye gaze analysis for identification of cognitive steps performed by control room operators [J] . Journal of Loss Prevention in the Process Industries, 2015, 42: 35-46.
[14] 王莉 . 视线追踪技术在人机交互中的应用 [D] . 西安工业大学, 2016.

第 6 章

页岩气压裂系统安全预警典型案例

6.1 融合风险表征参数的压裂过程井下事故安全预警

井下事故安全预警系统是页岩气压裂作业事故预防与风险控制的重要技术支撑。根据前述章节可知，井下事故发生会引起事故表征参数（以下称为“风险表征参数”）的趋势特征发生变化；对于不同强度的同类型井下事故，其趋势特征表现出了一定的相似性。在风险视角下，风险表征参数的趋势特征是一种实时风险信息，在一定程度上携带了井下事故的状态信息。

如图 6.1 所示，已有风险预警方法仅考虑到风险影响因素（事故诱因），虽然可以实现由原因“正向推理”事故概率风险的过程，但忽略了事故的风险表征参数，即缺少从症状“逆向修正”事故概率风险的过程，易导致事故预警延迟或准确度低等问题。另一方面，复杂的地层条件和压裂操作使得井下工况处于非稳态过程，导致风险表征参数（例如对于套管内桥塞分段压裂技术，套管压力是砂堵事故的风险表征参数）处于非平稳波动状态，状态划分的界限具有模糊性，简单的数值比较方法无法提取并量化风险表征参数的状态信息。

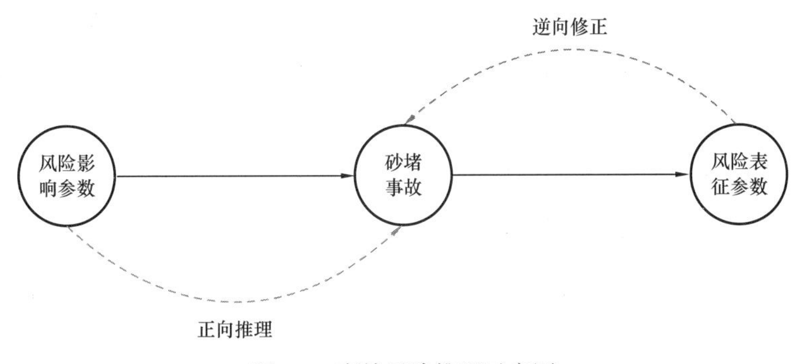

图 6.1 事故风险推理示意图

针对上述问题，本节以贝叶斯网络（Bayesian Network，BN）为风险预警模型的理论基础，提出融合风险表征参数的井下事故安全预警方法。该方法将风险表征参数作为叶节点融入到基于 BN 的井下事故概率预测模型中，提取其趋势特征作为实时风险信息，并引入隶属函数量化其状态概率分布，实时修正井下事故的概率值。所提方法应用于仿真场景和实际砂堵事故场景，并与未融合风险表征参数的预警模型进行对比，验证了方法的精准预警效果。

6.1.1 贝叶斯网络

近年来，随着人工智能的蓬勃发展，贝叶斯网络（BN）作为一种基于概率推理的人工智能技术得到了学术界的广泛关注。贝叶斯网络是将多元知识图解可视化的一种概率知识表达与推理模型，在不确定性问题处理领域表现强大的推理能力，其定义包括一个有向无环图（Directed Acyclic Graph，DAG）和一个条件概率表集合。DAG 的节点表示一系列随机变量，$X=\{X_1, X_2, \cdots, X_i, \cdots, X_n\}$，包括状态节点和观测节点。每个节点包括有限个互斥的离散状态，状态节点的状态分布和概率取值是固定不变的；若观测变量是传感器节点，则该类观测变量的状态概率取值随传感数据的变化而变化，此时，DAG 也称之为“传感器模型”。节点之间的有向边，$X_i \rightarrow X_j$，表示变量之间的直接依赖关系。

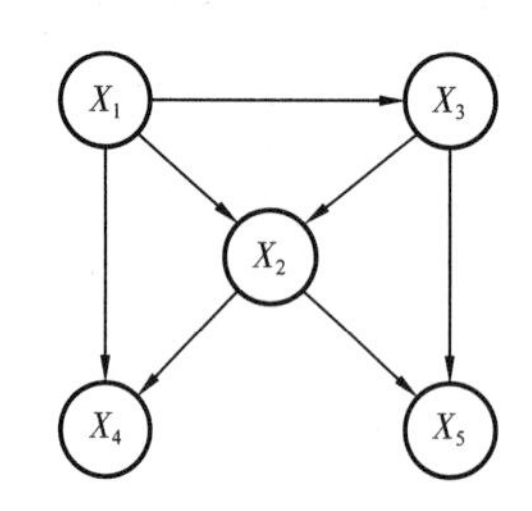

图 6.2 贝叶斯网络示意图

根据节点位置及不同的命名规则，节点具有不同的专业术语。若将 DAG 看作“家谱”，对于相连的两个节点，前一个节点则是后一个节点的“父节点”，后一个节点称之为“子节点”。例如，在图 6.2 中，X_1 是 X_2、X_3、X_4 的父节点，X_5 是 X_2、X_3 的子节点。进一步扩展至节点链（节点数大于 2），位于节点链前端的节点是后续节点的祖先，而位于节点链后端的节点是前端节点的后裔。若将 DAG 看作“树形图”，没有父节点的变量称为根节点，没有子节点的变量称为叶节点，既有父节点也有子节点的变量称为中间节点。如图 6.2 所示，X_1 是根节点，X_2 和 X_3 是中间节点，X_4 和 X_5 是叶节点。

条件概率表量化了节点之间的条件依赖关系，若子节点 Ch 与父节点 Pa_1，⋯，Pa_n 相连，则均对应一个条件概率表 $P(Ch|Pa_1, \cdots, Pa_n)$。条件概率表中的每一个元素对应 DAG 中唯一的节点，存放该节点与其父节点间的联合条件概率。当每个节点在其父节点的状态值确定后，该节点条件独立于非直接相连的祖先节点。对于变量集合 $\{X_1, \cdots, X_i, \cdots, X_n\}$，根据一般链式法则可计算多变量非独立联合条件概率分布，见式（6.1）：

$$
\begin{aligned}
P(X_1,\cdots,X_n) &= P(X_1)P(X_2|X_1)P(X_3|X_2,X_1)\cdots P(X_n|X_{n-1},\cdots,X_2,X_1) \\
&= \prod_i P(X_i|X_1,\cdots,X_{i-1})
\end{aligned}
\tag{6.1}
$$

在 BN 中，由于存在上述条件独立性，任意随机变量组合的联合条件概率分布可改写为：

$$
P(X_1,\cdots,X_n) = \prod_i P(X_i|Pa(X_i)) \tag{6.2}
$$

其中：$Pa(X_i)$ 是节点 X_i 的父节点。

以图 6.2 所示的 BN 为例，X_1，X_2，X_3，X_4，X_5 的联合概率分布表示为：

$$
P(X_1,\cdots,X_5) = P(X_1)P(X_2|X_1,X_3)P(X_3|X_1)P(X_4|X_1,X_2)P(X_5|X_2,X_3) \tag{6.3}
$$

当获得新的观测证据 $X_5=x_5$ 时，根据贝叶斯定理，逆向推理得到 X_1 的后验概率分布：

$$
\begin{aligned}
P(X_1|X_5) &= \frac{P(X_1)P(X_5|X_1)}{P(X_5)} = \frac{P(X_1, X_5)}{\sum_{X_5=x_5} P(X_1, X_5)} \\
&= \frac{P(X_1)P(X_2|X_1, X_3)P(X_3|X_1)P(X_4|X_1, X_2)P(X_5|X_2, X_3)}{\sum_{Y_5=y_5} P(X_1)P(X_2|X_1, X_3)P(X_3|X_1)P(X_4|X_1, X_2)P(X_5|X_2, X_3)}
\end{aligned} \tag{6.4}
$$

6.1.2　基于贝叶斯网络的井下事故概率预测模型

在开展页岩气压裂作业井下事故安全预警之前，首先建立离线的井下事故概率预测模型，以及提取并量化风险表征参数状态概率的方法。

1. 离线的井下事故概率预测模型

建立井下事故概率预测模型的步骤如图 6.3 所示。

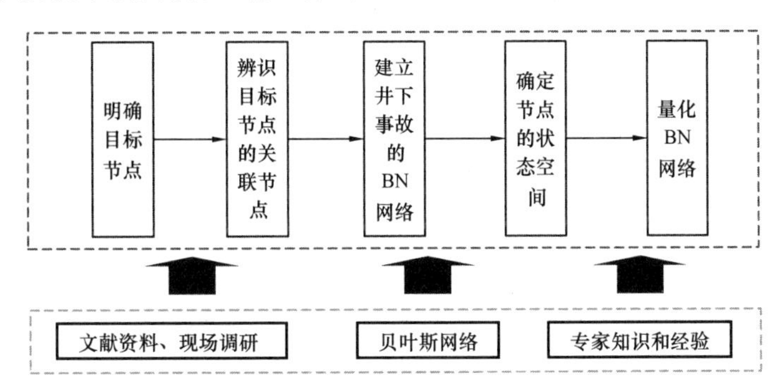

图 6.3　井下事故概率预测模型的建模步骤

具体步骤描述如下：

（1）确定目标节点。目标节点通常是贝叶斯网络的中间节点或叶节点，当新证据输入时，其先验概率被更新后得到后验概率分布。在实践应用中，目标节点描述了所建模型的用途或定义了有待解决的工程问题。

（2）辨识目标节点的关联节点。关联节点指的是与目标节点直接或间接相关的根节点、中间节点和叶节点。根节点包括井下事故的风险影响因素或参数组成。中间节点代表一系列过渡性事件，有助于展示事故的发展路径。叶节点指的是井下事故的风险表征参数。例如，对于水平井套管内桥塞分段压裂方式，套管压力是井下砂堵事故和压窜事故的风险表征参数。

（3）建立井下事故的 BN 网络。井下事故是多种致因因素耦合作用的后果。采用由父节点指向子节点的有向箭头表达节点之间的因果作用关系，建立定性的 BN 网络模型。

（4）确定节点的状态空间。若节点状态划分过多，会导致条件概率表过于庞大，研究者和工程师需要大量时间确定其条件概率且无法保证准确性；若节点状态划分得过少，则会导致事故风险预测模型无法准确反映出真实工况。因此，确定节点状态的基本原则为：对井下事故影响较大的状态单独划分，对事故影响较小的状态整合为一种状态。例如：裂缝渗透率量化了地层吸液能力，其状态可划分为较强、正常和较弱。然而，只有较强的地层吸液能力才会导致压裂液滤失过多，进而降低压裂液的携砂能力，因此，“正常”和“较弱”状态可合并为“正常”状态。

（5）量化 BN 网络。BN 网络的参数包括根节点的先验概率分布和节点间的条件概率分布。根节点主要涉及地层工况因素、压裂液设计因素和压裂操作活动等，利用历史事故事件资料并辅助工程师知识经验进行先验概率和条件概率分布的估计。

2. 量化风险表征参数的状态概率

提高井下事故安全预警及时性和准确性的难点在于：如何有效提取并准确量化风险表征参数的状态信息（叶节点的状态概率分布）。根据贝叶斯定理，在背景信息 B 和额外证据 E 作为证据输入时，利用式（6.5）更新目标节点的先验概率，得到井下事故的概率风险值。背景信息指的是风险模型中根节点的状态概率，根节点若为状态监测变量，则此类背景信息具有时变特性。额外证据指的是叶节点的状态概率，其具有时变特性。

$$P\left(H\middle|E,B\right)=\frac{P\left(H\middle|B\right)\cdot P\left(E\middle|H,B\right)}{P\left(E\middle|B\right)} \tag{6.5}$$

其中：$P(H|E, B)$ 表示目标节点 H 的后验概率；$P(E|H, B)$ 表示似然度；$P(H|B)$ 是给定背景信息 B 时目标节点 H 的先验概率；$P(E|B)$ 是给定背景信息 B 的情况下额外证据 E 的概率分布。

井下事故会引起风险表征参数的显著变化，与数值本身相比，趋势特征更能准确反映自身的状态。在本节中，趋势特征定义为风险表征参数在时间区间 δ 内的一致性行为，包括上升趋势、平稳趋势和下降趋势，如图 6.4 所示，其中括号内的符号表示一阶导数。

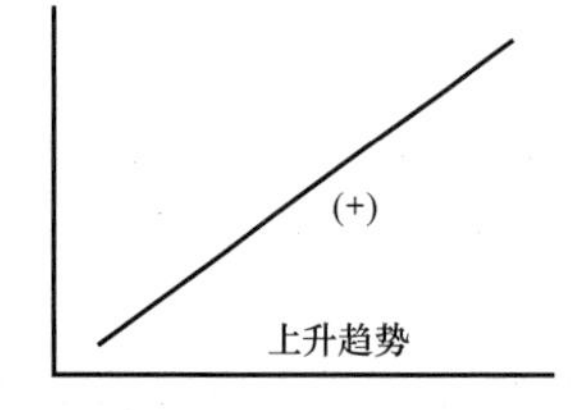

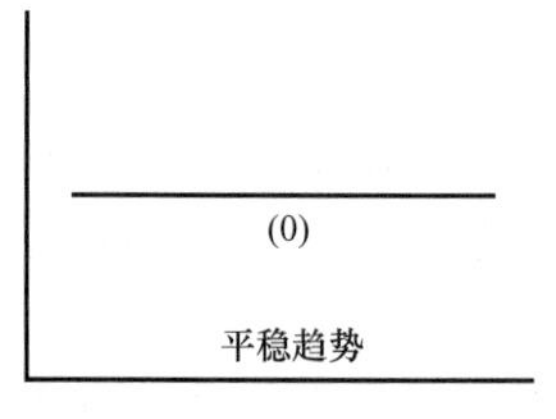

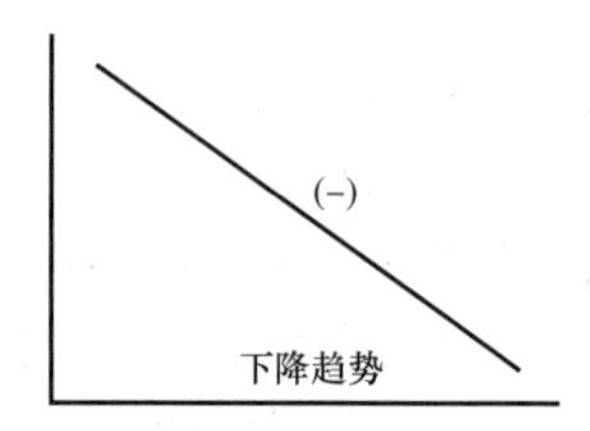

图 6.4　三种趋势特征

当时间区间 δ 较大时（≥30s），采用一阶多项式［式（6.6）］拟合 δ 内的采样点。虽然较大的 δ 能够避免噪声数据对趋势特征的影响，提高安全预警准确性，但不利于捕捉表征参数在事故演化初期的趋势特征，使得预警过程缺乏灵敏度。

$$P_{\Delta}\left(t\right)=p_{\mathrm{f}}t+p_{0} \quad t\in\left[t_{s},\ t_{s+\delta}\right] \tag{6.6}$$

其中：p_{f} 表示一阶导数；p_0 表示截距；t_s 和 $t_{s+\delta}$ 分别表示每个时间区间的前端时间和末端时间。

当时间区间 δ 较小时（＜30s），一阶导数可近似等于区间两端处采样点的斜率。较小的 δ 提高了捕捉趋势特征的灵敏度，但容易导致过多误告警。在地层内砂堵和近井地带砂堵中，虽然套管压力均表现典型的整体上升趋势，但是在层内砂堵事故的发展阶段，套管压力也会存在间歇性下降趋势。因此，在建立砂堵事故的安全预警模型时，为了避免套管压力下降而引起漏报警，对于正在进行的加砂操作（砂比的采样值大于 0），采用式（6.7）计算区间两端处压力值的斜率。若未进行加砂操作（砂比的采样值为 0），则采用式（6.8）计算区间 δ 两端处套管压力值的斜率。

$$S_{\Delta t}=\left|\frac{P_{\mathrm{T}}^{t}-P_{\mathrm{T}}^{t-\delta}}{\delta}\right| \tag{6.7}$$

$$S_{\Delta t}=\frac{P_{\mathrm{T}}^{t}-P_{\mathrm{T}}^{t-\delta}}{\delta} \tag{6.8}$$

其中：$S_{\Delta t}$ 表示 t 时刻套管压力的斜率；$P_{\mathrm{T}}^{t-\delta}$ 和 P_{T}^{t} 分别表示套管压力在 $t-\delta$ 和 t 时刻的采样值。

另一方面，复杂的地层工况及噪声源使得套管压力始终处于非稳态变化中，无法明确划分其趋势特征所属的状态，即趋势特征的状态划分不存在明确的界限，具有模糊性。例如，在水力压裂过程中，套管压力的上升趋势部分属于正常状态，部分属于异常偏高状态。趋势特征的变化程度与一阶导数的数值有关，因此，为了定量处理该类模糊现象，引入隶属函数量化趋势特征的状态概率分布。

设叶节点的论域为 U，即：在 δ 内，拟合函数一阶导数或斜率的可能取值。叶节点的状态空间为 $S=\{S_1, S_2, \cdots, S_n\}$，对应的模糊集为 $A=\{A_1, A_2, \cdots, A_n\}$，则 A 的隶属函数为 $A(u)=\{A(u_1), A(u_2), \cdots, A(u_n)\}$，其中 $u_i \subset U$。常用的隶属函数包括梯形分布、抛物型分布、正态分布等。若 t 时一阶导数表示为 u_{it}（$i=1, 2, \cdots, n$），则叶节点的状态概率分布为 $A(u_t)=\{A(u_{1t}), A(u_{2t}), \cdots, A(u_{nt})\}$。

6.1.3　井下事故安全预警实施流程

建立基于风险的井下事故安全预警实施流程如图 6.5 所示，具体步骤表述如下。

1. 获取在线监测数据

从压裂现场的井下工况在线监测系统中实时获取风险表征参数的采样值。对于套管内桥塞分段压裂技术，套管压力是井下事故的风险表征参数；对于连续油管多级喷砂射孔拖动压裂技术，套管压力和油管压力是井下事故的风险表征参数。若井下事故概率预测模型中包括风险影响参数（比如砂比和施工排量），也可从在线监测系统中实时获取。

2. 量化风险表征参数的状态概率分布

确定时间区间 δ 的长度，提取并量化风险表征参数的状态概率分布。若 $\delta \geqslant 30\mathrm{s}$，则采用式（6.6）拟合 δ 内的采样点得到一阶导数 p_{f}；若 $\delta < 30\mathrm{s}$，则采用式（6.7）或式（6.8）计算时间区间 δ 两端处采样点的斜率 $S_{\Delta t}$。然后采用隶属函数计算风险表征参数每种状态的隶属度。若井下事故概率预测模型中也包含具有模糊性的风险影响参数（比如砂比和支撑剂用量），同样采用隶属函数量化其状态概率分布。

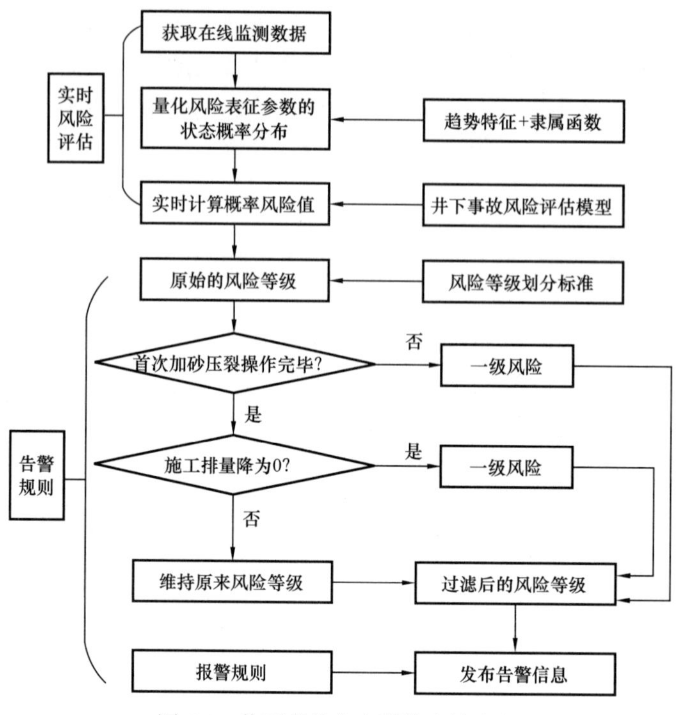

图 6.5 井下事故安全预警实施流程

3. 实时计算井下事故的概率风险

将步骤 2 中的状态概率分布作为井下事故概率预测模型的输入，采用式（6.5）实时更新目标节点的概率分布。

4. 计算井下事故的原始风险等级

在获取井下事故的概率风险值后，首先根据表 6.1 所示的风险等级划分标准，将概率风险值转换为原始的风险等级。

表 6.1 风险等级划分标准

风险等级	阈值	建议措施
1	(0，0.001]	压裂施工正常进行
2	(0.001，0.01]	压裂施工正常进行，密切观察监测参数的变化
3	(0.01，0.1]	压裂施工正常进行，可适当减少加砂量和施工排量
4	(0.1，1]	根据告警信息，研判井下工况，并采取应对措施

5. 优化原始风险等级

在每段加砂压裂施工的前期，操作者会提高泵排量，向井底泵入大量不含砂的酸性压裂液在地层内造缝，该过程内套管压力的波动趋势与砂堵事故发生时的趋势特征类似。然而，在首次加砂压裂之前，井下发生砂堵事故的可能性极小，在报警管理视角下，过滤掉该阶段内的高等级风险有利于减少误告警，因此，若该阶段内出现高风险，则将其降格为 1 级风险。当停止泵入压裂液时，此时井下发生砂堵事故的概率极小，因此，压裂液停止泵入之后的高风险同样降格为 1 级风险。

6. 发布告警信息

若当前时刻下风险等级为 4，且前一采样时刻下风险等级为 3 或 4，则当前时刻给出告警信息；反之，无告警信息。若当前时刻下风险等级为 3，且前 15s 内出现至少 2 次 4 级风险，则当前时刻发布告警信息；否则，无告警信息提示。若当前时刻砂堵事故的风险等级为 1 或 2，则不发布告警信息。

6.1.4　案例分析

本节以井下砂堵事故为研究对象，调研并收集某区域“水平井套管内桥塞分段压裂过程”中井下砂堵事故的监测数据（压裂施工曲线数据）。通过历史资料和数据调研分析，确定了水平井压裂工序、报警管理系统、井下事故影响因素和预防措施，对先验概率分布进行估计，并邀请工程师量化所建立的 BN 模型，根据图 6.3 详细给出井下砂堵事故概率预测模型的建模过程。

根据步骤 1，确定目标节点。在水平井的加砂压裂阶段，不利的地层工况、不合格的支撑剂和压裂操作均会导致支撑剂在裂缝中的运移过程受阻，加速沉降速度而引起支撑剂大量聚集，导致地层内砂堵或近井地带砂堵事故，因此，选择“支撑剂的聚集量”作为 BN 模型的目标节点 TN。

根据步骤 2，辨识与目标节点相关联的节点。如表 6.2 所示，其中包括 13 个根节点，9 个中间节点和 1 个叶节点。与地层工况相关的节点包括 R_2、R_3、R_4、R_5、R_6、I_1、I_2、I_3 和 I_4，它们之间的耦合作用关系影响支撑剂的运移过程。例如，当储层水敏性 R_4 较差或地层结构 R_5 较松散时，若储层遇到压裂液，则容易出现黏土矿物水化膨胀和分散运移现象，污染压裂液，进一步增大压裂液的流动阻力，导致压裂液的携砂能力下降而引起砂堵。地层岩石弹性模量 R_2 偏大也会增加砂堵事故的概率风险，若岩石弹性模量 R_2 偏大，则需要较高压力的压裂液进行酸化造缝，一旦压裂液的压力达不到要求，则所造裂缝的宽度较窄且数量较少，此时支撑剂运移困难，导致支撑剂快速聚集引起砂堵。

表 6.2　节点的基本信息

符号	节点类型	含义	状态空间	先验概率分布
R_1	根节点	压裂液的摩阻	{偏大，正常}	{0.05，0.95}
R_2	根节点	岩石的弹性模量	{偏大，正常}	{0.08，0.92}
R_3	根节点	岩石非均质性	{较强，正常}	{0.02，0.98}
R_4	根节点	储层的水敏性	{偏强，正常，偏弱}	{0，0.96，0.04}

续表

符号	节点类型	含义	状态空间	先验概率分布
R_5	根节点	储层的松散性	{偏强，正常，偏弱}	{0.05，0.95，0}
R_6	根节点	地层的渗透性	{较强，正常}	{0.03，0.97}
R_7	根节点	支撑剂的粒径	{偏大，正常，偏小}	{0.02，0.97，0.01}
R_8	根节点	支撑剂的强度	{合格，不合格}	{0.98，0.02}
R_9	根节点	支撑剂的纯净度	{合格，不合格}	{0.96，0.04}
R_10	根节点	压裂液的抗剪切力	{正常，偏小}	{0.93，0.07}
R_11	根节点	压裂液的耐高温性	{合格，不合格}	{0.94，0.06}
R_12	根节点	砂比	{偏高，正常}	—
R_13	根节点	支撑剂的用量	{偏多，正常，偏少}	—
I_1	中间节点	人工裂缝的宽度	{合格，不合格}	—
I_2	中间节点	人工裂缝的数量	{正常，偏少}	—
I_3	中间节点	裂缝表面的规则性	{规则，不规则}	—
I_4	中间节点	人工裂缝的质量	{合格，不合格}	—
I_5	中间节点	支撑剂物理特性	{合格，不合格}	—
I_6	中间节点	压裂液黏度	{正常，偏小}	—
I_7	中间节点	压裂液的杂质含量	{偏高，正常}	—
I_8	中间节点	压裂液的携砂能力	{较强，正常，较弱}	—
I_9	中间节点	支撑剂流动阻力	{偏大，正常，偏小}	—
TN	目标节点	支撑剂的聚集量	{偏多，正常}	—
LN	叶节点	套管压力的趋势特性	{偏大，正常，偏小}	—

注：“—” 表示此类节点不存在先验概率分布。

除了人为难以控制的地层因素外，与压裂操作相关的节点（R_12 和 R_13）也会增加砂堵事故的风险。其中，支撑剂的用量 R_13 指的是已经泵入页岩气井的支撑剂的体积，而不是压裂液储罐内支撑剂的体积。压裂作业持续到 t 时刻时，支撑剂的用量 Q 可根据式（6.9）计算得到。

$$Q = \int_0^t V \cdot \varpi \tag{6.9}$$

其中：V 表示压裂液的施工排量（m^3/min），一般由安装在井口装置处的流量计测得；

ϖ 表示砂比，指支撑剂体积与所用压裂液的体积比，用百分数表示。

本节所研究的页岩气井采用了套管内桥塞分段压裂方式，因此，套管压力作为 BN 模型的叶节点。套管压力一般由安装于套管头的压力传感器测得。在某些压裂队，套管压力有时也被称作“压力”。

根据步骤 3 和步骤 4，分析节点间的影响关系，建立井下砂堵事故的 BN 模型，如图 6.6 所示。所有节点的状态空间列于表 6.2 中第 4 列。例如，岩石非均质性 R_3 处于“较弱”状态，则引起砂堵事故的可能性极小，故其状态空间仅包括“较强”和“正常”状态。

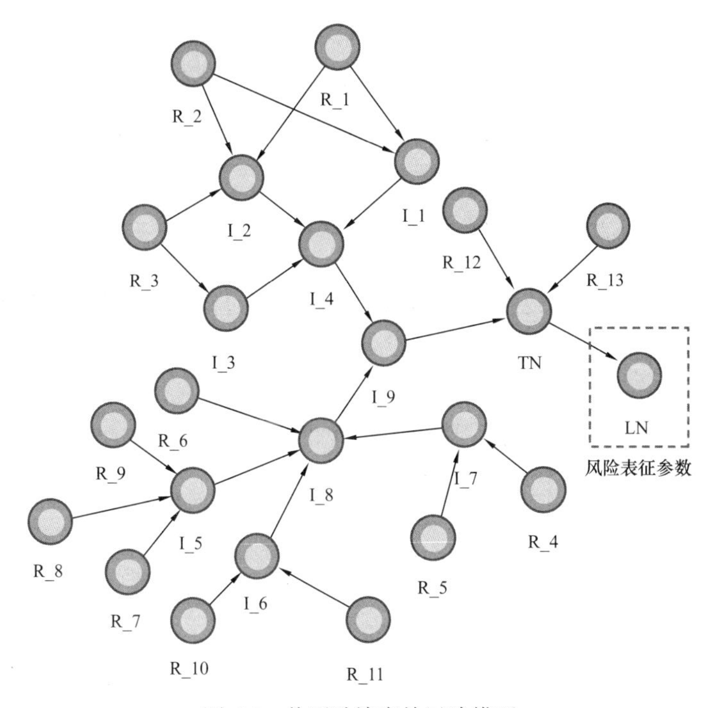

图 6.6　井下砂堵事故风险模型

根据步骤 5，量化 BN 网络。依据前期观测井压裂时所获取的储层数据，确定了地层工况节点（R_1～R_7）的概率分布。压裂液调配师根据近期压裂液和支撑剂的物化性质，确定了节点 R_8～R_11 的先验概率分布。根节点“砂比 R_12”和“支撑剂的用量 R_13”随时间不断变化，与套管压力的状态划分相似，在确定其状态概率分布时同样存在模糊不确定性，故采用隶属函数量化 R_12 和 R_13 的状态概率分布。R_12、R_13 和 LN 的隶属函数见式（6.10）、式（6.11）和式（6.12），所对应的曲线图分别为图 6.7、图 6.8 和图 6.9。在确定 δ 时，经过多次尝试，选取 δ=15s 作为提取趋势特征的时间区间。

$$A_{\varpi}^{1}=\begin{cases}1 & (\varpi<8)\\ 3-0.25\varpi & (8\leqslant\varpi\leqslant12)\\ 0 & (\varpi>12)\end{cases}\quad A_{\varpi}^{2}=\begin{cases}0 & (\varpi<8)\\ 0.25\varpi-2 & (8\leqslant\varpi\leqslant12)\\ 1 & (\varpi>12)\end{cases}\tag{6.10}$$

其中：A_{ϖ}^{1} 和 A_{ϖ}^{2} 分别表示砂比系数的正常状态和偏高状态。

$$A_Q^1=\begin{cases}1 & (Q<15)\\ 2.5-0.1Q & (15\leqslant Q\leqslant 25)\\ 0 & (Q>25)\end{cases}\quad A_Q^2=\begin{cases}0 & (Q<15)\\ 0.1Q-1.5 & (15\leqslant Q<25)\\ 1 & (25<Q\leqslant 45)\\ 5.5-0.1Q & (45<Q\leqslant 55)\\ 0 & (Q>55)\end{cases}\quad A_Q^3=\begin{cases}0 & (Q<45)\\ 0.1Q-4.5 & (45\leqslant Q\leqslant 55)\\ 1 & (Q>55)\end{cases}\tag{6.11}$$

其中：A_Q^1、A_Q^2和A_Q^3分别表示支撑剂用量的偏少状态、正常状态和偏多状态。

$$A_S^1=\begin{cases}1 & (S_\Delta<0)\\ S_\Delta & (0\leqslant S_\Delta\leqslant 1)\\ 0 & (S_\Delta>1)\end{cases}\quad A_S^2=\begin{cases}0 & (S_\Delta<0)\\ 1-S_\Delta & (0\leqslant S_\Delta<1)\\ 1 & (1<S_\Delta\leqslant 3)\\ S_\Delta-3 & (3<S_\Delta\leqslant 4)\\ 0 & (S_\Delta>4)\end{cases}\quad A_S^3=\begin{cases}0 & (S_\Delta<3)\\ S_\Delta-3 & (3\leqslant S_\Delta\leqslant 4)\\ 1 & (S_\Delta>4)\end{cases}\tag{6.12}$$

其中：A_S^1、A_S^2和A_S^3分别表示趋势特征的偏小状态、正常状态和偏大状态。

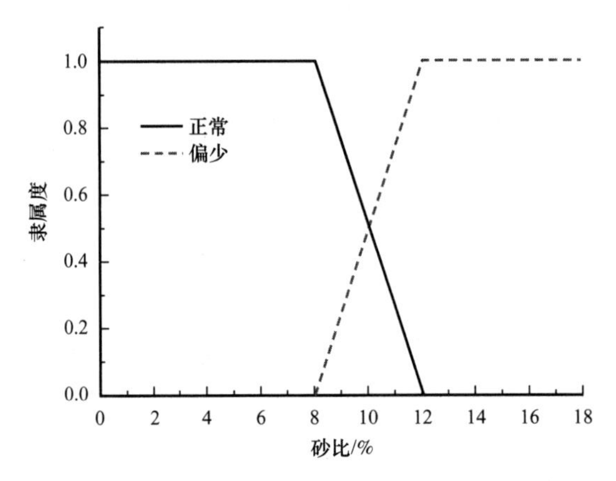

图 6.7　砂比系数的隶属函数图

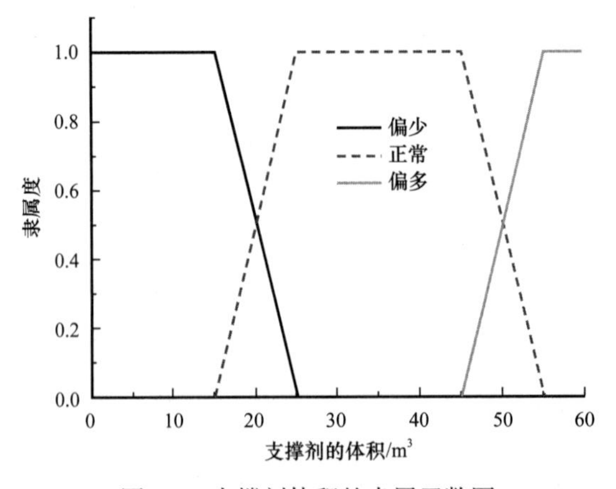

图 6.8　支撑剂体积的隶属函数图

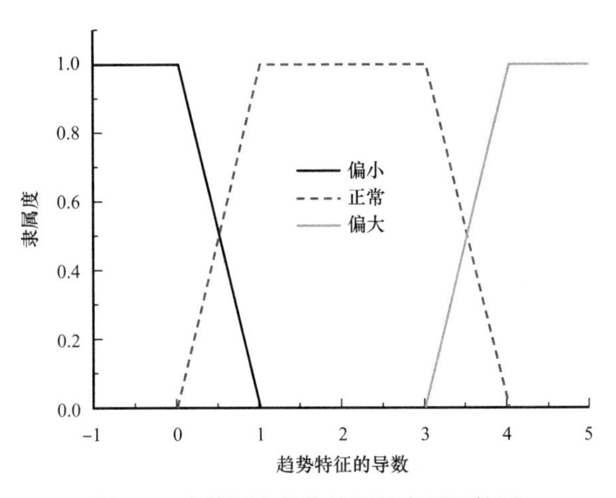

图 6.9　套管压力趋势特征的隶属函数图

1. 仿真分析

通过仿真不同的场景，验证井下砂堵事故概率预测模型的效果，表 6.3 列出了 5 个仿真场景。其中，第 1 个仿真场景未将风险表征参数融合到砂堵事故概率预测模型中，其余仿真场景均将风险表征参数考虑到砂堵事故概率预测模型中。在计算砂堵事故概率风险值时，其余根节点的先验概率均保持不变。表 6.3 第 3 列给出了各场景下的砂堵事故概率值。比较场景 1 和场景 2 可以看出，将套管压力纳入到概率预测模型中，砂堵事故的概率风险值从 0.0267 减少至 0.0046，表明风险表征参数能够减少评估结果的不确定性，然而应当注意的是，所提方法立足于当前时刻下的砂堵风险，而不是未来时刻下砂堵风险。比较场景 2、场景 3 和场景 4 可以看出，风险表征参数的状态变化会引起砂堵事故概率值的变化，意味着所建立的砂堵事故安全预警模型具有较高的灵敏度。比较场景 4 和场景 5 可知，砂比系数过高是引起井下砂堵现象的重要因素；在加砂压裂阶段，应严格控制砂比系数，防止单位时间内支撑剂的泵入量过多而引起砂堵。

表 6.3　仿真场景

场景	场景描述	概率风险值
1	R_12 处于正常状态，*P*（R_12= 正常）=100% R_13 处于正常状态，*P*（R_13= 正常）=100%	0.0267
2	R_12 处于正常状态，*P*（R_12= 正常）=100% R_13 处于正常状态，*P*（R_13= 正常）=100%	0.0046
3	LN 处于正常状态，*P*（LN= 正常）=100% R_12 处于正常状态，*P*（R_12= 正常）=100% R_13 处于正常状态，*P*（R_13= 正常）=100%	0.0970
4	LN 处于模糊偏高状态，*P*（LN= 正常）=50% R_12 处于正常状态，*P*（R_12= 正常）=100% R_13 处于正常状态，*P*（R_13= 正常）=100%	0.1888

续表

场景	场景描述	概率风险值
5	LN 处于偏高状态，P（LN= 正常）=0 R_12 处于偏高状态，P（R_12= 偏高）=100% R_13 处于正常状态，P（R_13= 正常）=100% LN 处于偏高状态，P（LN= 正常）=0	0.6595

2. 实例验证及对比分析

1）地层内砂堵事故安全预警分析

地层内砂堵事故描述：在对某页岩气水平井实施第二段水力压裂过程中，大约在 195.8min 时，井下地层内开始出现砂堵事故征兆，此时表现为套管压力快速上升，即图 6.10（a）中 195.8～198min，内操人员在大约 200.1min 时辨识出井下砂堵工况，立即停止了加砂操作，但仍向水平井内泵入酸性压裂液，如图 6.10（b）。此时，砂堵现象并未解除，套管压力短时下降后急速升高，操作者判断为层内砂堵事故，在 200.9min 时进一步采取缓解措施，大幅减少了酸性压裂液的泵入排量，然而，砂堵现象仍未解除，在 215.8min 时操作者将压裂液的排量降至 0，停止了水力压裂作业，如图 6.10（c）。

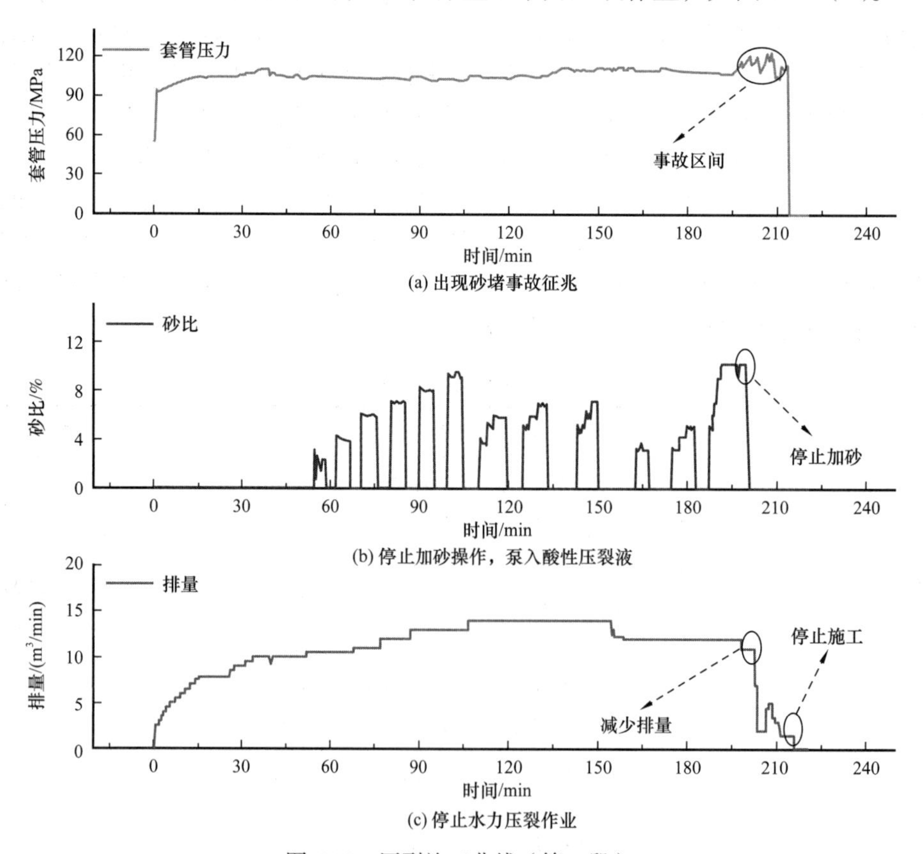

图 6.10　压裂施工曲线（第二段）

将套管压力、砂比和排量（采样周期为 5s）作为井下砂堵事故概率预测模型的输入，根据式（6.9）实时计算支撑剂的使用量，如图 6.11（a）所示；进一步计算第二压裂阶段内砂堵事故的概率风险，如图 6.11（b）所示。可初步看出，井下砂堵事故的风险值在 187.2min 时开始出现连续上升，在 191.3min 时超过 0.01，在此之后，高风险值密集出现，间断性地持续到本段压裂末期。

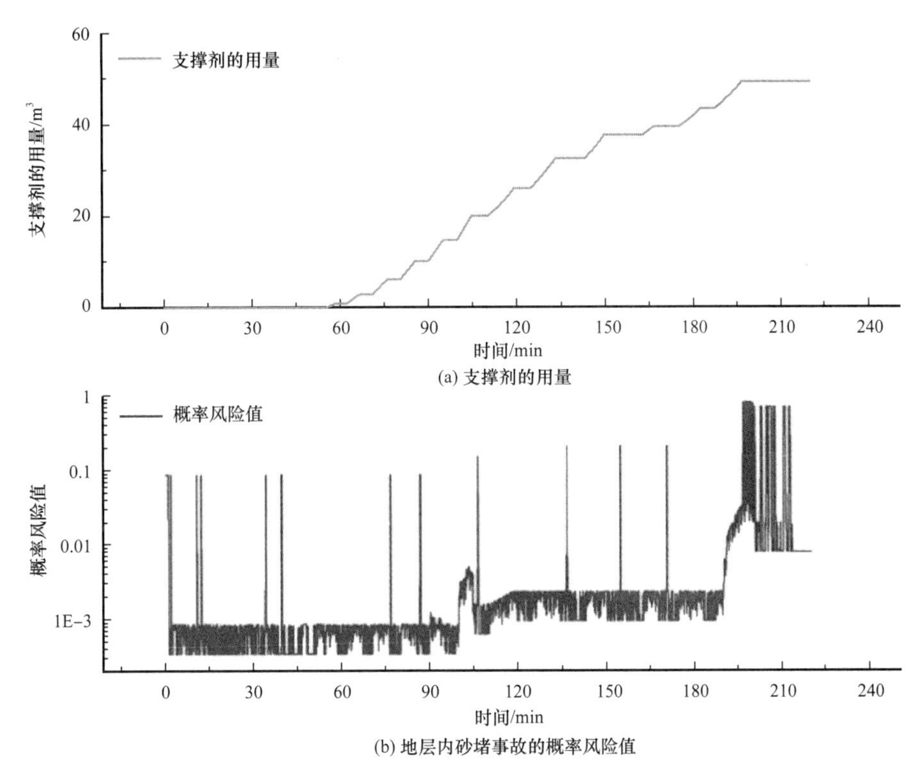

图 6.11　支撑剂的用量和地层内砂堵事故的概率风险值

根据风险等级划分规则，得到风险等级的变化过程，如图 6.12 所示。图 6.12（a）为原始的风险等级，图 6.12（b）是根据风险等级过滤规则优化之后得到的风险等级。可以看出，在 180min 之前（非事故区间），出现了四次最高级别风险，且每次持续时间短暂，共计 12 个采样点，相对于本段压裂施工过程中采集的 2645 个数据点，所占比例为 0.45%。

根据告警规则，得到第二段压裂作业中的告警信息，图 6.13（a）给出了 100min 之后的告警信息。从图中可看出，在 196.6min 时，出现了密集的告警显示，于 207.7min 结束告警，表明所提出方法在砂堵事故形成阶段实现了准确预警。虽然存在三处瞬时误告警，但从工程实践角度看，当告警信息出现时，操作人员会根据压裂施工曲线研判井下工况，因此，瞬时误告警并未对压裂施工操作造成实质性影响，本案例的预警结果是合理的。图 6.13（b）给出了未考虑风险表征参数（套管压力）时的安全预警结果，结果显示：未考虑风险表征参数时，安全预警模型大约在 201.2min 时才发布告警信息，且在停止水力压裂之后继续发布告警（持续误告警），然而，此时的事故预警并未立足于当前时刻下的井

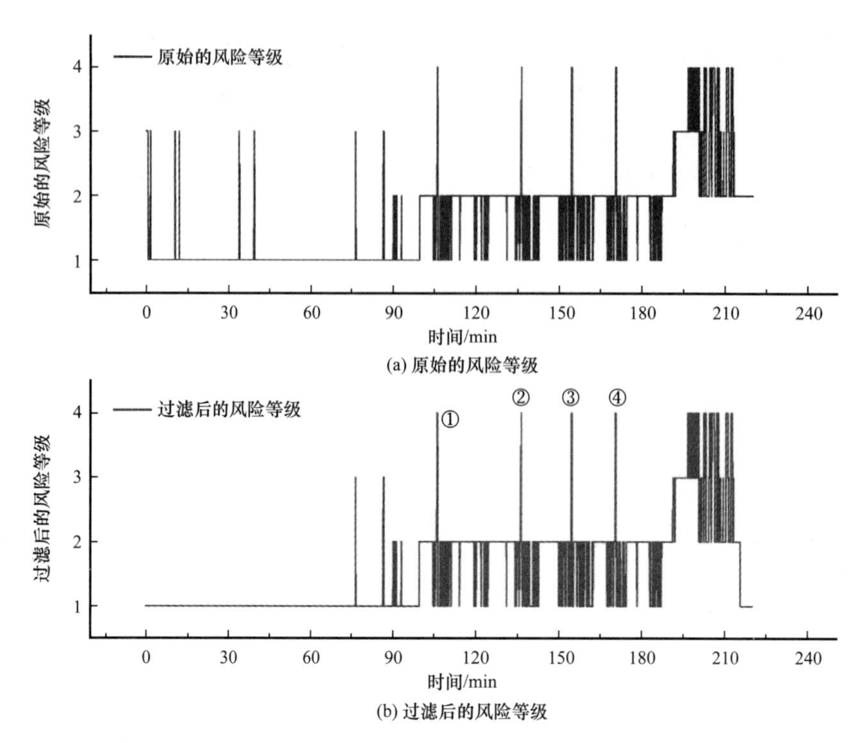

图 6.12　地层内砂堵事故的实时风险等级

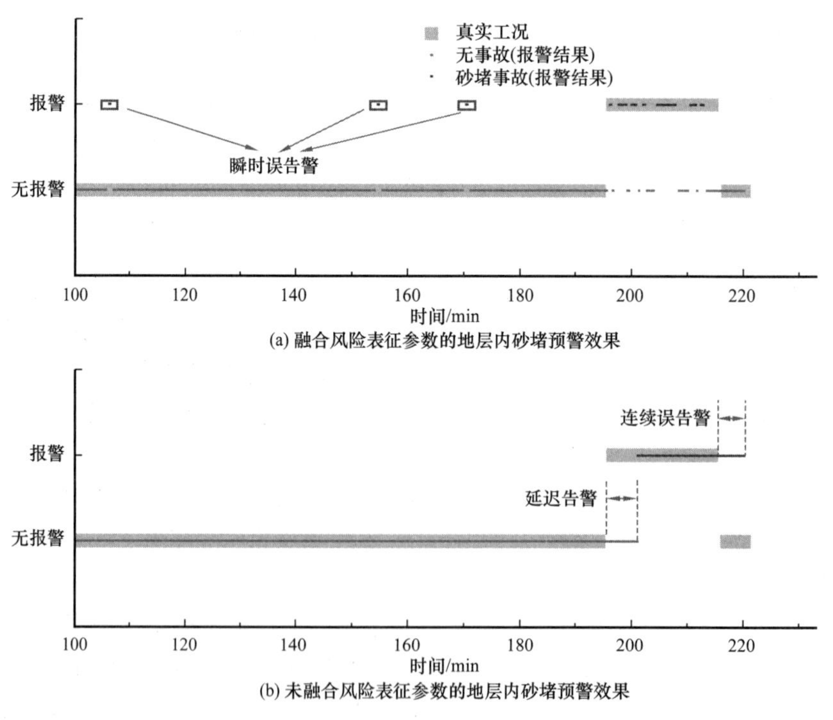

图 6.13　地层内砂堵事故的实时告警信息

下工况，而是由于支撑剂的用量（事故诱因）偏多导致风险等级升高，进而引发连续性误告警。与未融合风险表征参数的预警模型相比，所提方法将该地层内砂堵事故预警时间提前了 4.6min（201.2−196.6）。

另选取四起地层内砂堵事故的监测数据进一步验证方法的预警效果，并与未融合风险表征参数的传统预警模型进行比较。对比结果显示，所提方法将预警时间平均提前了 2.7min ± 0.2min，表明融合风险表征参数提高了地层内砂堵事故安全预警的及时性。

2）近井地带砂堵事故安全预警分析

近井地带砂堵事故描述：在对某页岩气水平井实施第四段水力压裂的过程中，大约 151.0min 时出现了砂堵事故征兆，如图 6.14（a）所示，此时套管压力短时间内（持续时间为 151.0min 至 152.0min）快速持续上升。大约 5min 之后，内操人员辨识出井底附近出现砂堵现象，立即停止了加砂操作，如图 6.14（b）所示，同时，将压裂液的施工排量减少至较低水平，如图 6.14（c）所示，并调节压裂泵的功率，使得井内生产套管压力维持在适当范围。待近井地带砂堵缓解之后，在 190.4min 时重新提升施工排量，随后开展加砂压裂作业，于 252.0min 时结束第四段压裂施工。

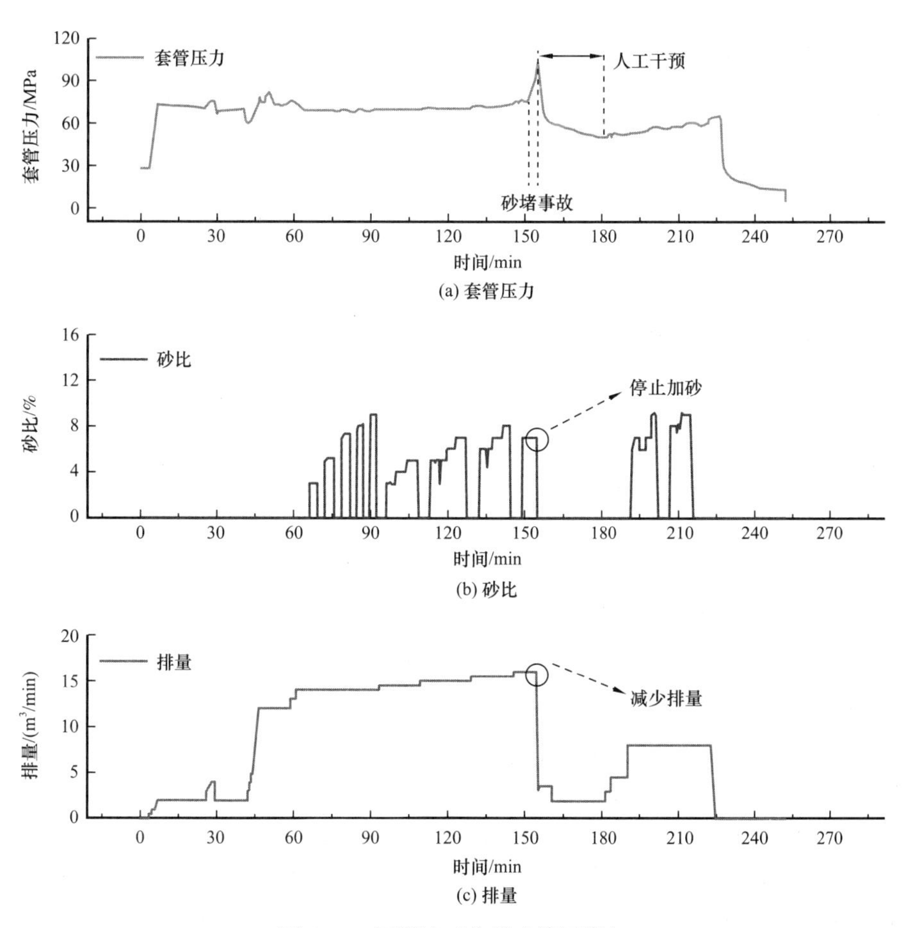

图 6.14　压裂施工曲线（第四段）

将套管压力、砂比和排量的实时采样数据作为在线砂堵事故安全预警模型的输入，根据式（6.9）得到不同时刻下支撑剂的用量，如图 6.15（a）所示。整个水力压裂施工阶段内砂堵事故的概率风险值如图 6.15（b）所示。可初步看出，砂堵事故的概率风险值在大约 148.0min 时开始持续上升，在 151.3min 时超过 0.1，且出现高风险值密集区，直到操作人员采取应急操作之后才消失。根据风险等级划分规则（表 6.1）及过滤规则，得到优化后的风险等级，如图 6.15（c）所示。可以看出，在 170.0min 之后（非事故区间），最高等级风险出现了三次，每次持续时间短暂，共计 6 个采样点，相对于第四压裂阶段内的 3020 个采样点，所占比例为 0.20%。

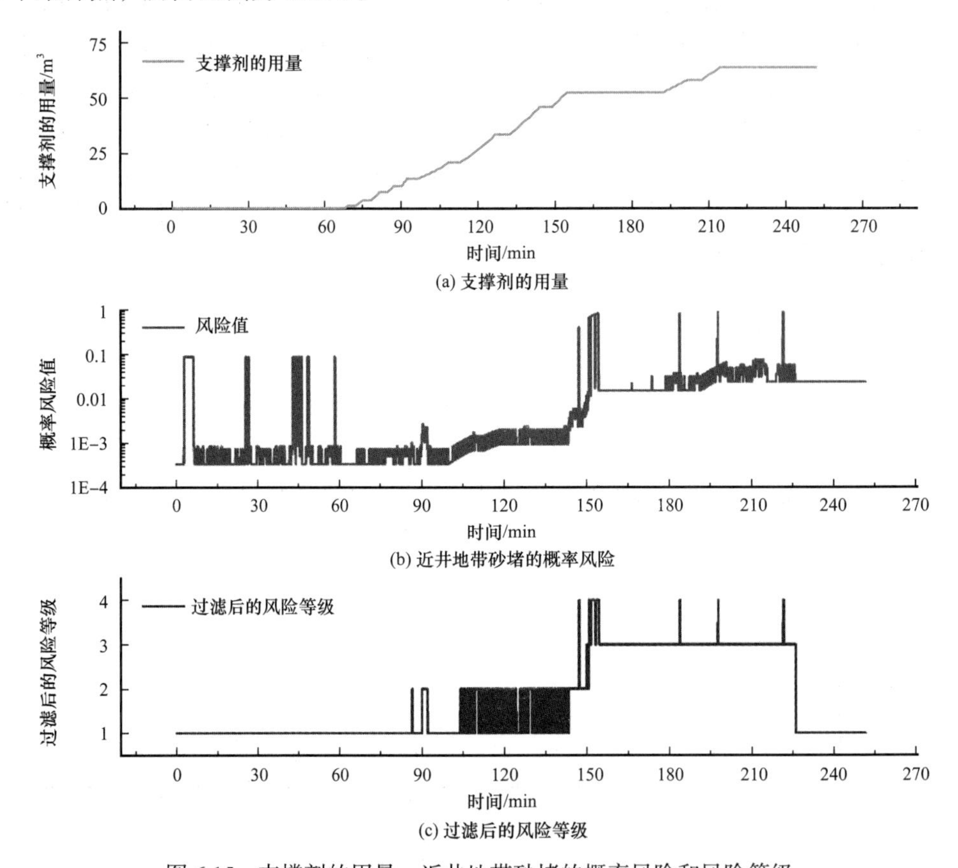

图 6.15　支撑剂的用量、近井地带砂堵的概率风险和风险等级

根据告警规则，得到第四段水力压裂作业中的告警信息。图 6.16（a）给出了 135.0min 之后的告警信息，可以看出，在 151.2min ± 0.1min 时，出现了密集的告警显示，并于 154.8min 时告警提示消失，表明该时间段内井下发生了砂堵事故。两次瞬时误告警分别发生在 184.1min（持续 15s）和 221.6min（持续 25s）。在压裂现场，操作人员在大约 156.0min 才发现井下砂堵工况，而所提方法能够在事故征兆出现早期（在 151.2min ± 0.1min 时）对砂堵进行预警，及时发布告警信息。尽管在某些采样时刻存在漏告警，但从报警管理角度看，告警结果仍然能够为操作者及时辨识井下事故、执行应急操作、遏制事故发展提供有价值的预警信息。图 6.16（b）给出了未融合风险表征参数时传

统预警模型的效果，可以看出：仅考虑风险影响因素时，风险模型未能对近井地带砂堵事故做出及时预警。

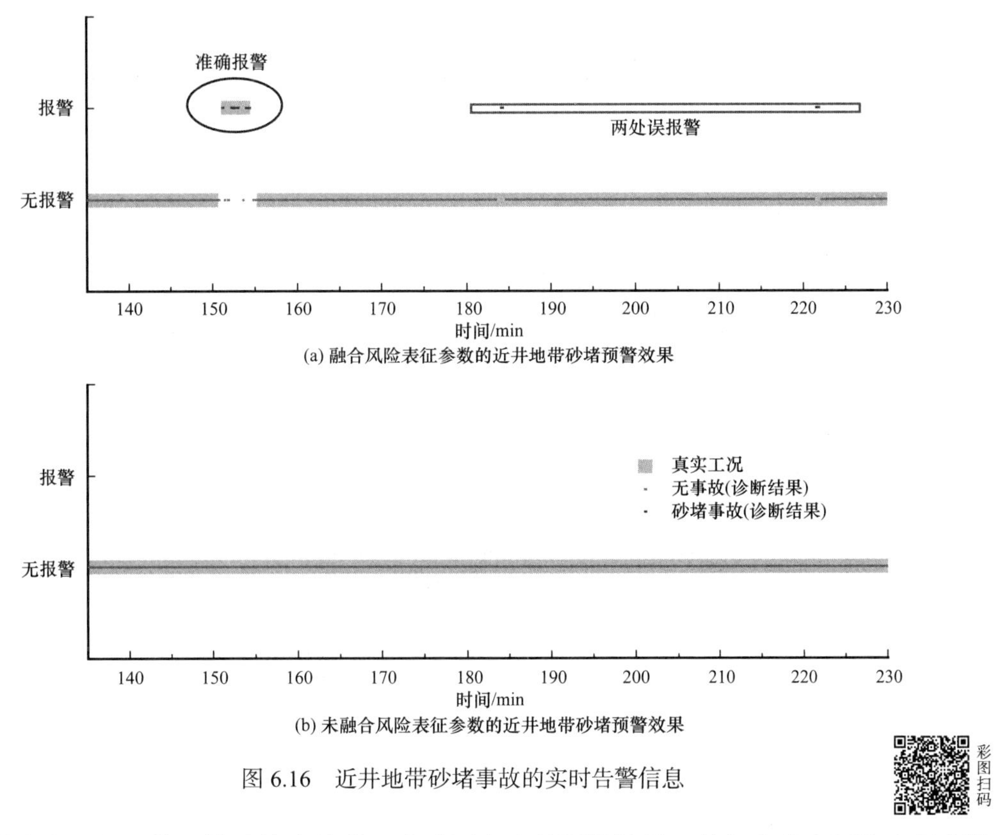

图 6.16　近井地带砂堵事故的实时告警信息

另选取四起近井地带砂堵事故进一步验证方法的预警效果，并与未融合风险表征参数的传统预警模型进行对比。对比结果显示：所提方法在四起近井地带砂堵事故的早期阶段均实现了准确预警，而传统预警模型仅对一起砂堵事故实现了预警，表明融合风险表征参数提高了近井地带砂堵事故预警的准确性和及时性。

3）正常工况下事故安全预警分析

为了进一步评估方法的误报警率，实验随机选取了正常工况阶段“某页岩气水平井的第九段压裂”作为研究对象。将该阶段内的采样数据（图 6.17）作为井下事故安全预警模型的输入，得到该压裂阶段内砂堵事故的概率风险值和风险等级，分别如图 6.18（a）和（b）所示。可以看出，仅在 141.8min 时出现了 4 级风险；在 169.8～187min，砂堵事故风险等级为 3 级，此时应高频次观察施工监测参数的变化，保持加砂操作的稳定性，预防发生砂堵事故。根据告警规则，得到整段压裂过程中的告警结果，如图 6.18（c）所示。可直观看出，该方法在第九段作业中未发布砂堵事故的告警信息，进一步验证了所提方法的准确性。

3. 分析与小结

（1）针对忽略风险表征参数导致页岩气压裂作业井下事故预警延迟或准确度低的难

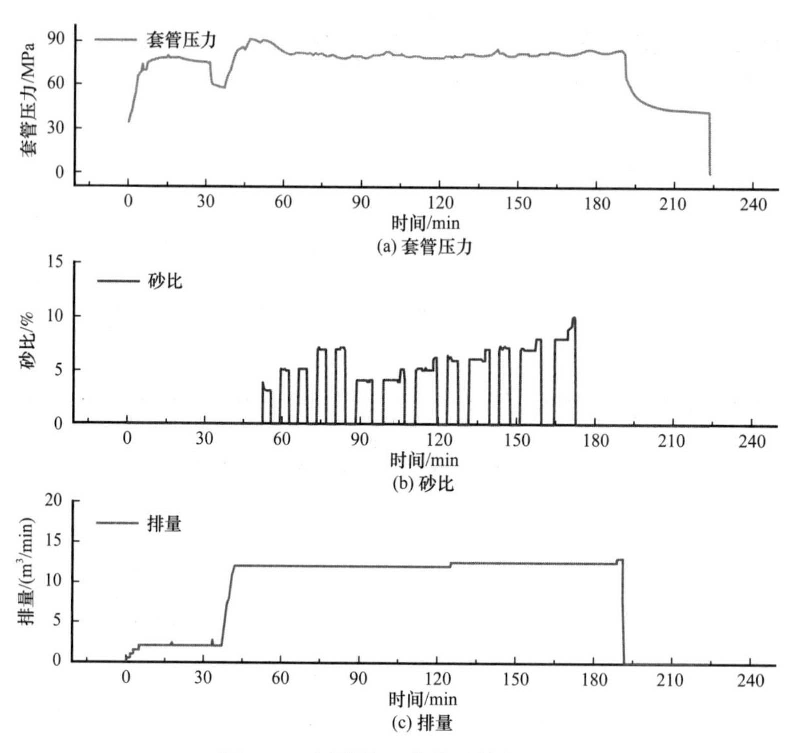

图 6.17　压裂施工曲线（第九段）

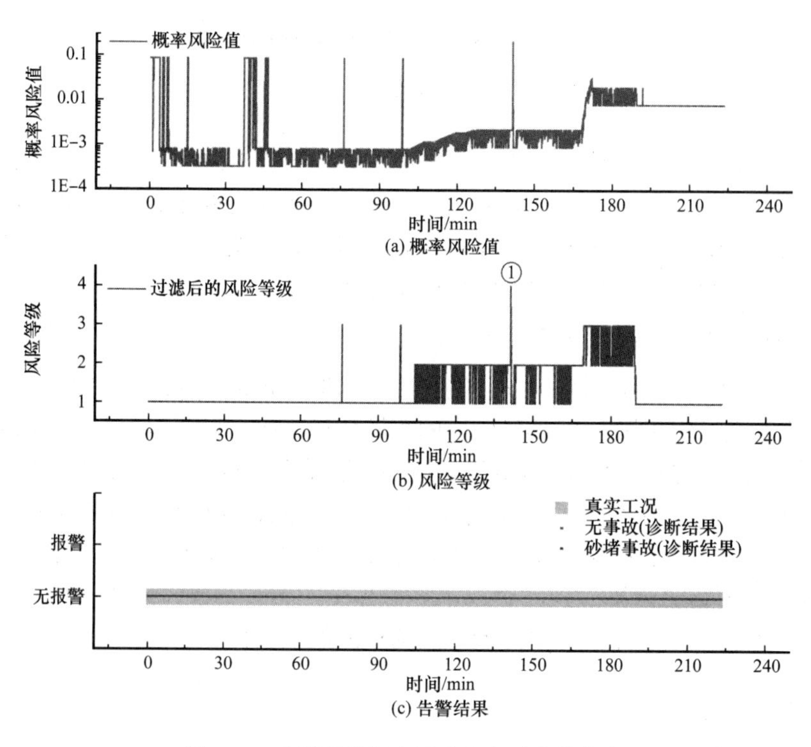

图 6.18　砂堵事故概率风险和实时告警信息

彩图扫码

题，提出了融合风险表征参数的井下事故安全预警方法。

（2）首次将风险表征参数融入到基于 BN 的井下事故概率预测模型，提取其趋势特征作为实时风险信息，并引入隶属函数量化其状态概率分布，实现了对井下事故概率风险的实时修正，并根据告警规则实现井下事故预警。

（3）以井下砂堵事故为研究对象，基于仿真场景的案例分析表明：融合风险表征参数减少了井下砂堵事故概率风险的不确定性。实例验证与对比分析表明：

① 对于地层内砂堵事故，与未融合风险表征参数的传统预警模型相比，所提方法将预警时间平均提前了 2.7min ± 0.2min。

② 对于五起近井地带砂堵事故，所提方法对五起砂堵事故均实现了准确预警，而传统预警模型仅对一起事故实现预警。

6.2　基于动态面向对象贝叶斯网络的压裂泵系统剩余寿命动态预测

压裂泵是一个大型复杂的系统，其组成单元通过物质流、能量流和信息流交互，且长期处于高压力、大排量和大功率的工况中，导致部件故障率较高，系统生命周期较短。从剩余寿命动态预测角度实现系统状态预警，对于制订合理的预防性维修计划，减少故障发生和延长系统服役时间具有重要意义。

系统或部件的状态随外部或内部扰动而变化，增加了退化趋势的不确定性。传统基于可靠性的剩余寿命预测方法忽略了系统当前状态对未来退化趋势的影响，导致预测过程缺乏动态性，无法应用于真实工况下压裂泵部件或系统的剩余寿命（压裂段数）预测。故障推理为确定部件当前的退化状态提供了可能，有必要将故障推理结果融入到剩余寿命预测过程中，实现对部件剩余寿命和系统功能指标发展趋势的动态预测。然而，在压裂泵系统内，部件异常状态和症状之间存在显著的不确定性关系，表现为一对一、一对多、多对一或多对多的关系。大多数情况下，一种异常状态并不会导致所有症状同时出现。现有定性诊断方法往往同时给出多个部件的异常状态，无法推理出最可能的异常部件，推理过程缺乏智能化；定量诊断方法依赖于大量的振动信号，适用于单一部件或简单系统，然而，压裂泵系统只有少数部位安装有振动传感器，无法满足振动信号分析的数据量需求，诊断知识获取缺乏灵活性。

针对上述难题，本节以面向对象贝叶斯网络（Object-Oriented Bayesian Network，OOBN）和动态面向对象贝叶斯网络（Dynamic Object-Oriented Bayesian Network，DOOBN）为理论基础，利用专家知识、失效数据和状态监检测数据，建立部件异常状态推理模型和系统退化趋势预测模型。该方法能够利用多源的诊断知识，基于部件退化状态和症状之间的不确定性关系推理出最可能的部件状态；同时立足于系统当前状态，预测部件的剩余寿命和系统功能指标的发展趋势。

6.2.1　基本方法概述

1. 面向对象贝叶斯网络

实践表明，贝叶斯网络（BN）适用于简单系统的不确定性问题推理。对于工业中的大型机械系统，比如压裂泵系统，直接建立 BN 模型是一件充满挑战的任务。庞大的 BN 模型，减弱了模型的可视化效果，增加了参数更新过程的计算量。面向对象贝叶斯网络（OOBN）将“面向对象”思想融入到 BN 建模过程，提高了建模和推理的效率，已在大型系统风险评估领域得到关注。

OOBN 可看作由一系列特殊的 BN 片段组成的元网络。OOBN 的基本元素是类（Class），即带有输入节点、内部节点和输出节点的网络片段。输入节点和输出节点是一个类的接口，不同类或对象之间通过接口交换信息，一个类所含节点必须满足四个条件：

（1）输入节点接受直系父节点的概率分布，在本类之内没有父节点。

（2）输入节点是一个参考节点，即上游节点的映射。

（3）内部节点在本类之外不存在父节点和子节点。

（4）输出节点向其他输入节点传递概率，在本类之内没有子节点。

通过类的实例化而得到的网络片段称为对象（Object），对象还可作为基本元素被封装于其他类中，封装使得网络片段的属性可以互相传输。OOBN 可对一个复杂系统进行层次化建模，通过不同层级的抽象增加了模型的准确性和可读性。

2. 动态贝叶斯网络

BN 是一种适用于静态系统的概率推理模型，网络中的节点是与时间无关的静态节点。在第 3 章中，虽然风险表征参数的状态随时间变化，但是该现象是由系统的非稳态过程引起，其变化过程由本身不随时间变化的规律支配。然而，在现实世界中，系统的状态与时间有关，属于动态系统。为了对动态情境建模，动态贝叶斯网络（Dynamic Bayesian Network，DBN）通过一系列时间片描述系统状态的改变过程，每个时间片描述了系统在某个特定时刻的状态，且每个时间片包含了状态变量和观测变量，状态变量也称作离散动态节点或不可观测变量，观测变量称作静态节点或传感器节点。采用符号 X_t 表示在时刻 t 的状态变量的集合，符号 Y_t 表示观测节点的集合，观测结果表示为 $Y_t=y_t$，其中 y_t 是变量值的某个集合。

动态贝叶斯网络包括三类信息：状态节点的先验概率分布 $P(X_0)$、状态转移概率分布 $P(X_{t+1}|X_{1:t})$ 和因果关系模型 $P(Y_t|X_t)$。DBN 模型满足马尔科夫假设和观测假设。

（1）马尔科夫假设：假设状态变量的当前状态只与上一个状态有关，而与上一个状态之前的所有状态无关，表示为式（6.13），因此，状态转移概率可表示为 $P(X_{t+1}|X_{1:t})$。

$$P\left(X_{t+1}\middle|X_{1:t}\right)=P\left(X_{t+1}\middle|X_t\right) \tag{6.13}$$

（2）观测假设：假设观测变量的变量值只依赖于当前状态，与其他时刻的状态无关，表示为式（6.14），因此，因果关系模型可表示为 $P(Y_t|X_t)$。

$$P\left(Y_t\middle|X_{0:t}\ Y_{0:t-1}\right)=P\left(Y_t\middle|X_t\right) \tag{6.14}$$

基于上述内容，可利用前向推理公式［式（6.15）］预测状态节点或观测节点在任意时刻的状态概率分布。

$$P\left(X_{0:t+1}\right)=P\left(X_0\right)\prod_{t=0}^{T}P\left(X_{t+1}\middle|X_t\right) \tag{6.15}$$

3. 动态面向对象贝叶斯网络

动态面向对象贝叶斯网络（DOOBN）将面向对象思想与动态贝叶斯网络相结合，增加了建模的灵活性，允许具有时间依赖特性的节点交互。DOOBN 和 OOBN 的建模思想类似，基本元素是 DBN 类，遵循抽象、继承和封装的建模思想。本节提出采用基于 OOBN 和 DOOBN 的方法开展压裂泵系统在线故障诊断和预警研究的原因如下：

（1）采用模块化思想将复杂系统分解为一系列子系统，简化了模型建立和修改的过程，可充分利用不同领域的专家知识。

（2）当一个对象内部节点独立于 OOBN 或 DOOBN 内的其余节点时，提高了推理过程的效率。

（3）与静态贝叶斯网络和动态贝叶斯网络相比，面向对象过程使得网络结构更加简洁，具有很强的可交流性和解释性。

6.2.2　压裂泵系统剩余寿命动态预测

本节将 OOBN 和 DOOBN 相结合建立压裂泵系统剩余寿命动态预测方法，首先通过分解系统功能建立系统功能模型，然后分析子系统内部件异常状态与症状之间的因果关系，并建立基于 OOBN 的部件异常状态推理模型（Reasoning Model for Abnormal State of Components，RMASC），将实时获取的多源诊断知识（监检测信息）作为 RMASC 的输入，根据推理结果更新基于 DOOBN 的系统退化趋势预测模型（Degradation Trend Prediction Model，DTPM），预测系统的退化趋势，进而估计部件剩余压裂段数和功能指标的发展趋势。整体建模过程所述如下。

1. 系统功能模型

压裂泵系统物理组成复杂且结构庞大，采用系统功能模型表达其内部系统关联。系统功能模型是一种基于功能的层次化建模方法，从传输流（即物质流、能量流和信息流）角度对整个系统进行知识表达，描述系统内部各子系统之间的交互过程（图 6.19）。

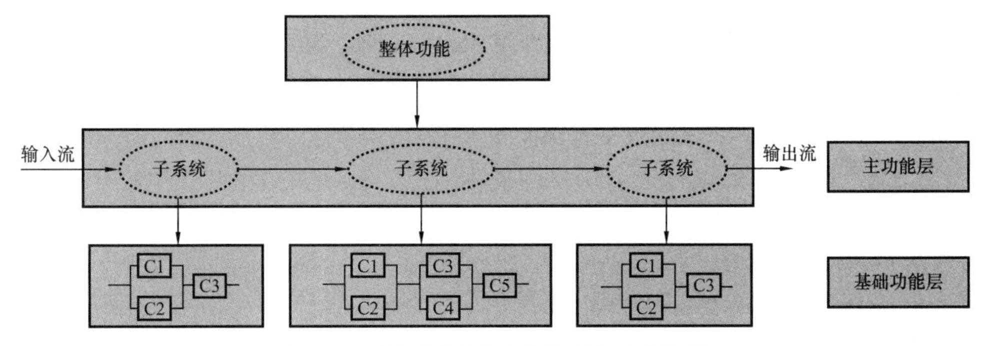

图 6.19　压裂泵系统功能模型的建模流程

具体实现步骤为：

（1）明确系统的整体功能。对于压裂泵系统，其整体功能是对来自混砂车的压裂液进行增压，产生符合要求的高压力压裂液，并泵入泵车排出区的高压管汇系统内。

（2）从主功能层面分解系统的整体功能。系统整体功能是通过内部子系统间的功能耦合实现，通过功能耦合关系分析，将系统整体功能划分为若干主功能模块，每个主功能模块对应一个物理子系统，并确定每个主功能模块的输入流和输出流，采用有向箭头表示传输流方向，构建主功能层面的系统功能模型。

（3）从基础功能层面分解每个主功能模块。每个主功能模块对应一个物理子系统，在部件层面进一步分解每个子系统，确定每个部件对应的基础功能模块；同时分析每个基础功能模块的传输流，采用有向箭头表示传输流方向，构建基础功能层面的主功能模型。对于任何一个复杂系统，系统功能是通过一系列基础功能和主功能的耦合作用实现，因此，可通过定量评估系统基础功能或主功能进而实现对系统性能的评估。

压裂泵系统的功能模型将为接下来建立系统因果模型、RMASC 模型和 DTPM 模型提供基础。

2. 因果关系模型

压裂泵系统因果关系模型的主要作用:（1）辨识能够表征压裂泵系统健康状态的观测变量及其偏差，例如：润滑油的温度。这些变量的属性值可以通过页岩气压裂现场的数据采集系统、检测技术或人工观测获取。（2）分析与观测变量相关联的故障变量和潜在后果。故障变量的行为可通过检测技术或者观测变量的时间序列数据确定，例如，过滤器的结垢状态和曲轴的磨损状态。（3）揭示观测变量与故障变量之间的不确定性对应关系。如图 6.19 所示，由于子系统之间通过传输流交互，则前一个子系统的潜在后果可能是后一个子系统异常的原因，基于上述关系，也能够描述压裂泵系统内故障传播过程。本节采用危险性和可操作性分析（HAZOP）辨识系统的观测变量及偏差，确定故障变量和行为，以及从定性层面揭示变量之间的因果关系。

3. 部件异常状态推理模型

本节以 OOBN 为理论基础，整合系统因果模型中定性的因果关系，量化因果关系的不确定性，建立压裂泵系统的 RMASC 模型。构建 RMASC 模型需要以下四步：

步骤 1：依据系统因果模型中的观测变量和故障变量，确定 BN 类的节点及状态空间。

步骤 2：根据节点之间的不确定因果关系，创建有向边搭建 BN 类的网络结构。

步骤 3：在 BN 类网络结构确定条件下，估计 BN 类的参数，即故障节点和症状节点之间的条件概率分布。

步骤 4：根据系统功能模型中的传输流，建立 OOBN 模型，即压裂泵系统的 RMASC 模型。

1）确定 BN 类的节点

BN 类描述了子系统的故障因果关系，BN 类节点分为故障节点和症状节点，症状节点又包括类的输入节点和输出节点。确定节点的流程如图 6.20 所示，主要规则表述为：

选取系统功能模型中各子系统的物理部件作为故障节点，并从 HAZOP 分析报告“可能原因”一项提取部件的状态，建立故障节点的状态空间。

选取系统功能模型中各子系统的观测变量作为症状节点，并从 HAZOP 分析报告“引导词”一项提取症状节点的状态空间。

根据子系统之间的传输流，将表征传输流的症状节点转换为 BN 类的输入输出节点。由于相邻子系统通过传输流连接，则表征传输流的症状节点既是前一个子系统 BN 类的输出节点，又是后一个子系统 BN 类的输入节点。

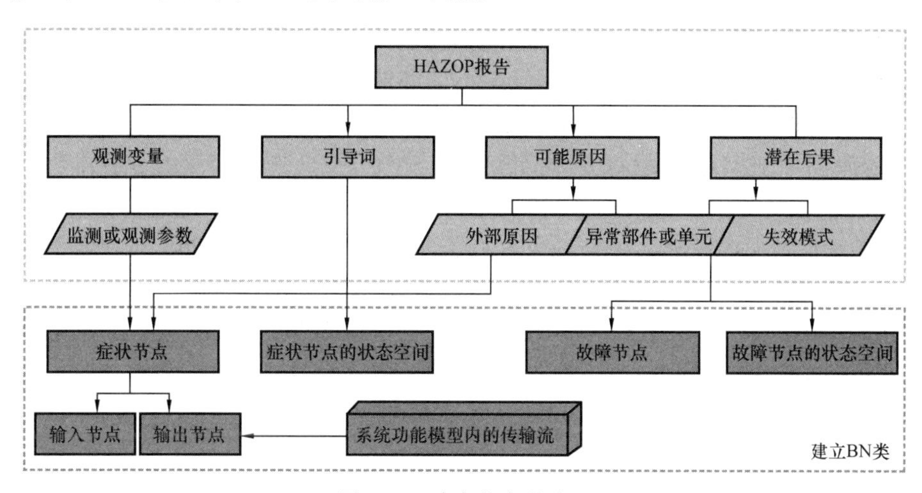

图 6.20　确定节点的流程

2）构建 BN 类的网络结构

系统因果模型中存在两种作用关系：（1）故障变量对观测变量的影响，表明故障节点的状态对症状节点状态的影响，比如：出口阀门堵塞导致出口管汇流量偏低；（2）观测变量对观测变量的影响，表明症状节点对另一个症状节点的影响，例如：气体过滤器压差过大，导致气动马达的进口压力偏低。根据上述因果关系，采用有向箭头连接每个 BN 类的节点。

3）量化 BN 类的参数

BN 类的参数包括故障节点的先验概率分布及节点之间的条件概率分布。先验概率描述了根据已有知识推断出的故障节点各状态发生的概率。在实际应用中，BN 网络在获得新证据时利用条件概率更新故障节点的先验概率，以获取其后验概率，进而根据后验概率大小，判断出最可能故障节点，因此，假设每个故障节点内各状态的先验概率相同，以突出条件概率在故障推理过程中的重要作用。例如，若故障节点包括 M 种状态，则每个状态的先验概率为 $1/M$。

条件概率量化了症状节点和故障节点之间的依赖关系。确定条件概率通常有两种方法：（1）专家知识法，特别适用于缺乏历史监测或检测数据的情况，比如：未安装数据采集系统的设备。（2）参数学习算法，适用于具有大量故障样本数据的系统，代表性算法是极大似然估计法和最大后验估计法。然而，由于可获取的故障样本数据非常有限，因此，通常采用专家知识法确定 BN 类的条件概率分布。

4）实例化 BN 类

根据系统功能模型中的传输流，将 BN 类连接在一起，建立基于 OOBN 模型的部件异常状态推理模型。

4. 系统退化趋势预测模型

基于 DOOBN 模型，采用逆向建模方法，将系统功能模型映射为 DTPM 模型。

1）建立部件层面的 DBN 基础类

从图 6.19 可知，系统功能模型包括三种功能层，从底层到顶层依次是：基础功能层、主功能层和整体功能层。基础功能层刻画了物理部件的功能及其输入输出流，每种基础功能的实现依赖于物理部件和各种输入流的共同作用。在建立物理部件的 DBN 类时，将其输入流和输出流分别作为 DBN 类的输入节点和输出节点，物理部件由于退化行为而转换为 DBN 类的动态离散节点，基础功能框转换为 DBN 类的功能节点（一类中间节点）。以图 6.21 为例，左侧为润滑油过滤器的基础功能模型，其输入流为“Input：含杂质的润滑油”，转换为 DBN 类的输入节点“Input_node”；右侧为输出流“Output：过滤后的润滑油”，转换成 DBN 类的输出节点“Output_node”；物理部件“Com：润滑油过滤器”转成为 DBN 类的动态离散节点 Com t；基础功能框转成为 DBN 类的功能节点“Func”。

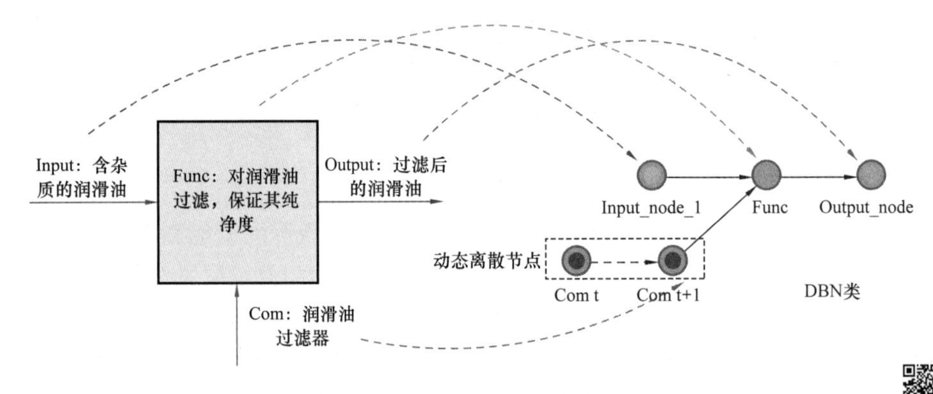

图 6.21　基础功能层转换为 DBN 类的规则示意图

彩图扫码

DBN 类的条件概率定量地描述了功能节点与其相连节点之间的逻辑关系。若每个节点包括两种状态且每种物理部件或单元不存在备用单元，则功能节点与其关联节点之间存在确定的逻辑关系。以图 6.21 为例，假设 Input_node、Com t+1 和 Func 的状态空间均为{正常，异常}，则三者之间的条件概率分布如表 6.4 所示。

表 6.4　逻辑关系确定条件下的条件概率分布

Input_node		正常		异常	
Com t+1		正常	异常	正常	异常
Func	正常	1	0	0	0
	异常	0	1	1	1

若存在动态节点包括三种及以上状态，则功能节点与其父节点之间存在不确定的逻辑关系。以图 6.21 为例，假设润滑油过滤器 Com 的状态空间为 {正常，退化，失效}，其余节点为二值状态，则 Input_node，Com t+1 和 Func 之间的条件概率分布如表 6.5 所示，其中 p 表示功能节点 Func 处于正常状态的概率。若某种物理部件存在备用单元或多个同类部件共同运行才能实现某种基础功能，则可使用并联和串联结构描述该类关系。图 6.22 给出了润滑油泵的基础功能及其对应的两种 DBN 基础类，其中物理部件包括主润滑油泵 Com_1 和备用润滑油泵 Com_2，当主润滑油泵失效时，备用润滑油泵自动开启。在第 2 种 DBN 基础类中，通过添加逻辑节点 Operator（或门），实现了对条件概率表的简化。

表 6.5　不确定逻辑关系下的条件概率分布

Input_node		正常			异常		
Com t+1		正常	退化	异常	正常	退化	异常
Func	正常	1	$0<p<1$	0	0	0	0
	异常	0	$1-p$	1	1	1	1

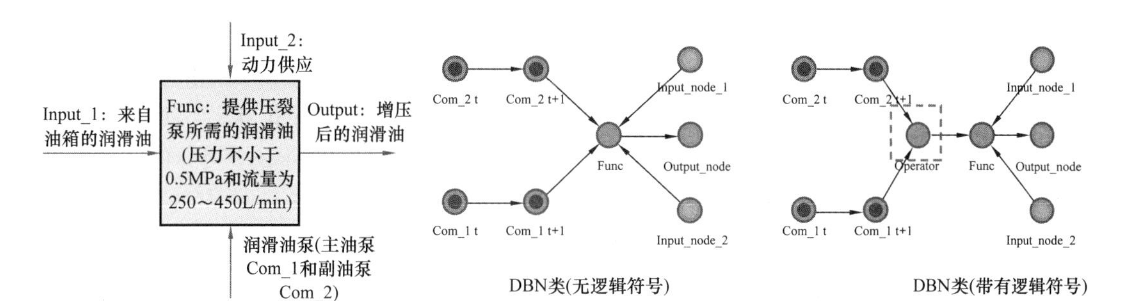

图 6.22　两种 DBN 基础类

DBN 类的先验概率包括输入节点的先验概率和动态节点的状态转移概率分布。输入节点的先验概率由专家知识确定或统计历史资料获取；动态节点的转移概率量化了同一部件不同状态之间的转移关系。图 6.23 给出了润滑油过滤器状态之间的转移关系。物理部件的寿命分布服从指数分布，其失效率为常数 λ。确定失效率 λ 的方法包括专家知识法和参数学习法，对于不可修复且故障率较小的部件，由于积累的寿命样本有限，邀请现场维修人员估计其失效前的平均时间（Mean Time to Failure，MTTF），采用式（6.16）计算失效率。“失效”是相对的概念，图 6.23 中的“结垢”相对“正常”是失效状态，而“堵塞”相对于“结垢”也是失效状态。

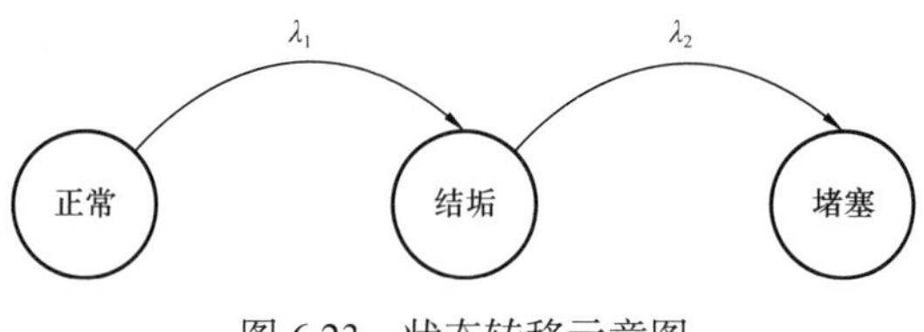

图 6.23　状态转移示意图

$$\lambda = \frac{1}{\text{MTTF}} \tag{6.16}$$

对于故障率较大的部件，其寿命数据积累较多，采用贝叶斯估计法确定其失效率。具体推断过程可描述如下：

指数模型的共轭先验是 Gamma 分布，故采用 Gamma 分布描述失效率 λ 的不确定性。Gamma 先验分布包括形状参数 α_{prior} 和尺度参数 β_{prior}。在工程应用中，α_{prior} 表示观测到的失效部件数量，β_{prior} 表示 α_{prior} 个部件失效前总服役时间。首先请压裂设备维修人员根据经验估计 α_{prior} 和 β_{prior}。

Gamma 分布是指数分布的共轭先验，故失效率 λ 的后验分布仍是 Gamma 分布。n 表示收集到的失效部件数量，$t_{\text{total}}=\text{MTTF}_1+\text{MTTF}_2+\cdots+\text{MTTF}_n$ 表示 n 个失效部件总运行时间，则后验分布的形状参数为 $\alpha_{\text{post}}=\alpha_{\text{post}}+n$，尺度参数为 $\beta_{\text{post}}=\beta_{\text{prior}}+t_{\text{rotal}}$。

根据式（6.17）计算后验平均值，即部件的失效率 λ_{post}。

$$\lambda_{\text{post}} = \frac{\alpha_{\text{post}}}{\beta_{\text{post}}} = \frac{\alpha_{\text{prior}}+n}{\beta_{\text{prior}}+t_{\text{total}}} \tag{6.17}$$

2）建立子系统层面的 DBN 中间类

子系统是由一系列物理部件和传输流组成。每个物理部件对应其基础功能，根据基础功能间的关联关系，将相应的 DBN 类实例化并连接，上一个类的输出流（输出节点）可能是下一个 DBN 类的输入流（输入节点），构建子系统层面的 DBN 中间类。由于部件层面 DBN 类的参数已确定，故本步骤不涉及参数调整。

3）建立整体系统层面的 DOOBN 模型

根据子系统之间的输入输出流，实例化所有子系统层面的 DBN 类，并将实例化的类连接在一起，建立基于 DOOBN 的 DTPM 模型。

5. 剩余寿命动态预测流程

剩余寿命动态预测的流程如图 6.24 所示。

具体描述为：

（1）首先获取症状节点的在线监测数据或检测数据，判断是否超过安全阈值。若超出安全阈值，则确定症状节点的状态，并作为部件异常状态推理模型的输入。

（2）部件异常状态推理是将症状节点的状态作为 RMASC 的输入，采用向后推理算法更新故障节点的先验概率分布，根据后验概率分布推断出最可能的异常部件。

假设 $C_{1:N}^t$ 表示在时刻 t 的 N 个故障节点，$c_k^t\left(k=1,2,\cdots,N\right)$ 表示故障节点 C_k^t 的状态取值；$S_{1:M}^t$ 表示 M 个症状节点（多个监检测变量），$s_r^t\left(r=1,2,\cdots,j,\cdots,M\right)$ 表示症状节点 S_r^t 的状态取值。则当症状节点 $S_m^t=j$ 时，故障状态 $C_n^t=i$ 的概率为 $\varphi_t\left(i\right)=P\left(C_n^t=i\middle|S_m^t=j\right)$，见式（6.18）。

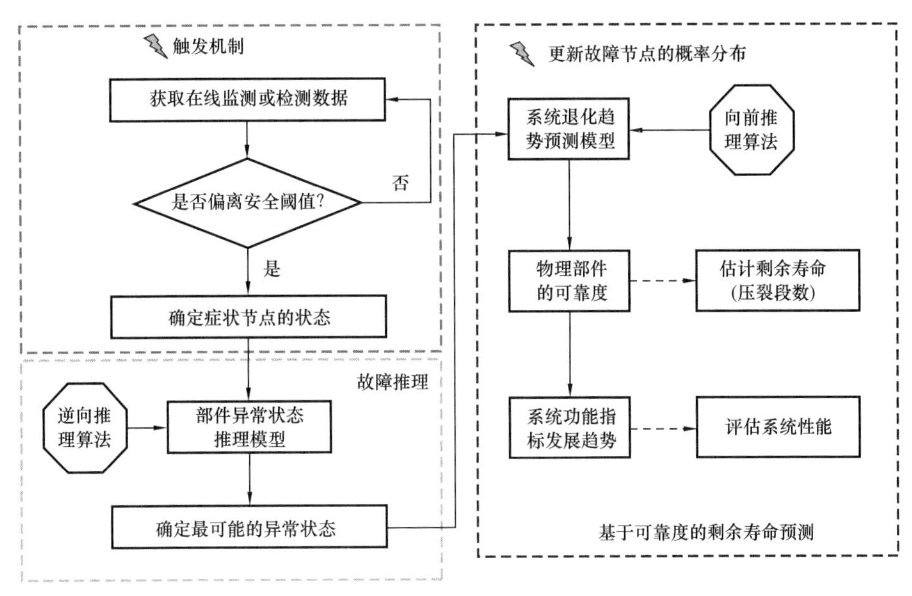

图 6.24　剩余寿命动态预测流程

$$P\left(C_n^t = i \middle| S_m^t = j\right) = \frac{P\left(C_n^t = i, S_m^t = j\right)}{P\left(S_m^t = j\right)} \tag{6.18}$$

（3）根据（2）的推理结果，预测基于可靠度的剩余寿命。根据 RMASC 推理出的部件异常状态，更新 DTPM 中对应节点的状态概率分布，从部件当前状态出发，利用式（6.15）推理动态离散节点在未来时刻的退化趋势。动态离散节点“正常状态”的退化趋势可作为部件的可靠性指标。如果物理部件“正常状态”的概率处于可靠度阈值以内，则认为物理部件是安全的，不采取维修活动。也可根据式（6.15）从子系统或整个系统层面，预测基础功能和主功能指标的发展趋势，从而评价系统性能。

综上所述，通过首先建立压裂泵系统的功能模型和因果模型，然后建立基于 OOBN 的部件当前退化状态推理模型（RMASC），以及基于 DOOBN 的系统退化趋势预测模型（DTPM）。RMASC 模型可推理出当前系统内部件的异常状态，为维修人员排查故障提供参考依据；DTPM 模型可对部件退化趋势和系统功能指标发展趋势做出预警，有利于维修人员制订预防性维修策略。

6.2.3　案例分析

在压裂泵制造厂，深入了解压裂泵的制造和保养过程，掌握其组成单元。在压裂现场，针对压裂泵的运行工况、故障类型、维修程序和状态监测系统等向技术员进行学习，获得了部分元件的寿命数据和专家知识。一套压裂装备通常包括 6～16 套压裂泵系统，压裂泵系统的使用数量受多方面因素的影响，比如地层压力和岩石孔隙度。本节以某施工队的压裂泵系统为例，验证所提出方法的合理性和实用性。该压裂施工队配备 14 套同类型的压裂泵系统（图 6.25），但每台压裂泵已服役的时间不同。压裂泵系统的基本参数如表 6.6 所示。

图 6.25　压裂泵系统局部结构

表 6.6　压裂泵系统的基本信息

参数	基本信息
型号	5ZB−2800 往复泵，五缸柱塞泵
最大输入额定制动功率	2080kW（2800hp）
最高压力	138MPa
最大流量	3.86m^3/min
柱塞直径	3.75in
转速	750r/min

建立系统功能模型。压裂泵系统的整体功能表述为：对来自混砂装置的压裂液进行增压，并泵入高压管汇系统。压裂泵系统主要包括五个物理子系统：气压系统、冷却系统、润滑油系统、动力端系统和液力端系统。其中气压系统、冷却系统和润滑油系统位于压裂车的中部，动力端系统和液力端系统位于压裂车的尾部。根据上述子系统间的关联关系，从主功能层面建立整体功能模型（图 6.26），其中红色线和蓝色线分别表示每个子系统的输入输出流，蓝色背景框描述了相应的功能。然后，从基础功能层面建立子系统的功能模块，如图 6.27 至图 6.31 所示，浅蓝色背景框描述了部件的基础功能。

根据上述“部件异常状态推理模型”步骤 2 所述，深入了解压裂泵系统的结构、操作和维护程序，并对图 6.27 至图 6.31 中子系统进行 HAZOP 分析，分析结果列于附录 A。

根据上述“部件异常状态推理模型”步骤 3 所述，建立系统故障诊断模型。首先，依据图 6.20 所示的流程，确定子系统 BN 类的故障节点和症状节点，详细信息列于表 B.1 和表 B.2；然后，依据节点之间的因果关系，建立子系统的 BN 类，如图 6.32 所示。

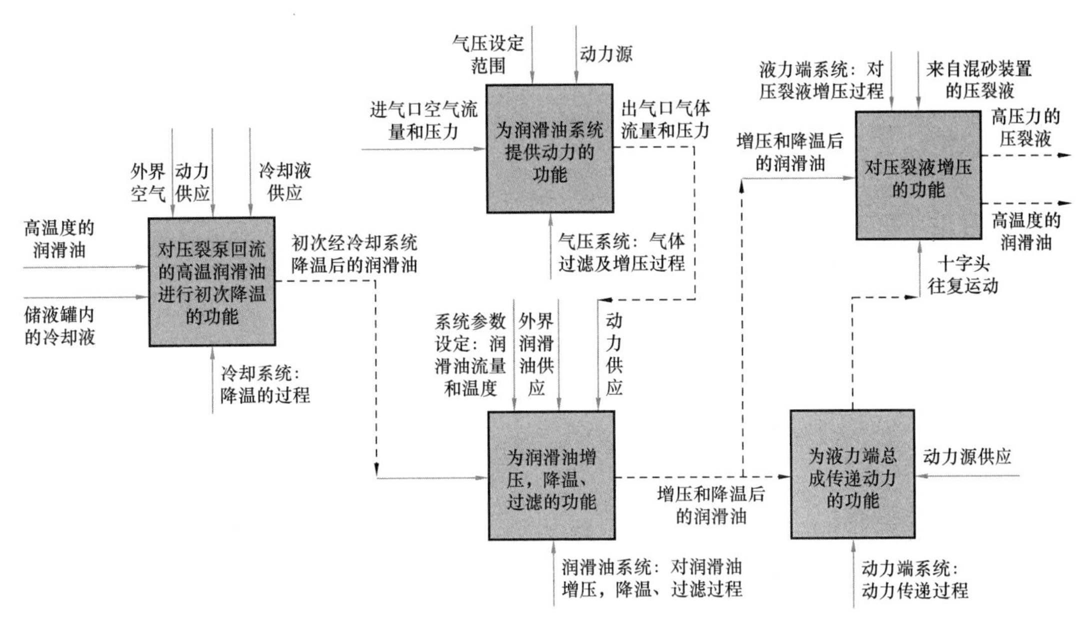

图 6.26　压裂泵系统的整体功能模型

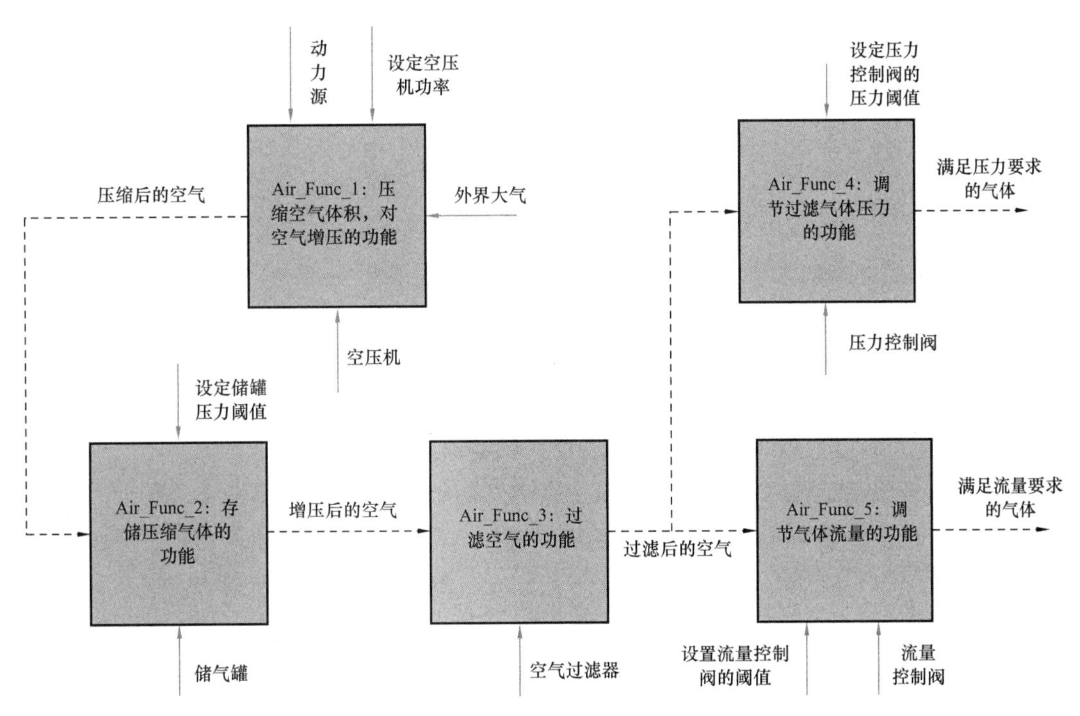

图 6.27　气压系统的基本功能模型

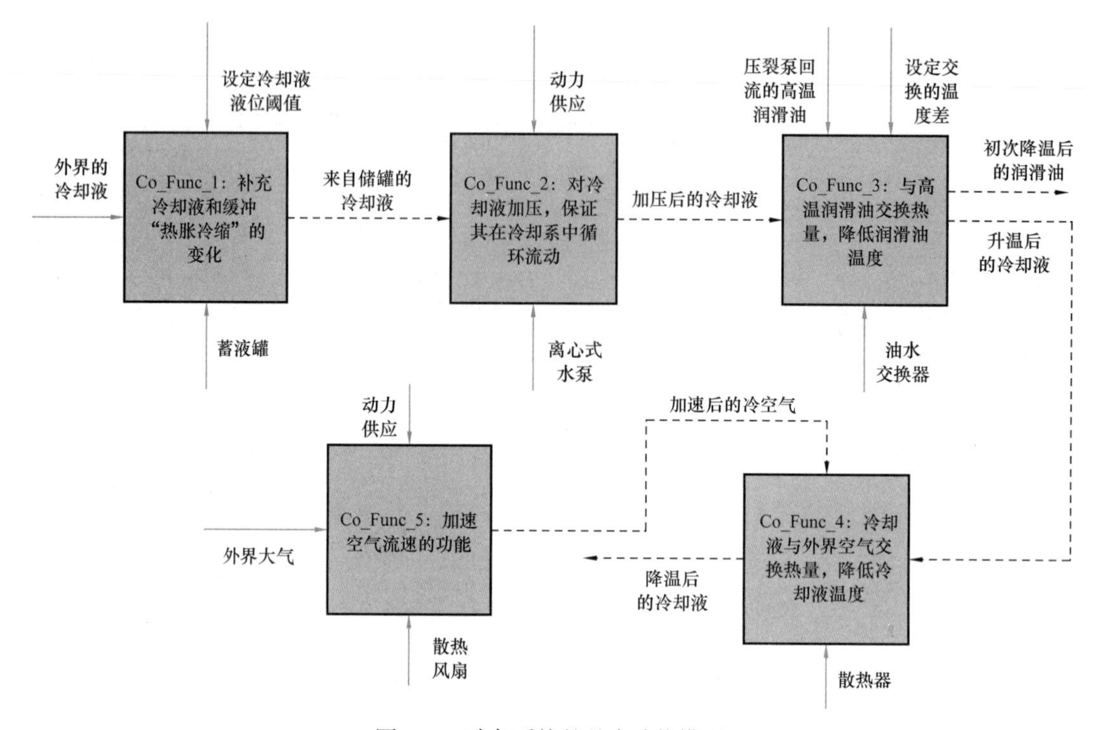

图 6.28　冷却系统的基本功能模型

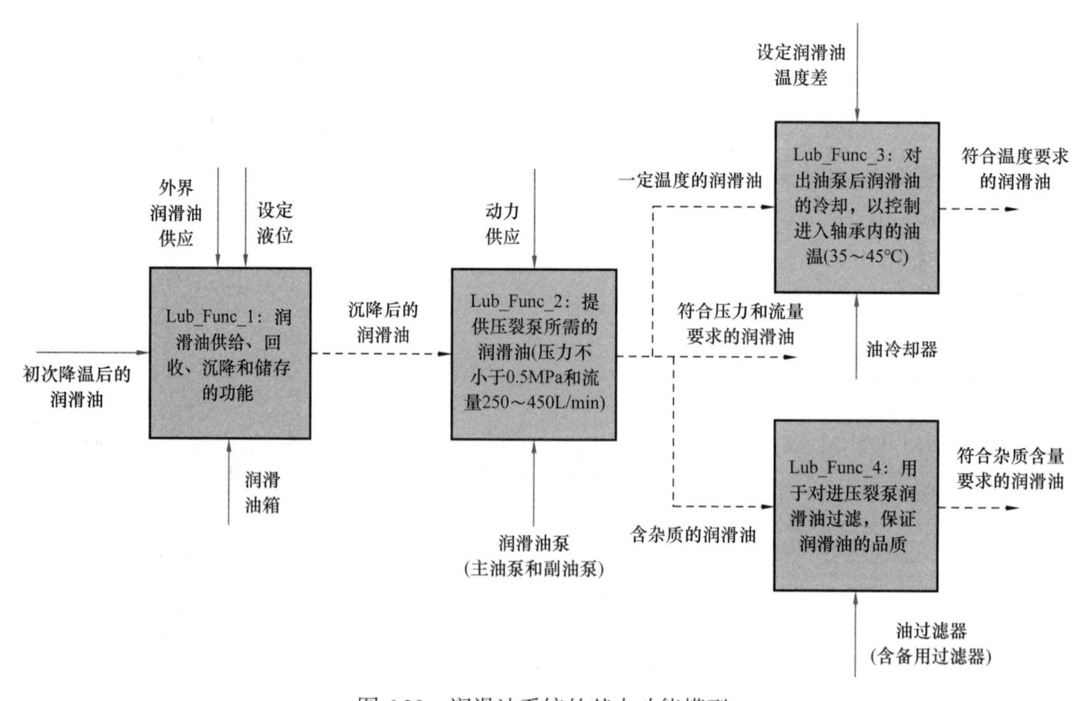

图 6.29　润滑油系统的基本功能模型

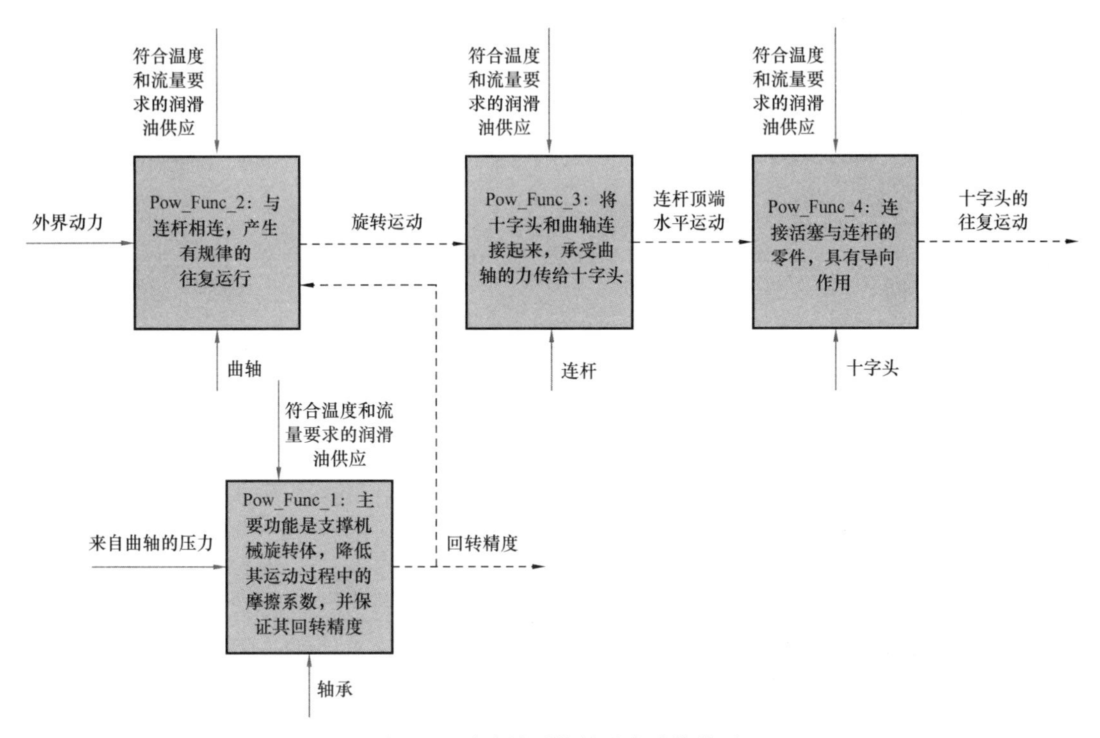

图 6.30　动力端系统的基本功能模型

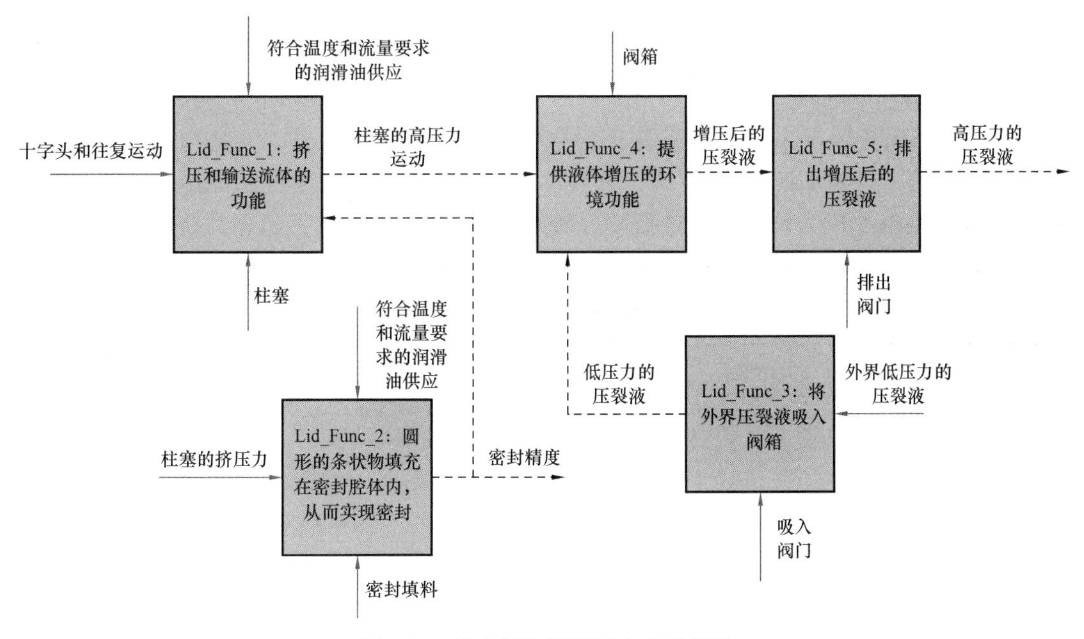

图 6.31　液力端系统的基本功能模型

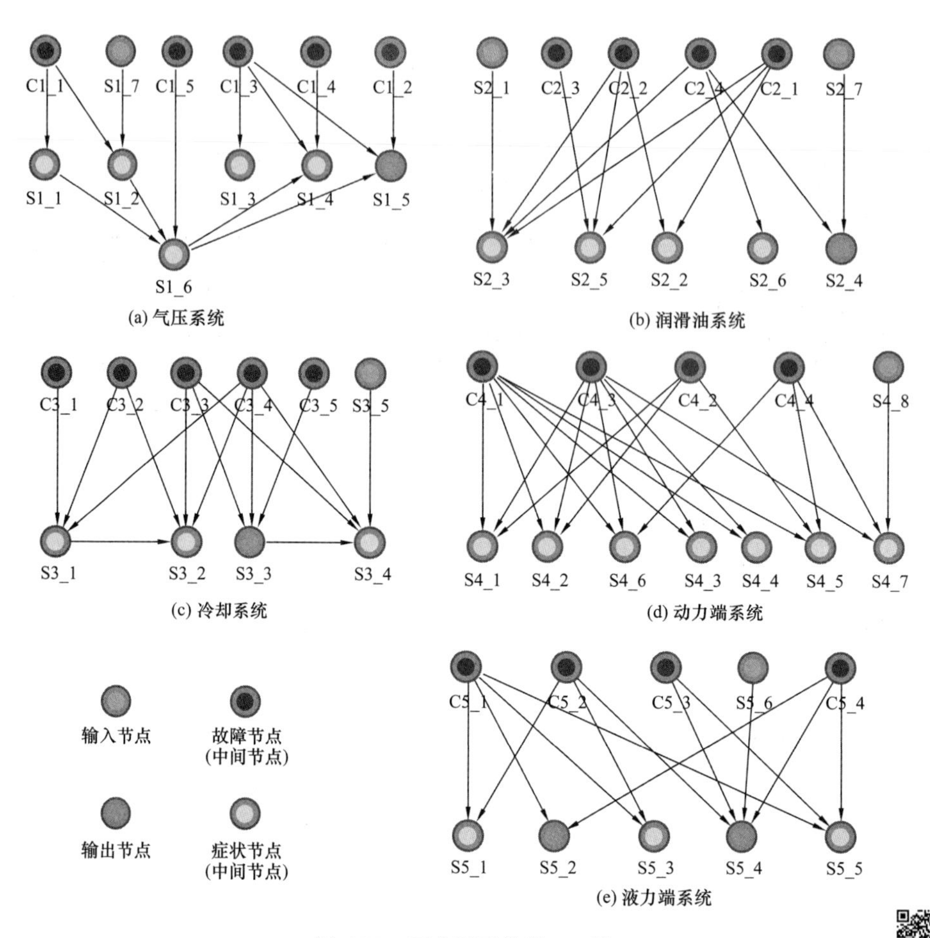

图 6.32　五个子系统的 BN 类

故障节点的先验概率分布列于表 B.1 中第 5 列。BN 类的条件概率分布由现场维修技术员协助完成。以油水换热器 C3_3、散热器 C3_4、散热风扇 C3_5 和油箱内润滑油温度 S3_3 组成的网络片段为例，其条件概率分布如表 6.7 所示。最后，依据系统功能模型中的输入—输出流，建立压裂泵系统的故障诊断模型（OOBN），如图 6.33 所示。

表 6.7　条件概率表

故障节点			油箱内润滑油的温度	
油水交换器 C3_3	散热器 C3_4	散热风扇 C3_5	正常 /%	偏高 /%
正常	正常	正常	98.00	2.00
		失效	65.00	35.00
	泄漏	正常	30.00	70.00
		失效	3.00	97.00
内漏	正常	正常	48.00	52.00
		失效	3.00	97.00

续表

故障节点			油箱内润滑油的温度	
油水交换器 C3_3	散热器 C3_4	散热风扇 C3_5	正常 /%	偏高 /%
内漏	泄漏	正常	1.00	99.00
		失效	0	100.00
外漏	正常	正常	18.00	82.00
		失效	8.00	92.00
	泄漏	正常	2.00	98.00
		失效	0	100.00

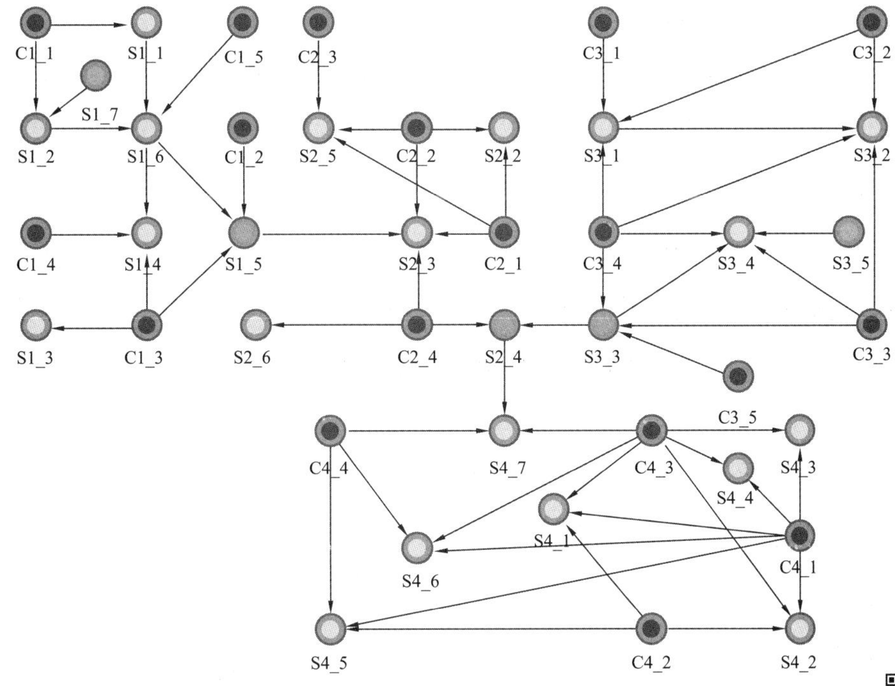

图 6.33　压裂泵系统的部件异常状态推理模型

彩图扫码

根据上述“部件异常状态推理模型”步骤 4 所述，建立压裂泵系统的实时可靠性模型。依据建立 DBN 基础类的规则，建立图 6.27 至图 6.30 中的每个物理部件的 DBN 类。根据实际压裂情况，图 6.31 中的密封填料、吸入阀门组和排出阀门组的服役时间达到 15h 时，需对其进行更换。因此，对于液力端系统，仅建立柱塞组的 DBN 类，如图 6.34 所示，其中 Inp5_1 表示十字头往复运动，Inp5_2 表示符合温度和流量要求的润滑油，Inp5_3 表示密封精度，Outp5_1 表示柱塞的高压力运动，Lid_Func_1 表示挤压和输送流体的功能。其余物理部件的 DBN 类列于图 C.1 和图 C.2，节点的基本信息列于表 C.1 至表 C.4。

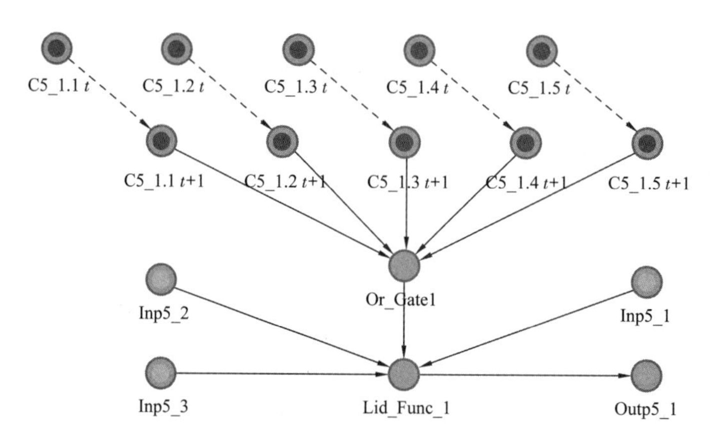

图 6.34 柱塞组的 DBN 类

为确定动态节点的状态转移概率，邀请维修工程师评估每种部件失效前的平均时间，如表 C.5 所示。同时，收集到了少数部件的失效数据，如表 6.8 所示。以轴承为例，轴承从正常状态到磨损状态的平均时间为 550h，则根据式（6.13）可计算从正常状态到磨损状态的先验失效率为 $\lambda_{磨损}^{正常}=1.81\times10^{-3}\mathrm{h}^{-1}$，利用收集到的少数寿命数据（表 6.8），根据式（6.14）更新先验失效率得到后验失效率为 $\lambda_{磨损}^{正常}=1.83\times10^{-3}\mathrm{h}^{-1}$；同理，先验失效率 $\lambda_{失效}^{磨损}=1.0\times10^{-2}\mathrm{h}^{-1}$ 修正后为 $\lambda_{失效}^{磨损}=9.6\times10^{-3}\mathrm{h}^{-1}$；轴承从正常状态直接退化到失效状态的失效率为 $\lambda_{失效}^{正常}=1.25\times10^{-3}\mathrm{h}^{-1}$；则轴承的状态转移概率分布如表 6.9 所示。若时间间隔 $\Delta t=1\mathrm{h}$，则表 6.9 可改写为表 6.10。

表 6.8 高故障率部件的寿命数据样本

部件	状态转移方向	寿命 /h
轴承	正常→磨损	327，580，524，643，408，542，573，626，590，605，520，565，582，525
	磨损→失效	75，104，126，84，112，95，141
十字头	正常→磨损	874，952，932，803，1003
	磨损→失效	90，160，145，172，183，
柱塞	正常→磨损	721，683，927，850，765，820

表 6.9 轴承的状态转移概率表

轴承（t）	轴承（$t+\Delta t$）		
	正常	磨损	失效
正常	$e^{-1.83\times10^{-3}\Delta t}+e^{-1.25\times10^{-3}\Delta t}-1$	$1-e^{-1.83\times10^{-3}\Delta t}$	$1-e^{-1.25\times10^{-3}\Delta t}$
磨损	0	$e^{-9.6\times10^{-3}\Delta t}$	$1-e^{-9.6\times10^{-3}\Delta t}$
失效	0	0	1

表 6.10　轴承的状态转移概率表

轴承（t）	轴承（t+1）		
	正常	磨损	失效
正常	0.997	0.0018	0.0012
磨损	0	0.9904	0.0096
失效	0	0	1

进一步建立子系统层面的 DBN 中间类，图 6.35 给出了润滑油系统的 DBN 类，其余子系统的 DBN 类列于附录 D。根据子系统之间的传输流，可建立压裂泵系统的 DOOBN 模型。

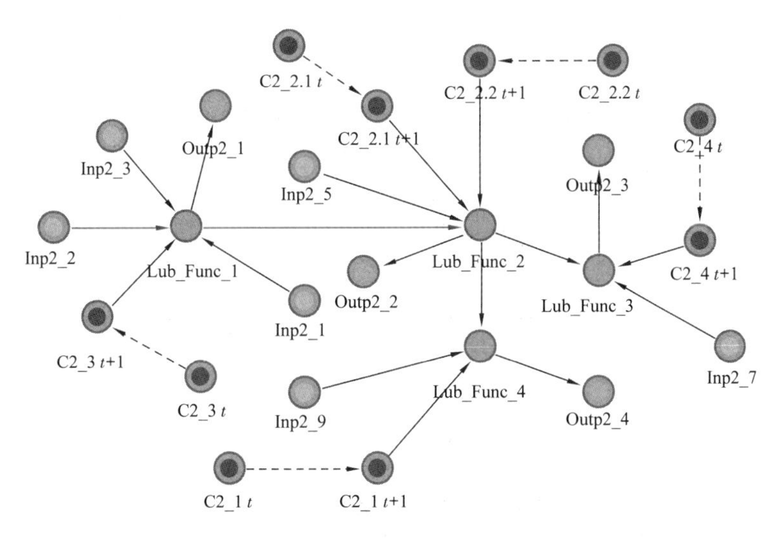

图 6.35　润滑油子系统的 DBN 类

1. 曲轴磨损时剩余寿命预测案例分析

在对某水平井进行第 13 段第 208min 压裂时，指挥车内仪表系统显示第 2 台压裂泵的曲轴箱温度 S4_7 出现高温报警，如图 6.36（a）所示；电机电流 S4_4 出现偏高报警趋势，如图 6.36（b）所示；轴向振动位移 S4_1 呈现出增大趋势，如图 6.36（c）所示。2 号压裂泵在该井场已经累计服役 63h。

在此之前，2 号压裂泵已经完成了前一口水平井的 21 段压裂施工作业，累计运行了 95h，并在转入该施工场地之前，维修厂对其动力端系统进行了维护保养，更换了曲轴两端的轴承，更换 1 个连杆和 2 个十字头。

传统 HAZOP 方法列出了如表 6.11 所示的六个潜在原因，但未给出最可能的故障，也未给出故障的潜在排序，增加了维修活动的难度。若多个监测变量同时出现偏差，则可得到更多的故障。

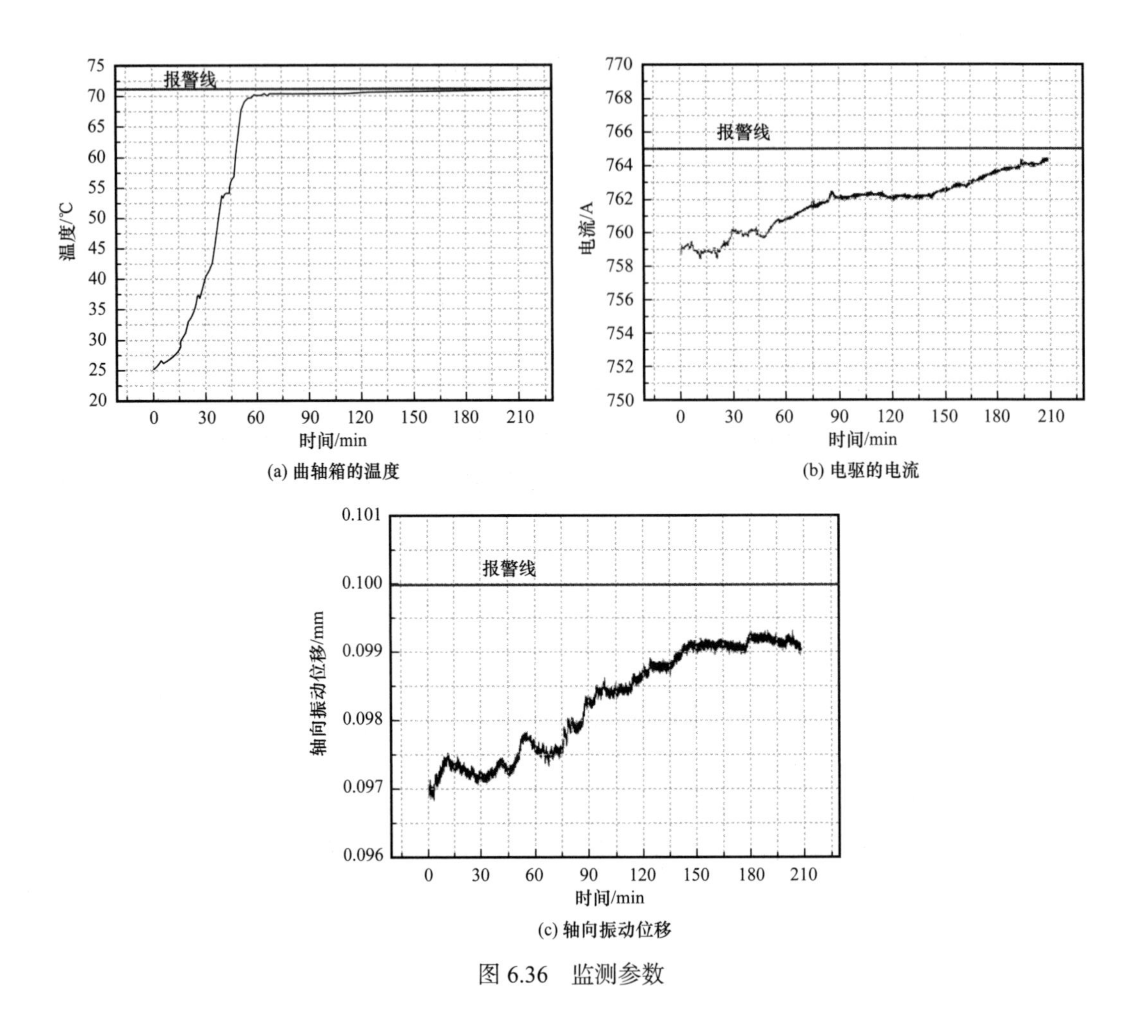

图 6.36　监测参数

表 6.11　传统 HAZOP 诊断结果

可能原因	建议措施
轴承出现磨损或故障	检查动力端部件，并更换受损的部件
曲轴与轴瓦发生磨损，产生大量热量	喷涂或更换磨损的曲轴
十字头发生磨损	喷涂或更换十字头
动力端进口处润滑油温度偏高	增大冷却系统的功率
连杆发生故障	更换受损的连杆
润滑油型号不对或已经变质	更换润滑油

根据 RMASC，将曲轴箱温度 S4_7 偏高，电机电流 S4_4 偏高及轴向振动位移 S4_1 偏大作为症状输入，得到轴承 C4_1、连杆 C4_2、曲轴 C4_3 和十字头 C4_4 的后验概率分布。C4_1 的状态空间为 { 正常，磨损，失效 }，其对应的后验概率分布为 {0.9759，0.0241，0}；C4_2 的状态空间为 { 正常，失效 }，其后验概率分布为 {1.0，0}；C4_3 的

状态空间为 { 正常，磨损，失效 }，其后验概率分布为 {0.1916，0.8084，0}；C4_4 的状态空间为 { 正常，磨损，失效 }，其后验概率分布为 {0.9493，0.0507，0}。其中曲轴处于磨损状态的概率为 0.8084，远高于其他节点处于异常状态的概率，因此，表明曲轴磨损是造成上述症状节点出现异常的最可能原因，其次是十字头磨损。通过与传统 HAZOP 方法相比，RMASC 可快速对故障排序，维修人员根据故障排序可快速排查故障，克服了传统 HAZOP 方法的局限性。

由于压裂泵进口处润滑油流量 S2_3 和压裂泵进口处润滑油温度 S4_8 均处于正常范围，表明曲轴磨损的原因可能是长时间运行引起的疲劳磨损，或轴瓦与曲轴配合不当，或杂质进入曲轴与轴瓦间隙。

基于系统当前状态，从时间维度推理曲轴和系统功能指标在未来时刻的演变趋势。图 6.37 的黑色线给出了未采取维修活动时曲轴处于磨损和失效状态的退化趋势，从图中可看出，若未采取维修措施，曲轴失效的概率快速增加，139h ± 10h 后，失效可能性从 0 增加到 0.5，高于其处于磨损状态的可能性。若提高冷却系统的功率，使得润滑油温度恢复至正常范围，且不影响动力端的动力输出，该曲轴还可服役 139h ± 10h，即继续完成 28 ± 2 段压裂施工。

从图 6.37 的虚线可以看出，如果未考虑到系统当前状态（即系统退化趋势预测未与部件异常状态推理模型相结合），则预测结果无法反映出真实的剩余寿命。

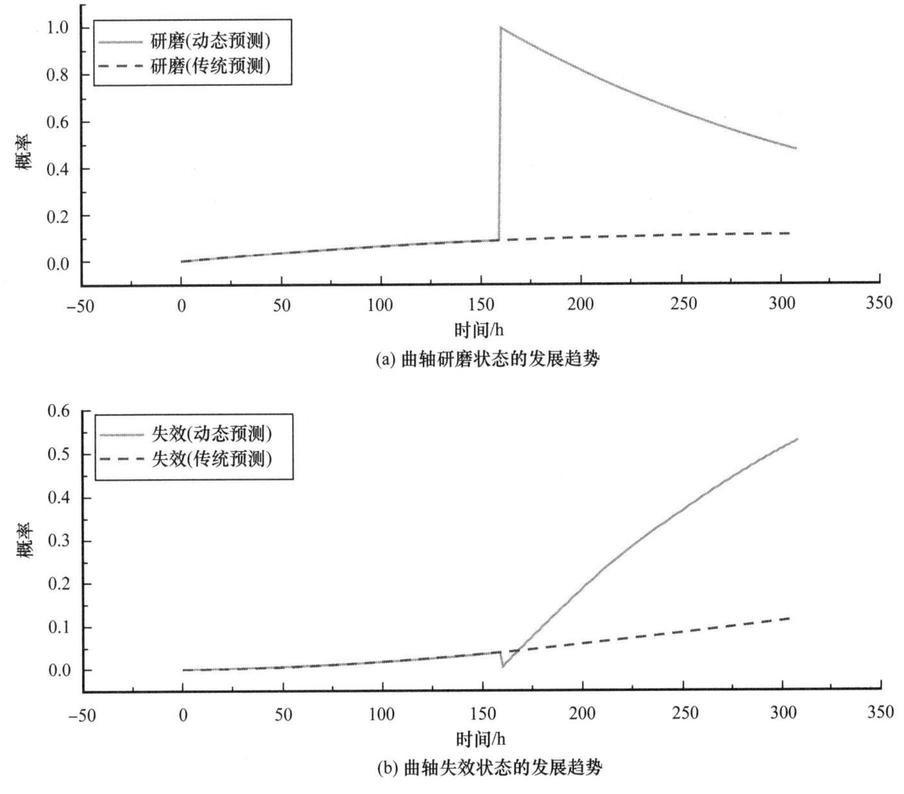

(a) 曲轴研磨状态的发展趋势

(b) 曲轴失效状态的发展趋势

图 6.37　未采取维修活动时曲轴磨损和失效状态的发展趋势

图 6.38 给出了更换曲轴之后各状态的演变过程。当更换曲轴之后，曲轴恢复至正常状态。若以压裂现场规定的可靠度 0.6 作为曲轴维修保养的标准，则基于可靠性的剩余寿命预测为 614h ± 15h。若以每段压裂持续时间 300min 折算，可继续完成 123 ± 3 段压裂。在此期间，建议密切监视轴向振动位移 S4_1、径向振动位移 S4_2、轴承温度 S4_3、电流 S4_4 的变化趋势，并加强对曲轴的维护。

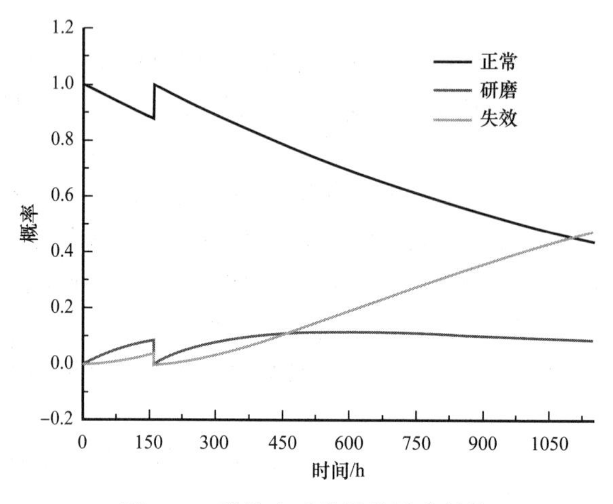

图 6.38　维修之后曲轴的退化趋势

曲轴发生磨损并不会影响其上游子系统的性能，故隔离上游子系统，预测动力端子系统性能指标的发展趋势。更换曲轴之后，功能节点 Pow_Func_2 和 Pow_Func_4 处于正常状态的发展趋势如图 6.39 所示，图中 M1 和 M2 分别表示第 95h 进行维护保养和第 158h 更换曲轴。从图中可看出，当曲轴未发生磨损时，Pow_Func_2 处于正常状态的概率高于 0.822，Pow_Func_4 处于正常状态的可能性则低于 0.337。然而，更换曲轴之后，Pow_Func_2 正常状态的概率提高至 0.877，而 Pow_Func_4 的正常状态概率提升至 0.353，在 270h 下降为 0.1。上述分析表明，尽管在前期更换了轴承、部分连杆和十字头部件，但动力端系统的整体性能仍处于较严重的退化状态，建议加强对连杆组和十字头组的监测和维护。

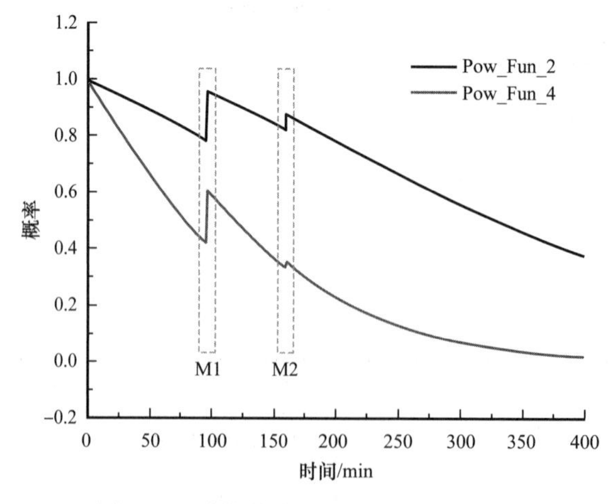

图 6.39　功能节点处于正常状态的概率

2. 气体过滤器结垢时剩余寿命预测案例分析

对该井进行第 17 段第 136min 压裂时，仪表系统显示第 6 台压裂泵的气压传动系统的出口处气体压力 S1_5 出现偏低趋势（图 6.40），且过滤器压力差 S1_3 出现偏大报警（图 6.41），其余监测参数均处于正常状态。此时，操作人员停用 6 号压裂泵车，并依次检查了气体系统的关键物理部件，发现过滤器的滤芯中出现少量灰尘，尽管此时润滑油系统的润滑油泵功率未受到影响，但是为了提高气压系统可靠性，维修人员直接更换了滤芯。6 号压裂泵车已累计运行 365h，在前期三次返厂维修保养时，未更换过气压系统的部件。

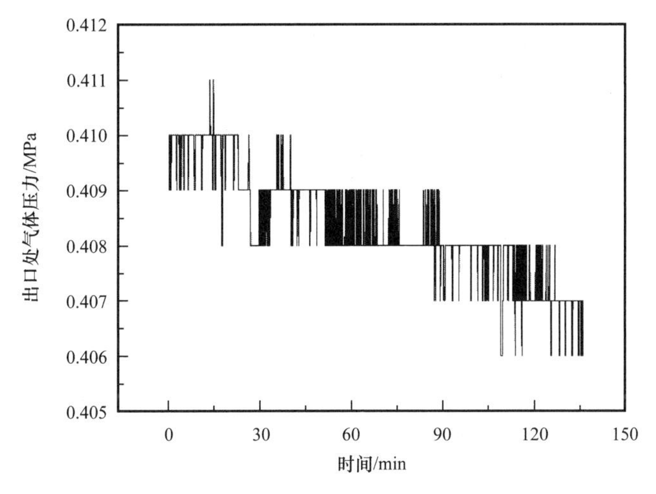

图 6.40　出口处气体压力 S1_5 的变化趋势

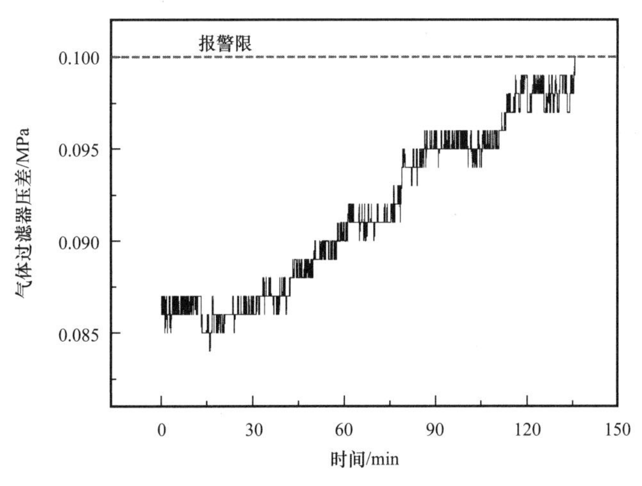

图 6.41　过滤器压力差 S1_3 的变化趋势

根据 RMASC，将 S1_5 和 S1_3 的偏低状态和偏大状态作为模型的症状输入，得到节点空压机 C1_1、压力控制阀 C1_2、气体过滤器 C1_3、流量控制阀 C1_4 和储气罐 C1_5 的后验概率分布。C1_1 的状态空间为{正常，退化，失效}，其后验概率分布为{0.7110，0.2887，0.0003}；C1_2 的状态空间为{正常，失效}，其后验概率分布为{0.2890，

0.7110}；C1_3 的状态空间为｛正常，结垢，堵塞｝，其后验概率分布为 {0.0712，0.9288，0}；C1_4 的状态空间为｛正常，失效｝，其后验概率分布为 {0.9278，0.0722}；C1_5 的状态空间为｛正常，泄漏｝，其后验概率分布为 {1.0，0}。各部件处于正常状态的概率依次为 0.7110，0.2890，0.0712，0.9278 和 1.0，其中 C1_3 发生结垢的概率为 0.9288，C1_2 失效的概率为 0.7110。因此，根据概率值排序可推断出：最可能的故障原因是气体过滤器发生结垢，其次是压力控制阀失效。通过与设备维护人员交流得知：压裂泵系统始终处于野外工作环境，空气中携带的大量沙尘是气体过滤器过快结垢的原因。

基于系统的当前状态，从时间维度推理 C1_3 状态和相关功能指标的演变趋势。图 6.42 中实线给出了未采取维修活动时 C1_3 的结垢状态和堵塞状态的发展趋势，从图中可看出：在未采取维修措施时，C1_3 堵塞的可能性快速增加，268h ± 5h 后堵塞的概率高于结垢的概率。而传统预测方法只给出了自然状态下气体过滤器结垢状态和堵塞状态的发展趋势，预测结果缺乏动态性，不适用于真实工况下部件退化趋势预测。

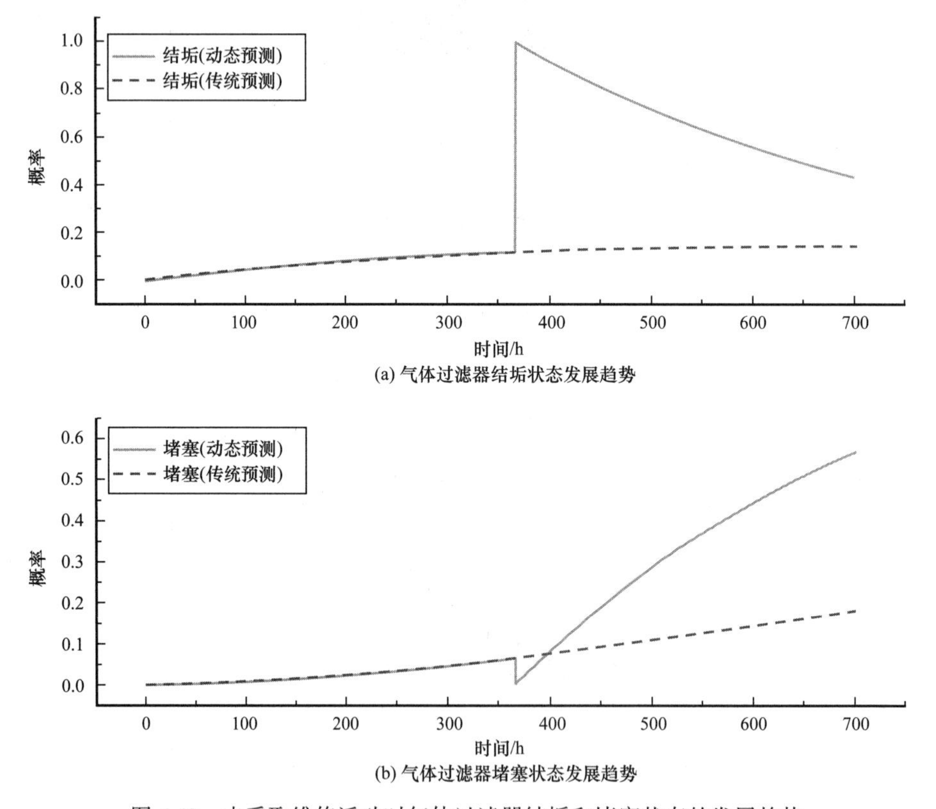

图 6.42　未采取维修活动时气体过滤器结垢和堵塞状态的发展趋势

图 6.43 给出了更换气体过滤器之后各状态的演变趋势。若以现场规定的可靠度 0.6 作为过滤器清洗维护的标准，则基于可靠性的剩余寿命预测为 919h ± 15h。若以每段压裂持续时间 300min 折算，可继续完成 184 ± 3 段压裂。建议在该段时间内密切监视相关监测参数的变化，防止气体过滤器结垢影响气压系统出口的压力。

未采取维修措施时，功能节点 Air_Func_3、Air_Func_4 和 Air_Func_5 处于正常状态的趋势如图 6.44 所示，此时，气体过滤器结垢导致上述三个功能节点处于正常状态的概率均小于 0.5，建议及时清洗或更换过滤器。当更换气体过滤器之后，上述三个节点处于正常状态的可能性明显增加，且系统的退化趋势缓慢（图 6.45）。

3. 分析与小结

（1）针对忽略系统当前状态对未来退化趋势的影响，导致剩余寿命预测过程缺乏动态性的问题，提出了基于 DOOBN 的压裂泵系统剩余寿命动态预测方法。

（2）首先根据部件异常状态和症状之间的不确定性关系，建立基于 OOBN 的部件异常状态推理模型（RMASC），然后根据系统功能模型，建立基于 DOOBN 的系统退化趋势预测模型（DTPM）。在进行剩余寿命预测时，将多源诊断知识作为 RMASC 的输入，推理出部件的异常状态，并将推理结果融入到 DTPM，实现对部件剩余寿命（压裂段数）和系统功能指标发展趋势的动态预测。

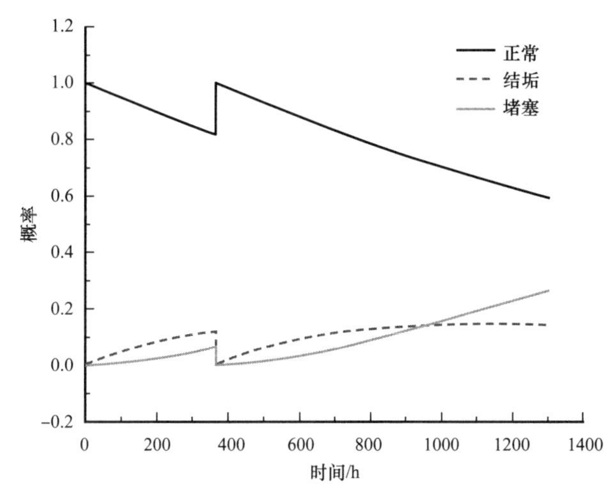

图 6.43　维修之后过滤器的退化趋势

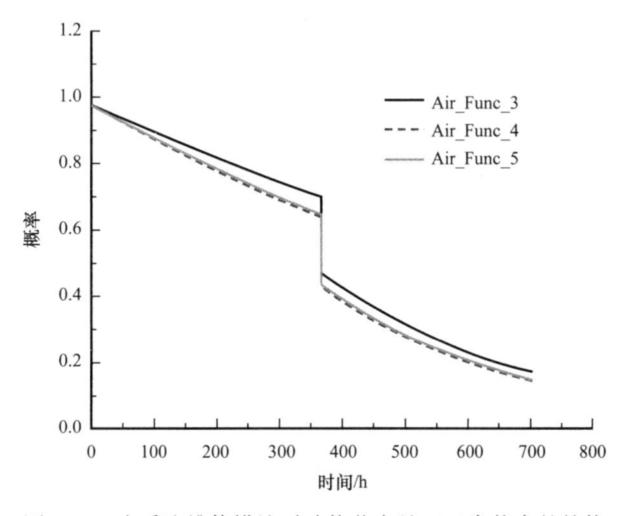

图 6.44　未采取维修措施时功能节点处于正常状态的趋势

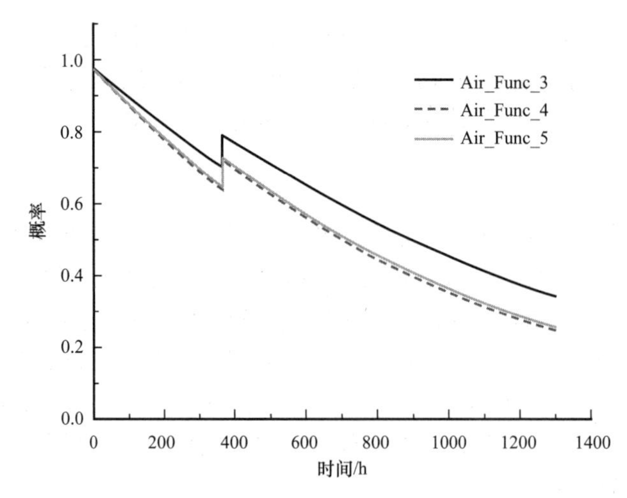

图 6.45　维修之后功能节点处于正常状态的趋势

（3）以“曲轴磨损”和“气体过滤器结垢”为研究案例，当曲轴在 158h 处于磨损状态时，其剩余寿命为 139h ± 10h，即仍可继续完成 28（± 2）段水力压裂。当气体过滤器在 365h 出现结垢状态时，则在 268h ± 5h 之后，其堵塞的概率高于结垢的概率。传统基于可靠性的剩余寿命预测只能给出自然状态下部件退化趋势，未能考虑到系统状态的改变对未来退化趋势的影响。结果表明，所提方法立足于系统当前状态，可用于实际工况下系统的剩余寿命预测。

参考文献

[1] Laibin Zhang, Xin Zhang, Jinqiu Hu, et al. A comprehensive method for safety management of a complex pump injection system used for shale-gas well fracturing [J]. Process Safety and Environmental Protection, 2018, 120: 370-387.

[2] Xin Zhang, Laibin Zhang, Jinqiu Hu. Real-time risk assessment of a fracturing manifold system used for shale-gas well hydraulic fracturing activity based on a hybrid Bayesian network [J]. Journal of Natural Gas Science and Engineering, 2019, 62: 79-91.

[3] Xin Zhang, Laibin Zhang, Jinqiu Hu. Real-time diagnosis and alarm of down-hole incidents in shale-gas well fracturing process [J]. Process Safety and Environmental Protection, 2018, 116: 243-253.

[4] Xin Zhang, Laibin Zhang, Jinqiu Hu. A fault inference method under uncertainty: case study on crankshafts in fracturing pumps [C]. Iop Conference series Materials Science and Engineerino 2019, 575: 012010.

[5] 张鑫，胡瑾秋，张来斌，等. 基于 RS 和 SVM 的化工过程高精度故障诊断方法 [J]. 石油学报（石油加工），2017，33（4）：777-784.

[6] Xin Zhang, Jinqiu Hu, Labin Zhang. Performance assessment of fault classifier of chemical plant based on support vector machine [C]. 12th International Conference on Natural Computation, Fuzzy Systems and Knowledge Discovery, 2016.

[7] 张鑫. 基于贝叶斯网络的页岩气压裂作业及关键设备实时风险评估方法研究 [D]. 中国石油大学（北京），2019.

[8] 魏佳，辛勇亮. 页岩气压裂施工砂堵原因与策略研究 [J]. 中国石油石化，2017（9）：95-96.

[9] 曾聿赟，刘井泉，杨春振，等. 基于机器学习的小型核反应堆系统状态预测方法 [J]. 核动力工程，

2018, 39 (1): 117−121.

[10] Kim K O, Zuo M J. General model for the risk priority number in failure mode and effects analysis [J] . Reliability Engineering and System Safety, 2018, 169: 321−329.

[11] Khakzad N, Khan F, Amyotte P. Dynamic safety analysis of process systems by mapping bow−tie into Bayesian network [J] . Process Safety and Environmental Protection, 2013, 91 (1–2): 46–53.

[12] Li X, Chen G, Zhu H. Quantitative risk analysis on leakage failure of submarine oil and gas pipelines using Bayesian network [J] . Process Safety and Environmental Protection, 2016, 103: 163–173.

[13] Ayodeji A, Liu Y. Support vector ensemble for incipient fault diagnosis in nuclear plant components [J] . Nuclear Engineering and Technology, 2018, 50 (8): 1306−1313.

[14] Biagetti T, Sciubba E. Automatic diagnostics and prognostics of energy conversion processes via knowledge−based systems [J] . Energy, 2004, 29: 2553–2572.

[15] Feng E, Yang H, Gao M. Fuzzy expert system for real−time process condition monitoring and incident prevention [J] . Expert Systems with Applications, 1998, 15 (3–4): 383–390.

[16] Abimbola M, KHAN F. Resilience modeling of engineering systems using dynamic object−oriented Bayesian network approach [J] . Computers & Industrial Engineering, 2019, 130: 108−118.

[17] Cai B, Liu Y, Zhang Y, et al. Dynamic Bayesian networks based performance evaluation of subsea blowout preventers in presence of imperfect repair [J] . Expert Systems with Applications, 2013, 40 (18): 7544–7554.

[18] Cai B, Liu Y, Ma Y, et al. Real−time reliability evaluation methodology based on dynamic Bayesian networks: A case study of a subsea pipe ram BOP system [J] . ISA Transactions, 2015, 58: 595–604.

[19] Song G, Khan F, Yang M. Probabilistic assessment of integrated safety and security related abnormal events: a case of chemical plants [J] . Safety Science, 2018, 113: 115–125.

第 7 章

炼化装置多级关联预警典型案例

7.1 基于报警聚类的过程报警系统优化

随着工业报警系统的复杂度和报警数量呈指数级增长，采取有效措施进行报警管理有助于操作者在异常工况发生时及时发现关键报警并做出正确的决策。为了防止关联报警、抖振报警过多甚至报警泛滥等现象的发生，针对现有报警关联分析方法存在缺乏代表性二值报警序列及自适应性的难题，本节提出一种基于报警聚类的过程报警系统优化方法。基于词嵌入方法自适应学习各报警变量的向量表示；并采用一种集成聚类方法对关联报警进行自适应分组，通过多维尺度分析可视化聚类结果；最后提出一种报警系统优化策略，有助于发现并消除冗余及抖振报警、进行因果分析和报警根源定位，使操作人员有机会快速锁定并解决问题，避免潜在故障和事故的发生。

7.1.1 过程报警优化问题与难点

报警系统是旨在引导操作者注意异常过程状态的一类系统。一个设计良好的报警系统应该满足现有标准及指南的要求，如 EEMUA-191 和 ANSI/ISA-18.2。随着科技的不断发展，过程报警配置变得更加容易。在这种情况下，远超操作者处理能力的报警数量使他们应接不暇，从而大大助长了工业事故的发生。如今，对过程安全的日益重视已引起工业界和学术界对先进报警管理技术的广泛关注，其中，报警关联及聚类分析是有效进行报警管理的重中之重。

工业过程中往往存在着许多相互作用，一些报警可能由相同的初始异常事件所引起。这些密切相关的报警常传达类似的过程信息，通常被称为序列或相关报警。文献曾定义：“序列报警为在相同的激活条件下一个报警先发生，随后相关报警陆续发生，但没有特定的顺序。”序列和相关报警均被称作关联报警。辨识关联报警，有利于操作人员消除冗余报警并及时发现报警根源，避免过程状态恶化，从而保证过程安全。如今，报警关联及聚类分析主要存在如下难点：

（1）如何获得有代表性的报警序列是进行关联及聚类分析的关键。现有方法大多基于各过程变量的二值报警序列，然而，有些变量通常不会经常发生报警，因此很难获得具有代表性的二值报警序列。

（2）报警日志中的报警数据是由 DCS 系统生成的一组文本信息，通常具有如下基本属性：变量名称、报警等级及时间戳信息等。报警等级通常包括“HI（High）”“HH（HighHigh）”“LO（Low）”“LL（LowLow）”等。本节将变量名称和报警等级一起定义为一个报警变量类型，时间戳即为报警发生的时间。一个报警日志由按时间顺序发生的一系列报警组成。而基于报警日志进行报警关联及聚类分析，需要解决的核心问题是如何量化报警数据并保留各报警变量间的关联性。

针对上述难题，结合报警日志中丰富的多变量报警信息，本节提出一种基于报警聚类的过程报警系统优化方法，采用词嵌入方法“Word2Vec”将各报警变量映射为对应的实值向量。作为一种自然语言处理技术（Natural Language Processing，NLP），词嵌入方法可以捕捉词语之间不同程度的相似性，在文本中经常相继出现的词语在向量空间中也会非常接近，因此，报警向量之间的距离可以表示报警变量之间的关联程度。此外，为了克服层次聚类的不可变性和初始聚类中心对 k 均值算法的影响，本节采用一种集成聚类方法对关联报警进行分组，并提出一种报警系统优化策略消除冗余及抖振报警，分析各类内报警变量间的关联关系，从而有助于辨识报警发生的根本原因，以避免报警泛滥的发生。

7.1.2　基本原理

用于报警聚类和聚类结果可视化的基本方法主要包括词嵌入、聚类分析和多维尺度分析方法。

1. 词嵌入

词嵌入是 NLP 中的一类词语表示方法，它采用实值向量表示词语，以便将机器学习算法用于各种 NLP 任务，如句法分析和情感分析。Word2Vec 是一种用于生成词向量的双层神经网络，它以语料库为输入，为语料库中的每一种词语生成相应的 n 维向量（n 即嵌入空间的维数）。在嵌入空间内，通常在语料库里相继出现的词语，其对应的向量距离亦十分相近，因此，词向量保持了词语在上下文间的相似性。

通过比较各种词嵌入方法，文献得出的结论是，Word2Vec 在低维语义空间内可得到最好的词向量表达。Word2Vec 可用两种模型结构计算词语的向量表示：连续词袋（Continuous Bag-of-Words，CBOW）和 Skip-Gram 模型。CBOW 模型根据目标词的上下文词语来预测该目标词，并假定上下文词语的顺序对预测结果没有影响。相反，Skip-Gram 模型使用每个当前词作为输入来预测其上下文词语，与当前词距离更近的词语被赋予更大的权重。相比之下，CBOW 用时更短，但 Skip-Gram 模型表达频数少的词语效果更好。Skip-Gram 模型的训练目标是寻找有助于预测句子或文档中上下文词语的词向量表示，给定训练词 m_1，m_2，…，m_N，Skip-Gram 的目的是最大化平均对数概率 P_m，见式（7.1）：

$$P_m = \frac{1}{N}\sum_{n=1}^{N}\sum_{-c\leqslant i\leqslant c, i\neq 0} \lg p\left(m_{n+i} \mid m_n\right) \tag{7.1}$$

这里 c 是各当前词的上下文窗宽。c 越大，所需训练样本越多，以更多训练时间为代价可提高训练的准确性。基本的 Skip-Gram 采用 softmax 函数定义 p（$m_{n+i}|m_n$），见式（7.2）：

$$p\left(m_O \mid m_I\right) = \frac{\exp\left({v'_{m_O}}^T v_{m_I}\right)}{\sum_{m=1}^{M}\exp\left({v'_m}^T v_{m_I}\right)} \tag{7.2}$$

这里 v'_m 和 v_m 分别为词语 m 的输出和输入的向量表达，M 为词汇量的大小。

为了降低计算量，Word2Vec 模型可采用层次 Softmax（Hierarchical Softmax，HS）或负采样（Negative Sampling，NS）方法进行训练。Word2Vec 的基本思想是使文本中经常相继出现词语的对应向量之间的相似度最大化。为此，HS 方法使用 Huffman 树来减少计算量，而 NS 方法通过最小化抽样负实例的对数可能性来处理该最大化问题。文献研究得出，基于 NS 的 Skip-Gram 模型（Skip-Gram with Negative Sampling，SGNS）在相似性任务上的表现优于其他词嵌入方法。

故本节采用 SGNS 模型学习各报警变量的向量表达，将报警变量视为文本中的一个词语，将报警日志视为一个文本，生成的报警向量保留了报警变量间的关联信息。SGNS 方法基本原理如下：

对于一个中心词 m（正例），记其上下文的 $2c$ 个词为 $context$（m）。负采样的目的是得到 neg 个不同于 m 的中心词 m_i（i=1，2，…，neg），构成 neg 个并不真正存在的负例［$context$（m）与 m_i］。

假设词汇表的大小为 M，将长度为 1 的线段分成 M 份，与词汇表中的 M 个词一一对应。所分线段长度不等，长线段对应高频词汇，短线段对应低频词汇，在 Word2Vec 模型中，通过式（7.3）计算每个词 m 的线段长度。

$$len(m)=\frac{count(m)^{3/4}}{\sum\limits_{word\in vocabulary} count(word)^{3/4}} \tag{7.3}$$

为了通过负采样方法得到 neg 个负例，首先将这段长度为 1 的线段划分成 W 等份（W 远大于 M，在 Word2Vec 中，$W=10^8$），以保证每个词 m 对应的线段都会被划分成对应的小块。在进行负采样时，只需从 W 个位置的线段中采样出 neg 个位置的对应线段，其所属的词即为负例词。

负采样通过逻辑回归计算模型参数，记正例（中心词）为 m_0，负采样实例［$context$（m_0），m_i］，其中 i=1，2，…，neg。在逻辑回归中，对于正例和负例，分别期望满足式（7.4）和式（7.5），其中 σ（…）为 sigmoid 函数，$\boldsymbol{v}_{m_0}$ 为 m_0 对应的词向量。

$$P\left[context(m_0),m_i\right]=\sigma\left(\boldsymbol{v}_{m_0}^{T}\theta^{m_i}\right) \qquad (y_i=1,i=0) \tag{7.4}$$

$$P\left[context(m_0),m_i\right]=1-\sigma\left(\boldsymbol{v}_{m_0}^{T}\theta^{m_i}\right) \qquad (y_i=0,i=1,2,\cdots,neg) \tag{7.5}$$

基于随机梯度上升法，可得 SGNS 算法流程如下：

输入为基于 Skip-Gram 的词汇训练样本，上下文大小为 $2c$，步长 η，输出为每个词对应的模型参数 θ 及各词向量 v_m。

步骤 1：随机初始化所有参数 θ 及词向量 v_m。

步骤 2：对各训练样本［$context$（m_0），m_0］，采样 neg 个负例中心词 m_i，其中 i=1，2，…，neg。

步骤 3：进行梯度上升迭代，对于各训练样本［$context$（m_0），m_0，m_1，…，m_{neg}］执行如下操作，如图 7.1 所示。

2. 聚类分析

聚类分析是一类用于统计数据分析的数据挖掘工具，它是一种无监督的分类方法，即将类似对象划分在同一类内，而不同类内的对象具有很大的相异性。其中，凝聚层聚类和 *k*-means 聚类方法是两种常用的聚类分析方法。

1）凝聚层聚类方法

凝聚层聚类（Agglomerative Hierarchical Clustering，AHC）是一种自下而上的聚类方法，算法初始化每个对象（每个报警变量类型）在一个单独的类中，依据某种相似性标准，每一步合并两个距离最近的类，直到只剩下一个类。通过计算报警变量类型 i 和 j 的距离 d_{ij} 来表示相异性程度，见式（7.6）：

(1) *for* $j=1$ *to* $2c$:

① $\varepsilon=0$

② *for* $i=0$ *to* *neg*:

$f=\sigma(\boldsymbol{v}_{\boldsymbol{m}_{0j}}^{T}\theta^{m_i})$

$g=(y_i-f)\eta$

$\varepsilon=\varepsilon+g\theta^{m_i}$

$\theta^{m_i}=\theta^{m_i}+g v_{m_{0j}}$

③ 更新词向量 $\boldsymbol{v}_{\boldsymbol{m}_{0j}}=\boldsymbol{v}_{\boldsymbol{m}_{0j}}+\varepsilon$

(2) 若梯度收敛，终止迭代，算法结束，否则转到步骤（1）

图 7.1　SGNS 算法流程

$$d_{ij}=\sqrt{\sum_{k=1}^{n}\left(x_{ik}-x_{jk}\right)^{2}} \tag{7.6}$$

其中：n 为报警向量的维度，即嵌入空间的维度；x_{ik} 和 x_{jk} 分别为报警变量类型 i 和 j 对应向量的第 k 个分量。

本节采用 Average-linkage 计算不同类之间的相似度。Average-linkage 定义两个类 p 和 q 间的距离为两类中所有点的两两距离 d_{ij}（$i\subset p$，$j\subset q$）的平均值。系统树图可以图形的方式显示聚类结果和各类之间的距离。AHC 方法不需要预先设置聚类数，但一旦合并了两个类，即无法撤销。

2）*k*-means 聚类方法

k-means 算法是一类基于距离的非层次聚类方法，采用距离作为相似性的评价指标，其目标为使类内对象间的距离都足够近，类间对象间的距离都尽量远。该算法首先随机选取 k 个对象（即报警向量）作为初始聚类中心，对其余的每个对象，根据与各聚类中心的距离大小，将其赋给距离最近的类。算法在每次迭代中会重新计算各类 h 内对象 i 到聚类中心的距离 e_{ih} 的平均值 $\overline{e}_h$ 作为新的聚类中心，并将各对象重新赋给距离最近的类，直到聚类中心不再变化，说明算法已经收敛，计算见式（7.7）：

$$\overline{e}_h=\frac{1}{n_h}\sum_{i\subset h}e_{ih} \tag{7.7}$$

其中：n_h 为类 h 中的对象个数。

k-means 聚类算法易于实现，可以产生比层次聚类更紧密的类别。然而，作为一种启发式算法，该方法易受到初始聚类中心的影响。

3. 多维尺度分析

多维尺度分析（Multi-dimensional Scaling，MDS）可在二维空间中实现报警向量的可视化。该方法可得到原始高维数据间距离的良好低维表征，从而实现报警聚类结果的可视化。下面主要介绍用于可视化 n 维报警向量的 MDS 方法。

对于 S 个 n 维报警向量 $\boldsymbol{x}_i$（i=1，2，…，S），两两向量间的欧氏距离 δ_{ij}（i，j=1，2，…，S）可表示为如下矩阵形式 $\boldsymbol{D}_{Eu}$：

$$\boldsymbol{D}_{Eu}=\begin{bmatrix}\delta_{11} & \delta_{12} & \cdots & \delta_{1S}\\ \delta_{21} & \delta_{22} & \cdots & \delta_{2S}\\ \vdots & \vdots & \ddots & \vdots\\ \delta_{S1} & \delta_{S2} & \cdots & \delta_{SS}\end{bmatrix} \tag{7.8}$$

MDS 的基本原理是将这 S 个向量嵌入到一个低维（二维）空间中，以尽可能保持它们之间的相似性（距离）不变。首先初始化各报警向量 $\boldsymbol{x}_i$ 为一个二维向量 $\boldsymbol{y}_i$，通过最小化目标函数 O［式（7.9）］可得到最优 $\boldsymbol{y}_i'$ 值，以表示各报警向量 $\boldsymbol{x}_i$。

$$O=\sum_{i=1}^{S}\sum_{j=1}^{S}\left(\delta_{ij}-\lambda_{ij}\right)^2 \tag{7.9}$$

其中：λ_{ij} 为 $\boldsymbol{y}_i$ 和 $\boldsymbol{y}_j$ 间的欧氏距离。

最后在二维散点图上表示出各向量 $\boldsymbol{y}_i'$，以达到可视化各高维报警向量 $\boldsymbol{x}_i$ 的目的。

7.1.3 基于报警聚类的报警系统优化方法

基于词嵌入方法，可将过程报警表示为向量形式。在嵌入空间中，在报警日志中经常相继出现的报警变量，其对应向量也在距离相近的位置，从而保留了各报警变量间的关联性信息。本节采用集成聚类方法对关联报警向量进行聚类，并利用 MDS 方法在二维散点图上可视化聚类结果。通过对各类内报警变量进行关联性分析，提出一种报警系统优化策略，用于消除冗余及抖振报警，抑制关联报警。所提方法将有助于过程报警的优化管理，如分析报警根原因及控制报警泛滥等。图 7.2 为所提方法的流程。

1. 报警数据预处理

一个报警日志通常包含几个月甚至全年的报警记录。若两相邻报警间的时间间隔过长，考虑两报警间的关联性并无太大意义。因此，有必要设置一个时间阈值对报警日志进行划分。若两相邻报警间时间间隔超过所设阈值，后者将作为另一报警序列的第一个报警变量。

抖振报警是一类在短时间内频繁发生的报警，在一分钟内发生三次或三次以上的报警通常被视为最严重的抖振报警。抖振报警大多是冗余的，且会影响词嵌入方法的效果，难以产生高质量的报警向量。本节将一分钟内发生三次以上的报警融合为一个报警以消除抖振报警。

2. 生成报警向量

采用 SGNS 模型学习各报警变量的向量表达，通过一个强大的 Python 库 Gensim 训练 SGNS 模型，以获得所需报警向量。Gensim 要求输入必须以序列形式，故将各报警序列作为模型输入，每个序列由按时间先后排列的报警变量组成。SGNS 模型将各报警变量分别自适应映射为一对应的n维向量，从而得到嵌入矩阵$S\times n$，其中S为报警变量类型的个数，n为嵌入空间的维度。

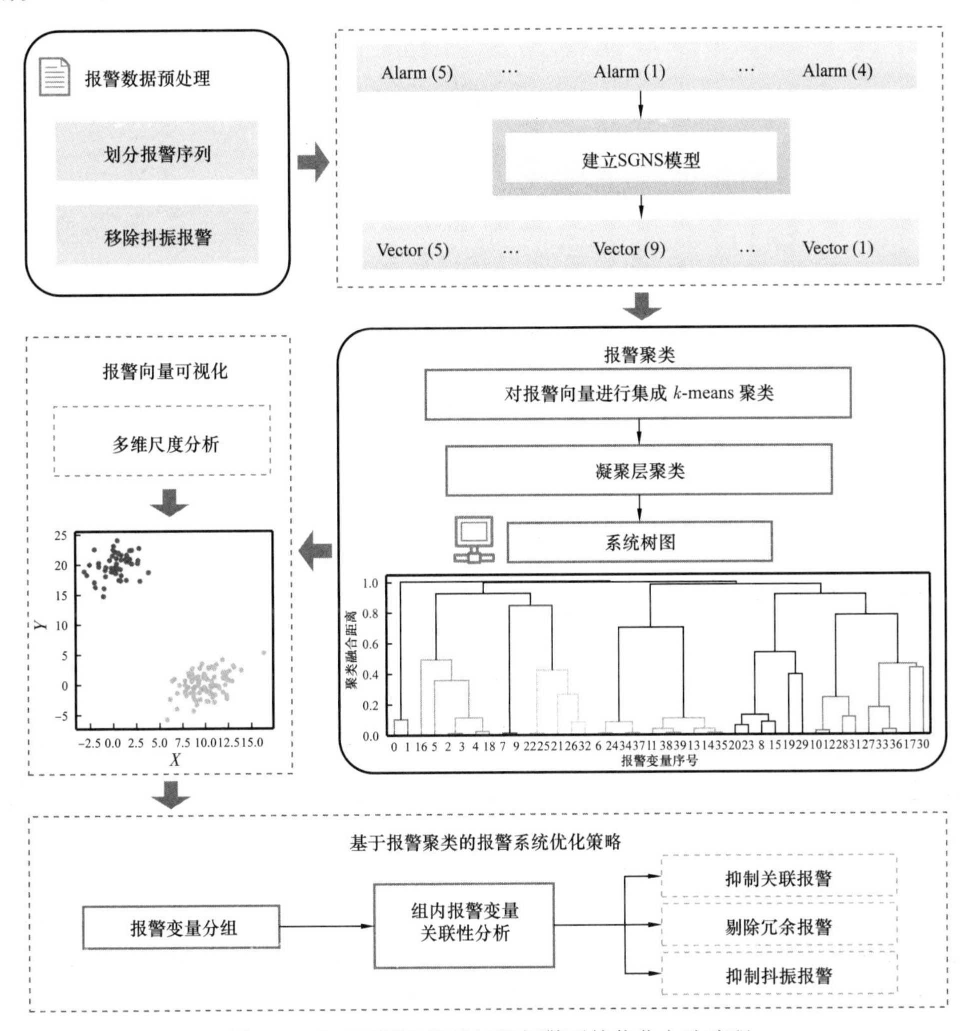

图 7.2　基于报警聚类的过程报警系统优化方法流程

图 7.3 给出了报警向量的生成过程，SGNS 模型的输入和输出分别为与目标报警相对应的向量及其上下文（Context）报警向量。

3. 报警聚类及可视化

通过一种集成 k–means 聚类方法对由词嵌入方法生成的 S 个报警向量进行分组。

考虑到初始聚类中心对 k–means 聚类结果的严重影响，这里将一组解的集合整合为一个单一的层次划分结果。首先将 k–means 算法第 r 次运行的解记录在一个二值矩阵 $\boldsymbol{R}^{(r)}$ 中，若报警变量 i 在第 r 次运行时被赋给类 h，则矩阵元素 $R_{ih}^{(r)}$ 记为 1，否则记为 0。通过连接 M 次运行所得的解 $R^{(r)}$，得到矩阵 $\boldsymbol{R}$，见式（7.10）：

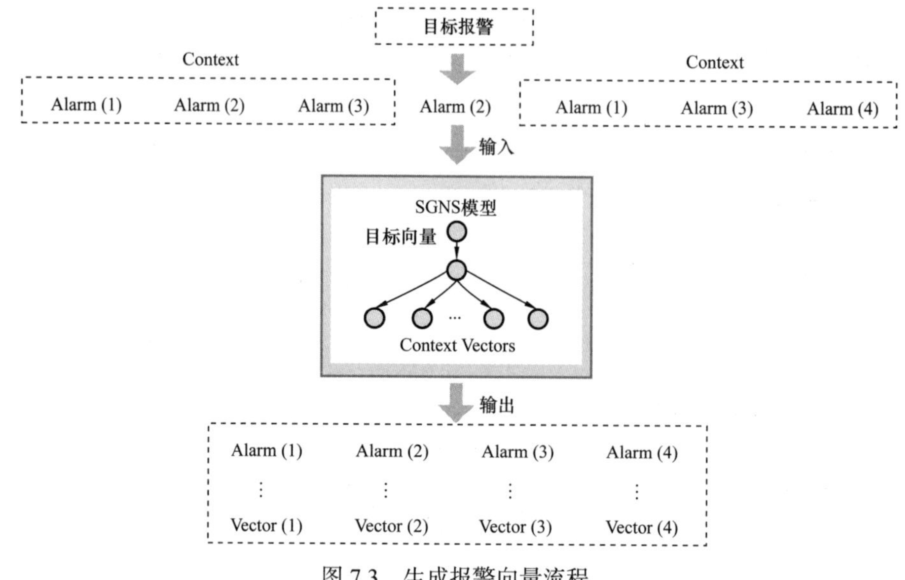

图 7.3　生成报警向量流程

$$\boldsymbol{R}=\left[R^{(1)},R^{(2)},\cdots,R^{(M)}\right] \tag{7.10}$$

集成距离矩阵 $\boldsymbol{D}$ 可由式（7.11）计算，其中 1 表示全 1 矩阵。

$$\boldsymbol{D}=1-\frac{1}{M}RR^{T} \tag{7.11}$$

这里矩阵 $\boldsymbol{D}$ 是一种相异性度量，可作为 AHC 算法的输入，从而生成系统树图，供用户决定最终的聚类划分结果。为了自适应确定 k 的最优值，依次设置聚类数为 2 至 $k_{\max}$ 并运行 k−means 算法。通过比较采用不同试验值 $k'_{\max}$ 的所得结果，可以确定 $k_{\max}$ 的值。从 2 开始增加 $k'_{\max}$，分别以 $k=k'_{\max}$ 作为聚类数，随机运行 M_{runs} 次 k−means 算法对报警向量进行聚类，并依据式（7.10）和式（7.11）计算集成距离矩阵 $\boldsymbol{D}$（$k'_{\max}$）。使用 $k'_{\max}$ 及 $k'_{\max}+1$ 作为聚类数所得的距离矩阵间差异可由其一一对应元素间误差的平方和（Sum of Squared Errors，SSE）进行评估，记为 ε（$k'_{\max}$），见式（7.12）：

$$\varepsilon\left(k'_{\max}\right)=\sum_{i<j}\left[D_{ij}\left(k'_{\max}+1\right)-D_{ij}\left(k'_{\max}\right)\right]^{2} \tag{7.12}$$

参数 $k_{\max}$ 为使 ε（$k'_{\max}$）达到收敛的 $k'_{\max}$ 最小值。将收敛的距离矩阵 $\boldsymbol{D}$（$k_{\max}$）作为 AHC 算法的输入以生成最终的系统树图，从而据此选择合适的报警聚类划分结果。该方法可自适应确定参数 $k_{\max}$，避免了 AHC 所得启发式解的不可变性及 k−means 方法对聚类数的主观估计。为了可视化聚类结果，采用 MDS 方法生成各报警向量的二维散点图，图中采用不同颜色表示不同的类别。

对于 S 个 n 维报警向量 $\boldsymbol{x}_i$（i=1，2，…，S），计算其两两向量间的欧氏距离 δ_{ij}（i，j=1，2，…，S）以得到距离矩阵 $\boldsymbol{D}_{Eu}$［式（7.8）］，为了将 S 个报警向量嵌入到一个二维空间中，首先初始化各报警向量 $\boldsymbol{x}_i$ 为一个二维向量 $\boldsymbol{y}_i$，通过最小化目标函数 O［式（7.9）］

可得到最优 $\boldsymbol{y}_i'$ 值，用以表示各报警向量 $\boldsymbol{x}_i$。最后在二维散点图上表示出各向量 $\boldsymbol{y}_i'$，以达到可视化各高维报警向量 $\boldsymbol{x}_i$ 的目的。

4. 基于报警聚类的报警系统优化策略

基于报警聚类结果对各报警变量进行分组，结合过程知识及专家经验，对各类内报警变量间的关联性进行分析，以通过抑制关联和抖振报警、剔除冗余报警达到优化报警系统、避免报警泛滥的目的。该报警系统优化策略的主要流程如图 7.4 所示。

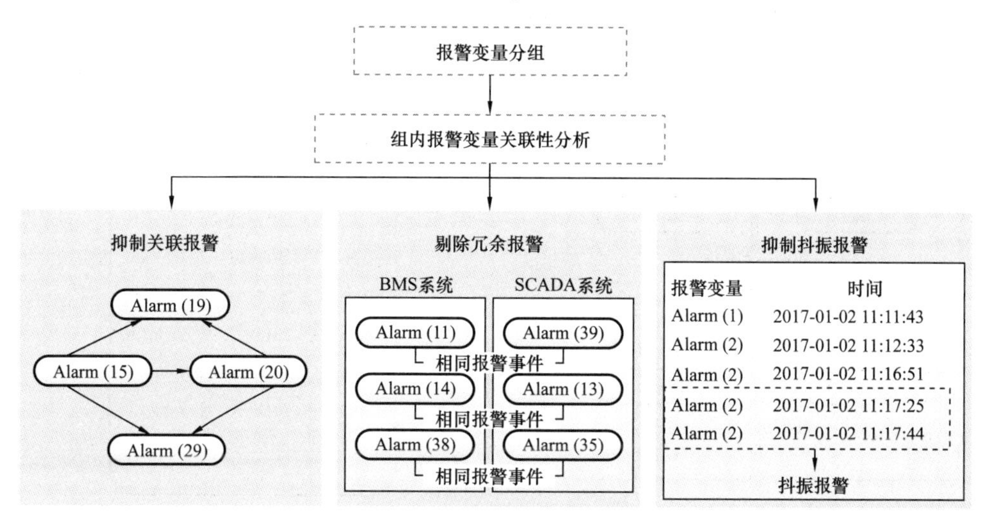

图 7.4　报警系统优化流程

1）抑制关联报警

通过过程报警聚类对关联报警进行分组监控，对于各类内存在因果关系的报警变量，结合过程知识构建其因果关系网络如图 7.5 所示，因果图由节点和有向箭头两部分组成，节点用于表示各报警变量，有向箭头用于表示两变量间的因果关系。通过对类内报警变量关联关系进行分析，若 Alarm（i）可导致 Alarm（j）发生报警，则有向箭头将由 Alarm（i）指向 Alarm（j）。

当报警发生时，对于有因果关系的关联报警进行抑制，并通过报警因果图辅助定位报警的根本原因，避免报警泛滥和潜在故障及事故的发生。

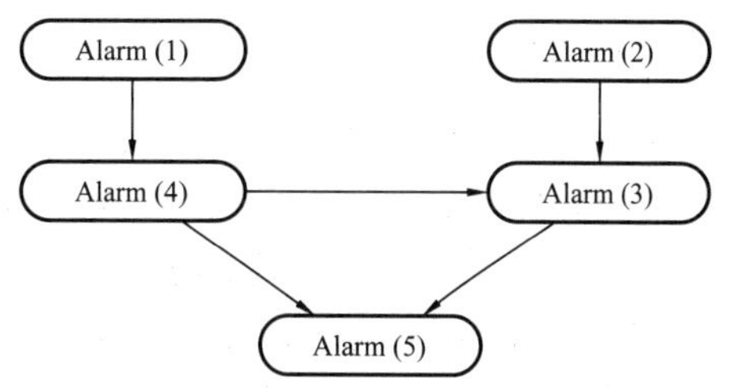

图 7.5　过程报警因果图示例

2）剔除冗余报警

通过报警关联分析，辨识系统中是否存在冗余报警，这里冗余报警定义为不同监控系统中指示相同报警事件的多余报警。

如图 7.6 所示，例如燃烧器管理系统（Burner Management System，BMS）和 SCADA 系统同时产生的锅炉低水位报警。冗余报警信息的存在可能导致报警泛滥现象的出现，使操作人员无法从众多报警信息中及时发现关键报警，从而导致事故的发生。为此，基于聚类分析结果，可辨识报警日志中是否存在由不同监控系统产生的指示相同报警事件的冗余报警，通过剔除冗余报警变量精简报警系统，防止报警泛滥现象的发生。

3）抑制抖振报警

抖振报警指的是短时间内在报警状态和正常状态之间反复转换的一类报警。通常将一分钟内发生三次或三次以上的同一报警视为最严重的抖振报警。这里规定若两报警时间间隔低于 20s，则对后者采取报警抑制策略。

如图 7.7 所示，Alarm（2）发生两次报警的时间间隔为 18s，故对第二个 Alarm（2）报警进行抑制。

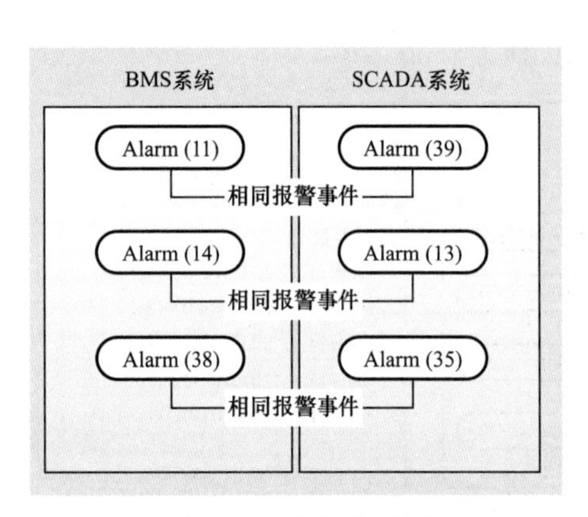

图 7.6　冗余报警示例

图 7.7　抖振报警示例

该报警抑制策略可防止抖振报警频繁发生，干扰操作人员对当前过程状态的正确判断，从而忽视关键报警信息。

通过上述方法抑制关联报警及抖振报警、消除冗余报警，可有效减少系统中的报警数量，防止报警泛滥现象的频繁发生。此外，该方法通过关联报警聚类对报警变量进行因果分析，有助于报警根源的进一步定位，以便操作人员及时发现故障原因，保证工业过程的安全性。

7.1.4　案例分析

本节对加州大学戴维斯分校（University of California，Davis）的集中供热制冷厂（Central Heating and Cooling Plant，CHCP）进行案例分析。该厂主要以石油为燃料，包括蒸汽产生、分配系统及冷却水产生、储存和分配系统两部分，目的是满足校园建筑的大部分供暖和制冷需求，CHCP 厂主要设备如图 7.8 所示。

其中，蒸汽生产系统由四台锅炉组成，其联合蒸汽生产能力为 192.8t/h。该系统还包括补给水处理、冷凝水收集、除氧和必要时的空气排放控制设施。冷却水系统共有 8 台电动离心式冷却机组和 8 台分配泵，冷却能力可达 18000t。一个 18927m^3 的储水罐可储存大约 70000t/h 的冷却水。该冷却机组还配有相关的冷却水泵、冷凝器水泵、蒸发式冷却塔和水处理系统。

(a) 冷却塔及冷凝器水泵

(b) 冷却器和冷却水配给泵

(c) 4号锅炉

(d) 热能存储罐

图 7.8　CHCP 厂主要设备现场照片

从 CHCP 的工程师处可了解到他们主要关心的是过程报警信息而非过程数据，且很多报警并无过程数据，因此他们从未提取过程数据进行分析。本节采用 2017 年 CHCP 的报警日志论证所提方法，其中共有 703 个报警变量类型和 216991 条报警记录，各变量名称记为如下形式，如“CHCP_STM4#AlmCCSnoxpvhi.ALAlarm”表示 CHCP#4 号锅炉氮氧化物（Nitrogen Oxides，NOx）测量值高（High，HI）报警，报警日志中各报警记录形式如表 7.1 所示。

表 7.1　报警日志形式

时间	报警变量名称	变量描述
4/21/2017 22:24:22	CHCP_CES#TT8233_HiHiAlm.AD.Msg	Hot Water Heat Exchanger 101 Outlet Temp High High Alarm
4/21/2017 22:24:45	CHCP_CES#TT8233_HiHiAlm.AD.Msg	Hot Water Heat Exchanger 101 Outlet Temp High High Alarm
4/21/2017 22:26:29	CHCP_CES#TT8233_HiHiAlm.AD.Msg	Hot Water Heat Exchanger 101 Outlet Temp High High Alarm
4/21/2017 22:42:47	CHCP_CES#TT8233_HiAlm.AD.Msg	Hot Water Heat Exchanger 101 Outlet Temp High Alarm
4/21/2017 22:43:46	CHCP_CES#TT8233_HiAlm.AD.Msg	Hot Water Heat Exchanger 101 Outlet Temp High Alarm
4/21/2017 22:53:04	CHCP_CES#TT8233_HiAlm.AD.Msg	Hot Water Heat Exchanger 101 Outlet Temp High Alarm
4/21/2017 23:17:23	CHCP_CES#DPT8270.ALHi	Tercero 3 Hot Water Differential Pressure high alarm
4/21/2017 23:19:00	CHCP_CES#DPT8270.ALHi	Tercero 3 Hot Water Differential Pressure high alarm

实际上，蒸汽生产系统与冷却水系统是彼此独立的，因此，两个系统里的报警是完全没有关联的。本节主要针对 2017 年 CHCP 厂蒸汽生产系统的报警数据进行案例分析。

1. CHCP 报警预处理及生成报警向量

依据 7.1.2 所述方法对 2017 年 CHCP 厂蒸汽生产系统里的报警数据进行预处理。通过咨询 CHCP 工程师，以 15min 为时间阈值，将报警数据划分为离散序列。若两相邻报警间时间间隔超过该阈值，后者将作为下一报警序列的第一个报警。为了进一步消除抖振报警，这里将一分钟内发生三次以上的报警融合为一个报警。若序列长度过短，其可用信息将过少，故舍弃少于 5 个报警的序列。此外，在长达一年的数据集中，有一些报警类型发生次数少于 5 次，本节将不考虑这些报警。

使用 Gensim（见 7.1.3）训练 SGNS 模型，将预处理后的各报警序列作为模型输入，将各报警变量类型映射为一对应维度为 30 的向量。考虑到报警类型的数量远少于 NLP 中的词汇量，故选取嵌入维度为 30。这些报警向量将作为聚类算法的输入。

2. CHCP 报警聚类及可视化

选取表 7.2 所列的 40 种报警类型（每种类型的报警数量超过 10 个）进行聚类分析。

表 7.2 报警类型及描述

序号	报警变量类型	描述
0	CHCP_STM4#CEMS.STFault	连续排放监测系统（Continuous Emissions Monitoring System，CEMS）故障
1	CHCP_STM4#AlmCEMShighsheltertemp.ALAlarm	CEMS 柜温过高
2	CHCP_CES#FIT8110.ALLoFlowLimit	热水节能器入口流量（FIT−8110）低限报警
3	CHCP_CES#FIT8110.ALLoFlow	热水节能器入口流量（FIT−8110）低报警
4	CHCP_CES#FIT8100.ALLoFlow	补给水节能器进口流量（FIT−8100）低报警
5	CHCP_CES#Fan.ALVFD	节能器风机变频驱动机（Variable Frequency Drives，VFD）故障
6	CHCP_STM4#AlmCEMSanycalinprogres.ALAlarm	CEMS 系统校准停止
7	CHCP_STM1#YA1300A.ALAlarm	3 号锅炉故障
8	CHCP_CES#TT8227_HiHiAlm.AD.Msg	102 号热交换器出口温度超高报警
9	CHCP_STM1#YA1300.ALAlarm	3 号锅炉停机
10	CHCP_STM4#AlmCCSoxpvsrcfail.ALAlarm	氧气量调控装置连接中断
11	CHCP_STM4#AlmBMSfoalwco.ALAlarm	备用设备低水位断流
12	CHCP_STM4#AlmCCSairoll.ALAlarm	气流量输出低限报警

续表

序号	报警变量类型	描述
13	CHCP_STM4#LSLBoiler.STSwitch	锅炉水位低报警
14	CHCP_STM4#AlmBMSlwa.ALAlarm	锅炉水位低报警
15	CHCP_CES#TT8227_HiAlm.AD.Msg	102 号热交换器出口温度高报警
16	CHCP_CES#Fan.ALTrip	节能器风机 VFD 跳闸报警
17	CHCP_STM4#AlmCCSfdwoll.ALAlarm	锅炉给水出口流量低限报警
18	CHCP_CES#FIT8100.ALLoFlowLimit	补给水节能器进口流量（FIT-8100）低限报警
19	CHCP_CES#TT8291.ALHi	4 号公寓热水供应温度高报警
20	CHCP_CES#TT8238_HiAlm.AD.Msg	热水供应温度高报警
21	CHCP_CES#TT8271.ALHi	3 号公寓热水供应温度高报警
22	CHCP_CES#DPT8270.ALHi	3 号公寓热水压差高报警
23	CHCP_CES#TT8238_HiHiAlm.AD.Msg	热水供应温度超高报警
24	CHCP_STM4#AlmCEMSbackflshinprgrs.ALAlarm	CEMS 反冲洗模式停止
25	CHCP_CES#DPT8280.ALHi	公寓食堂热水压差高报警
26	CHCP_CES#TT8281.ALHi	公寓食堂热水供应温度高报警
27	CHCP_STM4#AlmCCSnoxolh.ALAlarm	氮氧化物输出量高报警
28	CHCP_STM4#AlmCCScombairflwaif.ALAlarm	燃烧气流量异常报警
29	CHCP_CES#TT8292.ALHi	4 号公寓热水回流温度高报警
30	CHCP_STM4#AlmCCSdrmoll.ALAlarm	4 号锅炉汽包水位输出低限报警
31	CHCP_STM4#AlmCCSairpvsrcfail.ALAlarm	气流量测量连接中断
32	CHCP_CES#TT8282.ALHi	公寓食堂热水回流温度高报警
33	CHCP_STM4#AlmCCSnoxpvhi.ALAlarm	氮氧化物浓度测量值高报警
34	CHCP_STM4#AlmCEMSoutofservice.ALAlarm	CEMS 停用
35	CHCP_STM4#LSLLBoiler.STSwitch	低水位断流
36	CHCP_STM4#AlmCCSnoxerrpos.ALAlarm	氮氧化物浓度测量值与设定值偏差高报警
37	CHCP_STM4#AlmCEMSanycalfail.ALAlarm	CEMS 校准失败
38	CHCP_STM4#AlmBMSsolwco.ALAlarm	低水位断流
39	CHCP_STM4#LSLLBoilerAux.STSwitch	辅助设备低水位断流

1）对这40个报警对应的报警向量进行聚类

从2开始增加聚类数k'_{max}，对于各k'_{max}，随机运行k−means算法M_{runs}=100次并计算其对应的距离矩阵$\boldsymbol{D}(\boldsymbol{k'_{max}})$。图7.9表明随着$k'_{max}$的增加$\varepsilon(k'_{max})$逐渐减少并收敛于$k'_{max}$=10，故令$k_{max}$=10，计算收敛的距离矩阵$\boldsymbol{D}(\boldsymbol{k'_{max}})$，作为采用Average−linkage的AHC算法的输入，以得到图7.10所示的系统树图，其中分别用不同的颜色表示9个明显的聚类，可以看出所得分类效果良好。

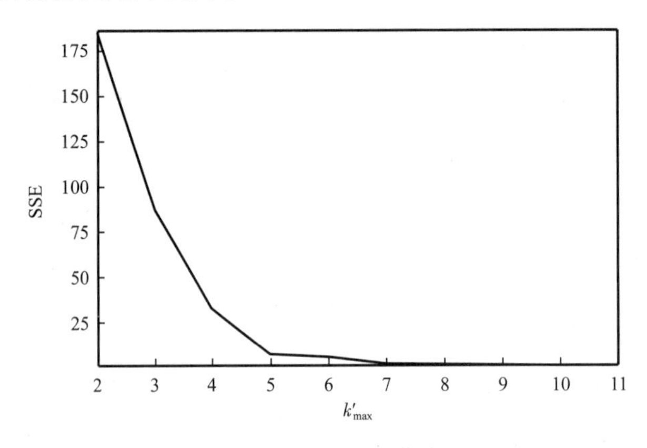

图7.9　$\varepsilon(k'_{max})$曲线

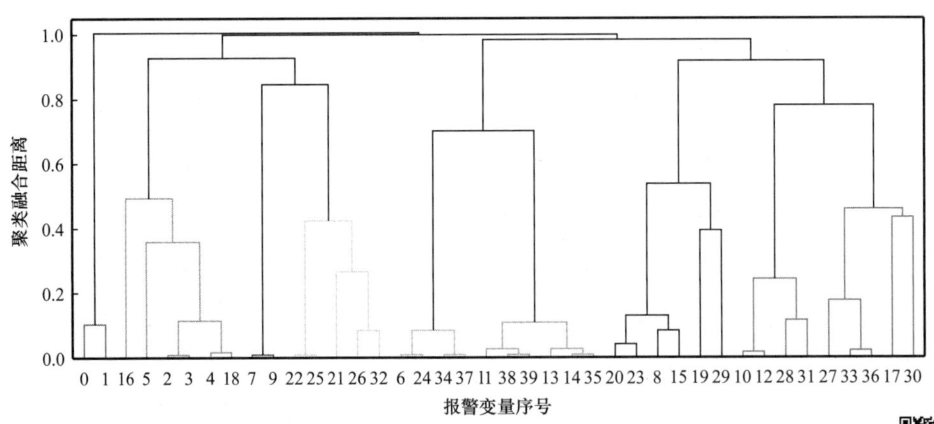

图7.10　集成聚类结果系统树图

彩图扫码

2）采用MDS方法实现在二维空间中报警向量的可视化

如图7.11所示，不同的颜色表示不同类内的报警向量（颜色与图7.10一一对应）。从该散点图中可以看出聚类结果较好，从而验证了该报警聚类方法的可行性和有效性。在图7.11中，距离十分接近的Alarm（0）[这里将各报警变量简记为Alarm（i），i用于区分不同的报警类型]和Alarm（1）同样在图7.10中具有较低的融合距离，表明距离相近的向量会被聚为一类。此外还可以看出在图7.11中几乎重合的Alarm（7）和Alarm（9）的融合距离（图7.10）远远短于Alarm（0）和Alarm（1），表明向量间的距离越短，其聚类融合距离越短。

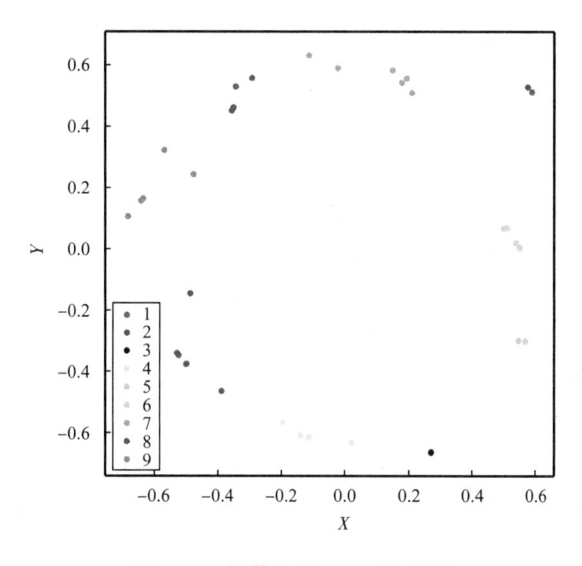

图 7.11　报警向量 MDS 散点图

3）基于报警聚类的报警系统优化策略

（1）报警关联性分析。

CHCP 报警聚类结果如表 7.3 所示。

表 7.3　各类报警类型序号

类号	报警变量序号
1	0，1
2	2，3，4，5，16，18
3	7，9
4	21，22，25，26，32
5	6，24，34，37
6	11，13，14，35，38，39
7	8，15，19，20，23，29
8	10，12，28，31
9	17，27，30，33，36

结合过程知识及专家经验，对各类内报警变量间的关联性进行如下分析：

① 在类 1 中，Alarm（0）[连续排放监测系统（Continuous Emissions Monitoring System，CEMS）故障] 与 Alarm（1）（CEMS 柜温过高）相关联，并可能由 Alarm（1）发生报警引起。

② 在类2中，Alarm（2）和Alarm（3）的融合距离极短，热水节能器入口流量（FIT-8110）低报警Alarm（3）应先发生，若该流量继续降低达到低流量极限，Alarm（2）将随

之发生。Alarm（4）和 Alarm（18）的融合距离同样很短。补给水节能器进口流量（FIT-8100）低报警 Alarm（4）应先发生，若该流量继续降低达到低流量极限，Alarm（18）将随之发生。Alarm（5）节能器风机变频驱动机（Variable Frequency Drives，VFD）故障与 Alarm（16）节能器风机 VFD 跳闸报警相关联。尽管该类中的报警类型间并不具有明显的因果关系，但是它们均属于同一个冷凝节能系统（Condensing Economizer System，CES）并与同一热交换器相关联，且总是在报警日志中相继出现。

③ 在类 3 中，Alarm（7）（3 号锅炉故障，Boiler No. 3 Trouble）应先于 Alarm（9）（3 号锅炉停机，Boiler No. 3 Shutdown）发生。

④ 在类 4 中，Alarm（22）与 Alarm（21），或 Alarm（25）可能同时发生。Alarm（26）和 Alarm（32）也可能同时出现，尤其当 Alarm（25）发生报警时，其同时出现概率很大。该类中的各报警可能由热水交换器出口温度过高引起。

⑤ 在类 5 中，各报警变量均与 CEMS 系统相关联，当 CEMS 系统发生故障时这些报警可能出现。

⑥ 在类 6 中，若操作人员未及时响应，低水位报警［Alarm（13）或 Alarm（14）］可能导致低水位断流（该类中其他四个报警变量）。此外，发现该类中 Alarm（11）与 Alarm（39）指的是相同报警事件，Alarm（14）与 Alarm（13）相同且 Alarm（38）与 Alarm（35）也属相同报警事件，其中一个报警类型由燃烧器管理系统（Burner Management System，BMS）产生，另一个则来自 SCADA 系统。这有助于操作人员移除冗余报警并清理报警系统。

⑦ 在类 7 中，Alarm（15）应先于 Alarm（8）发生，Alarm（20）应先于 Alarm（23）。Alarm（20）和 Alarm（23）明显由 Alarm（8）和 Alarm（15）所引起。这四个报警可导致 Alarm（19）和 Alarm（29）发生报警。

⑧ 在类 8 中，各报警类型相互关联，均来自燃烧控制系统（Combustion Control System，CCS），且在报警日志中相继出现。

⑨ 在类 9 中，各报警类型均属于 CCS 系统，Alarm（17）与 Alarm（30）相关联，Alarm（27），Alarm（33）和 Alarm（36）亦彼此关联。

综上所述，所提报警聚类方法可辨识各报警变量类型间存在的关联关系，经常相继发生的报警类型被归入相同的类中。该方法可用于对因过程扰动和系统故障等原因而经常相继发生的关联报警进行分组。

（2）基于聚类结果的报警系统优化策略。

① 抑制关联报警：通过过程报警聚类对关联报警进行分组监控，对于各类内存在因果关系的报警变量，结合过程知识构建其因果关系网络图。以类 7 为例，因 Alarm（15）与 Alarm（8）、Alarm（20）与 Alarm（23）均分别属于同一过程变量发生的不同程度报警（高报警或超高报警），为了简化因果网络，这里仅保留 Alarm（15）和 Alarm（20）。通过对类内报警变量关联关系进行分析，Alarm（20）可由 Alarm（15）发生报警所引起，同时这两个报警可导致 Alarm（19）和 Alarm（29）发生报警。所建过程报警因果图如图 7.12 所示。

当报警发生时，对于有因果关系的关联报警进行抑制，并通过报警因果图准确定位报警的根本原因，避免报警泛滥和潜在故障及事故的发生。

② 剔除冗余报警：通过上述报警关联分析，可辨识系统中存在三对冗余报警：Alarm（11）与 Alarm（39）属相同报警事件，Alarm（14）与 Alarm（13）、Alarm（38）与 Alarm（35）也分别属于相同报警事件，其中 Alarm（11）、Alarm（14）和 Alarm（38）由 BMS 系统产生，Alarm（39）、Alarm（13）及 Alarm（35）则来自于 SCADA 系统。为了防止冗余报警及报警泛滥现象发生，这里剔除由 BMS 系统产生的三个冗余报警 Alarm（11）、Alarm（14）和 Alarm（38）。

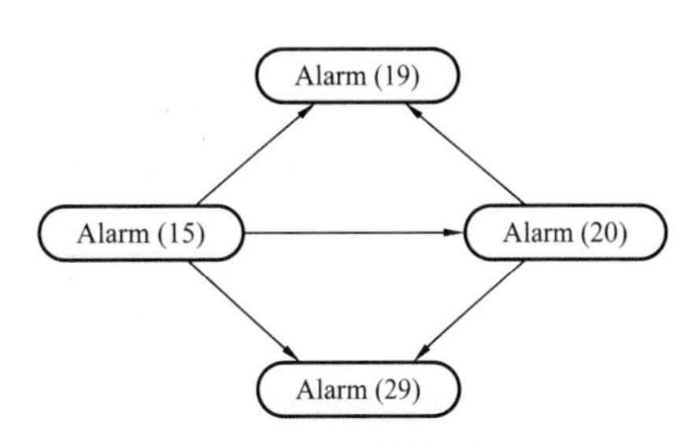

图 7.12　过程报警因果图

③ 抑制抖振报警：若两报警时间间隔低于 20s，则对后者采取报警抑制策略。例如，Alarm（2）分别在 2017 年 9 月 4 日 13:14:04 和 2017 年 9 月 4 日 13:14:21 发生报警，则对第二个 Alarm（2）报警进行抑制。

通过上述方法，基于聚类结果对 CHCP 厂蒸汽生产系统的报警系统进行优化，以 2017 年 CHCP 厂蒸汽生产系统 9 月至 12 月的报警数据为例，分别统计系统优化前、后各月的报警数量如表 7.4 所示。可以看出，通过抑制关联报警及抖振报警、消除冗余报警，有效减少了 2017 年 9 月至 12 月的系统报警数量，与优化前基于阈值的报警系统相比，报警数量共减少了 61.2%，从而极大程度避免了报警泛滥现象的频繁发生。此外，该方法通过关联报警聚类对报警变量进行因果分析，有助于报警根源的进一步定位，以便操作人员及时发现故障原因，保证过程的安全可靠运行。

表 7.4　系统优化前后各月报警数量对比

统计时间	优化前	优化后	报警数减少比例
2017 年 9 月	1135	811	28.5%
2017 年 10 月	663	389	41.3%
2017 年 11 月	5079	2662	47.6%
2017 年 12 月	20372	6701	67.1%
2017 年 9 月至 12 月	27249	10563	61.2%

7.2　多轮次耦合告警优化

7.2.1　多轮次耦合告警优化方法的实施

多轮次耦合告警优化方法中，包含五种告警优化策略，分别为单独传感器告警优化策略、传感器组的告警优化策略、基于贝叶斯网络的耦合告警策略、传感器自身异常判断策略、冗余告警抑制策略，其综合优化作用机制如图 7.13 所示，方法实施流程如图 7.14 所示。

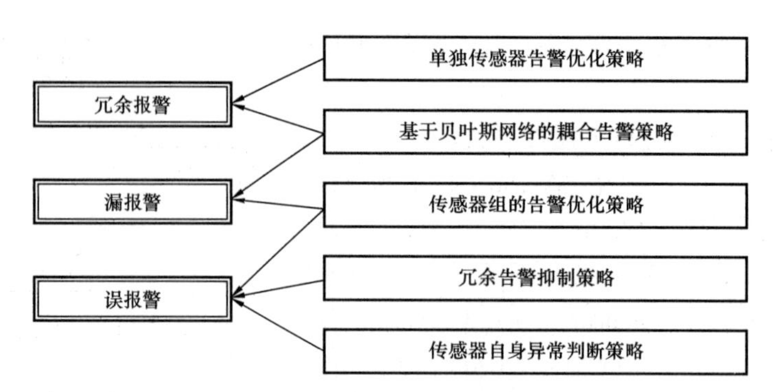

图 7.13　多轮次耦合告警优化作用机制

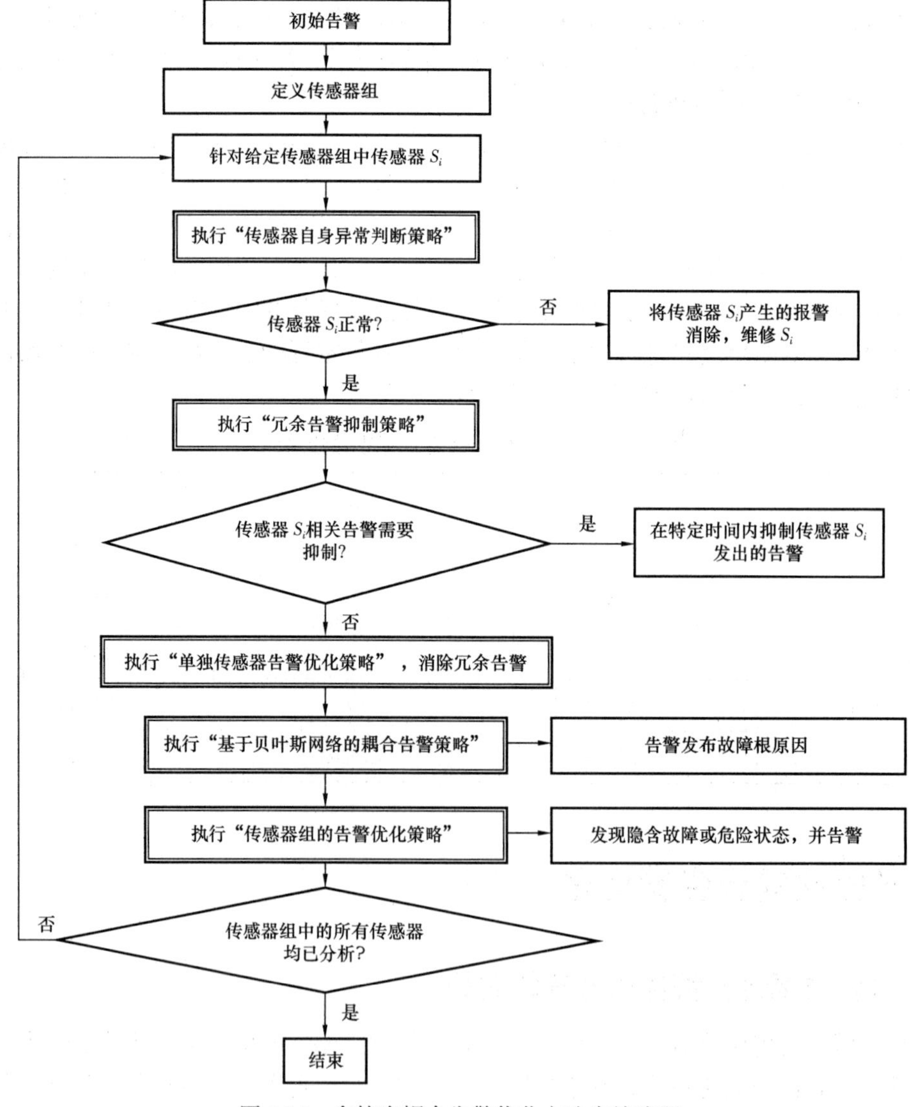

图 7.14　多轮次耦合告警优化方法实施流程

1. 单独传感器告警优化策略

炼化生产过程中关键设备和节点安装传感器，用于测量装置单元的温度、压力和液位等参数。根据每个传感器所监测生产过程的自身属性设定报警阈值，在传感器测量数据达到报警阈值时触发告警。

当触发告警后，设备处于危险状态，当且仅当传感器参数低于告警上限或高于告警下限5% 时恢复正常状态，进行下一次告警判断，判断逻辑结构如图 7.15 所示。

通过这种优化方法，可以避免由于操作调节等原因传感器监测参数在告警限值附近震荡而产生的大量冗余告警，减少操作人员处理冗余告警的工作量。

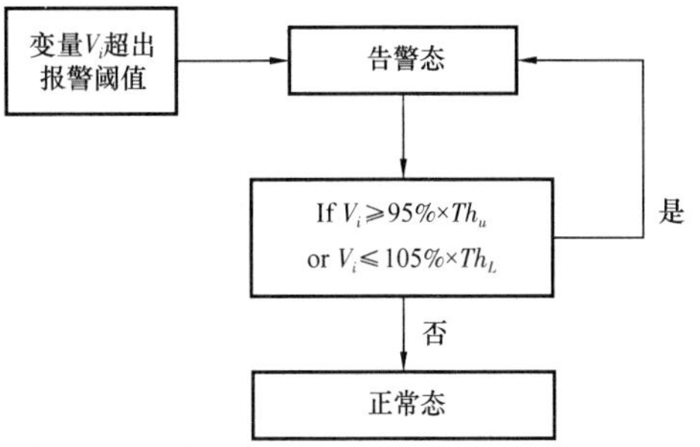

变量V_i超出报警阈值

告警态

If $V_i \geqslant 95\% \times Th_u$ or $V_i \leqslant 105\% \times Th_L$

是

否

正常态

图 7.15　单独传感器告警优化方法的逻辑结构

2. 传感器组的告警优化策略

针对安装于装置同一个单元（或同一个功能区块）内的一组传感器参数进行处理，当同组传感器数据同时接近告警上限或下限但并未触发任何告警时，设备也有可能处于危险状态，应当进行告警。基于传感器组的告警优化方法综合分析装置同一个单元（或同一个功能区块）内的一组传感器监测参数，给出报警条件如下。

定义传感器的参数与告警上限之间的比值为上限判断因子 α 和下限判断因子 β：

$$\alpha_i = \frac{Q_i}{A_i}$$

其中：α_i 为第 i 个传感器的告警上限判断因子；Q_i 为第 i 个传感器的参数；A_i 为第 i 个传感器的上限告警值。

$$\beta_i = \frac{Q_i}{B_i}$$

其中：β_i 为第 i 个传感器的告警下限判断因子；Q_i 为第 i 个传感器的参数；B_i 为第 i 个传感器的下限告警值。

针对判断因子的告警触发条件为：

$$\sum_i \alpha_i \geqslant \partial \quad \text{或} \quad \sum_i \beta_i \geqslant \partial$$

其中：∂ 为判断因子的告警值。

当符合上述触发条件时，进行告警，逻辑结构如图 7.16 所示。

针对传感器组的告警优化方法作为单一传感器告警的补充，可以在某些特殊危险状态时进行告警，并且能够更早地警告异常设备，为操作人员预留更多采取措施的时间。

3. 基于贝叶斯网络的耦合告警策略

对于针对单一节点的报警模式，多个节点因某一根原因参数异常时，同时触发告警，在短时间内，大量的告警信息出现，冗余的告警信息将增加安全维护人员信息处理工作量，并影响了其对告警的信任度、警觉性及制订安全措施的决策力。

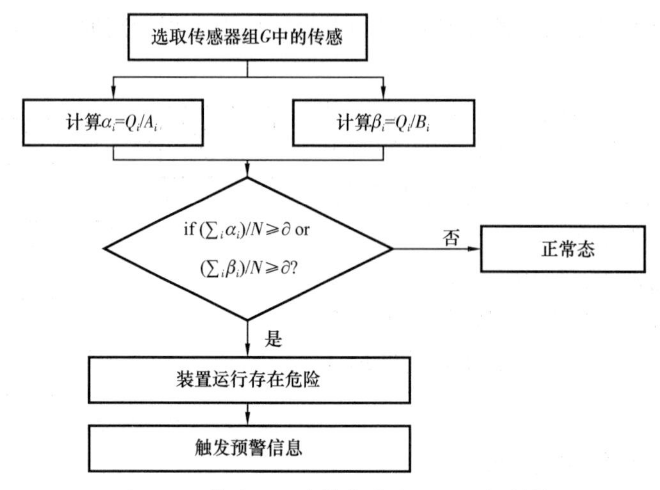

图 7.16　传感器组告警优化方法的逻辑结构

根据已建立的基于动态贝叶斯网络的关联预警模型和故障推理方法（动态贝叶斯网络建模相关内容详见第 6 章），在告警优化环节可进一步利用该关联预警模型，并通过贝叶斯网络条件概率的计算找出告警节点之间的耦合关系，通过挖掘故障根源来消除同一故障根源引发不同故障征兆及级联故障的报警带来的冗余告警问题。

当多个节点的参数符合某个危险场景的各个报警阈值时，触发耦合告警优化机制，根据关联预警模型贝叶斯网络图及其推理方法，推断出导致危险场景形成的根原因，针对根原因进行告警，同时给出安全建议措施，逻辑结构如图 7.17 所示。

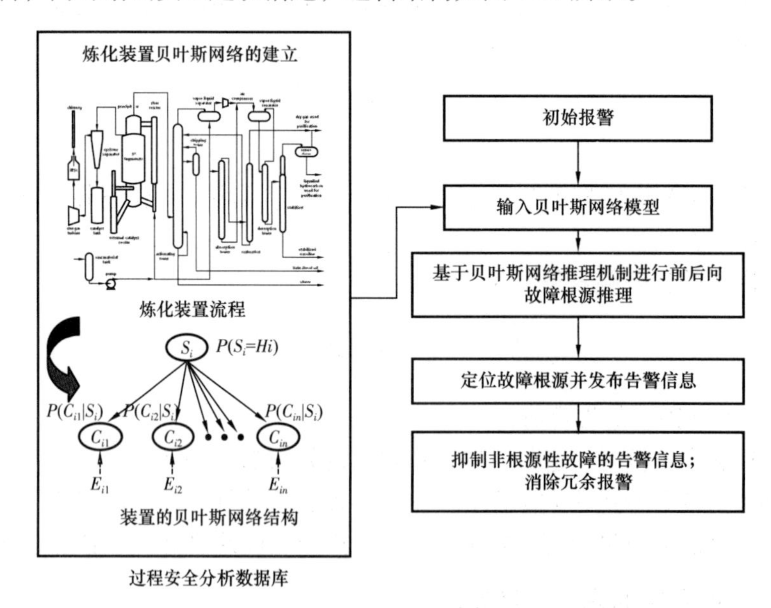

图 7.17　基于贝叶斯网络的耦合告警方法的逻辑结构

此种告警优化策略减少了多节点异常时非根故障节点产生大量的冗余告警信息，提高了报警效率和安全维护人员处理信息采取措施的速度。

4. 传感器自身异常判断策略

当传感器因电源耗尽、外界环境、自身损耗等因素而不能进行正常采集功能时，常出现误报警或漏报警。针对此种状况，对于传感器的自身状态进行判断，当判断出传感器失效时，将此传感器切除报警系统。

在连续时间 t 内，当传感器采集参数均为 0 或超出环境内的合理参数值（如塔内极端最高温度值）时，判断此传感器损坏，将其隔离出告警系统之后的告警步骤，并提示更换传感器，逻辑结构如图 7.18 所示。

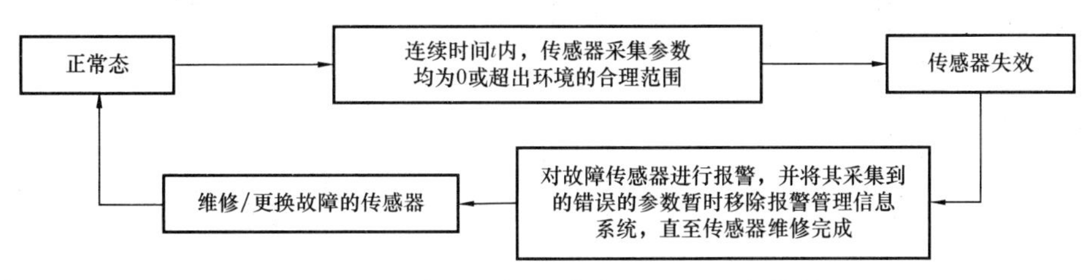

图 7.18　传感器自身异常判断方法的逻辑结构

5. 冗余告警抑制策略

当采集到的某一参数超出报警限制，进行告警抑制的判断，如果前四次采集均在正常阈值范围内且不存在告警抑制，取五次的参数平均值再次进行告警判断，若第二次判断未超过告警限，则进行告警抑制，反之则正常告警。逻辑结构如图 7.19 所示。

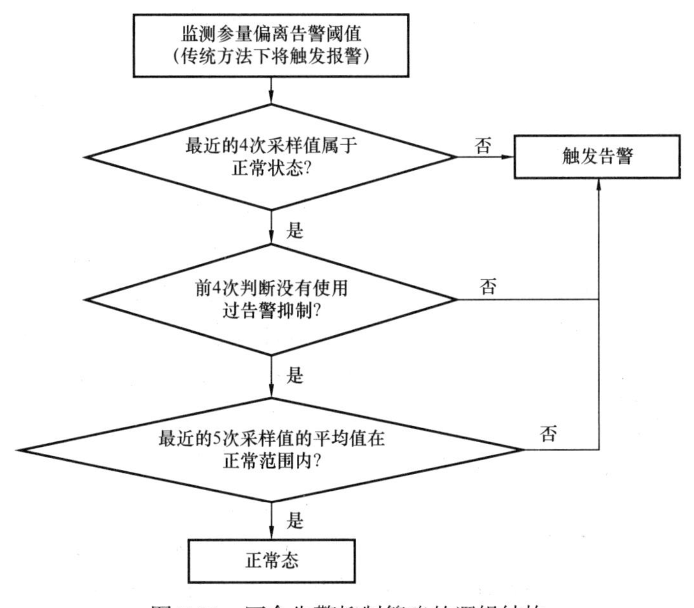

图 7.19　冗余告警抑制策略的逻辑结构

7.2.2 危险场景的建立及案例分析

依照告警优化方法的应用流程，根据催化裂化流程中反应—再生部分的流程（图 7.20）建立贝叶斯网络模型，如图 7.21 所示，其中贝叶斯网络结构图中数字代表的事件如表 7.5 所示。通过贝叶斯网络进一步建立反应—再生流程中的四个危险场景如表 7.6 所示。

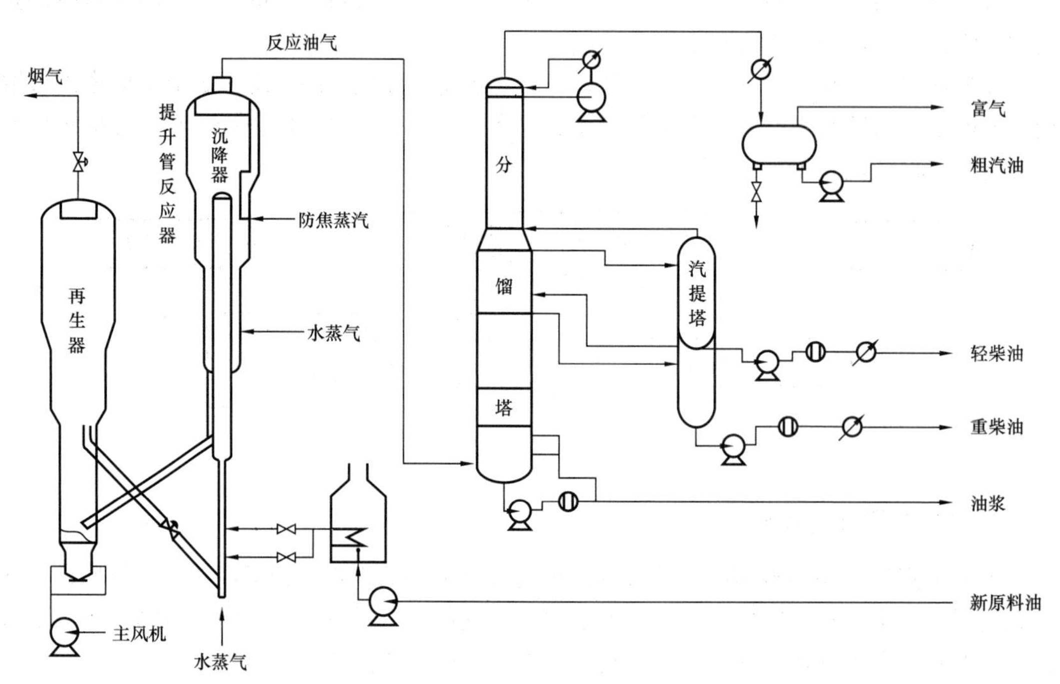

图 7.20　催化裂化反应—再生及分馏部分流程

1. 案例 1：不同根原因的相同故障征兆告警优化结果对比

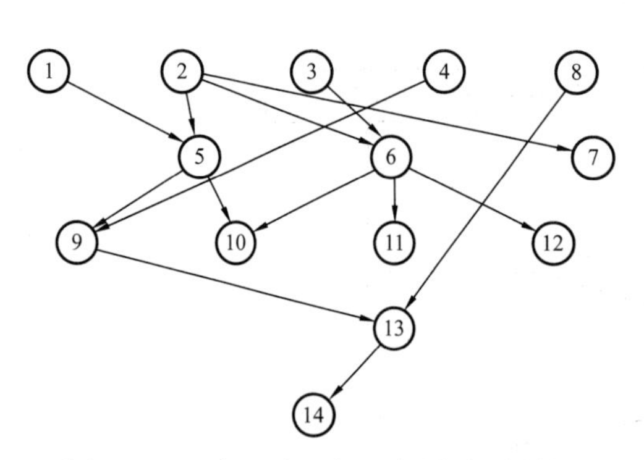

图 7.21　反应—再生流程贝叶斯网络结构

1）提升风仪表失灵故障告警分析

图 7.22 是提升风仪表失灵故障相关告警参数的状态监测数据，其监测参量分别是：提升管蒸汽流量、再生器温度、再生器压力、外取热包液位、提升管反应器温度、再生器烟气含氧量、烟气轮机压力、再生器主风量、沉降器内压、气压机转速。

以 600min 为一个样本时间单位，采集频率为每分钟一次。在图 7.22 可以看出，前 300min 为正常状态，在第 300min 时，提升风仪表失灵故障发生，导致再生器温度、烟气轮机压力、沉降器内压、气压机转速等参数发生变化，因此后 300min 为故障发生后状态。

表 7.5　反应—再生流程贝叶斯网络基本事件列表

序号	基本事件	序号	基本事件
1	提升风仪表失灵	8	蒸汽带水
2	外取热包泄漏	9	提升管反应器温度高
3	双动滑阀故障全开	10	再生器烟气含氧量低
4	提升管蒸汽流量大	11	烟气轮机压力高
5	再生器温度高	12	再生器主风量波动
6	再生器压力高	13	沉降器内压高
7	外取热包液位低	14	气压机转速高

表 7.6　反应—再生流程的危险场景

序号	根原因	告警节点及状态
1	提升风仪表失灵	再生器温度高、提升管反应器温度高、再生器烟气含氧量低、沉降器内压高、气压机转速高
2	外取热包泄漏	再生器温度高、再生器压力高、外取热包液位低、提升管反应器温度高、沉降器内压高、气压机转速高、再生器烟气含氧量低、烟气轮机压力高、再生器主风量波动
3	双动滑阀故障全开	再生器压力高、再生器烟气含氧量低、烟气轮机压力高、再生器主风量波动
4	蒸汽带水	沉降器内压高、气压机转速高

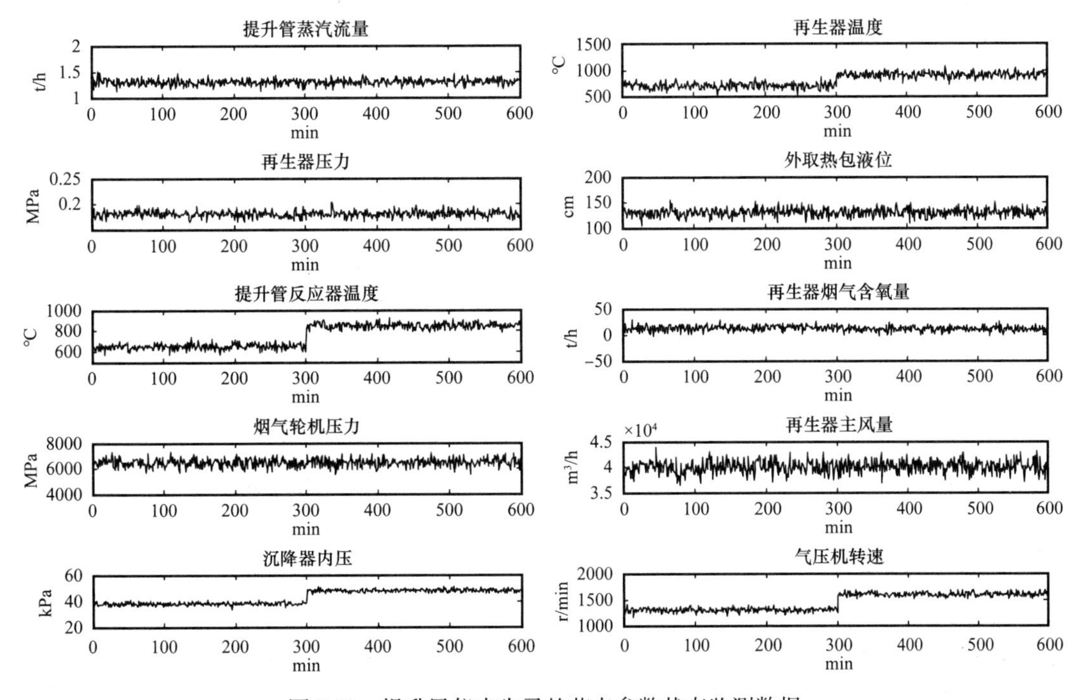

图 7.22　提升风仪表失灵的节点参数状态监测数据

选取故障发生后的 20 个样本进行分析，每个样本包含 10min 数据，每组样本的 10 项监测参数的平均值如表 7.7 所示。在传统告警机制下，如果监测参数超限则报警，其报警分析结果如表 7.8 所示。应用本节研究成果“多轮次耦合告警优化方法”，针对该异常事件，给出报警根原因为“提升风仪表失灵故障”，其他故障征兆报警将被抑制，其报警分析结果如表 7.8 所示。

表 7.7　提升风仪表失灵的 10 项参数取值

序号	提升管蒸汽流量 t/min	再生器温度 ℃	再生器压力 MPa	外取热包液位 cm	提升管反应器温度 ℃	再生器烟气含氧量 kg/h	烟气轮机压力 kPa	再生器主风量 m^3/h	沉降器内压 kPa	气压机转速 r/min
1	1.30	756	0.189	134	680.1	13.0	6266	40991	477.4	1332
2	1.25	754	0.182	125	656.7	12.9	6437	40496	476.1	1338
3	1.25	755	0.191	125	682.4	13.3	6382	38902	482.7	1360
4	1.30	763	0.187	117	663.3	12.9	6576	40648	480.1	1341
5	1.27	757	0.181	138	658.1	12.9	6484	38235	478.5	1297
6	1.33	768	0.186	131	676.1	12.8	6491	40325	475.1	1365
7	1.34	762	0.181	138	680.0	12.9	6412	40674	476.3	1362
8	1.19	761	0.178	142	683.4	12.9	6360	40153	483.9	1359
9	1.31	770	0.182	120	680.8	12.5	6478	39035	480.0	1336
10	1.37	758	0.180	135	676.5	13.1	6406	40253	478.8	1376
11	1.26	761	0.178	130	686.8	12.9	6589	39788	475.2	1312
12	1.32	763	0.191	137	683.7	13.3	6413	40201	482.9	1343
13	1.33	756	0.181	139	666.8	13.2	6370	39684	475.0	1359
14	1.33	760	0.198	136	671.4	12.7	6428	40513	480.7	1366
15	1.28	752	0.178	123	661.2	13.1	6558	39498	477.3	1348
16	1.29	765	0.184	128	668.5	12.7	6393	38700	477.5	1327
17	1.29	769	0.190	132	677.9	12.7	6440	40909	473.8	1331
18	1.30	761	0.198	155	674.1	12.9	6302	40976	476.1	1353
19	1.26	749	0.182	140	659.8	12.7	6462	40839	475.6	1318
20	1.39	753	0.175	148	662.5	12.7	6411	38397	477.4	1407
阈值	1.20～1.40	700～720	1.75～2.00	120～150	640～660	12.5～13.5	6300～6600	38000～41000	375～382	1280～1330

表 7.8　提升风仪表失灵的告警结果及告警结果类型

序号	优化告警结果	告警结果类型	传统超限告警结果	告警结果类型
1	提升风仪表失灵故障	正确告警	第 2、5、7、9、10 项参数告警	正确告警 4 次，冗余告警 3 次，误告警 1 次
2	提升风仪表失灵故障	正确告警	第 2、9、10 项参数告警	正确告警 3 次，冗余告警 2 次，漏告警 1 次
3	提升风仪表失灵故障	正确告警	第 2、5、9、10 项参数告警	正确告警 4 次，冗余告警 3 次
4	提升风仪表失灵故障	正确告警	第 2、5、9、10 项参数告警	正确告警 4 次，冗余告警 3 次
5	提升风仪表失灵故障	正确告警	第 2、5、9 项参数告警	正确告警 3 次，冗余告警 2 次，漏告警 1 次
6	提升风仪表失灵故障	正确告警	第 2、5、9、10 项参数告警	正确告警 4 次，冗余告警 3 次
7	提升风仪表失灵故障	正确告警	第 2、5、9、10 项参数告警	正确告警 4 次，冗余告警 3 次
8	提升风仪表失灵故障	正确告警	第 1、2、5、9、10 项参数告警	正确告警 4 次，冗余告警 3 次，误告警 1 次
9	提升风仪表失灵故障	正确告警	第 2、5、9、10 项参数告警	正确告警 4 次，冗余告警 3 次
10	提升风仪表失灵故障	正确告警	第 2、5、9、10 项参数告警	正确告警 4 次，冗余告警 3 次
11	提升风仪表失灵故障	正确告警	第 2、5、9 项参数告警	正确告警 3 次，冗余告警 2 次，漏告警 1 次
12	提升风仪表失灵故障	正确告警	第 2、5、9、10 项参数告警	正确告警 4 次，冗余告警 3 次
13	提升风仪表失灵故障	正确告警	第 2、5、9、10 项参数告警	正确告警 4 次，冗余告警 3 次
14	提升风仪表失灵故障	正确告警	第 2、5、9、10 项参数告警	正确告警 4 次，冗余告警 3 次
15	提升风仪表失灵故障	正确告警	第 2、5、9、10 项参数告警	正确告警 4 次，冗余告警 3 次
16	提升风仪表失灵故障	正确告警	第 2、5、9、10 项参数告警	正确告警 4 次，冗余告警 3 次
17	提升风仪表失灵故障	正确告警	第 2、5、9、10 项参数告警	正确告警 4 次，冗余告警 3 次
18	提升风仪表失灵故障	正确告警	第 2、4、5、9、10 项参数告警	正确告警 4 次，冗余告警 3 次，误告警 1 次
19	提升风仪表失灵故障	正确告警	第 2、9 项参数告警	正确告警 2 次，冗余告警 1 次，漏告警 2 次
20	提升风仪表失灵故障	正确告警	第 2、5、9、10 项参数告警	正确告警 4 次，冗余告警 3 次

将 20 个样本的综合告警优化结果和传统超限告警结果进行比对统计，结果如表 7.9 所示。其中，正确告警率 = 正确告警次数 / 发生故障应该报警的总次数；漏告警率 = 漏告警次数 / 发生故障应该报警的总次数。

表 7.9　提升风仪表失灵的综合告警优化方法与传统单一告警方法对比

告警方式	正确告警率	漏告警率	误告警次数	冗余告警次数
传统超限告警方法	93.75%	6.25%	3	55
告警优化方法	100%	0	0	0

案例分析：

在多轮次耦合告警优化方法中，告警抑制的优化方法减少了传统单一告警方法中的误告警率，如表 7.7 中第 8 个样本的第 1 项参数，在传统超限告警方法中判断为异常值，而在多轮次耦合告警优化方法中，先通过判断前四个样本参数均在正常阈值范围，再通过判断 4～8 样本参数的平均值 1.294 也在正常阈值范围内，从而对此次告警进行抑制，消除了一次误告警。

通过多轮次耦合告警优化方法，直接报出故障根原因，消除冗余告警；而传统告警方法除了对根原因下的直接参数变化进行告警外，对引起的其他参数的偏差如第 5、9、10 项参数同样进行了告警，这些告警既不能直接找到根原因，也降低了安全操作人员的处理效率。

多轮次耦合告警优化方法中的传感器组告警优化方法减少了漏告警率，如样本 11 中参数 10 接近告警上限，却仍在正常阈值范围中，在传统告警方法中将其判断为正常值，而传感器组告警优化策略通过综合判断危险场景中相关联参数的异常变化，如果整体符合报警条件 $\sum_i \alpha_i \geqslant \partial$，将针对这一危险场景进行告警，消除了漏告警。

2）蒸汽带水故障告警分析

蒸汽带水故障也会造成沉降器内压高和气压机转速高这两种同样的节点告警状态，此种故障根原因下的 10 项监测参数值如图 7.23 所示。选取故障发生后的 20 个样本进行分析，每个样本包含 10min 数据，每组样本的 10 项监测参数的平均值如表 7.10 所示。在传统告警机制下，如果监测参数超限则报警，其报警分析结果如表 7.11 所示。应用本节研究成果“多轮次耦合告警优化方法”，针对该异常事件，给出报警根原因为“蒸汽带水”，其他故障征兆报警将被抑制，其报警分析结果如表 7.11 所示。

将 20 个样本的综合告警优化结果和传统超限告警结果进行比对统计，结果如表 7.12 所示。

表 7.10 中第 17 个样本的第 2 项参数，在单一告警方法中判断为异常值，而在多轮次耦合告警优化方法中，先通过判断前四个样本参数均在正常阈值范围，再通过判断 4～8 样本参数的平均值也在正常阈值范围内，从而对此次告警进行抑制，消除了一次误告警。而在同表中的第 18 个样本又一次出现误告警，此时根据告警抑制的判断，不能再进行告警抑制，因此，两种方法均出现了误告警。通过多轮次耦合告警优化方法也同样减少了漏告警率和冗余告警次数。

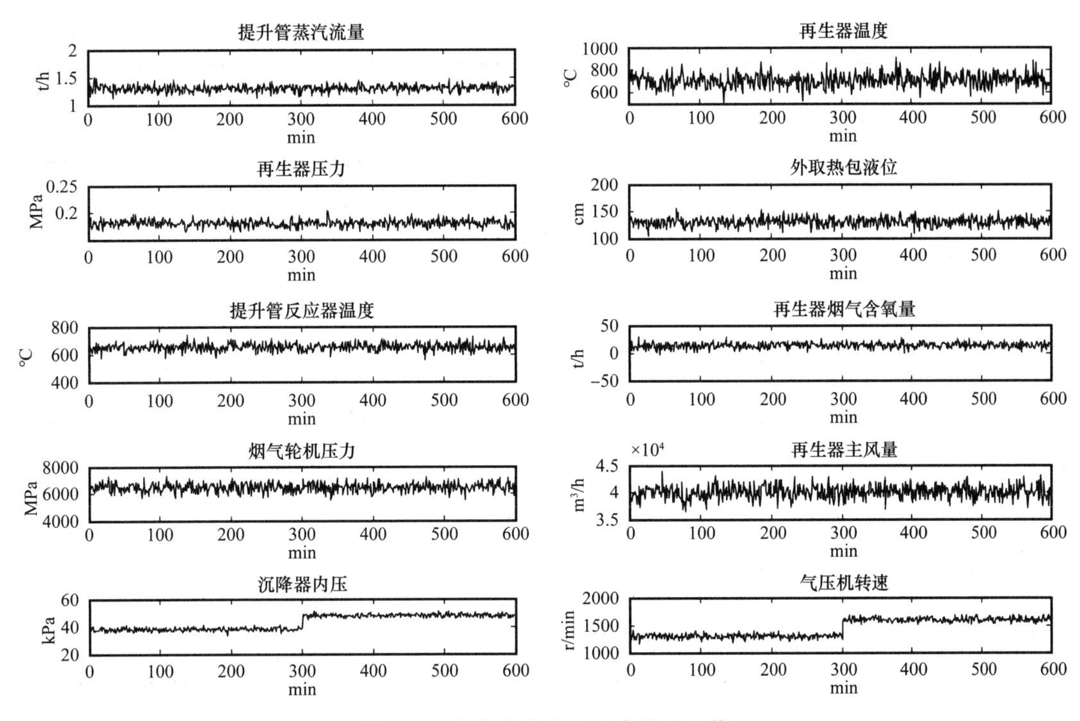

图 7.23　蒸汽带水的节点参数状态值

表 7.10　蒸汽带水的 10 项参数取值

序号	提升管蒸汽流量 t/min	再生器温度 ℃	再生器压力 MPa	外取热包液位 cm	提升管反应器温度 ℃	再生器烟气含氧量 kg/h	烟气轮机压力 kPa	再生器主风量 m^3/h	沉降器内压 kPa	气压机转速 r/min
1	1.30	713	0.189	134	654	13.0	6266	40991	477.4	1332
2	1.25	714	0.182	125	642	12.9	6437	40496	476.1	1338
3	1.25	715	0.191	125	643	13.3	6382	38902	482.7	1360
4	1.30	718	0.187	117	657	12.9	6576	40648	480.1	1341
5	1.27	707	0.181	138	647	12.9	6484	38235	478.5	1297
6	1.33	709	0.186	131	646	12.8	6491	40325	475.1	1365
7	1.34	711	0.181	138	659	12.9	6412	40674	476.3	1362
8	1.19	717	0.178	142	654	12.9	6360	40153	483.9	1359
9	1.31	713	0.182	120	657	12.5	6478	39035	480.0	1336
10	1.37	706	0.180	135	646	13.1	6406	40253	478.8	1376
11	1.26	716	0.178	130	656	12.9	6589	39788	475.2	1312
12	1.32	711	0.191	137	648	13.3	6413	40201	482.9	1343

续表

序号	提升管蒸汽流量 t/min	再生器温度 ℃	再生器压力 MPa	外取热包液位 cm	提升管反应器温度 ℃	再生器烟气含氧量 kg/h	烟气轮机压力 kPa	再生器主风量 m^3/h	沉降器内压 kPa	气压机转速 r/min
13	1.33	702	0.181	139	657	13.2	6370	39684	375.0	1359
14	1.33	710	0.198	136	659	12.7	6428	40513	480.7	1366
15	1.28	702	0.178	123	650	13.1	6558	39498	477.3	1348
16	1.29	703	0.184	128	646	12.7	6393	38700	477.5	1327
17	1.29	695	0.190	132	650	12.7	6440	40909	473.8	1331
18	1.30	714	0.198	155	647	12.9	6302	40976	476.1	1353
19	1.26	704	0.182	140	648	12.7	6462	40839	475.6	1318
20	1.39	724	0.175	148	654	12.7	6411	38397	477.4	1407
阈值	1.20～1.40	700～720	1.75～2.00	120～150	640～660	12.5～13.5	6300～6600	38000～41000	375～382	1280～1330

表 7.11　蒸汽带水的告警结果及告警结果类型

序号	优化告警结果	告警结果类型	传统超限告警结果	告警结果类型
1	蒸汽带水	正确告警	第 7、9、10 项参数告警	正确告警 2 次，冗余告警 1 次，误告警 1 次
2	蒸汽带水	正确告警	第 9、10 项参数告警	正确告警 2 次，冗余告警 1 次
3	蒸汽带水	正确告警	第 9、10 项参数告警	正确告警 2 次，冗余告警 1 次
4	蒸汽带水	正确告警	第 4、9、10 项参数告警	正确告警 2 次，冗余告警 1 次，误告警 1 次
5	蒸汽带水	正确告警	第 9、10 项参数告警	正确告警 1 次，冗余告警 0 次，漏告警 1 次
6	蒸汽带水	正确告警	第 9、10 项参数告警	正确告警 2 次，冗余告警 1 次
7	蒸汽带水	正确告警	第 9、10 项参数告警	正确告警 2 次，冗余告警 1 次
8	蒸汽带水	正确告警	第 9、10 项参数告警	正确告警 2 次，冗余告警 1 次
9	蒸汽带水	正确告警	第 9、10 项参数告警	正确告警 2 次，冗余告警 1 次
10	蒸汽带水	正确告警	第 9、10 项参数告警	正确告警 2 次，冗余告警 1 次
11	蒸汽带水	正确告警	第 9、10 项参数告警	正确告警 1 次，冗余告警 0 次，漏告警 1 次
12	蒸汽带水	正确告警	第 9、10 项参数告警	正确告警 1 次，冗余告警 0 次，漏告警 1 次
13	蒸汽带水	正确告警	第 10 项参数告警	正确告警 1 次，冗余告警 1 次，漏告警 1 次
14	蒸汽带水	正确告警	第 9、10 项参数告警	正确告警 2 次，冗余告警 1 次
15	蒸汽带水	正确告警	第 9、10 项参数告警	正确告警 2 次，冗余告警 1 次

续表

序号	优化告警结果	告警结果类型	传统超限告警结果	告警结果类型
16	蒸汽带水	正确告警	第 9、10 项参数告警	正确告警 2 次，冗余告警 1 次
17	蒸汽带水	正确告警	第 2、9、10 项参数告警	正确告警 2 次，冗余告警 1 次，误告警 1 次
18	蒸汽带水、第 4 项参数告警	正确告警，误告警 1 次	第 4、9、10 项参数告警	正确告警 2 次，冗余告警 1 次，误告警 1 次
19	蒸汽带水	正确告警	第 9、10 项参数告警	正确告警 1 次，冗余告警 0 次，漏告警 1 次
20	蒸汽带水	正确告警	第 9、10 项参数告警	正确告警 2 次，冗余告警 1 次

表 7.12　蒸汽带水的综合告警优化方法与传统单一告警方法对比

告警方式	正确告警率	漏告警率	误告警次数	冗余告警次数
传统超限告警方法	75%	25%	4	16
告警优化方法	100%	0	1	0

2. 案例 2：关联故障的告警优化结果对比

提升风仪表失灵与双动滑阀故障全开两种根原因下有相同的节点故障状态：再生器烟气氧含量低，为关联故障。此种故障根原因下的 10 项监测参数值如图 7.24 所示。选取故障发生后的 20 个样本进行分析，每个样本包含 10min 数据，每组样本的 10 项监测参数的

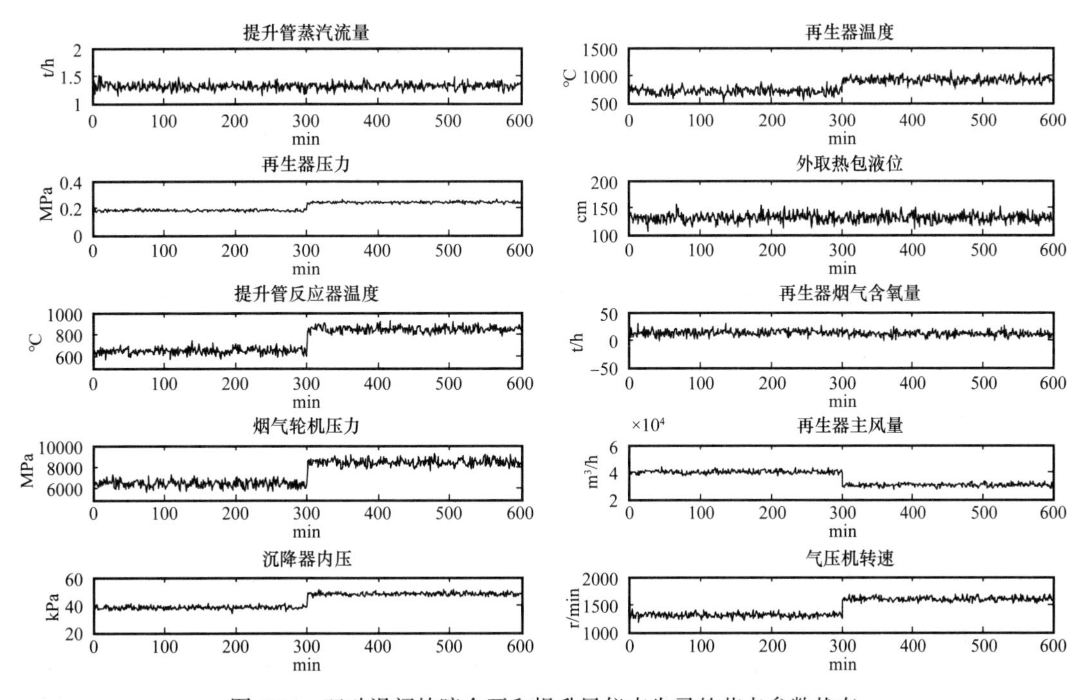

图 7.24　双动滑阀故障全开和提升风仪表失灵的节点参数状态

平均值如表 7.13 所示。在传统告警机制下，如果监测参数超限则报警，其报警分析结果如表 7.14 所示。应用本节研究成果“多轮次耦合告警优化方法”，针对该异常事件，给出报警根原因为“提升风仪表失灵、双动滑阀故障全开”，其他故障征兆报警将被抑制，其报警分析结果如表 7.14 所示。

表 7.13　双动滑阀故障全开和提升风仪表失灵的 10 项参数取值

序号	提升管蒸汽流量 t/min	再生器温度 ℃	再生器压力 MPa	外取热包液位 cm	提升管反应器温度 ℃	再生器烟气含氧量 kg/h	烟气轮机压力 kPa	再生器主风量 m^3/h	沉降器内压 kPa	气压机转速 r/min
1	1.30	756	0.219	134	680.1	14.0	6566	37991	475.2	1288
2	1.25	754	0.212	125	656.7	13.9	6737	37496	482.9	1279
3	1.25	755	0.221	125	682.4	14.3	6682	35902	475.0	1296
4	1.30	763	0.217	117	663.3	13.9	6876	37648	480.7	1325
5	1.27	757	0.211	138	658.1	13.9	6784	35235	477.3	1301
6	1.33	768	0.216	131	676.1	13.8	6791	37325	477.5	1284
7	1.34	762	0.198	138	680.0	13.9	6712	37674	473.8	1294
8	1.26	761	0.208	142	683.4	13.9	6660	37153	476.1	1299
9	1.31	770	0.212	120	680.8	13.5	6778	36035	475.6	1307
10	1.37	758	0.210	135	676.5	14.1	6706	37253	477.4	1283
11	1.26	761	0.208	130	686.8	13.9	6889	36788	477.4	1302
12	1.32	763	0.221	137	683.7	14.3	6713	37201	476.1	1338
13	1.33	756	0.211	139	666.8	14.2	6670	36684	482.7	1297
14	1.33	760	0.228	136	671.4	14.7	6728	37513	480.1	1300
15	1.28	752	0.208	123	661.2	14.1	6858	36498	478.5	1295
16	1.29	765	0.214	128	668.5	13.7	6693	35700	475.1	1286
17	1.29	769	0.220	132	677.9	13.7	6740	37909	476.3	1307
18	1.19	761	0.228	155	674.1	13.9	6602	37976	483.9	1306
19	1.26	749	0.212	140	659.8	13.7	6762	37839	480.0	1297
20	1.39	753	0.221	148	662.5	13.7	6711	35397	478.8	1304
阈值	1.20～1.40	700～720	1.75～2.00	120～150	640～660	12.5～13.5	6300～6600	38000～41000	375～382	1280～1330

表 7.14 双动滑阀故障全开和提升风仪表失灵的告警结果及告警结果类型

序号	优化告警结果	告警结果类型	单一告警结果	告警结果类型
1	双动滑阀故障全开、提升风仪表失灵	正确告警	第 2、3、5、6、8、9、10 项参数告警	正确告警 8 次，冗余告警 5 次，漏报警 1 次
2	双动滑阀故障全开蒸汽带水	正确告警 1 次，误告警 1 次，漏告警 1 次	第 3、6、7、8、9、10 项参数告警	正确告警 6 次，冗余告警 4 次，漏报警 2 次
3	双动滑阀故障全开、提升风仪表失灵	正确告警	第 2、3、5、6、7、8、9、10 项参数告警	正确告警 8 次，冗余告警 6 次
4	双动滑阀故障全开、提升风仪表失灵	正确告警	第 2、3、4、5、6、7、8、9、10 项参数告警	正确告警 8 次，冗余告警 6 次，误告警 1 次
5	双动滑阀故障全开、提升风仪表失灵	正确告警	第 2、3、6、7、8、9、10 项参数告警	正确告警 7 次，冗余告警 5 次，漏报警 1 次
6	双动滑阀故障全开、提升风仪表失灵	正确告警	第 2、3、5、6、7、8、9、10 项参数告警	正确告警 8 次，冗余告警 6 次
7	双动滑阀故障全开、提升风仪表失灵	正确告警	第 2、5、6、7、8、9、10 项参数告警	正确告警 7 次，冗余告警 6 次，漏报警 1 次
8	双动滑阀故障全开、提升风仪表失灵	正确告警	第 2、3、5、6、7、8、9、10 项参数告警	正确告警 8 次，冗余告警 6 次
9	双动滑阀故障全开、提升风仪表失灵	正确告警	第 2、3、5、6、7、8、9、10 项参数告警	正确告警 8 次，冗余告警 6 次
10	双动滑阀故障全开、提升风仪表失灵	正确告警	第 2、3、5、6、7、8、9、10 项参数告警	正确告警 8 次，冗余告警 6 次
11	双动滑阀故障全开、提升风仪表失灵	正确告警	第 2、3、5、6、7、8、9、10 项参数告警	正确告警 8 次，冗余告警 6 次
12	双动滑阀故障全开、提升风仪表失灵	正确告警	第 2、3、5、6、7、8、9、10 项参数告警	正确告警 8 次，冗余告警 6 次
13	双动滑阀故障全开、提升风仪表失灵	正确告警	第 2、3、5、6、7、8、9、10 项参数告警	正确告警 8 次，冗余告警 6 次
14	双动滑阀故障全开、提升风仪表失灵	正确告警	第 2、3、5、6、7、8、9、10 项参数告警	正确告警 8 次，冗余告警 6 次
15	双动滑阀故障全开、提升风仪表失灵	正确告警	第 2、3、5、6、7、8、9、10 项参数告警	正确告警 8 次，冗余告警 6 次
16	双动滑阀故障全开、提升风仪表失灵	正确告警	第 2、3、5、6、7、8、9、10 项参数告警	正确告警 8 次，冗余告警 6 次
17	双动滑阀故障全开、提升风仪表失灵	正确告警	第 2、3、5、6、7、8、9、10 项参数告警	正确告警 8 次，冗余告警 6 次

续表

序号	优化告警结果	告警结果类型	单一告警结果	告警结果类型
18	双动滑阀故障全开、提升风仪表失灵、蒸汽带水、外取热包泄漏	正确告警 2 次，误告警 2 次	第 1、2、3、4、5、6、7、8、9、10 项参数告警	正确告警 8 次，冗余告警 6 次，误告警 2 次
19	双动滑阀故障全开、提升风仪表失灵	正确告警	第 2、3、6、7、8、9、10 项参数告警	正确告警 7 次，冗余告警 5 次，漏报警 1 次
20	双动滑阀故障全开、提升风仪表失灵	正确告警	第 2、3、5、6、7、8、9、10 项参数告警	正确告警 8 次，冗余告警 6 次

将 20 个样本的综合告警优化结果和传统超限告警结果进行比对统计，结果如表 7.15 所示。

表 7.15　双动滑阀故障全开和提升风仪表失灵的耦合告警优化方法与传统超限告警方法对比

告警方式	正确告警率	漏告警率	误告警次数	冗余告警次数
传统超限告警方法	96.25%	3.75%	3	155
告警优化方法	98.125%	1.875%	3	0

表 7.13 中第 17 个样本的第 2 项参数，在传统超限告警方法中判断为异常值，而在多轮次耦合告警优化方法中，先通过判断前四个样本参数均在正常阈值范围，再通过判断 4～8 样本参数的平均值也在正常阈值范围内，从而对此次告警进行抑制，消除了一次误告警。而在同表中的第 18 个样本又一次出现误告警，此时根据告警抑制的判断，不能再进行告警抑制，因此，两种方法均出现了误告警。通过多轮次耦合告警优化方法也同样减少了漏告警率和冗余告警次数。

通过上述两个案例分析，采用多轮次耦合告警优化方法提高了传统超限告警方法的正确告警率（正确告警率最大程度地提高了 33.3%），降低了误告警和漏告警率并减少冗余告警次数。因此本节建立的多轮次耦合告警优化方法应用于炼化装置长周期生产过程中的报警管理中，可以提高对装置故障的定位、处理效率和针对性，避免由于报警处理不当带来的二次事故和经济损失。

3. 分析与小结

（1）本节在关联预警模型及推理机制研究的基础上，针对生产现场存在的漏报、误报、冗余报警等问题，结合关联预警推理融合决策结果，提出多轮次耦合告警优化方法，一方面对低层次告警进行归约与聚合，去除冗余告警；另一方面，考虑多危险因素、多故障情形，对偏差序列触发的告警信息进行优化，给出并发布故障征兆产生的根源，增强告警的指向性。

（2）多轮次耦合告警优化方法中，包含五种告警优化策略，分别为单独传感器告警优化策略、传感器组的告警优化策略、基于贝叶斯网络的耦合告警策略、传感器自身异常判断策略、冗余告警抑制策略。

（3）经多个案例分析验证，多轮次耦合告警优化方法告警正确率为 98% 以上，与传统 DCS 超限报警相比对，其将正确告警率最大程度地提高了 33.3%，并完全去除了冗余告警。

7.3　炼化装置实时故障关联预测预警

炼化生产中危险因素客观存在，这些因素以各种形式存在于系统内部，在一定条件下相互关联、影响并最终转化为事故。因此，需要对炼化装置运行的工艺参数是否将发生偏差，以及发生偏差后的故障趋势进行定性及定量预测，在事故发生之前充分及时掌握危险因素的变化趋势，预知工艺参数的偏差状态并估计其后果影响，从而提前采取措施进行抑制，及早消除危险苗头，阻止危险因素的扩大、发展及向重大事故的转化。

本节从定性角度首先预测故障发展趋势，提出基于特征数据分割方法的故障趋势预测方法；进而从定量角度，进一步对预测结果进行细化，提出基于灰色关联分析的“安全行为—状态”卡尔曼滤波关联预测方法，实现对参数未来的偏差值进行定量预测，提前报警，有利于及时抑制异常工况向事故工况的转变，减少非计划停机次数。

7.3.1　基于特征数据分割方法的故障趋势预测

工艺参数的趋势预测需要将特征片段从大量的过程参数中提取出来，通过一定的规律整合，对未来趋势进行预测。工艺参数的趋势可以反映过程运行状态重要参数的发展速度与趋向。国内外对于趋势提取的方法进行了多次改进：1991 年，美国普渡大学的 Venkatasubramanian 和 Janusz 通过一阶导数和二阶导数的正负值定义 7 种基元来描述参数的趋势，但是该方法不适用于噪声数据的趋势提取；2005 年，法国 Charbonnier 等在此基础上提出根据三种简单基元的组合判断趋势的方法，此种方法更加简洁，适用于在线参数趋势分析；2010 年，宋政辉等在两者基础上引入导数置信区间，提高了趋势识别算法的鲁棒性和适应性；2011 年，陈骏平等提出一种针对阶跃信号的趋势分析改进方法，通过对工艺参数的分割与特征提取，得到的趋势信息广泛应用在自适应控制、工业过程诊断、机械故障诊断、股票价格走势预测等领域。上述方法仅凭借时间序列的数值模型进行分析预测，预测数据相对孤立，准确度及适用性不高。

考虑到炼化工艺过程中物质状态的连续性，参数偏差互相影响，在化工过程模型中存在一定的内在关联，而这种关联为故障未来的发展情况提供了大量的信息，应充分挖掘炼化过程工艺参数的内在关联，综合考虑预测对象自身的发展规律及与预测对象相关联的其他参数的发展规律，对该预测对象未来的变化趋势进行预测，即从系统的角度认知事物的发展规律，提高故障预测准确度。

在此思想下，本节通过研究炼化装置工艺参数的内在关联，建立基于特征数据分割方法的故障趋势预测方法，通过特征数据分割，对故障趋势进行预测，并通过关联数据对故障趋势预测结果进行验证，同时获得预测结果的可信度。通过参数偏差与发展趋势的统筹分析，提供了一种更精准的工艺参数故障预测方法，能够预知故障趋势，有利于实现炼化系统故障的超前防御。

1. 故障趋势预测方法

1）特征数据分割方法

传统的数据分割方法以具体固定的数据个数为划分单元，破坏趋势单元完整性，影响趋势预测的准确度。而在炼化过程中，过程参数的偏差主要分为阶跃偏差和累积偏差，因此提出通过寻找特征点和特征线段进行数据分割的方法，保留完整趋势特征。特征点针对阶跃参数进行划分，特征线段针对过程参数中偏差的逐渐累积造成的趋势变化进行划分。

设 t 为参数中的某一判断时刻，I_t 即为 t 时刻的参数值。设 $I_{\max}$ 为参数中最大值，$I_{\min}$ 为参数中最小值。令 $I_h=I_{\max}-I_{\min}$，$k_1=I_2-I_1$，$k_2=I_3-I_2$，$k_{i-1}=I_i-I_{i-1}$，…。对特征点和特征线段的定义如下：

特征线段：当 $\left|\sum_{1}^{i-1} k_{i-1}\right| > 0.2I_h$ 时，则线段 $I_1\,I_i$ 为特征线段。

特征点：若 $|I_t-I_{t-1}|>0.1I_h$，则点 I_t 为特征点。

通过参数特征寻找到相应的特征点和特征线段之后，令 n=0，I_n 代表参数在每个特征单元内的序列值，k 为设定的特征单元内最少参数个数，通过图 7.25 进行数据分割。

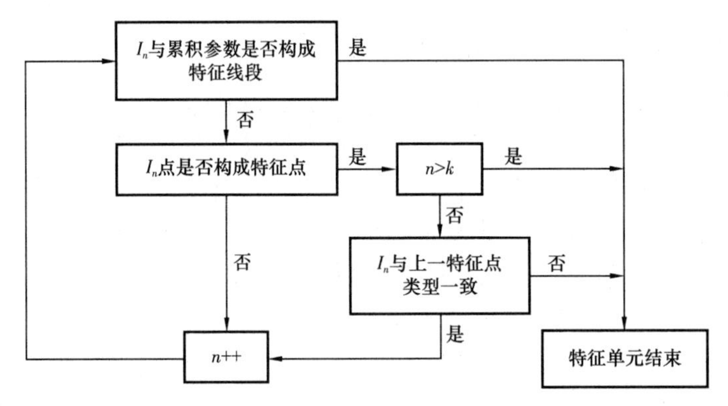

图 7.25　特征数据分割方法

2）趋势拟合方法

在统计学中，线性回归是利用线性回归方程的最小平方函数对一个或多个自变量和因变量之间关系进行建模的一种回归分析。这种函数是一个或多个称为回归系数的模型的线性组合。只有一个自变量的情况称为简单回归，大于一个自变量的情况叫做多元回归。

在线性回归中，数据使用线性预测函数来建模，并且未知的模型参数也是通过数据来估计，这些模型叫做线性模型。最常用的线性回归模型是给定 X 值的 Y 的条件均值是 X 的仿射函数。线性模型也可以是一个中位数或一些其他的给定 X 的条件下的 Y 的条件分布的分位数作为 X 的线性函数表示。

线性回归的实际用途分为以下两大类：

（1）如果目标是预测或者映射，线性回归可以用来对观测数据集和 X 值拟合出一个预测模型。当完成这样一个模型后，对于一个新增的 X 值，在没有给定与它相配对的 Y 的情况下，可以用这个拟合过的模型预测出一个 Y 值。

（2）给定一个变量 Y 和一些变量 X_1，…，X_p，这些变量有可能与 Y 相关，线性回归分析可以用来量化 Y 与 X 之间相关性的强度，评估出与 Y 最不相关的 X_j，并识别出哪些 X_j 的子集包含了关于 Y 的冗余信息。

线性回归模型经常用最小二乘法逼近来拟合，为了提高拟合的效率从而达到在线拟合的目的，在特征数据分割之后，利用一次线性拟合函数对每个分割部分分别进行拟合，拟合线性方程 $y=ax+b$ 中系数 a、b 由式（7.13）、式（7.14）算出：

$$a=\frac{n\sum_{k=0}^{n-1}x_k y_k-\sum_{k=0}^{n-1}x_k\sum_{k=0}^{n-1}y_k}{n\sum_{k=0}^{n-1}x_k^2-\sum_{k=0}^{n-1}x_k\sum_{k=0}^{n-1}x_k} \tag{7.13}$$

$$b=\frac{\sum_{k=0}^{n-1}y_k-a\sum_{k=0}^{n-1}x_k}{n} \tag{7.14}$$

拟合后的函数 a 与预先设定的判断斜率 a_1（$a_1>0$）比较，得到每个分割片段的简单趋势。若 $a>a_1$，则属于上升片段；若 $a_1>a>-a_1$，则属于稳定片段；若 $a<-a_1$，则属于下降片段。

3）趋势预测方法

将拟合后趋势根据前后顺序依次结合，根据表 7.16 的结合规律进行组合，直到相邻两趋势不能结合为止。通过趋势结合分别得到上升、下降、不变、正步、负步、上下瞬变、下上瞬变七种趋势。根据最末两个片段的趋势结合结果，即可预测工艺参数的未来趋势。

表 7.16　趋势结合规律

后期	前期		
	上升	不变	下降
上升	上升	上升	下上瞬变
不变	正步	不变	负步
下降	上下瞬变	下降	下降

4）故障趋势分析

针对低报警阈值 l_{min} 和高报警阈值 l_{max}，令 $k=l_{max}-l_{min}$，当某时刻参数 l 符合 $l_{min}<l<l_{min}+3\%k$ 或 $l_{max}-3\%k<l<l_{max}$ 危险范围时，此时 l 为危险参数。

当 $l_{min}<l<l_{min}+3\%k$ 时，且预测趋势为上升或下上瞬变，则触发高阈值报警；当 $l_{max}-3\%k<l<l_{max}$ 时，且预测趋势为下降或上下瞬变，则触发低阈值报警。

2. 工艺参数关联验证

1）工艺参数关联

在趋势预测的过程中，仅利用单参数的时间序列关系进行分析，而在炼化装置生产过程中设备单元与操作关联程度高，危险因素耦合性强并具有整体涌现等特点，可以通过建立关联模型，拟合参数之间的关系，相互验证故障趋势预测的结果，关联参数之间关系拟合如表 7.17 所示。

通过对工艺参数的关系进行拟合，可将符合关系 1、2 的相关参数在故障趋势预测中进行相应的验证，例如稳定塔回流压力与回流罐液位。

表 7.17　工艺参数拟合关系

编号	图形	具体关系	
1		描述	代表一种线性的关系，原因变量与后果变量成正比关系
		举例	理想气体中温度与压力
		公式	$y=ax+b$（$a>0$）
2		描述	代表一种线性的关系，原因变量与后果变量成反比关系
		举例	理想气体中体积与压力
		公式	$y=-ax+b$（$a>0$）
3		描述	随着原因变量增加，后果变量缓慢增加，随后增加速度变快
		举例	入口流量大于出口流量，且正在增加，液位与入口流量的关系
		公式	$dy/dt=x_1-x_2$
4		描述	随着原因变量增加，后果变量快速增加，随后增加变慢
		举例	出口流量小于入口流量，且正在增加，液位与出口流量的关系
		公式	$dy/dt=x_1-x_2$
5		描述	随着原因变量增加，后果变量缓慢减少，随后减少速度变快
		举例	出口流量大于入口流量，且正在增加，液位与出口流量的关系
		公式	$dy/dt=x_1-x_2$
6		描述	随着原因变量增加，后果变量快速减少，随后增加速度变慢
		举例	入口流量小于出口流量，且正在增加，液位与入口流量的关系
		公式	$dy/dt=x_1-x_2$

2）关联参数验证

通过相关性一致的过程参数对故障趋势预测结果进行验证，以验证结果的可靠性，验证步骤如图 7.26 所示。

通过关联参数的验证结果，得到原故障预测趋势结果的可信度，从而为现场操作人员对整体故障状态的判断提供依据。

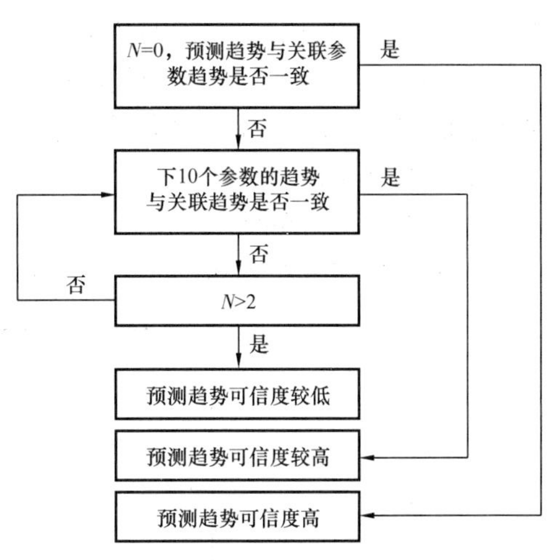

图 7.26　关联参数验证步骤

3. 实例验证

1）现场数据验证

在石油炼化工艺过程中，原油加工的第一步是蒸馏，常减压工艺是将原油分馏为不同组分并为之后的二次加工提供原料的关键工艺流程。常减压装置的安全平稳运行直接关系着整个炼油厂的生产效益。稳定塔是常减压工艺中的关键装置，原油脱水后进换热器升温，然后进入稳定塔，原油在稳定塔内部部分气化，气化部分在上部进行精馏。塔顶的气体中碳五组分经过循环水冷却分离，部分作为塔顶回流又送回塔内，碳一至碳四以气态输出，稳定后的原油从稳定塔底部流出，进入储罐或外输。采用稳定塔的现场数据进行趋势预测。

该炼化厂某段时间内的稳定塔顶回流罐液位参数如图 7.27 所示，高报警阈值为 32%，在第 32s 由于进出物料不平衡导致回流罐液位过高触发告警，后经过系统调整恢复正常。通过回流罐液位 0～30s 的参数预测 30～35s 的故障趋势，并通过关联参数稳定塔顶回流压力对预测结果的可信度进行验证，最后利用回流罐液位 30～35s 的真实故障趋势检验预测精度。

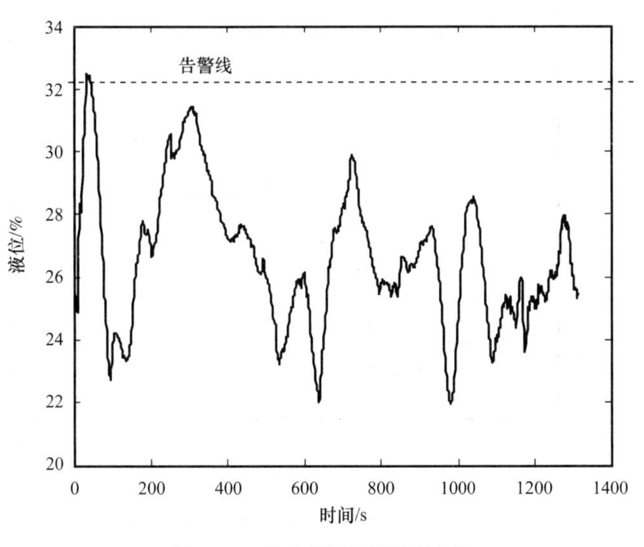

图 7.27　稳定塔顶回流罐液位

根据特征数据分割算法寻找特征点与特征线段，将塔顶温度前 30s 参数分为六个特征片段：0～10s、10～11s、11～12s、12～16s、16～21s、21s～30s。划分后的特征片段如

图 7.28 所示，用不同符号区分不同的片段。

然后利用一次线性拟合函数对每个分割部分分别进行拟合，得到六段分割数据的拟合线段如图 7.29 所示，拟合线段的表达式如下：

$y_1=-0.0844x+25.7093$　　　$y_4=0.4127x+21.7682$

$y_2=1.8810x+6.0980$　　　$y_5=-0.0441x+29.0081$

$y_3=-0.1710x+28.6700$　　　$y_6=0.3478x+21.0038$

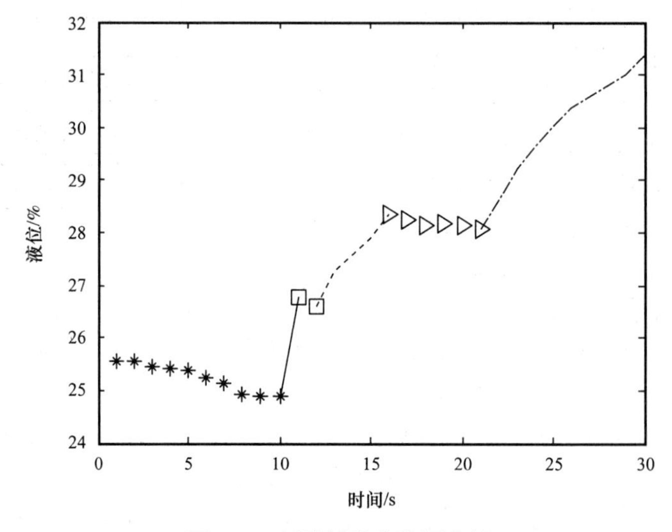

图 7.28　回流罐液位数据分割

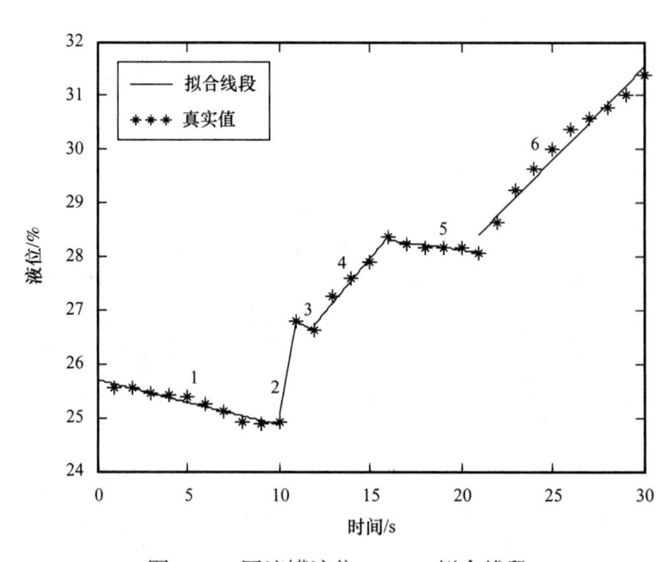

图 7.29　回流罐液位 0～30s 拟合线段

通过对拟合线段的趋势判断，得到六段分割片段的趋势分别为：y_1 下降、y_2 上升、y_3 下降、y_4 上升、y_5 不变、y_6 上升，根据表 7.16 的趋势结合规律得到后两段趋势的总趋势为上升。同时考虑到，第 30s 的参数值为 31.38，处于危险参数范围内，此时预测回流罐液位将超过高值告警线，且故障趋势为上升。

通过关联参数回流罐的压力参数对预测结果进行验证，与其趋势一致，根据判断步骤进行验证，判断对回流罐液位 30～35s 的故障预测趋势结果的可信度为：高可信。

以回流罐液位 30～35s 参数的真实趋势验证 0～30s 趋势预测的准确性，图 7.30、图 7.31 分别为回流罐液位 0～35s 参数的特征数据分割结果及拟合线段。根据对回流罐液位 0～35s 参数进行数据分割与线段拟合，最后一段特征线段为 21～35s，拟合线段的方程为 y=0.3207x+21.7831，32s 时确实触发了告警线，且故障趋势为上升，与预测结果一致。

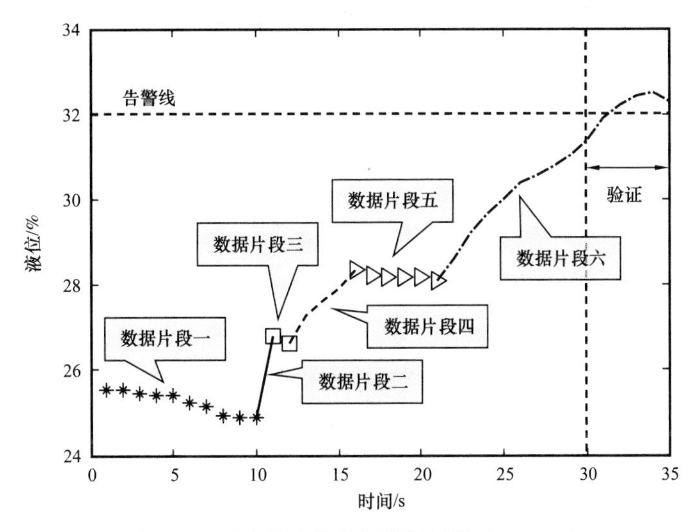

图 7.30　回流罐液位数据分割结果（0～35s）

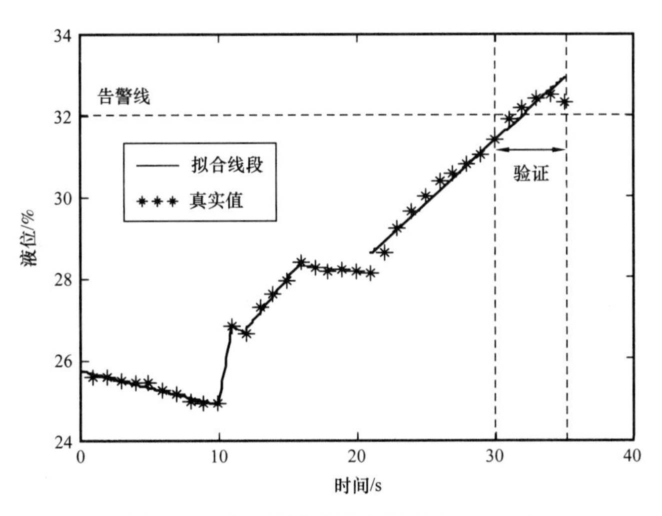

图 7.31　回流罐液位拟合结果（0～35s）

2）仿真数据验证

初馏塔也是常减压工艺过程中的重要装置。装置对混合油气进行初步的气液分离，原油经换热至 220～240℃，进入初馏塔，流入塔底的液相部分送至常压塔，气相上升至塔顶，在初馏塔顶分馏出重整原料或轻汽油。通过建立气液分离过程的相关模型在 gPROMS 软件中建立初馏塔工艺的过程模型。

通过仿真模拟供热异常状态，在 60s 时由于电气故障发生供热异常，初馏塔气相产量的参数如图 7.32 所示，根据气相产量 0～63s 的参数预测故障发展趋势，并利用同时刻关联参数（即初馏塔顶温度）对预测结果进行验证，得到故障预测结果的可信度，最后根据气相产量 63～70s 的真实数据值对预测结果的准确性进行检验。

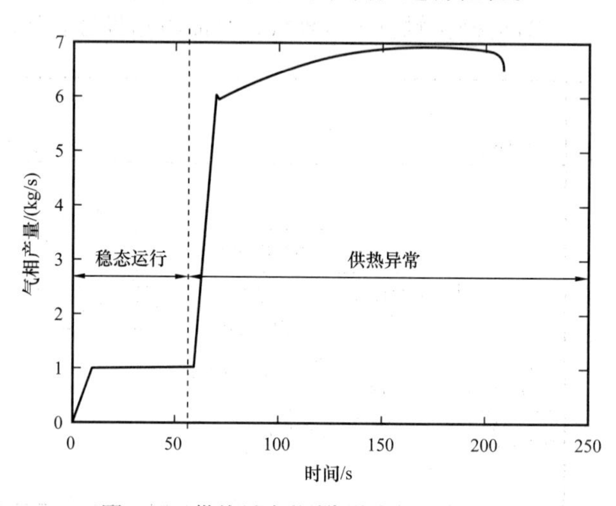

图 7.32　供热异常状态下气相产量变化图

根据特征数据分割算法寻找特征点与特征线段，将气相产量前 63s 参数分为三个特征片段：0～10s、10.1～60.4s、60.5～63s。划分后的特征片段如图 7.33 所示，用不同符号区分不同的片段。

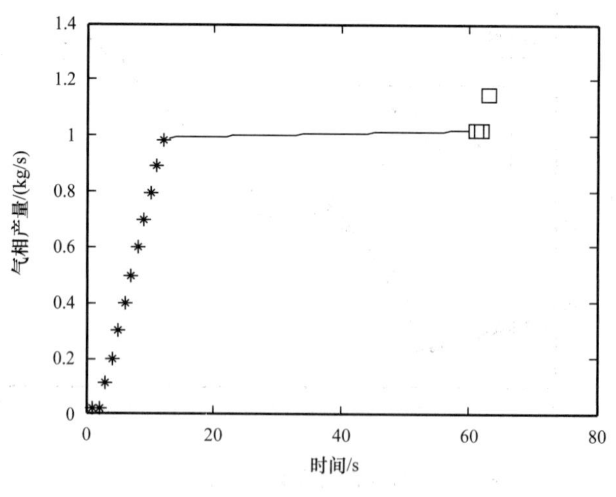

图 7.33　气相产量数据分割

然后利用一次线性拟合函数对每个分割部分分别进行拟合，得到三段分割数据的拟合线段如图 7.34 所示，拟合线段的表达式如下：

y_1=0.0990x−0.0100

y_2=0.0006x+0.9851

y_3=0.4879x−28.3133

通过对拟合线段的趋势判断，得到三段分割片段的趋势分别为：y_1 上升、y_2 不变、y_3 上升，根据表 7.16 的趋势结合规律得到后两段趋势的总趋势为上升，第 63s 的参数值为 1.149，处于危险范围内，因此预测气相产量将超过高告警线，且故障趋势为上升。

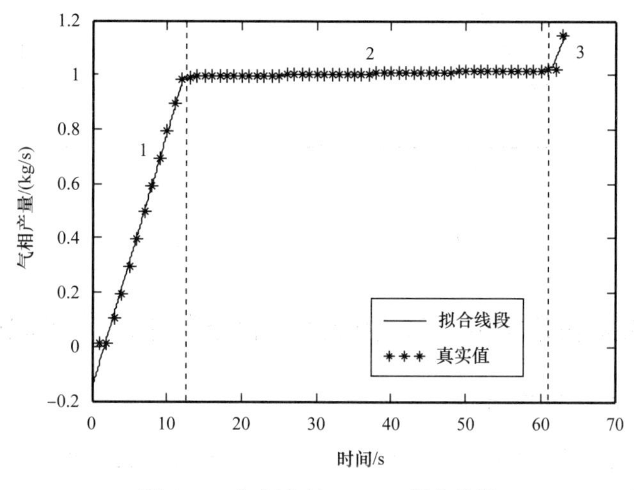

图 7.34　气相产量 0～63s 拟合线段

通过关联参数初馏塔温度对预测结果进行验证，与其趋势一致，根据判断步骤进行验证，判断对气相产量 63～66s 的故障预测趋势结果的可信度为：高可信。

以气相产量 63～66s 参数的真实趋势验证 0～30s 趋势预测的准确性，图 7.35、图 7.36 分别为气相产量 0～66s 参数的特征数据分割结果及拟合线段。根据对气相产量 0～35s 参数进行数据分割与线段拟合，最后一段特征线段为 60～66s，在 64s 时确实触发了告警线，且故障趋势为上升，与预测结果一致。

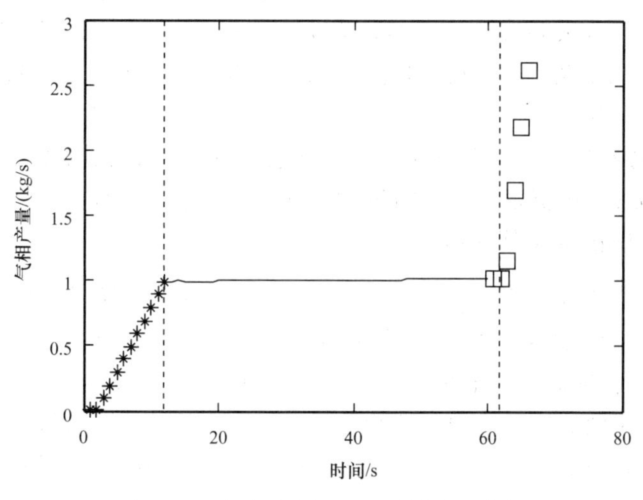

图 7.35　气相产量 0～66s 数据分割图

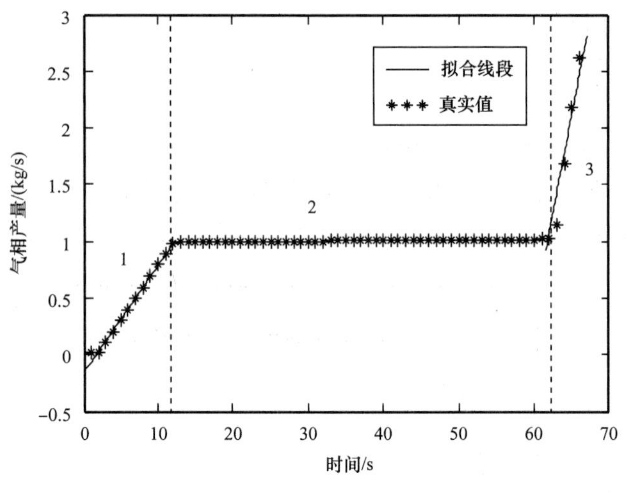

图 7.36　气相产量 0～66s 线性拟合

7.3.2　基于灰色关联分析的“安全行为—状态”卡尔曼滤波关联预测方法

1. 影响因素灰色关联度分析

炼化生产过程是一个非线性的复杂系统，每个装置在运行过程中不仅受到人工操作和装置固有属性的制约，而且受到流入、流出及各种随机因素的影响。就初馏塔顶的温度而言，不仅受到初馏塔内的生产状态影响，而且与相邻装置中的生产状态密切相关。

对于两个系统之间的因素，其随时间或不同对象而变化的关联性大小的量度，称为关联度。在系统发展过程中，若两个因素变化的趋势具有一致性，即同步变化程度较高，即两者关联程度较高；反之，则较低。因此，灰色关联分析方法，是根据因素之间发展趋势的相似或相异程度，亦即“灰色关联度”，作为衡量因素间关联程度的一种方法。

灰色系统理论提出了对各子系统进行灰色关联度分析的概念，意图通过一定的方法，去寻求系统中各子系统（或因素）之间的数值关系。因此，灰色关联度分析对于一个系统发展变化态势提供了量化的度量，适合动态历程分析。灰色关联分析具有所需样本较少，不需要计算统计特征量及计算方便等优点，已广泛地应用于不确定性系统中各因素之间的关联程度的度量与分析。

考虑给定炼化装置生产过程中的某研究对象参数序列 x_0 和该装置及相邻装置内生产状态过程参数序列 x_i，根据灰色均衡接近度关联分析思想，设计如下计算步骤来确定常压塔顶温度的主要影响因素及其影响程度。

1）确定反映系统行为特征的参考数列和影响系统行为的子数列

反映系统行为特征的数据序列，称为参考数列。影响系统行为的因素组成的数据序列，称子数列。对于原始数据序列，$\{x_i(j)\}$（i=1，…，l；j=1，…，n），其中 l 为子序列的个数，n 为子序列的长度。确定其参考序列 x_0 与子序列 x_i，计算每个时刻点上的序列差值 $\Delta_i(j)=|x_0(j)-x_i(j)|$，令 $\Delta_i(j)$ 的最大值和最小值为 $\Delta_{\max}$ 和 $\Delta_{\min}$。

2）对参考数列和比较数列进行无量纲化处理

由于系统中各因素的物理意义不同，导致数据的量纲也不一定相同，不便于比较，或在比较时难以得到正确的结论。因此在进行灰色关联度分析时，一般都要进行无量纲化的数据处理。

3）计算在各时刻点上参考序列 x_0 与各子序列 x_i 的灰色关联系数 $r_i(j)$

所谓关联程度，实质上是曲线间几何形状的差别程度。因此曲线间差值大小，可作为关联程度的衡量尺度。对于一个参考数列 X_0 有若干个比较数列 X_1，X_2，…，X_n，各比较数列与参考数列在各个时刻（即曲线中的各点）的关联系数 $r_i(j)$ 计算见式（7.15）。其中 ρ 为分辨系数，一般为 0～1，通常取 0.5。

$$r_i(j)=(\varDelta_{\max}+\rho\varDelta_{\min})/[\varDelta_i(j)+\rho\varDelta_{\max}] \tag{7.15}$$

计算子序列的灰色关联系数分布映射 $p_i(j)$：

$$p_i(j)=r_i(j)/\sum_{j=1}^{n}r_i(j) \tag{7.16}$$

计算第 i 个灰色关联系数序列 $R_i=\{r_i(j)\}$ 的关联系数熵 $H(R_i)$：

$$H(R_i)=-\sum_{j=1}^{n}p_i(j)\ln p_i(j) \tag{7.17}$$

关联系数熵的大小体现了灰色关联系数的均衡程度。

计算灰色关联系数序列 R_i 的均衡度 B_i：

$$B_i=H(R_i)/H_{\max}(R_i) \tag{7.18}$$

其中：$H_{\max}(R_i)=\text{In}\,n$，为 R_i 的最大熵值。

由灰色关联度和均衡度得到均衡接近度 $B_a(i)$：

$$B_a(i)=B_i\times V_{oi} \tag{7.19}$$

$$V_{oi}=\frac{1}{n}\sum_{j=1}^{n}r_i(j)$$

其中：V_{oi} 为灰色关联度。

对计算得到的所有均衡接近度排序，均衡接近度越大，表明该因素与研究对象参量的关联程度越强，反之则关联程度越弱。大量的实验和实际应用表明，均衡接近度方法相比其他灰色关联度分析方法具有更大的优势，因此选用此种方法选取研究对象参量的主要影响因素。

2. 基于卡尔曼滤波的关联预测算法

卡尔曼滤波的预测方法具有模型参数较少、计算方便等特点，适用于在线快速预测，但其常规模型是基于采样时间序列的历史数据进行下一时段的参数预测，由于没有考虑整个装置流程的影响因素，导致了卡尔曼滤波的预测方法在自适应性和预测精度上的缺陷。

为了将给定炼化装置内其他过程参数的影响因素引入卡尔曼滤波模型，需要通过关联分析方法从众多的可能影响因素中选取主要因素，从而建立炼化装置某待预测参量的多元关系模型。结合卡尔曼滤波理论的特点，基于灰色关联度分析和卡尔曼滤波建立综合化工关联数据模型，针对过程参数的预测算法步骤如下。

步骤 1：根据灰色理论计算出炼化装置某待预测参量与相关影响因素之间的均衡接近度，选取 m 个与其密切相关的变量，建立如下回归方程：

$$\begin{cases} x_0(k+1)=b_{00}x_0(k)+b_{01}x_1(k)+b_{02}x_2(k)+\cdots+b_{0m}x_m(k)+\varepsilon_0 \\ x_1(k+1)=b_{10}x_0(k)+b_{11}x_1(k)+b_{12}x_2(k)+\cdots+b_{1m}x_m(k)+\varepsilon_1 \\ \vdots \\ x_m(k+1)=b_{m0}x_0(k)+b_{m1}x_1(k)+b_{m2}x_2(k)+\cdots+b_{mm}x_m(k)+\varepsilon_m \end{cases} \tag{7.20}$$

其中：参数 b_{00}，b_{01}，…，b_{mm} 和 ε_0，ε_1，…，ε_m 均为回归系数，可通过最小二乘法求得。

$$\begin{bmatrix} \varepsilon_0 & \varepsilon_1 & \cdots & \varepsilon_m \\ b_{00} & b_{10} & \cdots & b_{m0} \\ b_{01} & b_{11} & \cdots & b_{m1} \\ \vdots & \vdots & & \vdots \\ b_{0m} & b_{1m} & \cdots & b_{mm} \end{bmatrix}=\left[T'\cdot T\right]^{-1}T'\cdot\begin{bmatrix} x_0(2) & x_1(2) & x_2(2) & \cdots & x_m(2) \\ x_0(3) & x_1(3) & x_2(3) & \cdots & x_m(3) \\ \vdots & \vdots & \vdots & & \vdots \\ x_0(n) & x_1(n) & x_2(n) & \cdots & x_m(n) \end{bmatrix} \tag{7.21}$$

其中：

$$T=\begin{bmatrix} 1 & x_0(1) & x_1(1) & \cdots & x_m(1) \\ 1 & x_0(1) & x_1(1) & \cdots & x_m(1) \\ \vdots & \vdots & \vdots & & \vdots \\ 1 & x_0(n-1) & x_1(n-1) & \cdots & x_m(n-1) \end{bmatrix}$$

步骤 2：建立状态方程，令 $X(k)=[x_0(k)\ \ x_1(k)\cdots x_m(k)]'$，有：

$$\begin{cases} X(k+1)=B(k)X(k)+w(k) \\ y(k+1)=A(k)\cdot\left[x_0(k+1)\quad x_1(k+1)\quad\cdots\quad x_m(k+1)\right]'+v(k) \end{cases} \tag{7.22}$$

其中：$B(k)=\begin{bmatrix} b_{00} & b_{01} & \cdots & b_{0n} \\ b_{10} & b_{11} & \cdots & b_{1n} \\ \vdots & \vdots & & \vdots \\ b_{m0} & b_{m1} & \cdots & b_{mn} \end{bmatrix}$，$A(k)=[1\quad 0\cdots 0]$，$w(k)=[\varepsilon_0\ \ \varepsilon_1\ \ \cdots\ \ \varepsilon_m]'$，$v(k)$ 为 k 时刻观测噪声。

步骤 3：初始化滤波方差阵 $P(0)$ 和观测值 $X(0)$。

步骤 4：递推计算。

$$P(k|k-1)=B(k)P(k-1)B'(k)+Q(k-1) \tag{7.23}$$

其中：$Q(k-1)$ 为对称的非负定矩阵。

步骤 5：计算卡尔曼滤波系数。

$$K(k)=P(k|k-1)A'(k)\left[A(k)\cdot P(k|k-1)A'(k)+R(k)\right]^{-1} \tag{7.24}$$

步骤 6：根据以下公式进行状态更新。

$$\hat{x}(k)=B(k)\hat{x}(k-1)+K(k)\cdot\left[y(k)-A(k)B(k)\hat{x}(k-1)\right] \tag{7.25}$$

$$P(k)=\left[1-K(k)A(k)\right]P(k|k-1) \tag{7.26}$$

其中：$y(k)=x_0(k)$。

步骤 7：令 $k=k+1$，回到步骤 4 进行迭代计算直到终止条件。

步骤 8：计算常压塔顶温度的预测值 $y(k)=A(k)\cdot X(k)$，并对预测结果进行评价。

3. 现场实例

1）案例 1：稳定塔顶回流罐液位危险状态预测判断

选取石油炼化工艺过程中常减压装置为案例分析研究对象。稳定塔是常减压工艺中的关键装置，原油脱水后进换热器升温，然后进入稳定塔，原油在稳定塔内部部分气化，气化部分在上部进行精馏。塔顶的气体中碳五组分经过循环水冷却分离，部分作为塔顶回流又送回塔内，碳一至碳四以气态输出，稳定后的原油从稳定塔底部流出，进入储罐或外输。采用稳定塔的现场数据进行趋势预测。

稳定塔顶回流罐的作用是调整塔顶产品的纯度，回流比越大，所需要的理论板数就越少，在板数不变的情况下，生产达到的产品质量就越高。回流罐能提高塔板上的冷回流，取走多余的热量，维持塔内的热量平衡；气液两相在塔板上逆向接触，上行的气体中重组分冷凝，下行的液体中的轻组分吸热汽化，反复的冷凝汽化作用进一步增加产品分离的精度。在生产过程中，需要保持回流罐的液位来持续不断地满足回流要求。

某炼化厂的稳定塔顶回流罐的超高告警液位为 33.0%，超低告警液位为 24.7%。利用基于灰色关联模型的卡尔曼滤波建模方法，以回流罐液位的时间序列 $\{x(k)\}$（$k=1$，2，…，60）为研究对象，进行短期预测实验，通过预测判断某段时间 60min 内的 60 个液位参数是否在正常运行范围内。

根据灰色关联度分析方法，以稳定塔顶回流罐液位参数序列 x_0 和稳定塔及相邻装置内生产状态过程参数序列 x_i 为基础建立灰色关联模型，计算回流罐液位的影响因素及其灰色关联度结果如表 7.18 所示。

根据灰色均衡接近度分析方法算出的结果，取关联度最大且平均值大于 0.3 的两个影响因素稳定塔进料温度和稳定塔下部温度作为回流罐液位回归模型的参变量。根据式（7.20），建立回流罐液位时间序列回归模型，通过最小二乘法得到回归模型参数，给定预测区间内回流罐液位 60min 内的时间观测值，分别根据常规卡尔曼滤波预测方法和卡尔曼关联回归模型进行预测，结果如图 7.37、图 7.38 所示。

表 7.18　回流罐液位影响因素的灰色关联度

序号	影响因素	灰色关联度
1	稳定塔进料温度	−0.46291
2	稳定塔回流罐压力	0.039491
3	稳定塔冷回流流量	0.210494
4	稳定塔重沸器液位	−0.14422
5	稳定塔 T304 下部温度	0.359296
6	分馏塔塔底液位	0.142829
7	分馏塔搅拌蒸汽流量	0.010703
8	分馏塔顶循环油流量	0.189645
9	分馏塔中段油流量	0.267718
10	分馏塔顶压力	−0.05013

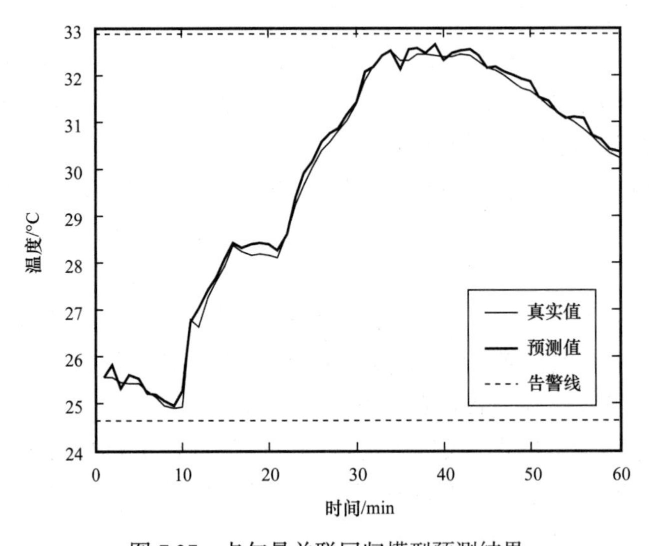

图 7.37　卡尔曼关联回归模型预测结果

从图 7.37、图 7.38 中可以看出，在 60min 内部分参数接近告警线，属于危险状态但未超过告警线，均在正常的运行范围内。分析卡尔曼关联模型的预测结果，预测状态始终与真实值一致，且误差很小。而根据常规卡尔曼滤波方法的预测结果，在 9min 和 34min 各超过高 / 低告警线一次，与真实值的实际状态不符合，属于误告警。

为了检验样本序列 $\{x(t)\}$ 和预测值序列 $\{x'(t)\}$（t=1，2，…，60），引入以下误差指标：

平均相对误差 $e_r=\frac{1}{60}\sum_{t=1}^{60}\frac{x'(t)-x(t)}{x(t)}$

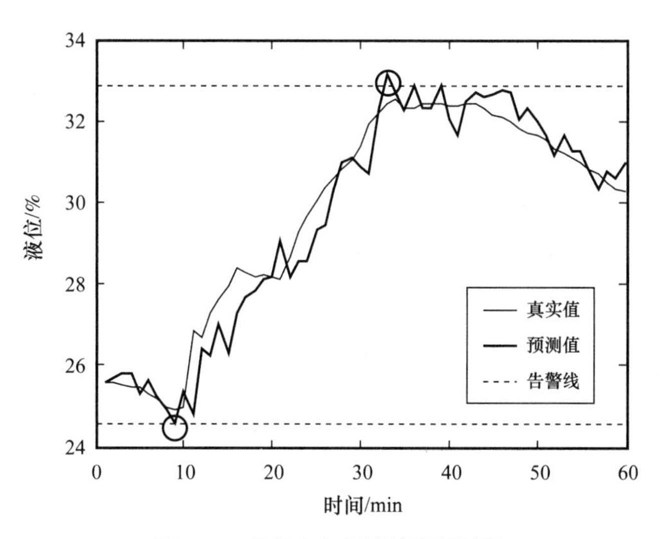

图 7.38　常规卡尔曼滤波预测结果

最大相对误差 $e_{r,\max} = \max\left|\frac{x'(t)-x(t)}{x(t)}\right|$

相对误差平方和均值平方根 $e_r' = \sqrt{\frac{1}{60}\sum_{t=1}^{60}\left[\frac{x'(t)-x(t)}{x(t)}\right]^2}$

分别对常规卡尔曼滤波预测方法与卡尔曼关联回归模型预测方法的回流罐液位预测结果进行检验，误差分析对比如表 7.19 所示。从表 7.19 的预测误差分析可以看出，由于在回流罐液位的预测过程中考虑了回流罐装置和相邻装置中工艺参数的影响因素，因此卡尔曼关联回归模型预测方法能够更加快速地跟踪回流罐液位时间序列的变化趋势，对比常规卡尔曼滤波预测方法而言具有更小的相对误差最大值和平均相对误差。在预测过程中，选取了与研究对象关联度最大的两个影响因素，且直接利用这两个影响因素的预测值进行递推计算，预测精度明显提高。

表 7.19　两种方法的预测误差检验指标对比

误差指标	平均相对误差	最大相对误差	相对误差平方和均值平方根
常规卡尔曼滤波预测方法	0.36%	2.48 %	0.16
卡尔曼关联回归模型预测方法	0.042%	1.55 %	0.10

2）案例 2：常压塔顶温度参数超低温故障预测

常压塔是常减压装置的核心装置，蒸馏产品主要是从常压塔获得的。常压塔塔顶可分离出较轻的石脑油组分，塔底生产重质油品，侧线生产介乎这两者之间的柴油或蜡油组分。常压塔一般设置 3～5 个侧线，侧线数目的多少主要是根据产品种类的多少来确定的，等于常压塔的产品种类 N 减去塔顶和塔底这两种产品，即 $N-2$。

某炼化厂的常压塔顶温度的超高告警温度为369℃，超低告警温度为351℃。利用基于灰色关联模型的卡尔曼滤波建模方法，以常压塔顶温度的时间序列｛$x(k)$｝（k=1，2，…，60）为研究对象，进行短期预测实验，通过预测判断某段时间60min内的60个温度参数是否在正常运行范围内。

首先根据灰色关联度分析方法，以常压塔顶温度参数序列x_0和常压塔及相邻装置内生产状态过程参数序列x_i为基础建立灰色关联模型，计算常压塔顶温度的影响因素及其灰色关联度，结果如表7.20所示。

表7.20　常压塔顶温度影响因素的灰色关联度

序号	影响因素	灰色关联度
1	常压塔塔顶压力	0.706435
2	常压塔塔底液位	0.395016
3	常压塔塔底温度	0.782185
4	常顶循环流量	0.292439
5	常一中回流流量	−0.164750
6	常二中回流流量	0.194884
7	常压炉东路进料流量	0.341415
8	常压炉西路进料流量	0.280297
9	初馏塔回流罐出装置	0.107107
10	初馏塔塔顶温度	0.081779
11	初馏塔塔顶压力	0.196804
12	初馏塔塔底液位	0.294884

根据灰色均衡接近度分析方法算出的结果，取关联度最大的两个影响因素常压塔塔顶压力和常压塔塔底温度作为常压塔塔顶温度回归模型的参变量。据此，建立常压塔塔顶温度时间序列回归模型，通过最小二乘法得到回归模型参数，给定预测区间内常压塔塔顶温度60min内的时间观测值，分别根据常规卡尔曼滤波预测方法和卡尔曼关联回归模型进行预测，结果如图7.39、图7.40所示。

从图7.39、图7.40中可以看出，常压塔温度参数在12min、13min低于告警线，属于非正常状态的运行，应产生告警信息及时调整。分析卡尔曼关联回归模型的预测结果，预测状态始终与真实值一致，根据11min时的预测结果判断12min的温度参数将低于告警线，提前1min进行预警，预警结果准确。而根据常规卡尔曼滤波方法的预测结果，未能准确预测低于告警线这一非正常状态，与真实值的实际状态不符合，属于漏告警。

分别对常规卡尔曼滤波预测方法与卡尔曼关联回归模型预测方法的回流罐液位预测结果进行检验，误差分析对比如表7.21所示。

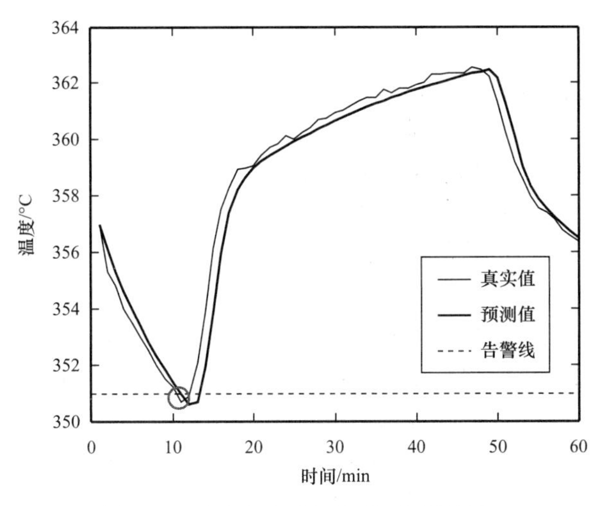

图 7.39　卡尔曼关联回归模型预测结果

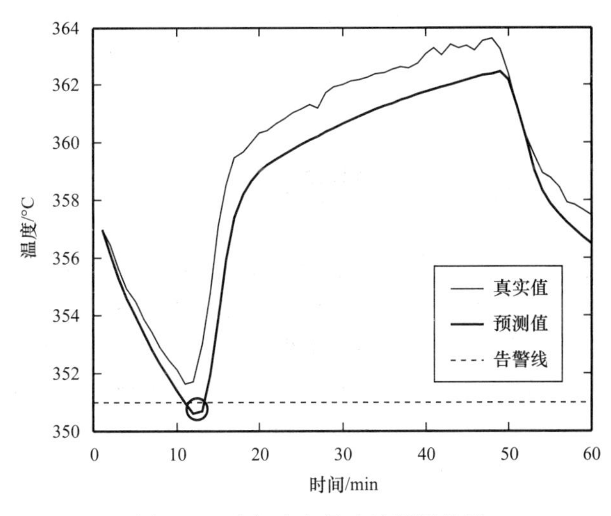

图 7.40　常规卡尔曼滤波预测结果

从表 7.21 的预测误差分析可以看出，由于在常压塔温度的预测过程中考虑了常压塔装置和相邻装置中工艺参数的影响因素，因此卡尔曼关联回归模型预测方法能够更加快速地跟踪常压塔温度时间序列的变化趋势，对比常规卡尔曼滤波预测方法而言具有更小的相对误差最大值和平均相对误差。在预测过程中，选取了与研究对象关联度最大的两个影响因素，且直接利用这两个影响因素的预测值进行递推计算，预测精度明显提高。

表 7.21　两种方法的预测误差检验指标对比

误差指标	平均相对误差	最大相对误差	相对误差平方和均值平方根
常规卡尔曼滤波预测方法	0.31%	0.63 %	0.027
卡尔曼关联回归模型预测方法	0.027%	0.38%	0.014

4. 分析与小结

（1）提出利用炼化过程参数间的关联性对故障发展趋势进行精确预测的思想，从故障发展趋势的定性预测角度，建立基于特征数据分割方法的故障趋势预测方法。分析炼化过程的系统关联影响得到过程参数的拟合关系，采用特殊数据分割方法对数据进行合理分割和特征提取，通过三种简单趋势基元的组合规律得到预测趋势，结合系统的告警信息分析危险参数与趋势，从而预测系统的故障与故障发展趋势，并通过关联参数的验证得到可信度。

（2）该方法的主要特点是针对特征的数据划分更加合理准确，提前预知系统故障，同时得到故障的发展趋势与可信度信息。现场数据与仿真实验数据表明该方法可以准确预测炼化工艺的故障趋势，有利于实现炼化系统故障的超前防御。

（3）从故障发展趋势的定量预测角度，提出基于灰色关联分析的“安全行为—状态”卡尔曼滤波关联预测方法。通过灰色关联分析方法对参考序列的影响因素进行排序，提取出主要影响因素，在此基础上建立回归模型并进行卡尔曼滤波预测。经过现场数据对比验证，本方法考虑了相邻装置的过程参数影响因素，因此预测模型的自适应性优于常规卡尔曼滤波方法，能够准确预测装置的运行状态，对故障状态提前预知，有利于炼化生产过程预警信息的准确发布。

7.4 基于文本挖掘的过程报警预测

报警系统在现代过程安全管理中起着十分关键的作用。有效预测过程报警有助于现场操作人员及时做出响应，提高报警系统的预控及时性，避免报警泛滥现象及异常工况的发生。针对现有基于过程数据的预测方法的局限性，利用报警日志丰富的信息量，结合深度学习与自然语言处理（Natural Language Processing，NLP）技术，提出一种基于文本挖掘的过程报警预测方法。基于词嵌入方法自适应构造各报警变量的向量表示，并以所得报警向量作为长短时记忆神经网络的输入进行模型训练，对可能发生的报警进行预测。本节所提方法既是报警管理领域的新方法，也是NLP与深度学习方法又一新的应用，有助于提高报警系统的有效性及预控及时性。

7.4.1 问题与难点

随着现代科技的不断进步，过程变量的报警配置变得更加容易，导致冗余及抖振报警的产生，最终降低报警系统的有效性。为了提高报警系统的表现，报警管理已引起诸多企业和研究者的广泛关注。如今，工业上已有许多报警管理的相关标准和指南，如EEMUA-191和ANSI/ISA-18.2等。其中，EEMUA-191提出一种评估报警系统表现的五级模型，从最低级的“超载”到“活跃”“稳定”“鲁棒”至最高级的“可预测性”。过程报警的可预测性是报警系统表现的最优水平。从工程实际出发，过程报警预测主要存在以下难点：

（1）现有预测方法多是基于过程数据，而有些过程变量通常不会经常发生报警或并没有过程数据，如指示特定事件或情况的数字报警，这类报警只具有ON/OFF（“1”或

“0”）值，很难获得具有代表性的时间序列，从而增加了现有预测方法的局限性。

（2）大多机器学习方法（如回归预测、神经网络、支持向量机等）的输入必须为数值型数据，而过程报警日志所记录的是文本信息。因此，如何将过程报警信息转化为实值数据是进一步实现报警预测的前提及一大难点。此外，由于工业过程的复杂性及设备间的连接性，过程变量间往往存在着不同程度的关联性，若某一过程变量发生报警，常引起其关联变量发生报警。因此，如何在数据转换的同时保留报警变量间的关联信息也是需要解决的又一难点。

（3）由于报警变量间往往存在一定程度的关联性，所提预测方法需要利用历史过程报警信息探索报警变量间的关系，从而对即将发生的报警进行预测。文献提出一种基于 N-gram 模型的概率预测方法，在已知前 N 个报警出现的情况下预测下一报警可能出现的概率。N-gram 模型是一种概率语言模型，用于预测文本句子中可能出现的下一个词语。该模型基于马尔科夫过程，假设第 N 个词的出现只与前面 $N-1$ 个词有关。N-gram 模型在 NLP 及生物序列分析领域得到了广泛应用，然而该模型无法考虑报警变量间的长时相互作用关系。

为此，考虑报警变量间的关联性及长时相互作用，从报警变量的数值型表达和报警预测两方面展开研究，结合词嵌入方法和长短时记忆（Long Short Term Memory，LSTM）神经网络，提出一种基于文本挖掘的过程报警预测方法，突破了现有基于过程数据的预测方法的局限性，提高报警预测的准确性及报警系统的预控及时性，有利于操作人员提前制订预控策略，防止风险的进一步发展及可能事故的发生。

7.4.2　长短时记忆（LSTM）

循环神经网络（Recurrent Neural Networks，RNN）模型在 NLP 领域有很大的应用前景，它是一类有反馈链接的神经网络，其中每个单元的输出不仅为下一层单元提供信息，还为它自身反馈一定的信息。LSTM 模型是一类目前使用最为广泛的 RNN 模型，与标准的 RNN 模型相比，LSTM 可更好地对长时依赖关系进行表达。图 7.41 为一典型的 LSTM 网络结构，该网络具有一个输入层、一个输出层及两个在时间维度上展开五步的隐藏层。

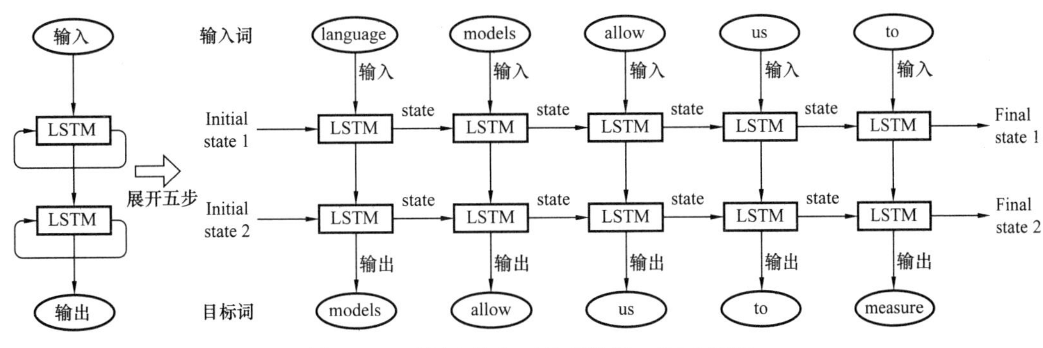

图 7.41　时间步长为五的双隐层 LSTM 模型

LSTM 在 NLP 上的一个典型应用是预测文本中的下一个单词。如图 7.42 所示，对于每个单词而言，紧随其后的下一个单词是期望目标。例如，给定图 7.42

中的输入“to”，预测得到的期望输出应为“measure”。LSTM充分利用前面单词（“language”“models”“allow”“us”）的信息以提高预测结果的准确性。

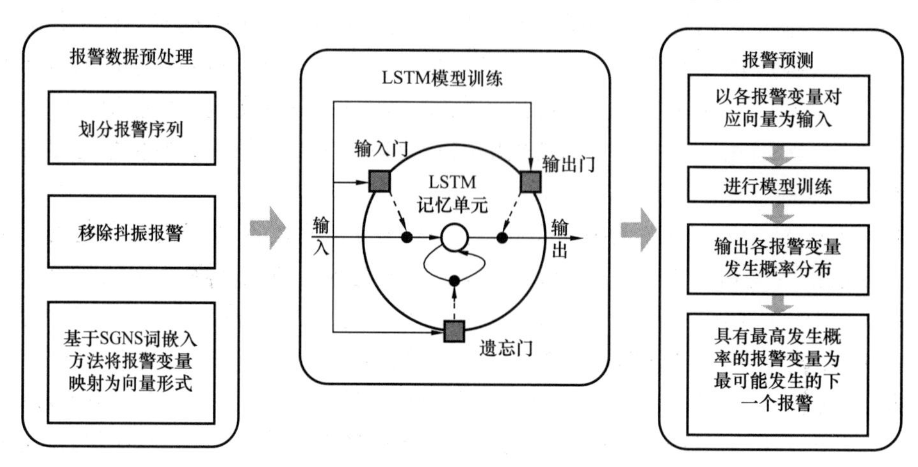

图7.42 基于LSTM和SGNS的过程报警预测方法

LSTM与标准RNN模型的唯一区别在于其隐层使用了LSTM单元（Cell）。式（7.27）至式（7.32）列出了LSTM单元的有关定义：

$$f_t=\sigma\left(W_f\cdot\left[h_{t-1},\ x_t\right]+b_f\right) \tag{7.27}$$

$$i_t=\sigma\left(W_i\cdot\left[h_{t-1},\ x_t\right]+b_i\right) \tag{7.28}$$

$$\overline{c}_t=\tanh\left(W_c\cdot\left[h_{t-1},\ x_t\right]+b_c\right) \tag{7.29}$$

$$c_t=f_t\times c_{t-1}+i_t\times\overline{c}_t \tag{7.30}$$

$$o_t=\sigma\left(W_o\cdot\left[h_{t-1},\ x_t\right]+b_o\right) \tag{7.31}$$

$$h_t=o_t\cdot\tanh\left(c_t\right) \tag{7.32}$$

在上述等式中，c，x，h，f，i，o是n维（R^n）空间中的向量。权重W和偏置b是可训练的参数。每层LSTM单元的数量，即维度n，可视情况设定，[⋯] 表示向量串联。函数σ（⋯）和tanh（⋯）表示如下：

$$\sigma(x)=\frac{1}{1+\mathrm{e}^{-x}} \tag{7.33}$$

$$\tanh(x)=\frac{\mathrm{e}^{x}-\mathrm{e}^{-x}}{\mathrm{e}^{x}+\mathrm{e}^{-x}} \tag{7.34}$$

一个LSTM单元通过三个门计算（即遗忘门、输入门和输出门）进行状态传递。遗忘门负责决定保留多少上一时刻的单元状态到当前时刻的单元状态，输入门负责决定保留多少当前时刻的输入到当前时刻的单元状态，输出门负责决定输出多少当前时刻的单元状态信息。遗忘门 f_t［式（7.27）］决定需要遗忘多少上一时刻的状态信息。式（7.33）和式（7.34）决定如何控制和更新单元状态。输入门 i_t［式（7.28）］控制输入到当前单元的新信息量。通过式（7.29）计算当前输入产生的新信息 $\overline{c}_t$，并结合 c_{t-1} 得到新的单元状态 c_t［式（7.30）］。最后通过输出门 o_t［式（7.31）］得到最终的输出状态 h_t［式（7.32）］。

许多学者提出了 LSTM 的改进版本，但文献得到的实验结果表明传统的 LSTM 结构在多种数据集上的应用表现良好，运用其他变体形式并未显著提高 LSTM 的效果。

LSTM 网络模型在 NLP 诸多领域已得到成功应用，如机器翻译、语音识别及笔迹识别。基于其在 NLP 上的成功应用（尤其是预测句子中的下一单词），本节将采用 LSTM 模型对过程报警进行预测。

7.4.3　基于深度学习和词嵌入的过程报警预测方法

通过将按时间顺序排列的报警记录视为文本，将各报警变量类比为单词，提出一种基于文本挖掘的过程报警预测方法，基于 LSTM 和 SGNS 词嵌入方法预测工业过程中可能发生的下一个报警。所提方法的实施流程如图 7.42 所示，主要包括数据准备、方法实施和报警预测三个部分。

1. 数据准备

数据准备主要包括报警序列预处理和生成报警向量两个部分。首先，对报警日志中的报警数据进行预处理。基于时间阈值分割报警序列，以保持各报警变量间的相关性，并通过消除抖振报警减少冗余和无意义的信息。随后采用词嵌入方法获得各报警变量对应的向量表示。

1）报警序列预处理

报警数据是由 DCS 系统产生的一系列文本信息。当过程变量超过预设的报警阈值时，相应报警将被触发并储存在报警日志里。报警信息通常具有如下基本属性：变量名称、报警等级及时间戳信息等。报警等级通常包括“HI（High）”“LO（Low）”“HH（HighHigh）”“LL（LowLow）”等。本节将变量名称和报警等级一起定义为一个报警变量类型，时间戳即为报警发生的时间。类比于 NLP，一个报警变量相当于一个单词，一个报警日志相当于一个文本，报警变量的类型数相当于文本中词汇量的大小。

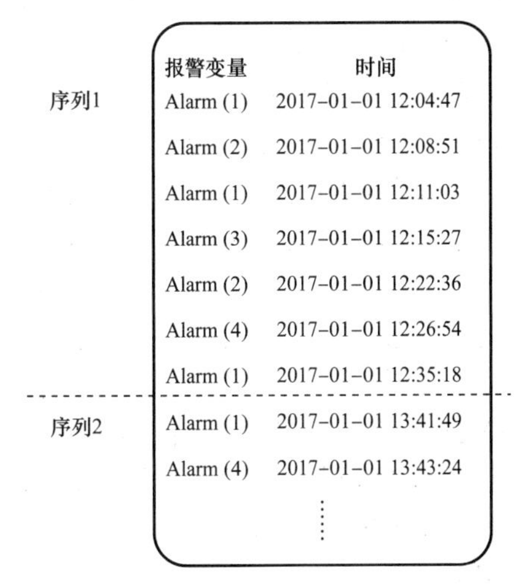

图 7.43　基于时间阈值的序列分割

通常，一个报警日志中包含几个月至整年的报警记录信息。如果两个相邻报警间的时间间隔过长，考虑两变量间的关联关系意义并不大，因此有必要设置一个时间阈值划分出不同的报警序列。若两相邻报警间的时间间隔超过该阈值，后者将被视为另一序列的第一个报警。

如图 7.43 所示，报警类型记为 Alarm（i）（“i”表示一种报警类型）。这里时间阈值设置为 30min，基于此阈值该序列被划分为序列 1 和序列 2。若序列长度过短，会导致可用于预测后续报警的序列信息过少，故本节不考虑少于五个报警的报警序列。

值得一提的是，一个报警序列的长度可能远超过自然语言里典型句子的长度，报警变量的数量也远少于文本词汇量的大小。这两个不同特征使报警预测具有更少的预测目标种类（即报警种类数）和更多的长序列信息，可能使该方法得到比 NLP 更好的预测结果。

在短时间内反复出现的抖振报警是一类典型的滋扰报警。预测抖振报警既无实际指导意义，又可能降低预测结果的准确性，故本节将一分钟内多于三个的报警视为抖振报警并将其从报警序列中消除。例如图 7.44，Alarm（2）在一分钟内报警三次，故在该位置上仅保留一条 Alarm（2）的报警记录。

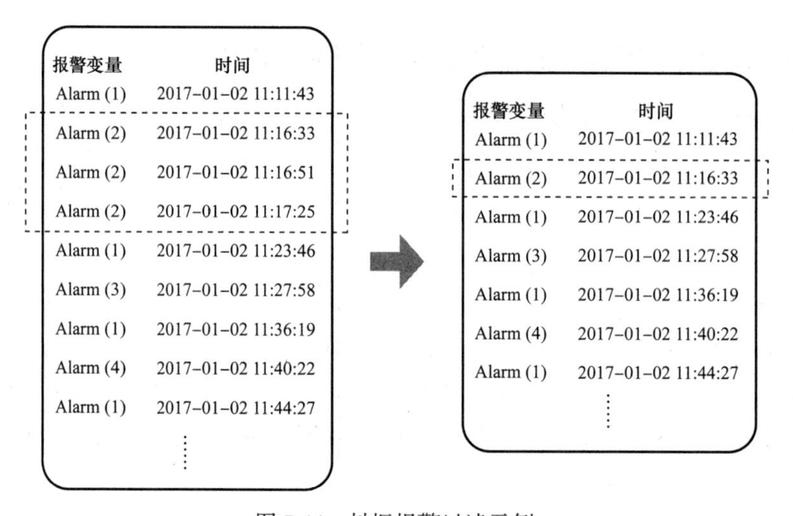

图 7.44　抖振报警过滤示例

2）生成报警向量

许多机器学习方法（包括 LSTM）的输入必须为数值形式，因此需将文本中的单词转化为实值数据。One-Hot 编码是一种将单词转化为向量的编码方法之一，向量的维度即为词汇量的大小，故这种编码方法常产生大量的稀疏向量。与之相比，通过词嵌入（Word embedding）方法产生的向量可具有更低的维度。词嵌入方法通过构造一个嵌入矩阵（$M \times n$），将词汇表中的单词映射到一个 n 维的向量空间，这里 M 是词汇量的大小，n 是嵌入空间的维度，即所选择的词向量维度。所得到的词向量自适应保留了单词在上下文关系上的相似性，在文本中经常相继出现的单词在向量空间中也会非常接近。这些词向量可作为式（7.27）、式（7.28）和式（7.29）中 LSTM 的输入 x_t，其输出为所有词汇出现的概率分布，将具有最高概率的单词作为所预测的下一个单词。

文献研究得出，基于负采样（Negative Sampling，NS）的 Skip-Gram 模型（Skip-Gram with Negative Sampling，SGNS）在表现相似性任务上优于其他词嵌入方法，故本节采用 SGNS 模型学习各报警变量的向量表达。

Gensim 是一个开源的 Python 工具包，可用于话题建模、文献索引和大型语料库的相似性检索。本节采用 Gensim 软件包训练 SGNS 模型以得到各报警变量的向量表达。

Gensim 要求模型的输入必须为由单词组成的一个个句子，故将预处理后的报警序列作为模型输入，每个序列包括若干个报警。通过 SGNS 模型可得到一 $S \times n$ 维的嵌入矩阵，将各报警变量映射到对应 n 维空间内的向量。其中 S 是报警类型的总数，即对应报警向量的个数。最后将各报警向量作为 LSTM 模型的输入。

2. 方法实施

Tensorflow 是一种用于深度学习的功能强大的软件包。它提供 Python 应用程序编程接口和用于构造不同神经网络的许多预设函数。本节采用 Python 编程语言，基于 Tensorflow 建立一双隐层 LSTM 网络模型，网络结构如图 7.41 所示。其模型参数需视情况设定，尤其是展开的时间步长和嵌入空间的维度。由于 LSTM 模型的输入必须为实数形式，所以使用各报警向量作为模型的训练数据。在该模型中，以前几个报警的对应向量（其数目为网络中的时间步长）作为每次训练的输入，其在序列中的下一个报警作为目标报警变量。

嵌入空间的维度可依据报警类型的数量设置。维度的增加可能会提高模型的预测表现，但同时也增加了计算负担。针对该参数对模型预测表现的影响进行了讨论，长度为所用时间步长的报警序列作为单次模型输入，通过网络训练保留其状态信息。步长越长，可考虑的先前报警信息越多，但同时也会增加计算负担。本节针对时间步长对模型预测表现的影响进行了讨论，指出其他参数对模型表现的影响远小于以上两个参数，且它们对模型性能的影响实际上是独立的。

所提方法分批次对模型进行训练。例如，一个报警日志里有 2000 个样本，若批量（Batch size）大小为 20，对全部样本训练一次需要 100 次迭代（Iteration），即完成一个训练周期（Epoch）。Dropout 是本节采用的一种防止模型过拟合的有效方法，该方法在训练过程中按照一定概率随机舍弃某一 LSTM 单元。

3. 报警预测

在已知前几个报警（报警个数为 LSTM 网络的时间步长）的情况下，以其所对应的报警向量作为训练所得 LSTM 模型的网络输入，可预测过程中可能发生的下一个报警。

模型的输出为一关于所有报警类型的发生概率分布，具有最高发生概率的报警变量即为最可能发生的下一个报警。图 7.45 简单描述了该预测过程，假设 LSTM 网络的时间步长为 5，首先通过词嵌入方法将前五个报警映射为对应的向量表示，将这些向量作为 LSTM 模型的输入。模型输出为一关于所有 S 个报警类型的发生概率分布，具有最高发生概率的报警变量 Alarm（5）即为所预测的下一个报警。该方法有助于操作者在报警发生前或过程运行状况恶化之前及时发现异常情况，防止关联报警的产生。

7.4.4　案例分析

对加州大学戴维斯分校（University of California，Davis）的集中供热制冷厂（Central Heating and Cooling Plant，CHCP）进行案例分析。该厂主要以石油为燃料，包括蒸汽产生、分配系统及冷却水产生、储存和分配系统两部分，目的是满足校园建筑的大部分供暖和制冷需求。

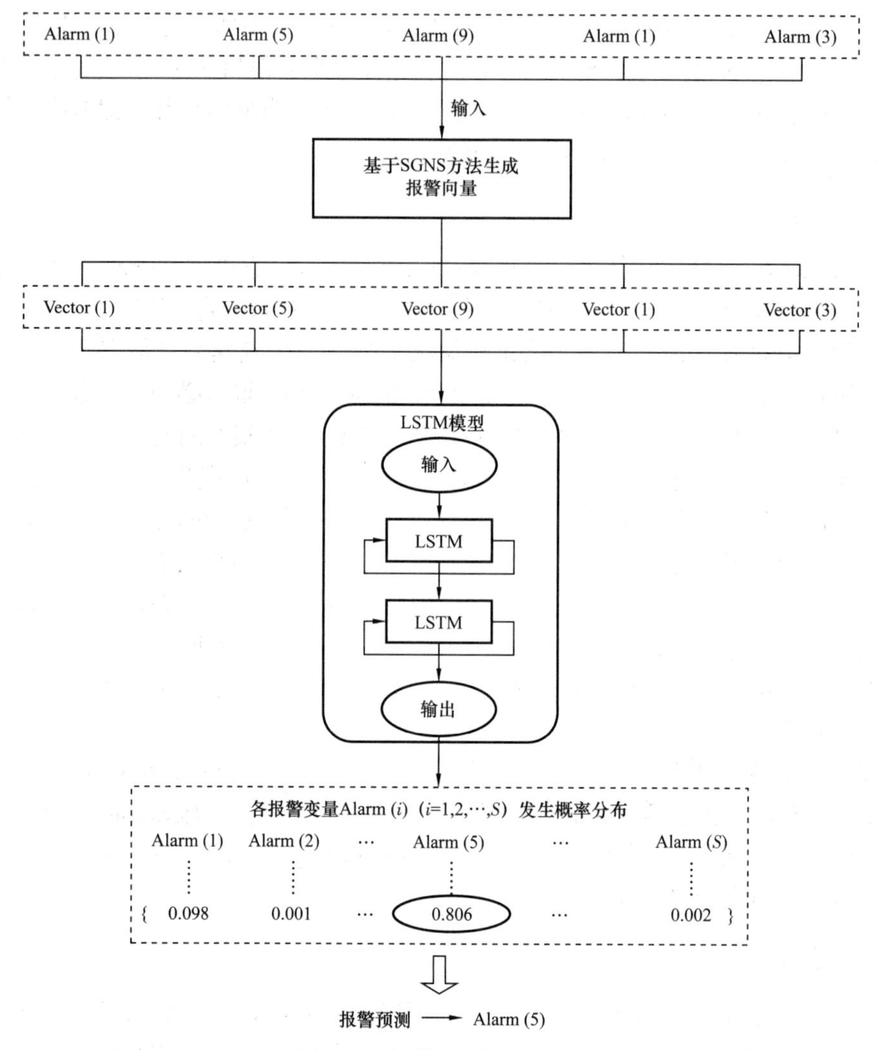

图 7.45　报警预测过程示例

采用 2017 年 CHCP 的报警日志论证所提方法，其中共有 703 个报警变量类型和 216991 条过程报警记录，各变量名称在报警系统中记为如下形式，如“CHCP_STM4#AlmCCSnoxpvhi.ALAlarm”表示 CHCP#4 号锅炉氮氧化物（Nitrogen oxides，NOx）测量值高（High，HI）报警。

1. CHCP 数据预处理

根据 7.4.3 所述报警预测方法，首先，以 30min 作为时间阈值划分报警序列并消除抖振报警。若一个报警序列少于五个报警，则移除该报警序列。图 7.46 给出了预处理后 2017 年各月频繁出现的不同类型报警数量。将各报警变量简记为 Alarm（i）（“i”用于区分不同类型的报警）。从图 7.46 中可以看出一些报警表现出明显的季节性特征。

采用 Gensim 训练 SGNS 模型以得到各报警变量的向量表达，将各报警映射到一维度为 80 的向量空间，最后将各报警对应的向量作为 LSTM 的模型输入。

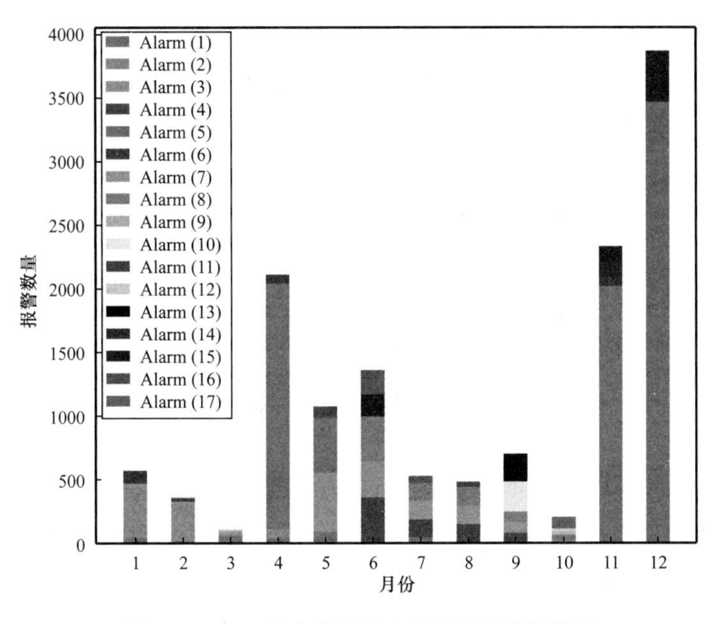

图 7.46　2017 年各月频繁出现的不同报警数量

2. 模型训练

基于 Tensorflow 建立一双隐层 LSTM 网络模型，网络结构如图 7.41 所示。在该模型中，以前五个报警的对应向量（其数目为网络中的时间步长）作为每次训练的输入，其在序列中的下一个报警作为目标报警变量。

嵌入空间的维度可依据报警类型的数量设置。维度的增加可能会提高模型的预测表现，但同时也增加了计算负担。长度为所用时间步长的报警序列作为单次模型输入，通过网络训练保留其状态信息。步长越长，可考虑的先前报警信息越多。

所提方法分批次对模型进行训练，批量大小为 20。Dropout 是本节采用的一种防止模型过拟合的有效方法，该方法在训练过程中按照一定概率随机舍弃某一 LSTM 单元。所建立的 LSTM 网络模型有关参数如表 7.22 所示。

表 7.22　LSTM 模型参数

模型参数	参数值
批量大小	20
训练周期（Epoch）数	100
基础学习率	0.0001
学习率衰减	0.9
Dropout 概率	0.2
LSTM 遗忘偏置	0.1

选择报警日志中 2 月至 10 月的报警数据训练 LSTM 模型，迭代 100 个训练周期。通过 10 折交叉验证评估模型的网络泛化能力，本节定义预测的准确率为正确预测的报警数与预测报警总数的比值。图 7.47 为各训练周期的训练准确率及验证准确率（取 10 折交叉验证所得均值）。

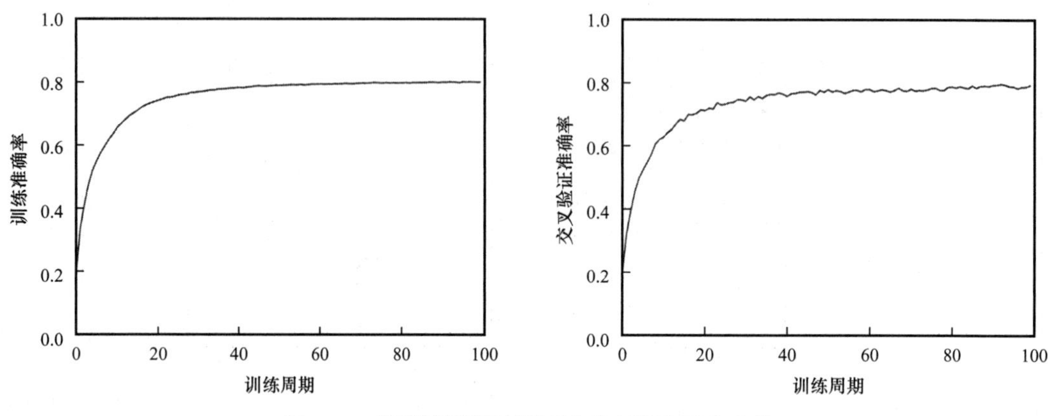

图 7.47　各训练周期的训练准确率及验证准确率

由图 7.47 可得，100 个训练周期足以得到最优且稳定的预测结果，交叉验证准确率与训练准确率的变化规律相似且略低于训练准确率。从图 7.47 中可以看出前 20 个训练周期准确率呈显著上升趋势，随后模型逐渐收敛。

3. 报警预测

所设 LSTM 网络的时间步长为 5，故已知前 5 个报警，通过所训练的 LSTM 模型预测可能发生的下一个报警（预测过程示例如图 7.45 所示）。

选取 1 月的 500 个报警测试该模型，所得预测的准确率（正确预测的报警数与预测报警总数的比值）为 78.00%。图 7.48 总结了测试数据集中的各类型报警总数和正确预测的报警数。从图 7.48 中可以看出对 Alarm（2）和 Alarm（6）的预测准确数较高，这可能与这些报警在测试数据集中发生次数较多有关。而报警频率较低的报警类型更容易被误辨识为 Alarm（2）或 Alarm（6）。图 7.49 给出了各正确预测报警与其实际报警时间相比的提前时间分布图（区间间隔为 30s）。可以看出，预测报警提前时间主要集中在 0～10min，最长报警提前时间为 24min59s，计算可得平均报警提前时间为 6min49s。

4. 嵌入空间维度的影响

为了分析嵌入空间维度对预测表现的影响，保持其他参数不变，分别以 320、160、40、20 和 10 作为嵌入维度训练 LSTM 模型，因在 50 个训练周期之后模型已基本收敛至一稳定的准确率值，故图 7.50 分别列出了各嵌入维度下后 50 个训练周期的训练及验证准确率的均值，作为各嵌入维度下的训练及验证准确率。

如图 7.50 所示，当嵌入维度自 80 逐渐降低至 40、20 到 10 时，训练及验证准确率也随之逐渐降低。然而，当增加维度至 160 及 320 时，嵌入维度的增加对训练及验证的准确率不再有显著的影响。

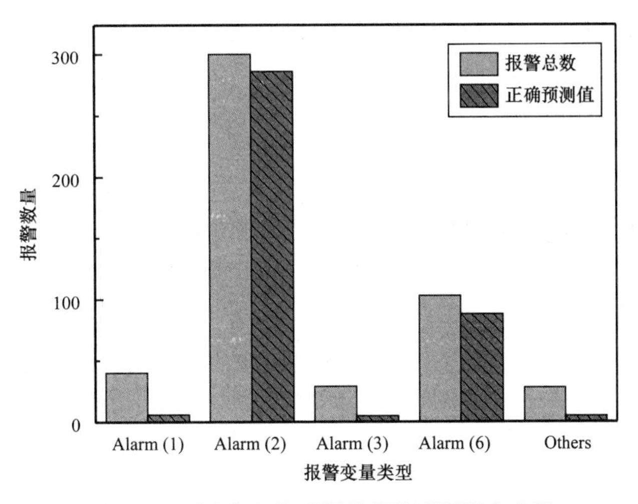

图 7.48　测试集各类型报警总数及预测准确数

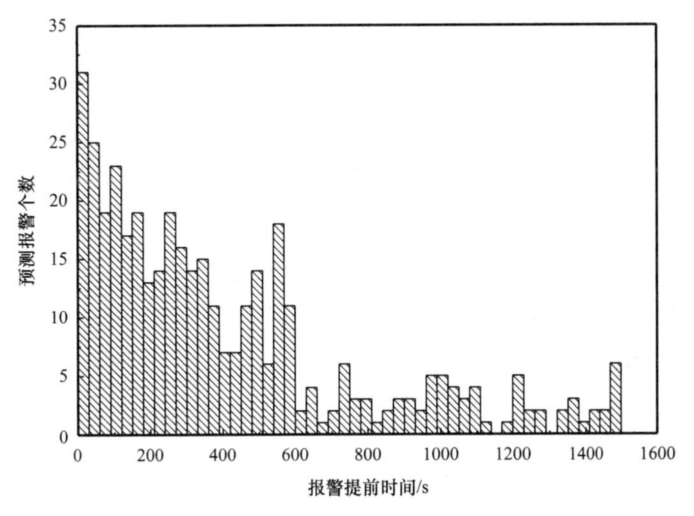

图 7.49　预测报警提前时间分布图

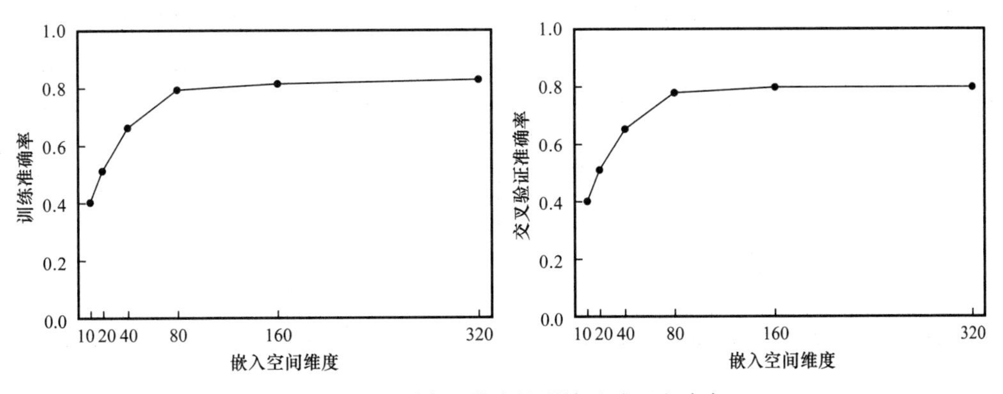

图 7.50　不同嵌入维度的训练及验证准确率

综合考虑准确率及计算负担，本节选择的基准维度为 80。从图 7.50 可以看出，该维度下训练及验证的准确率已基本达到最优水平。

5. 时间步长的影响

为了分析网络展开的时间步长对预测表现的影响，保持其他参数不变，分别以 20 和 10 作为时间步长训练 LSTM 模型，因在 50 个训练周期之后模型已基本收敛至一稳定的准确率值，故图 7.51 分别列出了各时间步长下后 50 个训练周期的训练及验证准确率的均值，作为各嵌入维度下的训练及验证准确率。

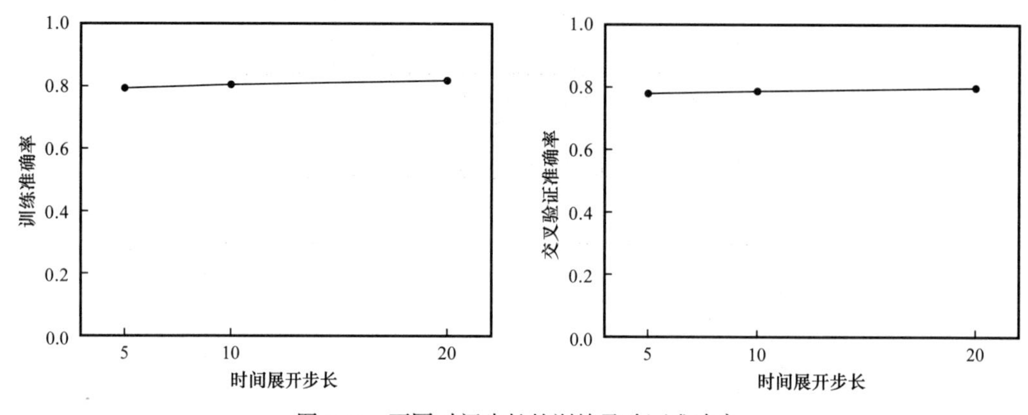

图 7.51 不同时间步长的训练及验证准确率

如图 7.51 所示，当时间步长为 5 时，训练及验证准确率已接近最优，增加时间步长对训练及验证的准确率并无显著的影响，故本节选择的基准时间步长为 5。

6. 数据特征的影响

在 2 月至 10 月的报警记录中，共有 10945 条报警信息及 210 种报警变量类型。而在 2 月至 8 月的报警记录中，共有 9703 条报警信息及 164 种报警变量类型。从图 7.46 中可以看出，在 11 月至 12 月，Alarm（5）报警发生次数远高于其他报警。这些不同的数据特征可能在一定程度上影响预测结果的准确性，故保持其他参数不变，分别用 2 月至 8 月的报警数据和 12 月的报警数据训练 LSTM 模型，所得各训练周期的训练及验证准确率如图 7.52 所示。

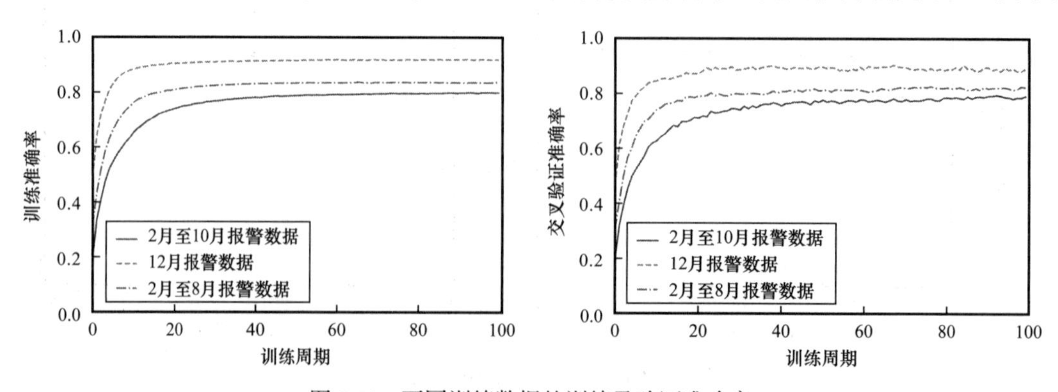

图 7.52 不同训练数据的训练及验证准确率

从图 7.52 可以看出，采用 12 月报警数据训练的模型收敛最快，且达到更高的准确率水平。与其他两个训练数据集相比，12 月的报警数据和报警种类更少，且有一种报警类型 Alarm（5）发生次数远高于其他报警，为典型的不平衡数据集。采用 2 月至 10 月报警数据训练的模型收敛最慢，且训练及验证准确率最低。与之相比，2 月至 8 月的训练数据具有更少的报警类型。

选取 11 月的 500 条报警数据测试采用 12 月数据训练的 LSTM 模型，所得预测准确率（正确预测的报警数与预测报警总数的比值）为 87.8%。如表 7.23 所示，几乎所有的 Alarm（5）可被准确预测，而其他类型报警的准确预测数却很少，由此表明使用不平衡训练数据集得到的模型泛化能力较差。

表 7.23　11 月测试数据预测情况

报警变量类型	总数	准确预测数
Alarm（5）	458	432
其他报警	42	7

选取 500 条报警数据测试采用 2 月至 8 月数据训练的 LSTM 模型，如表 7.24 所示，所得预测准确率为 81.40%，高于采用 2 月至 10 月数据训练的 LSTM 模型。通常更多的训练数据可能得到更好的预测结果，然而所得结果与预期相反，这表明报警类型的多少对预测结果产生了影响。从图 7.47 可以看出，在 1 月出现的报警类型频繁在 2 月至 5 月出现，却很少在 9 月至 10 月出现，表明减少与测试数据不同的报警类型可提高预测结果的准确性。故报警类型越少，预测准确率可能会有所提高。

表 7.24　不同训练集的预测结果对比

训练数据	预测准确率	总数	报警类型数量
2 月至 8 月	81.40%	9703	164
2 月至 10 月	78.00%	10945	210

7. 方法对比

N−gram 模型是一种概率语言模型，给定前 $N-1$ 个单词，该方法可预测文本中的下一个单词。分别采用 2 月至 10 月和 2 月至 8 月的报警数据训练基于 Kneser−Ney 平滑方法的 N−gram（$N=5$）模型，并采用与 7.1.4 相同数据测试该模型的准确性，如表 7.25 所示，所提方法的预测准确率均高于 N−gram 模型。

表 7.25　所提方法及 N−gram 模型预测准确率

训练数据	所提方法	N−gram 模型
2 月至 8 月	81.40%	73.20%
2 月至 10 月	78.00%	71.40%

对于表 7.25 中两个不同的训练数据集，与 N−gram 模型相比，所提方法的预测准确率分别提高了 8.20% 和 6.6%，平均提高了 7.4%。N−gram 模型方法简单且容易实施，但在处理长时依赖关系的问题上逊于 LSTM 模型。与 N−gram 模型相比，所提方法具有更好的过程报警预测表现。

8. 分析与小结

（1）过程报警的有效预测可提高报警系统的预控及时性，防止关联报警的出现甚至报警泛滥现象的发生。现有预测方法多是基于过程数据，而有些过程变量通常不会经常发生报警或并没有过程数据（如指示特定事件或情况的数字报警），因此很难获得具有代表性的时间序列，使得现有预测方法具有一定的局限性。为此，本节基于报警日志丰富的信息量和报警变量间不同程度的关联性，结合 NLP 词嵌入方法和 LSTM 神经网络，提出一种基于文本挖掘的过程报警预测方法。

由于许多机器学习方法（包括 LSTM）的输入必须为数值形式，故本节基于词嵌入方法自适应构造各报警变量的向量表示，以充分表达各报警变量之间不同程度的关联性水平，并以所得报警向量作为输入训练神经网络模型，对可能发生的关联报警进行预测。该方法既是报警管理领域的新方法，也是 NLP 与深度学习方法又一新的应用。

（2）对加州大学戴维斯分校的集中供热制冷厂（CHCP）2017 年的报警日志数据进行案例分析，建立了基于词嵌入方法和 LSTM 神经网络的报警预测模型，通过对所建模型进行测试，得到预测报警的提前时间主要集中在 0～10min，平均报警提前时间为 6min49s。与 N−gram 模型相比，所提方法的预测准确率平均提高了 7.4%。

综上所述，本节基于文本挖掘的过程报警预测方法克服了现有基于过程数据的预测方法的局限性，同时提高了报警预测的准确性及报警系统的预控及时性，所得预测结果可为操作人员制订预控决策时提供合理参考，从而保证工业过程的安全性及可靠性。

参考文献

[1] 胡瑾秋，张来斌，伊岩，等．非正常工况下化工过程设备故障实时关联预警研究［J］．中国安全科学学报，2016，26（9）：140−145.

[2] 蔡爽．基于文本挖掘的过程工业报警自适应关联分析与预测方法研究［D］．中国石油大学（北京），2019.

[3] 胡瑾秋，张来斌，伊岩，等．基于贝叶斯估计的炼化装置动态告警管理方法研究［J］．中国安全生产科学技术，2016，12（10）：81−85.

[4] 蔡爽，张来斌，胡瑾秋，等．基于 SDG 和 MFM 的主风机组报警分析建模研究［J］．设备管理与维修，2015（S2）：320−324.

[5] 伊岩，胡瑾秋，张来斌，等．基于工艺参数内在关联的炼化设备故障趋势预测方法研究［J］．中国安全科学学报，2014，24（12）：70−75.

[6] Hu Jinqiu，Zhang Laibin，Liang Wei. Opportunistic predictive maintenance for complex multi−component systems based on DBN−HAZOP model［J］. Process Safety and Environmental Protection，2012，90（5）：376−388.

[7] Jinqiu HU，Laibin ZHANG，Yu WANG. A systematic modeling of fault interdependencies in petroleum

process system for early warning [C] . The 5th World Conference of Safety of Oil and Gas Industry，2014 JUN 8−11th .
[8] Jinqiu Hu，Laibin Zhang，Yu Wang. A systematic modeling of fault interdependencies in petroleum process system for early warning [J] . Journal of Chemical Engineering of Japan，2015，48 (8)：678–683.
[9] Jinqiu Hu，Yan Yi. A two−level intelligent alarm management framework for process safety [J] . Safety Science，2016，82：432–444.
[10] 胡瑾秋，张来斌，王安琪 . 炼化装置故障链式效应定量安全预警方法 [J]，化工学报，2016，67 (7)：3091−3100.
[11] Jinqiu Hu，Laibin Zhang，Anqi Wang，Fangxin Wan. Fault propagation analysis and causal fault diagnosis for petrochemical plant based on granger causality Test [C] . 12th Global Congress on Process Safety，2016，4.10−14，USA，Huston.
[12] Jinqiu Hu，Laibin Zhang，Wenhui Tian，et al. DBN based failure prognosis method considering the response of protective layers for the complex industrial systems [J] . Engineering Failure Analysis，2017，79：504−519.

第 8 章

深水油气开采异常事件预警典型案例

8.1 基于多源信息融合的实时钻井井漏预警方法

钻井井下异常事件（井漏、井涌）的早期实时诊断与预警，可为重建井底压力平衡赢得宝贵时间，也可以减小井喷等事故的发生、蔓延、扩散及升级的可能性。传统方法（钻井液池液位监测井下事件）存在监测精度不够高（钻井液先经控压钻井节流管汇系统，然后通过液气分离系统进入钻井液池，不能精确反应井筒实际流量变化。通过理论推导获得的参数值因受到其他因素例如机械效率、上水效率的影响而存在误差）、工艺参数数据（例如钻井液池）变化趋势不明显或延迟（当井筒流量发生变化时，钻井液经出口导管流入钻井液池需要一定时间）、钻井参数变化规律的非线性等弊端。

因此，建立基于实时的钻井工艺参数异常预警模型，对提早判断钻井异常事件的发生具有重要的实际工程意义。确定表征各类钻井异常事件的钻井预警指标，提取指标特征向量，分析指标参数及特征值的变化趋势，通过特征量的实测值与动态安全阈值的对比判别异常是否发生。考虑到存在误警、漏警的可能性，建立了基于贝叶斯估计的多指标融合的预警模型，实现钻井井下异常事件的早期实时诊断与预警。

8.1.1 钻井异常事件预警指标

钻井井下异常可以通过钻井工艺参数的异常变化来表征。基于上述钻井工艺参数、现场经验及现有文献，分析工艺参数的变化规律，对异常进行早期预警并采取措施可有效避免异常的发生，抑制事件的升级。本节将工艺参数作为钻井异常的预警指标，分析了不同异常发生时所对应的预警指标和指标的变化规律。部分井下异常早期预警指标如表 8.1 所示。

井漏钻井工艺参数表征为立管压力下降；钻井液出口流量降低，甚至出口流量为零；入口流量下降；总池体积缓慢下降；井底压力大于地层孔隙压力、漏失压力或破裂压力；井底压力不断下降。井涌出现对应的征兆分别有：相对出口流量增加；钻井液池体积增加；立压升高；钻井液气含量增多或钻井液中氯化物含量变化，其表现为钻井液密度降低等。其中钻井液相对出口流量和钻井液池体积是目前常用的海上钻井作业井涌预警指标。相对出口流量的监控相比于在线钻井液体积的监控可以更早预警溢流，在线钻井液体积的监控可以避免流量监控中漏警的可能性。因此，现场应用中通常结合两种或多种指标进行早期井涌事件的实时预警。

表 8.1　钻井异常事件的预警指标及其变化规律

<table>
<tr><th rowspan="2">井下异常事件</th><th colspan="2">主要预警指标</th><th colspan="2">次要预警指标</th></tr>
<tr><th>指标</th><th>变化</th><th>指标</th><th>变化</th></tr>
<tr><td rowspan="2">井涌</td><td>相对出口流量</td><td>↑</td><td>立管压力</td><td>↑</td></tr>
<tr><td>钻井液池体积</td><td>↑</td><td>钻井液密度</td><td>↓</td></tr>
<tr><td rowspan="4">井漏</td><td>相对出口流量</td><td>↓</td><td>大钩悬重</td><td>↑</td></tr>
<tr><td>钻井液池体积</td><td>↓</td><td>泵冲</td><td>↑</td></tr>
<tr><td>立管压力</td><td>↓</td><td rowspan="2">钻井大钩下放速度</td><td rowspan="2">↑</td></tr>
<tr><td>入口流量</td><td>↓</td></tr>
<tr><td rowspan="2">钻具刺漏</td><td rowspan="2">立管压力</td><td rowspan="2">↓</td><td>相对出口流量</td><td>↑</td></tr>
<tr><td>泵冲</td><td>↑</td></tr>
<tr><td rowspan="3">钻具断裂</td><td>大钩负荷</td><td>↓</td><td>泵冲</td><td>↑</td></tr>
<tr><td>立管压力</td><td>↓</td><td>相对出口流量</td><td>↑</td></tr>
<tr><td>扭矩</td><td>↓</td><td>钻井液池体积</td><td>↑</td></tr>
<tr><td rowspan="2">卡钻</td><td>大钩负荷</td><td>↑</td><td>立管压力</td><td>↑</td></tr>
<tr><td>扭矩</td><td>↑</td><td>泵冲</td><td>↓</td></tr>
<tr><td>硫化氢泄漏</td><td>硫化氢含量</td><td>↑</td><td>立管压力</td><td>↑</td></tr>
<tr><td rowspan="2">堵水眼</td><td rowspan="2">立管压力</td><td rowspan="2">↑</td><td>相对出口流量</td><td>↓</td></tr>
<tr><td>泵冲</td><td>↓</td></tr>
</table>

表征钻井预警过程中井涌、井漏等事件的工艺参数（预警指标）和参数数据变化的特征向量是重点关注的对象。特征向量的选取必须能够表征数据变化的异常趋势，以确保井下异常检测的准确性。特征向量的提取需满足敏感性、稳定性、可靠性和实时性的原则。本节选取的特征向量有动态均值、标准差、相对标准差、变化率和自相关系数。特征向量的提取相对较复杂，各类钻井井下事件所表现的数据变化特征各不相同。对于井漏、井涌等钻井事件，需要对一段时间内的传感器数据的动态变化趋势及特征进行分析，判断井下是否发生异常；对于钻具突然断裂或刺漏等井下事件，需要对短时间内的少量数据进行分析判断。因此根据不同井下事件的类型，确定所取数据的时间段，并对长时间段的数据（长期数据）和短时间段的数据（短期数据）特征进行分析。

在钻井井下异常预警过程中，取长期数据 LI，把 LI 等分为 n 个短期数据 SI_i，即 $LI=\{SI_n, SI_{n-1}, \cdots, SI_i, \cdots, SI_1\}$。同时将短期数据 SI 等分为 m 个时间间隔 IT_i，即 $SI=\{IT_m, IT_{m-1}, \cdots, IT_i, \cdots, IT_1\}$。依次记录 IT_i 的特征量（μ，σ，σ_R，v，ρ），得到短期 SI 的动态特征量为（μ_i，σ_i，σ_{Ri}，v_i，ρ_i），则有：

$$\mu_{SI}=\{\mu_m,\ \mu_{m-1},\cdots,\ \mu_i,\ \cdots,\ \mu_1\};$$

$$\sigma_{SI}=\{\sigma_m,\ \sigma_{m-1},\cdots,\ \sigma_i,\ \cdots,\ \sigma_1\};$$

$$\sigma_{RSI}=\{\sigma_{Rm},\ \sigma_{R(m-1)},\cdots,\ \sigma_{Ri},\ \cdots,\ \sigma_{R1}\};$$

$$\nu_{SI}=\{\nu_m,\ \nu_{m-1},\cdots,\ \nu_i,\ \cdots,\ \nu_1\};$$

$$\rho_{SI}=\{\rho_m,\ \rho_{m-1},\cdots,\ \rho_i,\ \cdots,\ \rho_1\}。$$

同理，求得在 LI 的各 SI_i 内的动态特征量，SI_i 内的特征量均值为 $\left(\frac{\sum_{i=1}^m\mu_i}{m},\frac{\sum_{i=1}^m\sigma_i}{m},\frac{\sum_{i=1}^m\sigma_{Ri}}{m},\frac{\sum_{i=1}^m\nu_i}{m},\frac{\sum_{i=1}^m\rho_i}{m}\right)$。得到长期 LI 的动态特征量为 $\left(\frac{\sum_{i=1}^m\mu_i}{m}\right)_j,\left(\frac{\sum_{i=1}^m\sigma_i}{m}\right)_j,\left(\frac{\sum_{i=1}^m\sigma_{Ri}}{m}\right)_j,\left(\frac{\sum_{i=1}^m\nu_i}{m}\right)_j,\left(\frac{\sum_{i=1}^m\rho_i}{m}\right)_j$，则有：

$$\mu_{LI}=\left\{\left(\frac{\sum_{i=1}^m\mu_i}{m}\right)_n,\left(\frac{\sum_{i=1}^m\mu_i}{m}\right)_{n-1},\cdots,\left(\frac{\sum_{i=1}^m\mu_i}{m}\right)_j,\cdots,\left(\frac{\sum_{i=1}^m\mu_i}{m}\right)_1\right\}$$

$$\sigma_{LI}=\left\{\left(\frac{\sum_{i=1}^m\sigma_i}{m}\right)_n,\left(\frac{\sum_{i=1}^m\sigma_i}{m}\right)_{n-1},\cdots,\left(\frac{\sum_{i=1}^m\sigma_i}{m}\right)_j,\cdots,\left(\frac{\sum_{i=1}^m\sigma_i}{m}\right)_1\right\}$$

$$\sigma_{RLI}=\left\{\left(\frac{\sum_{i=1}^m\sigma_{Ri}}{m}\right)_n,\left(\frac{\sum_{i=1}^m\sigma_{Ri}}{m}\right)_{n-1},\cdots,\left(\frac{\sum_{i=1}^m\sigma_{Ri}}{m}\right)_j,\cdots,\left(\frac{\sum_{i=1}^m\sigma_{Ri}}{m}\right)_1\right\}$$

$$\nu_{LI}=\left\{\left(\frac{\sum_{i=1}^m\nu_i}{m}\right)_n,\left(\frac{\sum_{i=1}^m\nu_i}{m}\right)_{n-1},\cdots,\left(\frac{\sum_{i=1}^m\nu_i}{m}\right)_j,\cdots,\left(\frac{\sum_{i=1}^m\nu_i}{m}\right)_1\right\}$$

$$\rho_{LI}=\left\{\left(\frac{\sum_{i=1}^m\rho_i}{m}\right)_n,\left(\frac{\sum_{i=1}^m\rho_i}{m}\right)_{n-1},\cdots,\left(\frac{\sum_{i=1}^m\rho_i}{m}\right)_j,\cdots,\left(\frac{\sum_{i=1}^m\rho_i}{m}\right)_1\right\}$$

通过对长期数据和短期数据进行统计及特征值分析，可避免在数据处理过程中产生的误差影响，也可辨识钻井过程当前的运行状态和发展变化趋势，进而对井下异常进行实时准确的诊断分析。

8.1.2　动态安全阈值判别模型

1. 预警指标阈值确定

为了能对钻井井下事件做出早期实时的预警，需要综合分析研究区域的各种钻井异常预警指标风险参考值范围，即安全预警阈值。一旦连续有几个或一段参数数据偏离参数风险参考值范围，或超出预警阈值，钻井异常就可能发生。不同的地层和井段，安全预警阈值有所不同。相关文献建议的部分钻井预警指标变化幅度如表 8.2 所示。

表 8.2　钻井预警指标变化幅度

钻井指标	变化趋势	变化幅值
钻压	波动或者突然增大	≥ 100kN
大钩负荷	突然增大或者减小	100～200kN
转盘扭矩	持续增大或减小	10%～20%
立管压力	逐渐减小	0.5～1MPa
	突然增大或减小	≥ 2MPa
钻井液池体积	逐渐减小	0.5～2m^3

2. 动态安全阈值判别

根据经验观测相关钻井参数的变化是否超过安全阈值来判断钻井异常的类型，无法保证预警的时效性和准确性。动态阈值法是能够避免以上不足，可通过动态阈值的变化解决由于地质和井深条件不同所带来的判别标准不同的缺陷。该方法根据实际地质和井深条件给定的预警阈值计算征兆参数的动态安全阈值。所谓参数异常是指参数的特征值较正常值超过了可以接受的范围，即阈值，包括阈值上限和阈值下限。同一参数的特征值大于阈值上限或小于阈值下限即预示井下异常。

现有文献是对钻井参数的预测值上下波动超过预警基值的 10% 时表明异常；反之在可接受的安全阈值范围之内。该方法的缺点是缺乏实时性。因此，本书针对钻进过程提出动态安全阈值判断函数，动态安全阈值的上限值 R_{DU}、下限值 R_{DL} 计算见式（8.1）和式（8.2）：

$$R_{DU}=\frac{\sum_{i=1}^{n}R(t_i)}{n}\left(1+\frac{R_U}{100}\right) \tag{8.1}$$

$$R_{DL}=\frac{\sum_{i=1}^{n}R(t_i)}{n}\left(1-\frac{R_L}{100}\right) \tag{8.2}$$

其中：$R(t_i)$ 是 t_i 时刻的钻井参数或变量；R_U 是变量的阈值上限；R_L 是变量的阈值下限。

变量动态安全阈值上限、下限的判断函数见式（8.3）和式（8.4）：

$$F(R_{DU})=R_{DU}-R(t_i) \tag{8.3}$$

$$F(R_{DL})=R_{DL}-R(t_i) \tag{8.4}$$

若 $F(R_{DU})<0$，则判断变量超越上限异常；若 $F(R_{DL})<0$，则判断变量超越下限异常。

基于动态阈值法的判断结果有可能对井下异常的判断存在虚警或漏警的情况，因此，本节提出了基于 Bayes 参数估计的多指标融合的井下异常事件的预警模型。由历史经验和实践经验可知，钻井工艺参数近似服从高斯分布，利用贝叶斯推理方法进行参数估计与分析。为了提高准确率，分析相关征兆参数的先验分布和似然函数，确定异常的后验分布，通过引入加权系数及高斯分布密度函数进行多指标融合预警。

8.1.3 多源信息融合的实时预警模型

常用的随机变量的概率密度函数有均匀分布、高斯分布（正态分布）、对数正态分布等，考虑到钻井过程地质条件的不确定性和随机性，本节的钻井异常预警指标变量的分布主要采用高斯分布。

高斯分布（又称“正态分布”）是描述很多事物的连续性随机变量的分布规律。若随机变量 X 服从高斯分布，则其概率密度函数的表达式为：

$$f(x)=\frac{1}{\sqrt{2\pi\sigma^2}}e^{-\frac{(x-\mu)^2}{2\sigma^2}},-\infty<x<+\infty \tag{8.5}$$

其中：μ、σ 为常数，称 X 服从参数为 μ、σ 的正态分布，记为 $X\sim N(\mu,\sigma^2)$，μ 为 X 的均值，σ 为 X 的标准差。

服从正态分布的随机变量，其概率密度函数 $f(x)$ 的曲线关于 $x=\mu$ 对称，且在 $x=\mu$ 处取得最大值，并且在 $x=\mu\pm\sigma$ 处有拐点。σ 越小，曲线越陡峭，X 落在 μ 附近的概率越大；反之，曲线越平坦，X 的分布也越分散。

设钻井过程中存在两种状态的事件：正常情况 N 和异常情况 A。其中正常情况发生的概率为 $p(A)$，异常情况发生的概率为 $p(N)=1-p(A)$。

假设钻井参数 R_i 正常状态和异常状态都符合高斯分布，由 Bayesian 推理可知，钻井正常情况，$p(R_i|N)$ 满足 $N(R_i|\mu,\sigma^2)$ 分布，则数据集合的似然估计见式（8.6）：

$$N(R_i|\mu,\sigma^2)=(2\pi\sigma^2)^{-1/2}\exp\left[-(R_i-\mu)^2/2\sigma^2\right] \tag{8.6}$$

钻井异常情况，$p(R_i|A)$ 满足 $N(R_i|\mu+3\sigma,\sigma^2)$ 分布，则数据集合的似然估计见式（8.7）：

$$N(R_i|\mu,\sigma^2)=(2\pi\sigma^2)^{-1/2}\exp\left[-(R_i-\mu-3\sigma)^2/2\sigma^2\right] \tag{8.7}$$

征兆参数 R_i 下的风险概率预测模型见式（8.8）：

$$p(A|R_i)=\frac{p(R_i|A)p(A)}{\sum p(R_i|A)p(A)} \tag{8.8}$$

多指标融合原理是以实现系统设计、数据信息处理、协调与优化、决策与估计为目的，主要包括数据层、特征层和决策层的融合。首先需要对数据进行预处理，剔除粗大误差点；其次对处理后的数据进行特征计算，进行数据与特征的融合，最终获得决策，如图 8.1 所示。

通过对钻井指标的特征量提取和融合计算来进行井下事件实时预警。数据的融合是基于多个参数来综合处理数据信息，获得决策结果，并对井下异常做出判断和预警。

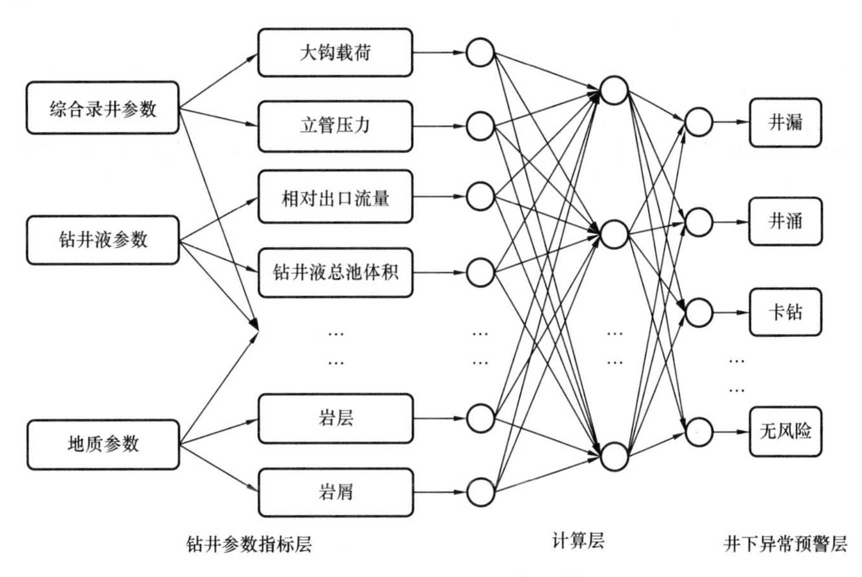

图 8.1　多指标多层次的融合预警模型

非线性分布的连续变量，可以是多个概率分布的叠加，如通过多个高斯分布以一定比例线性叠加来近似表达。设一个变量可表示为 m 个子高斯分布的加权和，其均值为 μ_m、方差为 σ_m、权值为 ω_m、异常修正系数 φ_m，则非线性连续变量的概率分布高斯分解表示见式（8.9）：

$$p\left(A|R_i\right)=\varphi_m\sum_{m=1}^{M}\omega_m N\left(R_i;\ \mu_m,\sigma_m\right) \tag{8.9}$$

8.1.4　应用

本节以某油气田生产井在钻井作业过程中发生井漏事件为例，分析表征井漏事件的综合录井参数和钻井液参数的异常变化规律。该生产井在 $8^1/_2$in 井段时，井深 2875～2880m 处，发生了井漏，钻井液设计密度为 16.0ppg，泵排量从 150gpm 增加到 170gpm，然后降低到 50gpm，泵压 180psi 增加到 370psi 后降到 86psi 时，动态漏失速率为 10bbl/h 发展到全部漏失无返出。本例选定钻井时间段为 19：00—次日 01：00 的钻井工艺参数数据信息，设定井漏动态漏失速率大于 10bbl/h 判为井漏，并进行预警分析。首先对这些数据信息进行长期数据和短期数据的预处理，通过对预处理的数据信息进行特征量提取并进行特征值计算，根据动态安全阈值进行井漏判断及基于多指标融合的贝叶斯概率预警分析，根据分析结果做出井漏的早期预警决策。

1. 钻井异常预警指标特征值计算

1）钻井工艺参数数据预处理

本实例给定短期 600 个、长期 3500 个钻井工艺参数（以相对出口流量为例）数据，通过对参数数据进行预处理实验研究，滑动窗长度取 80～200 时，粗大误差值剔除效果较为理想。因此以短期数据滑动窗长度为 80，长期滑动窗长度为 200 为例进行说明。相应的处理结果如图 8.2 和图 8.3 所示。

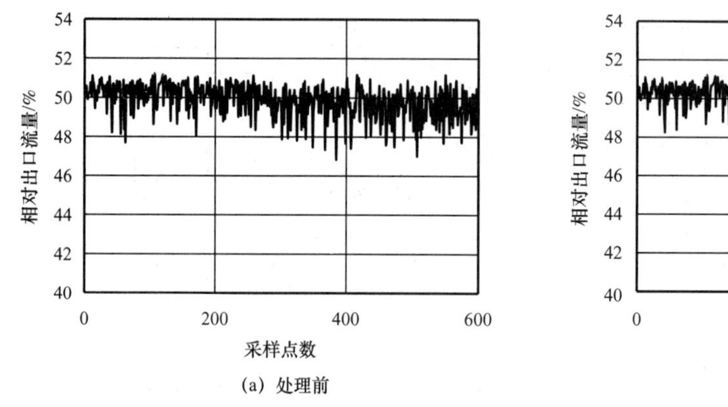

(a) 处理前

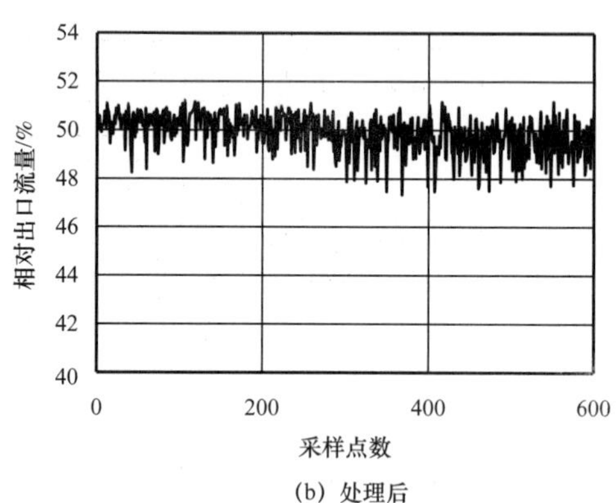

(b) 处理后

图 8.2　短期数据预处理比较

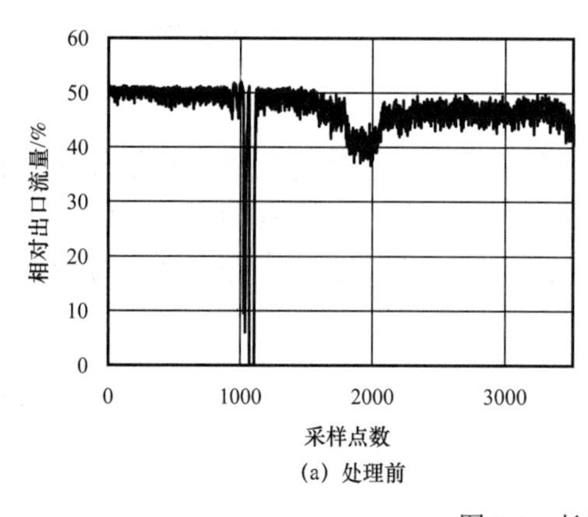

(a) 处理前

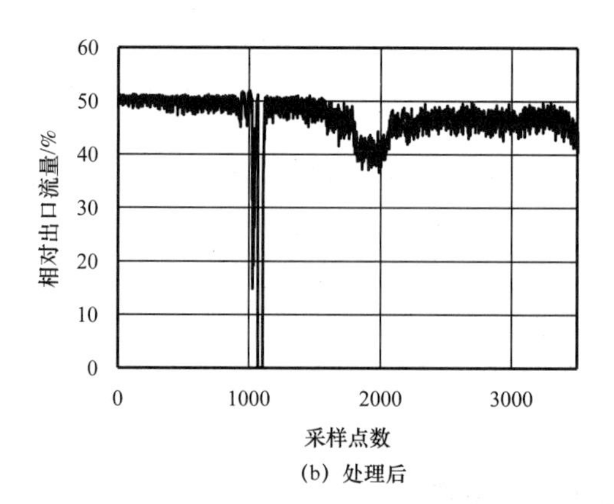

(b) 处理后

图 8.3　长期数据预处理比较

2）特征量计算与分析

根据不同钻井井下异常所表征的预警指标有所不同，本例针对井漏事件选取表征井漏的主要预警指标，分别为相对出口流量、入口流量、立管压力和钻井液池体积，并对这些指标的变化趋势进行分析。

选取 19:49—19:50 采集到的部分数据。由图 8.4 可知出口流量在 50% 上下波动，并下降到 40%，入口流量从 508gpm 下降到 433gpm 和 108gpm，立管压力从 2734.962psi 下降到 1671.373psi 和 623.75psi，而钻井液池体积变化在 321bbl 左右上下波动。

选取 19:12—次日 01:12 时间段采集的参数数据，并对其变化趋势进行统计分析如

图 8.4 所示。通过参数的变化分析可知：在井漏早期阶段，各参数的变化有所不同，出口流量、入口流量呈现明显下降趋势，而立管压力变化稍微滞后，而钻井液池体积变化相对平稳。说明钻井液池体积变化对早期井下异常的诊断并不敏感。在堵漏过程中，出口流量、入口流量和立管压力呈现先减小后增大的趋势，而钻井液池体积呈缓慢下降趋势。

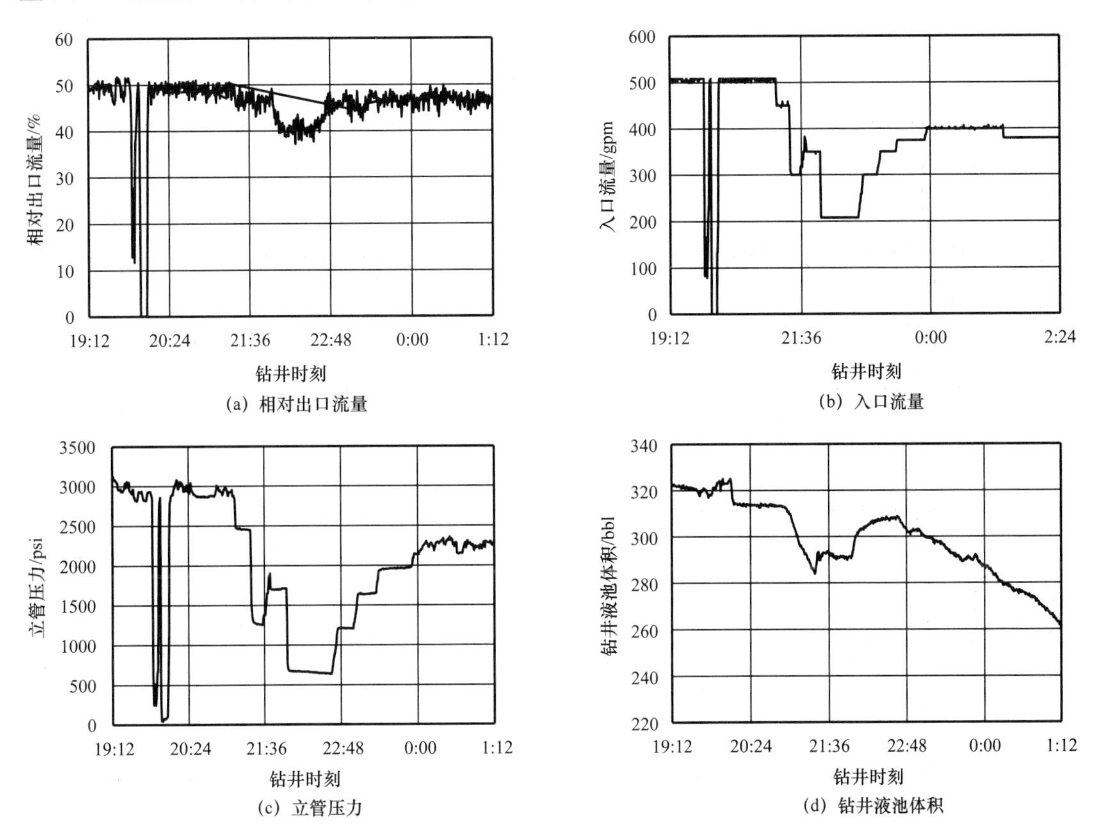

图 8.4　不同预警指标的变化趋势

钻井过程中，钻井工程指标参数的变化存在一定的波动，但并不是所有的波动都是异常的征兆，需要计算表征预警指标的特征值，这里以表示变化趋势的变化率作为特征量，计算变化率的时间间隔设为 5min。在实际监测中，若没有当前监测时刻所对应的历史值，则视为正常情况。以动态漏失速率大于 10bbl/h 为泄漏标准，通过比较相对出口流量、入口流量、立管压力及钻井液池体积的变化率如图 8.5 所示，通过设定的安全阈值可短时间内得到高精度井漏时间段定位信息。不同变量安全阈值一般需根据实际地层条件和井深条件来设定，随着条件的变化，其值也有不同。

2. 实时预警结果分析

1）基于动态安全阈值的判断

统计井漏钻井指标所对应的离线数据的动态均值，根据正常情况下的动态均值取其百分值来确定指标动态安全阈值的上、下限值。例如相对出口流量在一定井深处某段时间内的均值为 50.25%，以 10% 和 20% 的百分值获得其相应的上下限值分别为：55.26%、45.216% 和 60.28%、40.192%。根据实际数据观察和上述两种情况的比较，发现 10% 的百分值更适合相对出口流量的指标。不同钻井指标所对应的百分值有所不同。出口流量下降为井漏征兆的判断，因此需要判断动态安全阈值的下限。由图 8.6 可知，$F(R_{DL})<0$，说明存在井漏风险。动态阈值的判断容易使钻井过程中出现漏警。例如在时刻 21∶36 之后，$F(R_{DL})>0$，实际上，该时刻正在进行井漏的堵漏作业。

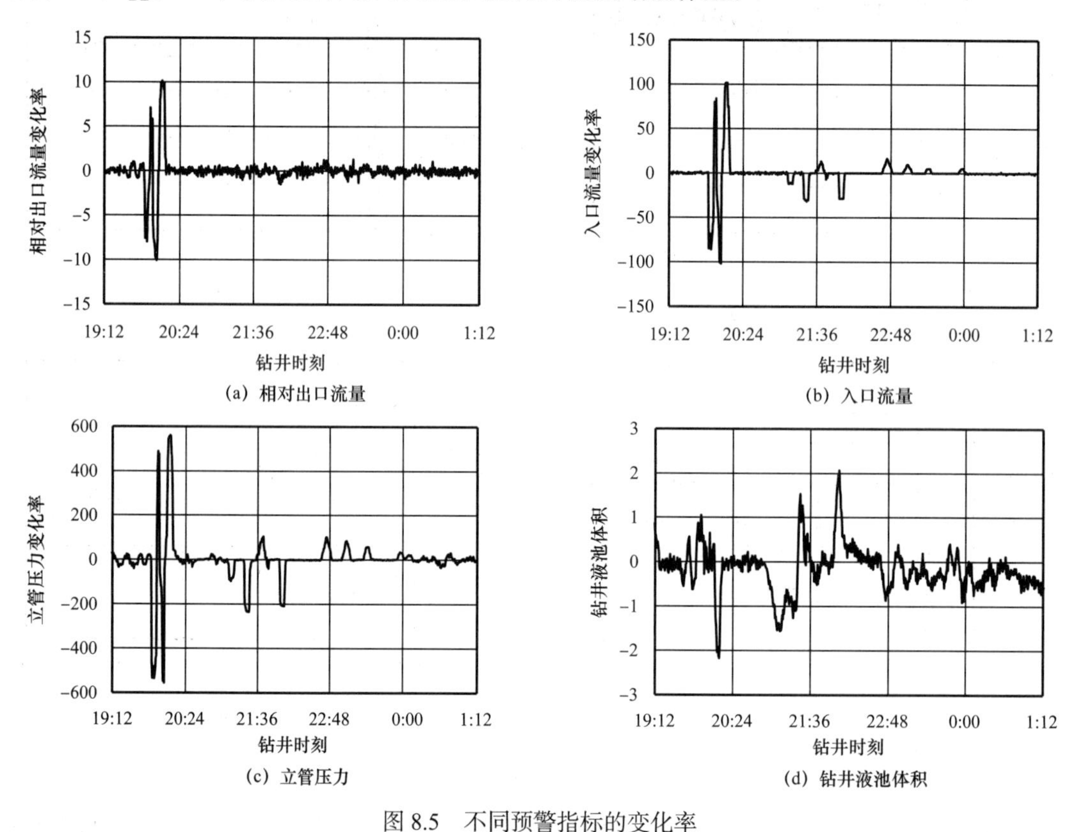

(a) 相对出口流量 (b) 入口流量

(c) 立管压力 (d) 钻井液池体积

图 8.5　不同预警指标的变化率

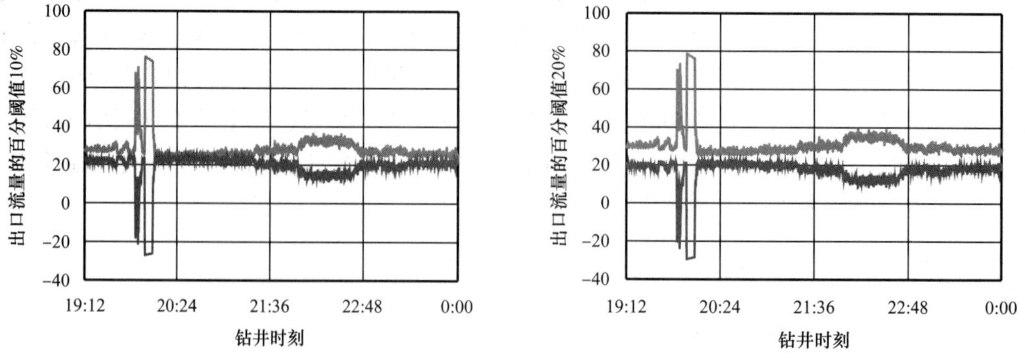

(a) 10% (b) 20%

图 8.6　不同百分值下动态安全阈值上下限

彩图扫码

2）基于 Bayes 参数估计的多指标综合预警

为了提高钻井异常预警的准确率和降低误警率，分析相关征兆参数的先验分布和似然函数，确定异常的后验分布，通过引入加权系数及高斯概率密度分布进行多指标融合的预警，对上述指标所对应的数据进行预处理后，进行特征值提取。以变化率为例，确定相应的短期和长期的均值和方差，计算不同指标在不同钻井时刻所对应的早期和堵漏中的井漏概率如图 8.7 和图 8.8 所示。由图 8.7 可知：相对出口流量、立管压力和入口流量下的井漏发生概率在 3min 内由接近于 0 上升为 99.9%，接近于 1，可以作为早期预警的参考，钻井液池体积变量所对应的井漏概率变化不明显，不能作为早期预警指标。由图 8.8 可知，与其他预警指标相比较，钻井液池体积变量所对应的井漏概率变化较为明显，可以为堵漏过程中的井漏进行早期预警。

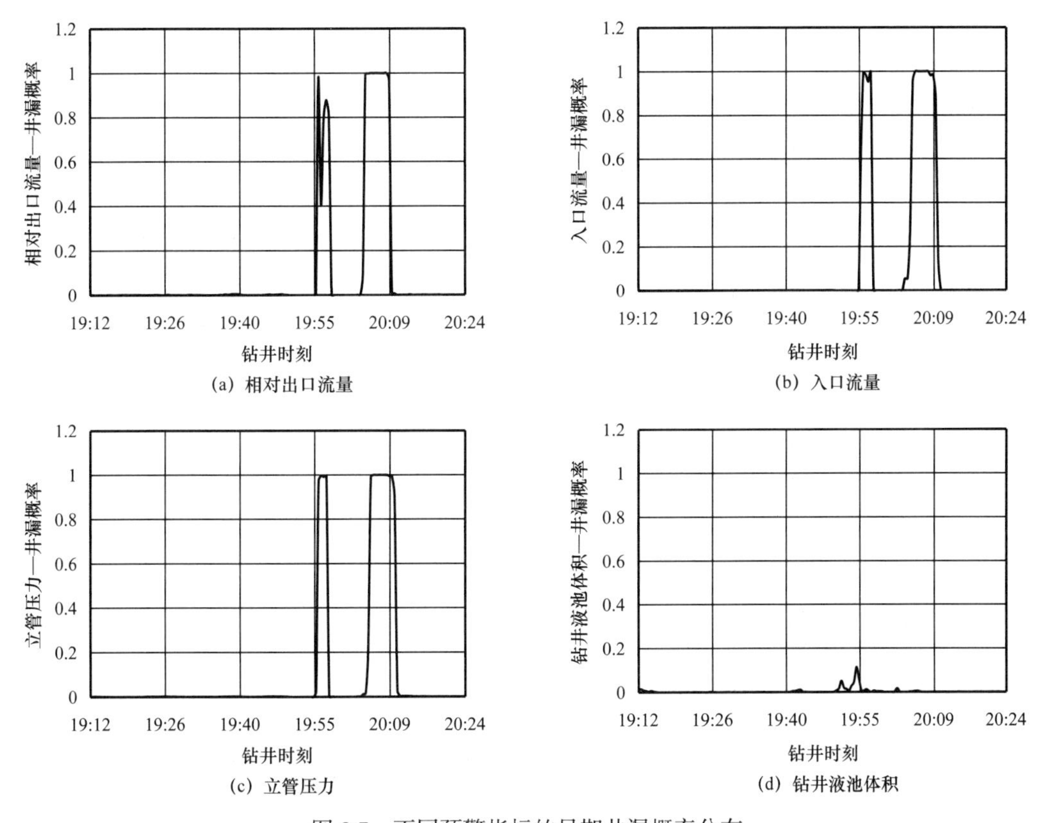

图 8.7　不同预警指标的早期井漏概率分布

通过对钻井指标的特征量提取和融合计算来进行井漏的实时预警。在时间段 19:43—20:24，给定权值为 ω_m={0.4，0.2，0.3，0.1}，开展多指标特征值融合的井漏发生概率估算。多指标融合的预警模型能够提高过程异常的预警率，可以避免由于钻井液池体积概率预警延迟而导致的漏警，即降低漏警率。在异常修正系数 φ_m=0.05 时，得到井漏概率发生时单指标实际概率值，修正前的多指标概率值和修正后的多指标概率值如图 8.9 所示。修正后与修正前相比，其平均相对误差减少了 3.9%；最大相对误差减少了 22.7%。应用异常修正系数降低了最大相对误差和平均相对误差值，预警效果明显提升。

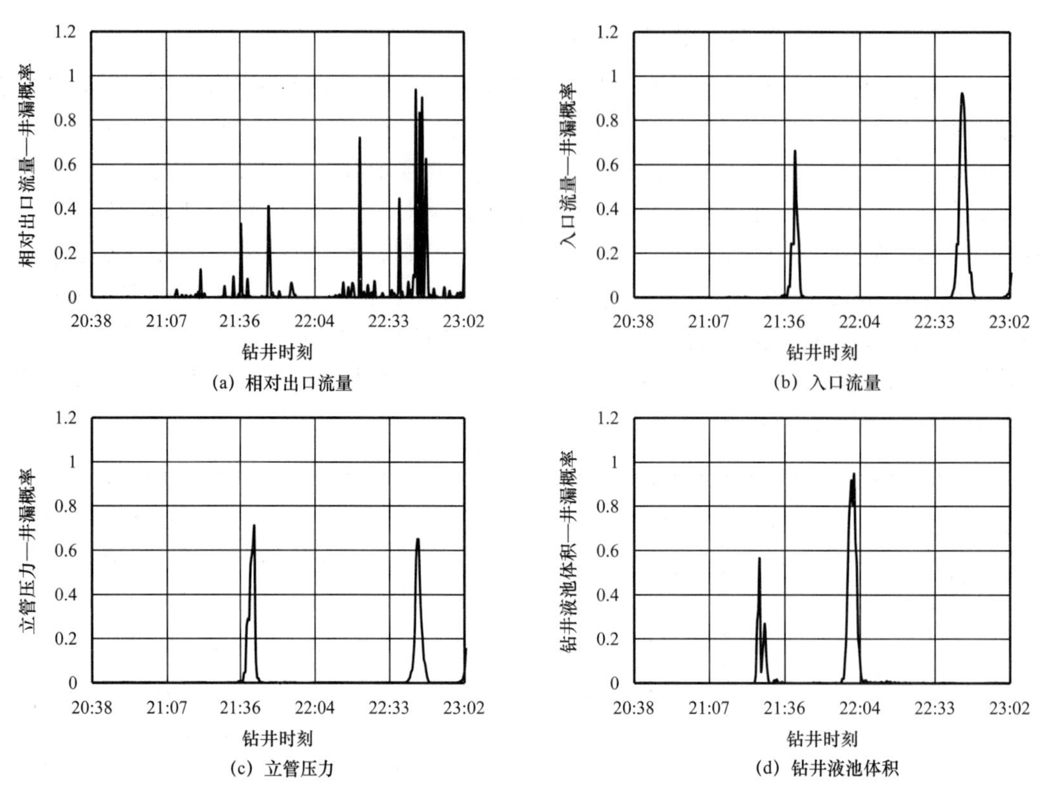

图 8.8 不同预警指标的堵漏过程中井漏概率分布

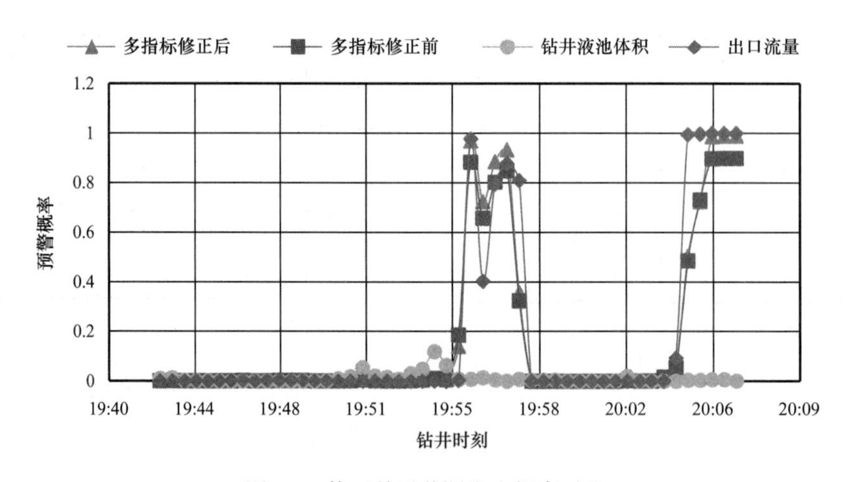

图 8.9 修正前后井漏发生概率对比

彩图扫码

8.2 基于模式识别的海上钻井溢流预警方法

钻井溢流预警多通过钻井液返出量和循环池内钻井液体积增加量超过阈值限来实现，这种阈值超限报警方法常因阈值限的选取不当而产生大量误报漏报，且难以适应钻井工况多变引起的参数不稳定变化的特点。为此，本书提出一种基于参数趋势模式识别的溢流预警方法，该方法通过参数变化趋势特征来识别钻井异常，避免了阈值限的选取计算，具有良好的动态自适应性。

本节首先分析了气侵溢流的原因及表现，基于事故渐进式发展的特点选取预警指标。其次，介绍了基于参数趋势模式识别的溢流预警方法：基于气侵井筒动态多相流模型，结合邻井井涌数据提取溢流参数标准模式，对离线录井数据进行滤波、降维预处理后，提取信号序列的趋势特征，通过对比溢流参数标准模式和录井参数的趋势特征值实现钻井异常的聚类识别。最后，基于模糊逻辑法计算了溢流风险概率值实现预警。案例分析中将该方法应用于南海乐东某口井的录井数据，预警结果与钻井日报的对比证明了该方法可以在溢流早期实现准确预警。

8.2.1　溢流预警模型

1. 气体溢流钻井过程参数表征

气体溢流发生的原因有很多，其最根本的原因是井内压力失去平衡，即井内压力小于地层压力。岩层孔隙内的天然气通过岩屑气侵、置换气侵、扩散气侵和气体溢流等方式进入井筒中。造成井内压力小于地层压力的原因有：地层压力预测不准确，钻井液密度低；起钻时井内未灌满钻井液，导致静液压力减小；过大的抽吸压力会使静液压力低于地层压力，造成溢流；钻井液漏失，钻井液漏入地层引起井内液柱静液压力下降；钻遇异常高压地层，由于设计钻井液密度不能满足压井需求而引起溢流。

天然气侵入井眼后，呈气—液两相流动状态，形成泡状流、段塞流等形态，气体随循环钻井液在环空中上返的过程中滑脱上升，由于井内液柱压力自下而上逐渐减小，导致气体在向上运移过程中体积膨胀增大，对于井深较浅的井，气体的膨胀会使井内静液柱压力大幅减小，同时也将造成返出钻井液密度值减小，如图 8.10 所示。

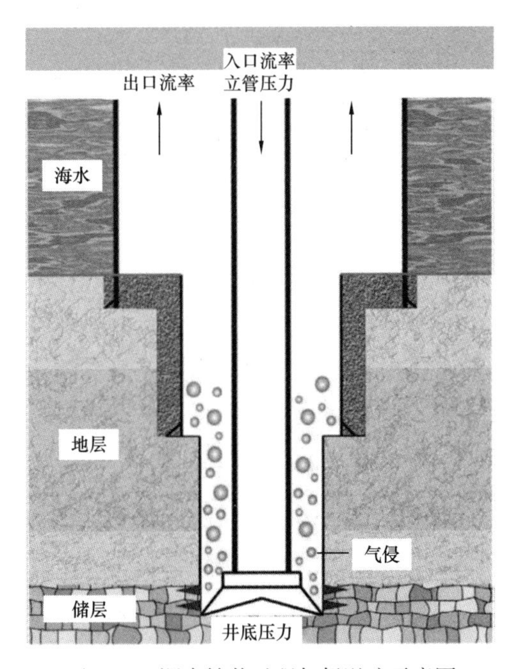

图 8.10　深水钻井过程气侵溢流示意图

气侵发生后，实时监测到的录井数据将发生显著变化，溢流事故的钻井异常现象如下：

（1）钻井液入口流量不变的情况下，出口流量逐渐增加，或者出入口流量差逐渐增大，停泵后钻井液从井口自主外溢。

（2）钻井液循环池内钻井液体积增加。

（3）立管压力缓慢下降，泵速（泵冲数）增加。

（4）出口钻井液密度降低。

因此，选取录井参数：钻井液流量（MFOP）、钻井液池体积（TVA）、立管压力（SPPA）、作为溢流事故的预警指标，融合多个预警指标的溢流信息综合判断。

根据《油气探井油气水层录井综合解释规范》（SY/T 5969—2005），在特定要求和规定情况下，与溢流相关异常规范如下：

（1）立管压力逐渐减小 0.5MPa，或突然增大或减小 2MPa 以上。

（2）钻井液总池体积相对变化量超过 $2m^3$。

（3）钻井液出口密度突然减小 $0.04g/cm^3$ 以上，或呈趋势性减小或增大。

（4）钻井液出口排量明显增大或小于入口排量。

2. 钻井异常的模式识别

钻井异常的模式识别就是找到一种能够应用于计算机的自动识别算法，将基于专家经验的钻井异常判别过程转化为通过录井信号计算机处理的自动判别过程，从而提高钻井异常监测的时效性和准确度，避免了人工解读钻井异常带来的滞后和误判效应，提高生产监测效率，实现钻井异常的准确预警。

本节提出了一种钻井异常识别的新方法：基于参数趋势特征的模式识别算法。该算法通过融合动态井筒多项流模型模拟结果和邻井数据训练结果，预先给出钻井异常的标准模式，减小了样本训练的工作量。另外，该算法通过分段近似法降维处理简化了数据模式，使得其模式特征变得易于提取，通过提取信号序列的形状特征、趋势特征，并以相似度计算作为辅助方法，进行模式分类。该分类方法特征集直观且数据量小，减轻了数据计算工作量，不再需要设计分类器，使得模式聚类变得简单易行。图 8.11 给出该模式识别算法的模型结构。

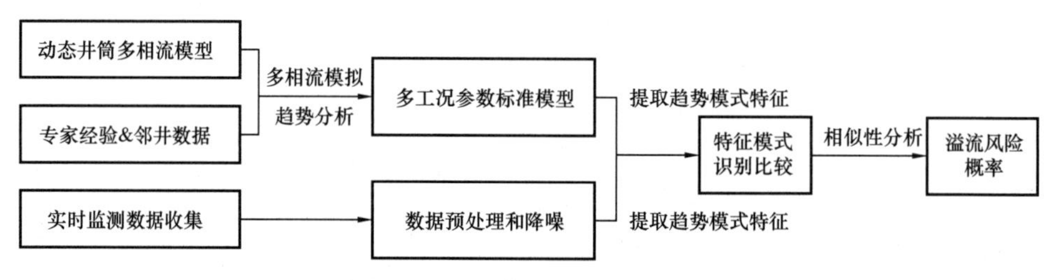

图 8.11　溢流模式识别模型结构

基于气侵井筒动态多相流模型，结合邻井井涌数据提取溢流参数标准模式，对离线采集的录井数据进行滤波、降维预处理后，提取信号序列的趋势特征，通过对比溢流参数标准模式和录井参数的趋势特征值实现钻井异常的聚类识别。最后对趋势特征值进行相似性分析，基于模糊逻辑法计算溢流风险概率。

3. 预警参数溢流标准模式

动态井筒流动模型模拟计算得到的气侵过程钻井液池体积变化量如图 8.12 所示，可以看出，溢流模式下钻井液池液位呈现二次上升趋势。

在气侵溢流过程中，入口流量和出口流量、液位、立管压力之间的关系如下：

$$Q_{out} = \left[A\left(v_1 + v_g\right) \right] \Big|_{s=0} \tag{8.10}$$

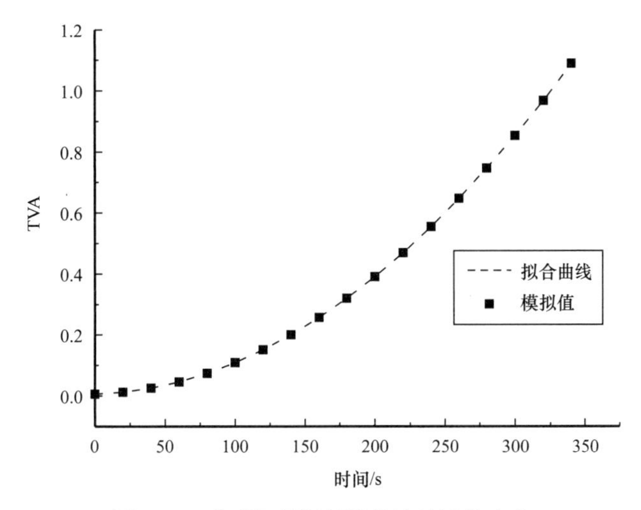

图 8.12　典型气侵期间钻井液池液位变化

$$V_{\text{pit}}(t)=\int_0^t Q_{\text{out}}(\tau)\,\mathrm{d}\tau - Q_{\text{in}}{}^{t} \tag{8.11}$$

$$p'_{\text{tn}}(t)=p'_{\text{wf}}(t)\approx -\left\{\left[Q_{\text{out}}(t)-Q_{\text{in}}\right]+AR_{\text{p}}\right\}\frac{\rho_{\text{w}}-\rho_{\text{g}}}{A}+\rho_{\text{w}}R_{\text{p}}\left(g+\frac{2fv^2}{D}\right) \tag{8.12}$$

其中：Q_{out} 表示出口流率（m^3/s）；Q_{in} 表示入口流率（m^3/s）；A 表示环空横截面积（m^2）；p_{wf} 表示井底压力（Pa）。

根据式（8.10）至式（8.12），流量差（$Q_{\text{out}}-Q_{\text{in}}$）和立管压力将分别呈线性增加和二次减小趋势。这些参数的趋势变化的定性特征与邻井溢流数据保持一致。

将溢流模式简化，得到三个预警指标的线性变化趋势（图 8.13），使用角度 α 来表征数据趋势程度。

井漏钻井异常与溢流在钻井液参数的表现形式上往往是相反的，而立管压力由于钻井液漏失进入地层，也会造成钻井液柱井液压力降低，导致立管压力缓慢下降。因此，总结钻井异常（溢流、井漏）和正常的标准模式如下：

溢流：$\alpha_{\text{mfop}}<0$；$\alpha_{\text{tva}}>0$；$\alpha_{\text{sppa}}<0$。

井漏：$\alpha_{\text{mfop}}>0$；$\alpha_{\text{tva}}<0$；$\alpha_{\text{sppa}}<0$。

正常：$\alpha_{\text{mfop}}\approx 0$；$\alpha_{\text{tva}}\approx 0$；$\alpha_{\text{sppa}}\approx 0$。

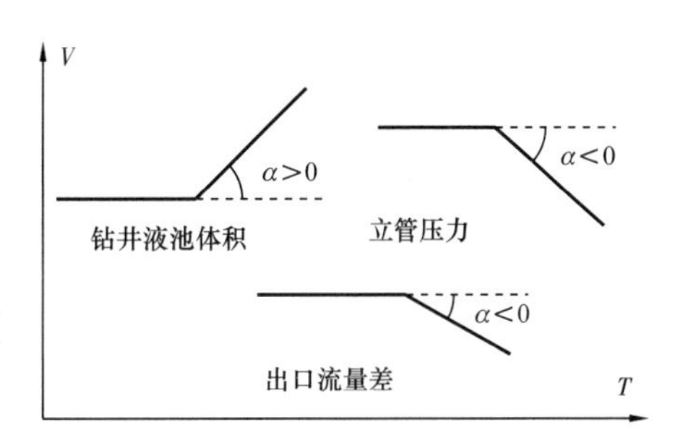

图 8.13　溢流事件预警指标变化趋势

8.2.2　录井信号模式特征提取方法

录井信号的模式特征提取方法主要有三步：数据预处理、降维和模式特征提取。数据预处理是为了消除原始信号的噪声，并将数据标准化，以便后续多指标融合预警；数据降维是为了简化表达信号序列的形状变化，以便模式特征的提取，即信号序列的形状特征和趋势变化特征；最后将信号序列的模式特征与溢流标准模式特征比对以实现钻井异常的模式识别。

1. 数据预处理

录井仪采集到的录井数据是连续的信号时间序列，每隔 5s 采集到一组有效数据系列（包括钻头测深、井眼垂深、机械钻速、大钩负荷、转盘扭矩、钻压、立管压力、泵速、钻井液池体积、钻井液流量、出入口钻井液温度、出入口钻井液电阻率等）。溢流事故属于渐进型发展的事故，往往需要预警指标在一段时间内呈现出异常变化趋势后才可以判断，因此，需要分析预警指标一段长度的信号序列。

具有 m 个数据采样点的钻井参数信号序列记 S：

$$S=\{(s_1,t_1),(s_2,t_2),\cdots,(s_m,t_m)\}$$

由于传感器受风、洋流、电波等影响较大，深水钻井实时测量得到的流动数据通常含有较高的噪声。通过信号滤波可以显著减小噪声对溢流诊断的影响。采用小波降噪的方式先对信号序列 S 进行滤波得到信号序列 Q^*。

$$Q^*=\{(q_1,t_1),(q_2,t_2),\cdots,(q_m,t_m)\}$$

本节借助 MATLAB 小波工具箱，使用 db6 小波基对信号进行 6 层分解，重构第 6 层近似分量作为降噪后的滤波信号序列。降噪的示例如图 8.14 所示。

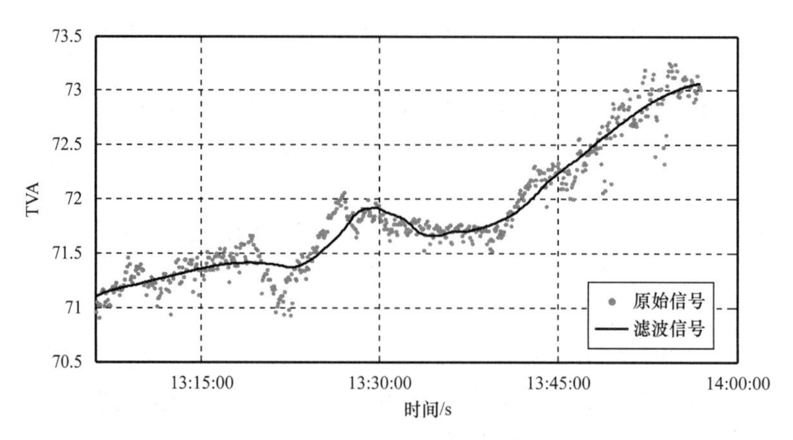

图 8.14　滤波信号与原始信号对比

预警指标具有不同的单位和不同的数量集，为了提高溢流识别的准确性，需要融合多指标来识别，因此有必要先对多个预警指标进行标准化处理，将信号序列变换到［0，1］内，以使不同预警指标具有统一范围。标准化后的信号序列记为 Q。

2. 降维

平滑后的信号序列具有明显的趋势变化特征，钻井异常录井参数表现形式的分析，对预警有用的趋势变化特征仅为增加或减小，为了简化识别难度，将信号序列的高次幂的曲线变化降低维度至一次线性变化。采用分段近似算法进行降维处理。

分段近似算法的关键在于寻找信号序列的分段间断点，本节建立的间断点搜寻方法步骤如下（图 8.15）：

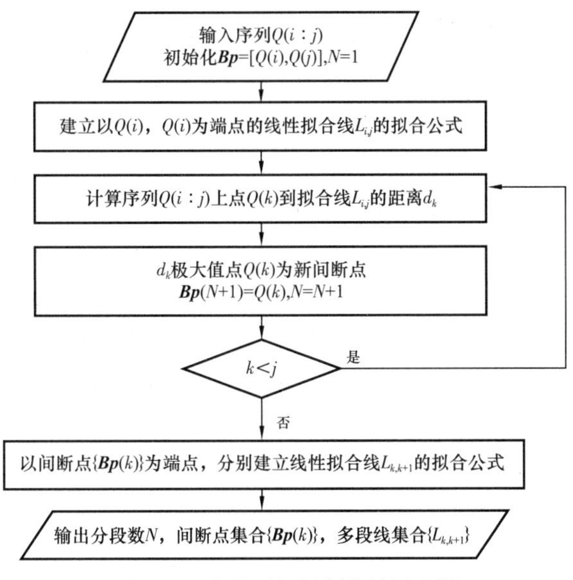

图 8.15　分段近似间断点搜寻步骤

步骤 1：输入固定长度 m 的时间序列 $Q（i : j）$，初始化 $\sigma_{\min}=+\infty$，$\sigma_{\min}$ 用来储存最小拟合误差；初始化 $\boldsymbol{Bp}=[Q（i），Q（j）]$，向量 $\boldsymbol{Bp}$ 用来记录分段间断点；初始化 $N=1$，N 为序列分段数即子序列个数。

步骤 2：通过计算序列点到拟合线的距离寻找间断点：

（1）建立以 $Q（i）$，$Q（j）$ 为端点的线性拟合线 L_{ij} 的拟合公式。

（2）计算时间序列 $Q（i : j）$ 每一点到拟合线的距离 d_k。

（3）求 d_k 的极大值点作为新寻找的间断点 $Q（k）$，$\boldsymbol{Bp}=（N+1）=Q（k）$，$N=N+1$。

（4）判断 $k<j$，若成立，返回（2）重复执行；若不成立，执行步骤 3。

步骤 3：时间序列 $Q（i : j）$ 分为 N 段，以寻找出的间断点 $\{\boldsymbol{Bp}（k）\}$ 为端点，分段建立线性拟合线 $\{L_{k,k+1}\}$ 的拟合公式，重新分段计算 $\sigma_{\min}$。

步骤 4：输出分段数 N，间断点集合 $\{\boldsymbol{Bp}（k）\}$，多段线 $\{L_{k,k+1}\}$，拟合误差 $\sigma_{\min}$。

通过 MATLAB 编程可以自动搜寻出给定序列的分段近似间断点。

3. 模式特征提取

分段近似将原信号序列 Q 划分为序列长度不等的多段线信号序列，记为 P：

$$P=（p_1，p_2，\cdots，p_N）$$

每个 p_i 为一次函数表示的线段，k_i 为 p_i 的斜率，则 Q 具有形状特征集 K：

$$K=\{k_1，k_2，\cdots，k_N\}$$

引入角度 α 表示降维后信号序列的形状变化趋势特征，α 为信号序列模式特征，表征了预警指标参数的变化趋势。Q 具有趋势特征集 $A=\{\alpha_1，\alpha_2，\cdots，\alpha_N\}$。$\alpha_i$ 由式（8.13）计算得到，其中 $k_0=0$。

$$\alpha_i=\arctan（k_i）-\arctan（k_{i-1}）\tag{8.13}$$

8.2.3 基于趋势特征和相似度测量的聚类方法

模式识别通过模式特征的聚类来实现故障识别和诊断。在提取出预警参数信号序列的形状特征和趋势特征后，通过比对溢流标准模式的特征和待识别信号序列的模式特征，将信号序列进行分类，从而实现溢流模式识别。本节采用趋势特征值分类和形状相似度测量两个方法进行溢流的识别，当两种方法同时判定为溢流时，认为溢流发生。其中，趋势特征值敏感性好，在参数偏离正常值或偏离原有状态发生异常变化时快速给予响应；而形状相似度测量则具有良好的容错率，基于短时间内的变化趋势，同时考虑信号序列的波动幅度和时间跨度后给予稳健的响应，弥补了趋势特征值分类的高敏感性引起的误报。

由于单个预警指标的异常变化往往指示多种复杂情况，因此两种方法均需融合多个指标识别钻井异常，当多个预警指标同时指向溢流异常时，该方法输出溢流预警。

1. 趋势特征值模式分类

首先，确定信号序列的采样点数 m，应用井筒动态多相流模型模拟计算 5min 时长的预警参数变化量随时间变化的标准模式。其次，分别对每个预警指标采用相同的归一化规则对小波降噪后的采集信号序列和井筒动态、多相流动模拟得到的钻井异常标准模式进行标准化处理使得到的时间序列具有相同范围，其中 α 为负值的标准模式归一化到［−1，0］内，α 为正值的标准模式归一化到［0，1］内，采集信号序列的模式归一化到［0，1］内。然后，分别对标准模式和采集信号序列进行分段近似降维，得到可用于模式特征提取的多段线序列 $P_{标}^{\mathrm{mfop}}$、$P_{标}^{\mathrm{tva}}$、$P_{标}^{\mathrm{sppa}}$ 和 P_{Q}^{mfop}、P_{Q}^{tva}、P_{Q}^{sppa}。最后，分别提取标准模式多段线序列和采集信号多段线序列的形状特征和趋势特征，标准模式的特征值列于表 8.3 中。

表 8.3 钻井异常标准模式特征值

预警参数	钻井异常	N	形状特征 k	趋势特征 α
立管压力	正常 0	1	$k_1 \approx 0$	$\alpha \approx 0$
	井涌 / 溢流 1	2	$k_1 \approx 0$，$k_2 < 0$，$k_1 > k_2$	$\alpha_{\mathrm{kick}}^{\mathrm{sppa}} < \alpha < 0$
	井漏 2	2	$k_1 \approx 0$，$k_2 < 0$，$k_1 > k_2$	$\alpha_{\mathrm{loss}}^{\mathrm{sppa}} < \alpha < 0$
钻井液池体积	正常 0	1	$k_1 \approx 0$	$\alpha \approx 0$
	井涌 / 溢流 1	2	$k_1 \approx 0$，$k_2 > 0$，$k_1 < k_2$	$0 < \alpha < \alpha_{\mathrm{kick}}^{\mathrm{tva}}$
	井漏 2	2	$k_1 \approx 0$，$k_2 < 0$，$k_1 > k_2$	$\alpha_{\mathrm{kick}}^{\mathrm{tva}} < \alpha < 0$
钻井液流量	正常 0	1	$k_1 \approx 0$	$\alpha \approx 0$
	井涌 / 溢流 1	2	$k_1 \approx 0$，$k_2 < 0$，$k_1 > k_2$	$\alpha_{\mathrm{kick}}^{\mathrm{mfop}} < \alpha < 0$
	井漏 2	2	$k_1 \approx 0$，$k_2 > 0$，$k_1 < k_2$	$0 < \alpha < \alpha_{\mathrm{kick}}^{\mathrm{mfop}}$

其中，$\alpha_{\mathrm{kick}}^{\mathrm{sppa}}$ 等指标与井位和钻井层位有关，通过相邻井位的钻井异常数据统计取得。首先，结合钻井日报，由专家经验根据录井数据判断出钻井异常发生时刻。其次，从异常发生时刻开始采集同样长度 m 个信号，使用同样的方法经过数据滤波、降维、特征提取

过程，提取出经验数据的趋势特征值。最后，计算所有收集到的邻井数据趋势特征值的均值μ和标准差σ。基于 3σ 法则，一般情况下，选择μ作为$\alpha_{\text{kick}}^{\text{sppa}}$等指标的值，若要提高识别敏感度，选择$\mu-3\sigma$，若要具有更好的容错率，选择$\mu+3\sigma$。

当三个预警参数信号序列的形状特征和趋势特征均满足标准模式时，将该时刻信号分类到对应的钻井异常中，从而完成趋势特征值的模式识别。

2. 形状相似度测量

利用相似度计算来评价录井信号序列和钻井异常标准序列的相似性。对于来自同一时域的两个序列，欧式距离是有效和简单的相似度计算方法。然而计算结果容易受序列异常数据的干扰。此外，由于缺少趋势信息，传统的欧式距离计算方法识别形状不利。

考虑到时间序列的波动幅度、变化趋势和时间跨度，使用结合了欧式距离和改进斜率距离的“形体学距离”来测量滤波后信号序列和标准模式的相似度 Gr 见式（8.14）：

$$Cr=(D_0\times D_{\text{KM}})^{1/2} \tag{8.14}$$

其中：D_0 是欧式距离（m）；D_{KM} 是改进的斜率距离（m）。

$$D_{\text{KM}}(S,S_{\text{b}})=\left|\sum_{i=1}^{n}\Delta t_i W_i\left(k_i-k_{bi}\right)/t_n\right| \tag{8.15}$$

$$W_i=\frac{\left(S_i-S_{\min}\right)\times\alpha}{S_{\max}-S_{\min}}+\left(1-\alpha\right) \tag{8.16}$$

$$S_i=\max\left(\left|q_1-q_{b1}\right|,\cdots,\left|q_i-q_{bi}\right|,\cdots,\left|q_m-q_{bm}\right|\right) \tag{8.17}$$

其中：S_{b} 表示标准模式；k_i 表示分段 i 的斜率；W_i 表示权重系数；$\alpha\in[0,\ 1]$。改进的斜率距离同时考虑了趋势变化和时间跨度的影响作用。如果 $\alpha=0$，式（8.15）变为传统斜率距离，传统斜率距离可以很好地反映趋势变化，具有较好的容噪率。

分别计算三个预警参数信号序列到不同钻井异常标准模式的相似度 Cr，其值最小的钻井模式为该时刻信号的异常模式。

8.2.4　基于趋势特征的溢流风险预警

当参数 X 小于 v_0 时未偏离正常范围，用 0 表示正常，当 X 大于 v_1 时为异常，用 1 表示，而当参数 X 介于正常 v_0 和异常 v_1 之间时，表示有一定概率异常，很容易想到将区间（v_0，v_1）映射到（0，1）上来表示参数偏离正常的水平，映射值越接近 1 则说明该参数偏离正常值越远，发生异常的可能性越大，映射值越接近 0 则说明该参数稍微偏离正常值，发生异常的可能性越小。模糊逻辑法就是基于上述思想，通过判断参数偏离正常水平的程度来计算异常发生概率。用模糊逻辑法计算参数 X 异常的数学表达公式为：

$$P(X)=\begin{cases}0 & x<v_0\\ \left(x-v_0\right)/\left(v_1-v_0\right)^{*} & v_0<x<v_1\\ 1 & x>v_1\end{cases} \tag{8.18}$$

其中：v_0 称为参数的阈值下限；v_1 称为参数的阈值上限。

一个异常事件的发生往往需要多个参数共同决定，每个参数对异常事件的贡献用权重 w_i 表示，假设事件 A 异常共有 n 个识别参数，记为 $\{x_1, x_2, \cdots, x_n\}$ 由此得到的每个参数异常的概率为 p_i，则事件 A 异常的发生概率为：

$$P(A) = (p_1, p_2, \cdots, p_n) \cdot \begin{pmatrix} w_1 \\ w_2 \\ \vdots \\ w_n \end{pmatrix} = p_1 \cdot w_1 + p_2 \cdot w_2 + \cdots + p_n \cdot w_n \tag{8.19}$$

其中，参数权重值构成的矩阵（w_1，w_2，…，w_n）^{T} 称为模糊关系矩阵，通常用 $\boldsymbol{R}$ 表示。参数异常概率值构成的向量（p_1，p_2，…，p_n）称为异常征兆域 P。

简而言之，模糊逻辑法就是根据参数监测数据和阈值限计算得到异常征兆域 $\boldsymbol{P}$（模糊向量）后，根据模糊向量和模糊关系矩阵 $\boldsymbol{R}$ 计算事件发生异常的概率。

钻井作业过程发生的溢流异常事件，预警指标（钻井液池体积、钻井液流量、立管压力、钻井液出口密度等）是表征溢流异常的参数，预警参数信号序列的趋势特征值 α 为参数异常概率的阈值，由于溢流事故是渐进型事故，使用趋势模式识别方法诊断溢流，因此所有预警指标的阈值下限均为 0，而不同预警指标的阈值上限则不仅相同，上限值与井位和钻井层位有关，通过相邻井位的钻井异常数据统计取得。预警指标的模糊关系矩阵通过专家经验或 AHP 层次分析方法计算得到。

8.2.5 应用

本节将提出的基于参数趋势模式识别的溢流预警方法应用在南海乐东 LD10 某口井的四开钻井过程。根据钻井日志记载，LD10 井 3 月 21 日钻进至 4023m 时，机械钻速加快，停钻循环观察，发现循环气测值 13%～19%，出现异常。分析可知，此时发生气侵溢流，但钻井日报中只给出异常发生在当日下午，并未标明发生的具体时间，因此，根据录井数据中井眼测深一值，选取钻至 4023m 前后约 20min 的钻井液池体积、立管压力（泵压）和下钻井液流量三个录井信号序列，作为钻井异常的预警参数，应用基于参数趋势模式识别的预警方法判断溢流发生的具体时间。

1. 录井参数趋势模式识别

综合录井仪每隔 5s 采集一组数据，选取时段的采样点数共有 250 个。部分原始参数数据如图 8.16 所示。

根据参数曲线趋势可以看出，在选取的 20min 钻井过程中，随时间推移，立管压力先呈平稳趋势后呈阶梯式减小，钻井液池体积逐渐增大，钻井液流量的波动幅度大，整体呈增长趋势，涨幅较小。由专家库的先验信息可知，在这段时间内疑似发生气侵溢流。

基于上述模式识别算法，采用 MATLAB 编程语言，对三个参数分别进行小波降噪，标准化处理和分段近似降维。其中，立管压力信号序列噪声较小，小波降噪参数选择 dB4

小波基，进行 4 层分解，并重构 4 层近似分量；而钻井液池体积和钻井液流量由于噪声较大，采用 dB4 小波基，进行 5 层分解，并重构 5 层近似分量。

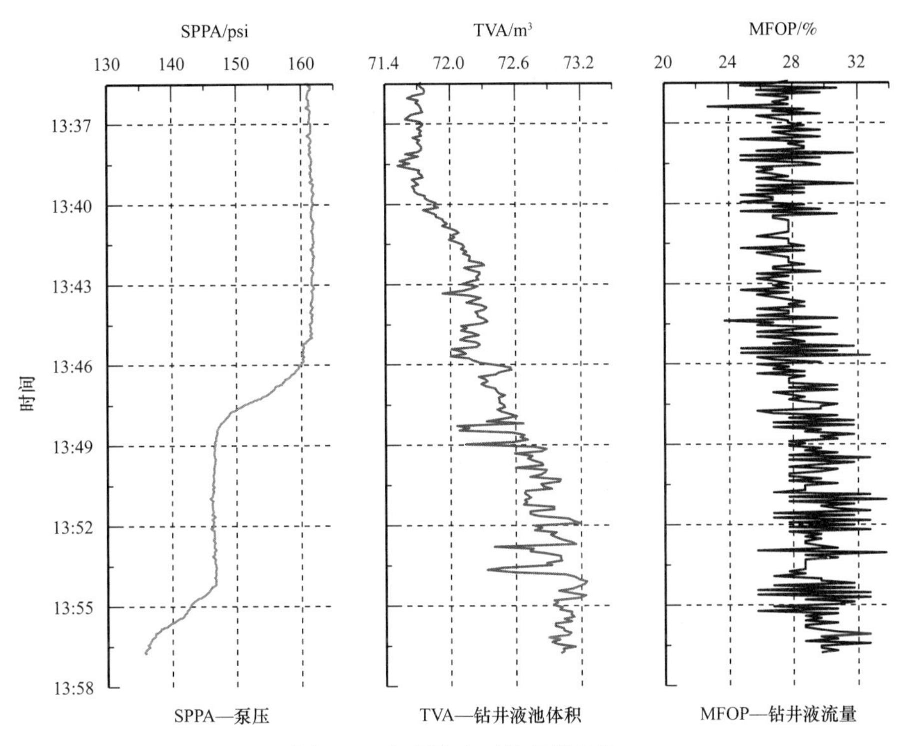

图 8.16　气侵发生时的监测参数

图 8.17 展示了钻井液池体积参数三组采样点数（时长不同）的信号序列分段近似降维后的模式识别结果。分别选取 6.5min、14min 和 20.5min 的信号序列进行模式识别，将识别结果与滤波后的信号序列对比，可以看出，降维后的多段线很好地拟合了信号序列的曲线变化趋势。对比三组信号的重合序列段，模式识别出的趋势具有较高的一致性，说明信号序列长度对识别结果的相似度影响不大，因此，提出的模式识别方法可以很好地提取出信号序列的趋势变化特点，具有较好的时间延续性和时间适应性。

根据钻井液池体积单一预警指标的识别结果来看，在 13：39 时，参数呈现上升趋势，说明可能发生溢流。然而，受不同流量数据质量的影响，监测出溢流的时间点可能会有很大差异。例如，立管压力参数较为敏感，在气侵发生不久后便可通过下降的参数趋势予以体现，但引起立管压力异常的原因有多种，凭借单一指标不足以说明异常的原因是溢流；而钻井液池体积增大是表征溢流最准确的参数，然而钻井液池体积往往有滞后效应。因此，需要融合多个预警参数的趋势变化模式来提高预警结果的可靠性。

图 8.17 识别了 20min（252 个采样点）录井数据下立管压力、钻井液池体积和钻井液流量三个参数的模式特征。根据分段近似降维结果，三个参数搜寻到的间断点分别有 7、17 和 11 个（图 8.18），将滤波后的信号序列 $Q\{q_{\mathrm{SPPA}}，q_{\mathrm{TVA}}，q_{\mathrm{MFOP}}\}$ 分别划分为 6、16 和 10 段的一次线性信号序列。

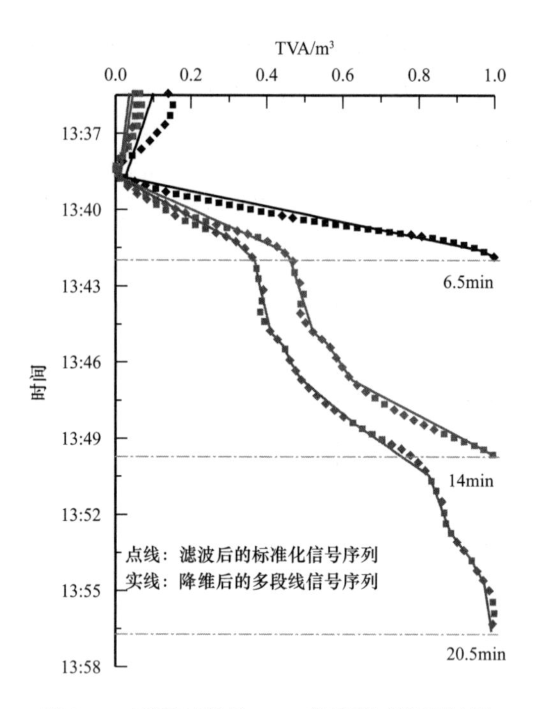

图 8.17 不同时长的 TVA 信号模式识别结果

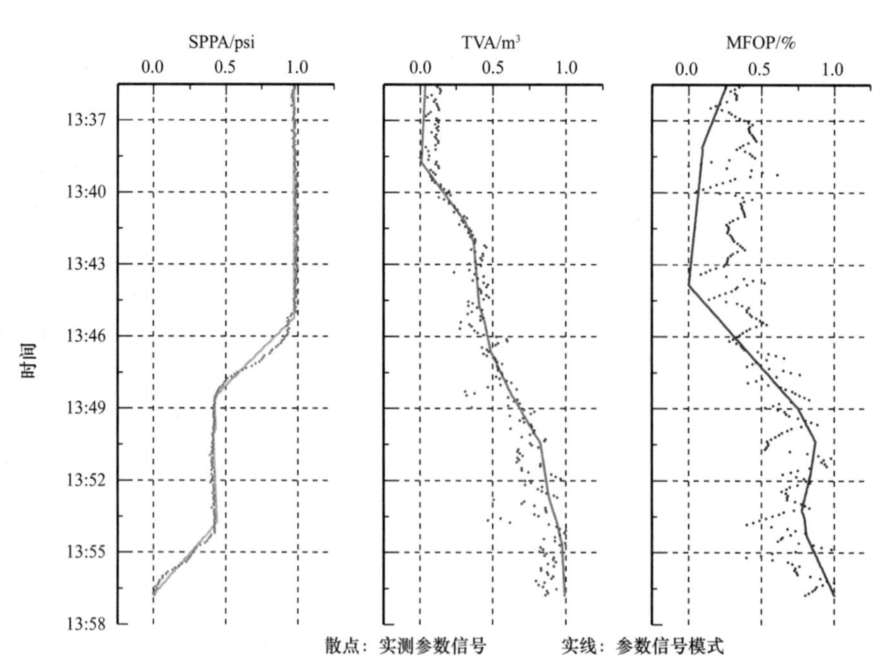

图 8.18 泵压、钻井液池体积和钻井液流量的模式识别结果

$$P_{\text{SPPA}}\left\{\begin{matrix} p_1(13:36,13:45), p_2(13:45,13:48), p_3(13:49,13:50), \\ p_4(13:50,13:50), p_5(13:50,13:53), p_6(13:53,13:56) \end{matrix}\right\}$$

$$P_{\text{TVA}}\begin{Bmatrix} p_1(13:36,13:39), p_2(13:39,13:41), p_3(13:42,13:42), p_4(13:42,13:43), \\ p_5(13:43,13:45), p_6(13:45,13:45), p_7(13:46,13:46), p_8(13:46,13:47), \\ p_9(13:47,13:48), p_{10}(13:48,13:50), p_{11}(13:50,13:53), p_{12}(13:53,13:54), \\ p_{13}(13:54,13:54), p_{14}(13:54,13:54), p_{15}(13:54,13:54), p_{16}(13:54,13:56) \end{Bmatrix}$$

$$P_{\text{MFOP}}\begin{Bmatrix} p_1(13:36,13:39), p_2(13:39,13:39), p_3(13:39,13:44), p_4(13:44,13:49), \\ p_5(13:49,13:50), p_6(13:50,13:52), p_7(13:52,13:53), p_8(13:53,13:53), \\ p_9(13:53,13:54), p_{10}(13:54,13:56) \end{Bmatrix}$$

对多段线序列提取形状特征值和趋势特征值，得到三个参数的特征集 K 和 A。

$$K_{\text{SPPA}} = \{1.1744\text{e}-05, -0.0146, 6.6473\text{e}-04, -0.0055, 6.1266\text{e}-04, -0.0125\}$$

$$K_{\text{TVA}} = \begin{Bmatrix} -7.12\text{e}-04, 0.0106, 6.25\text{e}-03, 1.33\text{e}-03, 1.19\text{e}-03, 5.13\text{e}-03, \\ 2.77\text{e}-03, 3.92\text{e}-03, 3.27\text{e}-03, 6.85\text{e}-03, 8.39\text{e}-03, 2.20\text{e}-03, \\ 4.50\text{e}-03, 3.29\text{e}-03, 4.00\text{e}-03, 7.90\text{e}-04, 0.0106 \end{Bmatrix}$$

$$K_{\text{MFOP}} = \begin{Bmatrix} -5.51\text{e}-03, 3.07\text{e}-03, -1.46\text{e}-03, 1.27\text{e}-02, 7.55\text{e}-03, \\ -2.05\text{e}-03, -3.47\text{e}-03, 4.89\text{e}-03, 1.43\text{e}-03, 6.65\text{e}-03 \end{Bmatrix}$$

$$A_{\text{SPPA}} = \{6.7291\text{e}-04, -0.8389, 0.8772, -0.3544, 0.3514, -0.7487\}$$

$$A_{\text{TVA}} = \begin{Bmatrix} -0.0408, 0.6493, -0.2507, -0.2818, -0.0080, 0.2260, \\ -0.1355, 0.0660, -0.0374, 0.2056, 0.0879, \\ -0.3547, 0.1319, -0.0691, 0.0409, -0.1842 \end{Bmatrix}$$

$$A_{\text{MFOP}} = \begin{Bmatrix} -0.3159, 0.4918, -0.2595, 0.8091, -0.2931, \\ -0.5495, -0.0818, 0.4791, -0.1980, 0.2991 \end{Bmatrix}$$

2. 溢流风险预警

得到参数趋势模式的特征集 $C=\{K, A\}$ 后，使用模糊逻辑法对该段信号序列的溢流风险概率值进行计算，当概率超过 0.5 时，给予报警警告。

首先，对邻近井位相同层位的溢流录井数据采集同样长度的信号序列进行模式识别，提取模式特征值，将统计得到特征值的均值作为异常的临界值，即 $K=[-0.015, 0.0108, 0.013]^T$，$A=[-0.84, 0.66, 0.82]^T$。计算单一指标某时刻的异常概率 $p_i=\{k_i, a_i\}$。

然后，给出的预警指标权重 $w_{\text{id}}=[0.1738, 0.2686, 0.5576]$ 和特征值权重 $w_{\text{c}}=[0.4, 0.6]^T$ 作为模糊关系矩阵。计算某时刻多指标融合的溢流异常概率值 P_i。结果如图 8.19 所示。

$$P_i=\left[w_{\mathrm{SPPA}},w_{\mathrm{TVA}},w_{\mathrm{MFOP}}\right]\begin{bmatrix}k_i^{\mathrm{SPPA}} & a_i^{\mathrm{SPPA}}\\ k_i^{\mathrm{TVA}} & a_i^{\mathrm{TVA}}\\ k_i^{\mathrm{MFOP}} & a_i^{\mathrm{MFOP}}\end{bmatrix}\cdot\left[w_k,w_a\right]=w_{id}\times\begin{bmatrix}p_i^{\mathrm{SPPA}}\\ p_i^{\mathrm{TVA}}\\ p_i^{\mathrm{MFOP}}\end{bmatrix}$$

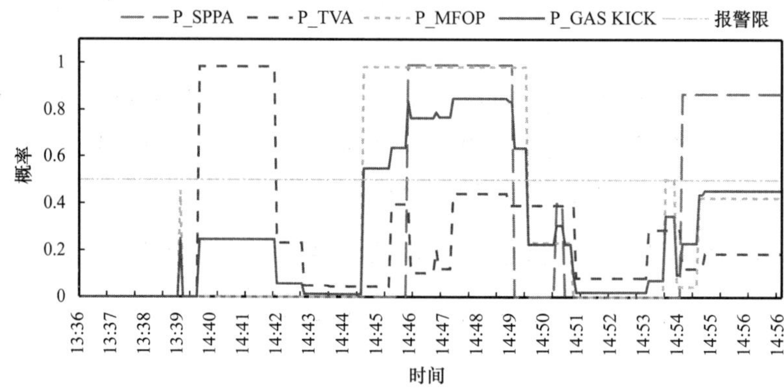

图 8.19　多指标融合的溢流异常概率值

可以看出，计算得到的概率值呈阶梯式变化，到 14:45 时，综合概率超过 0.5，概率值超报警限的时长约为 15min，直到 14:50 时，概率值降低至 0.3 以下，此段长时间的超限异常判断为发生溢流。

分析该预警方法可知，异常识别和风险概率计算的过程是在信号序列的分段基础上实现的，因此，该预警方法的灵敏度与信号序列分段的细化程度有正相关的关系，分段越细，预警方法的灵敏度越高，同时对数据处理运算的要求更高。而分段的重点在于寻找间断点，这与信号本身的变化趋势有关。在同一滤波方式下，信号波动幅度越大，则间断点越多，分段越多；反之，相对平稳的信号分段少。因此，应用该方法实现溢流预警时，可以根据报警灵敏度的需求和参数本身的波动特点设定每个预警指标的滤波的程度，对于波动幅度大的参数，适当增强滤波使信号序列更平滑，而对于平稳变化参数，削弱滤波，保留信号变化特征。

8.3　基于广义模糊神经网络的卡钻事故分类与预测方法

8.3.1　广义神经网络预测模型

GRNN 预测于 1991 年由美国学者 Donald F.Specht 提出，属于径向神经网络的一种变化形式，是一种有效的新式前馈神经网络。GRNN 的非线性映射能力很强并具有柔性的网格结构，对任意的连续函数可以以任意精度实现逼近，同时又具有较高的容错性和鲁棒性，在解决非线性问题的方面有较好的适用性。相较于传统的径向基函数神经网络，GRNN 的逼近能力更强，学习速率更快，网格最终收敛于数据量聚集较多的优化回归面。另外，当样本数据量较少及数据不稳定时，也能得到较好的预测效果，因此在各领域得到了广泛应用。

非线性回归分析是 GRNN 实现的数学理论基础，设有随机变量 x 和 y，它们的观测值分别为 X 和 Y，那么要对概率值最大的 y 进行求解，来实现非独立变量 Y 相对于独立变量 x 的回归分析。设 x 和 y 的联合概率密度函数为 $f(x, y)$，则 y 相对于 X 的回归（也称条件均值）见式（8.20）：

$$\hat{Y}=E\left(y/X\right)=\frac{\int_{-\infty}^{\infty} yf\left(X,y\right)\mathrm{d}y}{\int_{-\infty}^{\infty} f\left(X,y\right)\mathrm{d}y} \tag{8.20}$$

其中：$\hat{Y}$ 为在输入为 X 的条件下，Y 的预测输出。

可以通过计算样本数据集 $\left\{x_i,y_i\right\}_{i=1}^{n}$ 的非参数估计，来求得式（8.21）中的密度函数 $f(X, y)$ 的估算值 $\hat{f}\left(X,y\right)$。

$$\hat{f}\left(X,y\right)=\frac{1}{n\left(2\pi\right)^{\frac{s+1}{2}}\sigma^{s+1}}\sum_{i=1}^{n}\exp\left(-\frac{D_i^2}{2\sigma^2}\right)\exp\left[\frac{\left(X-Y_i\right)^2}{2\sigma^2}\right] \tag{8.21}$$

$$D_i^2=\left(X-X_i\right)^T\left(X-X_i\right) \tag{8.22}$$

其中：X_i 和 Y_i 分别为 x 和 y 的观测值；n 为样本数量；s 为 x 的维数；σ 为光滑因子；D_i^2 为样本 X 和与其对应的变量输入值 X_i 之间的欧几里得距离的平方。

将 $f(X, y)$ 替换为 $\hat{f}\left(X,y\right)$ 代入式（8.20）可得：

$$\hat{Y}\left(X\right)=\frac{\sum_{i=1}^{n}\exp\left(\frac{-D_i^2}{2\sigma^2}\right)\cdot\int_{-\infty}^{\infty} y\exp\left[-\frac{\left(Y-Y_i\right)^2}{2\sigma^2}\right]\mathrm{d}y}{\sum_{i=1}^{n}\exp\left(\frac{-D_i^2}{2\sigma^2}\right)\cdot\int_{-\infty}^{\infty}\exp\left[-\frac{\left(Y-Y_i\right)^2}{2\sigma^2}\right]\mathrm{d}y} \tag{8.23}$$

对两积分计算得到网格输出 $\hat{Y}\left(X\right)$：

$$\hat{Y}\left(X\right)=\frac{\sum_{i=1}^{n}Y_i\exp\left(-\frac{D_i^2}{2\sigma^2}\right)}{\sum_{i=1}^{n}\exp\left(-\frac{D_i^2}{2\sigma^2}\right)} \tag{8.24}$$

由计算结果可看出网络的输出是所有样本观测值 Y_i 的加权平均，每一个 Y_i 的权重因子是相对应的 X_i 与 X 之间的欧几里得距离平方的指数形式。若 σ 很大，则网络输出与样本因变量的均值很接近；若 σ 很小近为零时，网络的输出与训练样本很接近。因此在计算过程中要对 σ 合理取值，尽量使训练结果能够兼顾对临近样本和全部样本的影响。

1. 广义神经网络的结构

GRNN 在结构上与径向基函数神经网络较为相似，共有四层分别为输入层、模式层、求和层和输出层。

（1）给定一个输入 X，则输入层的神经元数目等于 X 的维数。简单分布单元的神经元经由输入层传递给模式层。

（2）模式层以输入 X 中样本的数量 n 为该层神经元数量，各神经元与不同样本相对应，其传递结果为：

$$p_i = \exp\left(-\frac{D_i^2}{2\sigma^2}\right),\ \ i=1,2,\cdots,n \tag{8.25}$$

（3）求和层是将其包含的两种神经元做加和计算。

第一类是对所有模式层的神经元的输出做加和，即式（8.24）的分母，模式层与各神经元之间的权值为 1，传递函数为：

$$S_{\mathrm{D}}=\sum_{i=1}^{n} P_i \tag{8.26}$$

第二类是对模式层中的所有神经元的输出进行加权求和，即式（8.24）的分子，第二层中第 i 个神经元与第三层中第 j 个神经元间的权值为输出样本 Y_i 中的第 j 个元素，传递函数为：

$$S_{Nj}=\sum_{i=1}^{n} y_{ij} P_i, j=1,2,\cdots,k \tag{8.27}$$

（4）在输出层中，该层神经元数目为学习样本中输出数据向量的维数 k，各神经元将求和层的两类输出做除法，以 $\hat{Y}(X)$ 的第 j 个元素作为神经元 j 的输出：

$$y_j=\frac{S_{Nj}}{S_{\mathrm{D}}}, j=1,2,\cdots,k \tag{8.28}$$

2. 广义神经网络的 MATLAB 实现

GRNN 在 MATLAB 的实现中包括输入层，径向基层和线性输出层三层网格结构。

（1）输入层：网格输入为 X（s 维），训练样本数为 q。

（2）径向基隐层：以训练样本数 q 为该层单元数量，以欧几里得距离度量函数 *dist* 作为权值，见式（8.29）：

$$\left\|dist\right\|_j = \sqrt{\sum_{i=1}^{n}\left(x_i - LW_{j,i}\right)^2}, j=1,2,\cdots,q \tag{8.29}$$

通过 *dist* 函数来求解网格输入 X 与径向基隐层的权值 $LW_{1,1}$ 之间的距离，$\boldsymbol{LW}_{1,1}$ 为 $q \times s$ 阶矩阵。b_1 为隐含层阈值，设置为 0.8326/A，通常通过改变 A 的值来改变阈值大小。通过网络基函数 *neprod* 将阈值与权值输入相乘的结果 n_1 输入给隐含层的径向基函数（Radial Basis Function，*radbas*），通常使用高斯函数作为隐含层的传递函数，则隐含层的输出见式（8.30）。

$$a'_j=radbas\left[netprod\left(\left\|dist\right\|_j\cdot b_{1j}\right)\right]=\exp\left[-\frac{\left(n'_j\right)^2}{2\sigma^2}\right]=\exp\left[-\frac{\left(\left\|dist\right\|_j\cdot b_{1j}\right)^2}{2\sigma^2}\right] \tag{8.30}$$

其中：σ 为光滑因子，基函数随 σ 的增大而变平缓。

由于高斯函数为值域大于或等于 0 的非线性局部分布函数，它关于中心对称呈衰减趋势，隐层输出随输入信号离基函数中心距离的减小而增大。这种局部逼近能力使得该网络学习速率很快。

（3）线性输出层：该层的权函数为规范化点积权函数 *nprod*，将隐层输出和该层权值 $LW_{2,1}$ 进行点积计算，该结果与 a_1 所含各元素的求和值相除，得到的商值直接送入传递函数 *purlin* 得到网格输出，传递函数的输入如图 8.20 所示。

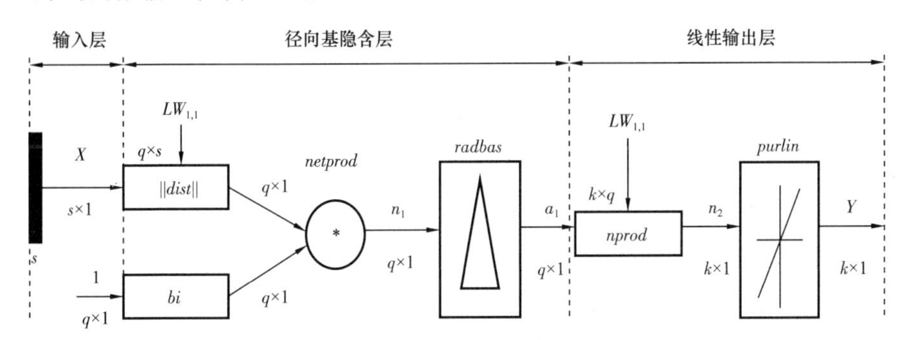

图 8.20　GRNN MATLAB 实现示意图

8.3.2　卡钻分类模型

1. 各种卡钻发生的预兆

1）粘吸卡钻预兆

（1）粘吸卡钻发生的前提是钻具在井下有静止时间，时长跨度在数分钟至几十分钟均有可能。具体时长与钻进液体系、下部钻具结构和井眼条件有关。压差卡钻发生前除去正常摩阻，钻具能够无阻力地提起、下放及转动。

（2）发生粘吸卡钻的部位不会是钻头，最容易遇阻的是与井壁接触面大的钻铤，其次为钻杆。

（3）粘吸卡钻发生后，钻井液循环照旧，钻井液返出量维稳，立管压力基本保持不变。

（4）粘吸卡钻发生后，若处理不及时，未立即活动则可能会使卡点上移直至套管鞋附近。

2）坍塌卡钻征兆

（1）下钻期间发生轻微坍塌会使钻井液性能不稳定，其黏切、密度和含砂量会增高，返出量中会有大量棱角分明片状岩屑。坍塌位置分为正钻地层及正钻地层上方，前者会导致难以钻进且钻进过程中立管压力和转盘扭矩升高，上提钻具立管压力减小至正常，但钻头始终无法下放到井底。后者则立管压力增大，提起钻具立管压力不减小，且钻具起下均遇阻，钻井液返出量减少甚至不返。

（2）若下钻时出现井塌，进入塌层后井口返出量减少甚至不返，钻井液可能经钻杆内反喷。分散的坍塌岩屑在钻井液浮力作用下，下钻时可能不遇阻；集中的坍塌岩屑则下钻时遇阻，钻头下入塌层前开泵立管压力无异常，下进塌层后开泵立管压力升高，悬重降低，钻头提离塌层则均恢复正常。下钻导致井塌倒划眼过程中阻力和转盘扭矩都无明显升高，但立管压力和井口返出量波动较大；有时立管压力忽升悬重降低，有时返出量会减少至断流，返出岩屑有的是新塌落的棱角岩屑，有的是经长时间研磨的无棱角岩屑。

（3）起钻期间未及时灌钻井液或灌钻井液量不足及井漏的发生都有可能导致起钻期间发生井塌，起钻期间出现井塌会使钻具起下均遇阻，且阻力波动较大无法维稳，但总体呈增大趋势。钻具转动转盘扭矩升高，开泵立管压力增大，悬重下降；停止循环有回压，起钻钻井液经钻杆反喷，井口返出量减少甚至不返。

（4）除岩层蠕动造成的缩径卡钻可以经过一次划眼恢复正常，坍塌造成的卡钻划眼过程经常会产生蹩钻和憋泵，钻头上提后无法再下放到原来位置，划眼很困难，甚至会划出新的井眼，失去老井眼，使井下状况的复杂程度增加且难以处理。

3）砂桥卡钻征兆

（1）砂桥卡钻的发生初期为软遇阻无特定阻卡点，阻力的大小与钻具下深成正比，当钻具的重量增加至与砂桥的阻力互相抵消时，钻具的下深将不会对悬重产生影响。

（2）钻头下入砂桥后，因砂桥阻隔了循环路径，钻井液无法返出，导致井口返出量降低甚至不返。钻井液要么被挤进松软地层中，要么只能经由钻杆内反喷出来。

（3）若起钻过程出现砂桥阻卡，井筒环空内液面高度不降低，但水眼中液面高度迅速降低。

（4）钻具进入砂桥后，停止循环，钻具可自由上提下放及转动。开泵，立管压力增大，悬重随之降低，井口返出量很少甚至不返。

（5）钻进过程中，若钻井液携砂能力差，泵排量小，开泵钻具可上提下放及转动自如，但停泵钻具提不上来，这种现象在无固相钻井液中尤其多。

（6）气体钻井时气体的返出量减少或不返并伴有湿泥团返出物，立管压力升高，起下钻具有阻力。

4）缩径卡钻征兆

（1）由于岩性等原因出现小井径的井段较为固定，因此遇阻点的井深基本固定在一点或几点，上提和下放过程只有一项遇阻。

（2）大多数卡钻是发在钻具上提下放过程中，而非静止时；而钻遇蠕动岩层和含水软泥层时的遇阻情况容易发生在钻进过程。

（3）循环立管压力正常，进出口流量维稳，钻井液性能基本稳定。但钻遇流动性强的岩层时立管压力逐渐增大，甚至堵塞环空无法循环。

（4）离开遇卡位置，可正常上提下放和转动，但阻力略增就难以转动。

（5）下钻时在井底位置附近遇卡，要么是井底沉砂导致的，要么是钻头直径因长时间使用磨损变小而钻出小井眼。

（6）在蠕变性层位钻进，通常会钻速加快，扭矩升高并伴有蹩钻情况，钻头下放和划眼很困难，憋泵情况随蠕变速率增大而越来越严重。

（7）遇阻点为直径大的工具，可能是钻头但不会是钻杆及钻铤。

5）键槽卡钻征兆

（1）由于下钻时大外径部位无法进入键槽，因此只会在起钻过程发生键槽卡钻，钻柱自身重量的分量会使其向键槽的一侧倾斜，直径较大部分进入键槽则会发生卡钻。

（2）遇卡部位为大外径的工具，如钻头和比钻杆接头直径大的钻铤等。当其上提触碰键槽会遇阻。

（3）键槽卡钻的遇卡点与地层岩性、井径及井眼轨迹有关，岩性均匀井眼质量好的情况下，起钻卡点位置随遇阻次数逐次下移。反之泥页岩砂岩交互地层和井斜方位变化大等情况下，只有砂岩层位被钻杆接头刮拉，每次起钻遇卡点基本保持一致。

（4）加力上提钻具则转盘转动困难，下放离开则可自由旋转。开泵立管压力不变，钻井液性能稳定，进出口流量维稳。

6）泥包卡钻征兆

（1）钻进过程，钻速逐步降低，扭矩逐步升高，可能有蹩钻情况。若钻头或扶正器泥包，则钻井液循环通路减少，立管压力增大。

（2）上提钻头有阻，阻力大小由泥包严重度决定。

（3）起钻井口环空液面缓慢下降甚至不下降，或边起钻边溢出，钻杆中无法观察到液面。泥包卡钻发生时，在一定阻力大小和井径范围内钻具仍能起下，但随着上提过程阻力逐渐变大，在井径较小的井段会遇卡。

7）落物卡钻征兆

（1）钻进时遇到环空有落物会蹩钻且上提有阻。小落物可能经上提掉落，但是大落物强提可能卡死。

（2）起钻遇落物会突然遇阻，如果落物位置不变，则遇阻位置不变。只要不强提则下放容易。如果起钻时落物位置随之改变，则仅可下放钻具，期间遇阻点随之下移。下钻无阻转动容易，起钻有阻难以转动。

（3）若落物较小，遇阻位置通常为大外径工具；若落物较大，遇阻位置也可能是钻杆的接头。

（4）开泵可正常循环，立管压力不变、进出口流量维稳、钻井液性能稳定。

2. 卡钻分类

FCM 聚类的结果很大程度上取决于随机的初始聚类中心的选择，由于每次运行检测初始聚类中心会发生变化，聚类结果的准确率会随之改变，因此使用聚类进行分类分析结果不稳定。另外当数据维数过多、数据量过大和数据间差别不明显时，FCM 聚类容易陷入局部极值，部分卡钻数据不能正确分类，对数据的处理精度下降且增加处理时间。因此本次卡钻分类采用 FCM 聚类与广义神经网络回归结合，提出一种模糊广义神经网络分类算法，该模型的实施步骤为：

（1）将预处理后的多参数卡钻数据进行 FCM 聚类，将输入数据分为 m 类，得到每类卡钻数据的聚类中心和个体的模糊隶属度矩阵 $\boldsymbol{u}$。

（2）GRNN 网络训练数据的优选，即针对 FCM 聚类的结果，选择最靠近每类中心的 30 组样本作为 GRNN 网络的样本数据。选择的过程为首先对 FCM 聚类结果中的每类数据求类内均值 $mean_i$（i=1，2，…，m），然后对每类中的所有样本数据求其与类内均值的距离 $ecent_i$（i=1，2，…，m），在距离矩阵中选择距离最小的 n 个样本作为该类别的 GRNN 训练数据，并设定其对应的输出为 i。最后得到 $m \times n$ 组训练数据，其中输入数据为不同卡钻类型的参数数据，输出数据为卡钻的类别。

（3）利用 $m \times n$ 组训练数据进行 GRNN 网络训练。

（4）利用 GRNN 网络训练结果对所有输入样本数据 X 进行输出 Y 的预测。

（5）GRNN 网络预测会将卡钻数据重新分为 m 类，再利用训练样本重新选择模块找出距离每类中心值最近的样本作为训练样本，选择过程与第四步相同，但是对 GRNN 网络训练结果进行样本重选。

（6）将重新优选的训练数据返回到 GRNN 网络进行训练并对所有样本进行分类，反复迭代运算直至前后输出的分类结果一致停止迭代，并输出分类结果。基于模糊广义神经网络的卡钻事故分类模型的具体实施流程如图 8.21 所示。

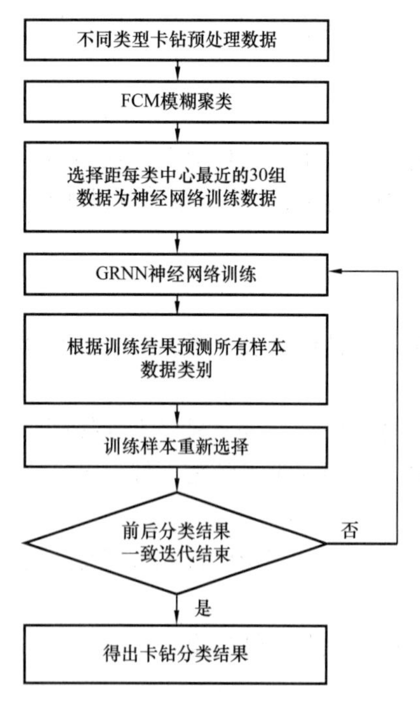

图 8.21　广义模糊神经网络卡钻事故分类模型流程

8.3.3　应用

根据钻井日报分析和录井数据分析，选择的卡钻特征参数为大钩负荷、转盘扭矩、转盘转速、相对出口流量和立管压力。

首先，提取三种卡钻的原始数据，其中机械卡钻数据 30 组，粘吸卡钻数据 30 组，循环卡钻数据 30 组。

其次，选取对应井发生卡钻的位置相邻井井深的正常数据。对正常起下钻或循环期间的参数数据求取平均值。

最后，为了避免钻井井深和工况对数据的影响，将卡钻期间原始数据与对应井相邻井深的正常数据平均值取差值，以此数据作为聚类所用数据。

这样可以避免不同井况对数据的影响，也可通过差值反映不同卡钻情况数据相对正常数据的变化趋势。均值及做差值后的数据如表 8.4 和表 8.5 所示。

表 8.4　各类卡钻发生的临近深度正常参数数据平均值

井号	井深 avg m	钻头深度 avg m	大钩负荷 avg t	转盘扭矩 avg kN・m	转盘转速 avg r/min	相对出口流量 avg %	立管压力 avg MPa
YC2641	3216	约 2684	50.73	−0.033	0	17.5	0.25
YC2721	3468	约 3210	103.59	0	0	0	0.42
YC2641	3216	约 2825	49.92	0.262	13.3	9.8	0.024

表 8.5　各卡钻类型参数数据与平均值差值的部分数据

井号	井深 ds m	钻头深度 ds m	大钩负荷 ds t	转盘扭矩 ds kN・m	转盘转速 ds r/min	相对出口流量 ds %	立管压力 ds MPa	卡钻类型
YC2641	3216	2677.03	101.46	0.0025	0	−4.5	−0.00134	1
YC2641	3216	2677.51	103.68	0.0025	0	−4.5	−0.03134	1
YC2641	3216	2674.05	106.66	0.0025	0	−7.5	−0.00134	1
YC2641	3216	2673.78	111.40	0.0025	0	−3.5	0.22866	1
YC2641	3216	2673.60	106.81	−0.001	0	0.5	0.20866	1
YC2641	3216	2676.69	98.78	−0.0075	0	−1.5	−0.004	1
YC2721	3468	3210.62	62.85	0	0	0	−0.114	2
YC2721	3468	3209.88	62.71	0	0	0	−0.114	2
YC2721	3468	3208.28	62.18	0	0	0	−0.114	2
YC2721	3468	3207.24	63.98	0	0	0	−0.114	2
YC2721	3468	3205.69	71.61	0	0	0	−0.114	2
YC2721	3468	3204.24	75.93	0	0	0	−0.114	2
YC2641	3216	2824.97	109.59	1.218	−11.3	−9.8	0.386	3
YC2641	3216	2824.97	108.83	0.988	−11.3	−9.8	0.376	3
YC2641	3216	2824.97	111.31	0.988	−11.3	−9.8	0.386	3
YC2641	3216	2825.03	111.91	1.258	−11.3	−9.8	0.386	3
YC2641	3216	2825.06	110.35	0.828	−11.3	−9.8	0.396	3
YC2641	3216	2825.08	112.62	1.088	−11.3	−9.8	0.376	3

表 8.4 中 avg 代表平均数；表 8.5 中卡钻类型 1、2、3 分别代表粘吸卡钻、机械卡钻和循环卡钻；ds 代表差值。

1. FCM 聚类结果

通过对三大类卡钻数据进行模糊隶属度计算、各类中心值计算和目标函数值计算，迭代结束后，以模糊隶属度矩阵每一列最大元素的位置来判断该元素所属类别，计算结果如表 8.6 所示。

表 8.6　各卡钻类别 FCM 聚类结果

卡钻类别	聚类为粘吸卡钻	聚类为机械卡钻	聚类循环卡钻
实际为粘吸卡钻	26	0	4
实际为机械卡钻	5	25	0
实际为循环卡钻	0	0	30

从表 8.7 聚类结果可以看出，FCM 聚类能够将粘吸卡钻和机械卡钻与循环卡钻较好地分类开。但是机械卡钻与粘吸卡钻之间的分类效果不好，聚类过程中将较多的机械卡钻数据判断为粘吸卡钻。

表 8.7　各卡钻类别 FCM 聚类准确率

卡钻类别	正确率 /%
粘吸卡钻	86.7
机械卡钻	83.3
循环卡钻	100

2. GRNN 网络预测与 FCM 聚类结合的分类结果

根据 FCM 聚类的结果进行样本优选、训练和预测，最后得到预测值如图 8.22 所示，可以看出预测结果值与实际值非常接近。

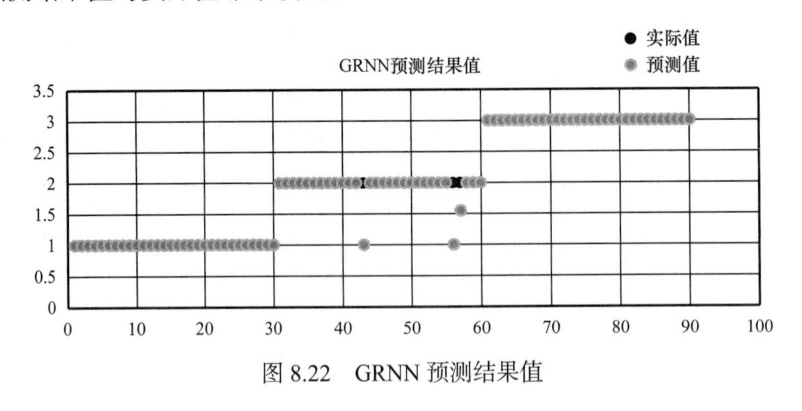

图 8.22　GRNN 预测结果值

将 FCM 聚类结果进行样本优选，并利用 GRNN 训练测试能够对卡钻类型进行很好的预测，如表 8.8 所示。根据预测值对三种卡钻类型进行分类，分类结果如表 8.9 所示。

表 8.8　GRNN 预测误差

预测数据类别	平均相对误差	最大相对误差
粘吸卡钻	0	0.001
机械卡钻	0.06	0.5
循环卡钻	0	0

表 8.9　广义模糊神经网络卡钻分类结果

卡钻类别	聚类为粘吸卡钻	聚类为机械卡钻	聚类循环卡钻
实际为粘吸卡钻	30	0	0
实际为机械卡钻	2	28	0
实际为循环卡钻	0	0	30

从表 8.10 分类结果可以看出，基于广义模糊神经网络的卡钻分类结果相较于单独使用 FCM 聚类进行卡钻类别判别，有效提高了粘吸卡钻与机械卡钻的分辨率，将原来粘吸卡钻的分类正确率由 86.7% 提高到 100%，将机械卡钻的分类正确率由 83.3% 提高至 93%。说明利用 FCM 聚类结果进行样本数据优选的过程很好地将更具各类卡钻特征的数据样本挑出，并通过 GRNN 的高效性和稳定性将三种卡钻类型数据高速准确地分开。

表 8.10　广义模糊神经网络卡钻分类准确率

卡钻类别	正确率 /%
粘吸卡钻	100
机械卡钻	93
循环卡钻	100

8.4　钻遇天然气水合物生成预测与预警方法

深水井靠近海底的隔水管环空内的温压场受海底低温的传热影响，具有低温高压的特点，我国南海 1500m 水深的海底温度为 3～4℃。当使用水基钻井液的井筒环空内发生烃类气体溢流时，侵入的烃类气体，尤其是甲烷气体，在井底有压力波动的条件下，极易在低温高压井段的环空内重新生成天然气水合物晶体，形成的固态水合物颗粒。经过一段时间的聚集体积增大，水合物将阻碍钻井液返排甚至堵塞井筒环空，严重威胁钻井作业安全。为了有效预防和控制钻井过程天然气水合物的危害，需要对井筒环空内水合物形成的范围和程度进行预测分析。

本节以南海陵水某气田的开发井为例，基于 CSMHyK 水合物动力学模型，建立了深水井井筒环空天然气水合物预测的数值模拟方法，对多个工况条件下有水合物生成的井段范围、水合物生成速率和水合物生成量进行预测。对气侵压力、钻井液温度、密度和排量四个钻井参数分析了参数敏感性，得到不同钻井参数对水合物形成影响的作用规律。基于模型计算结果，提取表征水合物形成情况的多个特征值，并选取过冷度密度、水合物生成井段长度、水合物生成总量和生成峰值速率作为风险评价指标，基于模糊综合评价的思想赋予指标权重，实现不同工况下井筒水合物形成风险水平的量化对比。

8.4.1 天然气水合物形成机理及相平衡条件

当深水钻井过程发生气体溢流时，地层内的浅层气、原生水合物分解气和油藏气通过压力气侵、置换气侵等方式进入井筒环空中，环空内便有了充足的烃类气源，水基钻井液提供了大量自由水，在循环期间，钻井液的流动和气侵压力下的气流扰动提供了压力波动辅助动力条件。在海底附近的高压低温井段，游离气体和水分子结合，在循环通道内气液界面和气泡表面形成水合物晶核，晶核成长为水合物颗粒管壁粗糙处和弯头等位置堆积并聚集形成堵塞。

实验发现，水合物堵塞循环通道的程度与烃类气体在通道内运移受阻碍的强弱有关，气体运移过程遇阻极弱，则很难有水合物聚集形成堵塞；反之，遇阻较强，则倾向在遇阻位置形成水合物晶核并生长、聚集，游离气在井筒环空内形成的水合物体系多为非均质多孔介质体系。图 8.23 为天然气水合物形成堵塞示意图。

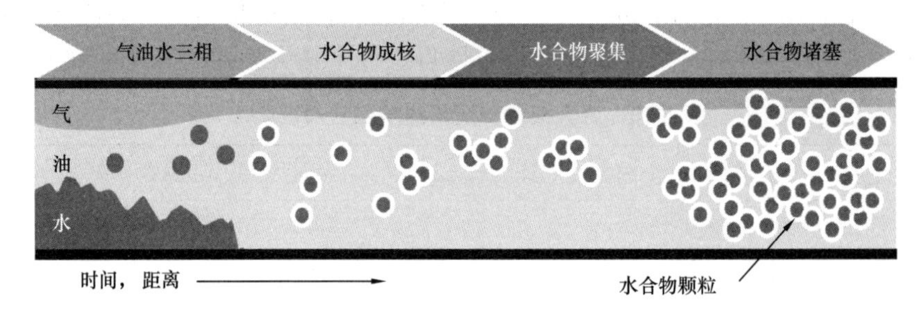

图 8.23 天然气水合物形成堵塞示意图

水合物相态曲线描述的是水合物的相平衡条件，即特定组分烃类气体生成水合物的临界压力—温度值，是其固有属性，不受环境条件的改变所影响。水合物的相平衡条件是预测井筒环空水合物生成情况的主要依据。根据水合物形成机理可知，天然气水合物相平衡条件主要与天然气的组分有关，陵水某气田位于琼东南盆地陵水凹陷中央峡谷内。通过取样得到的气田油藏流体组分如表 8.11 所示。

表 8.11 陵水某气田天然气水合物形成温度压力

温度 /℃	压力 /bar	温度 /℃	压力 /bar
2.00	12.10	10.00	32.06
4.00	15.39	12.00	41.54
6.00	19.58	14.81	61.54
8.00	24.98	16.58	81.54

续表

温度 /℃	压力 /bar	温度 /℃	压力 /bar
18.28	111.54	22.20	241.54
19.45	141.54	23.09	281.54
20.39	171.54	23.92	321.54
21.47	211.54	26.94	491.51

以天然气组分数据为基础，结合地层水矿化度和水气比数据，应用 PVTsim 软件分析天然气组分，采用 EOS 状态方程处理水组分，对该组分的天然气水合物相平衡条件进行数值计算，得到水合物相态曲线和水合物相平衡温度压力预测数据，如图 8.24 所示。

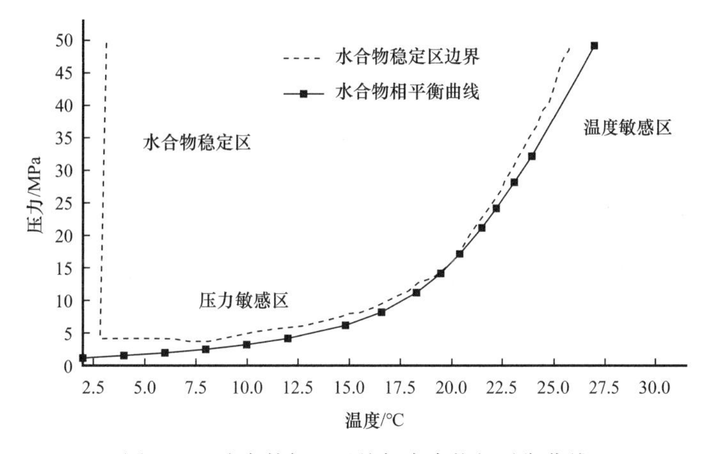

图 8.24　陵水某气田天然气水合物相平衡曲线

水合物相平衡曲线左侧区域为水合物形成的稳定区，若温度、压力处于该区域，有形成固态水合物的风险。分析水合物相平衡曲线可以看出，水合物形成的温度和压力以近似指数函数的相关性增长，相较于高压条件，低温更有利于水合物的稳定存在。

在高压条件下，水合物相平衡状态对温度更为敏感，温度略微升高即可引起固态水合物的分解；而在低压条件下，水合物相平衡状态对压力更为敏感，压力略微升高即可引起天然气和自由水结合生成固态水合物，据此可大致划分出水合物相平衡的温度敏感区和压力敏感区。在温度敏感区，提高井筒环空内的温度场对预防井筒内水合物的重新生成更有效，而在压力敏感区，降低井筒环空压力场有助于减小水合物重新生成的风险。

根据深水作业的低温高压特点，隔水管段受深水低温影响，环空内温度低，处于水合物相平衡的压力敏感区，降低钻井液密度可以减小静液压力，从而减小环空内重新生成水合物的风险。

8.4.2　深水井筒天然气水合物预测模型

OLGA 是当今世界领先的全动态多相流模拟计算程序，用于模拟油井和输油管线中油、气及水的运动状态。其中的水合物动力学模块使用 CSMHyK 动力学模型和多相流流动方程来求解满足水合物相平衡条件的管段位置及水合物生成量。本节基于水合物形成动力学理论，借助 OLGA 软件建立深水井筒环空水合物预测模型，对水合物生成范围和程度进行数值模拟，预测环空内水合物形成风险。

CSMHyK 计算模型在 OLGA 软件中的集成如图 8.25 所示。

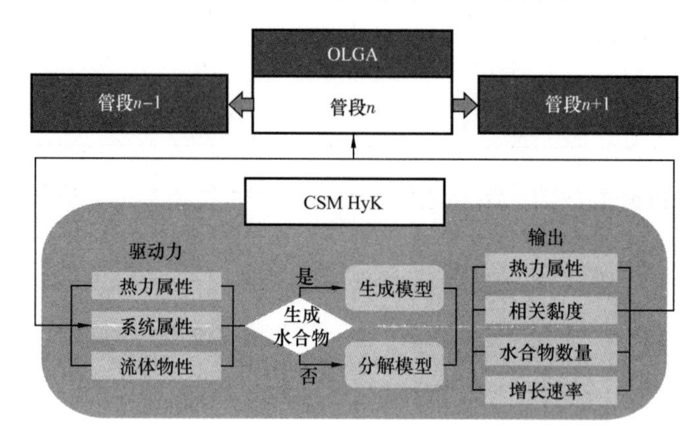

图 8.25　OLGA 中 CSMHyK 计算模型集成

1. 天然气水合物形成预测理论模型

CSMHyK 动力学模型使用 Boxall 提出的具有可调速率常数的一阶动力学方程［式(8.31)］计算水合物生长率。

$$\frac{\mathrm{d}m_{\mathrm{gas}}}{\mathrm{d}t}=-uk_1\exp\left(\frac{k_2}{T_{\mathrm{sys}}}\right)A_{\mathrm{s}}\left(T_{\mathrm{hyd\_eq}}-T_{\mathrm{system}}\right) \tag{8.31}$$

动力学方程给出了水合物形成过程气体消耗速率 $\mathrm{d}m_{\mathrm{gas}}/\mathrm{d}t$ 的计算方法。其中：k_1 和 k_2 表示固有速率常量，取值依据 Englezos 等人在不同温度下测量甲烷、乙烷水合物消耗的气体速率得到的实验数据，该实验不考虑传质传热阻力，k_1=7.3548×10^{17}kg/(m^2·s·K)，k_2=−13600K；A_{s} 表示水分子和烃相之间的表面积(m^2/m)；$T_{\mathrm{hyd\_ep}}-T_{\mathrm{syatem}}$ 表示作为水合物生成驱动力的过冷度(℃)，$T_{\mathrm{hyd\_ep}}$ 表示水合物相平衡温度，T_{syatem} 表示系统温度；u 表示传输阻力的比例因子，取值 1/500。

水合物颗粒形成后，水合物颗粒团的大小利用 Camargo 和 Parmo 提出的基于颗粒间内聚力和剪切力稳态平衡的关系模型进行计算，假设颗粒间内聚力 F_{a} 为常数，采用非线性方程［式(8.32)］计算水合物颗粒团直径。

$$\left(\frac{d_{\mathrm{A}}}{d_{\mathrm{P}}}\right)^{4-f}=\frac{F_{\mathrm{a}}\left[1-(\phi/\phi_{\max})\left(d_{\mathrm{A}}d_{\mathrm{P}}\right)^{3-f}\right]^2}{d_{\mathrm{P}}^2\mu_0\gamma\left[1-\phi\left(d_{\mathrm{A}}/d_{\mathrm{P}}\right)^{3-f}\right]} \tag{8.32}$$

其中：d_{A} 为水合物颗粒团直径(m)；d_{P} 为水合物颗粒直径(m)；ϕ 为水合物颗粒体积分数；$\phi_{\max}$ 表示颗粒可以聚集的最大体积分数，假定为 4/7；f 为分形维数，假定为 2.5；F_{a} 为颗粒间内聚力，假定为 50mN/m；μ_0 为油相黏度(cP)；γ 为剪切速率(s^{-1})。

基于聚合物的分形结构，水合物颗粒聚集体的有效体积分数 ϕ_{eff} 计算见式（8.33）：

$$\phi_{\text{eff}}=\phi\left(\frac{d_{\text{A}}}{d_{\text{P}}}\right)^{3-f} \tag{8.33}$$

水合物浆的相对黏度 μ_{r} 利用修正的 Mills 模型［式（8.34）］进行计算，该模型考虑了水合物颗粒聚集体的有效体积分数。

$$\mu_{\text{r}}=\frac{1-\phi_{\text{eff}}}{\left[1-\left(\phi_{\text{eff}}/\phi_{\max}\right)\right]^{2}} \tag{8.34}$$

采用 Van der Waals−Platteeuw 分子热力学模型计算水合物相平衡条件：

$$\frac{\Delta\mu_0}{RT_0}-\int_{T_0}^{T}\frac{\Delta h_0+\Delta c_p\left(T-T_0\right)}{RT^2}\mathrm{d}T+\int_{p_0}^{p}\frac{\Delta V}{RT}\mathrm{d}p=\ln\left(\frac{f_{\text{w}}}{f_{\text{w}}^{0}}\right)-\sum_{i=1}^{2}v_i\ln\left(1-\sum_{j=1}^{N_{\text{C}}}\theta_{ij}\right) \tag{8.35}$$

其中：

$$\ln\left(\frac{f_{\text{w}}}{f_{\text{w}}^{0}}\right)=\begin{cases}\ln x_{\text{w}}\\ \ln\left(y_{\text{w}}x_{\text{w}}\right)\left(\text{加入抑制剂}\right)\end{cases}$$

其中：$\Delta\mu_0$ 为标准状态下空水合物晶格和纯水中水的化学位差（J/mol）；R 为通用气体常数［J/（mol・K）］；T_0 和 p_0 分别为标准状态下的温度和压力，T_0=273.1K，p_0=0；T 和 p 为水合物生成相态点温度（K）和压力（Pa）；Δh_0，ΔV，Δc_{p} 分别为空水合物晶格和纯水的比焓差（J/mol）、比容差（m^3/mol）和比热容差［J/（mol・K）］；f_{w} 和 f_{w}^{0} 分别为水在富水相中和水合物生成相态点下的水的逸度（Pa）；v_i 为 i 型空穴数与水合物相中水分子数的比值；θ_{ij} 为 i 型空穴数被 j 类气体分子占据的概率；x_{w} 和 y_{w} 为富水相中水的物质的量分数和活度系数。

2. 深水钻井井筒环空物理模型构建

模型假设钻进到泥线以下 670m 时钻遇浅层气发生气体溢流，将带有压力的浅层气视为小型气藏，烃类气体进入井筒环空中，随上返钻井液依次经过套管环空、防喷器和隔水管环空。建模流程和模型图如图 8.26 和图 8.27 所示。

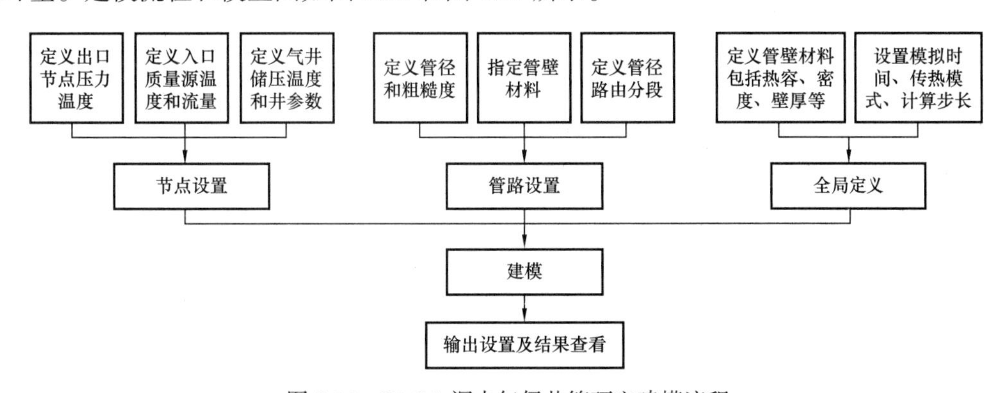

图 8.26　OLGA 深水气侵井筒环空建模流程

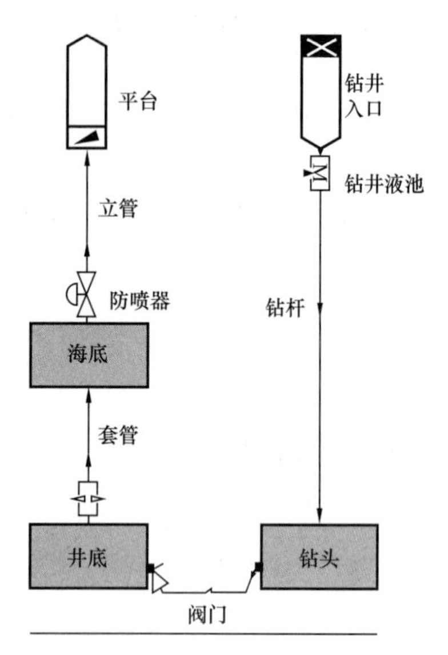

图 8.27　深水气侵井筒环空模型简图

将钻杆和井筒环空视为连通的“U”型管结构，钻井液从钻杆的入口进入管路，浅层气从井底进入井筒环空。根据上述井身结构，设置井筒路由，并完成入口节点和出口节点边界条件的定义。根据文献调研和现场调研，钻井液出口温度取 17℃，出口压力为 40bar；钻井液入口温度取 25℃，排量为 45L/s；气侵压力取 200bar，储层温度取 22.5℃。管路中天然气流体文件应用 PVTsim 软件生成的流体组分文件。

陵水某气田位于琼东南盆地陵水凹陷中央峡谷内，地温梯度为 3.87℃ /100m。区域水深 1336～1531m，根据对南海海域水温演变情况的跟进记录，夏季海水表面温度约为 24～26℃，冬季海水表面温度约为 18～22℃，海底温度约为 3℃。

本文选取水深 1500m 的井为例进行模拟研究，隔水管总长 1500m，外径 533.4mm，壁厚 16mm，表层套管总长 650m，壁厚 20mm，钻杆外径 168.3mm，内径 148.3mm，钻头水眼的当量直径取 40mm；管材导热系数均为 45W/（m · K），管壁粗糙度为 4.5×10^{-5}m；海水导热系数为 0.6W/（m · ℃），钻井液导热系数取 1.73W/（m · ℃），钢的导热系数为 46W/（m · ℃）。

天然气水合物的形成需要四个条件：（1）温度低于水合物形成温度；（2）压力高于水合物形成压力；（3）充足的烃类气源和液态水；（4）气体流速高且存在气流扰动或压力波动。采用水基钻井液钻井的井筒环空内可以保证存在大量自由液态水，发生气侵后，环空内具有充足烃类气源。因此，影响井筒环空内水合物形成的关键因素在于环空温度、压力场和气体流速。

为了分析天然气水合物形成的钻井参数敏感性，本节通过设置不同模型边界条件来模拟影响环空温度场、压力场和气体流速的钻井参数。

根据钻井作业过程可知，井筒环空温度场的分布与钻井液入口温度和环境温度有关；井筒环空压力场的分布与钻井液密度、排量和井深有关；环空内气体流速与钻井液排量和气侵压力有关。固定井位的环境温度和井深是定值，不予考虑，本文研究仅考虑不同钻井液入口温度、排量、密度和气侵压力下井筒环空水合物形成情况。

根据对深水钻井现场调研的结果，钻井液入口温度受海面温度影响，在夏季通常为 24～28℃，在冬季通常为 18～22℃；常用钻井液排量为 46L/s、37L/s 和 28L/s；浅层钻井用钻井液密度和流速选为 1080g/cm^3 和 1030kg/s；浅层气压力选取 180bar、200bar 和 220bar。基于上述分析，设置以下 7 组工况作为模型边界条件（表 8.12），建立深水钻井井筒环空水合物预测模型，对深水钻井过程气侵井筒形成水合物的过程进行数值模拟。

本节首先模拟计算了井筒环空的温度—压力场分布，将水合物相平衡条件借助井深—井筒环空压力曲线转化为井深—水合物形成温度曲线，再结合井深—井筒环空温度曲线得到水合物生成区域预测模板图，用于判断满足水合物生成温压条件的井段范围。其次，模拟计算了对应井段范围内水合物生成速率和单位时间水合物生成量，通过设置多组模型边界条件，来模拟不同工况下水合物生成情况，以分析钻井参数敏感性。最后，基于多组工况的水合物动力学模型计算结果，提取表征某一工况下水合物生成范围和生成程度的过冷度密度、水合物生成井段范围、水合物生成峰值速率和水合物生成总量四个特征值，建立评价水合物形成情况的特征值集，实现不同工况井筒环空水合物风险水平的量化分析。

表 8.12　模拟边界条件

组	气侵压力 /bar	钻井液入口温度 /℃	钻井液排量 /（L/s）	钻井液密度 /（g/cm³）
1#	200	25	46	1080
2#	200	20	46	1080
3#	200	25	46	1030
4#	200	25	37	1080
5#	220	25	46	1080
6#	200	25	28	1080
7#	180	25	46	1080

8.4.3　应用

1. 井筒环空水合物形成压力—温度分析

借助 OLGA 软件模拟计算了 7 组工况条件下井筒环空的温度压力场分布，软件采用基于状态方程和温度压力耦合作用的计算模型实现井段温度压力值，计算公式如下，压力场计算结果如图 8.28 所示，温度场计算结果如图 8.29 所示。

井筒压力场方程：

$$\frac{\partial}{\partial t}\left(\sum_{i=1}^{2} A\rho_i E_i v_i\right)+\frac{\partial}{\partial s}\left(\sum_{i=1}^{2} A\rho_i E_i v_i^2\right)+Ag\cos\alpha\left(\sum_{i=1}^{2}\rho_i E_i\right)+\frac{\mathrm{d}(Ap)}{\mathrm{d}s}+\frac{\mathrm{d}(AF_{\mathrm{r}})}{\mathrm{d}s}=0 \tag{8.36}$$

井筒温度场方程：

$$\begin{aligned}&\frac{2}{vr_n^2}\left(\frac{r_0U_0k_{\mathrm{e}}}{k_{\mathrm{e}}+T_Dr_0U_0}\right)(T_{\mathrm{e}}-T_{\mathrm{f}})+\frac{\partial}{\partial z}\left[\rho\left(H+gz\cos\alpha+\frac{1}{2}v^2+\frac{fv^2}{2d}\right)\right]\\&=\frac{\partial}{\partial t}\left[\rho\left(C_{\mathrm{f}}T_{\mathrm{f}}+gz\cos\alpha+\frac{1}{2}v^2\right)\right]\end{aligned} \tag{8.37}$$

其中：ρ_i 为气相、液相密度（kg/m^3）；v_i 为各相速度（m/s）；E_i 为各相体积分数；α 为井斜角（°）；F_{r} 为摩擦压降（Pa）；p 为环空压力（Pa）；r_{n} 为测试管柱内半径（m）；r_0 为测试管柱外半径（m）；U_0 为以油管外表面为基准面的总传热系数［W/（m^2・K）］；k_{e} 为地层导热系数［W/（m・K）］；H 为气体的焓（J）；T_{e} 为地层温度（K）；T_{f} 为流体温度（K）。

根据模型模拟结果，对比 7 组工况的井筒环空井深—压力曲线（图 8.28）可以看出，不同钻井液排量、密度和气侵压力下，井筒环空内压力场有所不同。气侵压力越小（1#、

7# 和 5#），钻井液排量越大（1#、4# 和 6#），钻井液密度越大（1# 和 3#），井筒环空内压力场越大，而钻井液温度对井筒环空内压力场的影响微乎其微（1# 和 2#）。此外，7 组工况下，井筒环空压力场沿井深均呈线性分布，环空压力从井底到井口逐渐降低。

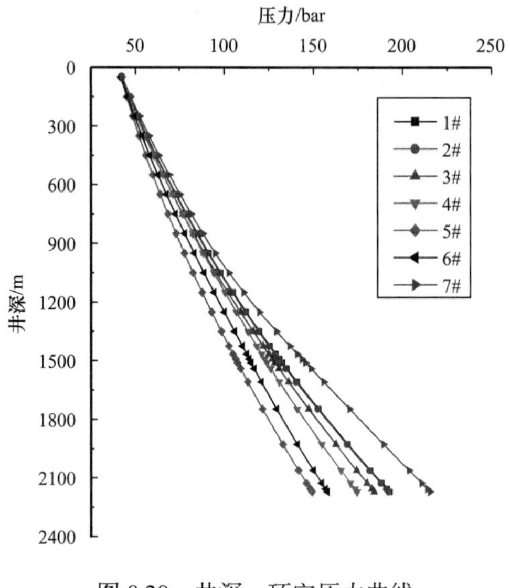

图 8.28　井深—环空压力曲线

依据井深—环空压力曲线，将水合物相平衡压力—温度曲线转化为井深—水合物生成温度曲线（图 8.29），与模拟计算得到的井筒环空井深—温度曲线绘制在同一坐标系内，得到水合物生成范围预测图版（图 8.30），两条曲线围成的区域即为满足天然气水合物生成温度—压力条件的区域，当环空内的压力波动也满足水合物形成条件时，极有可能在该井段内生成天然气水合物。

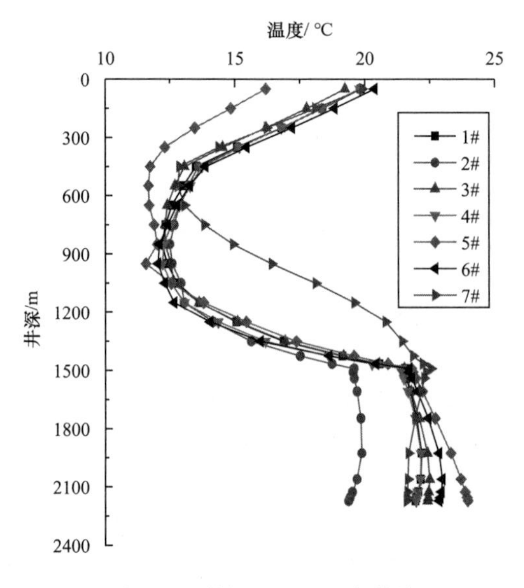

图 8.29　井深—环空温度曲线

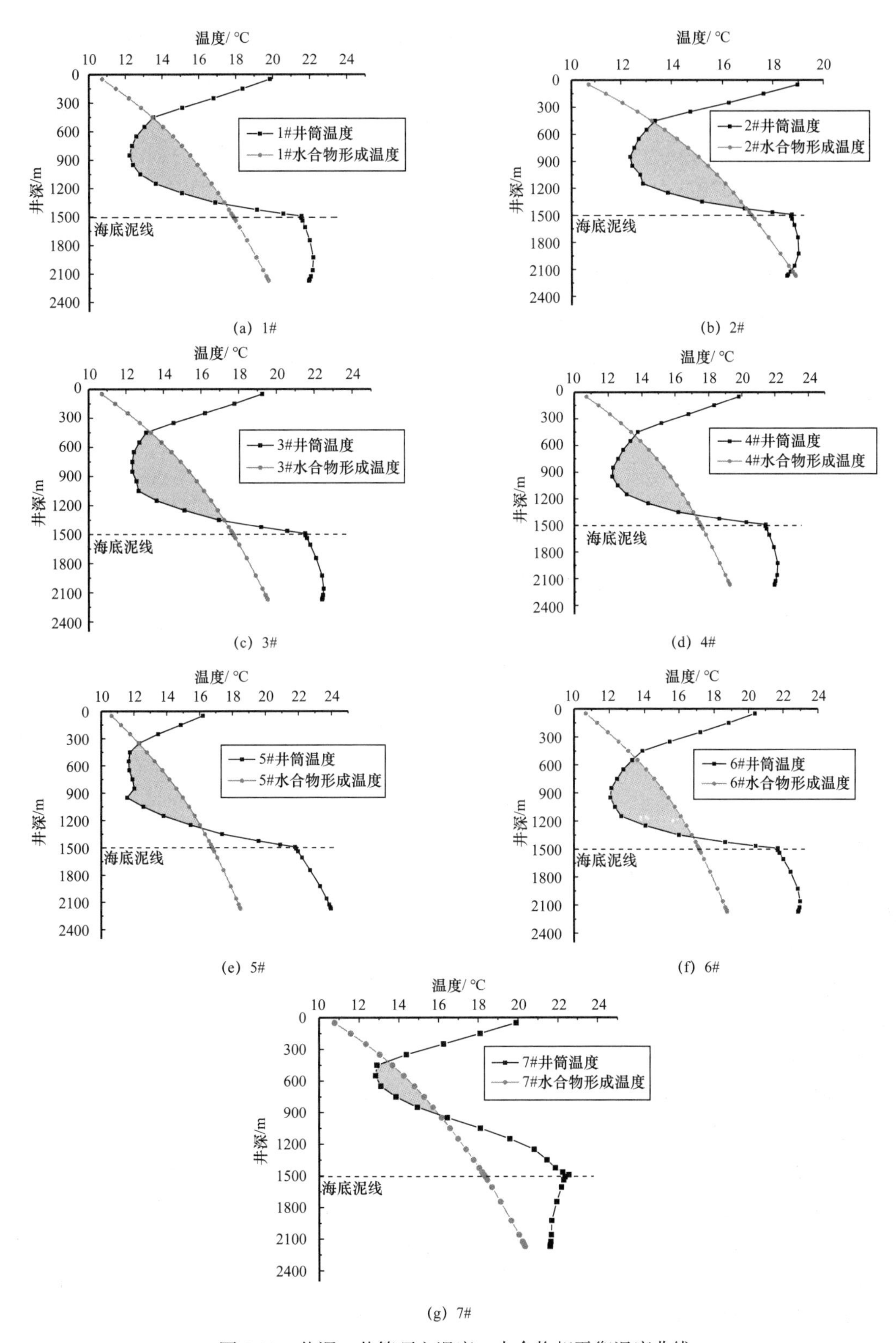

图 8.30　井深—井筒环空温度—水合物相平衡温度曲线

引入过冷度表示某一井深处水合物相平衡温度与该深度井筒环空温度的差值，即图7中两条曲线重叠区域的差值，过冷度大于0表示管段温度满足水合物生成条件。

模拟的7组工况均存在两条曲线重叠的部分，即过冷度大于0的井段，重叠区域均位于井深小于1500m的隔水管环空段，而井深1500m以下的表层套管环空段没有曲线重叠区域，说明在模拟的7组工况下，表层套管环空内不具备水合物形成的温压条件，隔水管环空的部分管段满足水合物形成的温压条件，有生成水合物的可能性。

2. 井筒环空水合物形成预测与参数敏感性分析

利用OLGA水合物模块CSMHyK动力学模型模拟计算过冷度大于0的隔水管环空内水合物生成情况，得到单位体积水合物生成速率PSIHYD和单位时间水合物生成量HYDMASS两个特征量在时间维度（模拟时长）和空间维度（管程）上的变化趋势（图8.31）。

从水合物生成速率来看，多组工况呈现的共性规律为，沿管程：水合物生成速率沿管程呈逐渐减小的趋势，即：靠近海底的井段生成速率大，越往海平面靠近，生成速率越小，靠近海平面的井段内生成速率为负值，说明有部分水合物发生分解。沿时间轴：从开始有水合物生成的时刻起，水合物生成峰值速率逐渐增大，峰值增大到一定值后则趋于稳定，不再继续增大。此外，联合管程和时间两个维度可以观察到，水合物生成速率峰值出现的管段位置随着模拟时间的推移，向靠近海底的方向移动。这说明，在气侵压力不变的情况下，水合物快速大量生成的位置最终可能出现在海底附近的防喷器内，而防喷器闸板空腔的弯头、孔板和阀门等结构非常利于水合物的聚集，因此可以推断出，若不及时抑制井下气体溢流，防喷器将会出现冰堵而失去井控能力。

从水合物生成量来看，多组工况呈现的共性规律为水合物生成量随着时间的增加而逐渐累积增加。不同的是水合物生成的管段位置、管段范围、水合物生成量及水合物开始生成的时刻。1#、2#、3#和4#在气侵发生25min后开始生成水合物，而5#和6#生成水合物的时间则提早到气侵发生20min时刻。

其中1#、2#、3#、4#和6#生成水合物的位置均集中在靠近海底的隔水管环空管段，而5#则靠近海平面。分析水合物生成机理可知，5#的气侵压力大，在下部管段气体流速高，在动态水气体系下，气体运移遇阻较弱，不利于水合物生成和聚集，而到了靠近海平面的上部管段，气体流速减缓，井内压力减小，气体滑脱出液相成为体积逐渐增大的气泡，根据水合物成核界面假说，气泡表面为水合物形成提供了良好的界面，从而为水合物的快速生成提供了条件。

为了更好地对比多组工况条件下水合物生成情况的差异性，在井段水合物生成速率值的基础上，通过对时间轴求积分得到模拟结束时刻沿管程水合物生成总量的分布图（图8.32），再对管程轴求二次积分得到全管路的水合物生成总量，此外，记录全模拟时长内水合物生成速率峰值和峰值速率所在管段位置（表8.13）。通过对比不同工况条件下水合物形成特征量的差异性，可以得出钻井参数对水合物生成的参数敏感性。

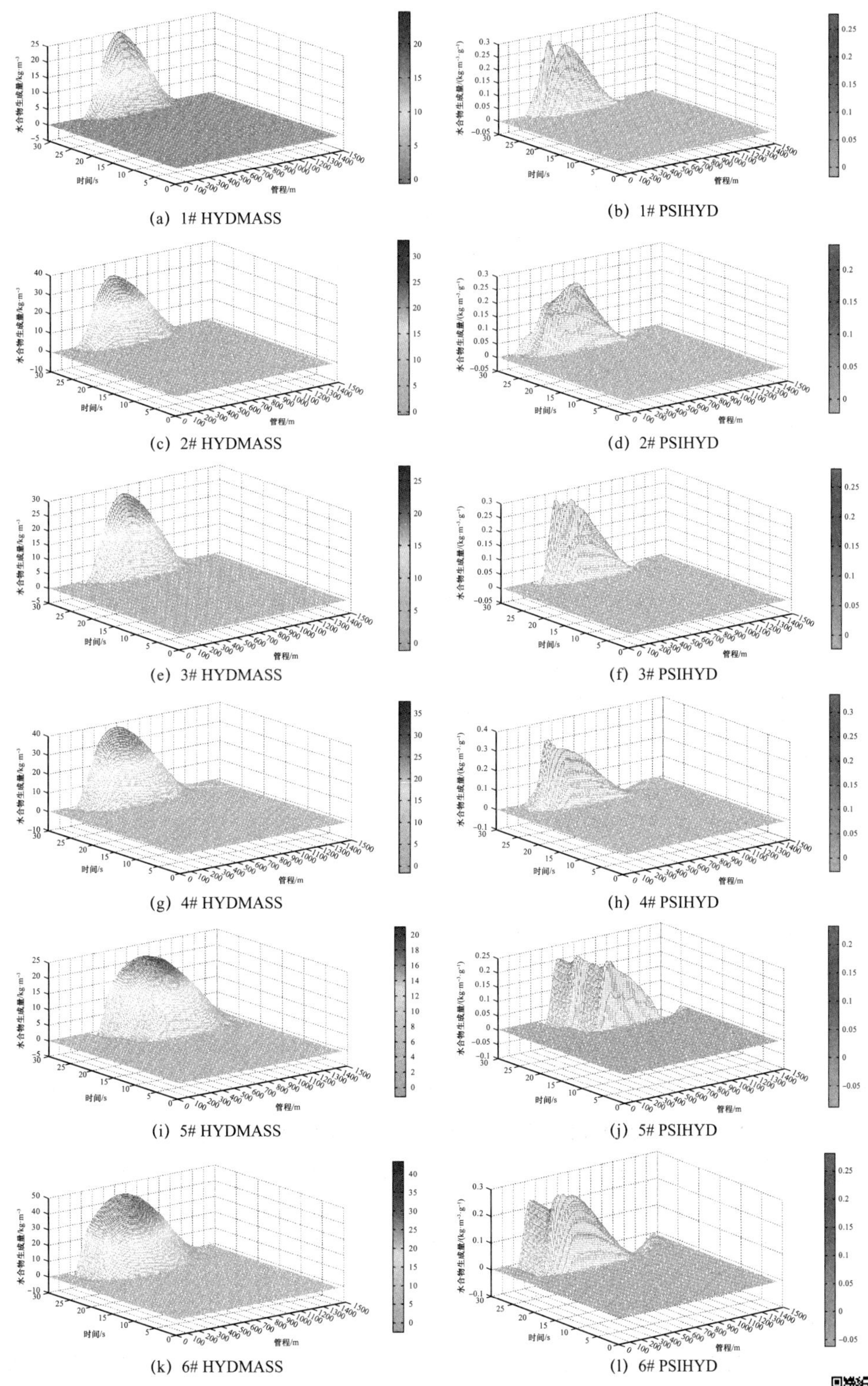

(a) 1# HYDMASS　(b) 1# PSIHYD

(c) 2# HYDMASS　(d) 2# PSIHYD

(e) 3# HYDMASS　(f) 3# PSIHYD

(g) 4# HYDMASS　(h) 4# PSIHYD

(i) 5# HYDMASS　(j) 5# PSIHYD

(k) 6# HYDMASS　(l) 6# PSIHYD

图 8.31　水合物生成量和生成速率随时间—空间变化趋势图

彩图扫码

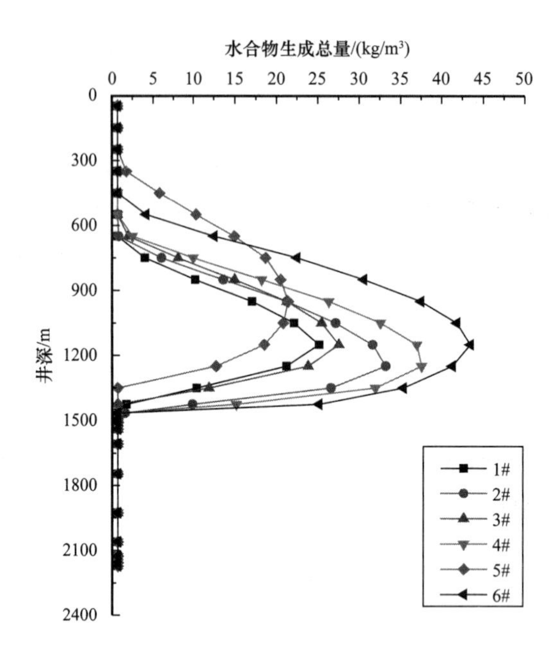

图 8.32　模拟 30min 水合物生成量沿管程分布

表 8.13　水合物形成特征量

组	井段范围 m	井段长度 m	峰值速率位置 m	峰值速率 $kg \cdot m^{-3} \cdot s^{-1}$	全井段总量 kg/s	过冷度密度 ℃·m
1#	850～1350	500	1050	0.2749	107.82	2138.30
2#	750～1450	700	950	0.2367	167.10	2241.22
3#	750～1350	600	1050	0.2804	131.31	2050.92
4#	750～1450	700	1150	0.3737	207.81	2084.37
5#	450～1250	800	950	0.2199	140.43	1792.11
6#	650～1450	800	1050	0.2715	291.08	1956.66
7#	—	0	—	0	0	576.93

基于 PSIHYD 和 HYDMASS 的计算结果，共得到水合物生成井段范围、井段长度、水合物形成峰值速率、峰值速率位置和全井段水合物生成总量共五个特征值。水合物生成井段越长，受水合物影响的井筒环空范围越大；水合物生成速率峰值越大，对应井段短时间内生成大量水合物的概率越大，大量水合物聚集导致循环通道堵塞的风险越高；水合物生成总量越大，环空内钻井液失水越严重，对钻井液流变性的改变越大，则越危害环空内钻井液的正常返排。

由多组工况的模拟结果可以看出（表 8.13），1#～6# 隔水管环空的部分管段有水合物生成，生成速率峰值出现在中下部管段，而过冷度密度小、气流扰动小的 7# 环空内没有水合物生成。钻井液排量最小的 6# 有水合物生成的井段最长，约在井深 350～1200m 处，生成总量最多，单位时间内水合物生成量接近 300kg；钻井液排量次小的 4# 水合物峰值速率最大，到达 0.3737kg・m^{-3}・s^{-1}，出现在井深 1150m 处 kg・m^{-3}・s^{-1}，其余工况水合物生成速率峰值也均出现在隔水管环空的靠近海底的井段。对比钻井液入口温度不同的 1# 和 2# 可以看出，入口温度低的 2# 水合物生成量大、受影响井段范围大，虽然峰值速率小于 1#，但相差不大，总体来看 2# 工况水合物生成的危险高于 1#。

模拟结果表明钻井液排量和钻井液入口温度是影响水合物生成量的主要因素，钻井液排量越小，钻井液入口温度越低，越有利于井筒环空大量生成水合物。其中钻井液排量是敏感性最高的钻井参数，钻井液排量使得井筒环空内的气—水提携越接近静态体系，溢流气体在运移过程中遇阻越强，越有利于水合物形成和聚集。此外，气侵压力是影响水合物生成井段位置的主要因素，气侵压力越大，越容易在钻井液循环的下游管段生成水合物，但气侵压力小到不足以使循环通道内产生气流扰动时，便不再有水合物的生成。模拟结果也进一步验证了水合物形成不仅需要低温高压的环境条件，还需要适宜的压力波动。

3. 井筒环空水合物形成风险预警

分析水合物形成微观过程可知，天然气水合物晶体成核需要在过冷度满足条件的基础上，经历一段诱导时间形成。晶核形成后，在温度和压力适宜的条件下，经历快速生长期，晶核尺寸逐渐增大致趋于稳定，最终形成固态天然气水合物颗粒。因此，水合物的形成不但需要井筒环空内过冷度大于 0，水合物形成量的多少、生成的快慢还与过冷度大小、过冷度满足条件的时间长短有关。过冷度越大，越有利于水合物成核；过冷度大于 0 的时间越长，可供水合物晶核成长并稳定的时间越长，越有利于水合物的大量生成。

由于钻进过程中，钻井液处于实时流动状态，当天然气分子和水分子随钻井液流动进入过冷度大于 0 的管段内形成水合物晶核后，会随钻井液继续流动上返，晶核只有一直处于过冷度大于 0 的管段内，才有足够的诱导时间生长增大并趋于稳定。因此，水合物晶核处于过冷度大于 0 管段的时间可以转化为管段内过冷度大于 0 的范围。为此，再引入过冷度密度特征值，过冷度密度定义为：在过冷度大于 0 的环空管段范围内，水合物形成相平衡曲线和井筒环空温度曲线所围成的面积，即图 8.30 中阴影部分的面积。过冷度密度从过冷度值和过冷度大于 0 的管段长度两个维度考察了水合物形成可能性。

$$\rho_{\text{scd}}=\int_{h}^{h+\Delta h}\left(T_{\text{ba}}-T_{\text{te}}\right)\mathrm{d}h \tag{8.38}$$

其中：ρ_{scd} 为过冷度密度（℃・m）；T_{ba} 为某深度处天然气水合物相平衡温度（℃）；T_{te} 为某深度处井筒环空温度（℃）；h 为管段过冷度＞0 的起点，Δh 为过冷度＞0 的管段长度（m）。

由 7 组工况下井筒环空内过冷度密度值（表 8.13）可以看出，1#～6# 过冷度密度值均在 2000℃・m，其中 2# 过冷度密度最大，而 7# 过冷度密度仅为 576.93℃・m，说明 2# 生成水合物的可能性最大，7# 生成水合物可能性最小，这与水合物生成机理有关，水合物的生成需要气流扰动，7# 的气侵压力过小，无法产生足够的压力波动，因此，虽然过冷度满足低温高压的环境条件，但仍然没有水合物生成。

为了进一步对比分析不同工况下井筒环空水合物形成风险，选取过冷度密度、水合物生成井段长度、全管路水合物生成总量和水合物生成峰值速率四个特征量作为水合物生成风险的评价指标，基于模糊综合评价的思想，应用德尔菲法对指标赋予权重，分别为0.3、0.3、0.2、0.2，表示四个特征值对水合物形成总风险的贡献率，根据式（8.39）计算总风险。该风险值融合四个特征值的危险性，可以直观、清晰地对比不同工况下井筒环空水合物形成严重度。需要注意的是，该风险值仅用于对比不同工况下井筒环空水合物形成风险水平。由于四个特征值具有不同的单位，数值范围不统一，需要先对数据进行归一化处理（表8.14），风险值计算见式（8.39）：

$$R=\sum_{i=1}^{4} w_i \times E_i \tag{8.39}$$

其中：R表示风险值；w_i表示第i个特征值的权重；E_i表示特征值。

表8.14　归一化的四个特征值及水合物形成风险值

组	井段长 m	峰值速率 $kg \cdot m^{-3} \cdot s^{-1}$	生成总量 $kg \cdot s^{-1}$	过冷度密度 ℃·m	风险
1#	0.625	0.7356	0.3704	0.9541	0.6799
2#	0.875	0.6334	0.5741	1	0.8557
3#	0.75	0.7503	0.4511	0.9151	0.7062
4#	0.875	1	0.7139	0.9300	0.8843
5#	1	0.5884	0.4824	0.7996	0.6784
6#	1	0.7265	1	0.8730	0.9146
权重	0.3	0.3	0.2	0.2	

如图8.33所示，多组工况相比较，6#风险最大，其次为2#和4#，1#、3#和5#的风险水平相当，在影响水合物形成的钻井参数中，钻井液排量起到最突出的作用，其次为钻井液入口温度，而钻井液密度和气侵压力对水合物生成风险的影响效果不显著。基于模拟结果计算出的总风险值可以用于比较不同钻井方案下水合物形成危险性，为钻井参数的优化设计提供理论依据。

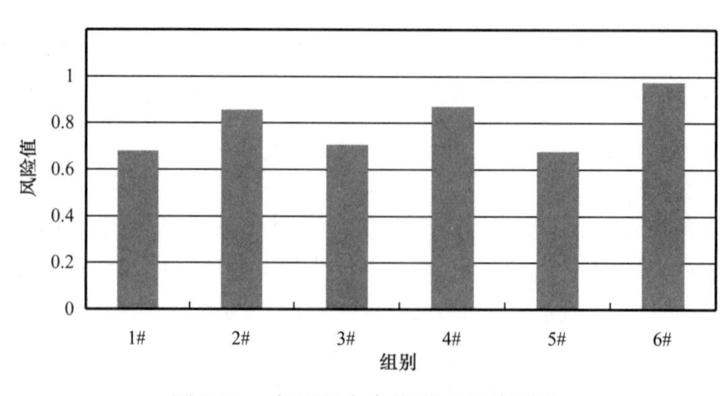

图8.33　多工况水合物形成风险对比

8.5　基于 MMPR 深水防喷器系统可用性预测方法

水下防喷器系统中，剪切闸板防喷器（Blind shear ram preventer，BSRP）是最后一道重要安全屏障，在紧急情况下 BSRP 可以通过切断钻杆和密封井口，防止井喷或井喷失控等严重事故发生。因此，在 BSRP 服役期间，分析其可用性并对其进行功能测试和维护，以确保处于可用状态。传统防喷器可用性分析方法忽略了测试过程中的动态特性，例如由于井涌、井喷等事故致使测试维护的非周期性，测试过程中可能发生的误警或失误。此外，传统防喷器可用性分析方法没有考虑维修状态对不可用度的影响。由于受到海底环境的影响，例如海底设备难以接近，水下维护存在延迟现象，计划外的起出防喷器用于维修会增加井喷的风险。

多相马尔科夫过程（Multiphase−Markov process，MMP）是指连续时间内马尔科夫链在不同的时间段从一个状态转移到另一个状态的随机过程。每个测试维护周期都可以看作是 MMP 的一个相（阶段）。因此本节选用 MMP 方法来研究多状态在不同测试维护周期内的变化规律。运用 MMP 分析水下 BSRP 的不可用度，提出了一种基于 MMP 和待维修状态（Multiphase−Markov process with repair，MMPR）的预防性测试及维护方法，建立了水下 BSRP 的时间依赖的不可用度和平均不可用度分析、计算模型，预测评估预防性测试维护的非周期性、测试失误及维修延迟对系统不可用度的影响。

8.5.1　基于 MMPR 的不可用度预测方法

基于 MMP 过程建模的相关理论、定义和假设，推导了基于 MMP 的不同测试维护周期的不可用度和平均不可用度数学公式，构建了考虑待维修状态的不同情境下（非周期性测试维护和测试失误）多相马尔科夫不可用度分析模型。

1. MMP 不可用度推导过程

基于 MMP 建立模型可对实际系统在测试维护周期内的不可用性进行分析。系统的可用状态与其基本功能的实现密切相关，系统处于可用状态是指系统能够实现其基本功能，反之系统处于不可用状态。我们可以对不同测试周期内的系统不可用状态（故障状态和待维修状态）进行评估分析，分析指标包括瞬时不可用度和平均不可用度，下面分别对瞬时不可用度和平均不可用度的推导过程进行详细阐述。

1）瞬时不可用度解析式推导

在 MMP 中，$\boldsymbol{C}(i, j)$ 被定义为在测试周期中，从一个状态 i 到另一个状态 j 的转移速率矩阵。$P_t(i)$ 表示状态 i 在 t 时刻的概率，$P_t=[P_t(1), P_t(2), \cdots, P_t(i)]$。$\boldsymbol{C}(i, j)$ 决定状态转移概率 P_t，如果 $\boldsymbol{C}(i, j)$ 在测试周期中是恒定的，则系统状态可以用 Chapman−Kolmogorov 方程表示，见式（8.40）和式（8.41）：

$$\frac{\mathrm{d}P_t}{\mathrm{d}t}=P_t \cdot C \tag{8.40}$$

$$P_t=\exp(C \cdot t) \tag{8.41}$$

在一个基于 MMP 的模型中，k 个测试周期表示为［T_0=0，T_1］，［T_1，T_2］，…，［T_{k-1}，T_k］。如果假设 t 时刻系统处于第一个测试周期 $t\in$［T_0=0，T_1］内，则系统状态概率见式（8.42）和式（8.43）：

$$P_t = P_0 \cdot \exp\left(\boldsymbol{C_1} \cdot t\right) \tag{8.42}$$

$$P_{T_1} = P_0 \cdot \exp\left(\boldsymbol{C_1} \cdot T_1\right) \tag{8.43}$$

其中：$\boldsymbol{C}_1$，$\boldsymbol{C}_2$，…，$\boldsymbol{C}_k$ 分别表示不同测试周期的转移速率矩阵。

假设 $t\in$［T_1，T_2］内，其状态概率计算见式（8.44）：

$$P_t = P_{T_1} \cdot M_1 \cdot \exp\left[\boldsymbol{C_2} \cdot \left(t - T_1\right)\right] \tag{8.44}$$

其中 M_1 是继上一次测试维修动作之后新的测试周期内，不同状态下的概率转移矩阵，M_1 可能会受到测试策略和维修动作的影响。T_1 时刻的维修动作可通过对概率 P_{T_1} 的线性转换得到。$P_{T_1}\cdot M_1$ 表示在 T_1 时刻的维修动作完成之后的所有状态的概率。该方法通过乘以概率转移矩阵，允许状态概率在每个测试周期开始时进行线性重新分布。于是有：

$$\begin{aligned} P_{T_2} &= P_{T_1} \cdot M_1 \cdot \exp\left[\boldsymbol{C_2} \cdot \left(T_2 - T_1\right)\right] \\ &= P_0 \cdot \exp\left(\boldsymbol{C_1} \cdot T_1\right) \cdot M_1 \cdot \exp\left[\boldsymbol{C_2} \cdot \left(T_2 - T_1\right)\right] \end{aligned} \tag{8.45}$$

$$\begin{aligned} P_{T_{(k-1)}} &= P_{T_{(k-2)}} \cdot M_{k-2} \cdot \exp\left[\boldsymbol{C_{k-1}} \cdot \left(T_{k-1} - T_{k-2}\right)\right] \\ &= P_0 \cdot \prod_{n=1}^{n=k-2} \exp\left\{\left[\boldsymbol{C_n} \cdot \left(T_n - T_{n-1}\right)\right] \cdot M_n\right\} \cdot \exp\left[\boldsymbol{C_{k-1}} \cdot \left(T_{k-1} - T_{k-2}\right)\right] \end{aligned} \tag{8.46}$$

其中：M_{k-2} 是测试周期［$T_{k-1}-T_{k-2}$］的概率转移矩阵。

如果 $t\in$［$T_{k-1}-T_{k-2}$］，那么：

$$P_t = P_{T_{(k-1)}} \cdot M_{k-1} \cdot \exp\left[\boldsymbol{C_k} \cdot \left(t - T_{k-1}\right)\right] = P_0 \cdot \prod_{n=1}^{n=k-1} \exp\left\{\left[\boldsymbol{C_n} \cdot \left(T_n - T_{n-1}\right)\right] \cdot M_n\right\} \cdot \exp\left[\boldsymbol{C_k} \cdot \left(t - T_{k-1}\right)\right] \tag{8.47}$$

根据瞬时不可用度 UA（t）的定义，只要处于不可用状态之一，系统将不再实现其基本功能。因此，利用系统在测试周期内的不可用状态计算系统的瞬时不可用度，表达式如下：

$$UA\left(t\right) = P_t \cdot \boldsymbol{B} \tag{8.48}$$

其中：$\boldsymbol{B}$ 是包含 1 和 0 的向量，1 表示系统处于功能可用状态，0 表示系统处于不可用状态。

应用相同的方法来评估测试周期 $t\in$［$T_{k-1}-T_{k-2}$］中的系统 UA_k（t）：

$$UA_k\left(t\right) = P_0\left(i\right) \cdot \prod_{n=1}^{n=k-1} \left\{\exp\left[\boldsymbol{C_n} \cdot \left(T_n - T_{n-1}\right)\right] \cdot M_n\right\} \cdot \exp\left[\boldsymbol{C_k} \cdot \left(t - T_{k-1}\right)\right] \cdot \boldsymbol{B} \tag{8.49}$$

与经典的 Markov 模型相比，式（8.49）提供了一种能评估系统的周期性、非周期性或某特定测试周期的 UA_k（t）方法。

2）平均不可用度解析式推导

总的平均不可用度 UA_{avg} 可用下式表示：

$$\begin{aligned} UA_{\mathrm{avg}} &= \frac{1}{T}\int_0^T UA(t)\mathrm{d}t = \frac{1}{T}\left[\int_{T_0}^{T_1} UA_1(t)\mathrm{d}t + \int_{T_1}^{T_2} UA_2(t)\mathrm{d}t + \cdots + \int_{T_{k-1}}^{T_k} \mathrm{UA}_k(t)\mathrm{d}t\right] \\ &= \frac{1}{T}\sum_{n=1}^{n=k}\int_{T_{n-1}}^{T_n} UA_n(t)\mathrm{d}t \end{aligned} \tag{8.50}$$

如果 $t \in [T_0,\ T_1]$，则有：

$$\begin{aligned} \int_{T_0}^{T_1} UA_1(t)\mathrm{d}t &= \int_{T_0}^{T_1} P_0(i)\cdot\exp\left[\boldsymbol{C_1}\cdot(t-T_0)\right]\cdot\boldsymbol{B} = P_0(i)\cdot\int_{T_0}^{T_1}\exp\left[\boldsymbol{C_1}\cdot(t-T_0)\right]\mathrm{d}t\cdot\boldsymbol{B} \\ &= P_0(i)\cdot\sum_{l=0}^{\infty}\frac{(\boldsymbol{C_1})^l}{(l+1)!}\cdot\left(T_1^{\,l+1}-T_0^{\,l+1}\right)\cdot\boldsymbol{B} \end{aligned} \tag{8.51}$$

如果 $t \in [T_1,\ T_2]$，则有：

$$\begin{aligned} \int_{T_1}^{T_2} UA_2(t)\mathrm{d}t &= \int_{T_1}^{T_2} P_0(i)\cdot\exp\left[\boldsymbol{C_1}\cdot(T_1-T_0)\right]\cdot M_1\cdot\exp\left[\boldsymbol{C_2}\cdot(t-T_1)\right]\cdot\boldsymbol{B}\mathrm{d}t \\ &= P_0(i)\cdot\exp\left[\boldsymbol{C_1}\cdot(T_1-T_0)\right]\cdot M_1\cdot\int_{T_1}^{T_2}\exp\left[\boldsymbol{C_2}\cdot(t-T_0)\right]\mathrm{d}t\cdot\boldsymbol{B} \\ &= P_0(i)\cdot\exp\left[\boldsymbol{C_1}\cdot(T_1-T_0)\right]\cdot M_1\cdot\sum_{l=0}^{\infty}\frac{(\boldsymbol{C_2})^l}{(l+1)!}\cdot\left(T_2^{\,l+1}-T_1^{\,l+1}\right)\cdot\boldsymbol{B} \end{aligned} \tag{8.52}$$

同理，$t \in [T_{k-1},\ T_k]$，则有：

$$\begin{aligned} \int_{T_{k-1}}^{T_k} UA_k(t)\mathrm{d}t &= \int_{T_{k-1}}^{T_k} P_0(i)\cdot\prod_{n=1}^{n=k-1}\left\{\exp\left[\boldsymbol{C_n}\cdot(T_n-T_{n-1})\right]\cdot M_n\right\}\cdot\exp\left[\boldsymbol{C_k}\cdot(t-T_{k-1})\right]\cdot\boldsymbol{B}\mathrm{d}t \\ &= P_0(i)\cdot\prod_{n=1}^{n=k-1}\left\{\exp\left[\boldsymbol{C_n}\cdot(T_n-T_{n-1})\right]\cdot M\right\}_n\cdot\int_{T_{k-1}}^{T_k}\exp\left[\boldsymbol{C_k}\cdot(t-T_{k-1})\right]\cdot\boldsymbol{B}\mathrm{d}t \\ &= P_0(i)\cdot\prod_{n=1}^{n=k-1}\left\{\exp\left[\boldsymbol{C_n}\cdot(T_n-T_{n-1})\right]\cdot M_n\right\}\cdot\sum_{l=0}^{\infty}\frac{(\boldsymbol{C_k})^l}{(l+1)!}\cdot\left(T_k^{\,l+1}-T_{k-1}^{\,l+1}\right)\cdot\boldsymbol{B} \end{aligned} \tag{8.53}$$

系统失效在任何测试周期内随机发生，因此评估一个测试周期的 UA_{avg} 可采用和的处理方式来实现，解析公式如下所示：

$$\begin{aligned} UA_{\mathrm{avg}} &= \frac{1}{T}\int_0^T UA(t)\mathrm{d}t = \frac{1}{T}P_0(i)\cdot\left(\sum_{l=0}^{\infty}\frac{(\boldsymbol{C_2})^l}{(l+1)!}\cdot\left(T_2^{\,l+1}-T_1^{\,l+1}\right)+\exp\left[\boldsymbol{C_1}\cdot(T_1-T_0)\right]\cdot M_1\cdot\sum_{l=0}^{\infty}\frac{(\boldsymbol{C_2})^l}{(l+1)!}\cdot\right. \\ &\left.\left(T_2^{\,l+1}-T_1^{\,l+1}\right)+\cdots+\prod_{n=1}^{n=k-1}\left\{\exp\left[\boldsymbol{C_n}\cdot(T_n-T_{n-1})\right]\cdot M_n\right\}\cdot\sum_{l=0}^{\infty}\frac{(\boldsymbol{C_k})^l}{(l+1)!}\cdot\left(T_k^{\,l+1}-T_{k-1}^{\,l+1}\right)\right)\cdot\boldsymbol{B} \end{aligned} \tag{8.54}$$

2. 基于非周期功能测试维护的 MMPR 建模

1）非周期 MMPR 模型

钻井过程中，为了确保系统的可用性，需要对防喷器系统进行功能验证测试（下面统称为功能测试）。假设功能测试在测试周期内能够能测试出所有失效模式。测试周期依赖于钻井条件和钻井工况，在事故多发的井况条件下，功能测试具有非周期性。为了阐述系统在这些测试周期内的不可用性，本节建立了基于非周期功能测试维护（含待维修状态）的 MMPR 模型。选取 BSRP 的 1oo1 配置和 1oo2 配置举例说明，建模步骤如下：

（1）确定构建 MMPR 模型的不同配置所有可能的状态。由于特殊的海底环境和作业工况，测试维修可能经常被延迟，因此引入“待维修”状态来描述这种延迟情况，每个测试周期后的维修时间均考虑在内。

（2）根据事故数据库、事故报告的经验数据或专家判断来确定设备故障率和维修率，构建转换速率矩阵。每个状态的概率转移矩阵由现场的作业人员确定，在初始阶段，系统处于功能最佳状态，相应的转移概率为 1。

（3）建立不同案例下的 MMPR 数学模型。

已知有 m 个功能测试周期分别为［T_0=0，T_1］，［T_1，T_2］，…，［T_{m-1}，T_m］。按照特定工况和具体操作要求，本节考虑了周期性或非周期性测试阶段。1oo1 配置和 1oo2 配置的 MMPR 模型如图 8.34 所示。在功能测试周期内，1oo1 配置有三种可能状态（表 8.15），1oo2 配置有五种可能状态（表 8.16）。绿色的圆形代表部件可用，而黄色的圆形代表部件不可用。以图 8.34（a）为例，如果在某个测试周期内检测到故障，但维修方案又不能立即响应，因此从待修状态出发的弧线不能直接回到 DU，因此 IR 状态被考虑到 MMPR 模型中。模型中的虚线代表等待维修，两个状态之间没有 Markov 链过程转移。由此可见，系统的测试维修行为能够被集成到 MMP 过程中，这种模型可以更全面、合理模拟系统安全的实际状态，特别是在海底环境中工作的系统。

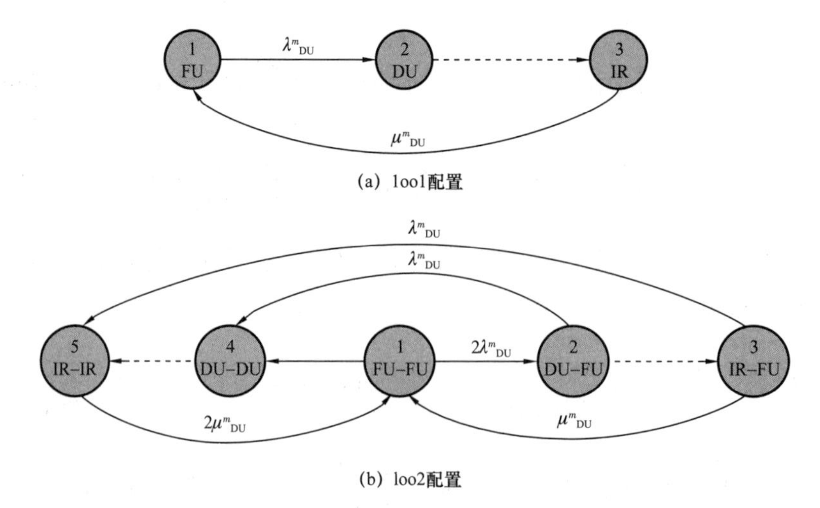

图 8.34　不同功能测试阶段 MMPR 模型

表 8.15　1oo1 配置的可能状态

状态	简称	描述	不可用性
1	FU	功能状态	可用
2	DU	DUF 状态	不可用
3	IR	待修状态	不可用

表 8.16　1oo2 配置的可能状态

状态	简称	描述	不可用性
1	FU-FU	两个部件均在功能状态	可用
2	DU-FU	其中一个部件 DUF 状态	可用
3	DU-DU	两个部件均在 DUF 状态	不可用
4	DU-IR	其中一个部件待维修状态	可用
5	IR-IR	两个部件均在待维修状态	不可用

2）解析公式参数确定

由式（8.48）和式（8.53）可知，解析公式需要确定的参数分别为初始状态概率 P_0、状态转移速率矩阵 $\boldsymbol{C}_m$、概率转移矩阵 $\boldsymbol{M}_m$ 和向量 $\boldsymbol{B}$。

在第一个测试周期开始时，系统处于“FU”或“FU-FU”状态。因此，两类配置在 t=0 时刻的初始状态概率分别如下：

$$P_{01}(i)=[1,0,0] \tag{8.55}$$

$$P_{02}(i)=[1,0,0,0,0] \tag{8.56}$$

其中：$P_{01}(i)$ 代表 1oo1 配置的初始概率；$P_{02}(i)$ 表示 1oo2 配置的初始概率。

由图 8.34 可知状态转移速率矩阵可由故障率 $\lambda_{\mathrm{DU}}^{m}$ 和维修率 μ_{DU}^{m} 组成。在任一测试周期［T_{m-1}，T_m］内，状态转移速率矩阵见式（8.57）和式（8.58）：

$$\boldsymbol{C}_{m1}=\begin{bmatrix} -\lambda_{\mathrm{DU}}^{m} & \lambda_{\mathrm{DU}}^{m} & 0 \\ 0 & 0 & 0 \\ \mu_{\mathrm{DU}}^{m} & 0 & -\mu_{\mathrm{DU}}^{m} \end{bmatrix} \tag{8.57}$$

$$\boldsymbol{C}_{m2}=\begin{bmatrix} -2\lambda_{\mathrm{DU}}^{m} & 2\lambda_{\mathrm{DU}}^{m} & 0 & 0 & 0 \\ 0 & -\lambda_{\mathrm{DU}}^{m} & 0 & \lambda_{\mathrm{DU}}^{m} & 0 \\ \mu_{\mathrm{DU}}^{m} & 0 & -\left(\mu_{\mathrm{DU}}^{m}+\lambda_{\mathrm{DU}}^{m}\right) & 0 & \lambda_{\mathrm{DU}}^{m} \\ 0 & 0 & 0 & 0 & 0 \\ 2\mu_{\mathrm{DU}}^{m} & 0 & 0 & 0 & -2\mu_{\mathrm{DU}}^{m} \end{bmatrix} \tag{8.58}$$

其中：C_{m1} 表示 1oo1 配置的状态转移速率；C_{m2} 表示 1oo2 配置的状态转移速率。

概率转移矩阵 $\boldsymbol{M}_m$ 中的状态概率可通过现场作业专家判断获得。假设不同测试周期的 $\boldsymbol{M}_m$ 相同，每个测试周期内不考虑失误（如误报警），即 $\boldsymbol{M}_1=\boldsymbol{M}_2=\cdots=\boldsymbol{M}_m=\boldsymbol{M}$。因此：

$$\boldsymbol{M}_{m1}=\begin{bmatrix}1&0&0\\0&0&1\\0&0&1\end{bmatrix} \tag{8.59}$$

$$\boldsymbol{M}_{m2}=\begin{bmatrix}1&0&0&0&0\\0&0&1&0&0\\0&0&1&0&0\\0&0&0&0&1\\0&0&0&0&1\end{bmatrix} \tag{8.60}$$

其中：$\boldsymbol{M}_{m1}$ 表示 1oo1 配置的概率转移矩阵；$\boldsymbol{M}_{m2}$ 表示 1oo2 配置的概率转移矩阵。

如果系统在 i 状态可用，则 $B_j(1, i)=0$，如果系统在 i 状态不可用，$B_j(1, i)=1$，$j=1$，2 表示系统的不同配置，向量 B 见式（8.61）和式（8.62）：

$$B_1(1, i)=[0, 1, 1]^T \tag{8.61}$$

$$B_2(1, i)=[0, 0, 0, 1, 1]^T \tag{8.62}$$

通常，在任一测试周期 $t\in[T_{m-1}, T_m]$，不同配置的瞬时不可用度 $UA(t)$ 和平均不可用度 UA_{avg} 可以由式（8.48）和式（8.54）得到。

3. 基于不完全测试维护的 MMPR 建模

1）不完全测试维护的 MMPR 模型

水下作业系统实际测试维护策略通常是功能验证测试和不完全测试的组合。不完全测试只能探测到部分故障，通常用来检验实际系统在特定条件下是否可用，因此在测试过程中可能出现失误（如误报警）。此外，测试周期较功能测试短，可以假设所有周期内故障率是相同的。

已知有 k 个不完全测试周期分别为 $[T_0=0, T_1]$，$[T_1, T_2]$，…，$[T_{k-1}, T_k]$。按照特定工况要求和具体操作要求，本节考虑了周期性的不完全测试。1oo1 配置和 1oo2 配置的不完全测试阶段的 MMPR 模型如图 8.35 所示。在不完全测试周期内 MMPR 模型考虑了两种类型的失效即 DUF1 和 DUF2。1oo1 配置具有四种可能状态（表 8.17），1oo2 配置具有 10 种可能状态（表 8.18）。绿色的圆形代表部件可用，而黄色的圆形代表部件不可用。以图 8.35（a）为例，虚线代表等待维修，两个状态之间没有 Markov 链过程转移，但不完全测试后的转移认为有效。系统的测试维修行为能够被集成到 MMP 过程中。

2）不完全测试解析公式参数确定

在 t=0 时刻，系统处于“FU”或“2FU2”状态，两类系统的初始状态概率分别如下：

$$P_{01}(i)=[1, 0, 0, 0] \tag{8.63}$$

$$P_{02}(i)=[1,\ 0,\ 0,\ 0,\ 0,\ 0,\ 0,\ 0,\ 0,\ 0] \tag{8.64}$$

其中：$P_{01}(i)$ 代表 1oo1 配置的初始概率；$P_{02}(i)$ 表示 1oo2 配置的初始概率。

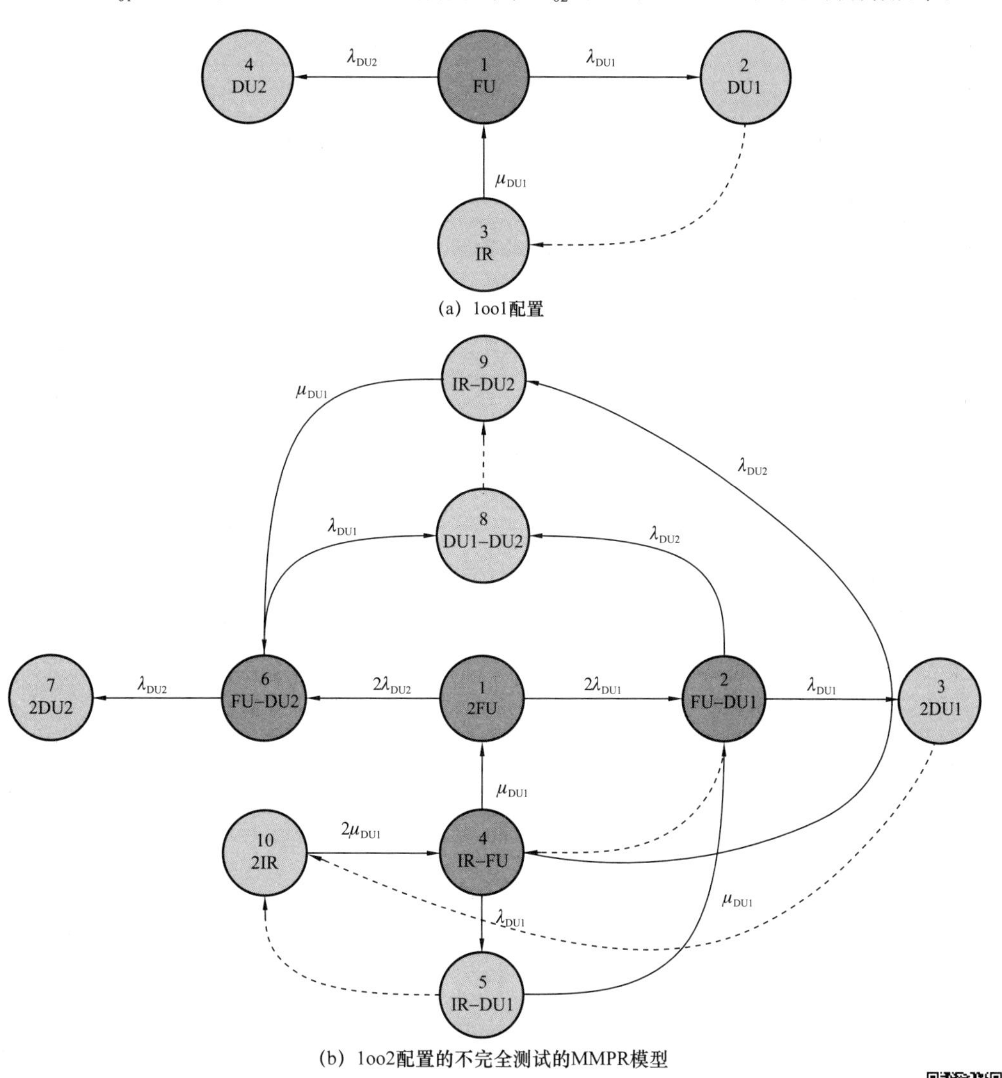

图 8.35　两种配置模型

彩图扫码

表 8.17　不完全测试 1oo1 配置的可能状态

状态	简称	描述	不可用性
1	FU	功能状态	可用
2	DU1	不完全测试的 DUF1 状态	不可用
3	IR	待修状态	不可用
4	DU2	完全功能测试的 DUF2 状态	不可用

表 8.18 不完全测试 1oo2 配置的可能状态

状态	简称	描述	不可用性
1	2FU	两个部件均在功能状态	可用
2	FU-DU1	一个部件在 DUF1 状态，一个功能状态	可用
3	2 DU1	两个部件均在 DUF1 状态	不可用
4	IR-FU	其中一个部件待维修状态，一个功能状态	可用
5	IR-DU1	其中一个部件待维修状态，一个 DUF1 状态	不可用
6	FU-DU2	一个部件在 DUF2 状态，一个功能状态	可用
7	2DU2	两个部件均在 DUF2 状态	不可用
8	DU1-DU2	一个部件在 DUF2 状态，一个 DUF1 状态	不可用
9	IR-DU2	其中一个部件待维修状态，一个 DUF2 状态	不可用
10	2IR	两个部件均在待维修状态	不可用

如图 8.35 所示，状态转移速率矩阵可由第一类故障率 λ_{DU1}、第二类故障率 λ_{DU2} 和维修率 μ_{DU} 组成。在任一检测周期［T_{k-1}，T_k］内，检测到的故障不能立即得到修复，状态转移速率矩阵如下所示：

$$C_{k1}=\begin{bmatrix} -(\lambda_{DU1}+\lambda_{DU2}) & \lambda_{DU1} & 0 & \lambda_{DU2} \\ 0 & 0 & 0 & 0 \\ \mu_{DU} & 0 & -\mu_{DU} & 0 \\ 0 & 0 & 0 & 0 \end{bmatrix} \tag{8.65}$$

$$C_{k2}=\begin{bmatrix} -2(\lambda_{DU1}+\lambda_{DU2}) & 2\lambda_{DU1} & 0 & 0 & 0 & 2\lambda_{DU2} & 0 & 0 & 0 & 0 \\ 0 & -(\lambda_{DU1}+\lambda_{DU2}) & \lambda_{DU1} & 0 & 0 & 0 & 0 & 0 & \lambda_{DU2} & 0 \\ 0 & 0 & 0 & 0 & 0 & 0 & 0 & 0 & 0 & 0 \\ \lambda_{DU1} & 0 & 0 & -(\mu_{DU1}+\lambda_{DU1}+\lambda_{DU2}) & \lambda_{DU1} & 0 & 0 & 0 & \lambda_{DU2} & 0 \\ 0 & \mu_{DU1} & 0 & 0 & -\mu_{DU1} & 0 & 0 & 0 & 0 & 0 \\ 0 & 0 & 0 & 0 & 0 & -(\lambda_{DU2}+\lambda_{DU1}) & \lambda_{DU2} & \lambda_{DU1} & 0 & 0 \\ 0 & 0 & 0 & 0 & 0 & 0 & 0 & 0 & 0 & 0 \\ 0 & 0 & 0 & 0 & 0 & 0 & 0 & 0 & 0 & 0 \\ 0 & 0 & 0 & 0 & \mu_{DU1} & 0 & 0 & 0 & -\mu_{DU1} & 0 \\ 0 & 0 & 0 & 2*\mu_{DU1} & 0 & 0 & 0 & 0 & 0 & -2*\mu_{DU1} \end{bmatrix} \tag{8.66}$$

其中：C_{k1} 表示 1oo1 配置的状态转移速率；C_{k2} 表示 1oo2 配置的状态转移速率。

概率转移矩阵 $\boldsymbol{M}_k$ 中的状态概率可以通过现场作业专家判断获得，假设不同测试周期的 $\boldsymbol{M}_k$ 相同。通过引入缺陷因子 ω、η 来模拟不完全测试的特性，参数 ω 是指误报警概率，η 是探测失效概率。分为两种情景：

情景 1：测试和维修正常时，$\omega=\eta=0$，状态概率为 1。

情景 2：测试和维修不完善时，$\omega\neq0$ 或 $\eta\neq0$，状态概率不等于 1。

因此，$\boldsymbol{M}$ 可以由下式给出：

$$\boldsymbol{M}_{k1}=\begin{bmatrix}1-\omega & 0 & \omega & 0\\ 0 & \eta & 1-\eta & 0\\ 0 & 0 & 1 & 0\\ 0 & 0 & 0 & 1\end{bmatrix} \tag{8.67}$$

$$\boldsymbol{M}_{k2}=\begin{bmatrix}1-\omega-\omega & 0 & 0 & \omega & \omega & 0 & 0 & 0 & 0 & 0\\ 0 & \eta & 0 & 1-\eta & 0 & 0 & 0 & 0 & 0 & 0\\ 0 & 0 & \eta & 0 & 0 & 0 & 0 & 0 & 0 & 1-\eta\\ 0 & 0 & 0 & 1 & 0 & 0 & 0 & 0 & 0 & 0\\ 0 & 0 & 0 & 0 & 0 & 0 & 0 & 0 & 0 & 1\\ 0 & 0 & 0 & 0 & 0 & 1 & 0 & 0 & 0 & 0\\ 0 & 0 & 0 & 0 & 0 & 0 & 1 & 0 & 0 & 0\\ 0 & 0 & 0 & 0 & 0 & 0 & 0 & 0 & 1 & 0\\ 0 & 0 & 0 & 0 & 0 & 0 & 0 & 0 & 1 & 0\\ 0 & 0 & 0 & 0 & 0 & 0 & 0 & 0 & 0 & 1\end{bmatrix} \tag{8.68}$$

其中：$\boldsymbol{M}_{k1}$ 表示 1oo1 配置的概率转移矩阵；$\boldsymbol{M}_{k2}$ 表示 1oo2 配置的概率转移矩阵。以 1oo1 配置为例，状态 i 到状态 j 的转移概率如下所示：

P（$FU_k \rightarrow FU_{k+1}$）$=1-\omega=\boldsymbol{M}_{k1}$（1，1），代表系统状态 FU 从当前 k 周期到下一个（k+1）周期的概率转移，如式（8.68）里第一行和第一列对应的数值。

P（$FU_k \rightarrow IR_k$）$=\omega=\boldsymbol{M}_{k1}$（1，3），代表系统在当前 k 周期从状态 FU 到 IR 状态的概率转移，如式（8.68）里第一行和第三列对应的数值。

P（$DU1_k \rightarrow DU1_{k+1}$）$=\eta=\boldsymbol{M}_{k1}$（2，2），代表系统状态 DU1 从当前 k 周期到下一个（k+1）周期的概率转移，如式（8.68）里第二行和第二列对应的数值。

P（$DU1_k \rightarrow IR_k$）$=1-\eta=\boldsymbol{M}_{k1}$（2，3），代表系统在当前 k 周期从状态 DU1 到 IR 状态的概率转移，如式（8.68）里第二行和第三列对应的数值。

类似地，对于不完全测试周期内的 B 向量定义如下：

$$B_1(1,\ i)=[0,\ 1,\ 1,\ 1]^T \tag{8.69}$$

$$B_2(1,\ i)=[0,\ 0,\ 1,\ 0,\ 1,\ 0,\ 1,\ 1,\ 1,\ 1]^T \tag{8.70}$$

在不完全测试周期 $t\in[T_{k-1},\ T_k]$，不同配置的瞬时不可用度 $UA(t)$ 和平均不可用度 UA_{avg} 也可由式（8.48）和式（8.54）得到。

8.5.2　蒙特卡罗模拟验证模型构建

蒙特卡罗模拟（Monte Carlo Simulation，MCS）是随机抽样或统计试验的模拟方法，通常用以解决含有大量不确定因素的复杂决策系统的风险问题。MCS 方法能够灵活描述系统相关操作（设备故障和后续维护），并且通过模拟系统的实际过程和随机行为来模拟真实系统整个生命周期场景。MCS 被广泛应用于实际系统的可靠性分析与研究中，IEC 61508 标准也建议应用 MCS 验证从其他相关分析方法所得的结果。因此，本节采用 MCS

方法对所要解决的问题开展一系列统计实验研究，通过统计模拟中某事件发生的次数或所停留的时间来估计安全屏障的可用性或不可用性，并与 MMPR 方法进行验证对比分析。

1. MCS 计算流程

本节使用 MATLAB 软件编写程序代码进行模拟计算安全屏障的 UA_{avg}，MCS 验证流程如图 8.36 所示。

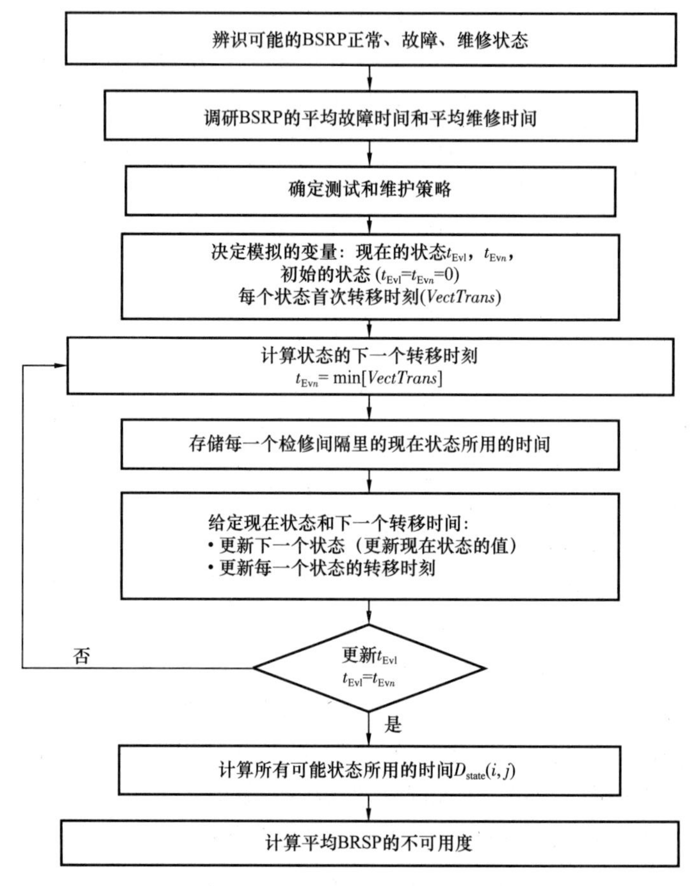

图 8.36　MCS 验证流程示意图

（1）根据对安全屏障的不可用性分析，确定在特定功能测试或不完全测试阶段的部件可能的状态（正常、故障和待维修）。需要输入的模型参数包括平均无故障时间、概率密度函数、故障率、修复率、测试或维护时间等。

（2）随着时间的推移，系统的状态将会相互代替，也就是从一个状态转移到另一个状态。MCS 可以获得上述状态变化的信息，由该信息可知系统状态何时发生下一次转移（故障、待维修或正常）及转移结束时状态间是如何变化的。

（3）根据测试阶段、故障率和维修率，对上次故障发生的转移时刻（t_{Evl}）和下次转移时刻（t_{Evn}）开展模拟。可用状态和不可用状态的持续时间是随机的，主要取决于故障时间和维修时间的概率密度函数。第 j 个测试周期内状态 i 对应的持续时间 D_{state}（i，j）可以用来分析系统的不可用度。由于系统在初始阶段处于正常功能状态，初始转移时间设为

0，即 $t_{\mathrm{Ev1}}=t_{\mathrm{Ev}n}=0$，则 D_{state}（i，j）可由下式计算得到：

$$D_{\mathrm{state}}(i,j)=D_{\mathrm{state}}(i,j)+(t_{\mathrm{Ev}n}-t_{\mathrm{Ev1}}) \tag{8.71}$$

（4）当 $t_{\mathrm{Ev}n}$ 为最小值，系统状态发生改变。$D_{\mathrm{state}UA}$（i，j）表示系统不可用状态下所对应的持续时间，由此得到系统平均不可用度 UA_{avg}：

$$UA_{\mathrm{avg}}=\frac{\sum_1^i\sum_1^j D_{\mathrm{state}UA}(i,j)}{\sum_1^i\sum_1^j D_{\mathrm{state}}(i,j)} \tag{8.72}$$

（5）所有 MCS 试验完成后，对模拟结果与 MMPR 解析结果进行比较分析。

2. 非周期性验证对比分析

功能测试阶段的 BSRP 参数如表 8.19 所示。分别对 BSRP 的 1oo1 配置和 1oo2 配置在恒定故障率和周期递增故障率在不同情境下进行模拟计算。MCS 模拟结果与 MMPR 解析结果如表 8.20 所示。

表 8.19　功能测试阶段的 BSRP 参数

参数	符号	参数值
第一个周期的故障率	λ^1_{DU}	1.8×10^{-6}
第二个周期的故障率	λ^2_{DU}	3.6×10^{-6}
第三个周期的故障率	λ^3_{DU}	7.2×10^{-6}
维修率	$\mu^1_{\mathrm{DU}}=\mu^2_{\mathrm{DU}}=\mu^3_{\mathrm{DU}}$	0.0417
非周期性功能测试间隔	T_1，T_2，T_3	720h，1440h，2160h
周期性功能测试间隔	$T_1=T_2=T_3$	1440h
周期数	m	3

由表 8.20 的平均不可用度计算结果可知，MCS 模拟结果与 MMPR 解析结果具有相同的梯度。1oo1 配置的 MCS 模拟结果的相对误差绝对值均小于 1oo2 配置的，这是由于 1oo1 配置的系统简单，状态少，对模拟的结果影响小，两种方法得到的结果差异性较小。比较两种配置服从周期递增 λ 与恒定 λ 的计算结果，前者的计算结果偏高，相对误差偏大。使用 MCS 对非周期功能测试结果进行校验，不同案例对应结果的相对误差，其值小于 4.32%，检验了 MMPR 模型的适用性和合理性。因此，MMPR 分析方法可以用于评估实际系统的可用性。

3. 不完全测试维护时间验证对比

本节的 MCS 方法主要用来检验不同的维修时间在不完全测试阶段的结果是否合理可行。通常，运用 MCS 检验不完全测试周期中的缺陷因子较为困难，因此验证模拟中不再考虑测试失误因素（$\omega=\eta=0$）。不完全测试阶段 BSRP 参数如表 8.21 所示。表 8.22 是不同维修时间下的 MCS 模拟结果与 MMPR 解析结果的比较分析。

表 8.20　非周期性功能测试平均不可用度

案例	测试周期 h	恒定λ（UA_{avg}）			周期递增λ（UA_{avg}）		
		MMPR	MCS	相对误差	MMPR	MCS	相对误差
1oo1 配置	720	1.29×10^{-3}	1.31×10^{-3}	1.55%	6.48×10^{-4}	6.70×10^{-4}	3.40%
	1440	2.63×10^{-3}	2.65×10^{-3}	0.76%	2.61×10^{-3}	2.65×10^{-3}	1.53%
	2160	3.93×10^{-3}	3.90×10^{-3}	0.76%	7.79×10^{-3}	7.88×10^{-3}	1.16%
1oo2 配置	720	2.24×10^{-6}	2.28×10^{-6}	1.79%	5.56×10^{-7}	5.80×10^{-7}	4.32%
	1440	9.04×10^{-6}	9.22×10^{-6}	1.99%	8.95×10^{-6}	9.22×10^{-6}	3.02%
	2160	2.03×10^{-5}	2.08×10^{-5}	2.46%	8.00×10^{-5}	7.66×10^{-5}	4.25%

表 8.21　不完全测试阶段的 BSRP 参数

参数	符号	参数值
第一类型的故障率	λ_{DU1}	1.8×10^{-6}
第二类型的故障率	λ_{DU2}	1.8×10^{-6}
维修率	μ_{DU1}	0.0417
测试周期	Δ	168h
测试数	k	4
失误概率	$\eta=\omega$	0.01

由表 8.22 平均不可用度计算结果可知，MCS 模拟结果与 MMPR 解析结果具有相同的梯度。两种配置 MCS 模拟结果小于 MMPR 解析结果，这可能由于 MCS 模型中维修时间对测试时间不太敏感。1oo2 配置的平均不可用度相对误差的绝对值均大于 1oo1 配置的。随着维修时间的增加，MCS 模拟结果也不断增大，与解析结果的变化规律相一致。不同维修时间对应结果的相对误差小于 3.85%，检验了不完全测试维护阶段 MMPR 模型的适用性和合理性，该方法可以用于评估实际系统的维修优化特性。

表 8.22　不同维修时间不完全测试 UA_{avg}

维修时间 h	1oo1 配置（UA_{avg}）			1oo2 配置（UA_{avg}）		
	MMPR	MCS	相对误差	MMPR	MCS	相对误差
24	3.26×10^{-3}	3.20×10^{-3}	1.84%	1.33×10^{-5}	1.29×10^{-5}	3.10%
48	3.30×10^{-3}	3.24×10^{-3}	1.82%	1.35×10^{-5}	1.30×10^{-5}	3.85%
72	3.33×10^{-3}	3.27×10^{-3}	1.80%	1.37×10^{-5}	1.32×10^{-5}	3.79%
96	3.36×10^{-3}	3.30×10^{-3}	1.79%	1.39×10^{-5}	1.34×10^{-5}	3.73%
120	3.39×10^{-3}	3.33×10^{-3}	1.77%	1.41×10^{-5}	1.36×10^{-5}	3.68%

8.5.3　应用

本节选取水下井口防喷器系统的 BSRP 子系统为研究对象，包括 1oo1 配置的 BSRP 和 1oo2 配置的 BSRP。应用 8.5.2 所提的 MMPR 模型来模拟功能测试过程中的动态特性、测试维护的非周期性、测试过程失误的影响、水下维护存在的延迟现象等，为预防性测试和维护优化提供有效的决策。BSRP 的实例分析过程如图 8.37 所示。

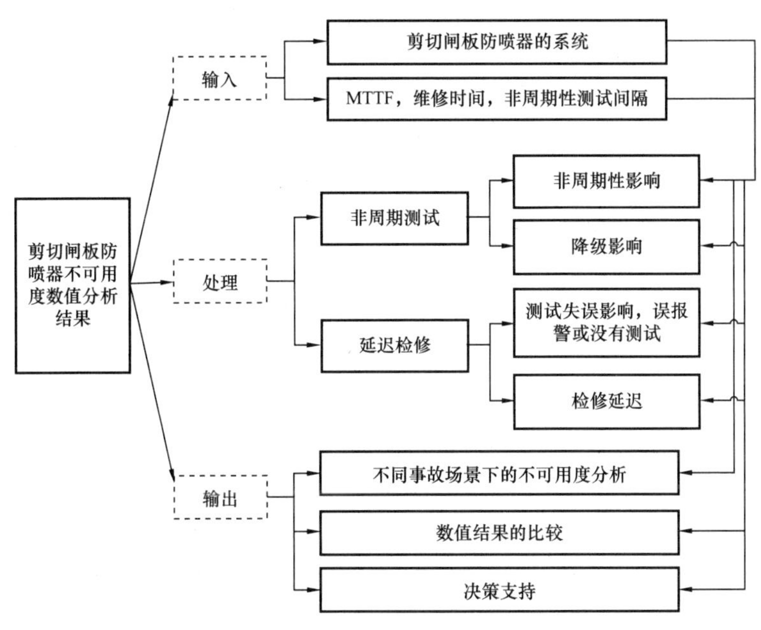

图 8.37　实例分析过程示意图

1. BSRP 失效分析

水下剪切闸板防喷器在正常井下作业过程处于休眠状态，因此需要对屏障系统进行一系列的包含功能验证测试维护和不完全测试维护，旨在发现屏障系统组件的危险性失效（Dangerous Undetected Failures，DUF）。对于剪切闸板防喷器，DUF 是影响其可用性的主要失效因素。涉及不完全测试维护时，DUF 又分为两类：一类是通过不完全测试可以检测到的失效，即 DUF1，例如剪切闸板防喷器裸眼阶段无法关闭和无钻杆关闭后发生泄漏；另一类是仅能通过功能验证测试检测到的失效，即 DUF2，如有钻杆存在时无法剪切、剪切过程中无法关闭或关闭延迟等。

根据所提的 MPPR 模型和不可用度计算公式，统计 BSRP 的相关失效参数。根据相关文献（PSA2014）、事故报告（Holand 报告）、NORSOK D-010 标准和 SINTEF、WEST E.S 井喷数据库等，对 BSRP 在 DUF1 和 DUF2 的平均无故障时间（mean time to failure，MTTF）和平均停机时间（mean down time，MDT）进行统计。不同的文献和数据库给出的统计数据有所不同，就 BOP 而言，MTTF 是 5564d 和 22256d；就 Item 而言，MTTF 是 6276d 和 25104d；SINTEF 数据库给出的 MTTF 为 1012d，WEST E.S 给出的 MTTF 是 7770d，其中 MDT 是 189d。根据上述调研的失效数据，获取 BSRP 的相关参数。根据

NORSOK D−010 标准可知，对于其他防喷器子系统功能测试为 7/14d，而 BSRP 的功能测试为 30d。

2. 非周期性功能测试影响分析

由于水下环境和钻井事件的影响，BSRP 的功能测试并不总能按照规定进行，即测试存在非周期性。本节以三个周期性的功能测试和三个非周期性的功能测试为研究对象，开展周期性和非周期性对系统不可用度影响的研究。故障率在不同测试周期并不总是恒定的，可能呈现周期性递增趋势。考虑了三个不同的故障率和三个相同的故障率对非周期测试不可用度的影响。根据上述 BSRP 的统计数据获得相应的故障率、维修率、周期性和非周期性测试间隔及数目如表 8.19 所示，以此构建相应的转移速率矩阵。运用式（8.57）和式（8.62）至式（8.69）计算了两种配置的不可用度变化趋势如图 8.38（a）和（b）所示。

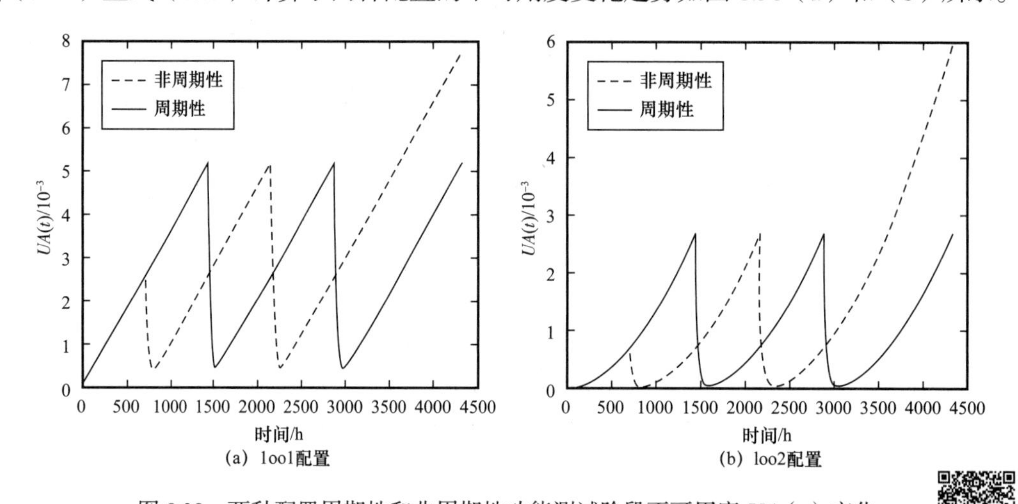

图 8.38　两种配置周期性和非周期性功能测试阶段不可用度 *UA*（*t*）变化

显然，对于周期性测试而言，两种配置的 *UA*（*t*）在每个周期的变化趋势和梯度是一样的。1oo1 配置变化呈线性增加后迅速降低的趋势，1oo2 的配置呈非线性增加后迅速降低的趋势。非周期性测试在每个周期内呈递增趋势，每个周期内 *UA*（*t*）的最大值亦呈增大趋势。由此可知，非周期性的功能测试会导致 *UA*（*t*）不规律的增大，作业过程中系统的不可用度也增加。

因水下 BSRP 组件更换比较困难，随着时间的推移，BSRP 在不同测试周期性能存在降级现象。因此，假设同一周期内的故障率恒定不变，后续每个周期故障率依次增加。根据表 8.19 所给出的参数，分析恒定故障率（λ^2_{DU}）和可变故障率（λ^1_{DU}、λ^2_{DU} 和 λ^3_{DU}）对系统不可用度的影响。给定非周期测试时间分别为 720h、1440h 和 2160h，两者比较如图 8.39 所示。结果表明，具有恒定故障率的系统在每个周期中的 *UA*（*t*）以相同的速度增加，而可变故障率则以递增的速度增加。例如，在第三个测试周期末（t=4320h），1oo1 配置的不可用度值 *UA*（*t*）从 8×10^{-3} 上升至 1.5×10^{-2}，而 1oo2 配置的不可用度值 *UA*（*t*）从 6×10^{-5} 上升至 2.4×10^{-4}，表明系统的降级退化使得其不可用度在非周期测试内的值更高，增长速度更快。结合实际测试和维护情况，预防性测试的非周期性和降级退化效应是影响系统可用性的重要因素。

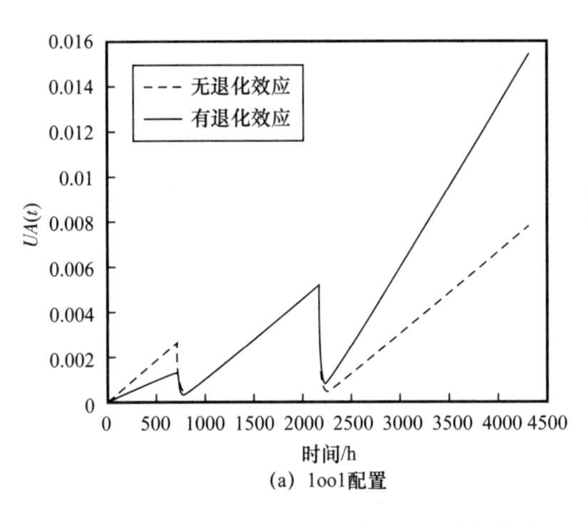

(a) 1oo1配置

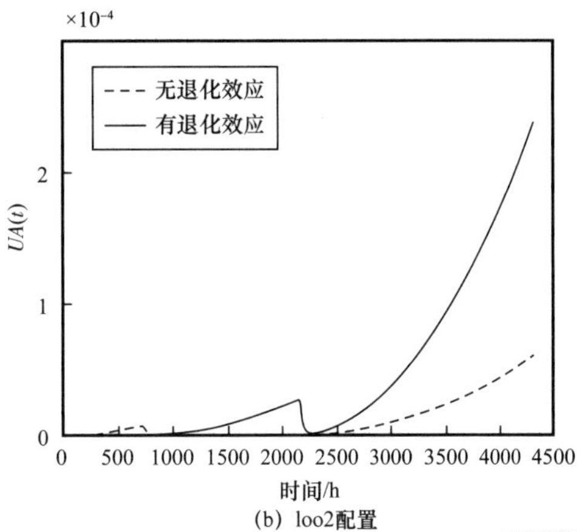

(b) loo2配置

图 8.39　恒定和可变故障率下的不可用度 $UA(t)$ 变化

通过式（8.49）和式（8.54）至式（8.71）计算四种案例下系统的平均不可用度（UA_{avg}），结果如表 8.23 所示。

案例 1：具有恒定 / 可变故障率的 1oo1 配置的 BSRP 非周期性测试。

案例 2：具有恒定 / 可变故障率的 1oo1 配置的 BSRP 周期性测试。

案例 3：具有恒定 / 可变故障率的 1oo2 配置的 BSRP 非周期性测试。

案例 4：具有恒定 / 可变故障率的 1oo2 配置的 BSRP 周期性测试。

表 8.23　不同案例的 BSRP 平均不可用度

案例	测试周期 h	UA_{avg}		比值
		恒定故障率	可变故障率	
1	720	1.29×10^{-3}	6.48×10^{-4}	0.502326
	1440	2.63×10^{-3}	2.61×10^{-3}	0.992395
	2160	3.93×10^{-3}	7.79×10^{-3}	1.982188
2	1440	2.59×10^{-3}	1.30×10^{-3}	0.501931
	1440	2.63×10^{-3}	2.61×10^{-3}	0.992395
	1440	2.67×10^{-3}	5.25×10^{-3}	1.966292
3	720	2.24×10^{-6}	5.56×10^{-7}	0.248214
	1440	9.04×10^{-6}	8.95×10^{-6}	0.990044
	2160	2.03×10^{-5}	8.0×10^{-5}	3.940887
4	1440	8.92×10^{-6}	2.24×10^{-6}	0.251121
	1440	9.04×10^{-6}	8.95×10^{-6}	0.990044
	1440	9.39×10^{-6}	3.6×10^{-5}	3.833866

由表 8.23 第 3 列可知：案例 1 的 UA_{avg} 随着周期的增加有大幅度的增加，案例 2 的 UA_{avg} 变化幅度相对较小，可以认为其值是基本保持不变的；案例 3 和 4 的 UA_{avg} 相比案例 1 和案例 2 有同样的变化趋势，但数量级降低 10^{-3}。由上述分析可知，非周期性测试同样使 BSRP 的 UA_{avg} 值增加。通过对具有恒定故障率系统的 UA_{avg} 与具有可变故障率系统的 UA_{avg} 求比值可得，无论是周期性测试还是非周期性测试，其比值都不断增加，在第三个周期比值最大，说明可变故障率使得后续周期系统的 UA_{avg} 增加。

3. 不完全测试的测试失误影响分析

根据相关标准需要对 BPSR 进行不完全测试来提高系统的可用性，但不完全测试容易受到缺陷因子的影响，因此本节分析了测试失误对系统可用性的影响，同时考虑了不完全测试过程的两类失效 DUF1 和 DUF2。由于不完全测试周期较短，假设系统两类故障率在每个周期内是恒定的，不完全测试是周期性的，即 Δ=168h，不完全测试周期数目 k=4。缺陷因子具有较小误差，设其概率为 $\omega=\eta=0.01$。两类故障率和维修率参数如表 8.23 所示。根据式（8.49）、式（8.66）和式（8.67），不完全测试的测试失误对不可用度的影响结果如图 8.40 所示。

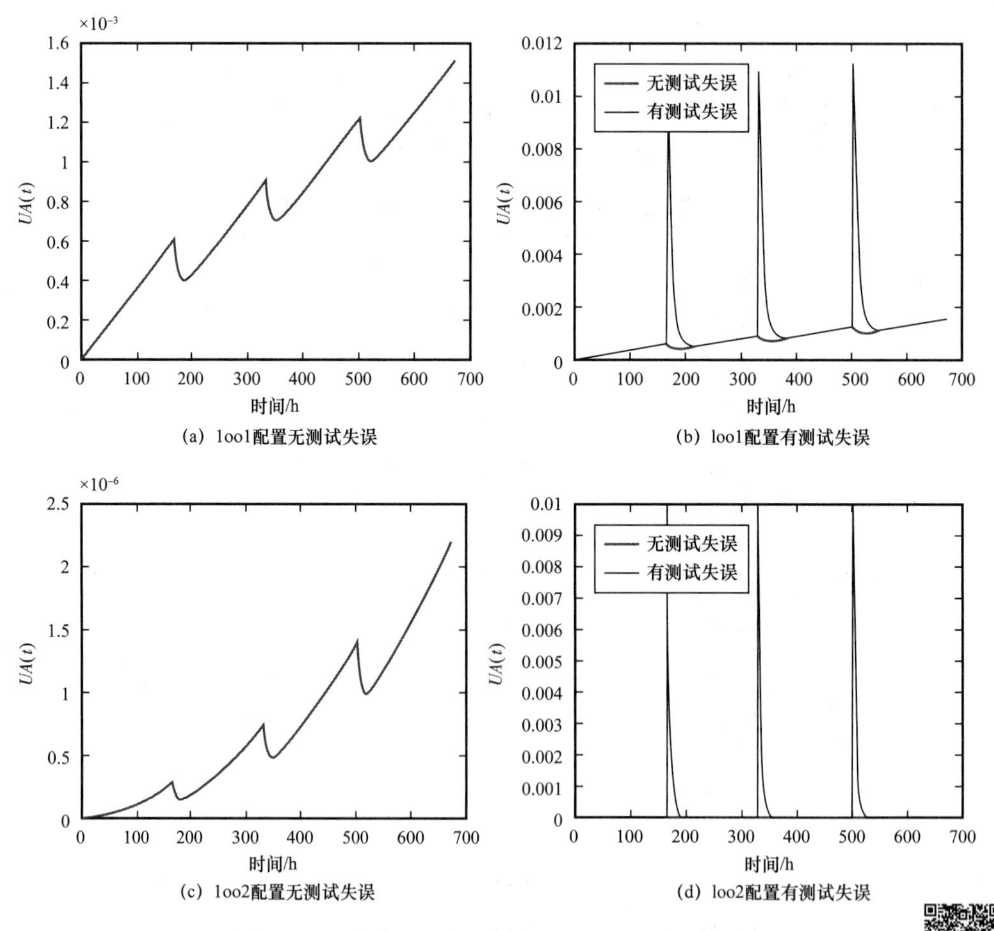

图 8.40 不完全测试的测试失误对不可用度的影响

彩图扫码

图 8.40 展现了不同配置的不完全测试周期内及含测试失误因子的 $UA(t)$ 的变化规律。$UA(t)$ 在第一个测试周期内先增加然后迅速下降，其值从 0.6×10^{-3} 降到了 0.4×10^{-3} 而不是 0，这是因为由于有 DUF2 的影响，如图 8.40（a）和（c）所示。图 8.40（b）和（d）比较了测试失误和没有测试失误对系统的 $UA(t)$ 影响。结果表明不完全测试中微小失误就会导致系统的不可用度瞬间增大，但在维修后快速下降。

通过式（8.49）和式（8.54）至式（8.67）计算四种案例来评估系统的平均不可用度（UA_{avg}），结果如表 8.24 所示。

案例 1：1oo1 配置的 BSRP 不完全测试不考虑测试失误的影响。

案例 2：1oo1 配置的 BSRP 不完全测试考虑测试失误的影响。

案例 3：1oo2 配置的 BSRP 不完全测试不考虑测试失误的影响。

案例 4：1oo2 配置的 BSRP 不完全测试考虑测试失误的影响。

由表 8.24 可知：案例 1 的 UA_{avg} 随着不完全周期的推移而增加；案例 2 的 UA_{avg} 因为有测试失误的影响增加的速度更快；案例 3 和 4 的变化规律类似于案例 1 和 2。由上述分析可知，测试失误使 BSRP 的 UA_{avg} 值增加。通过对有测试失误的 UA_{avg} 与无测试失误的 UA_{avg} 求比值可得，第一个周期的比值为 1，这是因为没有受到测试失误的影响；从第二个测试周期开始，比值逐渐下降，由于后期的 UA_{avg} 一直在增加，测试失误对其的影响逐渐降低。特别是对 1oo2 配置而言，第二个周期开始比值上升了 596.99 倍，显然，测试失误对 1oo2 配置不可用度影响最大，因此在测试中要避免该种情况的发生。

表 8.24　测试失误和无测试失误 UA_{avg} 对比

测试周期 h	UA_{avg}					
	案例 1	案例 2	比值	案例 3	案例 4	比值
[0，168]	3.02×10^{-4}	3.02×10^{-4}	1.00	1.01×10^{-7}	1.01×10^{-7}	1.00
[168，336]	5.97×10^{-4}	1.08×10^{-3}	1.81	3.99×10^{-7}	2.382×10^{-4}	596.99
[336，504]	9.50×10^{-4}	1.43×10^{-3}	1.51	8.82×10^{-7}	2.385×10^{-4}	270.41
[504，672]	1.22×10^{-3}	1.70×10^{-3}	1.39	1.34×10^{-6}	2.39×10^{-4}	178.36

4. 维修时间优化分析

由于海底复杂的应用环境，即使发现故障也难以立即启动维修预案。因此在预防性测试维护中应考虑维修延迟的影响。图 8.41 是考虑维修时间和测试失误在内，评估不完全测试周期内维修延迟对系统的 $UA(t)$ 影响。本节考虑了三种情景来计算系统的维修率，计算参数如表 8.21 所示，其中维修率需重新计算。

基于不可忽略的平均维修时间（mean repair time，MRT）来计算维修率 μ。

基于不可忽略的平均停机时间（mean down time，MDT）来计算维修率 μ。

维修时间忽略不计，即无维修响应，也就是 $\mu=0$。

图 8.41（a）和（c）显示 1oo1 配置在无测试失误和维修响应时，$UA(t)$ 呈近似线性增加，而 1oo2 配置呈近似指数型增加；而如果考虑测试失误而无维修响应时，两者均呈

现阶梯式增加，如图 8.41（b）和（d）所示。由此可见，不开展维修行动会使系统的不可用度明显增加。此外，在任意一个不完全测试周期内考虑 MRT 的 $UA(t)$ 的瞬时值要低于其他两种情景的 $UA(t)$。这是因为通过 MDT 方法估算维修率会使其值增大，MDT 方法是假设在测试周期中发现失效，即 MDT=$\Delta/2$。可见维修率的估算方法也会影响到系统的不可用性，决策者需根据实际情况来选用合适的估算方法。

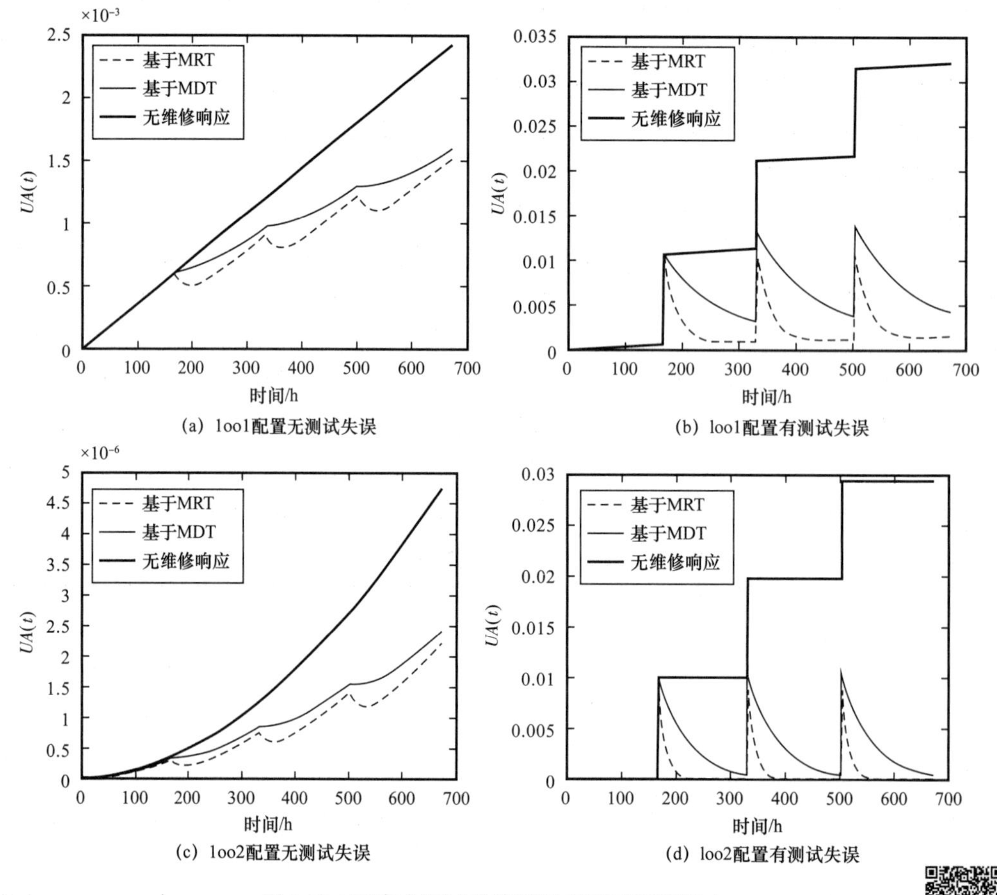

图 8.41　不完全测试维修延迟对不可用度影响

本节给定四种案例来评估系统的平均不可用度（UA_{avg}），如表 8.25 所示。

案例 1：基于 MRT 计算 1oo1 配置的维修率。

案例 2：基于 MDT 计算 1oo1 配置的维修率。

案例 3：基于 MRT 计算 1oo2 配置的维修率。

案例 4：基于 MDT 计算 1oo2 配置的维修率。

由表 8.25 平均不可用度计算结果可知，由于受到第二类隐性故障的影响，不同案例下的 UA_{avg} 值在不同测试周期均呈增加的趋势。在第一个测试周期由于无维修延迟的影响，其 UA_{avg} 值相同。通过对 MDT 方法估算得的 UA_{avg} 与 MRT 方法估算得的 UA_{avg} 求比值可得，从第二个测试周期开始，比值呈现增大的趋势，且趋势逐渐变得缓慢。也就是随着维修时间的增加，两种方法 UA_{avg} 逐渐减小。1oo1 配置的比值要小于 1oo2 的比值。

表 8.25　MRT 和 MDT 模式下 UA_{avg} 比较

测试周期 h	UA_{avg}					
	案例 1	案例 2	比值	案例 3	案例 4	比值
[0，168]	3.02×10^{-4}	3.02×10^{-4}	1.00	1.01×10^{-7}	1.13×10^{-7}	1.12
[168，336]	2.05×10^{-3}	5.75×10^{-3}	2.80	7.133×10^{-4}	3.06×10^{-3}	4.29
[336，504]	2.41×10^{-3}	7.31×10^{-3}	3.03	7.134×10^{-4}	3.21×10^{-3}	4.50
[504，672]	2.68×10^{-3}	7.74×10^{-3}	2.89	7.136×10^{-4}	3.20×10^{-3}	4.48

为了检验不同维修时间对 BSRP 的 UA_{avg} 的影响，应用 MRT 和 MDT 方法估算维修率并进行比较分析，如图 8.42 所示。图 8.42（a）和（b）显示了两种配置不考虑测试失误时不同维修时间的 UA_{avg} 变化趋势。很显然，随着维修时间的增加，UA_{avg} 先迅速下降然后缓慢增长，且基于 MDT 估算的 UA_{avg} 值大于 MRT 估算的 UA_{avg} 值，且差值在逐渐减小。图 8.42（c）和（d）分别为 1oo1 配置和 1oo2 配置不考虑测试失误时不同维修时间的 UA_{avg} 变化趋势，基于 MDT 估算的 UA_{avg} 值与基于 MRT 估算的 UA_{avg} 相比，差值呈现先增大后

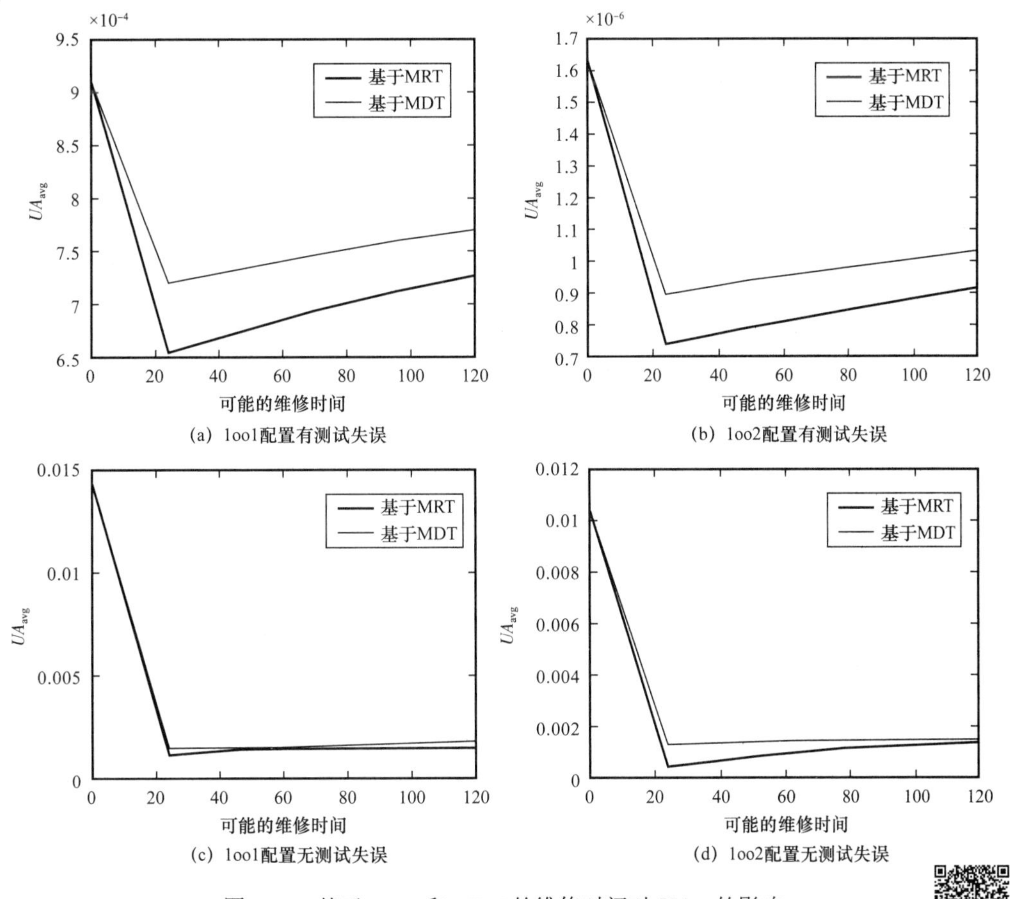

图 8.42　基于 MRT 和 MDT 的维修时间对 UA_{avg} 的影响

减小的趋势。在实际应用中，测试失误和维修延迟均使系统的不可用度增加，可根据不同的估算方法及对不可用度的要求选择合适的维修时间。

参考文献

[1] Shengnan Wu，Laibin Zhang，Anne Barros，et al. Performance analysis for subsea blind shear ram preventers subject to testing strategies [J]. Reliability Engineering and System Safety，2018（169）：281−298.

[2] Shengnan Wu，Laibin Zhang，Wenpei Zheng，et al. Reliability modeling of subsea SISs partial testing subject to delayed restoration [J]. Reliability Engineering and System Safety，2019，191（NoV）：106546.

[3] Shengnan Wu，Laibin Zhang，Jianchun Fan，et al. Dynamic risk analysis of hydrogen sulfide leakage for offshore natural gas wells in MPD phases [J]. Process Safety and Environmental Protection，2019（122）：339−351.

[4] Laibin Zhang，Shengnan Wu，Wenpei Zheng，et al. A dynamic and quantitative risk assessment method with uncertainties for offshore managed pressure drilling phases [J]. Safety Science，2018（104）：39−54.

[5] Shengnan Wu，Laibin Zhang，Mary Ann Lundteigen，et al. Reliability assessment for final elements of SISs with time dependent failures [J]. Journal of Loss Prevention in the Process Industries，2017（51）：186−199.

[6] Shengnan Wu，Laibin Zhang，Jianchun Fan，et al. Real−time risk analysis method for diagnosis and warning of offshore downhole drilling incident [J]. Journal of Loss Prevention in the Process Industries，2019（62）：103933.

[7] Shengnan Wu，Laibin Zhang，Jianchun Fan，et al. A leakage diagnosis testing model for gas wells with sustained casing pressure from offshore platform [J]. Journal of Natural Gas Science and Engineering，2018（55）：276−287.

[8] Shengnan Wu，Laibin Zhang，Jianchun Fan，et al. Prediction analysis of downhole tubing leakage location for offshore gas production wells [J]. Measurement，2018（127）：546−553.

[9] Shengnan Wu，Laibin Zhang，Wenpei Zheng，et al. A DBN−based risk assessment model for prediction and diagnosis of offshore drilling incidents [J]. Journal of Natural Gas Science and Engineering，2016（34）：139−158.

[10] Yangfan Zhou，Shengnan Wu，Jianchun Fan，et al. A safety−barrier−based risk analysis model for offshore oil and gas leakage incidents [C]. 2020 European Safety and Reliability conference，NOV，2−5，2020，Venice，ITALY.

[11] Shengnan Wu，Laibin Zhang，Wenpei Zheng，et al. Reliability assessment for subsea HIPPS valves with partial stroke testing [C]. 2016 European Safety and Reliability conference，September，24−29，2016，Glasgow，England.

[12] Shengnan Wu，Laibin Zhang，Wenpei Zheng，et al. Risk prediction for o&g fire accident of offshore platform based on numerical simulation [C]. The 6th World Conference on Safety of Oil and Gas Industry，October 26−29，2016，Beijing，China.

[13] Shengnan Wu，Jianchu Fan，Laibin Zhang，et al. Characterization of completion operational safety for deepwater wells [C]. 2013 2nd International Conference on Environment，Energy and Biotechnology，Singapore，2013.

附录 A

压裂泵系统“因果模型”HAZOP 分析结果

压裂泵系统“因果模型”HAZ0P 分析结果如表 A.1 至表 A.5 所示。

表 A.1　气压系统的 HAZOP 分析结果

观测变量	引导词	可能原因	潜在后果	建议措施
空气压缩机进出口压力差	偏小	（1）空气压缩机退化或失效； （2）外界空气稀薄	润滑油系统供油量不足	维修空气压缩机
空气压缩机出口气体流量	偏低	（1）空气压缩机退化或失效； （2）外界空气稀薄	无法为润滑油系统提供高压力	维修空气压缩机
储罐内压力值	偏低	（1）储气罐泄漏； （2）空气压缩机压力差偏小； （3）空气压缩机出气量偏小	无法为润滑油系统提供高压力	（1）检查储气罐； （2）检查空气压缩机状态
系统出口处气体压力	偏高	压力控制阀失效	润滑油供油量偏高	更换压力控制阀
	偏低	（1）压力控制阀失效； （2）气体过滤器异常	无法为润滑油系统提供的高压力	（1）更换压力控制阀； （2）更换气体过滤器
气体过滤器压力差	偏高	气体过滤器结垢或堵塞	降低过滤效果	清洗过滤器
系统出口处气体流量	偏低	（1）流量控制阀故障； （2）过滤器结垢或堵塞	导致润滑油泵转速过慢，供油量不足	（1）更换流量控制阀； （2）清洗过滤器
	偏高	流量控制阀故障，无法减小开度	导致润滑油泵转速过快，供油量偏高	更换流量控制阀

表 A.2　冷却系统 HAZOP 分析结果

观测变量	引导词	可能原因	潜在后果	建议措施
冷却液的液位	偏低	（1）储液罐泄漏； （2）离心泵刺漏； （3）散热器泄漏	系统内冷却液不足，降低冷却效果	（1）封堵储液罐泄漏点； （2）维修离心泵； （3）更换散热器
冷却液的流量	偏低	（1）水泵退化； （2）油水换热器外漏； （3）散热器泄漏	系统内冷却液不足，降低冷却效果	（1）维修离心式水泵； （2）封堵油水换热器泄漏点； （3）更换损坏的散热器

续表

观测变量	引导词	可能原因	潜在后果	建议措施
油箱内润滑油温度	偏高	（1）换热器退化； （2）散热器退化； （3）散热风扇退化	压裂泵的润滑油温度偏高，破坏部件间油膜，加速退化	（1）维修油水换热器； （2）维修散热器； （3）维修散热风扇
冷却液温度	偏高	（1）外界温度过高； （2）散热器退化； （3）散热风扇退化	降低润滑油和冷却液间的换热效果	（1）增大散热风扇功率； （2）更换退化散热器； （3）更换散热风扇

表 A.3　润滑油系统的 HAZOP 分析报告

观测变量	引导词	可能原因	潜在后果	建议措施
油箱内润滑油液位	偏高	润滑油泵故障	动力端润滑油存量过大，部件运动阻力大	维修油泵
	偏低	润滑油箱泄漏	增加部件之间的摩擦	封堵油箱泄漏点
压裂泵进口处润滑油流量	偏高	油泵功率过大	动力端润滑油量过大，部件运动阻力大	减小油泵功率
	偏低	（1）油泵功率偏小； （2）润滑油泵故障； （3）油冷却器泄漏； （4）油过滤器结垢	润滑油流量不足，加剧部件的摩擦阻力，加速动力端系统退化	（1）提高润滑油泵功率； （2）维修润滑油泵； （3）封堵冷却器泄漏点； （4）清洗油过滤器
压裂泵进口处油压	偏低	（1）润滑油泵故障； （2）油过滤器发生结垢	部件间油膜受损，加剧磨损	（1）维修润滑油泵； （2）清洗油过滤器
冷却器的温度差	偏小	润滑油冷却器退化	油温过高，破坏部件间的油膜	更换油冷却器
压裂泵进口处油温	偏高	（1）油箱温度过高； （2）油冷却器退化	破坏部件的油膜，加剧部件间摩擦	（1）提高制冷效果； （2）更换油冷却器

表 A.4　动力端系统的 HAZOP 分析报告

观测变量	引导词	可能原因	潜在后果	建议措施
轴向 / 径向振动	偏大	（1）轴承或曲轴磨损； （2）连杆失效	内部结构受损，加速动力端退化	检查动力端部件，更换受损部件
轴承端温度	过高	（1）轴承磨损或失效； （2）曲轴与轴瓦磨损	轴瓦温度升高，发生烧瓦甚至抱轴	更换轴承或曲轴
曲轴箱温度	偏高	（1）动力端进口油温偏高； （2）曲轴与轴瓦磨损； （3）十字头磨损	破坏部件间的油膜，加速部件磨损	（1）提高冷却系统效率； （2）更换受损部件
电机的电流	偏高	轴承或曲轴故障	加速动力端系统退化	更换轴承或曲轴
动力端润滑油颜色	黑色	（1）轴承和曲轴磨损磨削； （2）润滑油变质	影响部件润滑作用，加速动力端退化	（1）更换轴承或曲轴； （2）更换润滑油

表 A.5　液力端系统的 HAZOP 分析报告

观测变量	引导词	可能原因	潜在后果	建议措施
液力端出口压力	偏高	（1）车功率偏大； （2）动力端输出功率偏大	系统压力偏高	（1）混砂车的功率； （2）调整动力端的功率
	偏低	（1）磨损或失效； （2）阀门或排出阀门失效	（1）管汇系统压力偏低； （2）射出高压力液体	（1）更换柱塞或吸入阀； （2）门或排出阀门
阀箱内压力	偏高	（1）阀门无法开启； （2）车功率偏大； （3）端输出功率过大	阀箱产生裂缝，导致刺漏	（1）更换排出阀门； （2）调整混砂车的功率； （3）减少动力端的功率
	偏低	（1）磨损或失效； （2）阀门无法关闭； （3）阀门无法关闭	管汇系统压力偏低，无法满足压裂所需压力	（1）更换柱塞； （2）更换吸入阀门； （3）更换排出阀门
缸套表面温度	偏高	（1）失效； （2）磨损或失效	加速密封圈的氧化磨损，降低液力端的效率	更换密封填料和柱塞
液力端润滑油颜色	黑色	（1）损产生磨屑； （2）磨损产生磨削	加剧柱塞的磨粒磨损	更换密封填料和柱塞
液力端排出流量	偏低	（1）失效； （2）车供液量偏少； （3）吸入阀门无法开启； （4）排除阀门无法开启	管汇系统流量偏低，无法满足压裂所需流量	（1）更换失效的密封填料； （2）增大混砂车功率； （3）更换受损的阀门

附录 B

BN 类的节点信息

BN 类的节点信息如表 B.1 和表 B.2 所示。

表 B.1　故障节点的基本信息

系统	故障节点	符号	状态空间	先验概率
气压传动系统	空气压缩机	C1_1	正常，退化，失效	{0.334，0.333，0.333}
	压力控制阀	C1_2	正常，失效	{0.500，0.500}
	气体过滤器	C1_3	正常，结垢，堵塞	{0.334，0.333，0.333}
	流量控制阀	C1_4	正常，失效	{0.500，0.500}
	储气罐	C1_5	正常，泄漏	{0.500，0.500}
润滑油系统	润滑油过滤器	C2_1	正常，结垢，堵塞	{0.334，0.333，0.333}
	润滑油泵	C2_2	正常，退化，失效	{0.334，0.333，0.333}
	润滑油油箱	C2_3	正常，泄漏	{0.500，0.500}
	润滑油冷却器	C2_4	正常，失效	{0.500，0.500}
冷却系统	冷却液储液罐	C3_1	正常，泄漏	{0.500，0.500}
	离心式水泵	C3_2	正常，退化，失效	{0.334，0.333，0.333}
	油水交换器	C3_3	正常，内漏，外漏	{0.334，0.333，0.333}
	散热器	C3_4	正常，泄漏	{0.500，0.500}
	散热风扇	C3_5	正常，失效	{0.500，0.500}
动力端系统	轴承	C4_1	正常，磨损，失效	{0.334，0.333，0.333}
	连杆	C4_2	正常，失效	{0.500，0.500}
	曲轴	C4_3	正常，磨损，失效	{0.334，0.333，0.333}
	十字头	C4_4	正常，磨损，失效	{0.334，0.333，0.333}
液力端系统	柱塞	C5_1	正常，磨损，失效	{0.334，0.333，0.333}
	密封圈	C5_2	正常，失效	{0.500，0.500}
	吸入阀门	C5_3	正常，失效	{0.500，0.500}
	排出阀门	C5_4	正常，失效	{0.500，0.500}

表 B.2　症状节点的基本信息

系统	观测节点	符号	状态空间	分类标准	单位
气压传动系统	空气压缩机进出口压力差	S1_1	偏小，正常	{≤0.6；＞0.6}	MPa
	空气压缩机出口处的排气量	S1_2	偏小，正常	{≤360；≥360}	L/min
	气体过滤器的压力差	S1_3	正常，偏大	{≤0.1；＞0.1}	MPa
	气压系统出口处气体流量	S1_4	偏小，正常	{≤280；＞280}	L /min
	系统出口气体压力	S1_5	偏低，正常	{≤0.4；＞0.4}	MPa
	储气罐内的压力	S1_6	偏低，正常	{≤0.8；＞0.8}	MPa
	外界大气压	S1_7	偏低，正常	{≤0.08；＞0.08}	MPa
润滑油系统	油泵进口气体压力	S2_1	偏低，正常	{≤0.35；＞0.35}	MPa
	压裂泵进口处润滑油压力	S2_2	偏低，正常	{≤0.1；＞0.1}	MPa
	压裂泵进口处润滑油流量	S2_3	偏低，正常	{≤250；＞250}	L/min
	压裂泵进口处润滑油温度	S2_4	正常，偏高	{≤35，＞35}	℃
	油箱内润滑油的液位	S2_5	偏低，正常，偏高	{≤40；(40，70)；≥70}	cm
	油冷却器的温度差	S2_6	偏小，正常	{≤8，＞8}	℃
	油箱内润滑油的温度	S2_7	正常，偏高	{≤45，＞45}	℃
冷却系统	冷却液储液罐内的液位	S3_1	偏低，正常	{≤25；＞25}	cm
	冷却液的流量	S3_2	偏低，正常	{≤340；＞340}	L/min
	油箱内润滑油的温度	S3_3	正常，偏高	{≤45；＞45}	℃
	冷却液的温度	S3_4	正常，偏高	{≤25；＞25}	℃
	外界空气的温度	S3_5	正常，偏高	{≤37；＞37}	℃
动力端系统	轴向振动位移	S4_1	正常，偏大	{≤0.1；＞0.1}	mm
	径向振动位移	S4_2	正常，偏大	{≤65；＞65}	μm
	轴承端温度	S4_3	正常，偏高	{≤80；＞80}	℃
	电机电流	S4_4	正常，偏大	{≤715；(715，765)；≥765}	A
	噪声	S4_5	正常，偏大	—	—
	动力端内润滑油颜色	S4_6	正常，黑色	—	—
	曲轴箱温度	S4_7	正常，偏高	{≤71；＞71}	℃
	压裂泵进口润滑油温度	S4_8	正常，偏高	{≤35；＞35}	℃
	液力端润滑油颜色	S5_1	正常，黑色	—	—

续表

系统	观测节点	符号	状态空间	分类标准	单位
液力端系统	压裂泵出口管汇压力	S5_2	正常，异常	{（62，110）;（≤62；≥110）}	MPa
	缸套表面温度	S5_3	正常，偏高	{≤83；＞83}	℃
	压裂泵出口管汇流量	S5_4	正常，异常	{（2.0，3.8）;（＜2.0；＞3.8）}	m^3/min
	阀箱压力	S5_5	正常，偏高	{≤115；＞115}	MPa
	混砂车的压裂液流量	S5_6	正常，偏低	{（1.8，4.2）;（＜1.8；＞4.2）}	m^3/min

附录 C

物理部件层面的 DBN 基础类

物理部件层面的 DBN 基础类如图 C.1 和图 C.2、表 C.1 至表 C.5 所示。

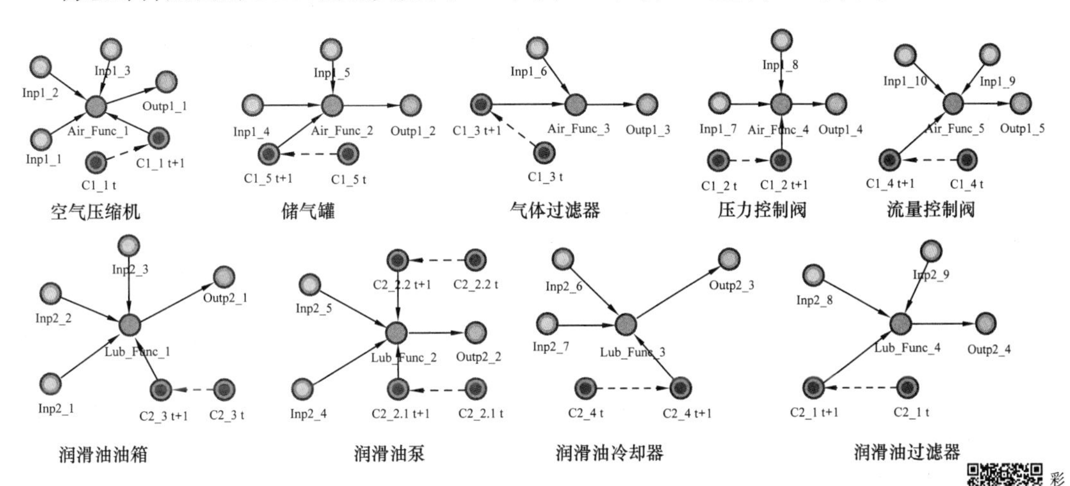

图 C.1 气压传动系统和润滑油系统中物理部件的 DBN 类

彩图扫码

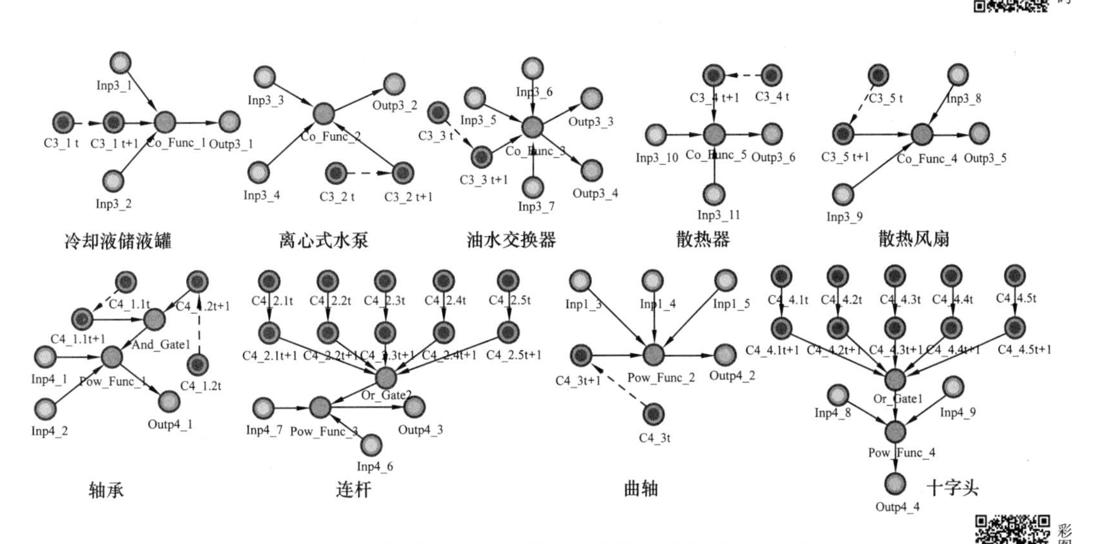

图 C.2 冷却系统和动力端系统中物理部件的 DBN 类

彩图扫码

表 C.1　气压系统中部件 DBN 类的节点信息

输入节点	输出节点	功能节点（内部节点）
Inp1_1 外界大气 Inp1_2 动力供应 Inp1_3 空气压缩机功率 Inp1_4 储罐压力阈值 Inp1_5 压缩后空气 Inp1_6 增压后空气 Inp1_7 过滤后空气 Inp1_8 压力阈值 Inp1_9 过滤后空气 Inp1_10 流量阈值	Outp1_1 压缩后空气 Outp1_2 增压后空气 Outp1_3 过滤后空气 Outp1_4 满足压力要求的气体 Outp1_5 满足流量要求的气体	Air_Func_1 压缩空气体积，对空气增压的功能 Air_Func_2 存储压缩气体的功能 Air_Func_3 过滤空气的功能 Air_Func_4 调节气体压力的功能 Air_Func_5 调节气体流量的功能

表 C.2　润滑油系统中部件 DBN 类的节点信息

输入节点	输出节点	功能节点（内部节点）
Inp2_1 外界润滑油供应 Inp2_2 初次降温后的润滑油 Inp2_3 设定液位阈值 Inp2_4 来自油箱的润滑油 Inp2_5 动力供应 Inp2_6，Inp2_8：符合压力和流量要求的润滑油 Inp2_7 设定润滑油的温度差 Inp2_9 设定过滤器的压力差	Outp2_1 沉降后的润滑油 Outp2_2 符合压力和流量要求的润滑油 Outp2_3 符合温度要求的润滑油 Outp2_4 符合纯净要求的润滑油	Lub_Func_1 润滑油供给、回收、沉降和储存的功能 Lub_Func_2 提供压裂泵所需润滑油（压力≥0.5MPa 和流量 250～450L/min） Lub_Func_3 冷却润滑油，以控制进入轴承内的油温（35～45℃） Lub_Func_4 过滤润滑油，保证润滑油的品质

表 C.3　冷却系统中部件 DBN 类的节点信息

输入节点	输出节点	功能节点（内部节点）
Inp3_1 外界冷却液 Inp3_2 设定冷却液的液位阈值 Inp3_3，Inp3_10：动力供应 Inp3_4 来自储罐的冷却液 Inp3_5 加压后冷却液 Inp3_6 回流的高温润滑油 Inp3_7 设定交换的温度差 Inp3_8 加速后冷空气 Inp3_9 升温后冷却液 Inp3_11 外界大气	Outp3_1 来自储罐的冷却液 Outp3_2 加压后冷却液 Outp3_3 初次降温后油温 Outp3_4 升温后冷却液 Outp3_5 加速后冷空气 Outp3_6 降温后冷却液	Co_Func_1 补充冷却液和缓冲热胀冷缩变化 Co_Func_2 对冷却液加压，保证其在循环流动 Co_Func_3 与高温润滑油交换热量，降低油温 Co_Func_4 冷却液与外界换热，降低液体温度 Co_Func_5 加速空气流速

表 C.4　动力端系统中部件 DBN 类的节点信息

输入节点	输出节点	功能节点（内部节点）
Inp4_1，Inp4_6，Inp4_8：符合温度和流量要求的润滑油 Inp4_2 承受曲轴的压力 Inp4_3 符合温度和流量要求的润滑油 Inp4_4 回转精度 Inp4_5 动力供应 Inp4_7 旋转运动 Inp4_9 连杆水平运动	Outp4_1 回转精度 Outp4_2 旋转运动 Outp4_3 连杆顶端水平运动 Outp4_4 十字头的往复运动	Pow_Func_1 支撑机械旋转体，降低其运动过程中的摩擦系数，并保证其回转精度 Pow_Func_2 与连杆相连，产生有规律的往复运行 Pow_Func_3 将十字头和曲轴连接起来，承受曲轴的力传给十字头 Pow_Func_4 连接柱塞与连杆的零件，具有导向作用

表 C.5　每种物理部件失效前的平均时间

系统	符号	状态转移	MTTF/h	失效率 /h^{-1}
气压传动系统	C1_1	正常→退化	2000	0.0005
		退化→失效	800	0.00125
		正常→失效	3500	0.000286
	C1_2	正常→失效	4000	0.00025
	C1_3	正常→结垢	1800	0.000556
		结垢→堵塞	400	0.0025
	C1_4	正常→失效	4500	0.00022
	C1_5	正常→泄漏	6000	0.000167
润滑油系统	C2_1	正常→结垢	1500	0.000667
		结垢→堵塞	500	0.002
	C2_2	正常→退化	4000	0.00025
		退化→失效	1000	0.001
		正常→失效	6500	0.000153
	C2_3	正常→泄漏	9000	0.000111
	C2_4	正常→失效	2500	0.0004
冷却系统	C3_1	正常→泄漏	6000	0.000167
	C3_2	正常→退化	6000	0.000167
		退化→失效	1500	0.00667
		正常→失效	9000	0.00011

续表

系统	符号	状态转移	MTTF/h	失效率/h^{-1}
冷却系统	C3_3	正常→内漏	5000	0.0002
		正常→外漏	3600	0.000277
	C3_4	正常→泄漏	6000	0.000167
	C3_5	正常→失效	3200	0.000313
动力端系统	C4_1	正常→磨损	550	0.00181
		磨损→失效	100	0.01
		正常→失效	800	0.00125
	C4_2	正常→失效	1200	0.000833
	C4_3	正常→磨损	1200	0.000833
		磨损→失效	200	0.005
	C4_4	正常→磨损	900	0.00111
		磨损→失效	150	0.00667
		正常→失效	1500	0.000667
液力端系统	C5_1	正常→磨损	750	0.00133
		磨损→失效	200	0.005

附录 D

子系统层面的 DBN 中间类

子系统层面的 DBN 中间类如图 D.1 所示。

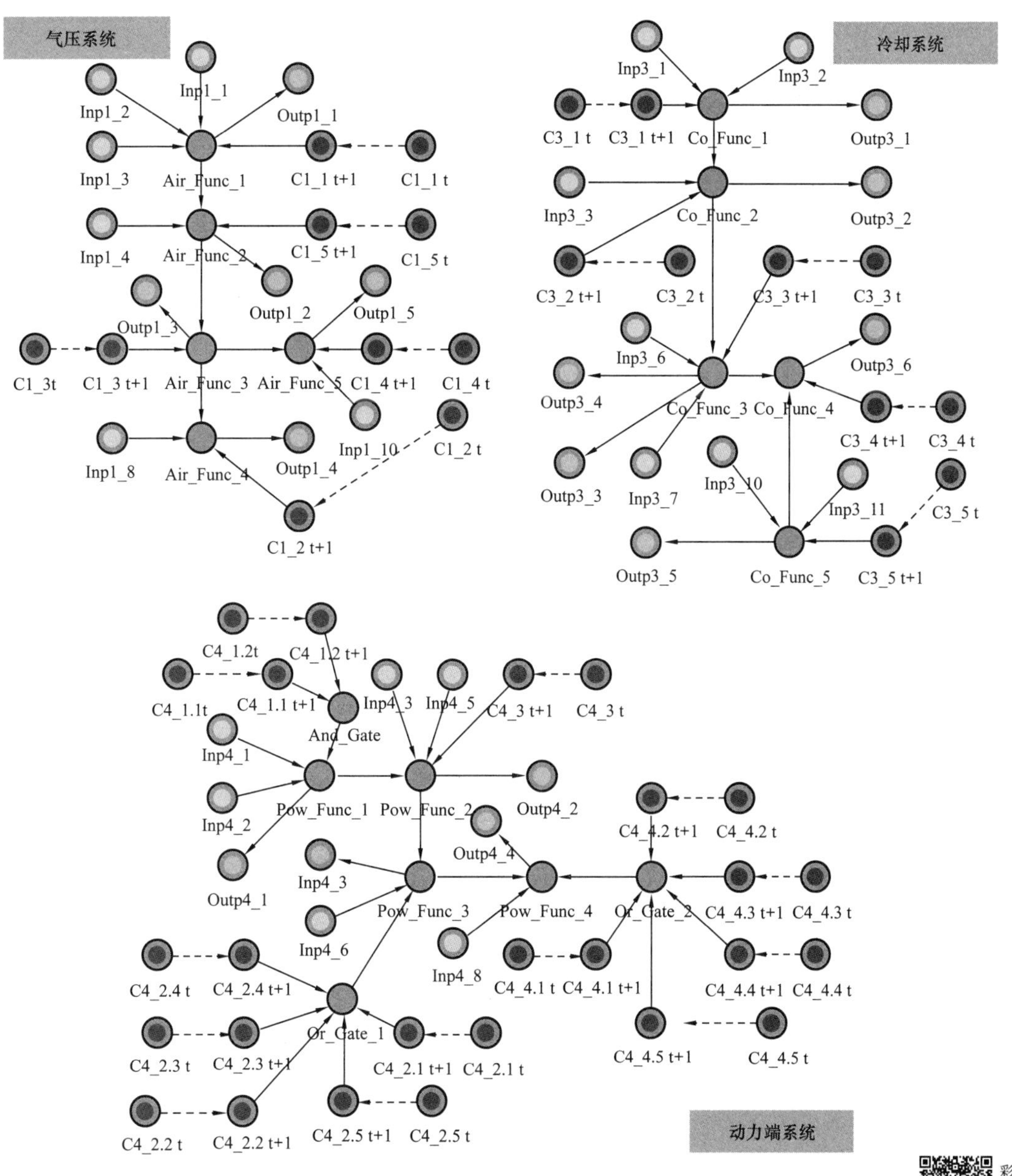

图 D.1　子系统层面的 DBN 类